CAD/CAM 专业技能视频教程

Creo Parametric 3.0 基础设计技能课训

云杰漫步科技 CAX 教研室

张云杰　郝利剑　编著

電子工業出版社

Publishing House of Electronics Industry

北京 • BEIJING

内 容 简 介

Creo 是美国 PTC 公司的标志性软件，该软件已逐渐成为当今世界最为流行的 CAD/CAM/CAE 软件之一；目前 PTC 公司发布了新的设计软件版本 Creo Parametric 3.0。本书针对 Creo Parametric 3.0 三维设计功能，详细介绍了其基本操作、草绘设计、基准和实体特征设计、构造特征设计、程序设计、特征操作、曲面设计、钣金设计、装配设计、工程图设计、模具设计和数控加工等内容，另外，本书还配有交互式多媒体教学光盘，便于读者学习。

本书结构严谨、内容翔实、知识全面、可读性强，设计实例专业性强，步骤清晰，是广大读者快速掌握 Creo Parametric 3.0 设计的自学实用指导书，更适合作为职业培训学校和大专院校计算机辅助设计课程的指导教材。

图书在版编目（CIP）数据

Creo Parametric 3.0基础设计技能课训 / 张云杰，郝利剑编著. —北京：电子工业出版社，2017.1
CAD/CAM专业技能视频教程
ISBN 978-7-121-30125-4

Ⅰ. ①C… Ⅱ. ①张… ②郝… Ⅲ. ①计算机辅助设计—应用软件—教材 Ⅳ. ①TP391.72

中国版本图书馆CIP数据核字（2016）第247606号

策划编辑：许存权
责任编辑：许存权　　特约编辑：谢忠玉 等
印　　刷：北京京师印务有限公司
装　　订：北京京师印务有限公司
出版发行：电子工业出版社
　　　　　北京市海淀区万寿路173信箱　邮编 100036
开　　本：787×1 092　1/16　印张：31.5　字数：806千字
版　　次：2017 年1月第 1 版
印　　次：2017 年1月第 1 次印刷
定　　价：69.00 元（含 DVD 光盘 1 张）

凡所购买电子工业出版社图书有缺损问题，请向购买书店调换。若书店售缺，请与本社发行部联系，联系及邮购电话：（010）88254888，88258888。

质量投诉请发邮件至 zlts@phei.com.cn，盗版侵权举报请发邮件至 dbqq@phei.com.cn。

本书咨询联系方式：（010）88254484，xucq@phei.com.cn。

Preface/前 言

本书是“CAD\CAM 专业技能视频教程”丛书中的一本，本套丛书是建立在云杰漫步科技 CAX 设计教研室与众多 CAD 软件公司长期密切合作的基础上，通过继承和发展各公司内部培训方法，并吸收和细化其在培训过程中客户需求的经典案例，从而推出的一套专业课训教材。丛书本着服务读者的理念，通过大量的内训经典实用案例，对功能模块进行讲解，提高读者的应用水平，使读者全面掌握所学知识，投入到相应的工作中去。丛书拥有完善的知识体系和教学套路，采用阶梯式学习方法，对设计专业知识、软件的构架、应用方向以及命令操作都进行了详尽的讲解，循序渐进地提高读者的使用能力。

本书介绍的是 Creo Parametric 软件设计方法。Creo 是美国 PTC 公司的设计软件，包括 Creo Parametric、CoCreate 和 ProductView 三个软件。其中，Creo Parametric 对应以前的 Pro/Engineer，它的内容涵盖了产品从概念设计、工业设计、三维建模、分析计算、动态模拟与仿真、工程图的生成到生产加工成产品的全过程，其中还包括大量的电缆和管道布线、各种模具设计与分析和人机交换等实用模块。PTC 公司最新发布了 Creo 3.0 应用程序，其中的 Creo Parametric 3.0 版本的众多优秀功能让用户感到惊喜，感受到现代 3D 技术革命的速度。

为了使读者能更好地学习和熟悉 Creo Parametric 3.0 中文版的设计功能，笔者根据多年在该领域的设计经验精心编写了本书。本书拥有完善的知识体系和教学套路，按照合理的 Creo Parametric 3.0 软件教学培训分类，采用阶梯式学习方法，对 Creo Parametric 3.0 软件的构架、应用方向以及命令操作都进行了详尽的讲解，循序渐进地提高读者的使用能力。全书分为 11 章，主要包括以下内容：Creo Parametric 3.0 基本操作、基准特征、实体特征设计、构造特征设计、程序设计、特征操作、曲面设计、钣金设计、装配设计、工程图设计、模具设计和数控加工，在每章中结合实例进行讲解，以此来说明 Creo Parametric 3.0 设计的实际应用，也充分介绍了 Creo Parametric 3.0 的设计方法和设计知识。

笔者的 CAX 设计教研室长期从事 Creo Parametric 的专业设计和教学，数年来承接了大量的项目，参与 Creo Parametric 的教学和培训工作，积累了丰富的实践经验。本书就像一位专业设计师，针对使用 Creo Parametric 3.0 中文版的广大初、中级用户，将设计项目时的思路、流程、方法和技巧、操作步骤面对面地与读者交流，是广大读者快速掌握 Creo Parametric 3.0 的实用指导书，同时更适合作为职业培训学校和大专院校计算机辅助设计课程的指导教材。

本书还配有交互式多媒体教学演示光盘，将案例制作过程做成多媒体进行讲解，由从教多年的专业讲师全程多媒体语音视频跟踪教学，以面对面的形式讲解，便于读者学习使用。同时光盘中还提供了所有实例的源文件，以便读者练习使用。关于多媒体教学光盘的使用方法，读者可以参看光盘根目录下的光盘说明。另外，本书还提供了网络的免费技术支持，欢迎大家登录云杰漫步多媒体科技的网上技术论坛进行交流：http://www.yunjiework.com/bbs。论坛分为多个专业的设计版块，可以为读者提供实时的软件技术支持，解答读者。

本书由云杰漫步科技 CAX 教研室编著，参加编写工作的有张云杰、靳翔、尚蕾、张云静、郝利剑、金宏平、李红运、刘斌、贺安、董闯、宋志刚、郑晔、彭勇、刁晓永、乔建军、马军、周益斌、马永健等。书中的设计范例、多媒体和光盘效果均由北京云杰漫步多媒体科技公司设计制作，同时感谢出版社的编辑和老师们的大力协助。

由于本书编写时间紧张，编写人员的水平有限，因此在编写过程中难免有不足之处，在此，编写人员对广大用户表示歉意，望广大用户不吝赐教，对书中的不足之处给予指正。

编著者

Contents/目 录

第 1 章　Creo Parametric 3.0 基础

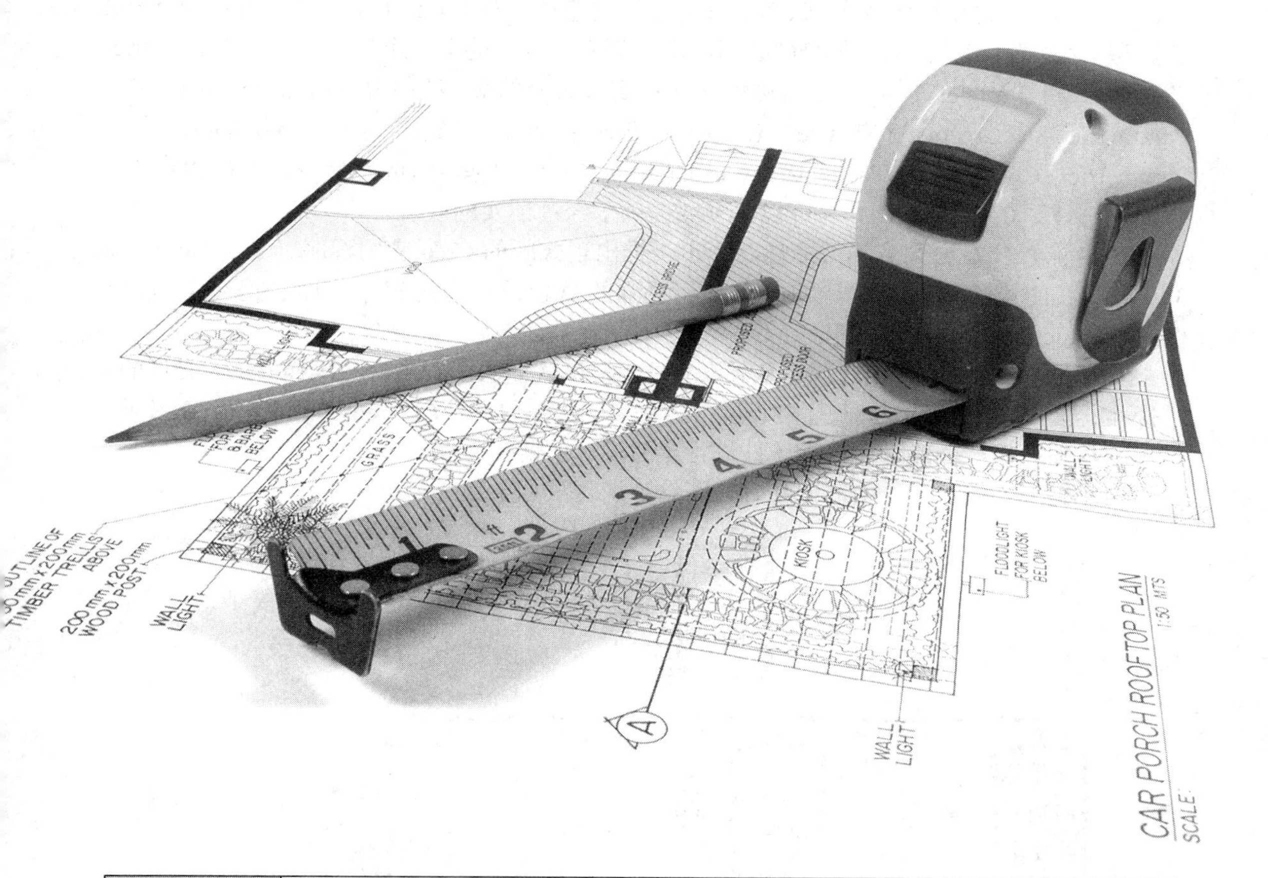

课训目标	内　容	掌握程度	课　时
	界面和文件操作	熟练掌握	2
	视图管理器	熟练掌握	2
	环境设置	基本掌握	2

课程学习建议

Creo 是美国 PTC 公司于 2011 年 6 月 13 日发布的全新设计软件，是整合了 PTC 公司 Creo Parametric 的参数化技术、CoCreate 的直接建模技术和 ProductView 的三维可视化技术的新型 CAD 设计软件包，是 PTC 公司闪电计划中所推出的第一个产品。Creo Parametric、CoCreate 和 ProductView 产品名称更新迁移到 Creo 的顺序是：Pro/Engineer 对应 Creo Parametric；CoCreate 对应 Creo Elements/Direct；ProductView 对应 Creo View。Creo Parametric、CoCreate 和 ProductView 是 Creo 远景构想的基本组成元素，它们在 2D 和 3D CAD、CAE、CAM、CAID 和可视化领域提供了经过证实的表现。

2014 年，PTC 公司宣布 Creo 3.0 上市，推出正式版的 Creo 应用程序。Creo Parametric 3.0 提供新的模块化产品设计功能和功能更强的概念设计应用程序，而且提高了用户在 Creo Parametric 中的工作效率。

本章是 Creo Parametric 3.0 的基础，主要介绍该软件的基本概念和操作界面、文件的基本操作、视图管理器操作以及环境设置的方法。这些是用户使用 Creo Parametric 3.0 必须要掌握的基础知识，是熟练使用该软件进行产品设计的前提。

本课程主要基于软件的绘图基础，其培训课程表如下。

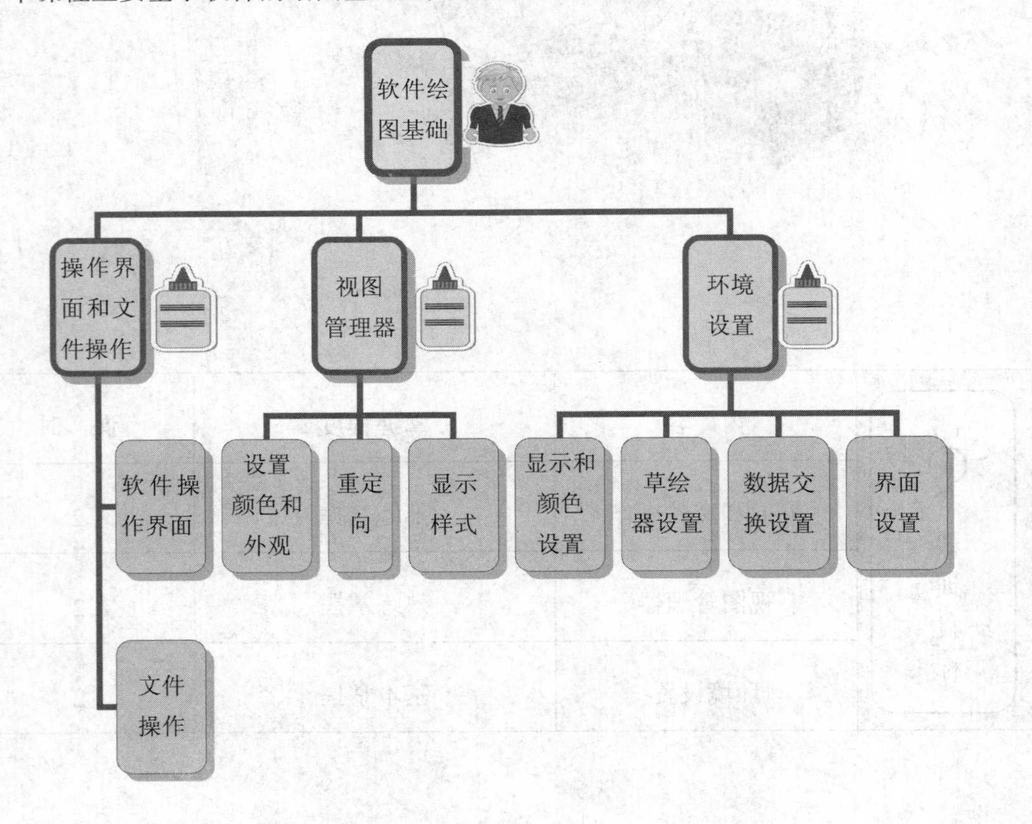

1.1 界面和文件操作

基本概念

Creo Parametric 是对原有的 Pro/Engineer 软件的全新升级。P TC 的原软件客户可以升级到新的 Creo 系统。随着 Creo 3.0 应用程序的发布，Creo Parametric、CoCreate 和 ProductView 的当前用户可以扩展这些应用程序的价值和功能。Creo 是 PTC 新的设计软件产品系列，它能够提高用户的工作效率，更好地与客户和供应商共享数据以及审阅设计方案，并能预防意外的服务和制造问题，从而帮助公司释放组织内部的潜力。

Creo 在拉丁语中是创新的含义。Creo 推出的目的在于解决目前 CAD 系统难题，以及多种 CAD 系统数据共用等的问题。这个集成的参数化 3D CAD、CAID、CAM 和 CAE 解决方案可灵活伸缩，能让设计速度比以前都要快，同时最大限度地增强创新力度并提高质量，最终创造出不同凡响的产品。CAD 软件已经应用了几十年，三维软件也已经出现了二十多年，似乎技术与市场逐渐趋于成熟。但是，目前制造企业在 CAD 应用方面仍然面临着四大核心问题：

（1）软件的易用性。目前 CAD 软件虽然已经技术上逐渐成熟，但是软件的操行还很复杂，宜人化程度有待提高。

（2）互操作性。不同的设计软件造型方法各异，包括特征造型、直觉造型等，二维设计还在广泛的应用。但这些软件相对独立，操作方式完全不同，对于客户来说，鱼和熊掌不可兼得。

（3）数据转换的问题。这个问题依然是困扰 CAD 软件应用的大问题。一些厂商试图通过图形文件的标准来锁定用户，因而导致用户有很高的数据转换成本。

（4）装配模型如何满足复杂的客户配置需求。由于客户需求的差异，往往会造成由于复杂的配置，而大大延长产品的交付时间。

Creo 的推出，正是为了从根本上解决这些制造企业在 CAD 应用中面临的核心问题，从而真正将企业的创新能力发挥出来，帮助企业提升研发协作水平，让 CAD 应用真正提高效率，为企业创造价值。

课堂讲解课时：2 课时

1.1.1 设计理论

Creo 的功能和优势如下。

强大灵活的参数化 3D CAD 功能带来与众不同和便于制造的产品。

多种概念设计功能帮助快速推出新产品。

可以在各应用程序和扩展包之间无缝地交换数据，而且可以获得共同的用户体验，因此，客户可以更快速和成本更低地完成从开发概念到制造产品的整个过程。

由于能适应后期设计变更和自动将设计变更传播到下游的所有可交付结果，因此用户可以自信地完成设计。

自动产生相关的制造和服务可交付结果，从而加快产品上市速度和降低成本。

在 Windows 系统下启动 Creo Parametric 3.0，显示欢迎界面后，如图 1-1 所示，进入 Creo Parametric 的工作界面。

图 1-1 欢迎界面

1.1.2 课堂讲解

下面首先来介绍操作界面，然后再介绍文件的操作方法。

1. 操作界面

Creo Parametric 3.0 的工作界面如图 1-2 所示，主要由工具栏、【文件】菜单、选项卡、导航选项卡、命令提示栏、绘图区等组成，除此之外，对于不同的功能模块还可能出现不同的菜单管理器（如图 1-3 所示）和对话框（如图 1-4 所示），本节将详细介绍这些组成部分的功能。

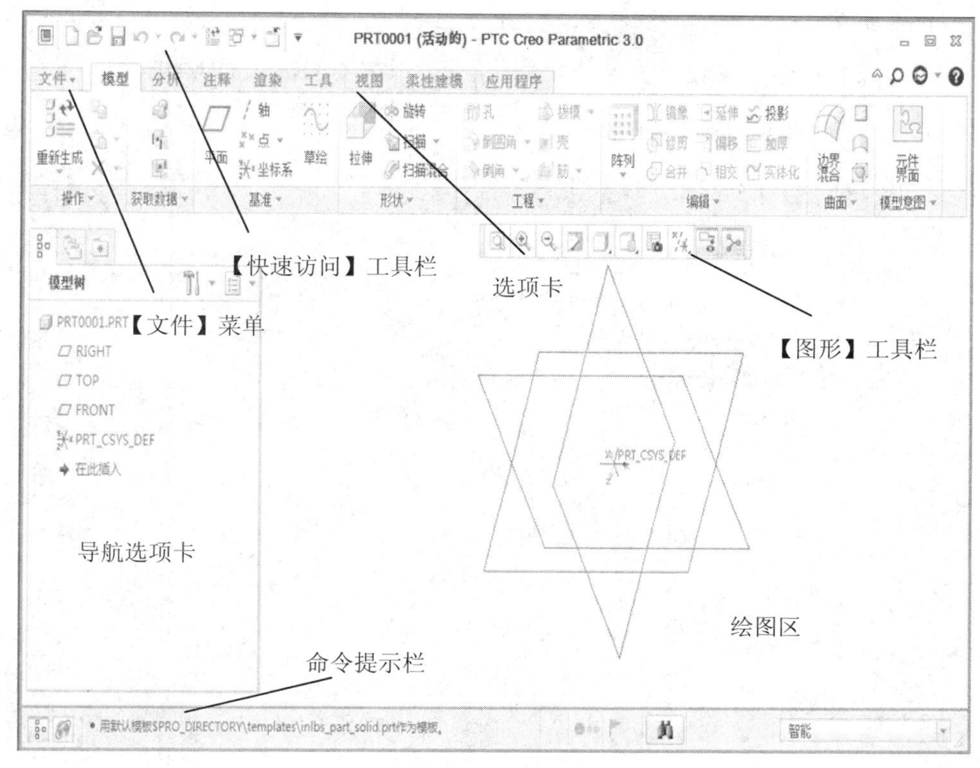

图 1-2　用户界面

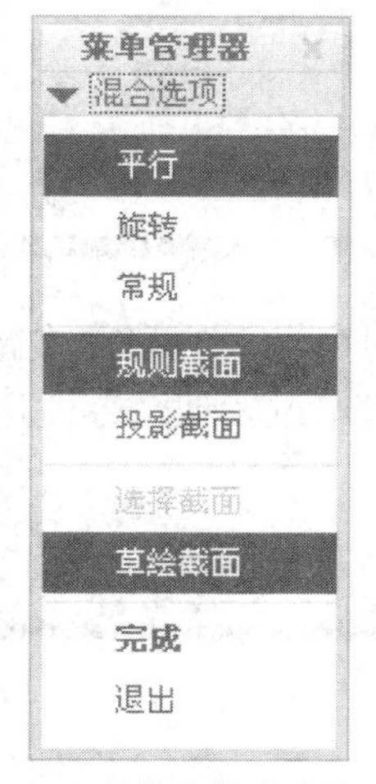

图 1-3　【菜单管理器】

图 1-4　【草绘】对话框

（1）【文件】菜单

【文件】菜单是 Creo 软件进行文件操作和管理的命令菜单，也是进行软件参数设置和提供软件帮助的命令菜单。

【文件】菜单包含关于文件操作的命令，如【新建】、【打开】、【保存】、【另存为】、【打印】和【关闭】等操作命令，如图 1-5 所示。菜单中有的命令下有次级菜单，打开可以使用之下的相关命令。

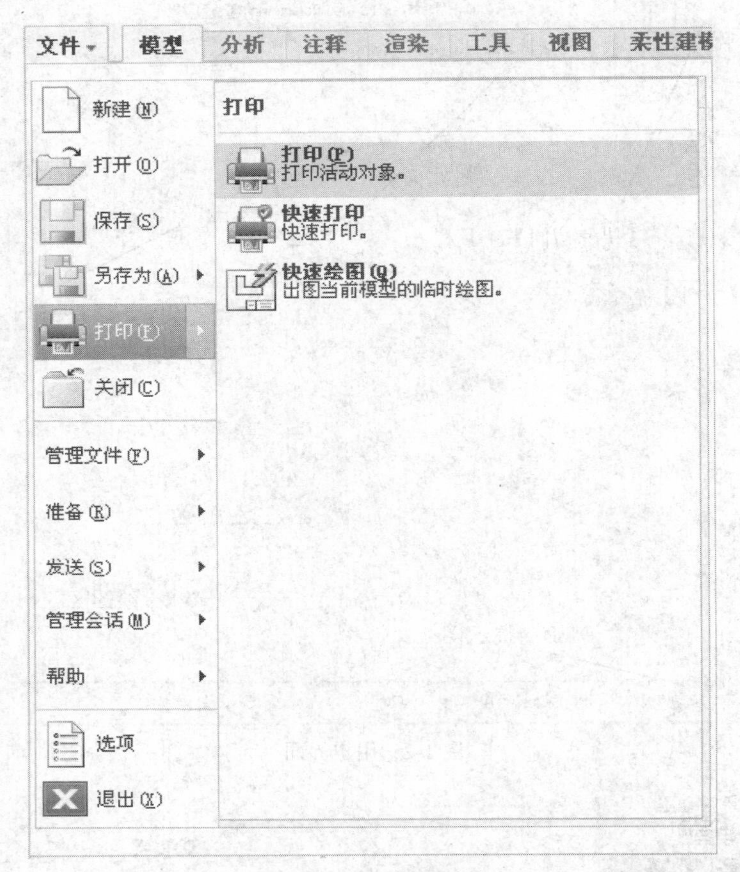

图 1-5 【文件】菜单

在【管理文件】和【管理会话】下拉菜单中，可以对内存中的和目前显示的模型进行命名或删除操作；在【发送】下拉菜单中可以通过发送命令发送文件；在【帮助】下拉菜单中可以使用帮助命令获得帮助。

【选项】菜单命令是进行软件环境设置的命令。

（2）工具栏

常用的工具栏有【快速访问】工具栏和【图形】工具栏，前者一般位于软件窗口的左上角，后者默认位于绘图区上方，如图 1-6 和 1-7 所示。用户也可以根据需要自定义工具栏的位置。其中【图形】工具栏还有多个下拉列表框，可以在其中选择多个命令，如图 1-8 所示。

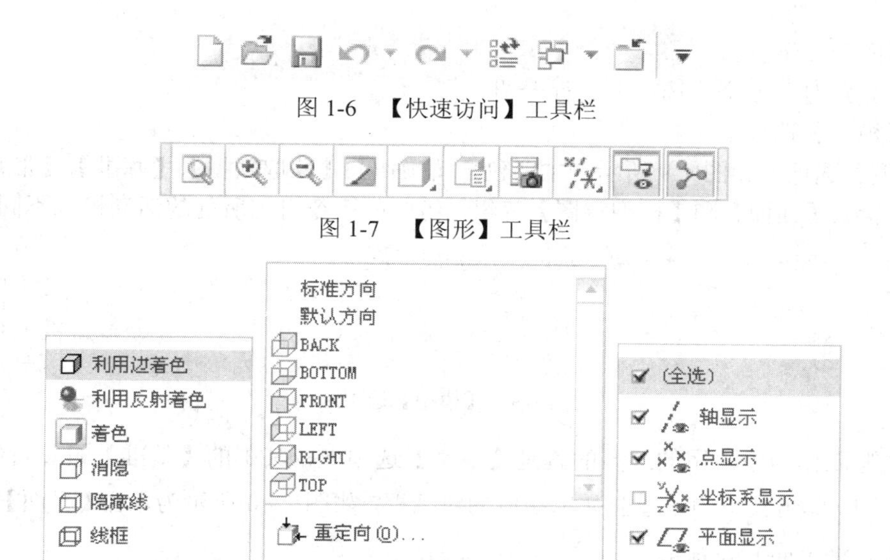

图 1-6 【快速访问】工具栏

图 1-7 【图形】工具栏

图 18 【显示样式】、【已命名视图】和【基准显示】过滤器下拉列表框

工具栏中的各个按钮可以通过【文件】选项卡中的【选项】命令进行个人定义，它包含的按钮功能如表 1-1 所示。

表 1-1 工具栏功能按钮

按钮	按钮功能	按钮	按钮功能
	新建文件		重画
	打开文件		放大模型
	保存文件		缩小模型
	撤销操作		显示样式
	重做操作		已命名视图
	重新生成模型		基准显示过滤器
	显示窗口		启动视图管理器
	关闭窗口		注释显示
	调整全屏显示模型		旋转中心开关

（3）主选项卡

主选项卡中集合了大量的 Creo Parametric 操作命令，初始界面包括【模型】、【分析】、【注释】、【渲染】、【工具】、【视图】、【柔性建模】、【应用程序】8 个主选项卡。在使用选项卡中的某一命令时，有时会出现相应的工具选项卡。当然用户也可以自己定制选项卡，这个功能后面会介绍到。

下面分别对这 8 个主选项卡进行介绍。

① 【模型】选项卡

【模型】选项卡如图 1-9 所示，主要包含【操作】、【获取数据】、【基准】、【形状】、【工程】、【编辑】、【曲面】和【模型意图】等组，组中的命令可因所处的活动模式不同而改变。

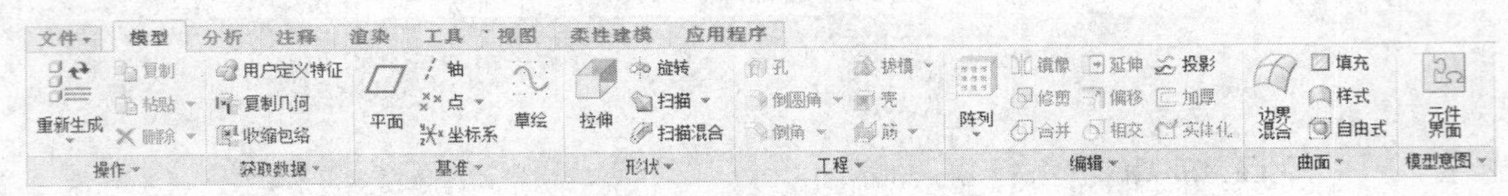

图 1-9 【模型】选项卡

在模型制作当中，用的最多的就是【模型】选项卡，其中的【基准】组负责创建基准和绘制草图，单击其中的按钮会弹出相应的对话框，如图 1-10 所示为单击【平面】按钮 平面 弹出的【基准平面】对话框。

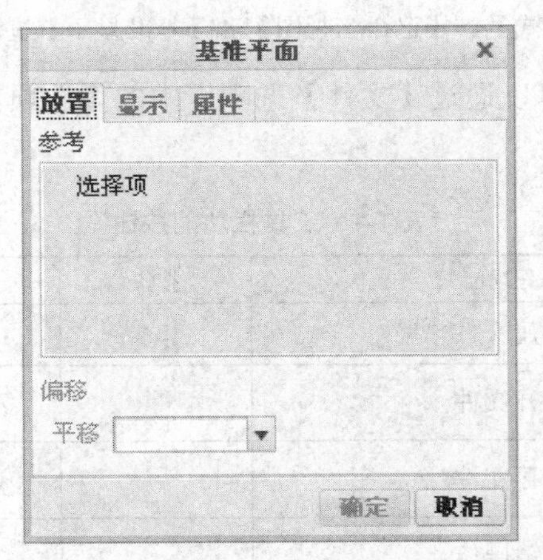

图 1-10 【基准平面】对话框

【形状】和【工程】组可以创建多种模型特征，使用其中的命令后，会打开相应的工具选项卡，如图 1-11 所示为单击【拉伸】按钮 后显示的【拉伸】工具选项卡。

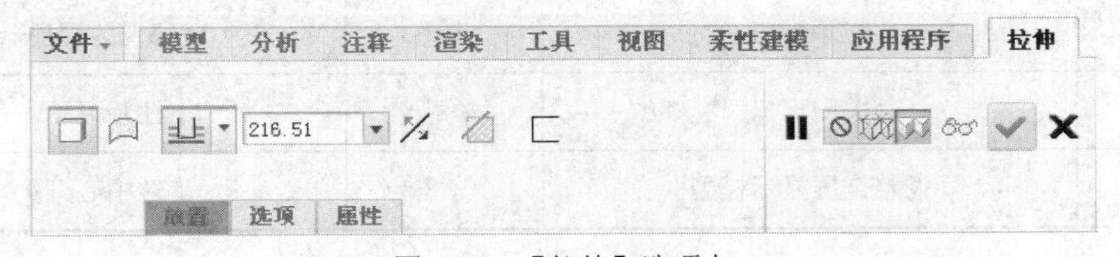

图 1-11 【拉伸】选项卡

【编辑】组可以对模型特征进行编辑；【曲面】组是创建和编辑曲面的工具。在【模型意图】组单击【程序】按钮的操作步骤如图 1-12 所示，弹出【菜单管理器】（如图 1-13 所示）。这是 Creo Parametric 特有的命令使用方式，一步步执行【菜单管理器】中的操作可以完成命令的使用。

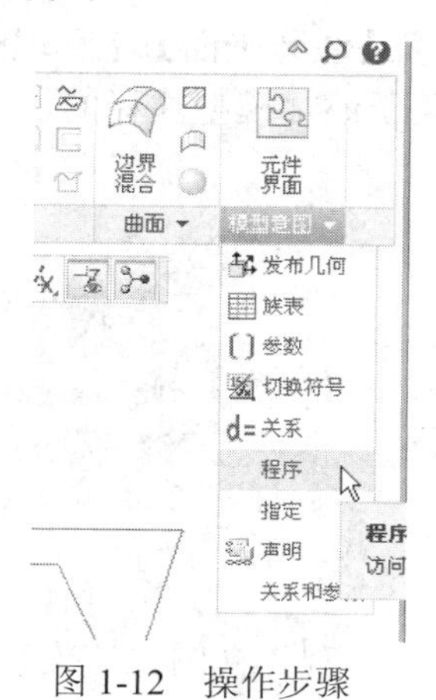

图 1-12　操作步骤

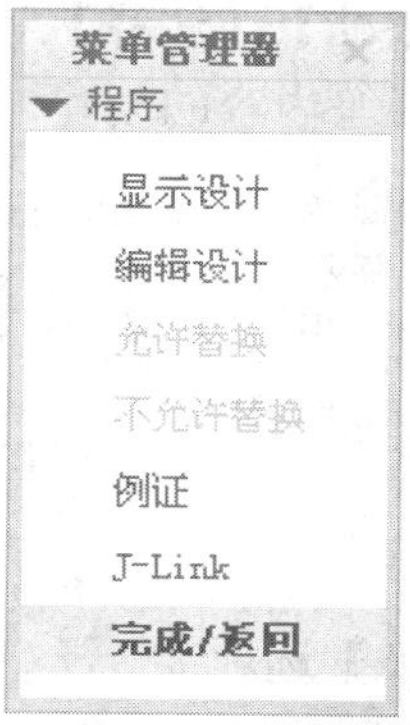

菜单管理器
程序
显示设计
编辑设计
允许替换
不允许替换
例证
J-Link
完成/返回

图 1-13　【菜单管理器】

②【分析】选项卡

【分析】选项卡如图 1-14 所示，其中包括【管理】、【自定义】、【模型报告】、【测量】、【检查几何】、【设计研究】等组。【分析】选项卡可以对模型零件进行相关分析，内容包括几何检查、测量面积和直径等参数、Simulate 分析以及生成分析报告。

图 1-14　【分析】选项卡

【模型报告】组可以对模型质量、大小及短边进行测量，单击【质量属性】按钮，弹出如图 1-15 所示的【质量属性】对话框；【测量】组可以测量模型中的多种参数，单击【体积】按钮，弹出如图 1-16 所示的【测量：体积块】对话框。

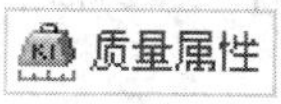

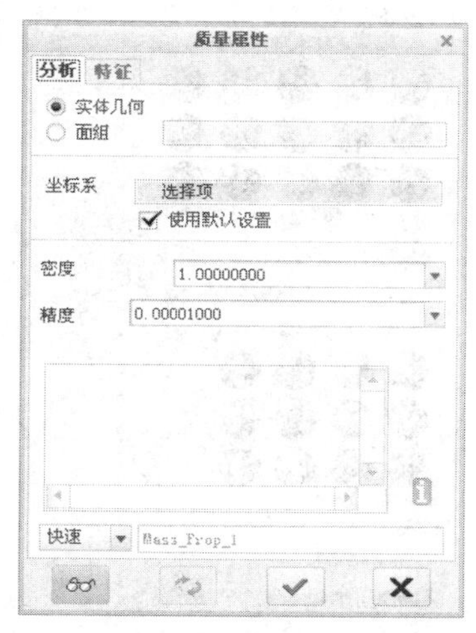

图 1-15　【质量属性】对话框

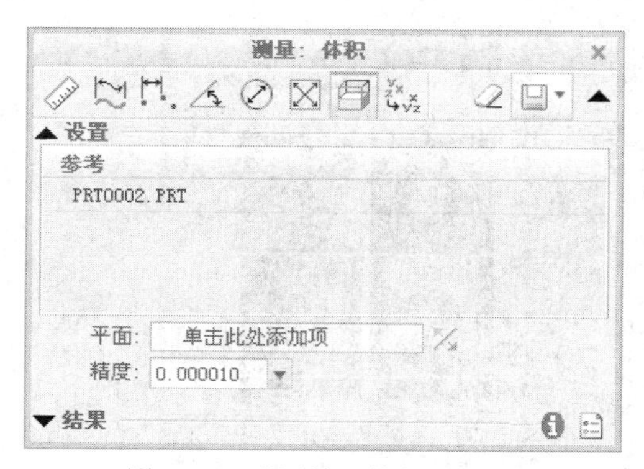

图 1-16　【测量：体积】对话框

③【注释】选项卡

【注释】选项卡如图 1-17 所示，主要包括【组合状态】、【注释平面】、【管理注释】、【注释特征】、【基准】、【注释】等组，这些组中的命令都是关于添加模型注释的，包括几何公差、注释特征等内容的创建。

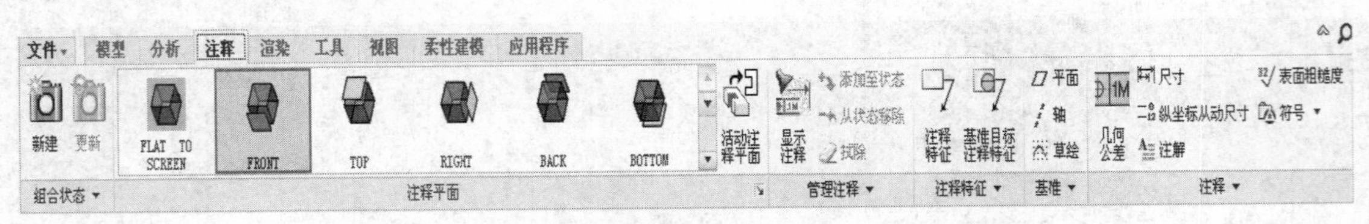

图 1-17　【注释】选项卡

④【渲染】选项卡

【渲染】选项卡中包含的各项命令可以设置场景、模型外观、视图、渲染设置等内容，如图 1-18 所示。

图 1-18　【渲染】选项卡

单击【场景】按钮，弹出【场景】对话框，如图 1-19 所示，设置需要的场景；打开【外观库】下拉列表，如图 1-20 所示，可以设置外观；之后使用【渲染】选项卡中的命令查看渲染效果。

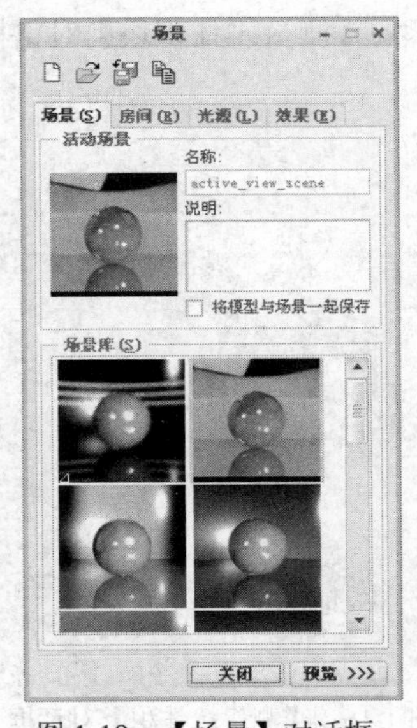

图 1-19　【场景】对话框

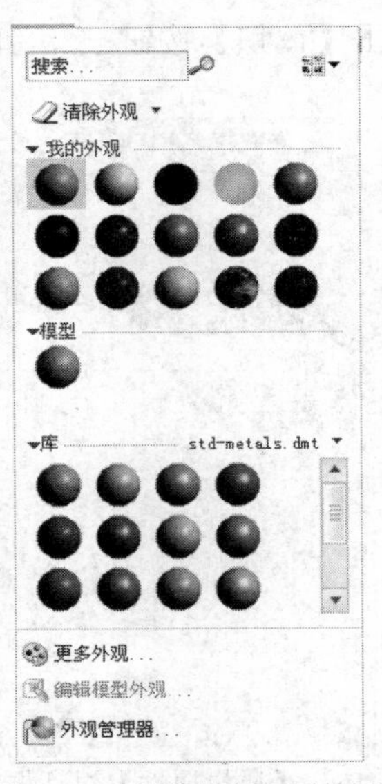

图 1-20　【外观库】下拉列表

⑤【工具】选项卡

【工具】选项卡如图 1-21 所示，其功能是定义 Creo Parametric 工作环境、设置外部参照控制选项及使用模型播放器查看模型创建历史记录等。

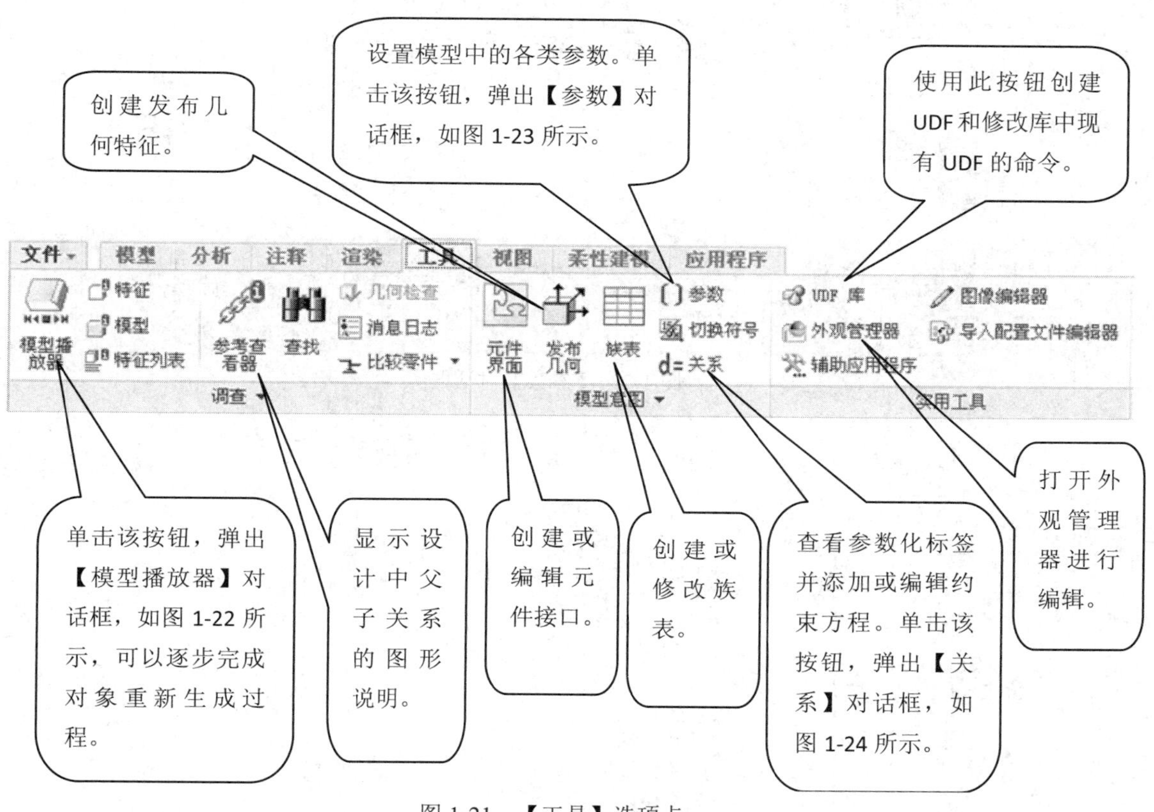

图 1-21 【工具】选项卡

图 1-22 【模型播放器】对话框

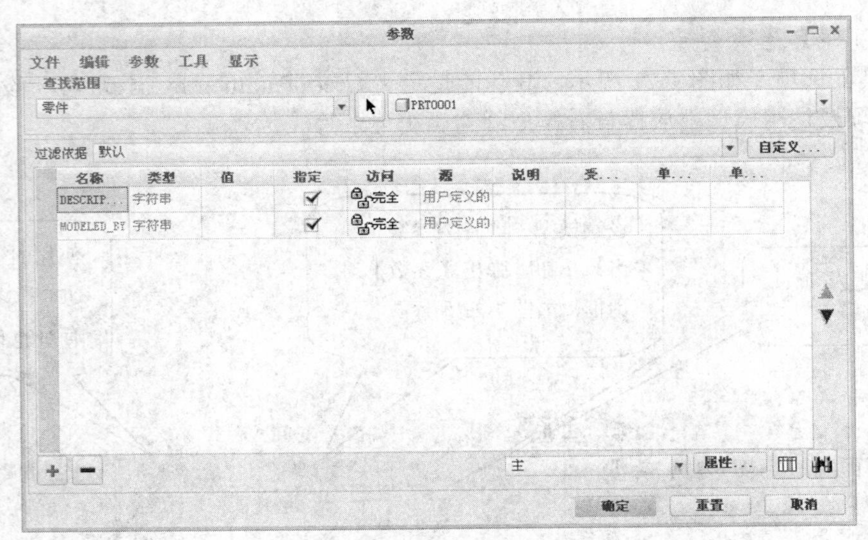

图 1-23 【参数】对话框

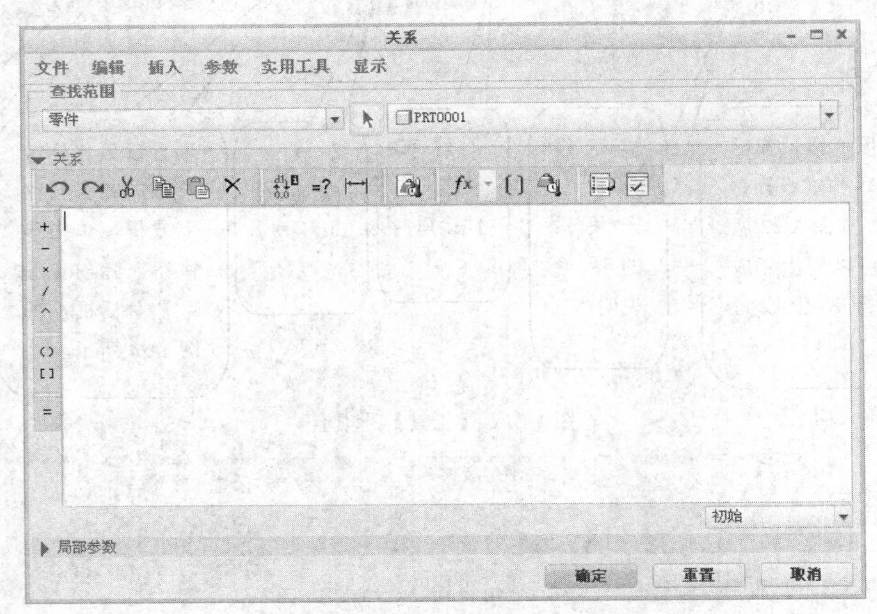

图 1-24 【关系】对话框

⑥【视图】选项卡

【视图】选项卡包括关于模型视图控制的命令按钮，如图 1-25 所示。

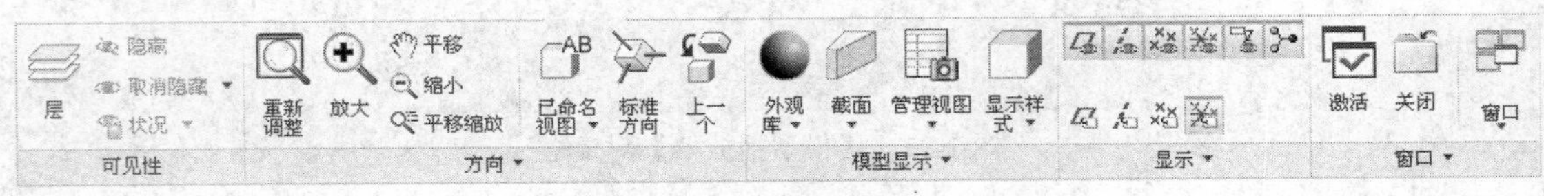

图 1-25 【视图】选项卡

其【方向】组中各命令按钮功能如下。

- 【重新调整】按钮：调整缩放等级以全屏显示对象。
- 【放大】按钮：放大目标几何，以查看更多细节。
- 【平移】按钮：通过水平或竖直移动参考系，修改模型相对于显示窗口的位置。
- 【缩小】按钮：缩小目标几何，以获得更广阔的几何上下文透视图。
- 【平移缩放】按钮：定义模型的方向。
- 此外还包括【已命名视图】、【标准方向】、【上一个】和【重定向】四种类型的视图调整按钮。其中【标准方向】按钮以标准方向上显示模型；【上一个】按钮是将模型恢复到上一个显示；【重定向】按钮可以配置模型方向首选项。

单击【层】按钮，在【导航选项卡】显示层树，如图 1-26 所示。

单击【管理视图】按钮，弹出【视图管理器】对话框，如图 1-27 所示。在此对话框中可以对现有视图进行编辑，创建新的视图，以及设置【横截面】、【层】和【定向】参数。

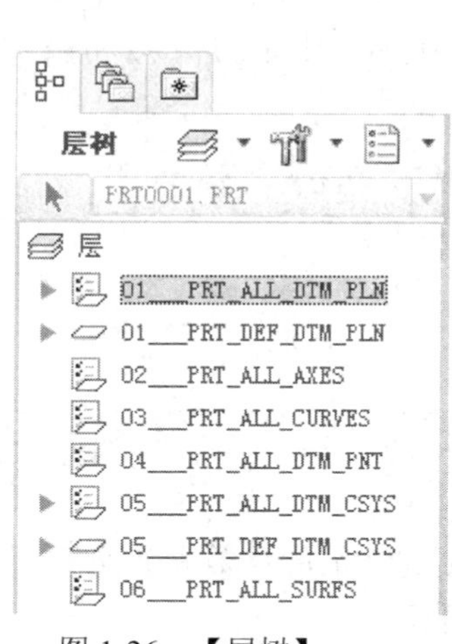

图 1-26 【层树】

图 1-27 【视图管理器】对话框

⑦【柔性建模】选项卡

【柔性建模】选项卡如图 1-28 所示，它包含【识别和选择】、【变换】、【识别】和【编辑特征】组。【识别和选择】组中的命令按钮可以根据生成的特征，选择显示窗口中的相应的对象。

图 1-28　【柔性建模】选项卡

其他组中的主要命令按钮功能如下。

- 【几何规则】按钮：显示用于展开曲面显示的几何规则。
- 【偏移】按钮：偏移选定曲面。偏移曲面可重新连接到实体或同一面组。
- 【镜像】按钮：镜像选定几何。
- 【替代】按钮：用不同曲面选择替代选定的曲面。
- 【编辑倒圆角】按钮：修改选定倒圆角曲面的半径或将他们从模型中移除。
- 【对称】按钮：选择彼此互为镜像的两个曲面，然后找出镜像平面。也可以选择一个曲面和一个镜像平面，然后找出选定曲面的镜像。还可以找到彼此互为镜像的相邻曲面，然后将他们变为对称组的一部分。

⑧【应用程序】选项卡

不同的工作模式对应不同的【应用程序】选项卡，零件工作模式下的【应用程序】选项卡如图 1-29 所示，其主要功能是显示当前可用的应用程序，比如【焊接】和【模具/铸造】，选择可以直接变更模型环境。

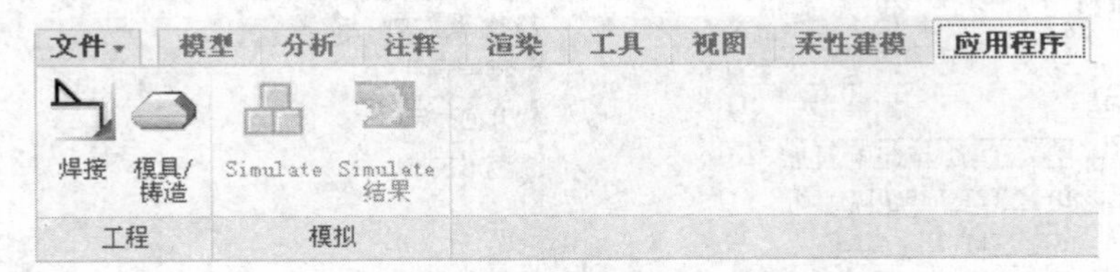

图 1-29　【应用程序】选项卡

（4）工具选项卡

工具选项卡的主要功能是用来详细定义和编辑所创建特征的参数和参照等，例如倒角、拉伸、孔、筋等特征，在后面创建这些特征时将进行详细介绍。

如单击【模型】选项卡【工程】组中的【边倒角】按钮 边倒角 ，可以打开图 1-30 所示的【边倒角】工具选项卡，以进行边倒角的操作。

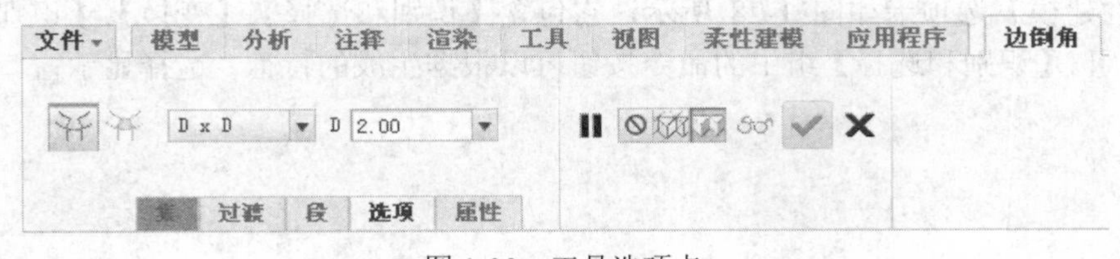

图 1-30　工具选项卡

（5）命令提示栏

命令提示栏如图 1-31 所示，它的主要功能是提示命令执行情况和下步操作的信息。同时包括导航选项卡和浏览器显示按钮。

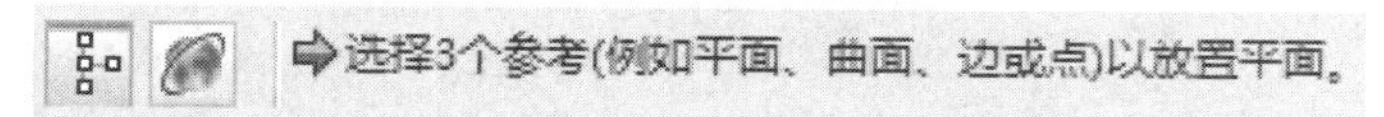

图 1-31　命令提示栏

（6）导航选项卡

导航选项卡一般位于界面的左侧，如图 1-32 所示，单击命令提示栏中的【导航选项卡】按钮可以打开或关闭导航选项卡。

导航选项卡共包括 3 个选项卡。

①【模型树】选项卡：单击【模型树】标签可以切换到【模型树】选项卡，它的主要功能是以树的形式显示模型的各基准、特征等信息。模型树支持用户的编辑操作。

②【文件夹浏览器】选项卡：单击【文件夹浏览器】标签将切换到【文件夹浏览器】选项卡，如图 1-33 所示。在其中选择文件夹后，会在其右方显示该文件夹中所有的文件。在右边弹出的窗口中单击鼠标右键可以进行【打开】、【剪切】、【复制】文件等操作。

③【收藏夹】选项卡：单击【收藏夹】标签将切换到【收藏夹】选项卡，如图 1-34 所示。它的主要功能是收藏存储用户选定的文件夹，单击【添加收藏项】按钮将当前目录添加到收藏夹中，单击【组织收藏夹】按钮，弹出【组织收藏夹】对话框，可以对收藏夹中的项目进行编辑，如图 1-35 所示。

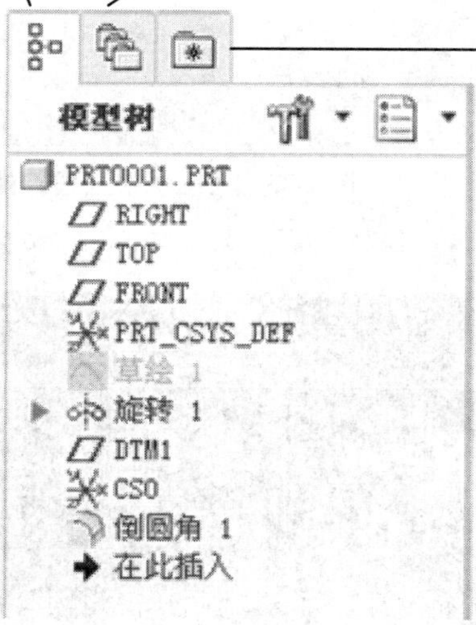

图 1-32　【模型树】选项卡

（7）浏览器

单击命令提示栏中的【浏览器】按钮弹出浏览器，如图 1-36 所示，通过它可以访问网站和一些在线的目录信息，还可以显示特征的查询信息等，在机器联网的情况下，启动软件后就会显示浏览器，如不需要访问相关内容，可将其收缩关闭。

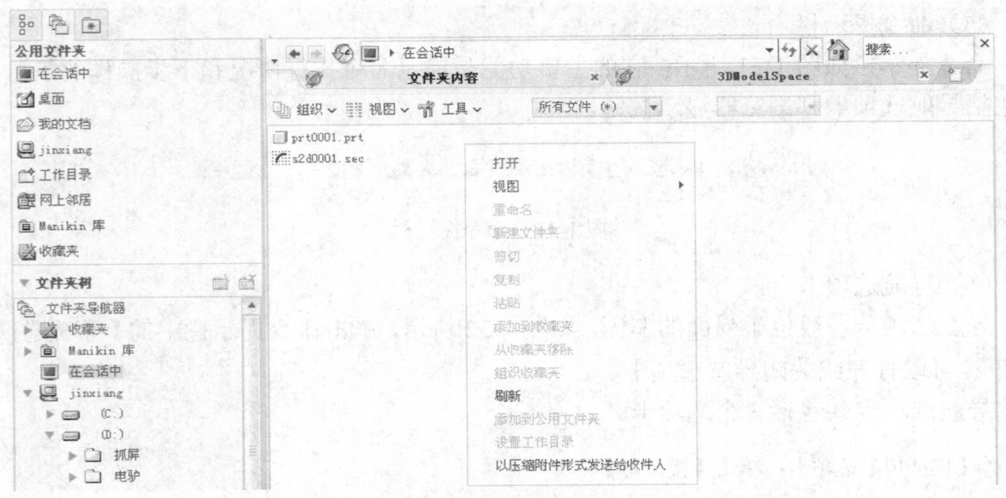

图 1-33 【文件夹浏览器】选项卡

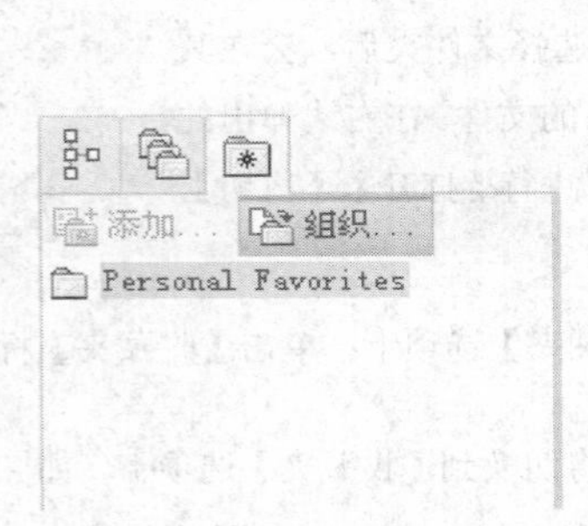

图 1-34 【收藏夹】选项卡

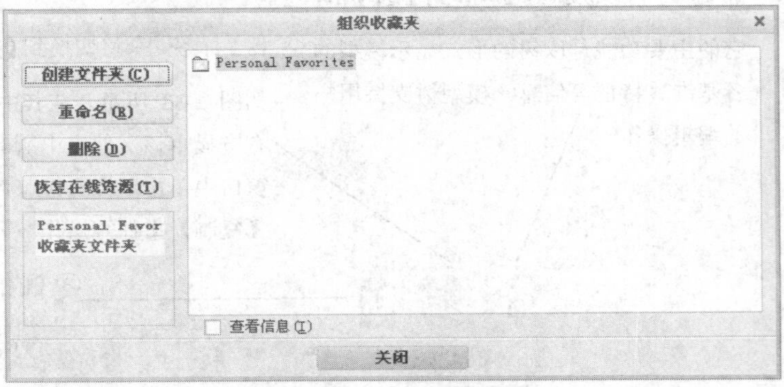

图 1-35 【组织收藏夹】对话框

图 1-36 浏览器

1.1.3 课堂练习——界面和文件操作

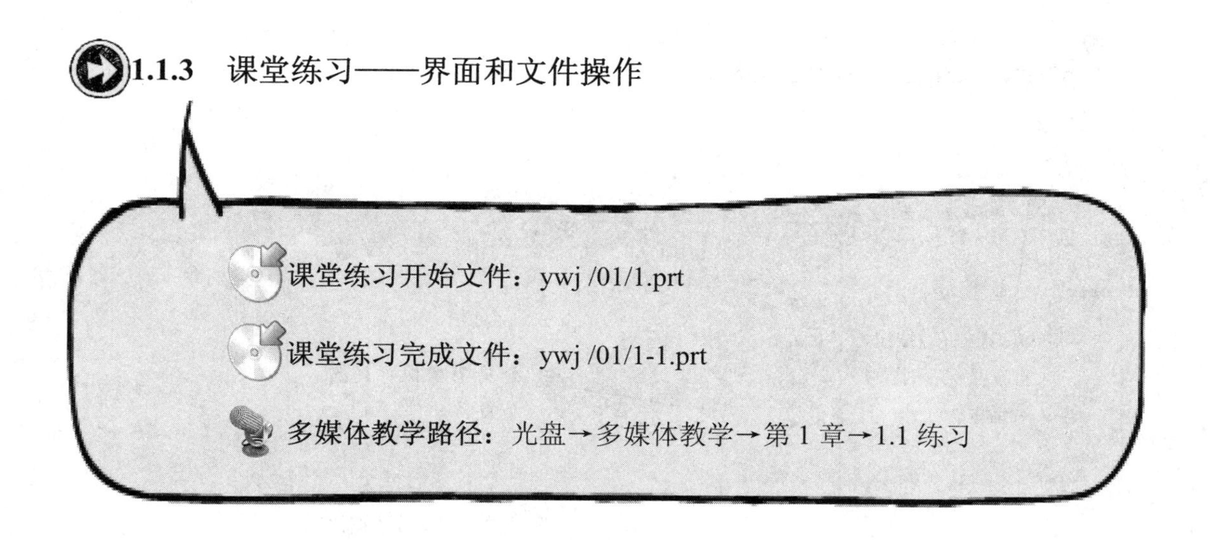

Step1 新建文件，如图 1-37 所示。

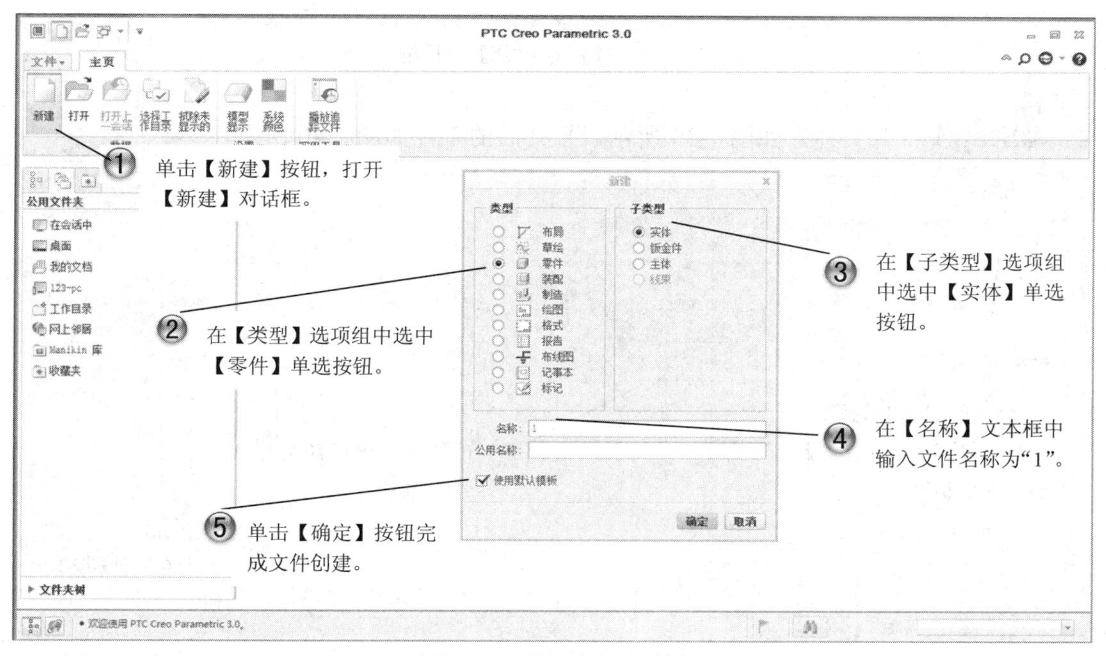

图 1-37　【新建】对话框

Step2 保存文件，如图 1-38 所示。

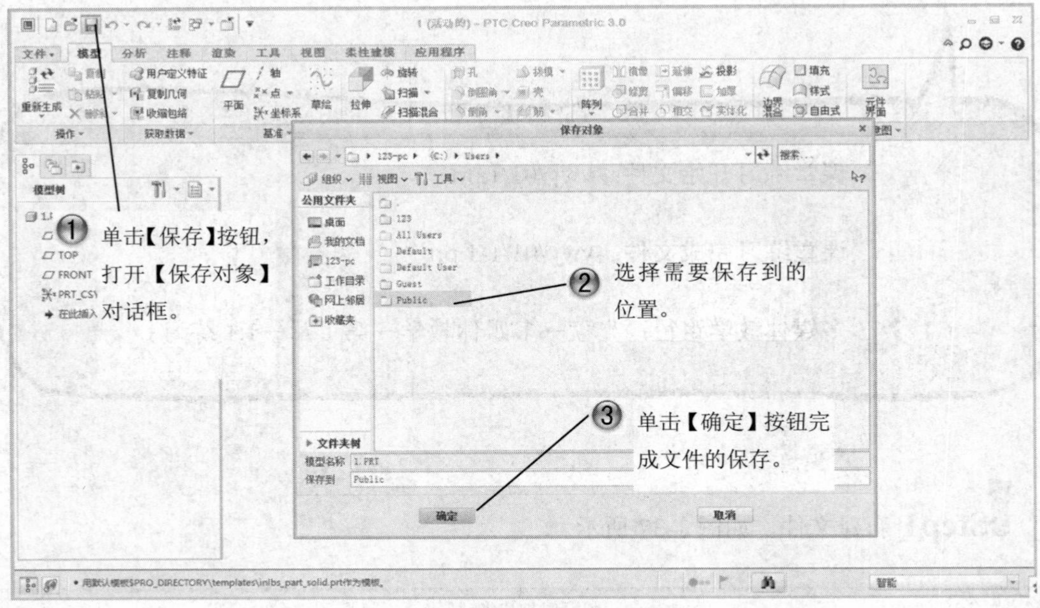

图 1-38　【保存对象】对话框

Step3 打开文件，如图 1-39 所示，打开后的零件如图 1-40 所示。

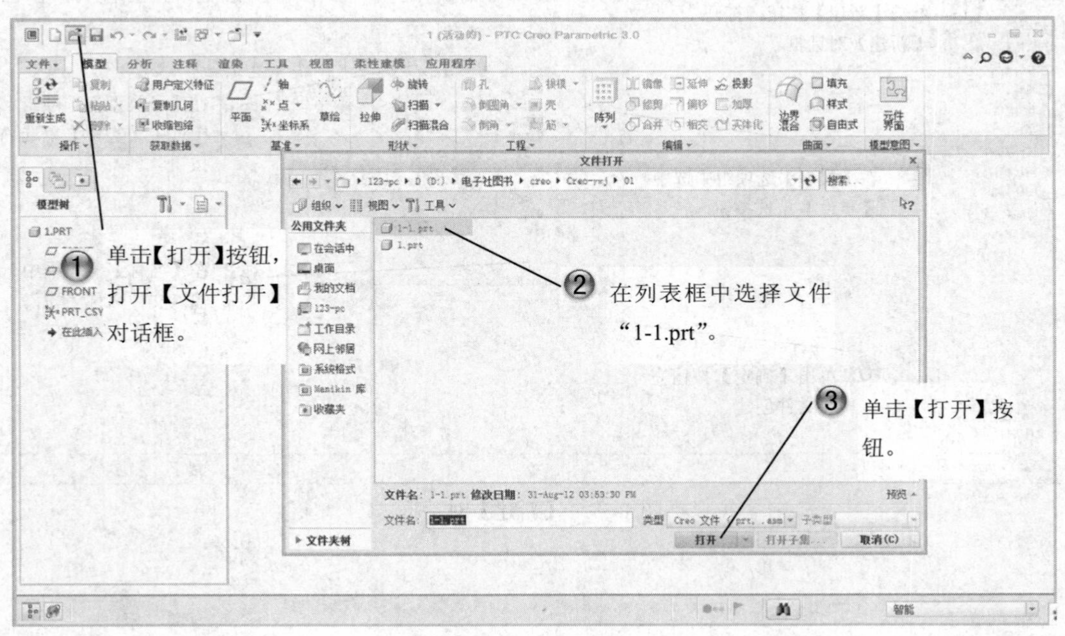

图 1-39　【文件打开】对话框

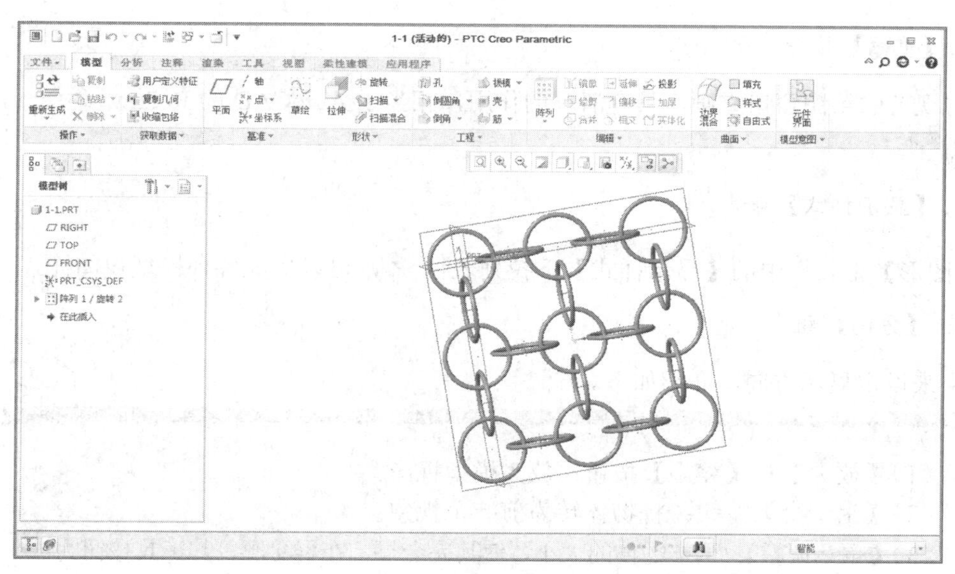

图 1-40　零件显示图

1.2　视图管理

基本概念

在设计 3D 实体模型的过程中，为了能够让用户很方便地在计算机屏幕上用各种视角来观察实体，Creo Parametric 提供了多种控制观察方式以及三维视角的功能，包括视角、视距、彩色光影、剖视等。本节将主要讲解这些控制观察方式以及三维视角的方法。

课堂讲解课时：2 课时

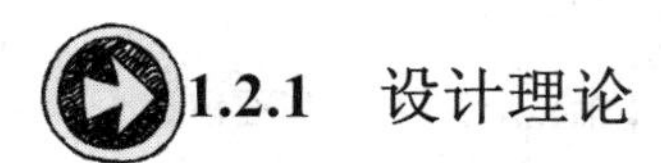

1.2.1　设计理论

控制三维视角有很多种方法，图 1-41 所示为【视图】选项卡和【图形】工具栏中的三维视角控制按钮，下面分别介绍这些命令按钮。

图 1-41　【视图】选项卡和【图形】工具栏

1.【重画】按钮

将现有的绘图窗口重画，具有清屏的作用，相当于 AutoCAD 的 Redraw 命令，其工具按钮为。

2.【显示样式】命令

【图形】工具栏中的【显示样式】下拉列表框，可以生成各种模型视图样式。

3.【方向】组

用来设定显示方向，介绍如下。

（1）【放大】和【缩小】按钮：放大模型视图。
（2）【上一个】按钮：将物体转为前一个视角。
（3）【重新调整】：调整物体的大小，使其完全显示在屏幕上，其工具按钮为。
（4）【重定向】：改变物体的 3D 视角，具体内容将在后面详细说明。
（5）【已命名视图】下拉列表框：用来选择已有视图方向。

4.【管理视图】下拉列表中的【视图管理器】按钮

【视图】选项卡【模型显示】组中的【管理视图】按钮和【图形】工具栏中的【视图管理器】按钮用来设置视图的表示形式，其对话框如图 1-42 所示，其工具按钮为。

5.【外观库】下拉列表

用来设置模型显示的颜色和外观。

6.【基准显示过滤器】下拉列表框

【基准显示过滤器】下拉列表框如图 1-43 所示，其中包括 5 个命令选项。

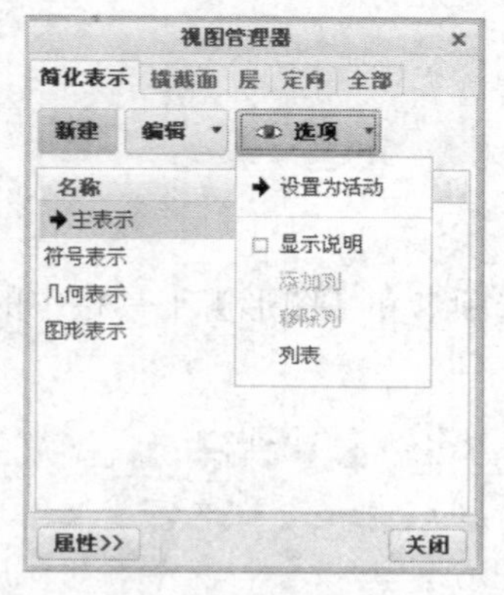

图 1-42 【视图管理器】对话框

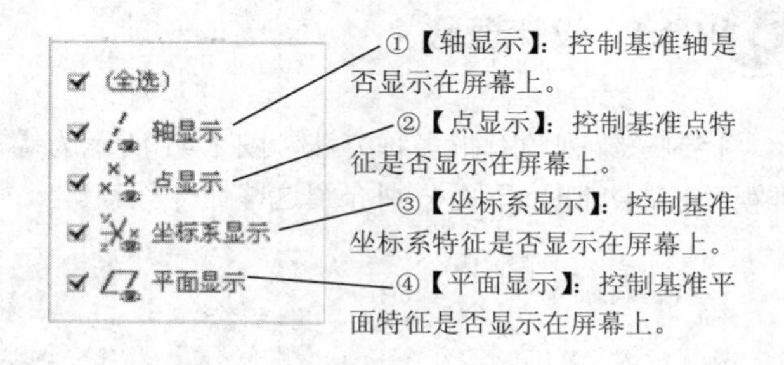

图 1-43 【基准显示过滤器】下拉列表框

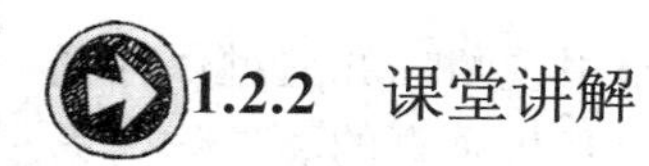

1.2.2 课堂讲解

1. 设置视角方向—重定向

在设计 3D 零件或装配件时，常常需要观察 3D 零件或装配件的前视图、俯视图、右视图等，而视角方向通常都正视于 3D 零件设计时的草绘平面，因此对于视角方向的判定必须有清楚的认识。

（1）重定向的设置

单击【视图】工具栏【方向】组中的【重方向】按钮 重定向，弹出【方向】对话框如图 1-44 所示。

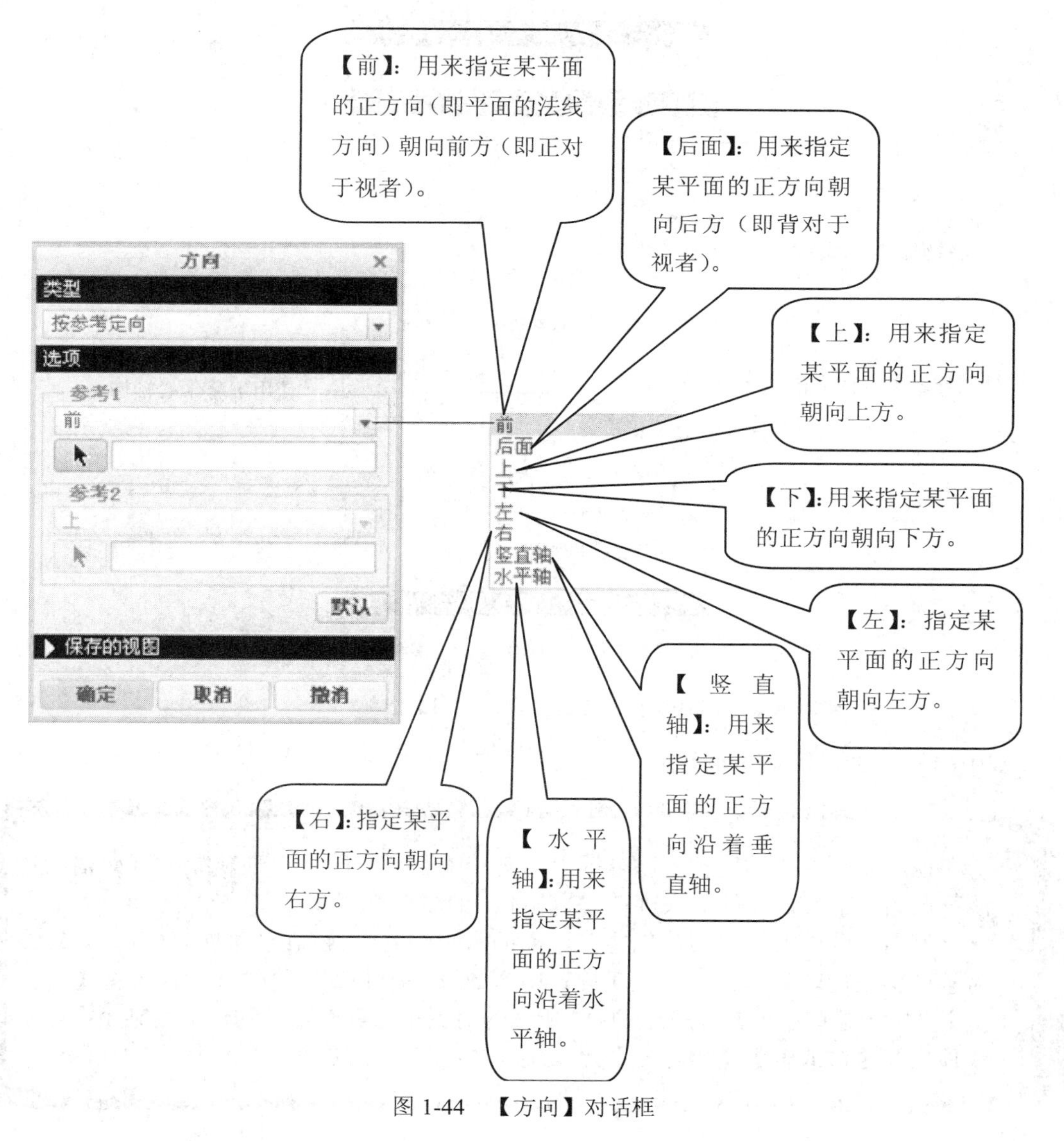

图 1-44 【方向】对话框

利用【方向】对话框，可以设置零件的前视、上视、右视等常用视角，并通过保存视图来保存这些视角。视角的设置方法就是在零件上依序指定“两个互相垂直的面”作为第一参考面及第二参考面，而参考面的方位包括【前】、【后面】、【上】、【下】、【左】、【右】、【竖直轴】和【水平轴】8 种，其定义如下。

（2）旋转缩放 3D 物体

旋转 3D 物体比较快捷的方法是：按住鼠标中键并拖动来旋转物体。

还有一种方法，即打开【方向】对话框，在【类型】下拉列表框中选择【动态定向】选项，此时对话框中的旋转、移动及缩放命令提供了物体较细致的操作方式，可将物体平移、缩放或旋转，其对话框如图 1-45 所示。

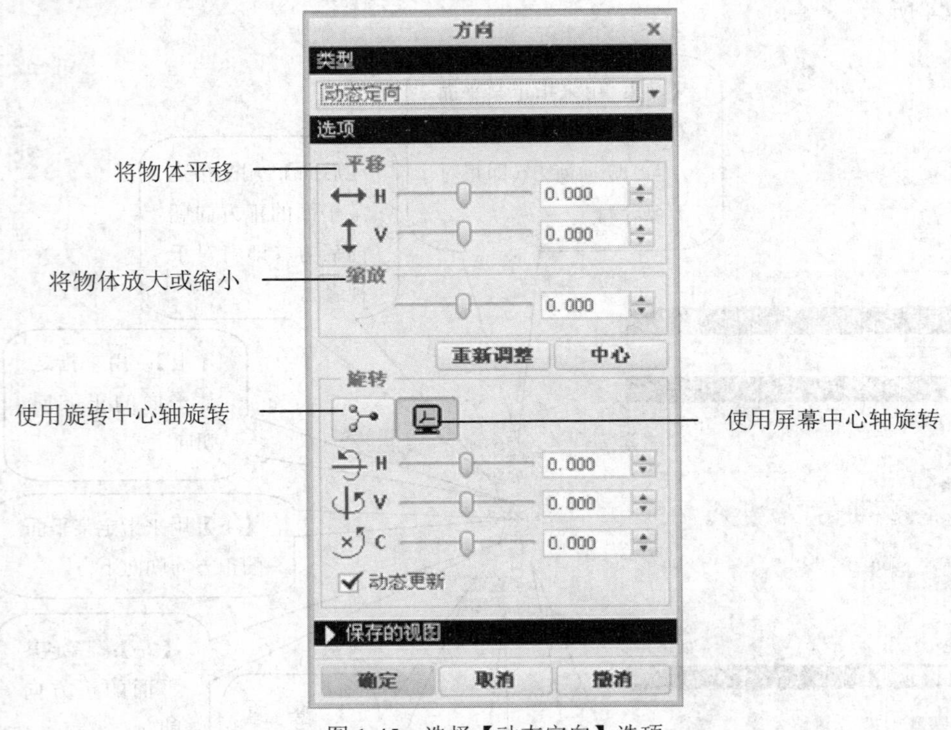

图 1-45　选择【动态定向】选项

其中旋转方式可分为下列两种。

使用旋转中心轴旋转：以屏幕上的旋转中心（红色为 x 轴，绿色为 y 轴，淡蓝色为 z 轴）作为基准来旋转 3D 物体，如图 1-46 所示。

使用屏幕中心轴旋转：以窗口平面的水平轴、竖直轴或屏幕的垂直方向作为基准轴来旋转物体。除了相对旋转中心或屏幕中心旋转物体外，也可将【类型】设置为【首选项】，打开图 1-47 所示的对话框，可设置以物体上的某个【点或顶点】、【边或轴】、【坐标系】等为旋转中心进行旋转。

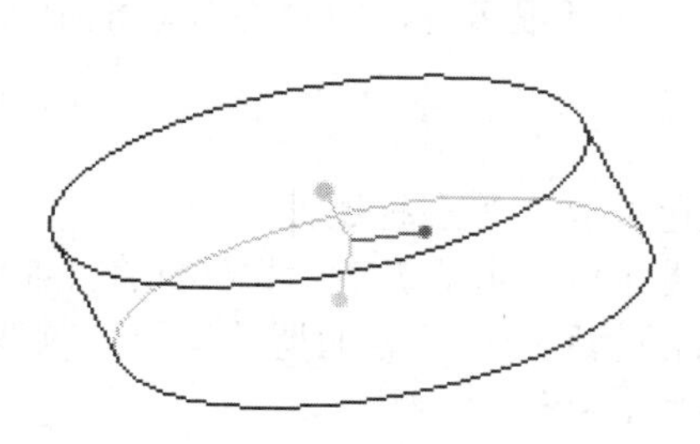
图 1-46　旋转中心

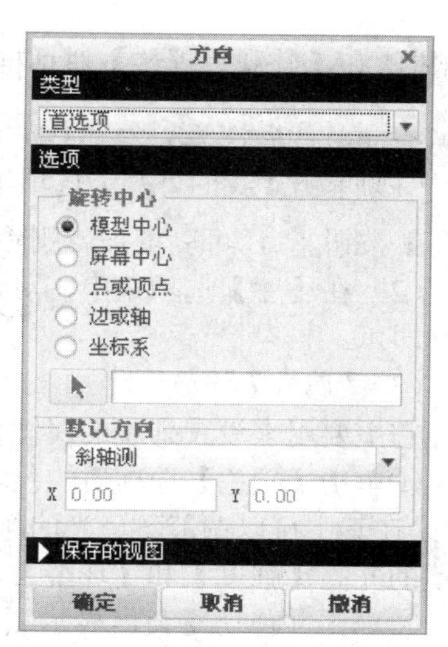

图 1-47　选择【首选项】类型

2. 设置颜色和外观

零件或装配件可利用【视图】选项卡【模型显示】组中的【外观库】下拉列表着色，如图 1-48 所示，其颜色在默认情况下为亮灰色。若要改变颜色和外观，则可选择【外观库】下拉列表中的【外观过滤器】命令，打开的【外观管理器】对话框，如图 1-49 所示。在该对话框中可以设置零件的颜色、亮度等。

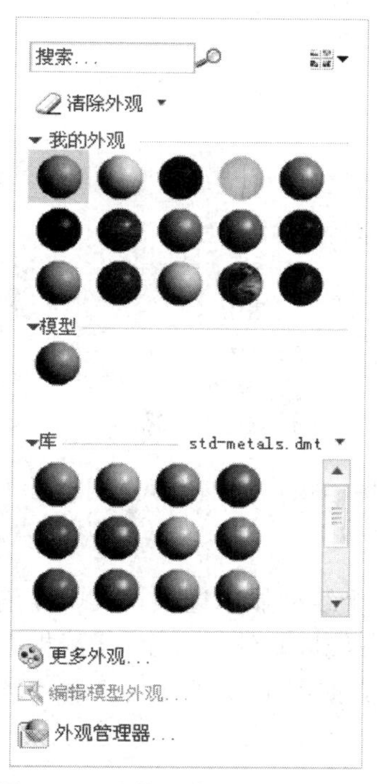

图 1-48　【外观库】下拉列表

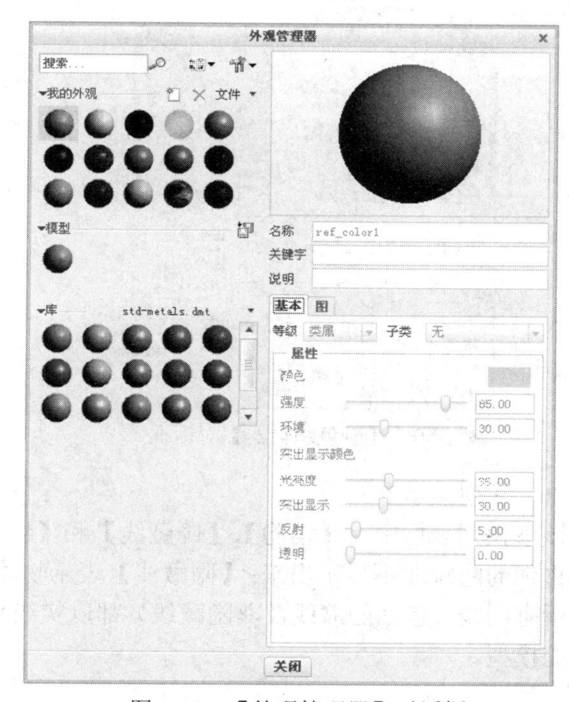

图 1-49　【外观管理器】对话框

下面讲解在【外观管理器】对话框中设置颜色和外观的方法。

（1）单击【我的外观】选项组中的【创建新外观】按钮或【删除选定的外观】按钮，可以增加或删除外观球。

（2）在【库】选项组中，可选择的对象包括很多种，只要在列表框中进行选择即可。

（3）【属性】设置

它主要用来设置外观的属性，包括颜色、亮度等多种属性。

①单击【颜色】选项后的色块，打开【颜色编辑器】对话框（如图 1-50 所示），在其中可以调节环境光的颜色。而【颜色】选项下方的调节滑块可以调整环境的光亮【强度】和【环境】。

②单击并拖动【突出显示颜色】选项下的调节滑块可以调节颜色的【光亮度】、【突出显示】、【反射】和【透明】参数。

3. 设置显示样式

【图形】工具栏中的【显示样式】下拉列表框如图 1-51 所示，其中有多个选项可以用来设置模型的显示样式，下面依次来介绍这些选项。

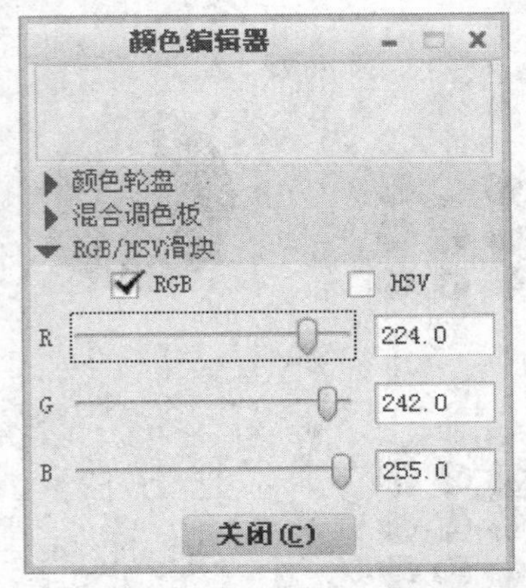

图 1-50　【颜色编辑器】对话框

图 1-51　【显示样式】对话框

（1）线型显示

该下拉列表框中有【消隐】、【隐藏线】和【线框】3 个线型显示选项。其中【消隐】表示物体的隐藏线不显示出来；【隐藏线】表示物体的隐藏线以暗线来表示；【线框】表示物体所有的线（包括隐藏线及非隐藏线）都以实线来表示。如图 1-52 所示为 3 种不同线型显示的模型。

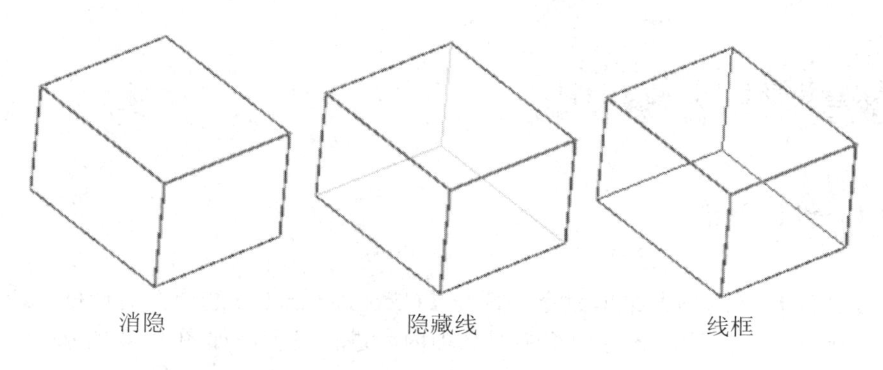

图 1-52　线型显示

（2）着色显示

着色显示选项有【利用边着色】、【利用反射着色】和【着色】3 个选项。【利用边着色】表示模型边以粗线条显示，【利用反射着色】表示模型显示反射阴影，【着色】表示普通的模型着色。如图 1-53 所示为 3 种不同线型显示的模型。

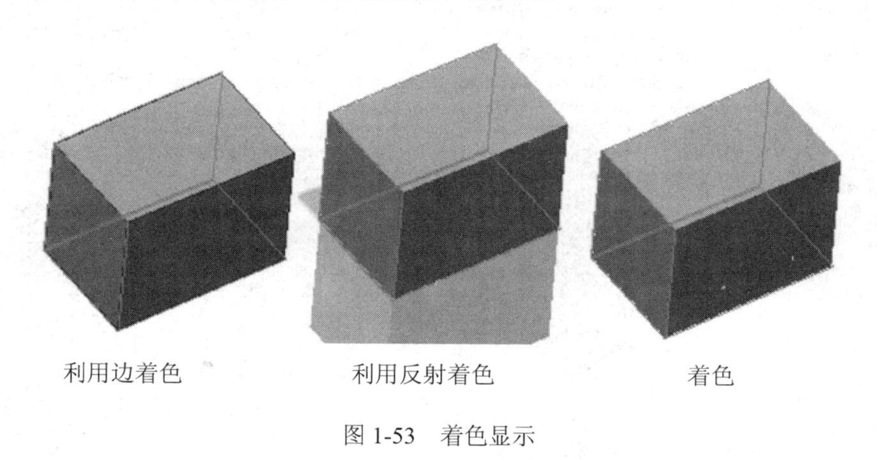

图 1-53　着色显示

1.3　环境设置

基本概念

Creo Parametric 环境设置包括多个方面，其中主要的有软件元素的显示和各种颜色设置，草绘器设置、装配设置和数据交换设置，为了使软件使用更加得心应手还可以对软件进行界面设置。

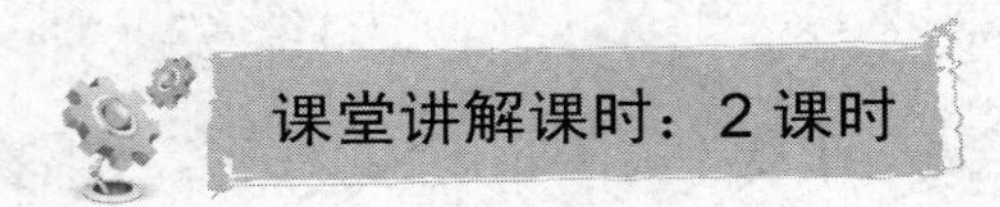

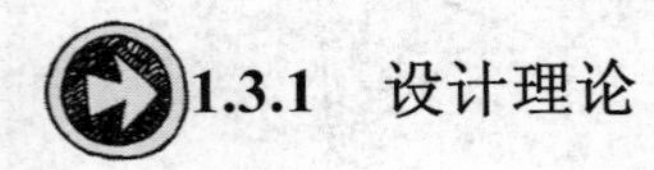

1.3.1 设计理论

单击【文件】|【选项】菜单命令，打开【Creo Parametric 选项】对话框，选择左侧列表中的各个选项，在右侧的各选项组中对选项内容进行设置，如图 1-54 所示。

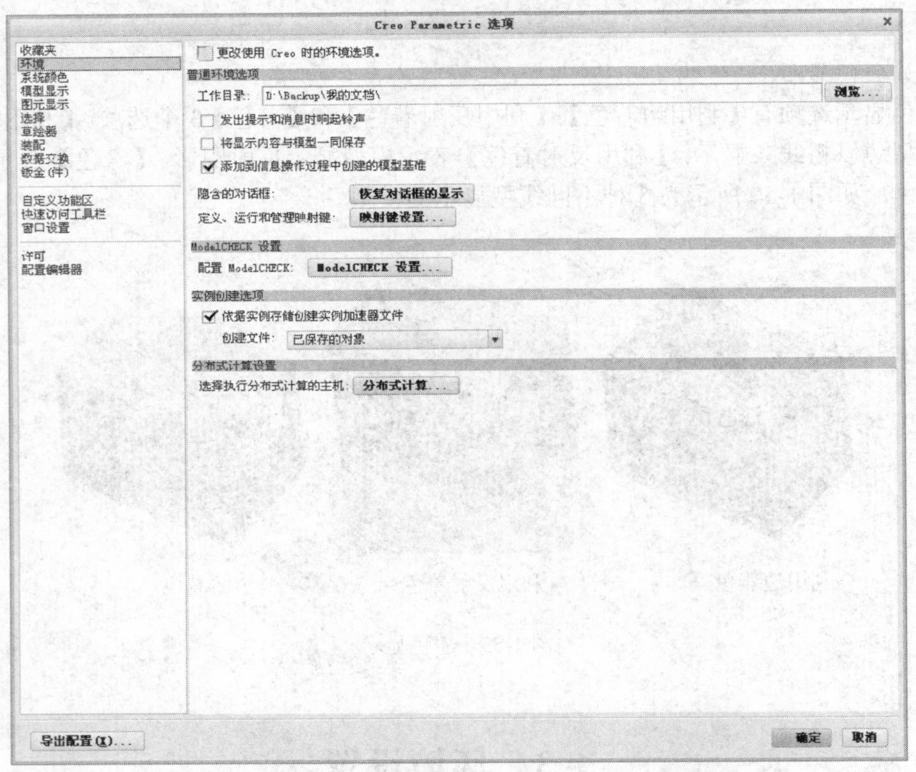

图 1-54 【Creo Parametric 选项】对话框

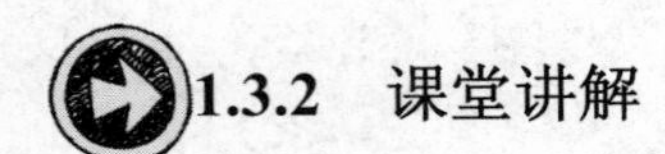

1.3.2 课堂讲解

1. 显示和颜色设置

在【Creo Parametric 选项】对话框中选择【系统颜色】选项，如图 1-55 所示，可以设置系统内的各个选项的颜色，包括【图形】、【基准】、【几何】、【草绘器】和【简单搜索】。打开相应的内容之后，单击各个选项之前的颜色块，设置系统预设的颜色，或者单击【更多颜色】按钮，自由设定颜色。

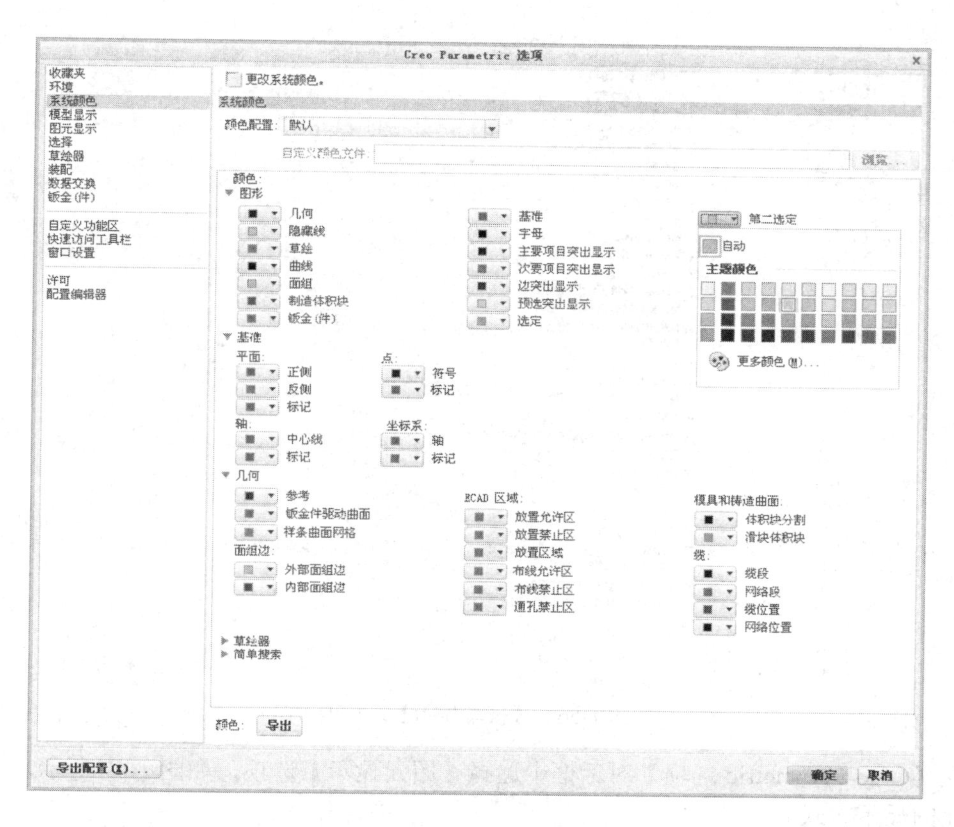

图 1-55 【系统颜色】选项卡

在【Creo Parametric 选项】对话框中选择【模型显示】选项，如图 1-56 所示，可以设置系统的模型显示，包括【模型方向】、【着色模型显示设置】、【重定向模型时的模型显示设置】、和【实时渲染设置】。

（1）在【默认模型方向】下拉列表框中有【等轴测】和【斜轴测】两个预设的类型，也可以选择【用户定义的】选项自设定方向。

（2）在【重定向模型时的模型显示设置】选项组的【显示动画】选项，可以输入数字，设置动画显示的最大秒数和最小帧数。

（3）【实时渲染设置】选项组可以在【阴影和反射的显示位置】下拉列表框选择【透明地板】和【房间】选项，设置阴影和反射效果；通过在【壁】下拉列表框中选择不同的平面，设置渲染墙壁。

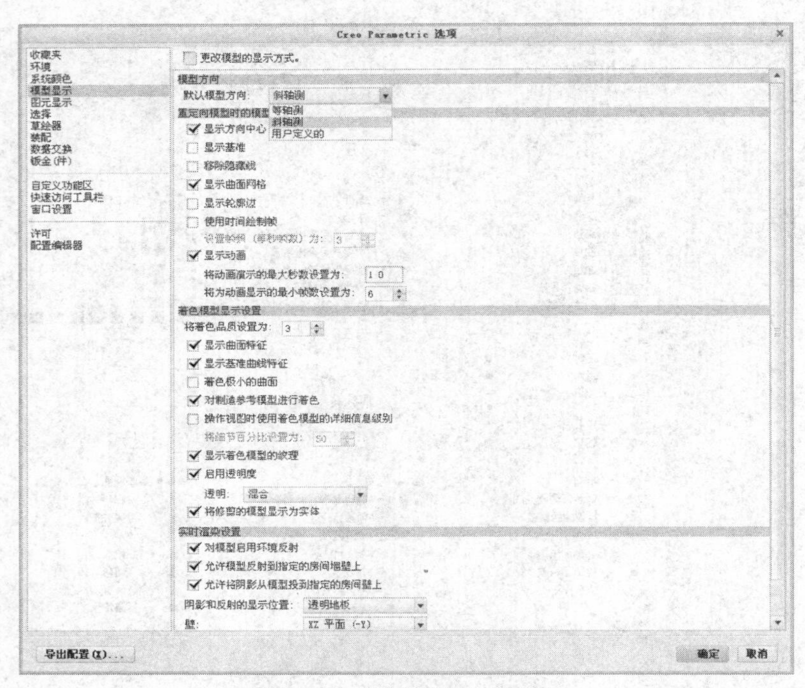

图 1-56 【模型显示】选项卡

在【Creo Parametric 选项】对话框中选择【图元显示】选项，如图 1-57 所示，可以更改图元的显示方式。

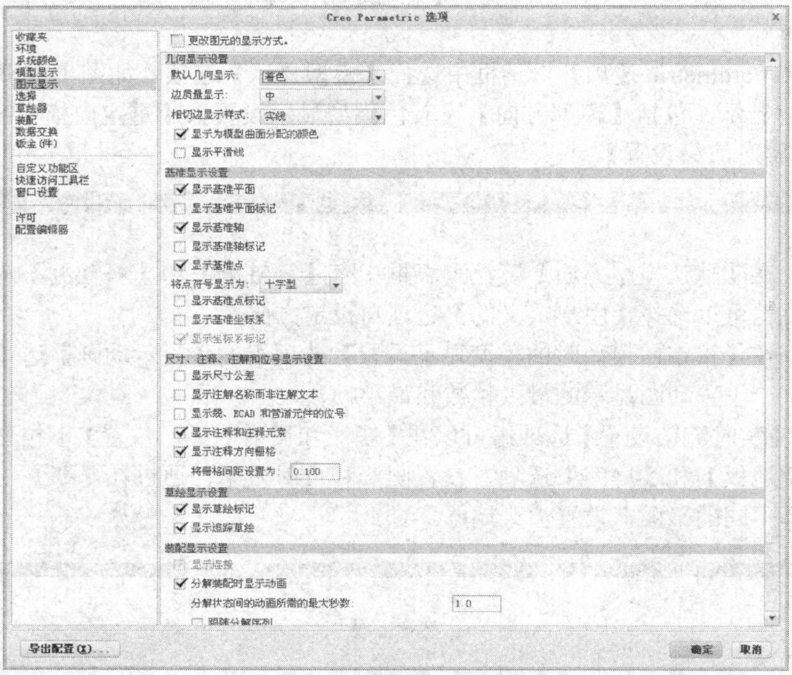

图 1-57 【图元显示】选项卡

在【几何显示设置】选项组【默认几何显示】下拉列表框中，有 6 种不同的几何显示效果；在【边质量显示】下拉列表框中有 5 种模型边的显示效果；在【基准显示设置】选项组【将点符号显示为】下拉列表框中有 5 种不同的点的效果，可以进行设置，如图 1-58 所示。

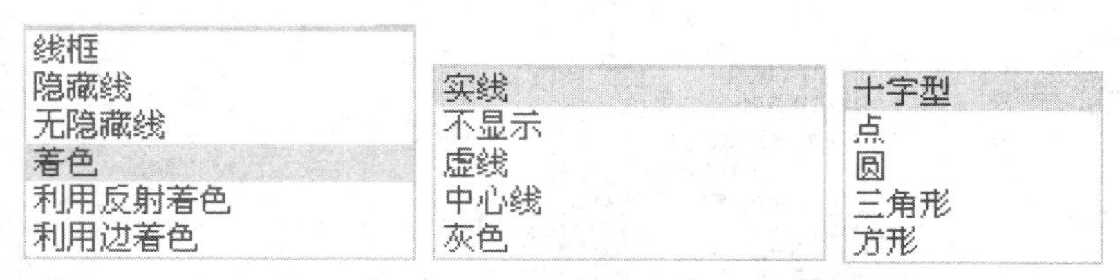

图 1-58 【默认几何显示】、【边质量显示】和【将点符号显示为】下拉列表框

2. 草绘器设置

在【草绘器】选项卡，如图 1-59 所示，可以设置在草绘界面对象显示、栅格、样式和约束的选项。除了可以设置草图对象本身的显示效果外，比如尺寸、约束和顶点，还可以设置草绘器的约束假设样式，尺寸标注的小数位及相对精度。

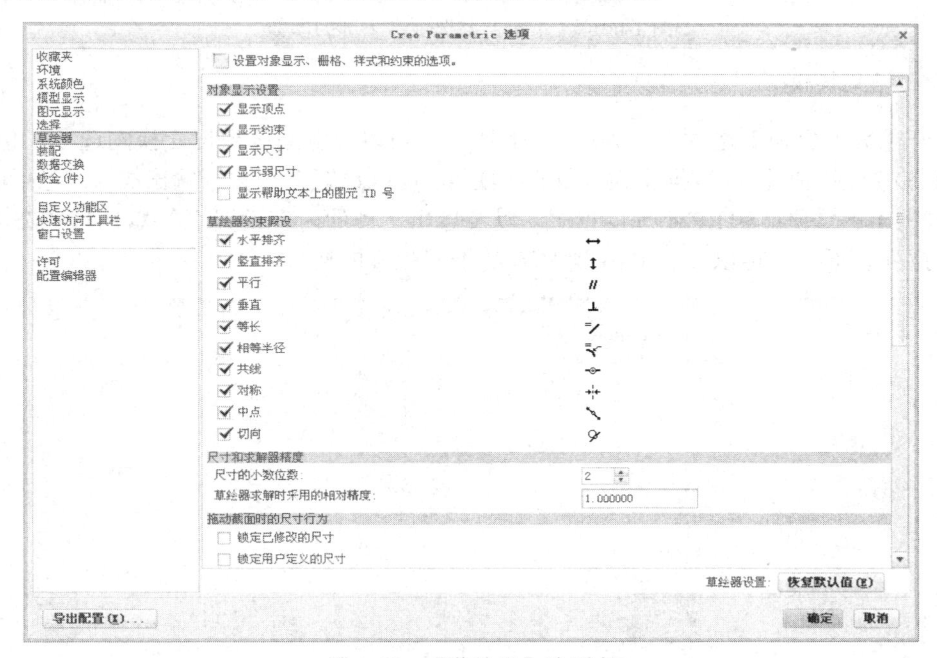

图 1-59 【草绘器】选项卡

草绘时同样可以设置栅格和栅格捕捉，如图 1-60 所示，【栅格类型】包括【笛卡尔】和【极坐标】两种。

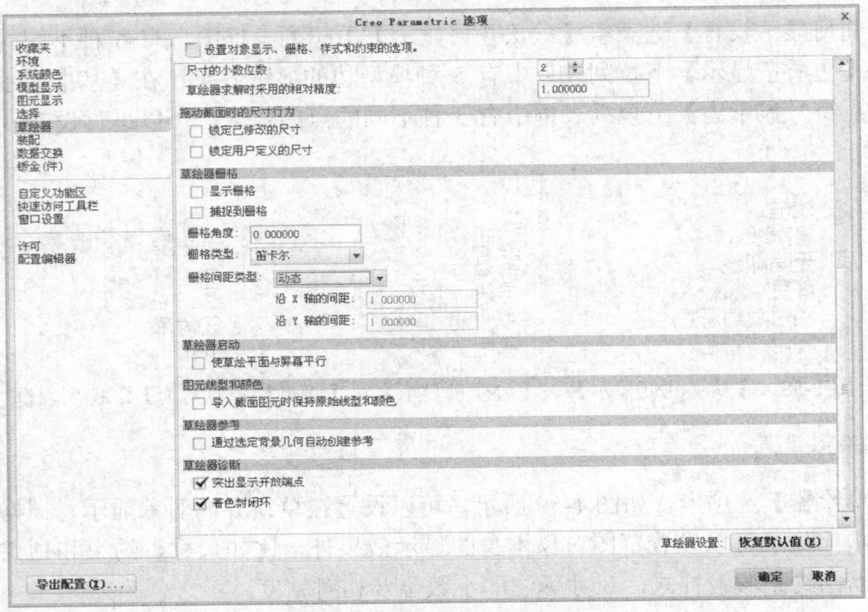

Creo Parametric 选项

收藏夹
环境
系统颜色
模型显示
图元显示
选择
草绘器
装配
数据交换
钣金件
自定义功能区
快速访问工具栏
窗口设置
许可
配置编辑器

设置对象显示、栅格、样式和约束的选项。

尺寸的小数位数：2
草绘器求解时采用的相对精度：1.000000

拖动截面时的尺寸行为
锁定已修改的尺寸
锁定用户定义的尺寸

草绘器栅格
显示栅格
捕捉到栅格
栅格角度：0.000000
栅格类型：笛卡尔
栅格间距类型：动态
沿 X 轴的间距：1.000000
沿 Y 轴的间距：1.000000

草绘器启动
使草绘平面与屏幕平行

图元线型和颜色
导入截面图元时保持原始线型和颜色

草绘器参考
通过选定背景几何自动创建参考

草绘器诊断
突出显示开放端点
着色封闭环

草绘器设置：恢复默认值(R)
导出配置(X)...
确定　取消

图 1-60　【草绘器】选项卡下部的参数

3. 数据交换设置

打开【数据交换】选项卡，如图 1-61 所示，可以设置用于数据交换的选项，包括 3D 数据和 2D 数据。在【3D 数据交换设置】选项组，可以设置多种数据输出类型，包括 CATIA V5 不同版本的数据、STEP 不同的格式，以及导出文件的内容设置。在【CATIA V5 导出版本】下拉列表框中，可以设置 R16 到 R20 的不同版本的格式。

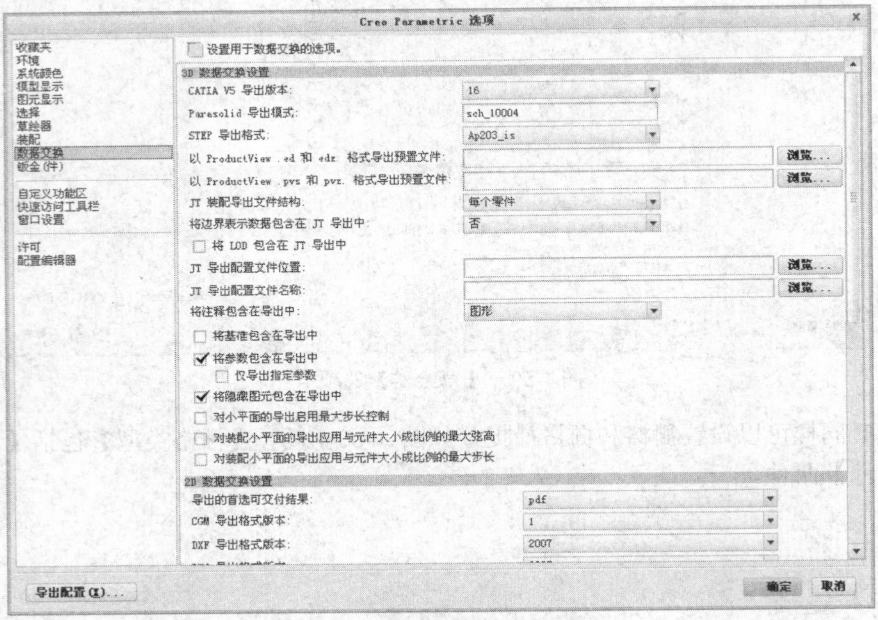

Creo Parametric 选项

收藏夹
环境
系统颜色
模型显示
图元显示
选择
草绘器
装配
数据交换
钣金件
自定义功能区
快速访问工具栏
窗口设置
许可
配置编辑器

设置用于数据交换的选项。

3D 数据交换设置
CATIA V5 导出版本：16
Parasolid 导出模式：sch_10004
STEP 导出格式：Ap203_is
以 ProductView .ed 和 .edz 格式导出预置文件：浏览...
以 ProductView .pvs 和 pvz. 格式导出预置文件：浏览...
JT 装配导出文件结构：每个零件
将边界表示数据包含在 JT 导出中：否
将 LOD 包含在 JT 导出中
JT 导出配置文件位置：浏览...
JT 导出配置文件名称：浏览...
将注释包含在导出中：图形
将基准包含在导出中
将参数包含在导出中
仅导出指定参数
将隐藏图元包含在导出中
对小平面的导出启用最大步长控制
对装配小平面的导出应用与元件大小成比例的最大弦高
对装配小平面的导出应用与元件大小成比例的最大步长

2D 数据交换设置
导出的首选可交付结果：pdf
CGM 导出格式版本：1
DXF 导出格式版本：2007

导出配置(X)...
确定　取消

图 1-61　【数据交换】选项卡

2D 数据交换设置选项如图 1-62 所示，可以选择模型导出的各种版本文件。

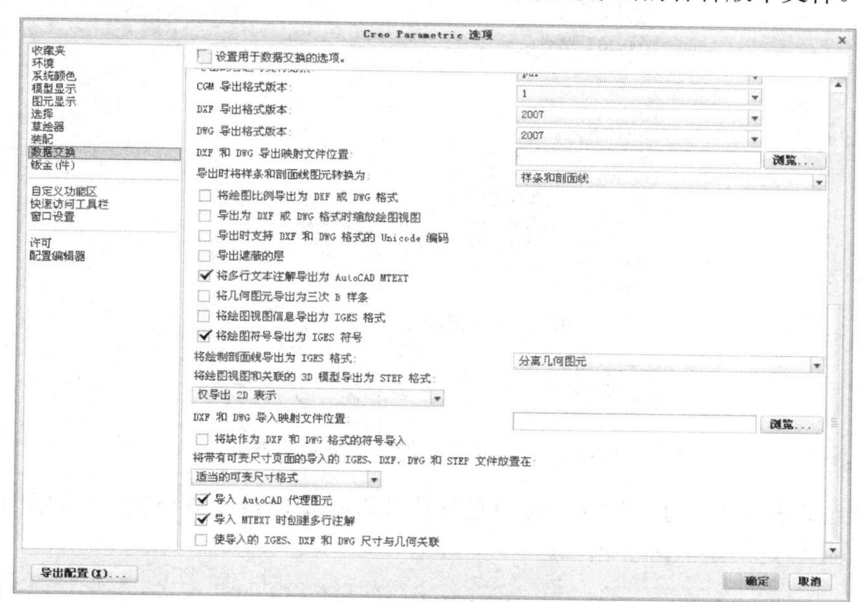

图 1-62　【数据交换】选项卡下部的参数

5. 界面设置

Creo Parametric 软件的界面是可以自由定制的，如图 1-63 所示打开【自定义功能区】选项卡，在左侧下拉列表框中选择模块命令，如图 1-64 所示，在【自定义功能区】选择要定义的选项卡，如图 1-65 所示。选择需要调整的命令，使用【添加】和【移除】按钮进行设置。

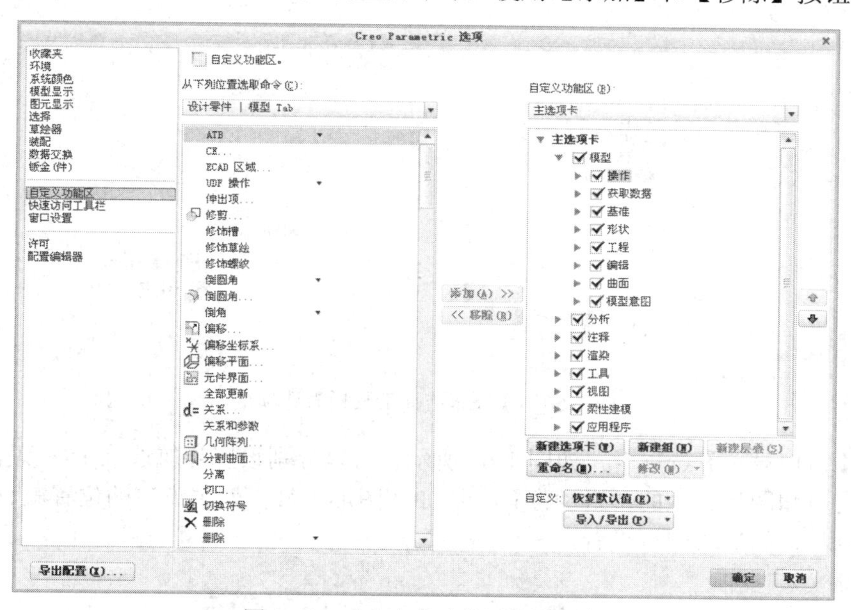

图 1-63　【自定义功能区】选项卡

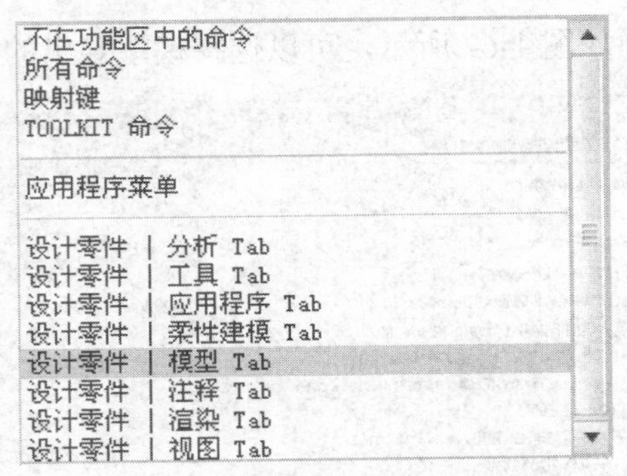

图 1-64 模块下拉列表框

所有选项卡
主选项卡
工具选项卡

图 1-65 【自定义功能区】下拉列表框

在【快速选择工具栏】选项卡，可以设置快速选择工具栏的命令按钮，如图 1-66 所示，操作方法和【自定义功能区】相似。

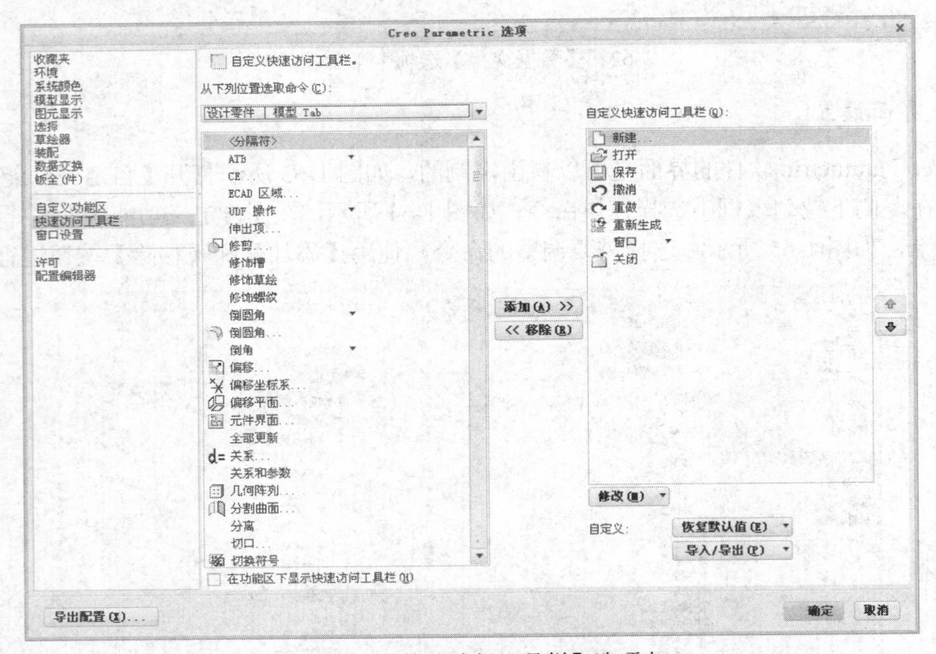

图 1-66 【快速选择工具栏】选项卡

打开【窗口设置】选项卡，如图 1-67 所示。可以分别设置导航选项卡、模型树、浏览器、辅助窗口和图形具栏的参数和位置。比如【图形工具栏】主窗口的位置就有 6 种显示方式，选择相应的选项即可设置。

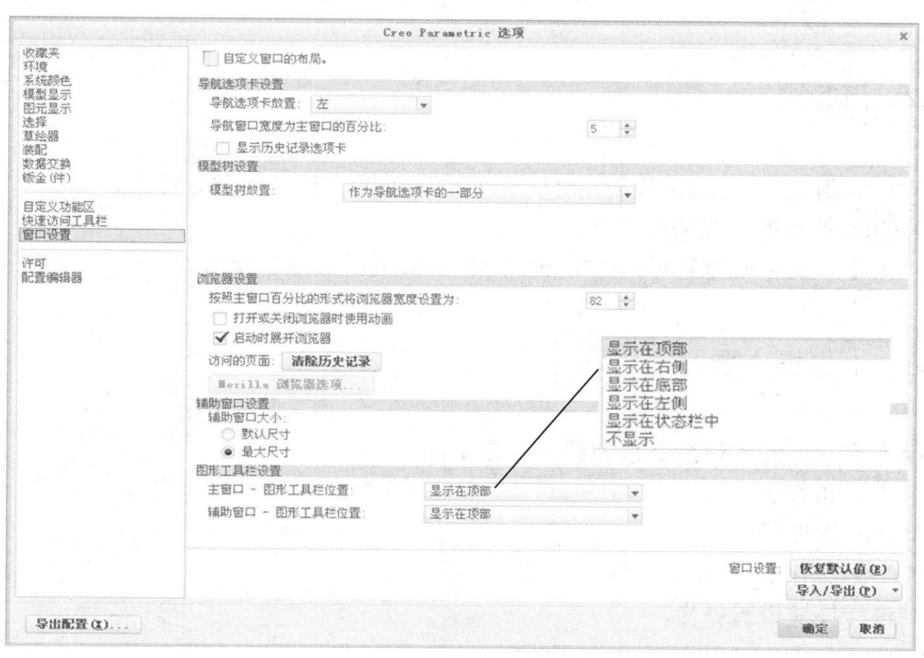

图 1-67　【窗口设置】选项卡

1.4　专家总结

本章主要介绍了 Creo Parametric 3.0 的相关知识，包括 Creo Parametric 3.0 软件的操作界面和参数设置，这些是学习该软件的入门知识，是学习该软件的根本。其中的很多知识在后面的软件应用中会涉及到，所以必须熟练掌握所有介绍到的设置。

1.5　课后习题

1.5.1　填空题

（1）【文件】菜单是 Creo 软件进行__________的命令菜单，也是进行软件参数设置和提供软件帮助的命令菜单。。

（2）导航选项卡共包括________个选项卡。

（3）Creo Parametric 环境设置包括多个方面，其中主要的有________和________设置，________设置、________设置和________换设置，为了使软件使用更加得心应手还可以对软件进行界面设置。

1.5.2 问答题

（1）目前制造企业在 CAD 应用方面仍然面临的四大核心问题是什么？

（2）Creo 的功能和优势是什么？

（3）在【外观管理器】对话框中设置颜色和外观的方法是什么？

1.5.3 上机操作题

使用本章学过的各种命令来创建一个新文件。

练习步骤和方法：

（1）熟悉软件界面。

（2）学习文件操作。

（3）进行环境设置操作。

第 2 章　草绘设计

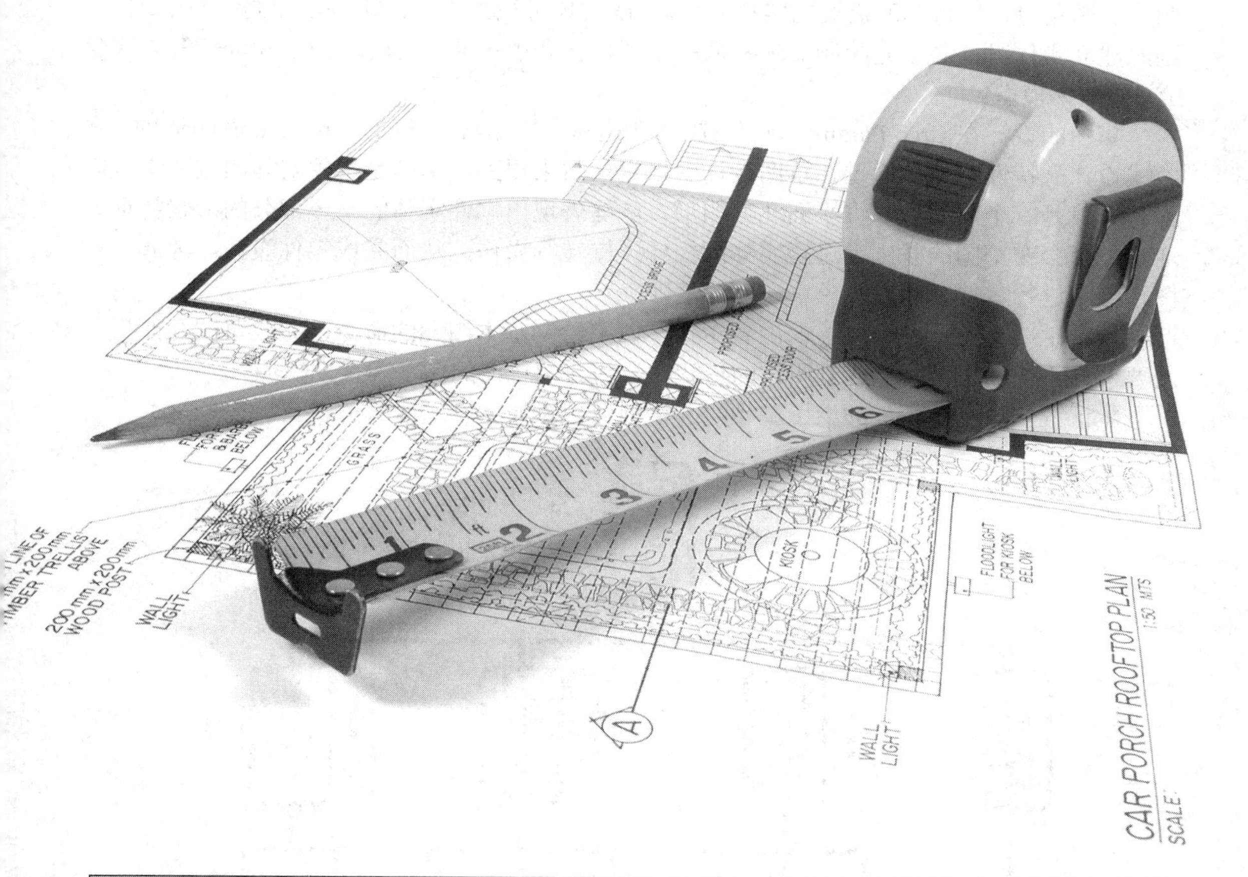

课训目标	内　容	掌握程度	课　时
	草绘环境	熟练掌握	1
	绘制基本图元	熟练掌握	2
	草图编辑	熟练掌握	2
	尺寸标注	熟练掌握	2

课程学习建议

进行 3D 零件设计时，必须先建立基本实体，然后就可对此实体进行各项加工，如圆角、倒圆角等，以得到所需要的实体外形。3D 实体可视为 2D 草图在第三维空间的变化，因此建立实体时，必须先绘制实体模型的草图，再利用拉伸、旋转、扫描和混合等方式建立 3D 实体模型。

草图的设计在 Creo Parametric 的 3D 零件建模中是非常重要的，Creo Parametric 的“参数式设计”特性也往往通过在草图设计中指定参数来得到。草图是零件实体的重要组成因素，一般是一个封闭的二维平面几何图形，能够表现出零件实体的某一部分的形状特征。通常，都会在草图的基础上进行实体的拉伸、旋转等操作，从而完成零件设计。因此，草图草绘是进行零件、曲面等模块学习的基础。

本章主要介绍草图绘制前的准备工作；以及绘制基本图元的命令；完成草图绘制后一般要进行草图编辑，才能达到所需的形状；最后介绍草图的文字和尺寸标注。

本课程主要基于软件的绘图基础，其培训课程表如下。

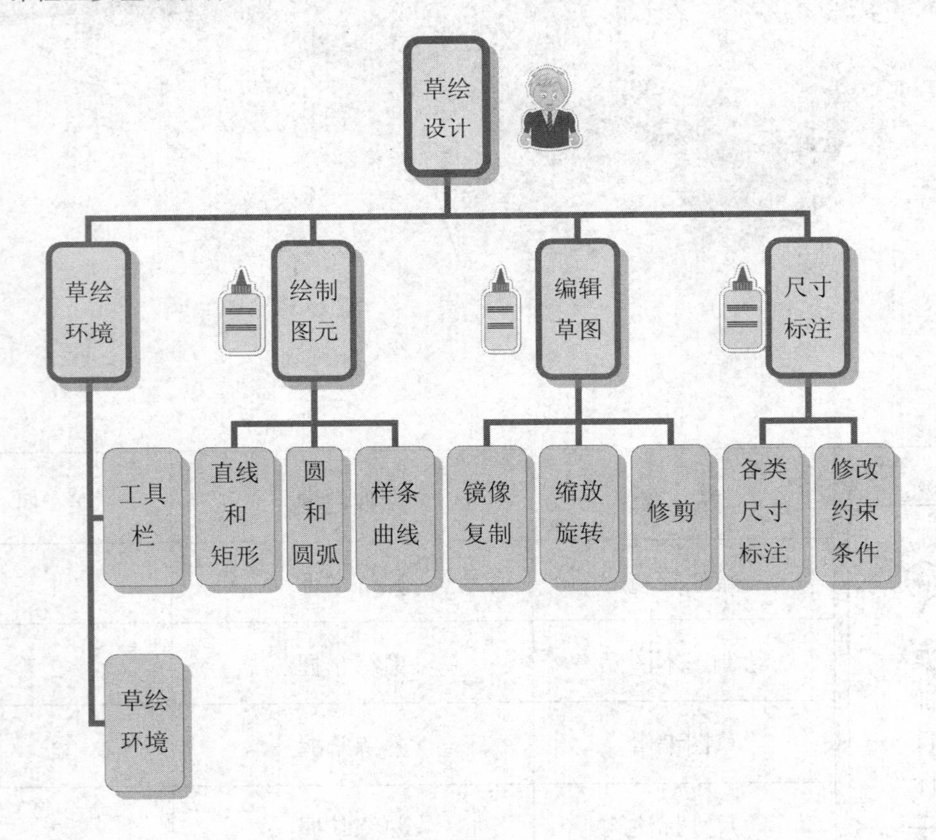

2.1　草绘环境

基本概念

草图是产生特征的 2D 几何图形，若将草图所产生的特征以“拉伸”或“扫描”的形式切断，就可以得到此特征的 2D 断面（在每一个草图都相同的 2D 断面）。草图是零件实体的基本组成要素。草图一般是一个封闭的二维平面几何图形，能够表现零件实体的某一部分的形状特征。

构成草图的三要素分别为 2D 几何图形、尺寸及 2D 几何对齐数据。用户可在草绘环境下绘制 2D 几何图形（此为大致的形状，不须真实尺寸），然后经过尺寸标注，再修改尺寸值，系统即可自动以正确尺寸值来修正几何形状。另外，Creo Parametric 对 2D 草图上的某些几何图形可自动假设某些关联性，如对称、相等和相切等限制条件，以减少尺寸标注的步骤，并达到完全约束的草图外形。

课堂讲解课时：1 课时

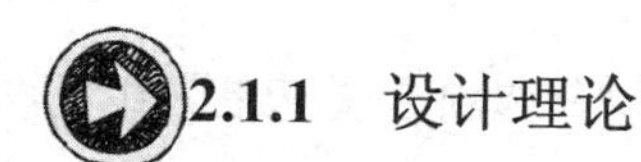

2.1.1　设计理论

绘制 2D 草图时，首先要进入草图设计的界面，具体方法是：单击【快速访问】工具栏【新建】按钮，在打开的【新建】对话框中选中【草绘】文件类型，输入新建文件名，如图 2-1 所示。

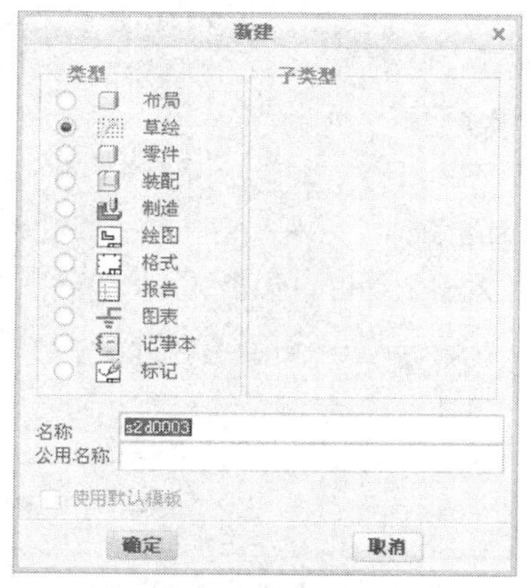

图 2-1　【新建】对话框

单击【确定】按钮即可进入绘制草图的用户界面，如图 2-2 所示。在此模式下只能进行草图的绘制，并保存为“.sec“的文件形式，以供其后在进行实体模型设计时使用。绘制草图的用户界面包括工具栏、选项卡、命令提示栏和显示窗口等。

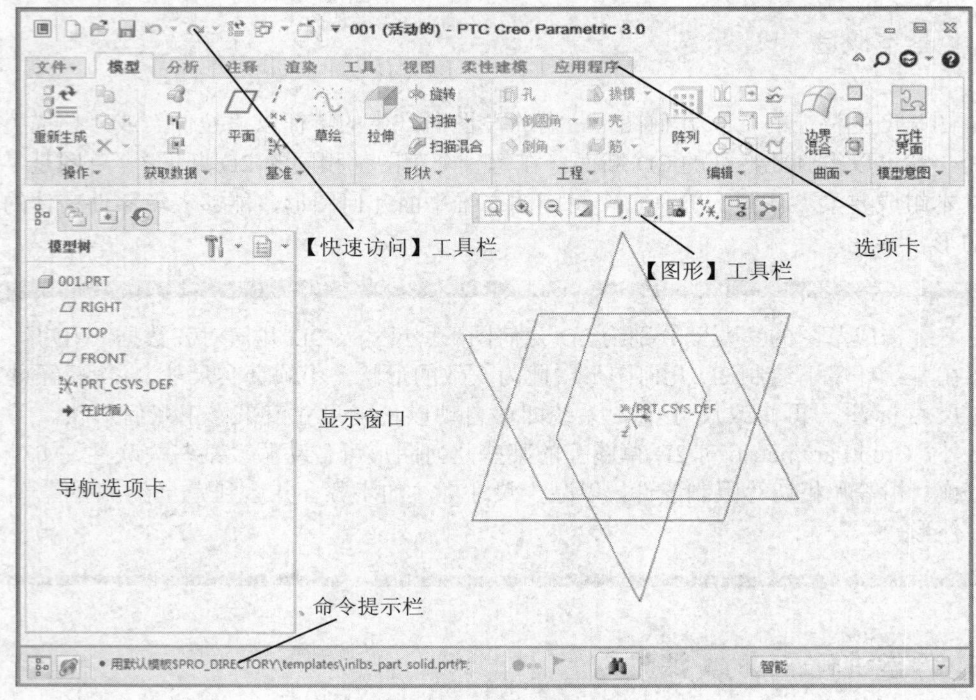

图 2-2　绘制草图的用户界面

创建草图也可以在零件建模模块绘制 3D 模型时，单击【模型】选项卡【基准】组的【草绘】按钮草绘，在弹出的【草绘】对话框选择相应的平面进行绘制，如图 2-3 所示，这是最常用的方法。

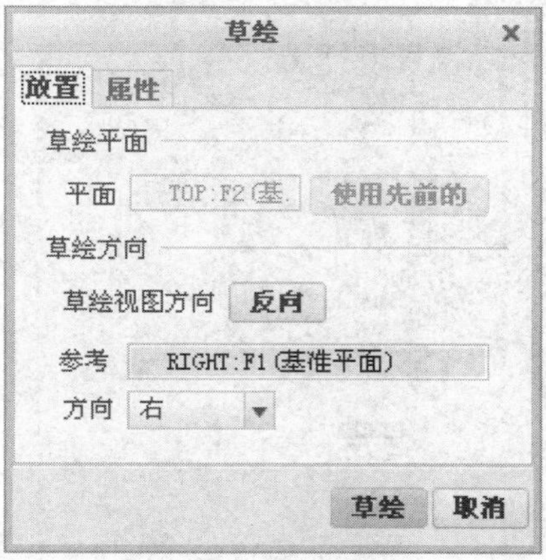

草绘
放置 属性
草绘平面
平面 TOP:F2(基. 使用先前的
草绘方向
草绘视图方向 反向
参考 RIGHT:F1(基准平面)
方向 右
草绘 取消

图 2-3　【草绘】对话框

2.1.2 课堂讲解

下面来讲解一下绘制草图的界面和使用的工具，使读者对绘制草图有初步的认识。

1. 工具栏

创建草图时常用的工具栏有【快速访问】工具栏和【图形】工具栏，前者一般位于软件窗口的左上角，后者默认位于显示窗口上方，如图 2-4 和 2-5 所示。用户也可以根据需要自定义工具栏的位置。其中【图形】工具栏比普通状态下多出了【草绘器显示过滤器】下拉列表框和【草绘视图】按钮，如图 2-6 所示。

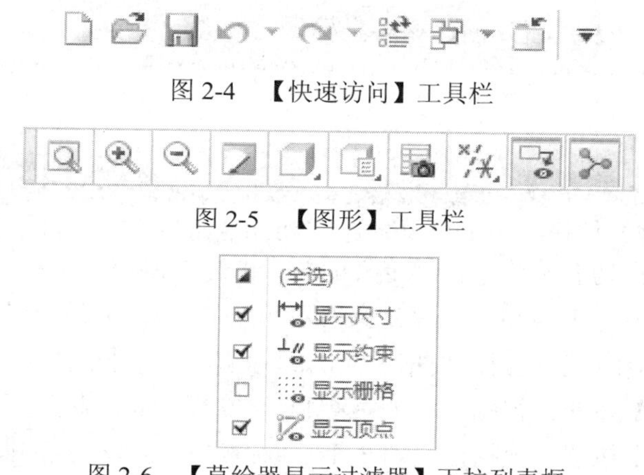

图 2-4 【快速访问】工具栏

图 2-5 【图形】工具栏

图 2-6 【草绘器显示过滤器】下拉列表框

2. 草绘工具

在模型设计模块中，单击【模型】选项卡【基准】组的【草绘】按钮，弹出【草绘】工具选项卡，如图 2-7 所示，这是绘制草图图元的快捷工具按钮的集合。

【草绘】工具选项卡中的按钮按照各自的功能，可以分为不同的组，有【设置】、【获取数据】、【操作】、【基准】、【草绘】、【编辑】、【约束】、【尺寸】、【检查】和【关闭】共 10 种，以下详细介绍主要绘图按钮的功能。

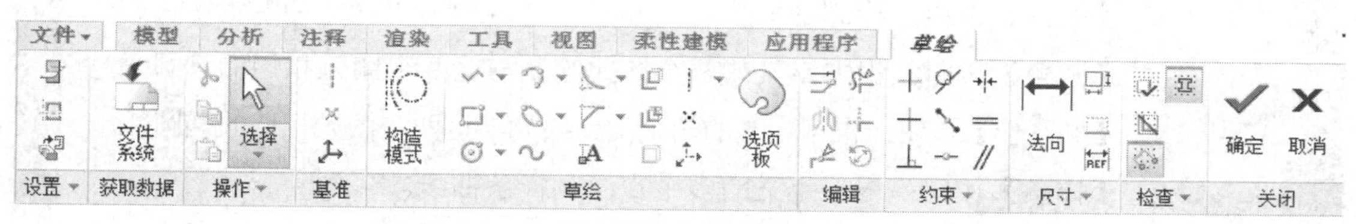

图 2-7 绘制草图的【草绘】工具选项卡

（1）【操作】组

【选择】下拉列表中的【依次】按钮：可以依次选择目标。单击该按钮后，可以结束图元的绘制操作并切换到选取模式，用户可以直接使用鼠标选择要编辑的图元；如果同时按住 Ctrl 键，则可依次选择多个图元，或者按住鼠标左键拖动生成一个矩形，使要选择的图元处于矩形内部，也可以达到同样的效果。

（2）【基准】组

【中心线】按钮：根据定义的起点和终点绘制中心线。
【点】按钮：设置草绘点，为草图绘图提供基准。
【坐标系】按钮：创建相对坐标系。

（3）【草绘】组

【线链】按钮：根据定义的起点和终点绘制几何直线。
【直线相切】按钮：根据定义的两个图元绘制与它们相切的几何直线。
【拐角矩形】按钮：根据定义的对角线的起点和终点绘制矩形。
【圆心和点】按钮：根据定义的圆心和半径绘制圆。
【同心】按钮：根据定义的圆心和半径绘制同心圆。
【3 点】按钮：根据定义的 3 个点绘制经过这 3 个点的圆。
【3 相切】按钮：根据定义的 3 个图元绘制与这 3 个图元都相切的圆。
【轴端点椭圆】按钮：根据定义的轴端点绘制椭圆。
【3 点/相切端】按钮：根据定义的 3 个点绘制经过这 3 个点的圆弧。
【同心】按钮：根据已定义的圆弧或圆心，绘制与该圆弧同圆心而不同半径和长度的圆弧。
【圆心和端点】按钮：根据定义的圆心和半径绘制不同长度的圆弧。
【3 相切】按钮：根据定义的 3 个图元绘制与这 3 个图元都相切的圆弧。
【圆锥】按钮：绘制锥形弧。
【圆角】按钮：根据定义的两个图元绘制与这两个图元相切的圆弧。
【椭圆形】按钮：根据定义的两个图元绘制与这两个图元相切的椭圆弧。
【样条】按钮：根据定义的多个点绘制样条曲线。
【偏移】按钮：对所选实体的边界进行平移后作为图元进行编辑。
【文本】按钮：定义文本输入。

（4）【编辑】组

【删除段】按钮：修剪定义的多余曲线，可以按住鼠标左键拖动来依次选择多个要修剪的曲线，选中的部分就是要删除的部分。

【拐角】按钮：修剪或延伸定义的图元。与上面的【删除段】按钮功能不同，本功能选择的图元是要保留的部分。

【分割】按钮：定义图元断点，使其由一个图元成为两个图元。

【镜像】按钮：镜像复制，根据定义的中心线，对选择的图元进行对称复制。

【旋转调整大小】按钮：缩放旋转，对选择的图元进行旋转和缩放，不进行复制。

【修改】按钮：修改编辑选定的尺寸或文字图元。

（5）【约束】组

【约束】组有 9 个按钮，可以修改编辑各图元之间的约束条件，分别是【竖直】按钮、【水平】按钮、【垂直】按钮、【相切】按钮、【中点】按钮、【重合】按钮、【对称】按钮、【相等】按钮和【平行】按钮。

（6）【尺寸】组

【法向】按钮：手工标注尺寸。

【周长】按钮：创建周长尺寸。

【参考】按钮：创建参考尺寸。

（7）【关闭】组

✓【确定】按钮：完成草图绘制。

✕【取消】按钮：放弃当前的草图绘制。

2.2　绘制基本几何图元

基本概念

图元的概念：组成草图的图像元素，如直线、圆弧、圆、样条曲线、圆锥曲线、点、文本或坐标系等，如图 2-8 所示。

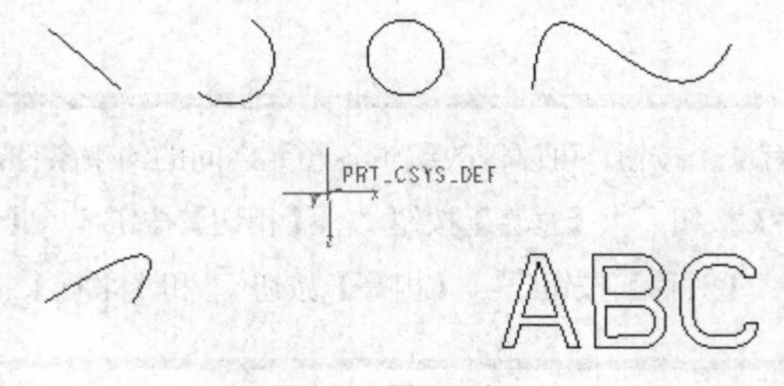

图 2-8　图元示例

课堂讲解课时：2 课时

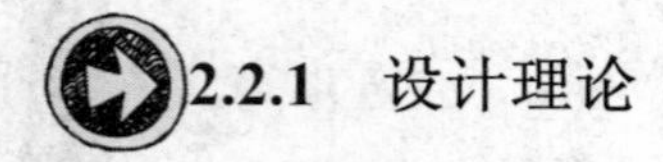

2.2.1　设计理论

在草绘界面下单击【草绘】工具选项卡【草绘】组中的【点】按钮 ×，将鼠标移动至绘图区中的预定位置，单击鼠标左键即可绘制出一个草绘点。参考点的用途包括：标明切点位置、显示线相切的接点、标明倒圆角的顶点等。

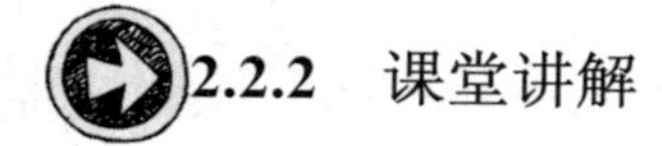

2.2.2 课堂讲解

下面来讲解一下绘制各类图元的方法。

1．绘制直线

直线可分成两种线形，即几何线和中心线。几何线所指的是实线；中心线所指的是虚线，其作用为辅助几何图形的建立，但两者绘制直线的方法相同，下面进行介绍。

（1）几何线：在草绘界面下单击【草绘】工具选项卡【草绘】组中的【直线】下拉列表框 线，其列表框中依次为【线链】、【直线相切】两种直线，如图 2-9 所示。当系统默认情况下为【线链】。

线链
直线相切

①线链：用鼠标草绘的，连接两点产生的直线。单击【草绘】工具选项卡【草绘】组中的【线链】按钮，在绘图区单击第一个草绘点作为起点，然后单击第二个草绘点作为终点，单击鼠标中键即可完成直线的绘制，如图 2-10 所示。可以继续单击绘制线链。

②直线相切：单击【草绘】工具选项卡【草绘】组中的【直线相切】按钮，绘制圆弧之间的相切直线，如图 2-11 所示，鼠标的位置是第二次单击的位置。

图 2-9 【直线】下拉列表框

图 2-10 两点绘制直线

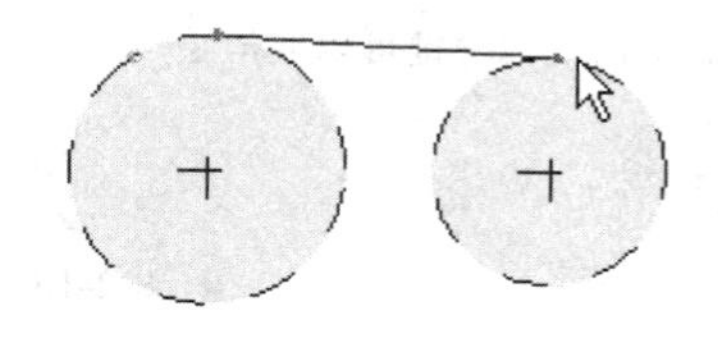

图 2-11 直线相切

（2）中心线：在草绘界面下单击【草绘】工具选项卡【草绘】组中的【中心线】按钮，在绘图区单击第一个点作为中心线的轴，然后移动鼠标使中心线摆动到需要的角度，单击鼠标即可完成中心线的绘制，单击鼠标中键可取消绘制，如图 2-12 所示。可以继续单击绘制中心线。

2．绘制矩形

在草绘界面下单击【草绘】工具选项卡【草绘】组中的【矩形】下拉列表框 矩形，其列表框中依次为【拐角矩形】、【斜矩形】、【中心矩形】和【平行四边形】四种类型的矩形，如图 2-13 所示。当系统默认情况下为【拐角矩形】。

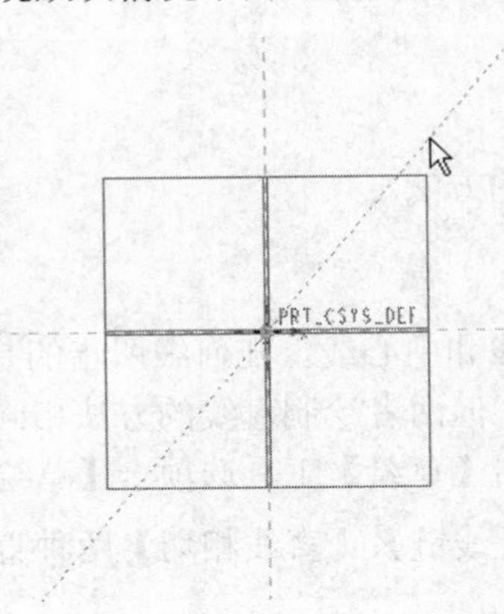

图 2-12　绘制中心线

①拐角矩形：单击起点作为矩形对角线的起点，然后移动鼠标绘制需要的矩形，最后单击直线的终点作为矩形对角线的终点即可完成矩形的绘制，如图 2-14 所示。单击鼠标中键可以取消绘制。

②斜矩形：单击起点作为矩形一条边的起点，然后移动鼠标至这条边的终点并单击鼠标。再移动鼠标绘制需要的矩形，再次单击鼠标即可完成矩形的绘制，如图 2-15 所示。单击鼠标中键可以取消绘制。

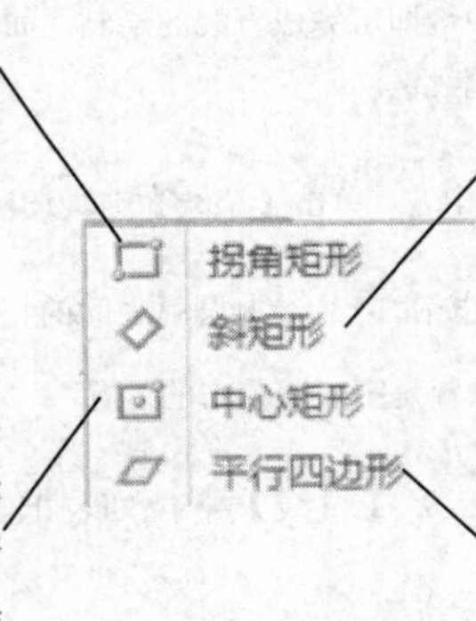

③中心矩形：单击起点作为矩形的中心，然后移动鼠标至形成需要的矩形，再次单击鼠标完成矩形的绘制，如图 2-16 所示。单击鼠标中键可以取消绘图。

④平行四边形：单击起点作为平行四边形一条边的起点，然后移动鼠标至这条边的终点并单击鼠标。再移动鼠标绘制需要的平行四边形，再次单击鼠标即可完成平行四边形的绘制，如图 2-17 所示。单击鼠标中键可以取消绘制。

图 2-13　【矩形】下拉列表框

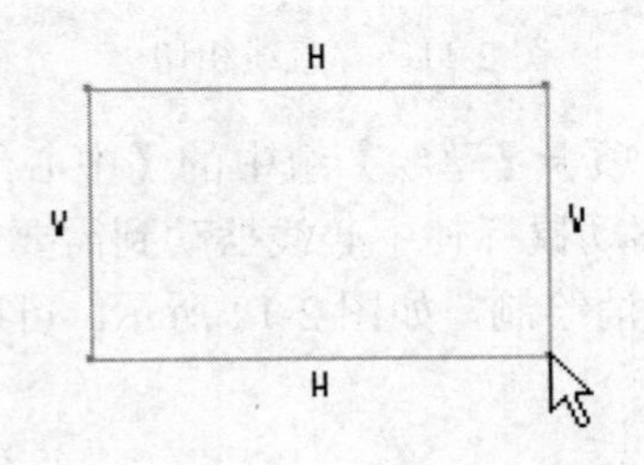

图 2-14　绘制拐角矩形

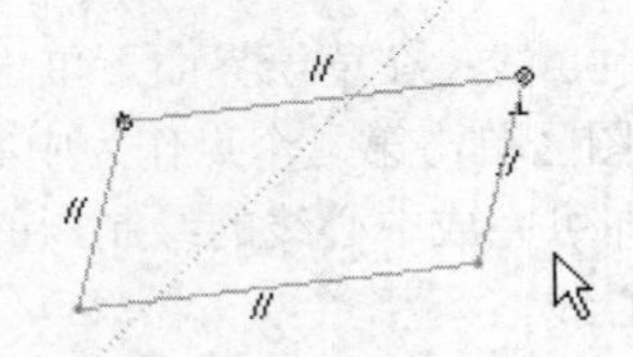

图 2-15　绘制斜矩形

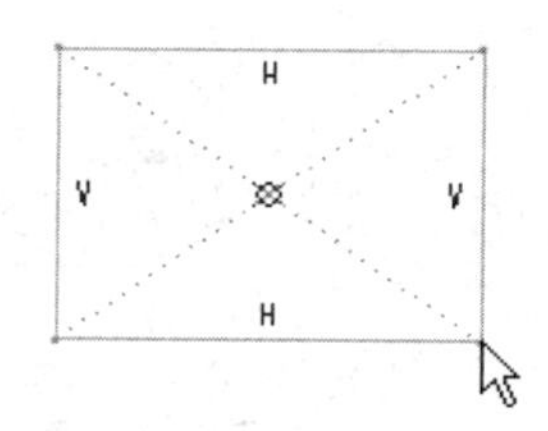

图 2-16　中心矩形

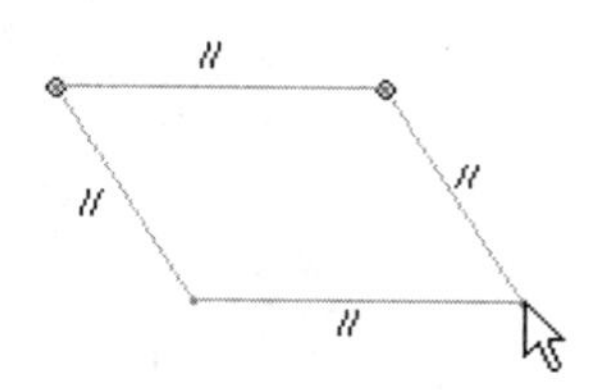

图 2-17　绘制平行四边形

3．绘制圆

在草绘界面下单击【草绘】工具选项卡【草绘】组中的【圆】下拉列表框圆，其列表框中依次为【圆心和点】、【同心】、【3 点】和【3 相切】四种类型的圆，如图 2-18 所示。当系统默认情况下为【圆心和点】。

①圆心和点绘圆：单击【草绘】工具选项卡【草绘】组中的【圆心和点】按钮，单击鼠标左键在绘图区选定圆心，然后移动鼠标指针确定半径，即可完成圆的绘制。如图 2-19 所示。

②同心圆：单击【草绘】工具选项卡【草绘】组中的【同心】按钮，单击一个已存在的圆或圆心，移动鼠标指针确定半径，即可绘制一个同心圆。
移动鼠标指针到另一位置后单击，可以绘制一系列的同心圆，如图 2-20 所示。单击鼠标中键或者单击【操作】组【选择】下拉列表中的的【依次】按钮结束绘制。

③3 点绘圆：另外通过不共线的 3 个点也可以绘制圆。单击【草绘】工具选项卡【草绘】组中的【3 点】按钮，单击鼠标左键在绘图区选定两个点，移动鼠标指针到合适位置后单击鼠标左键，即可绘制出经过这 3 个点的圆。如图 2-21 所示。

④3 相切绘圆：使用【3 相切】按钮还可以绘制与已知 3 个图元相切的圆。单击【草绘】工具选项卡【草绘】组中的【3 相切】按钮，单击鼠标左键在绘图区选定两个图元，移动鼠标指针到第 3 个图元后单击鼠标左键，即可绘制出与这些图元相切的圆，如图 2-22 所示。

圆心和点
同心
3点
3 相切

图 2-18　【圆】下拉列表框

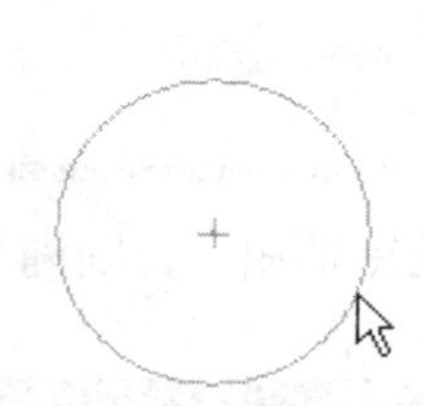

图 2-19　通过【圆心和点】绘制的圆

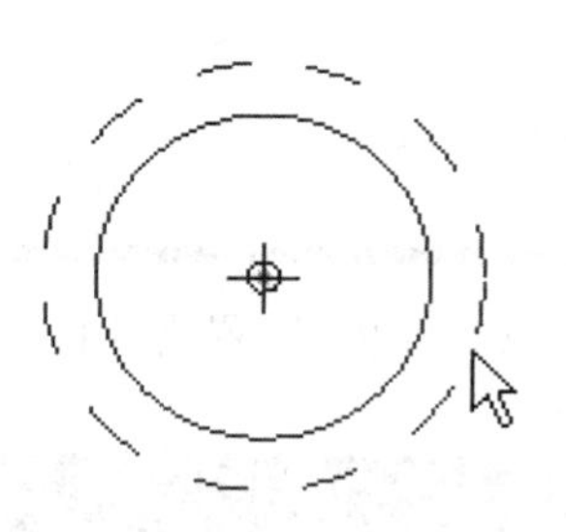

图 2-20　绘制同心圆

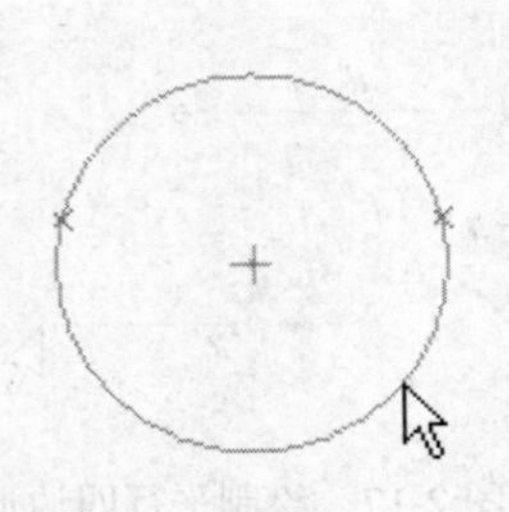

图 2-21　通过【3 点】绘制的圆

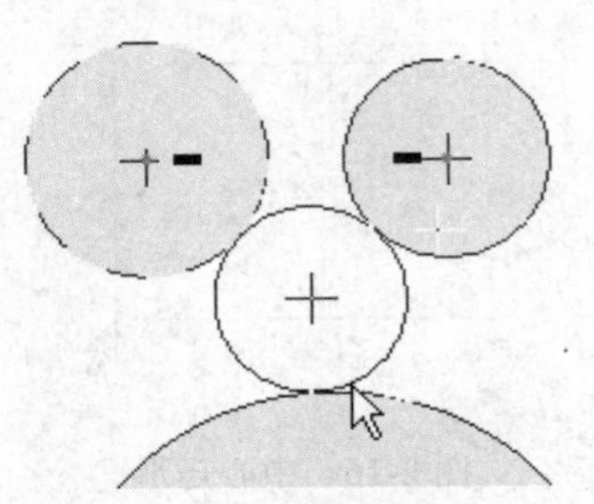

图 2-22　绘制与 3 个图元相切的圆

4．绘制椭圆

在草绘界面下单击【草绘】工具选项卡【草绘】组中的【椭圆】下拉列表框 椭圆，其列表框中依次为【轴端点椭圆】和【中心和轴椭圆】两种类型的椭圆，如图 2-23 所示。

当系统默认情况下为【轴端点椭圆】。

轴端点椭圆
中心和轴椭圆

①轴端点椭圆：在草绘界面下单击【草绘】工具选项卡【草绘】组中的【轴端点椭圆】按钮，单击鼠标左键选定一个端点，移动鼠标指针到合适位置后再单击鼠标左键确定长轴，第三次单击确定椭圆短轴即可绘制一个椭圆，如图 2-24 所示。系统会自动标注已绘制椭圆的长轴和短轴尺寸，并可以对这些尺寸进行修改。

②中心和轴椭圆：单击【草绘】组【中心和轴椭圆】按钮，可以绘制先确定圆心再确定长短轴的椭圆，如图 2-25 所示。

图 2-23　【椭圆】下拉列表框

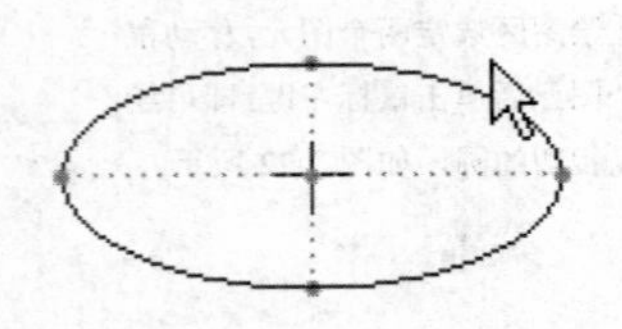

图 2-24　绘制轴端点椭圆

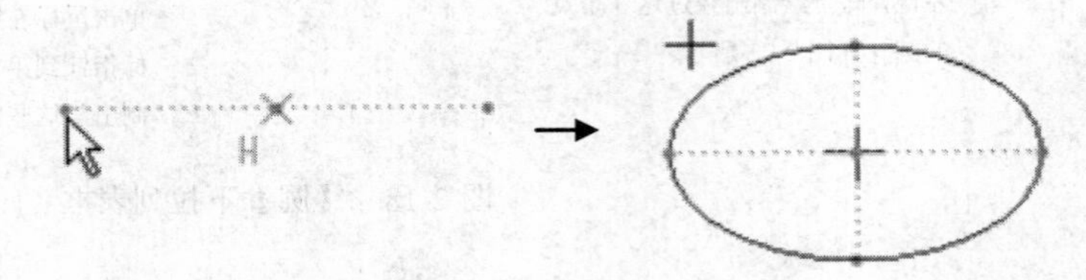

图 2-25　绘制中心和轴椭圆

当椭圆 Rx 和 Ry 设置为相同的值时，即椭圆的长短轴相同，则椭圆就被修改成一个圆。

 名师点拨

5. 绘制圆弧

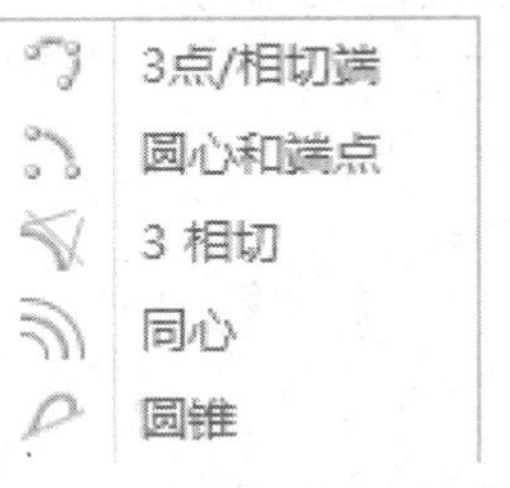

图 2-26 【弧】下拉列表框

在草绘界面下单击【草绘】工具选项卡【草绘】组中的【弧】下拉列表框 弧，其列表框中依次为【3 点 / 相切端】、【圆心和端点】、【3 相切】、【同心】和【圆锥】5 种类型的弧。因为【圆锥】不属于圆弧的范畴，因此【圆锥】会在接下来的绘制曲线中进行仔细介绍，本节不再赘述。如图 2-26 所示。当系统默认情况下为【3 点/相切端】。

（1）3 点/相切端

- 3 点定弧：根据定义的 3 个点可以绘制圆弧。单击【草绘】工具选项卡【草绘】组中的【3 点/相切端】按钮，在绘图区选定两个点作为圆弧的起点和终点，然后移动鼠标指针确定半径后单击鼠标左键，即可绘制出经过这 3 个点的圆弧，如图 2-27 所示。

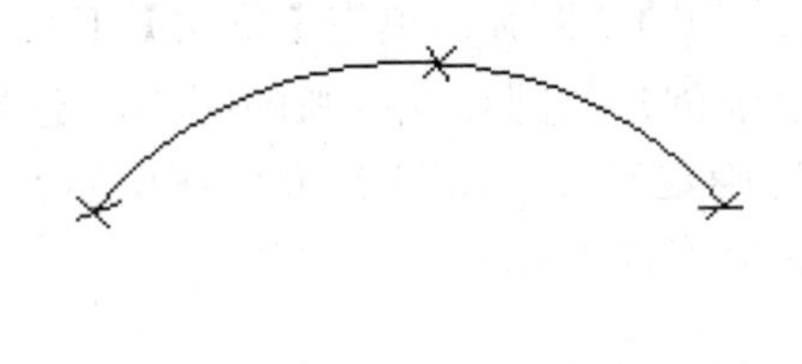
图 2-27 绘制圆弧

- 相切端定弧：根据定义的两个图元可以绘制圆弧。单击【草绘】工具选项卡【草绘】组中的【3 点/相切端】按钮，在绘图区绘制与两个图元相切的圆弧，选定两个图元，即可绘制与选定两图元相切的圆弧。如图 2-28 所示。

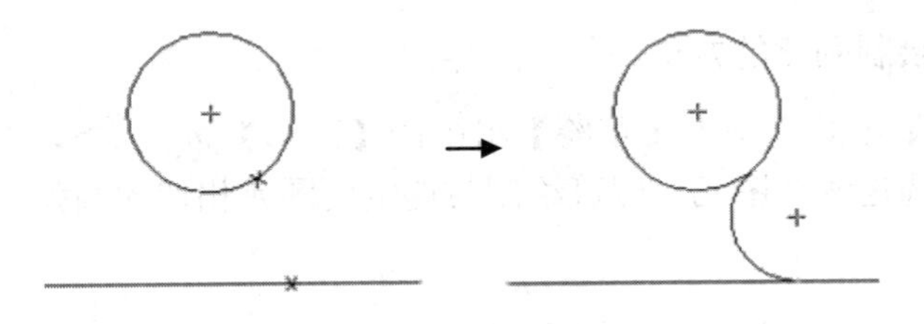
图 2-28 绘制相切圆弧

（2）圆心和端点：也可以根据圆心和半径绘制圆弧。单击【草绘】工具选项卡【草绘】组中的【圆心和端点】按钮，使用鼠标在绘图区定义一个圆心，然后移动鼠标指针确定半径，最后移动鼠标指针确定圆弧的起点和终点即可。

（3）3 相切：下面绘制与多个图元相切的圆弧。单击【草绘】工具选项卡【草绘】组中的【3 相切】按钮，在绘图区选定两个图元，如图 2-29 左图所示，系统会创建与选定两图元相切的圆弧；然后移动鼠标指针到第 3 个图元后单击鼠标左键，即可绘制出一个与选定图元相切的圆弧，如图 2-19 右图所示。

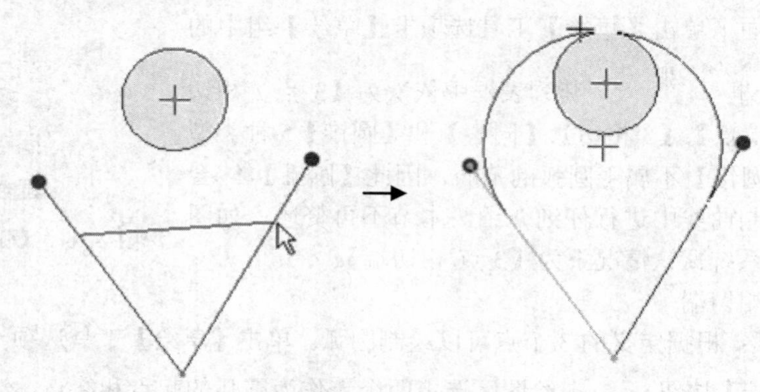

图 2-29　选定图元并确定圆弧

（4）同心：还可以根据圆绘制同心圆弧。单击【草绘】工具选项卡【草绘】组中的【同心】按钮，使用鼠标选定已经创建的圆弧或圆弧的圆心，定义为与其同圆心（如图 2-30 左图所示），然后移动鼠标指针确定半径（如图 2-30 中图所示），最后移动鼠标指针确定圆弧的起点和终点即可（如图 2-30 右图所示）。

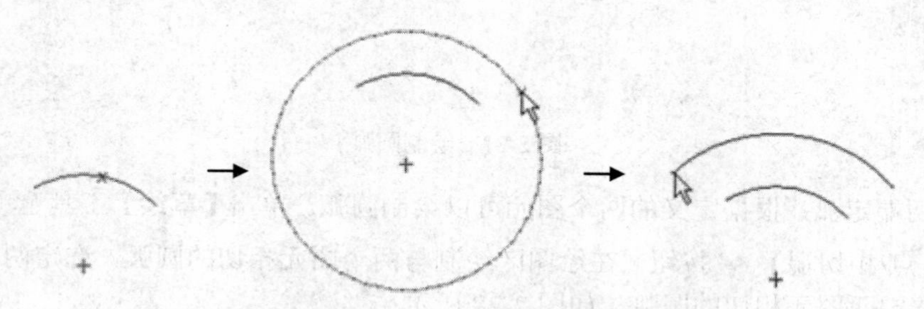

图 2-30　选择圆弧、确定圆弧半径和确定圆弧端点

另外还有两种绘制圆弧的方法。

- 单击【草绘】工具选项卡【草绘】组中的【圆形】按钮，在绘图区绘制与两个图元相切的圆弧，选定两个图元，即可绘制与选定两图元相切的圆弧，如图 2-31 所示。

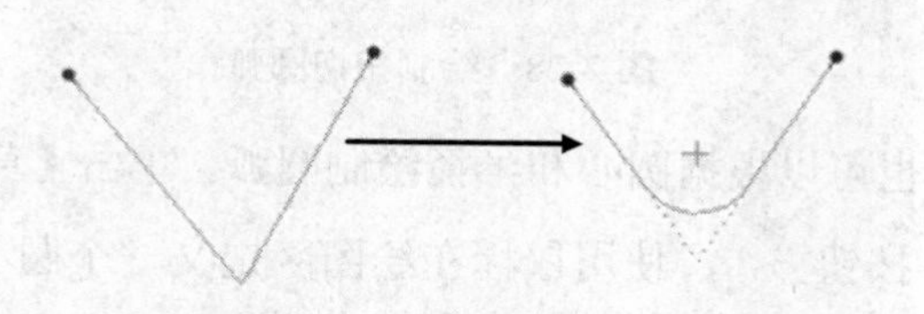

图 2-31　绘制圆弧

- 单击【草绘】工具选项卡【草绘】组中的【椭圆形】按钮，在绘图区选定两个图元，即可绘制与选定两图元相切的圆弧，如图 2-32 所示。

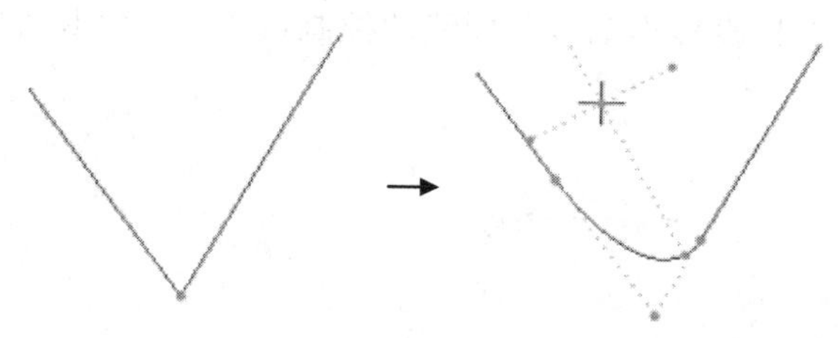

图 2-32　绘制椭圆弧

6．绘制圆锥曲线

单击【草绘】工具选项卡【草绘】组中的【圆锥】按钮，在绘图区选定两个点确定圆锥曲线的两个端点，然后移动鼠标指针确定曲线的 rho 值后单击即可。

rho 值是指圆锥曲线的曲度，是表示曲线弯曲程度的量。rho 可以在 0.05~0.95 的范围内取值，它的值越大，曲线的弯曲程度就越大，如图 2-33 所示。

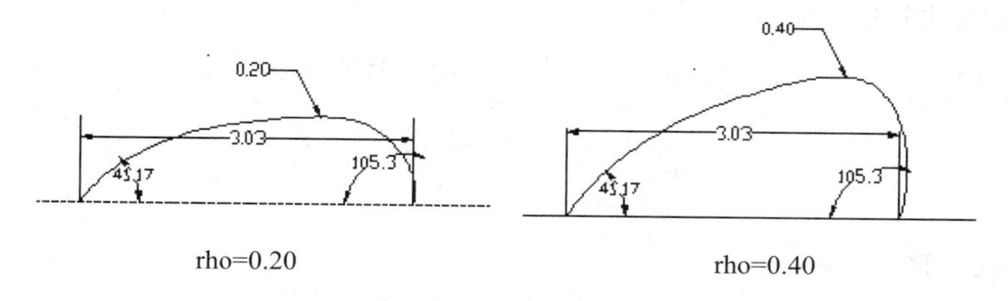

rho=0.20　　rho=0.40

图 2-33　不同的 rho 值对应的圆锥曲线形状

7. 绘制样条曲线

单击【草绘】工具选项卡【草绘】组中的【样条】按钮，在绘图区选定若干个点，然后单击鼠标中键，即可完成样条曲线的绘制，如图 2-34 所示。

绘制样条曲线的方法比较简单，但是样条曲线往往要经过多次的修改编辑之后才能满足设计要求，所以读者必须要熟练地掌握样条曲线的修改方法。

双击尺寸标注，在显示的文本框中直接输入数值后，按 Enter 键即可完成修改（如果输入的是负值，则曲线向反方向延伸），如图 2-35 所示。

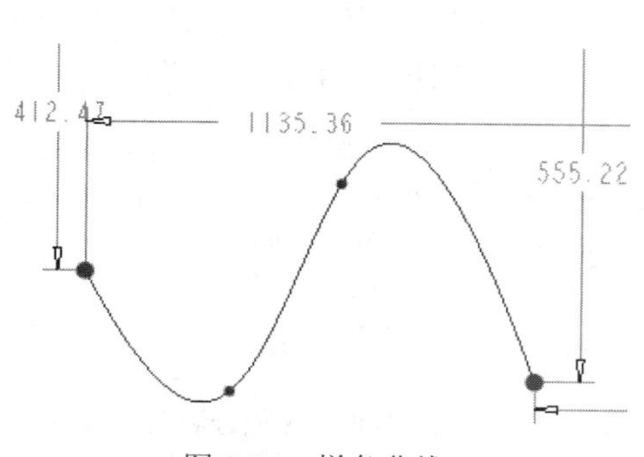

图 2-34　样条曲线

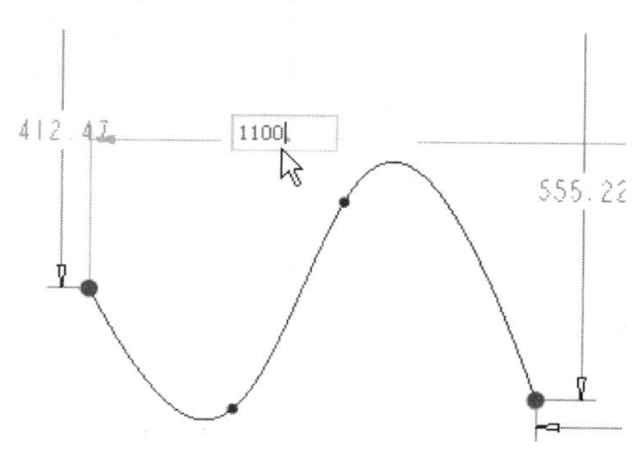

图 2-35　样条曲线的尺寸修改

另外，还可以使用鼠标直接拖动样条曲线的控制点的方法对其进行修改编辑，如图 2-36 所示。

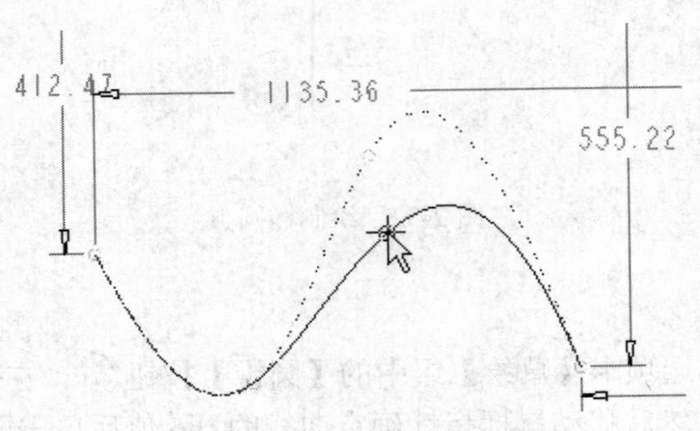

图 2-36　样条曲线的修改编辑

双击样条曲线会打开如图 2-37 所示的【样条】工具选项卡。下面详细介绍如何使用该组对样条曲线进行修改编辑。

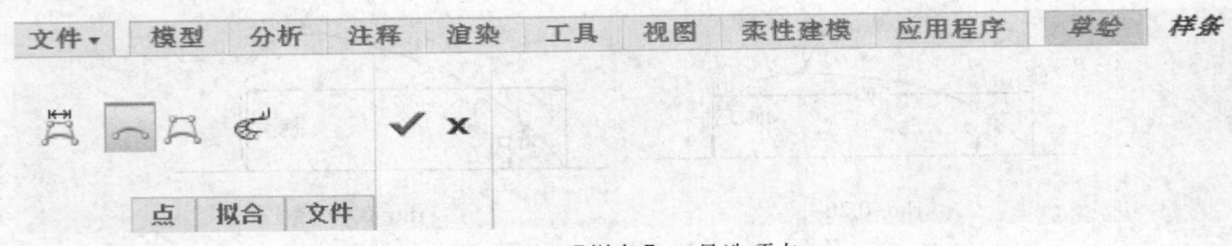

图 2-37　【样条】工具选项卡

（1）单击【点】标签，系统弹出如图 2-38 所示的【点】面板。当在样条曲线上选定一个控制点后，【选定点的坐标值】选项的【X】、【Y】数值文本框中即可显示该控制点的坐标值，直接输入数值并按 Enter 键即可完成修改。

（2）单击【拟合】标签，系统弹出如图 2-39 所示的【拟合】面板。【稀疏】选项的功能是简化样条曲线的控制点，其值越大，简化的控制点就越多，简化后曲线的变化就越大，如图 2-40 所示为样条曲线进行稀疏拟合后的形状；【平滑】选项的功能是使样条曲线变平滑，其值越大，曲线就会变得越平滑，如图 2-41 所示为样条曲线进行平滑拟合后的形状。

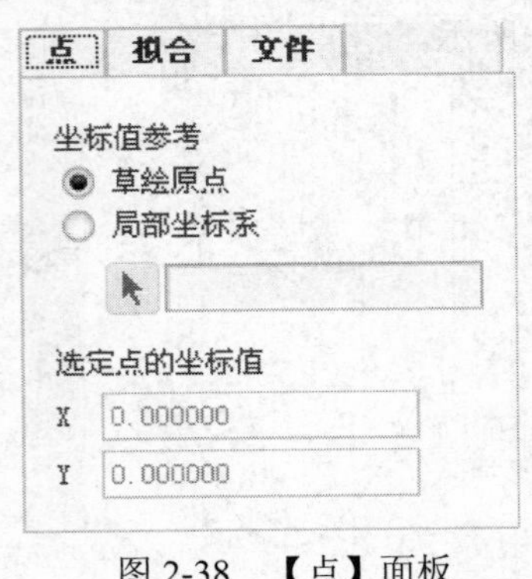

图 2-38　【点】面板

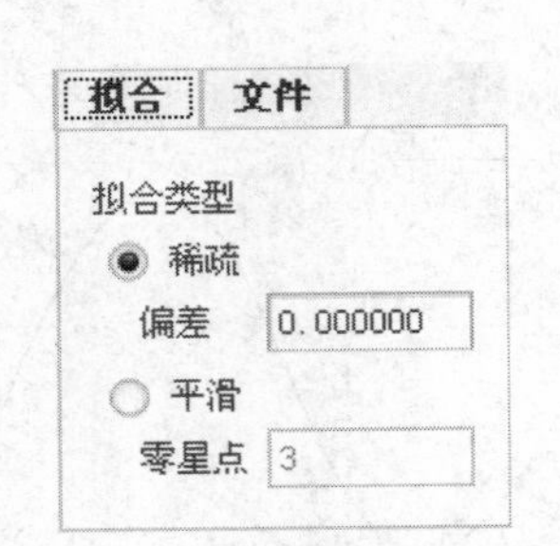

图 2-39　【拟合】面板

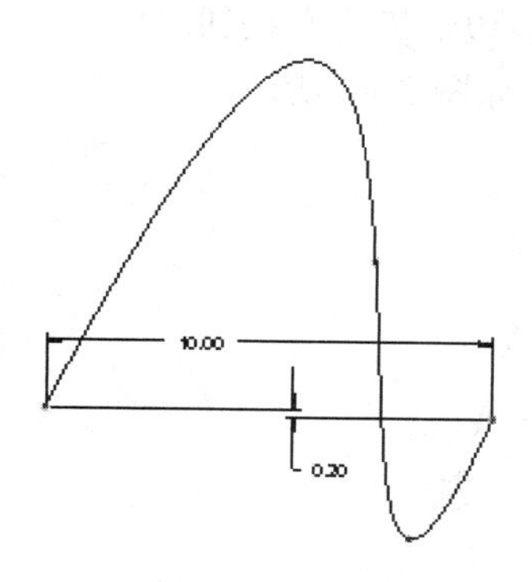

图 2-40　稀疏拟合后的样条曲线

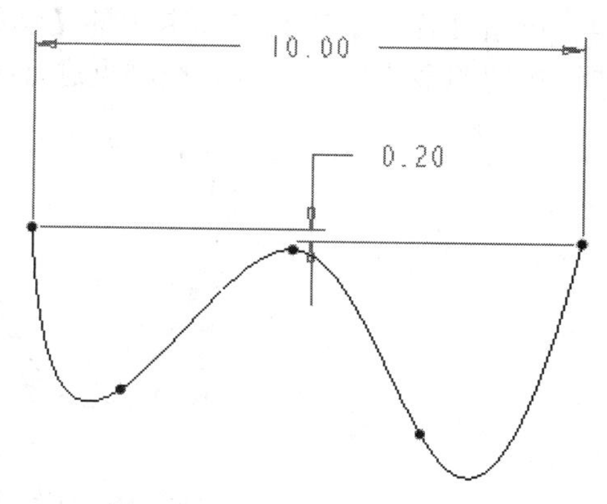

图 2-41　平滑拟合后的样条曲线

（3）单击【文件】标签，系统弹出如图 2-42 所示的【文件】面板。它的功能是将当前的样条曲线以文件形式保存，这里需要定义一个参考坐标，选定一个参考坐标后，才可以激活上方的 3 个功能按钮。

以下是该面板中各按钮的功能。

图 2-42　【文件】面板

【从文件读取点坐标】按钮：打开已经存在的样条曲线。

【将点坐标保存到文件】按钮：保存当前的样条曲线（文件名后缀为.pts）

【显示样条的坐标信息】按钮：弹出信息窗口，并显示样条曲线的详细信息。如图 2-43 所示为样条曲线信息。

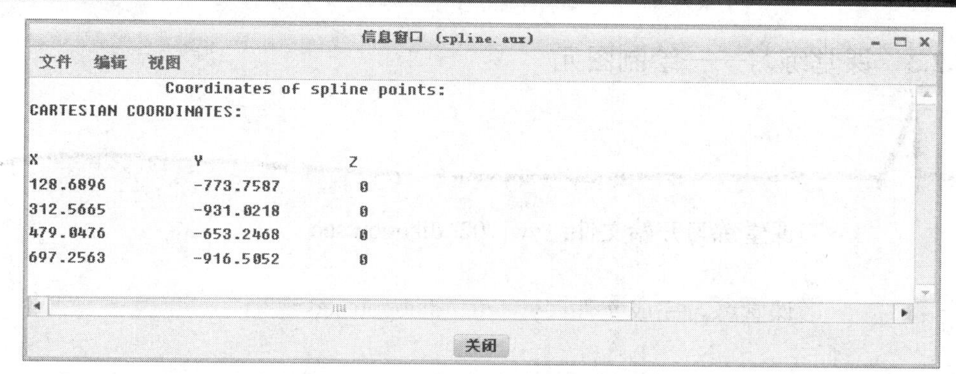

图 2-43　样条曲线的【信息窗口】

（4）单击【样条】工具选项卡中的【切换到控制多边形模式】按钮，可以创建与样条曲线相切的多边形，仍可对控制点进行拖动编辑，如图 2-44 所示。

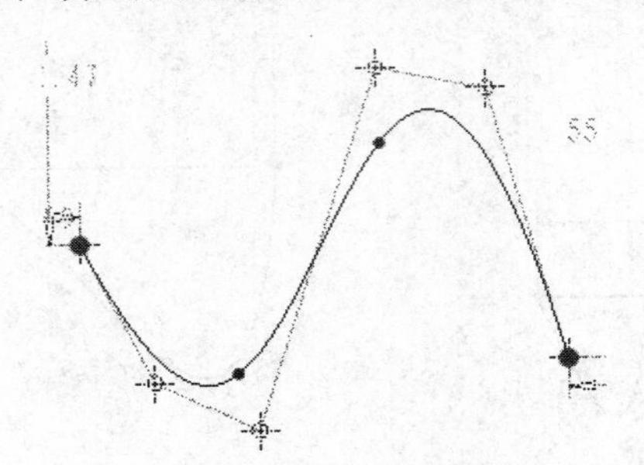

图 2-44　样条曲线的相切多边形

（5）单击【样条】工具选项卡中的【曲率分析工具】按钮，打开如图 2-45 所示的样条曲线曲率定义框。拖动鼠标转动旋钮或者直接改变相应数值可调整比例和密度值，并且可以查看修改曲线的曲率效果，如图 2-46 所示。

按下 Ctrl+Alt 键，并在绘图区单击鼠标可以增加曲线的控制点。

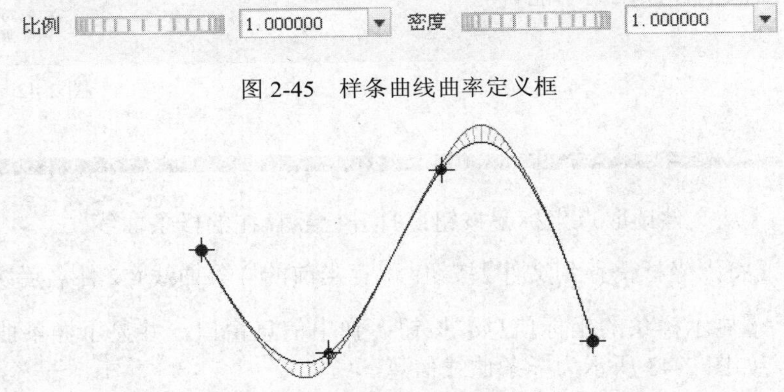

图 2-45　样条曲线曲率定义框

图 2-46　样条曲线曲率分析图

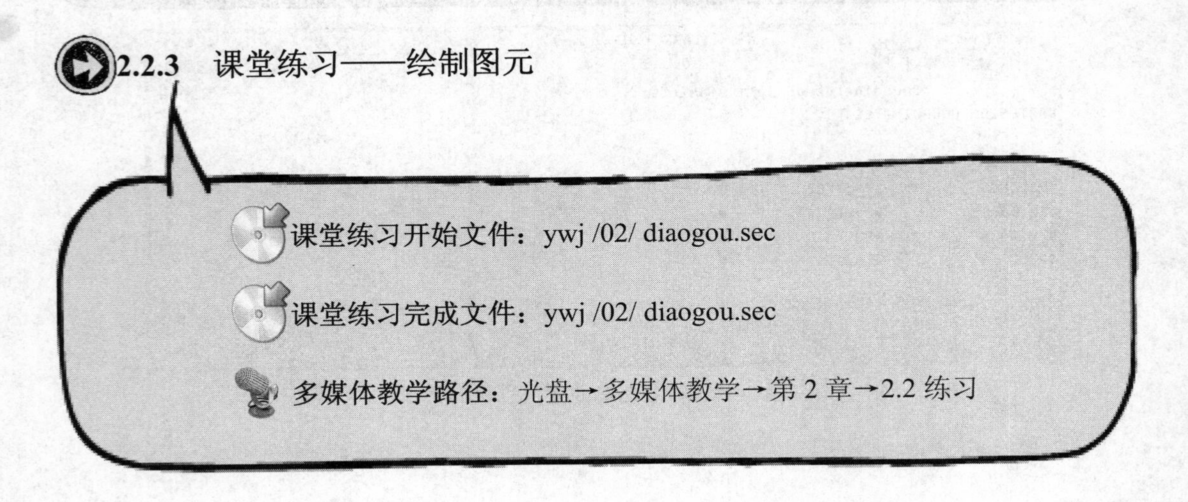

2.2.3　课堂练习——绘制图元

课堂练习开始文件：ywj /02/ diaogou.sec

课堂练习完成文件：ywj /02/ diaogou.sec

多媒体教学路径：光盘→多媒体教学→第 2 章→2.2 练习

Step1 新建文件，如图 2-47 所示。

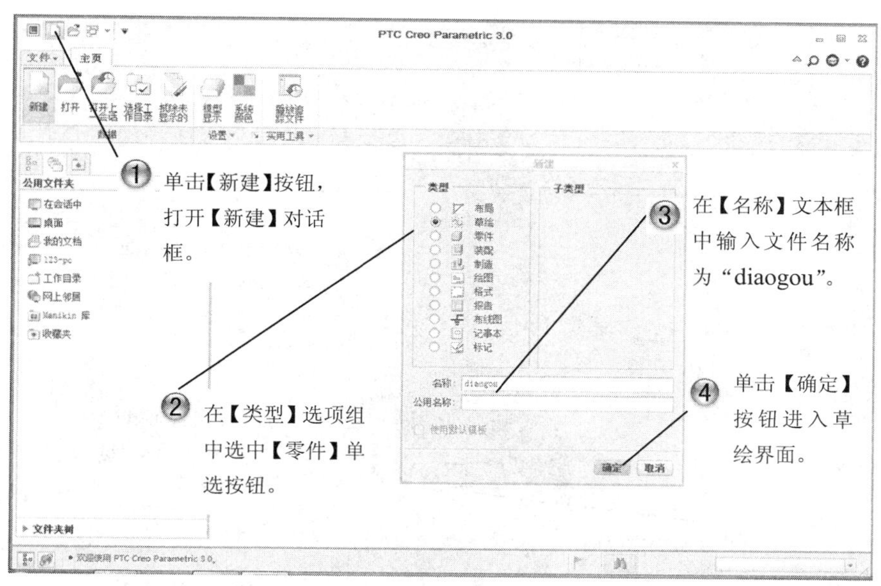

图 2-47 【新建】对话框

Step2 绘制三条中心线，如图 2-48 所示。

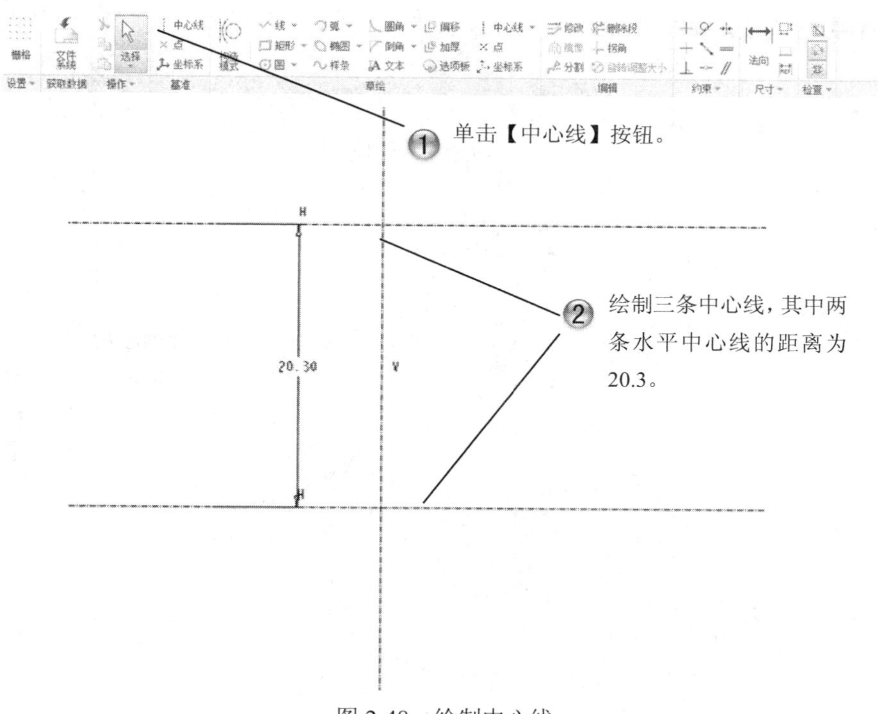

图 2-48 绘制中心线

Step3 绘制圆，如图 2-49 所示。

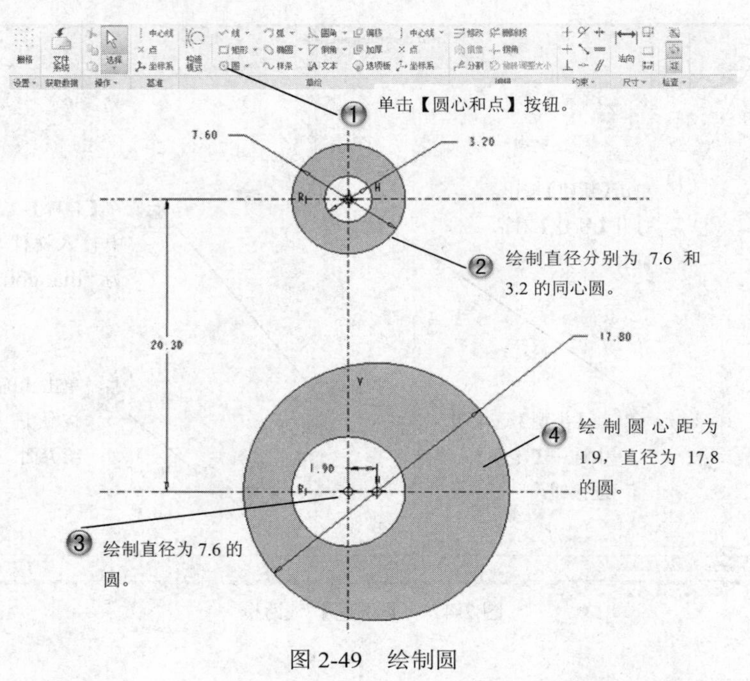

图 2-49　绘制圆

Step4 绘制线，如图 2-50 所示。

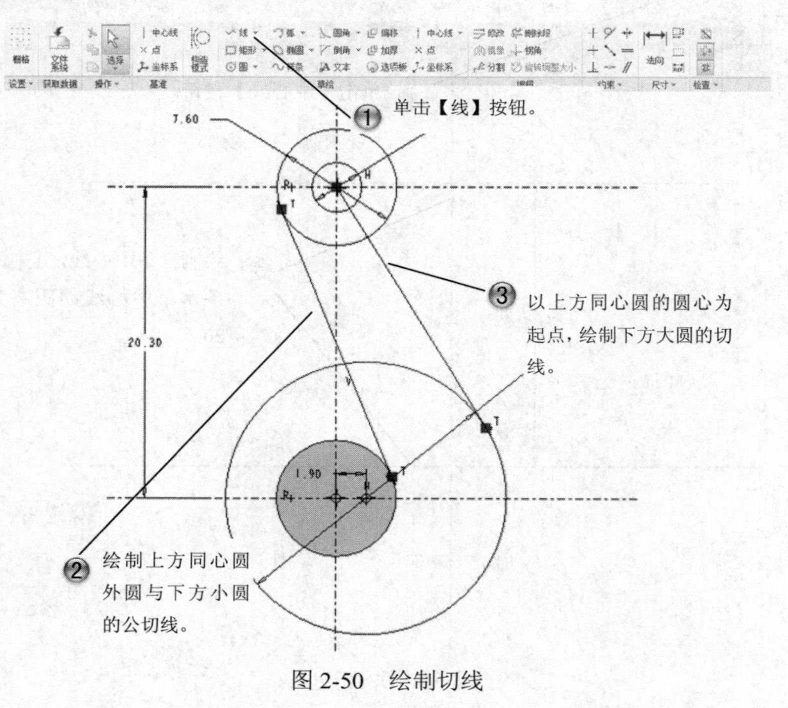

图 2-50　绘制切线

Step5 绘制相切的圆，如图 2-51 所示。

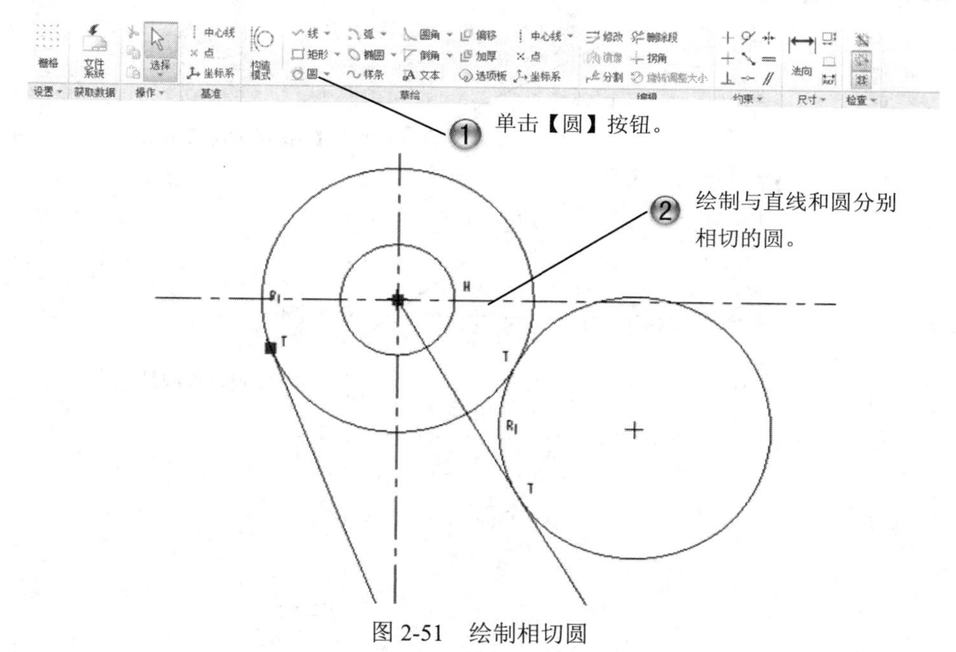

图 2-51　绘制相切圆

Step6 删除多余线段，如图 2-52 所示。

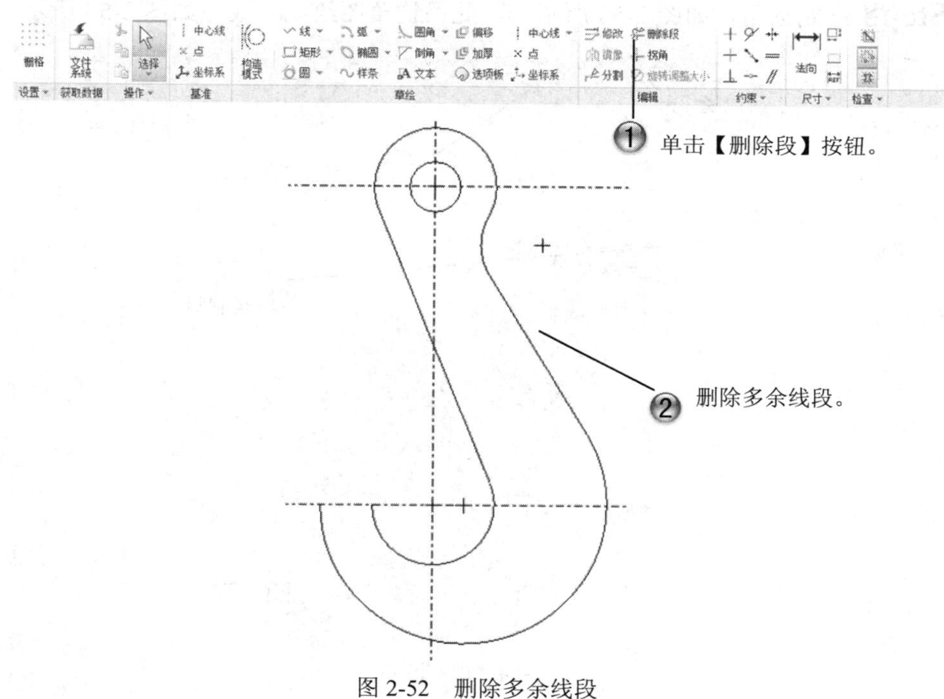

图 2-52　删除多余线段

Step7 绘制圆弧，如图 2-53 所示。

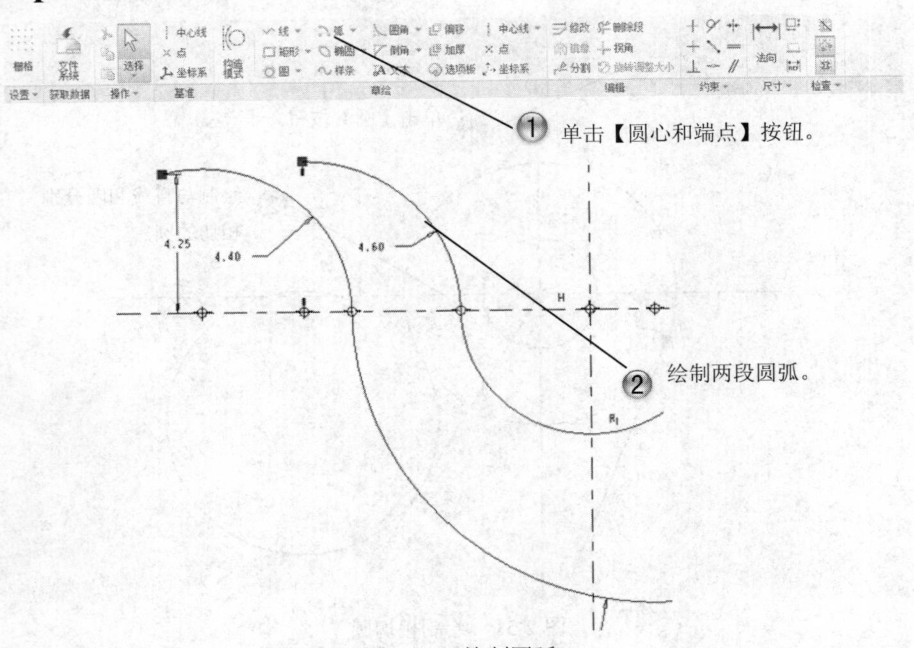

图 2-53　绘制圆弧

Step8 绘制圆角，如图 2-54 所示。至此吊钩草图绘制完成，如图 2-55 所示。

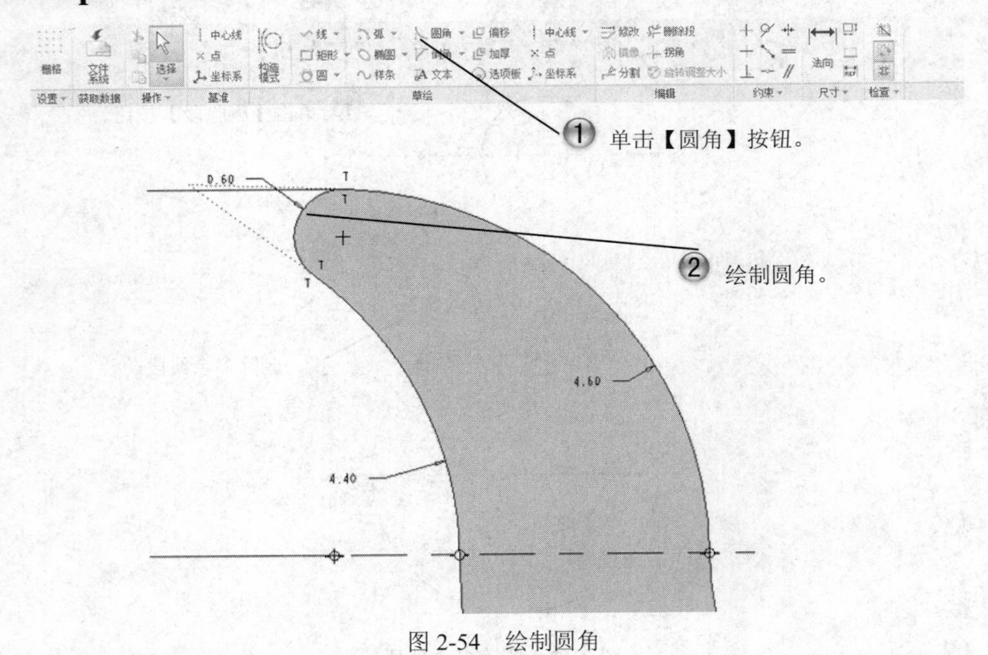

图 2-54　绘制圆角

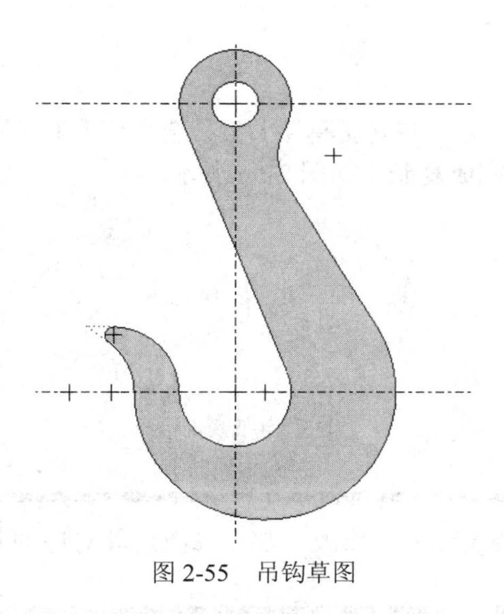

图 2-55　吊钩草图

2.3　草图编辑

基本概念

在编辑图元的过程中，对于一些比较对称的图元使用缩放旋转与复制命令，可以更加方便快捷地完成绘制。

课堂讲解课时：2 课时

2.3.1　设计理论

约束是指草图中图元几何或图元之间关系的条件。

视角是观看实体或草图的角度，系统可以定义前、后、左、右、顶、底 6 个特殊视图角度和一个标准视图角度。

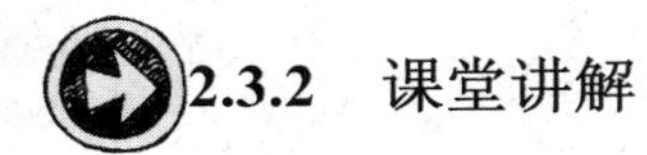

2.3.2　课堂讲解

下面介绍草图编辑的具体方法。

1. 图元的镜像复制

选取要镜像复制的图元后，单击【草绘】工具选项卡【半径】组中的【镜像】按钮，然后选定对称中心线即可完成复制，如图 2-56 所示。

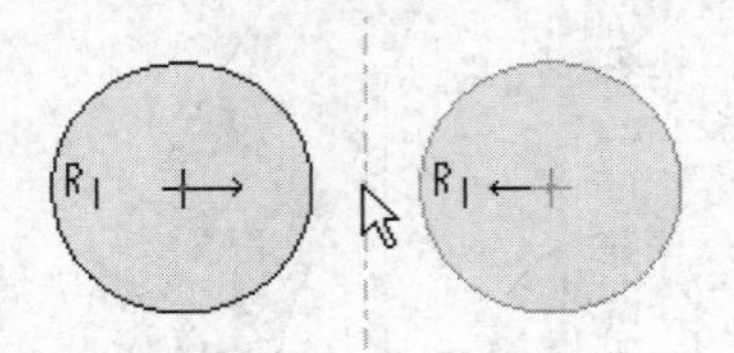

图 2-56　镜像复制图元

如果要对被复制的图元进行修改，那么修改后其对应的复制图元也会发生同样的变化。

名师点拨

2. 图元的缩放旋转

选取要旋转的图元，单击【草绘】工具选项卡【编辑草图】组中的【旋转调整大小】按钮，系统弹出如图 2-57 所示的【旋转调整大小】工具选项卡。

选取图元后，在【缩放因子】文本框中输入数值可设定旋转后图元的放大倍数，在【旋转角度】文本框中输入数值则定义旋转角度，单击【确定】按钮即可完成图元的缩放和旋转。

图 2-57　【旋转调整大小】工具选项卡

另外单击【旋转调整大小】按钮后，直接用鼠标拖动旋转标记可以进行旋转，用鼠标拖动图中的缩放标记可以进行缩放，用鼠标拖动图中的移动标记则可改变图形的位置，如图 2-58 所示。

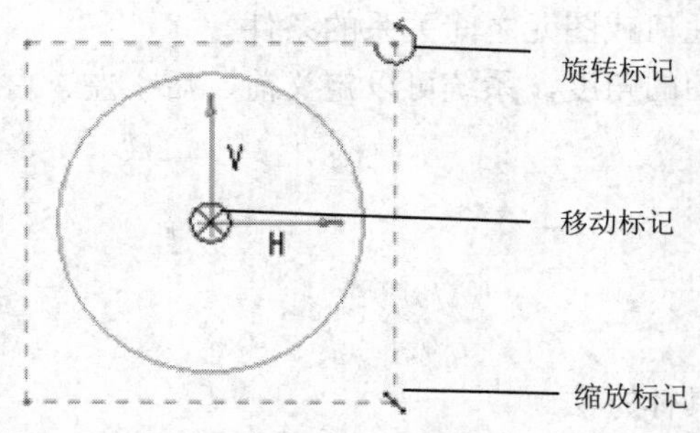

图 2-58　缩放旋转移动标记

3. 修剪图元

草图的修剪功能不仅仅只是修剪，还有延伸及分割图元等功能，下面进行详细讲解。

(1) 动态修剪

单击【草绘】工具选项卡【编辑】组中的【删除段】按钮，按住鼠标左键拖动选择需要修剪的图元，与拖动的轨迹相交的图元就是要修剪的图元，如图 2-59 所示。选择结束后释放鼠标左键即可完成修剪，如图 2-60 所示。

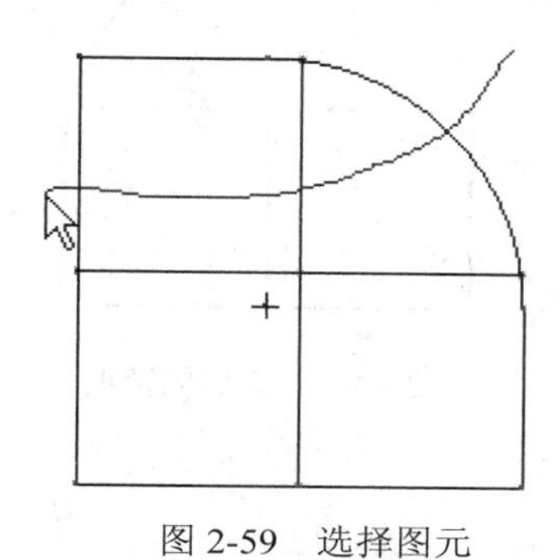

图 2-59　选择图元

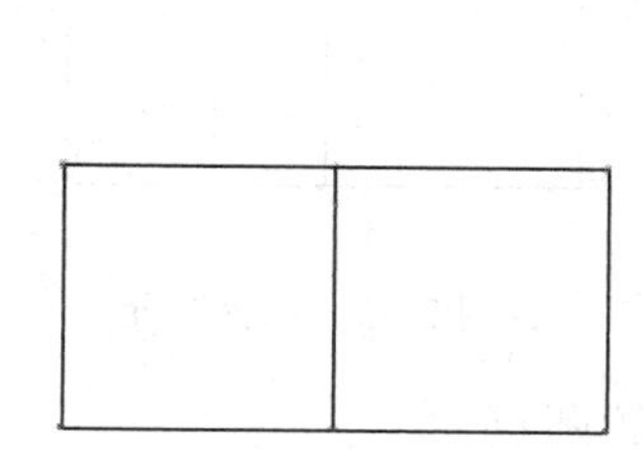

图 2-60　修剪后的草图

> 使用鼠标依次单击需要修剪的图元，也可以完成上述修剪操作。
>
> 名师点拨

(2) 修剪与延伸

单击【草绘】工具选项卡【编辑】组中的【拐角】按钮，依次选择需要修剪的两个图元，如图 2-61 所示，单击鼠标中键即可结束修剪，如图 2-62 所示。

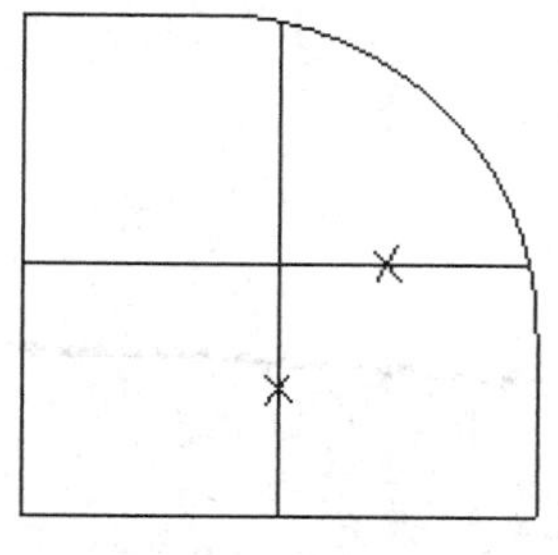

图 2-61　选择图元

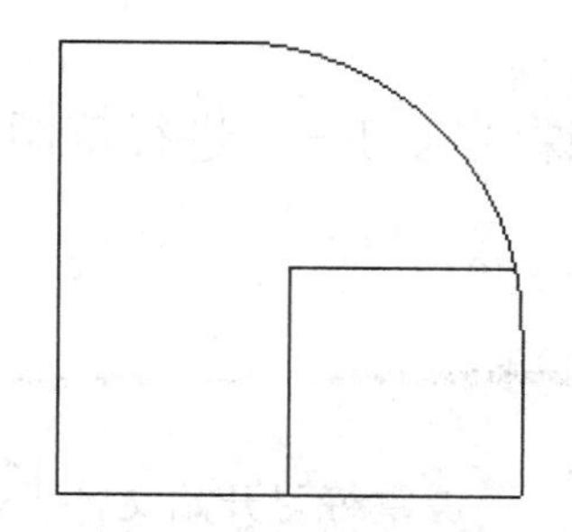

图 2-62　修剪后的草图

> 如果选择两条平行线则该操作无效。
>
> 名师点拨

比较这两种修剪结果，很容易看出它们的功能差别。动态修剪是剪切掉选择的图元；而这里的修剪功能是保留选择的部分图元，此外修剪还具有延伸功能，在下面的操作中可以加深理解修剪的延伸功能。

使用鼠标依次选择图 2-63 中所示的两条线段，会产生如图 2-64 所示的延伸和修剪结果。

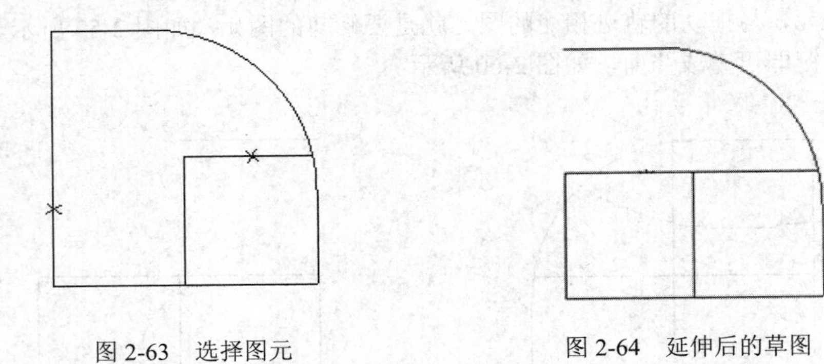

图 2-63　选择图元　　图 2-64　延伸后的草图

（3）设置断点

设置断点可以将一个图元分割成为两个图元。

单击【草绘】工具选项卡【编辑】组中的【分割】按钮，在要剪断的图元上设置断点位置并单击，则该图元分为两个图元，按鼠标中键结束设置断点，如图 2-65 所示。

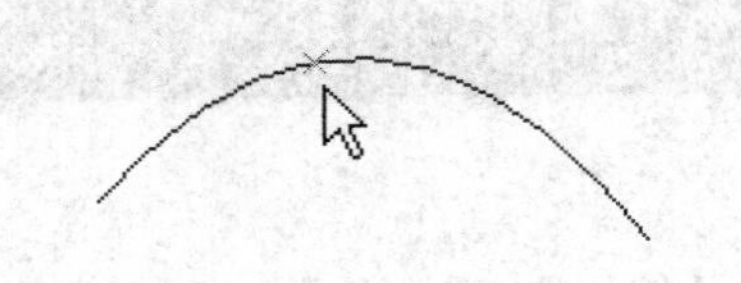

图 2-65　设置断点

2.3.3　课堂练习——进行草图修改

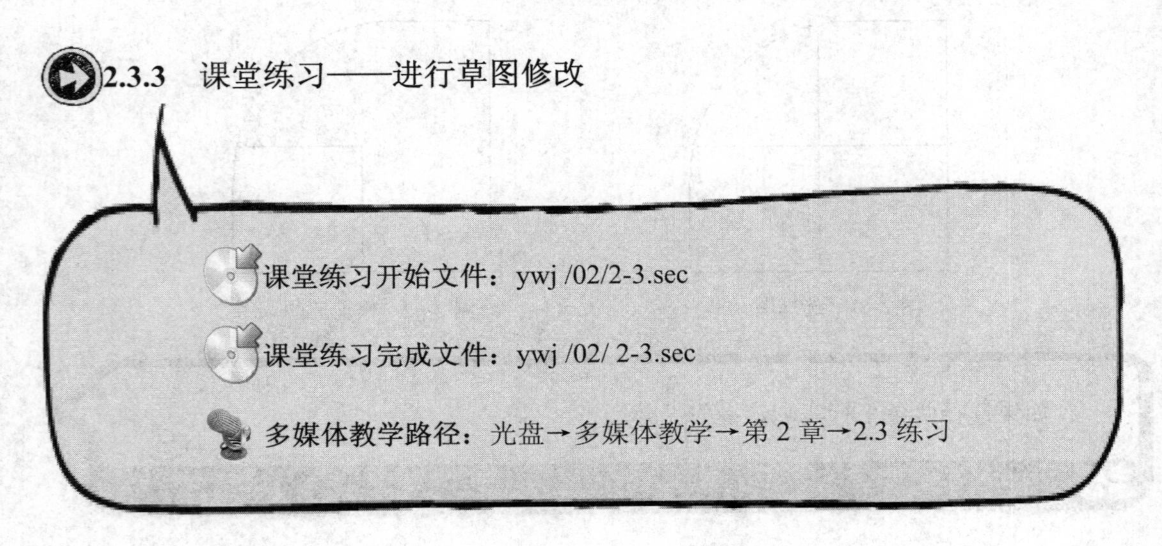

Step1 新建文件后，绘制中心线，如图 2-66 所示。

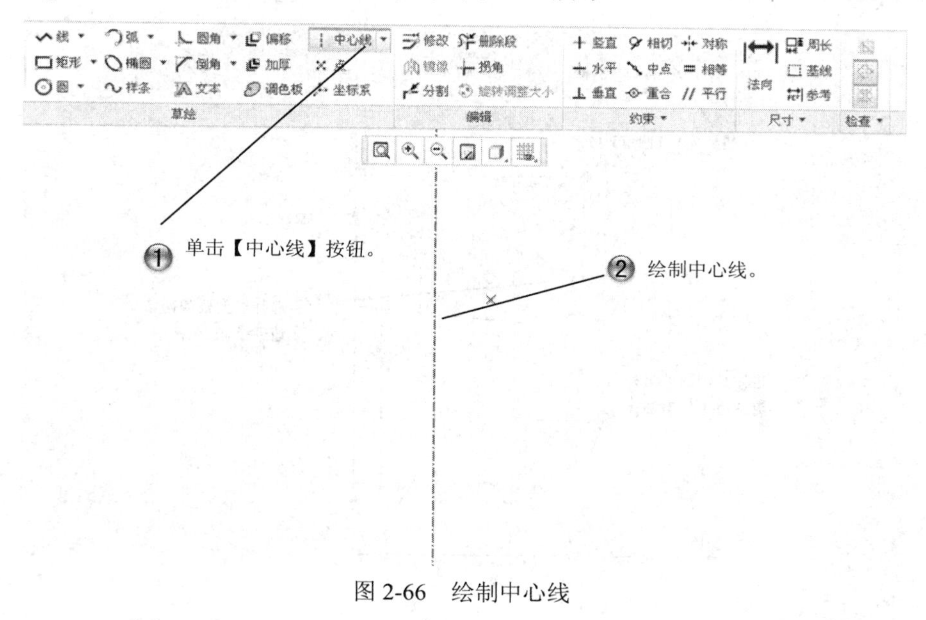

图 2-66　绘制中心线

Step2 绘制直线草图，如图 2-67 所示。

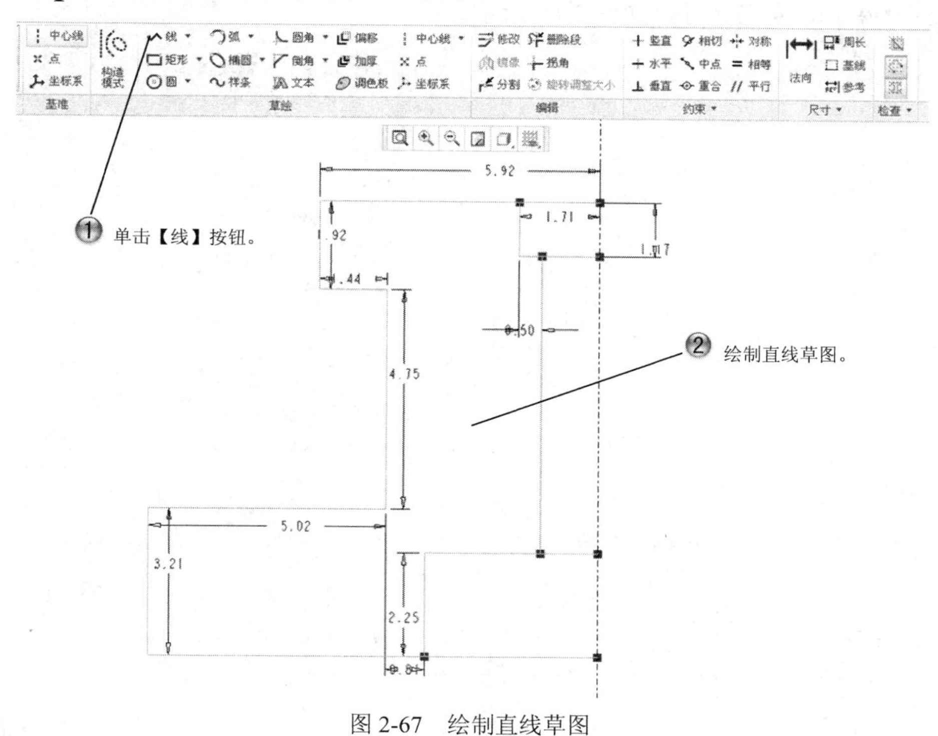

图 2-67　绘制直线草图

Step3 进行倒圆角，如图 2-68 所示。

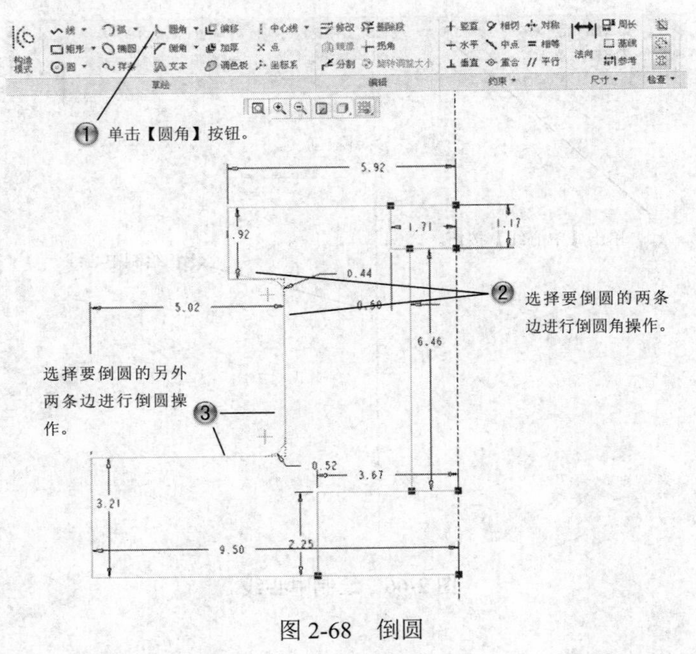

图 2-68　倒圆

Step4 修改草图尺寸，如图 2-69 所示。

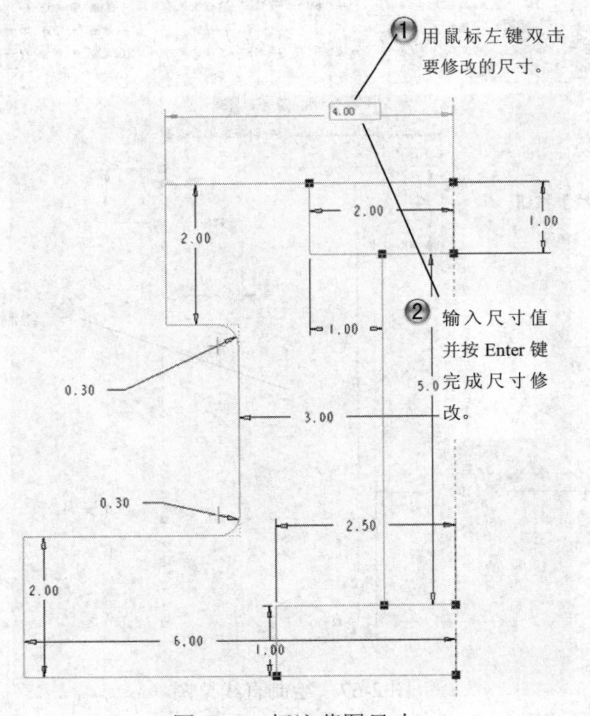

图 2-69　标注草图尺寸

Step5 镜像复制，如图 2-70 所示。至此草图绘制完成，如图 2-71 所示。

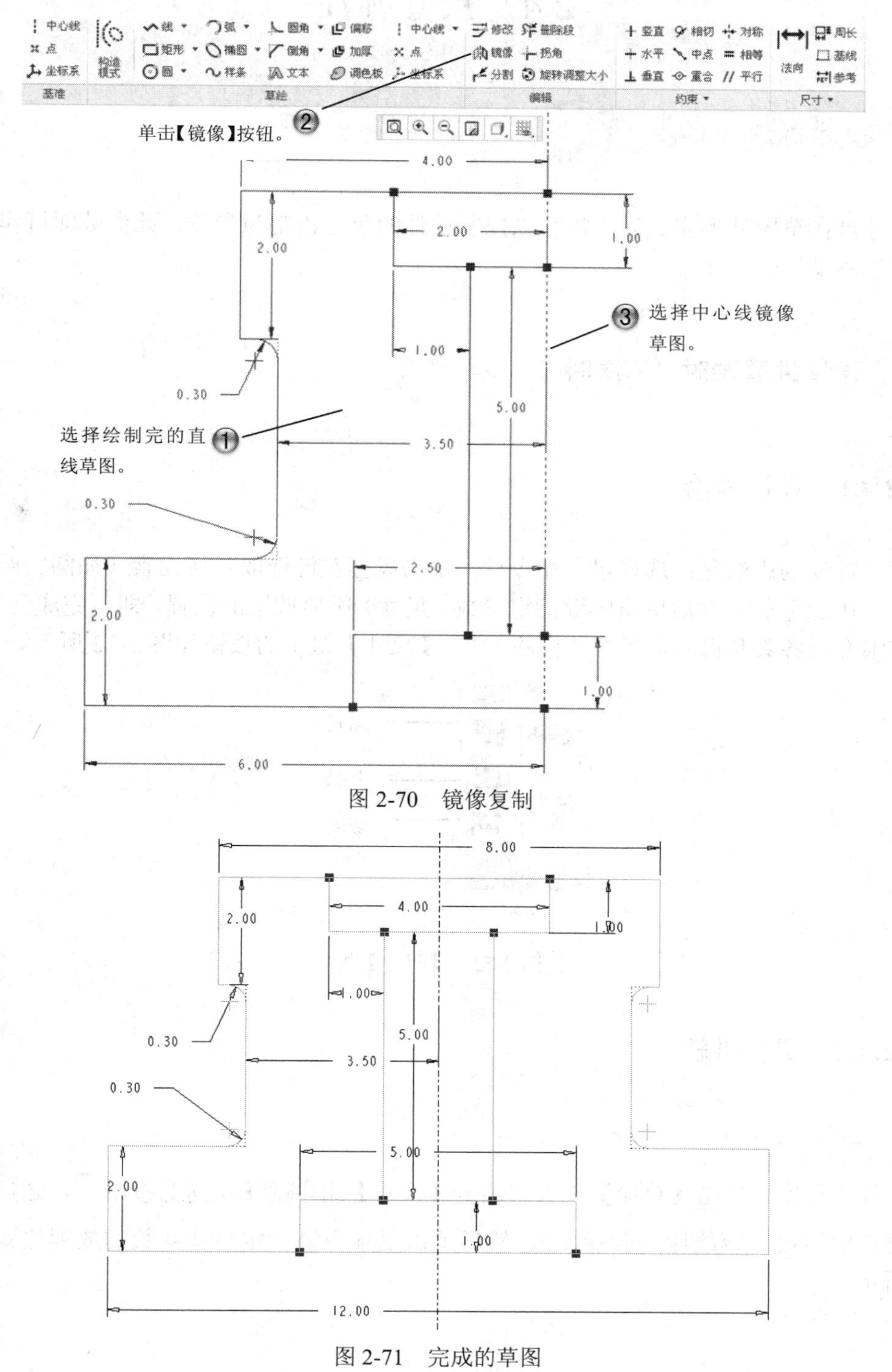

图 2-70 镜像复制

图 2-71 完成的草图

2.4 尺寸标注

基本概念

尺寸是在草图外形完成后，将可以控制设计的尺寸指定为参数，此参数即可作为将来修改及控制设计的尺寸。

课堂讲解课时：2 课时

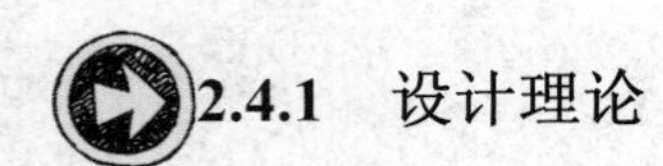

2.4.1 设计理论

尺寸标注的用法是：选择尺寸命令后，单击鼠标左键选取几何元素（如圆、圆弧、直线、点、中心线等），然后单击中键指定参数（尺寸）所要放置的位置，即可完成尺寸标注。下面详细介绍各类几何元素尺寸的标注方式。【尺寸】组中的按钮如图 2-72 所示。

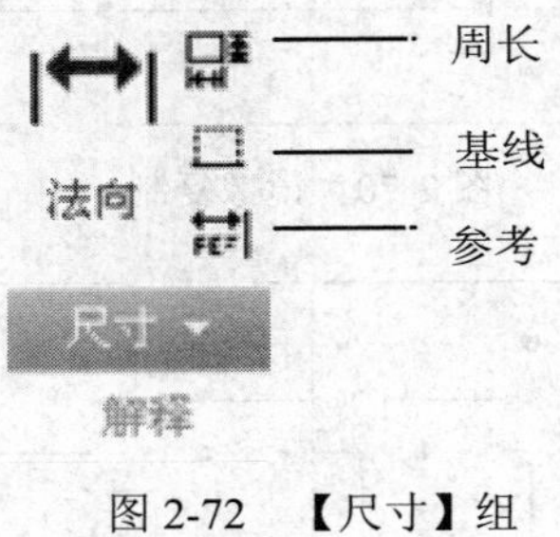

图 2-72 【尺寸】组

2.4.2 课堂讲解

1. 直线尺寸标注

• 线段长度：单击【草绘】工具选项卡【尺寸】组中的【法向】按钮，之后单击鼠标左键选取线段（或线段的两端点），然后单击鼠标中键指定尺寸参数的放置位置，如图 2-73 所示。

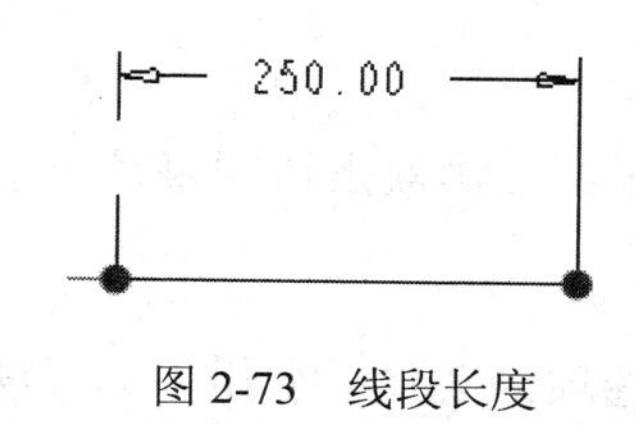

图 2-73 线段长度

• 线到点距离：单击【草绘】工具选项卡【尺寸】组中的【法向】按钮，再单击鼠标左键选取一线与一点，然后单击鼠标中键指定参数的放置位置，如图 2-74 所示。

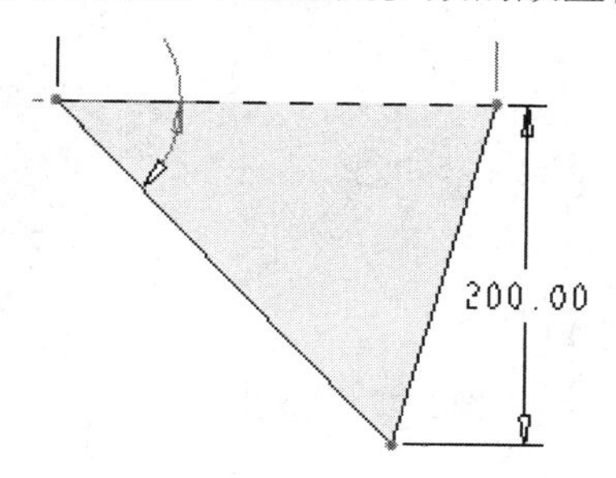

图 2-74 线到点的长度

• 线到线距离：单击【草绘】工具选项卡【尺寸】组中的【法向】按钮，再单击鼠标左键选取两平行线，然后单击鼠标中键指定参数的放置位置，如图 2-75 所示。

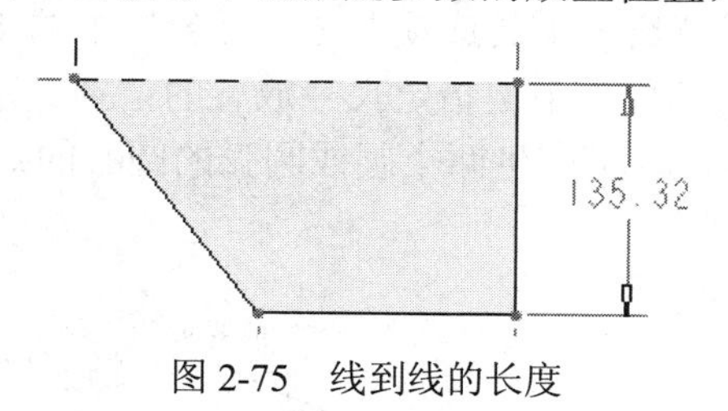

图 2-75 线到线的长度

• 点到点距离：单击【草绘】工具选项卡【尺寸】组中的【法向】按钮，再单击鼠标左键选取两点，然后单击鼠标中键指定参数放置的适当位置，即可产生两点距离的尺寸参数，如图 2-76 所示。

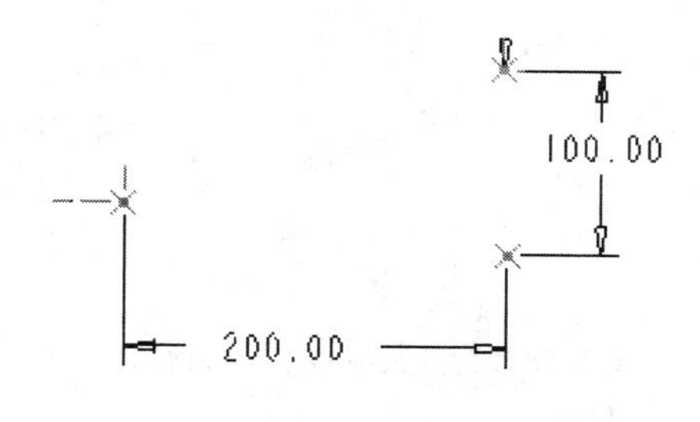

图 2-76 点到点的长度

2. 圆或弧尺寸标注

• 直径：绘制完成圆后，用鼠标左键双击该圆直径尺寸，修改尺寸后按 Enter 键，即可标出直径，如图 2-77 左图所示。

• 半径：单击【草绘】工具选项卡【尺寸】组中的【法向】按钮，再单击鼠标左键选取圆或圆弧，然后单击鼠标中键指定尺寸参数的放置位置，即可标注出半径尺寸，如图 2-77 右图所示。

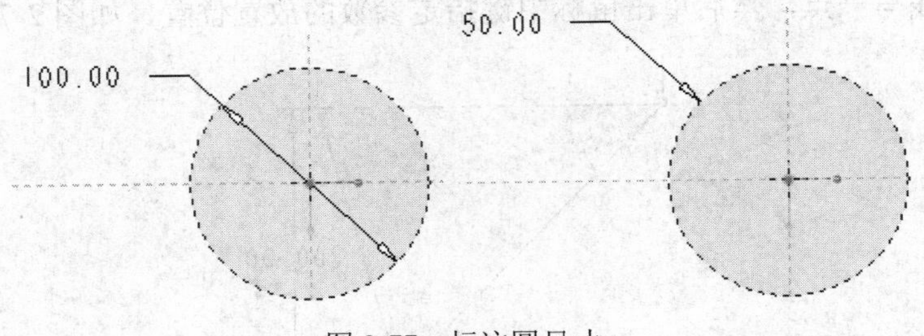

图 2-77　标注圆尺寸

• 旋转草图的直径：单击【草绘】工具选项卡【尺寸】组中的【法向】按钮，用鼠标先单击旋转草图的圆柱边线，接着单击中心线，然后再单击旋转草图的圆柱边线，最后单击鼠标中键指定参数放置的位置，如图 2-78 所示。

• 圆心到圆心：单击【草绘】工具选项卡【尺寸】组中的【法向】按钮，用鼠标选取两个圆或圆弧的圆心，然后单击中键指定尺寸放置的位置，系统会根据单击的位置定义水平、垂直及倾斜的尺寸标注，可产生两个圆或圆弧的圆心的距离尺寸参数，如图 2-79 所示

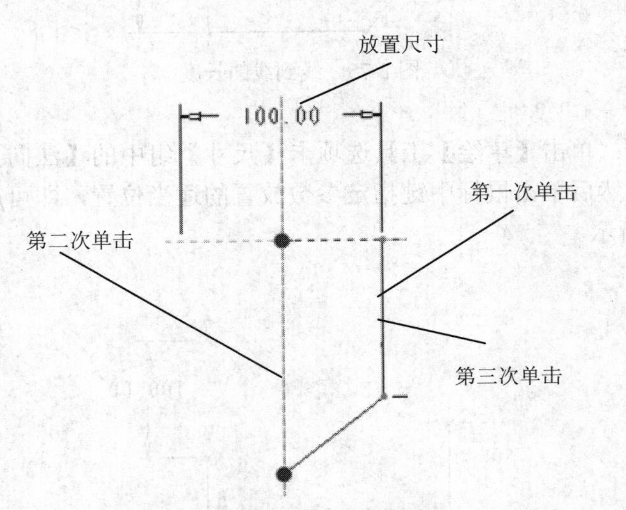

图 2-78　标注旋转草图的直径尺寸

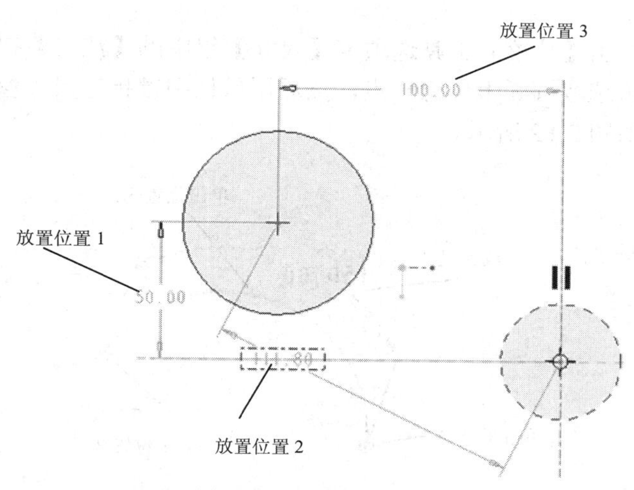

图 2-79　标注圆心尺寸

• 圆周到圆周：单击【草绘】工具选项卡【尺寸】组中的【法向】按钮，用鼠标单击两个圆或圆弧的圆周，然后单击鼠标中键指定尺寸放置的位置，不同的选择位置会产生不同的尺寸标注，如图 2-80 所示。

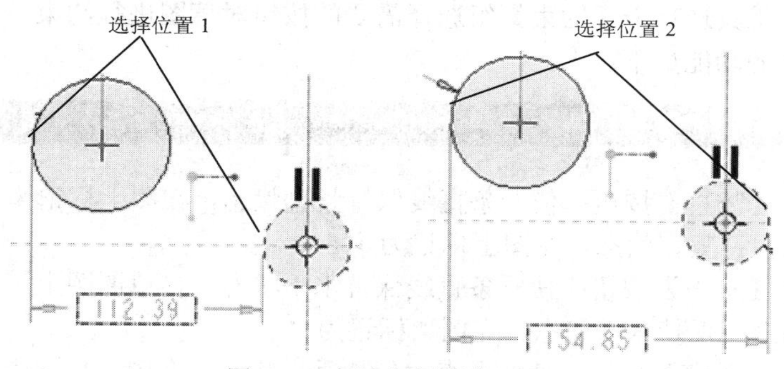

图 2-80　标注圆周距离尺寸

3. 角度标注

• 两线段夹角：单击【草绘】工具选项卡【尺寸】组中的【法向】按钮，用鼠标左键选取两线段，然后用鼠标中键指定尺寸参数的放置位置，即可标注出其角度，如图 2-81 所示。

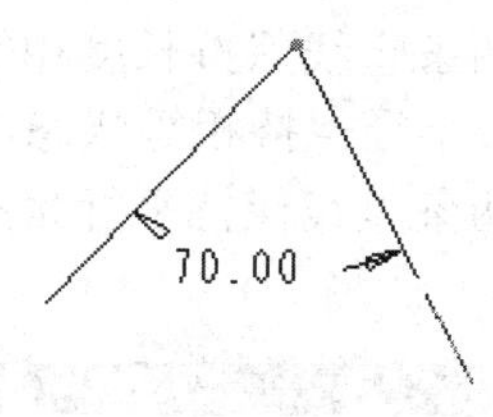

图 2-81　两线段夹角

• 圆弧角度：单击【草绘】工具选项卡【尺寸】组中的【法向】按钮 ，用鼠标左键选取圆弧两端点，再选取圆弧上任意一点，然后用鼠标中键指定尺寸参数的放置位置，即可标注出其角度，如图 2-82 所示。

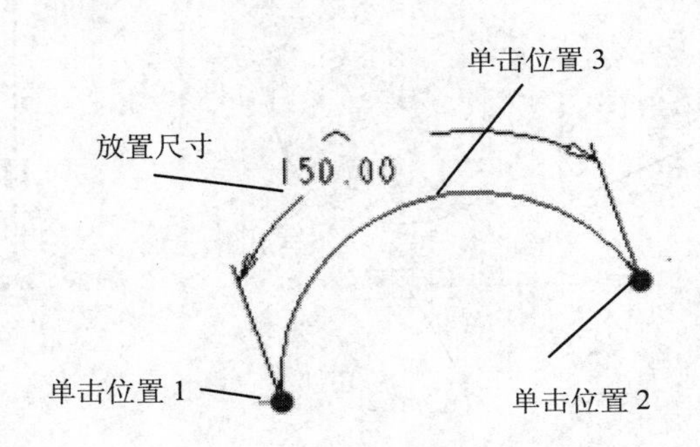

图 2-82　圆弧角度

4. 修改约束条件

约束条件是指一系列的尺寸组合，它可以唯一地确定草图的形状特征。例如一个三角形的约束条件可以是两个角和一条边，或者是两条边和一个角，还可以是三条边。

在【草绘】工具选项卡【约束】组选择需要的按钮对草图进行约束。

组中各按钮的功能如下：

• 【竖直】按钮：使一条直线保持竖直状态，在图上标记为 V；也可以使两个点保持竖直状态，在图上标记为 。

• 【水平】按钮：使一条直线保持水平状态，在草图图上标记为 H；也可以使两个点保持水平状态，在图上标记为 。

• 【垂直】按钮：使两条直线保持垂直状态，在图上标记为⊥。

• 【相切】按钮：使两个图元保持相切状态，在草图图上标记为 T。

• 【中点】：使一个点保持为一条直线的中点状态，在图上标记为 M。

• 【重合】按钮：使两个点保持同一位置状态，在图上标记为○；也可以使两条线段保持共线状态，在图上标记为 。

• 【对称】按钮：使一条线段或两个点保持关于中心线对称状态，在图上标记为→←。

• 【相等】按钮：使两条直线保持长度相等状态，在图上标记为 L；也可以使两个圆或圆弧的曲率或半径保持相等状态，在图上标记为 R。

• 【平行】按钮：使两条直线保持平行状态，在图上标记为∥。

当设定好约束条件后，系统将时刻都保持着该约束条件对应的几何关系。

名师点拨

根据设计需要，有时需要删除已经创建的约束条件，下面介绍约束条件的删除方法。

选择要删除的约束标记，选择【草绘】工具选项卡【操作】组中的【删除】命令，如图 2-83 所示。

如果一个草图的约束条件和强化尺寸的个数，多于能确定这个草图形状的最少尺寸个数时，将会产生约束冲突，系统会打开图 2-84【解决草绘】对话框，只要按照提示进行操作即可。

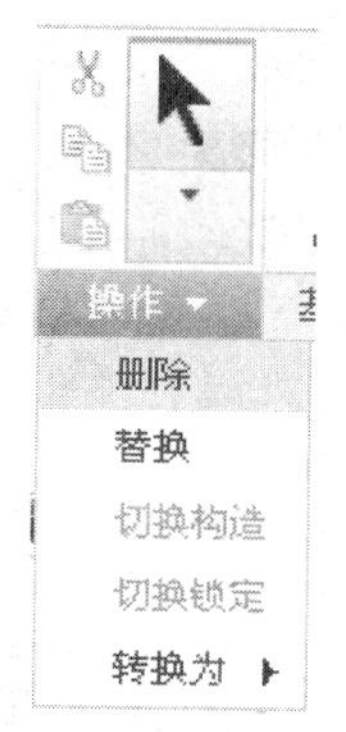

图 2-83　删除约束条件

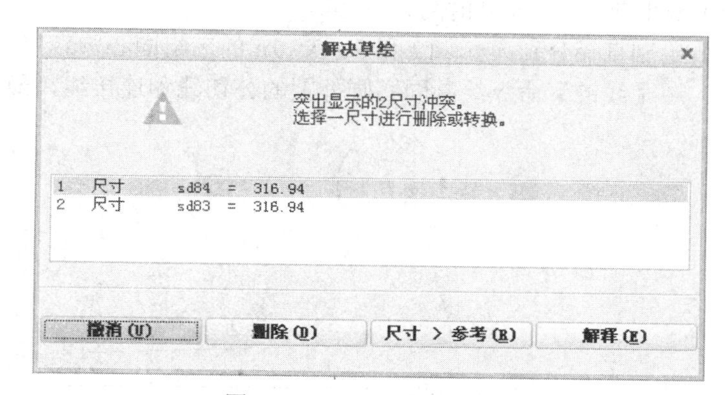

图 2-84　【解决草绘】对话框

2.5　专家总结

通过本章的学习，读者已经对 Creo Parametric 的草绘环境等内容有了一定的认识，对各种草绘工具的功能和使用方法有了一定的了解，而且通过草绘案例掌握了一些基本功能。但是这些远远不够，希望读者能够进行大量的练习，这样才能将草绘技巧融会贯通，从而为后面实体特征的学习打下基础。

2.6　课后习题

2.6.1　填空题

（1）构成草图的三要素分别为________、________及________。

（2）直线可分成两种线形，即________和________。

2.6.2 问答题

（1）约束是指什么？
（2）尺寸标注的用法是什么？

2.6.3 上机操作题

使用本章学过的各种命令来创建一个杠杆草图文件，如图 2-85 所示。
练习步骤和方法：
（1）绘制夹角为 75 度的两条中心线。
（2）绘制直径分别为 6、12 和 8、9、16 的三组同心圆。
（3）用【线链】命令绘制同心圆外圆的公切线和连接线，最后绘制圆角。

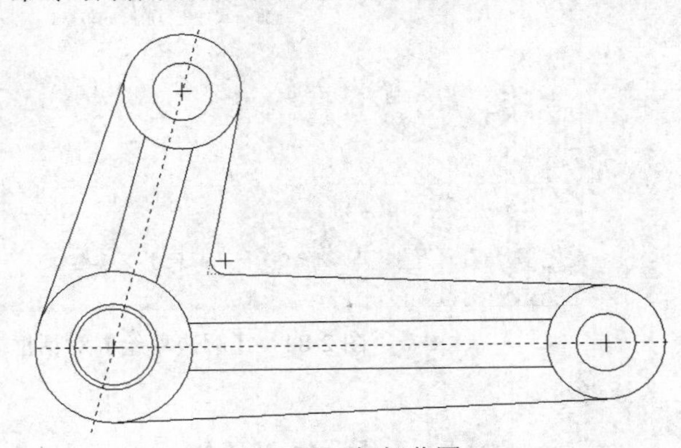

图 2-85　杠杆草图

第3章　基准和实体特征设计

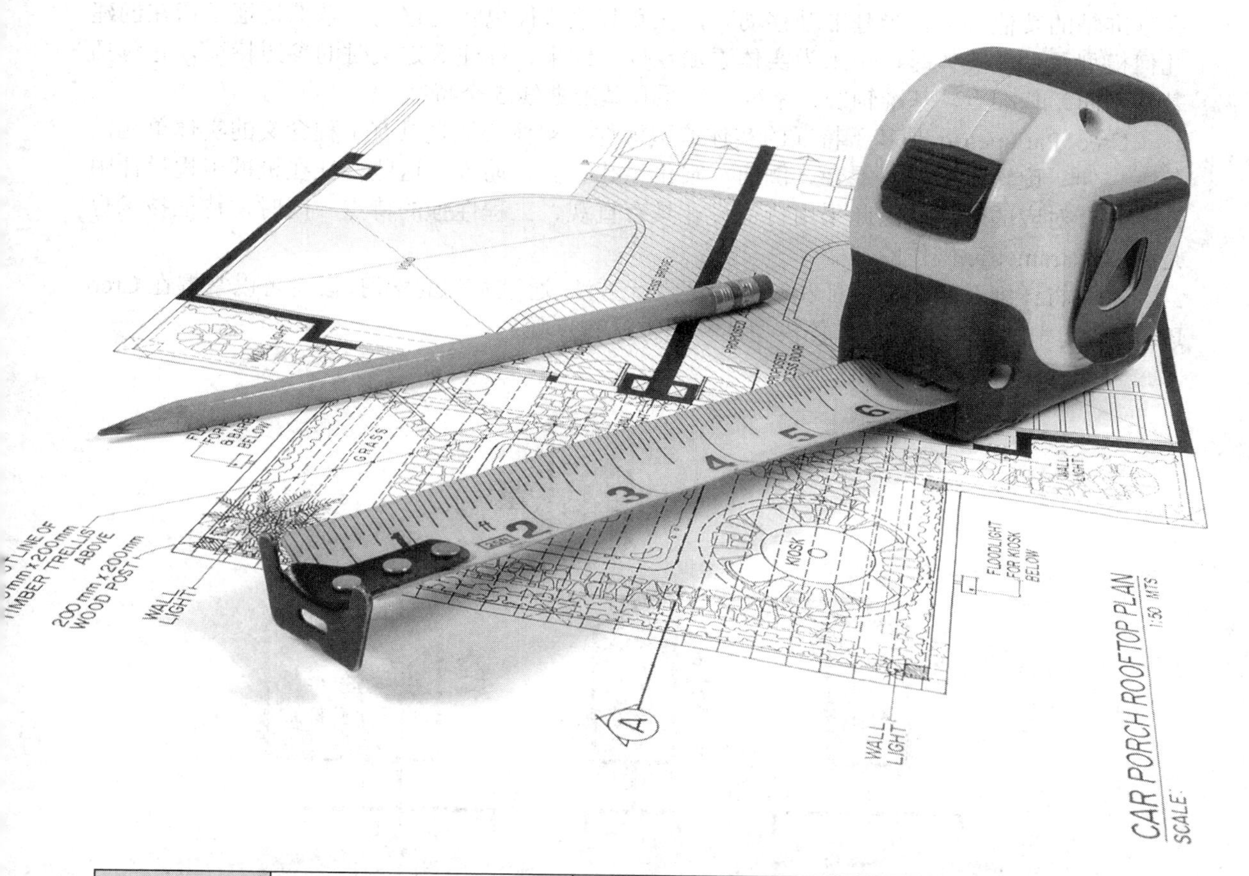

课训目标	内　容	掌握程度	课　时
	基准特征	熟练掌握	2
	拉伸和旋转特征	熟练掌握	2
	扫描特征	熟练掌握	2
	混合特征	基本掌握	2

课程学习建议

基准是创建一般特征的基础，可以和其他特征产生关系以便定位。例如，一个孔特征可以将一个基准轴当成其中心线，此基准轴也可作为孔半径标注的基准，也可建立相对于孔基准轴的其他特征，当基准轴移动时，孔和其他特征也随之移动。基准特征是指在创建几何模型及零件实体时，用来为实体添加定位、约束、标注等定义时的参照特征，它包括基准平面、基准点、基准轴线、基准坐标系和基准曲线 5 个特征。

Creo Parametric 是基于特征的实体造型软件。实体特征是具有工程含义的实体单元，包括拉伸、旋转、扫描、混合、倒角、圆角、孔、壳、筋等，这些特征在机械工程设计中几乎都有对应的对象，因此采用特征设计具有直观、工程性强的特点。同时，特征技术也是 Creo Parametric 操作的基础。

本章将详细介绍基准特征和实体特征设计方法，通过本章的学习，读者可以掌握在 Creo Parametric 中利用特征进行零件模型建模的方法和步骤。

本课程培训课程表如下。

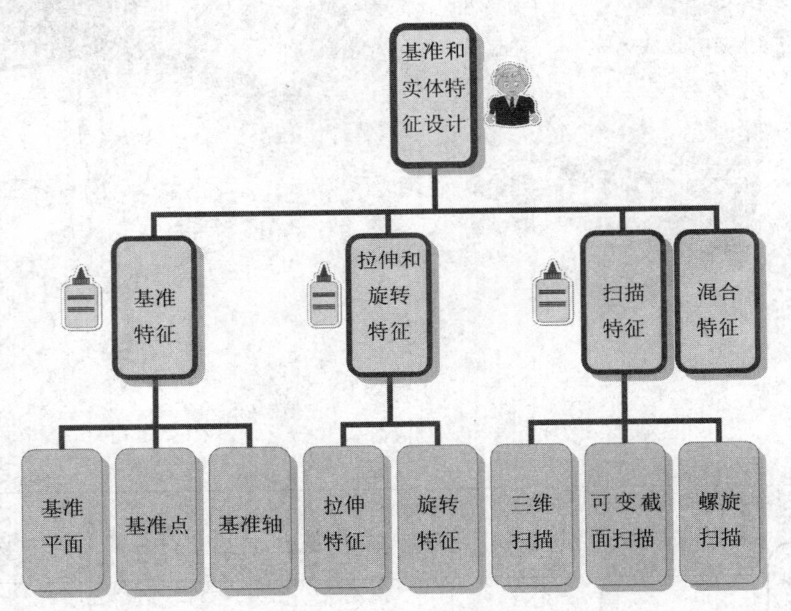

3.1 基准特征

基本概念

基准是创建一般特征的基础，可以和其他特征产生关系以便定位。例如，一个孔特征可以将一个基准轴当成其中心线，此基准轴也可作为孔半径标注的基准，也可建立相对于孔基准轴的其他特征，当基准轴移动时，孔和其他特征也随之移动。基准特征是指在创建几何模型及零件实体时，用来为实体添加定位、约束、标注等定义时的参照特征，它包括基准平面、基准点、基准轴线、基准坐标系和基准曲线 5 个特征。

课堂讲解课时：2 课时

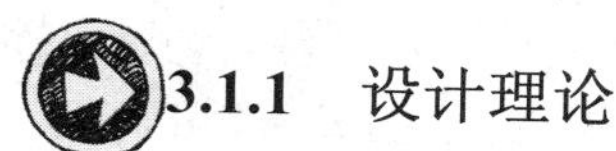

3.1.1　设计理论

1. 基准平面

基准平面是指系统或用户定义的用做参照基准的平面，可以用于截面图元或特征，也可以作为尺寸标注的参照基准。

基准平面的用途如下。

（1）尺寸标注参考

开始零件的三维设计时，最好先建立垂直 x 轴、y 轴及 z 轴的 3 个基准平面。标注尺寸时，如果可选择零件上的面或原先建立的任一基准面，则最好选择基准面，以免造成不必要的特征父子关系。图 3-1 中的孔特征即是用基准面 RIGHT 及 TOP 来标注其位置的尺寸。

（2）决定视角方向

3D 物体的方向性需要两个互相垂直的面定义后才能决定，基准平面恰好可成为 3D 物体方向决定的参考平面。例如在图 3-2 中，要决定圆柱的方向时，因为圆柱并无互相垂直的两个面，所以必须建立一个基准面，使其垂直于底面，作为视角方向定义的参考面。

（3）作为草绘平面

创建特征时常需绘制 2D 截面，若 3D 物体在空间上无合适的绘图平面可供利用，则可建立基准面作为剖面的绘图面。例如在图 3-3 中，要在圆柱的侧面再建立一个圆柱，则必须通过空间中的基准面 DTM3 作为圆柱截面的草绘平面。

（4）作为装配零件时互相配合的参考面

零件在装配时可能会利用许多平面来定义匹配、对齐或插入，因此同样也可以将基准平面作为其参考依据。

（5）作为剖视图产生的平面

在图 3-4 所示的剖面结构图中，为清楚看出其内部结构，必须通过定义一个参考基准面，利用此基准面纵剖该模型，从而得到一个剖视图。

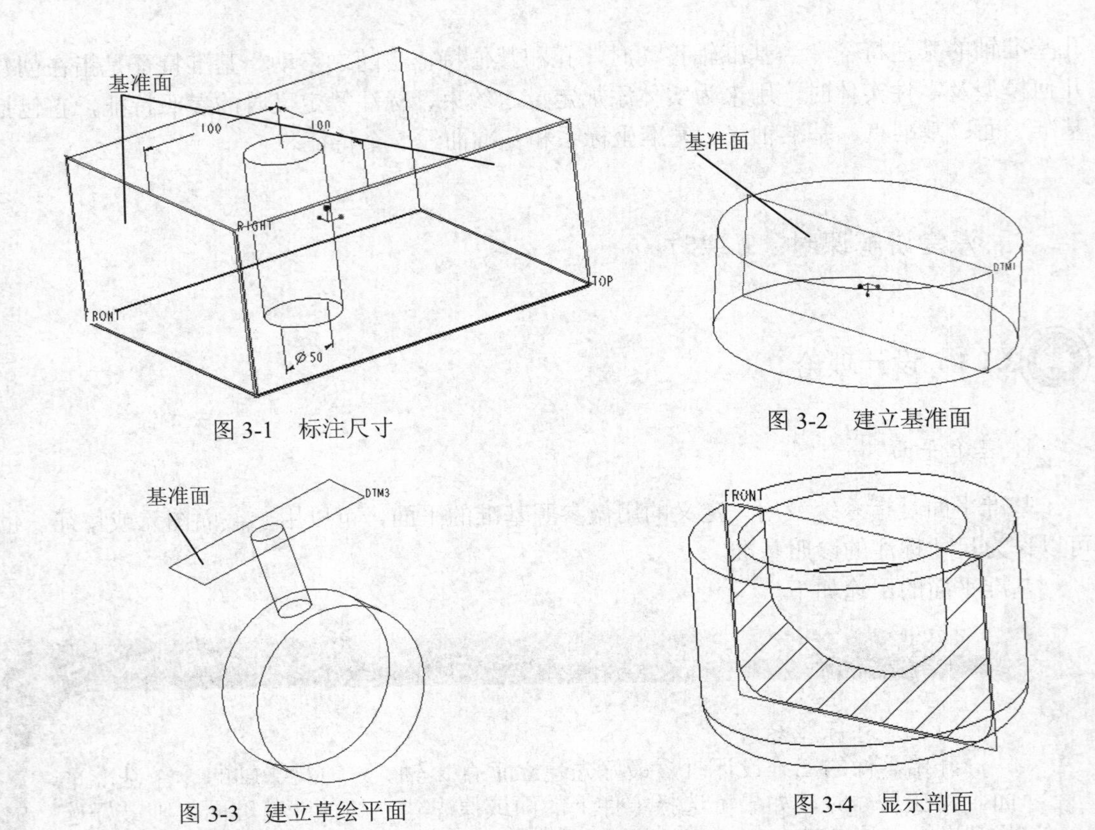

图 3-1　标注尺寸

图 3-2　建立基准面

图 3-3　建立草绘平面

图 3-4　显示剖面

2. 基准点

基准点是指为定义基准而创建的点，可以用做几何建模时的辅助构造元素，或用于定义计算和分析模型的已知点，还可以用来定义有限元分析网格中的受力点。下面介绍基准点的不同类型和创建各种类型基准点对应的用户界面。

根据各自不同的作用，基准点分为以下 4 种类型。

- 一般基准点：在图元上创建的基准点。
- 草绘基准点：通过草绘创建的基准点。
- 坐标系偏移基准点：通过自定义坐标系偏移所创建的基准点。
- 域基准点：在行为建模中用于分析的点。

建立基准点大多用于定位，其建立的条件同一般几何点的建立差不多。基准点的编号为 PNT0、PNT1、PNT2 等。

基准点的用途包括以下几方面：

（1）某些特征需借助基准点来定义参数。
（2）可用来定义有限元分析网格上的施力点。
（3）在计算几何公差时，基准点可用来指定附加基准目标的位置。

3. 基准轴线

基准轴由虚线表示，其编号为 A_1、A_2 等，如图 3-5 所示。

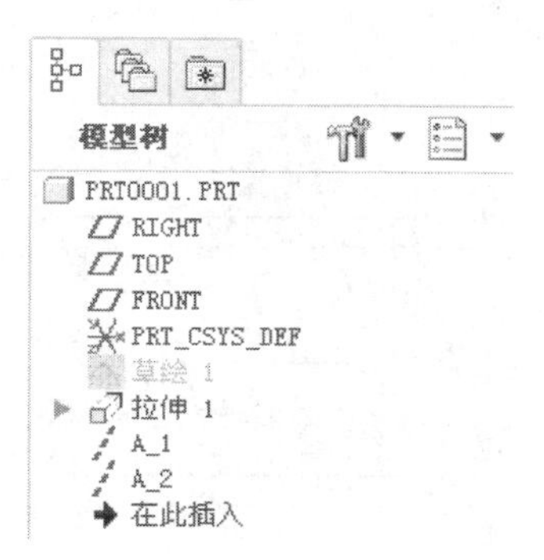

图 3-5　模型树中的基准轴

基准轴的用途包括以下两方面。

（1）作为中心线：如作为圆柱、孔及旋转特征的中心线。另外延伸一个圆做圆柱体或旋转一个剖面做旋转体时，基准轴会自动产生，如图 3-6 所示。

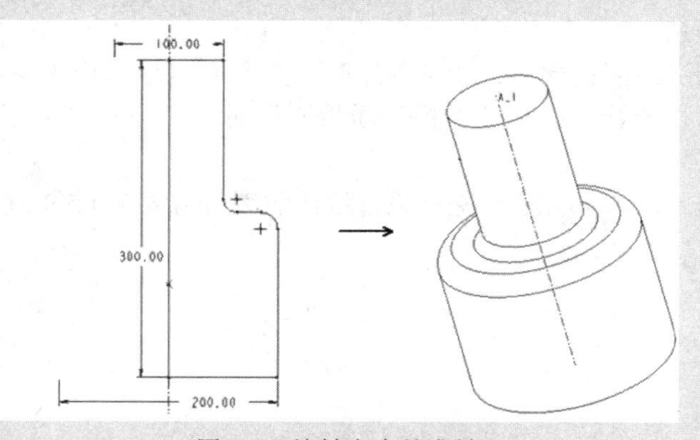

图 3-6　旋转产生基准轴

（2）作为同轴特征的参考轴：当建立同轴的两个特征时，可对齐这两个特征的中心轴，以确保两中心轴在同一轴上。

4. 基准坐标系

在 Creo Parametric 系统中所建立的 3D 实体模型，基本上不需用到坐标系，所有的特征定位均采用相对位置的尺寸参数标注法，但当需要标注坐标原点以供其他系统使用或方便模型建立时，也可在其模型上再加入基准坐标系。

基准坐标系可以用来定位点、曲线、平面等基准和特征，使用基准坐标系不仅能计算零件的质量和体积等属性，而且还能定位装配元件，或者为“有限元分析（FEA）”放置约束等。

系统默认的基准坐标系位于顶面（TOP）、前面（FRONT）和右侧面（RIGHT）3 个基准平面的相交处，如图 3-7 所示。

图 3-7　系统默认的基准坐标系

基准坐标系的作用如下。

（1）CAD 数据输入与输出：IGES、FEA 及 STL 等数据的输入与输出都必须设置坐标系。

（2）制造：欲创建 NC 加工程序时，必须有坐标系作为参考。

（3）重量的计算：要分析模型质量属性时，必须有坐标系的设置以计算质量。

（4）同一零件可有多个坐标系，默认的编号方式为 CS0、CS1、CS2 等（如图 3-8 所示）。

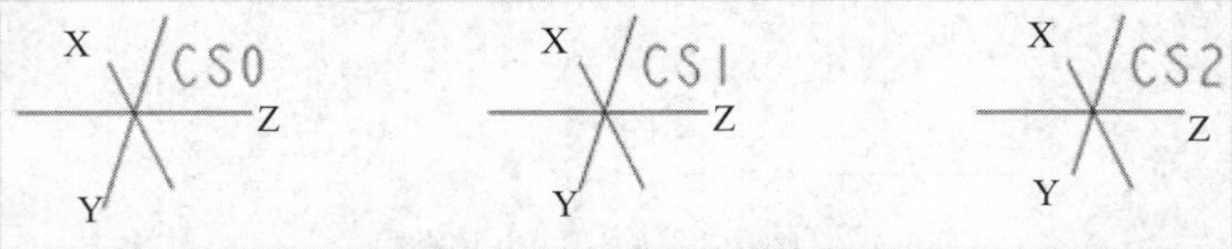

图 3-8　坐标系编号方式

Creo Parametric 的基准坐标系可以分为笛卡儿坐标系、柱坐标系和球坐标系 3 种类型，默认使用笛卡儿坐标系作为基准坐标系。

笛卡儿坐标系：如图 3-9 所示，使用 X、Y 和 Z 来表示坐标值。

柱坐标系：如图 3-10 所示，使用半径、半径与 X 轴夹角 θ 和 Z 表示坐标值。

球坐标系：如图 3-11 所示，使用半径、半径与 X 轴夹角 Φ 和半径与 Z 轴夹角 θ 表示坐标值。

图 3-9　笛卡儿坐标系　　图 3-10　柱坐标系　　图 3-11　球坐标系

3.1.2　课堂讲解

1. 建立基准平面的步骤

建立基准面时，必须先决定能够完全描述与限定唯一平面的必要条件，然后系统会自动产生符合条件的基准面。

单击【模型】选项卡中的【平面】按钮，打开【基准平面】对话框，如图 3-12 所示，在该对话框中设置基准平面的基本定义，包括放置位置、大小和方向以及平面名称等。

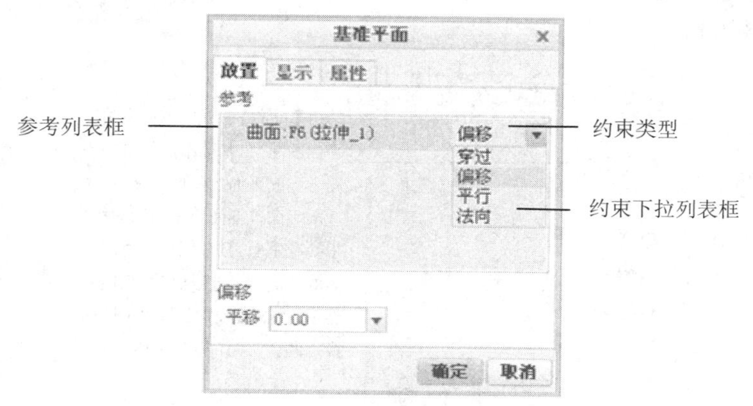

图 3-12　【基准平面】对话框

（1）定义基准平面的约束条件

打开【基准平面】对话框，默认进入【放置】选项卡。在该选项卡中可以选择基准平面的参照信息，包括参照基准的名称和定义约束类型等。

约束类型包括以下几种：

【偏移】：偏移选定参照放置新基准平面，如图 3-13 所示。

【穿过】：穿过选定参照放置新基准平面，如图 3-14 所示。

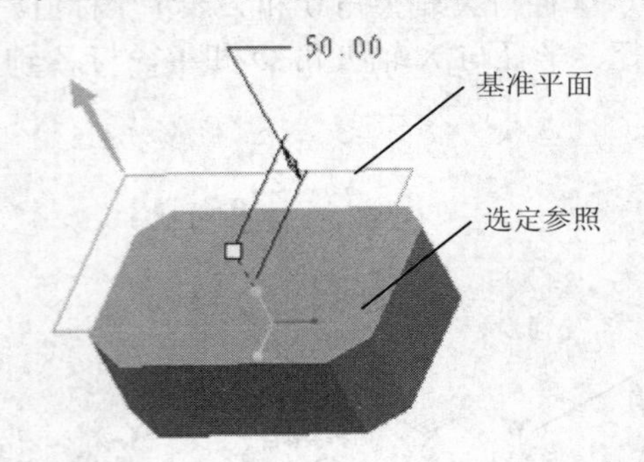

图 3-13　偏移放置

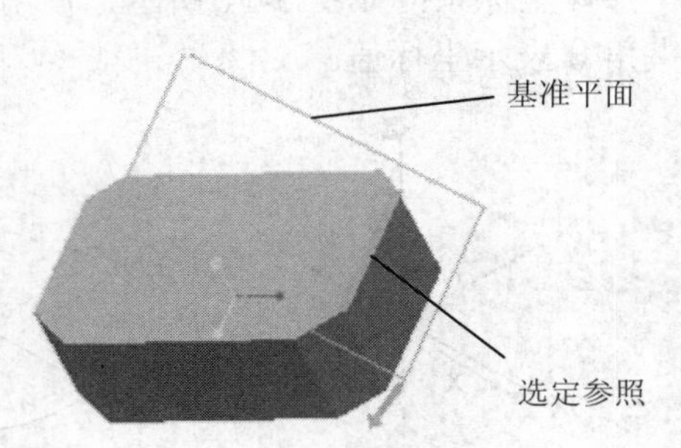

图 3-14　穿过放置

【平行】：平行于选定参照放置新基准平面，如图 3-15 所示。

【法向】：垂直于选定参照放置新基准平面，如图 3-16 所示。

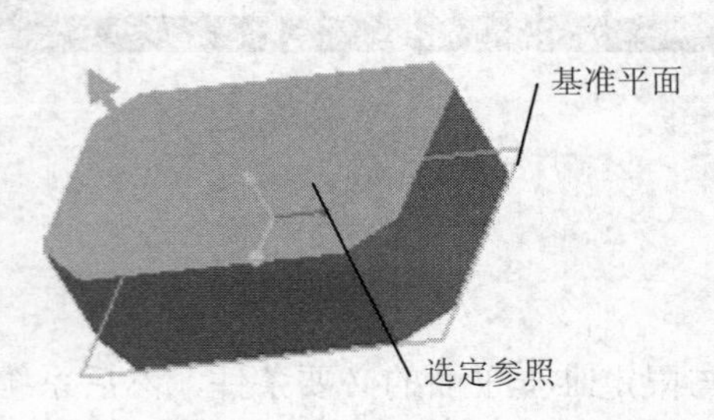

图 3-15　平行放置

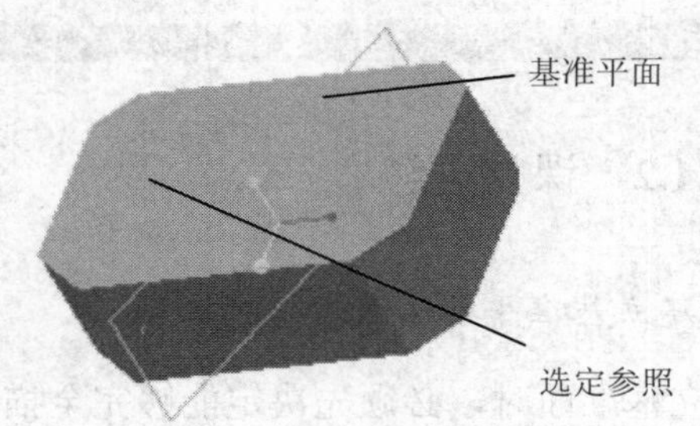

图 3-16　法向放置

（2）调整基准平面的大小和方向

单击【显示】标签，切换到图 3-17 所示的【显示】选项卡。在此选项卡中可以调整基准平面的大小和方向。

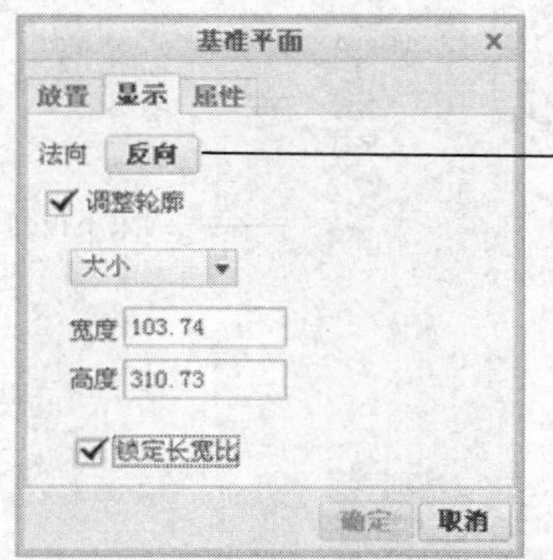

单击【反向】按钮，可切换基准平面的法向。基准平面的法向不同于一般平面的法向定义，一个基准平面包括两个法向，都垂直于基准平面，且分别指向基准平面的两侧，系统默认以黄色箭头显示。单击【反向】按钮可以切换这两个法向，如图 3-18 所示。

图 3-17　【显示】选项卡

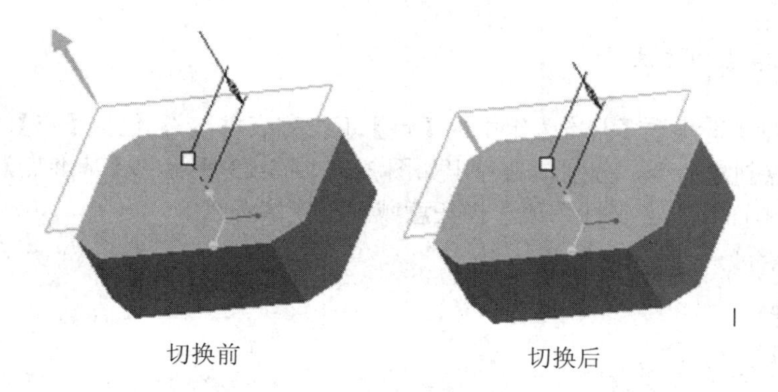

图 3-18　切换基准平面的法向

启用【调整轮廓】复选框，在该下拉列表框中选择【参考】选项时，绘图区可以显示-参考的图元，表示创建的基准平面与该图元大小相当；选择【大小】选项时，【宽度】和【高度】文本框亮显，输入数值即可定义创建的基准平面大小。

2. 修改基准平面

在【基准平面】对话框，切换到【放置】选项卡，用鼠标右键单击已经定义的参照名称，从弹出的快捷菜单中选择【移除】选项，即可删除参照，如图 3-19 所示；按住 Ctrl 键用鼠标单击参照可以实现添加操作。若要修改基准平面，可打开模型树，用鼠标右键单击要编辑的基准平面，从弹出的快捷菜单中选择【编辑定义】命令，如图 3-20 所示，修改约束类型、偏移距离以及夹角等，和创建基准平面过程中的定义一样，这里不做重复叙述。

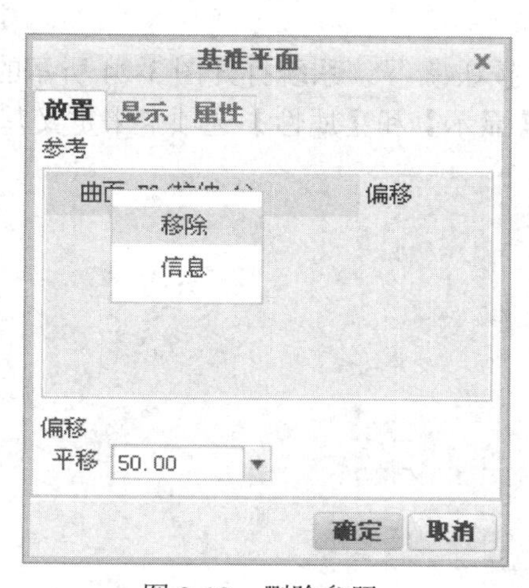

图 3-19　删除参照

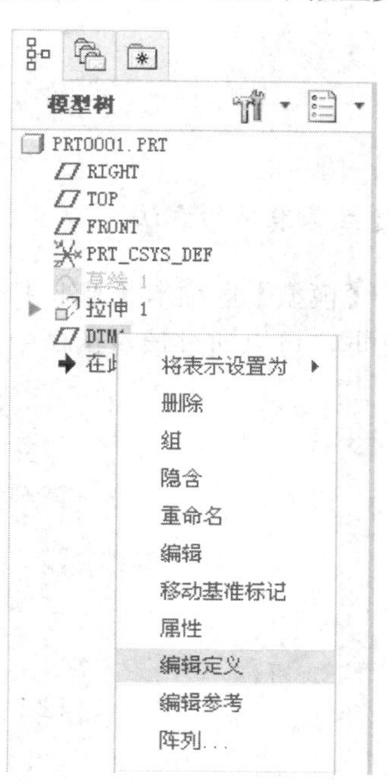

图 3-20　编辑基准面

3. 建立基准点的方法

打开【模型】选项卡【基准】组中的【点】下拉列表框，包括【点】、【偏移坐标系】和【域】3 种点创建命令，分别单击弹出如图 3-21 到 3-23 所示的【基准点】对话框，他们分别是根据参考面、参考坐标系和选择任意域来创建参考点的。

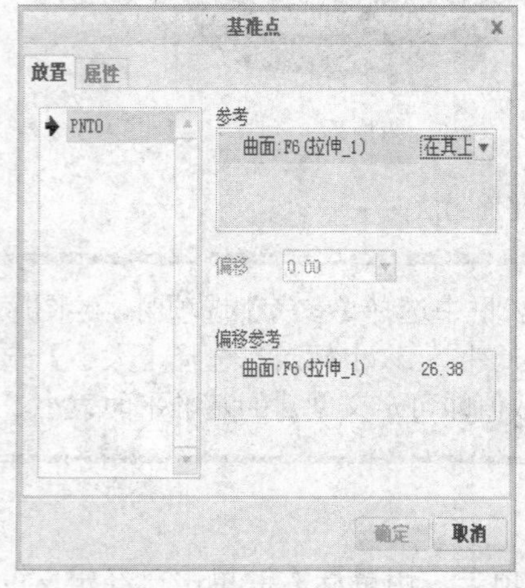

图 3-21　参考面【基准点】对话框

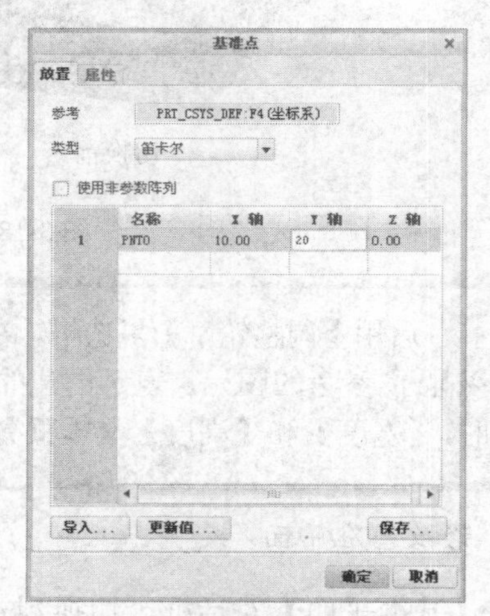

图 3-22　参考坐标系【基准点】对话框

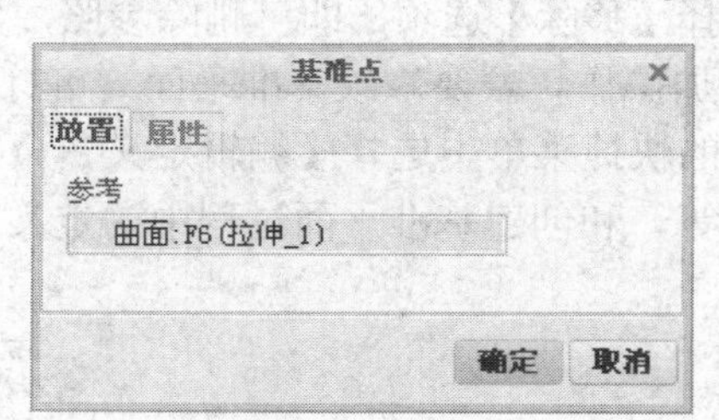

图 3-23　选择域的【基准面】对话框

4. 建立基准轴的方法

单击【模型】选项卡【基准】组中的【轴】按钮，系统打开图 3-24 所示的【基准轴】对话框，可以通过该对话框中的【放置】、【显示】和【属性】选项卡来定义基准轴。

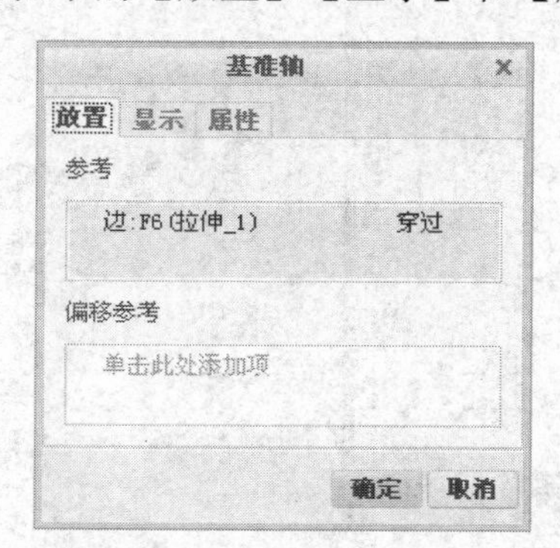

图 3-24　【基准轴】对话框

【放置】选项卡主要用于定义基准轴的约束条件，包括【参考】和【偏移参考】列表两部分。

- 【参考】列表用来定义放置新基准轴的参照，可以显示参考基准名称和定义约束类型，其中约束类型包括：【穿过】，可以定义基准轴穿过选定的参照；【法向】，可以定义基准轴垂直于选定的参照，选择此类型的约束还需要继续定义约束，使其能够完全约束该基准轴；【相切】：定义基准轴和参考对象相切。
- 【偏移参考】列表主要用于基准轴的定位。当在【参考】列表的约束类型中选择【法向】类型时，因为此时不能完全约束基准轴，所以要在此继续选取参考定义约束，直到能够完全约束该基准轴为止。

【显示】选项卡用于设置参考轴的参数。

【属性】选项卡用来定义创建的基准平面名称和查询该基准平面特征的详细信息。

5. 设置基准坐标系的参数

单击【模型】选项卡【基准】组中的【坐标系】按钮 坐标系，打开图 3-25 所示的【坐标系】对话框，该对话框包含【原点】、【方向】和【属性】3 个选项卡。

（1）【原点】选项卡：此选项卡用来定义坐标系的参考和类型。

（2）【方向】选项卡：用于设置基准坐标系坐标轴的方向。

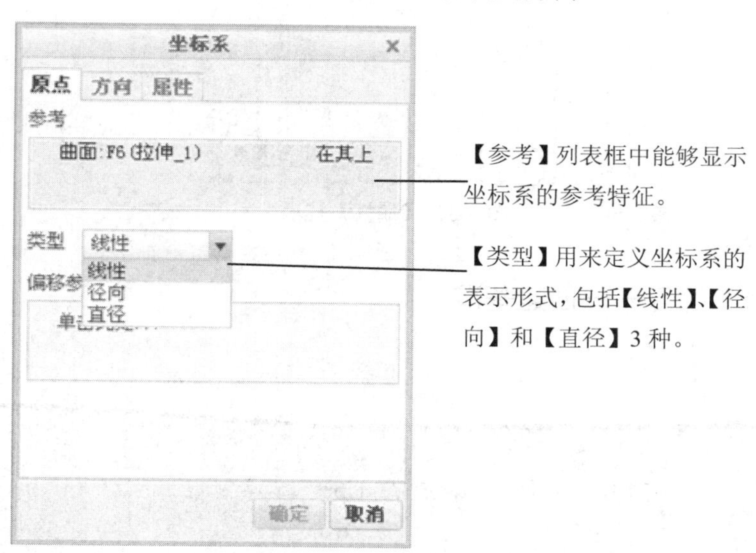

图 3-25 【坐标系】对话框

（3）【属性】选项卡：与【基准平面】对话框的【属性】选项卡一样，它的主要功能是定义坐标系的名称，或者查询该坐标系的详细信息，如图 3-27 所示。

如果选中【定向根据】选项组中的【参考选择】单选按钮，可根据选取的平面的法向来定义基准坐标系的坐标轴方向，参考平面选定后可以在【确定】下拉列表框中选择定义方向的坐标轴，单击【反向】按钮可以切换参照平面的法向。

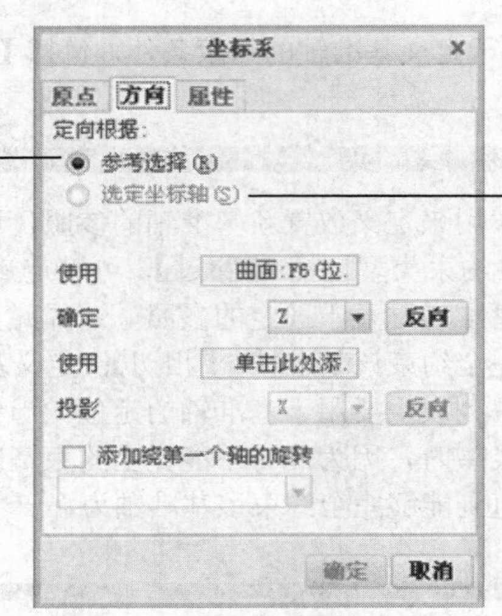

如果选中【选定坐标轴】单选按钮，可以指定与选取的坐标轴成一定旋转角度，从而确定新建的基准坐标轴方向。

图 3-26 【定向】选项卡

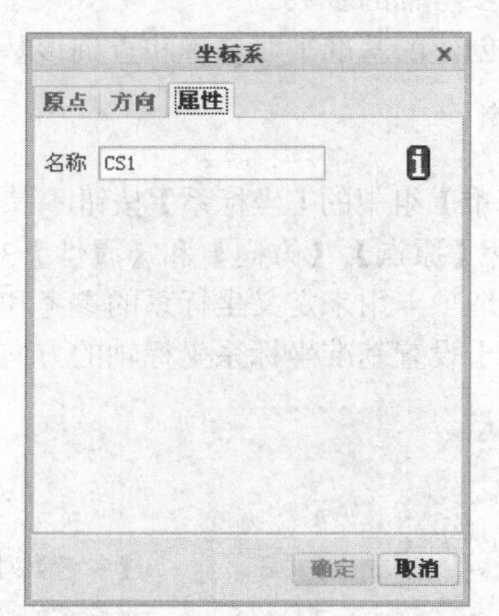

图 3-27 【属性】选项卡

3.1.3 课堂练习——创建基准

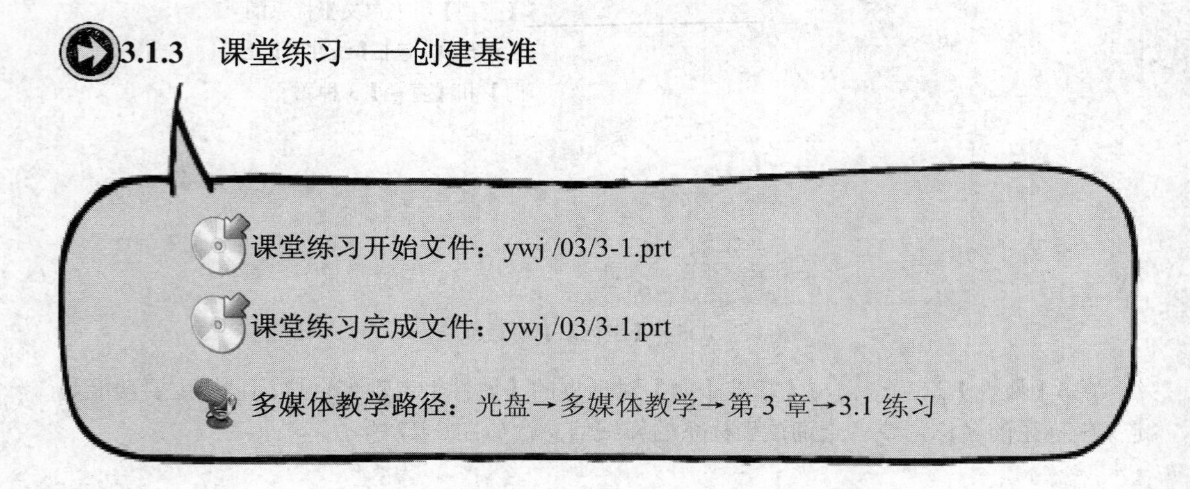

Step1 创建基准平面，如图 3-28 所示。

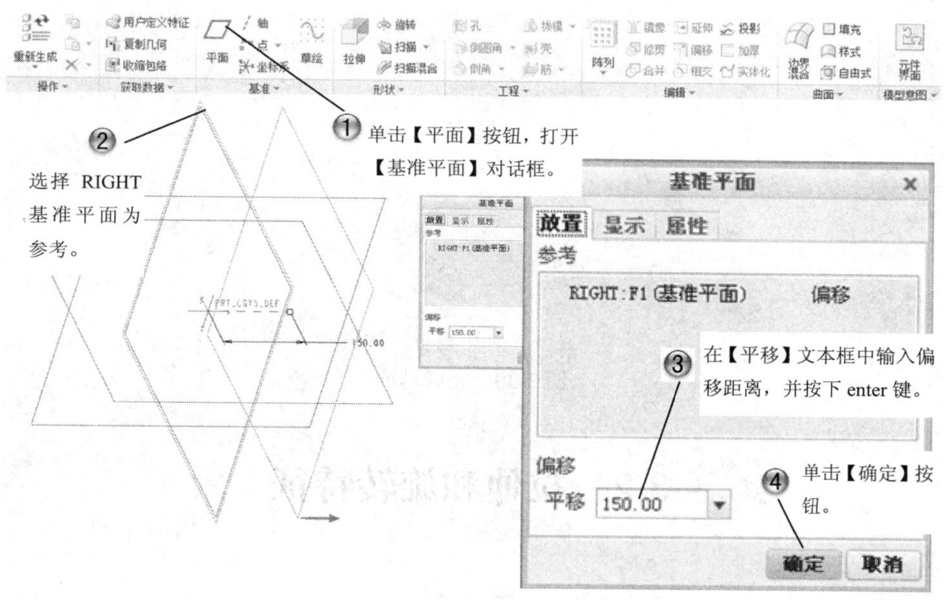

图 3-28 创建基准平面

Step1 创建基准点，如图 3-29 所示。至此，完成创建的基准如图 3-30 所示。

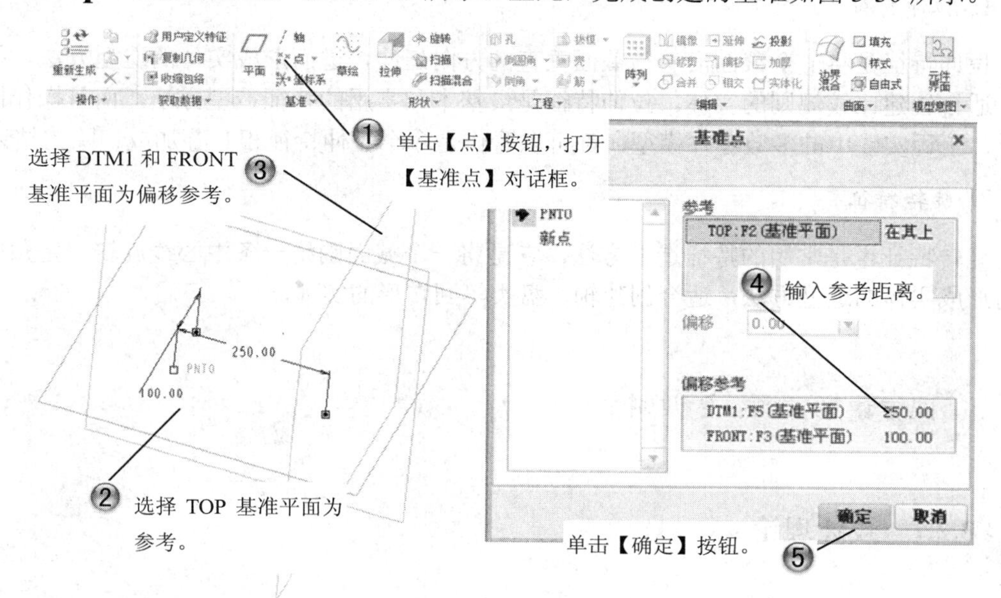

图 3-29 创建基准点

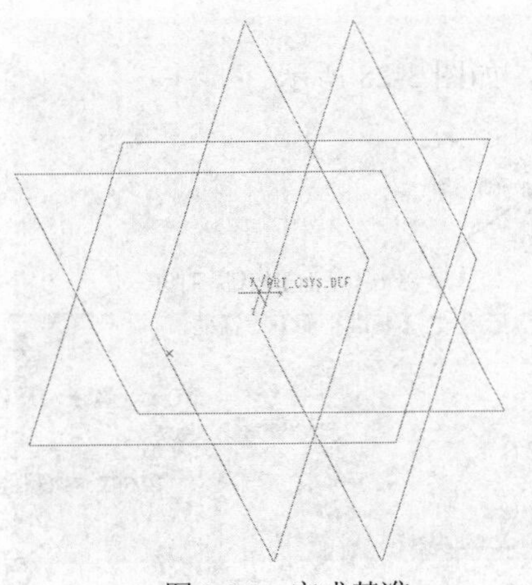

图 3-30　完成基准

3.2　拉伸和旋转特征

基本概念

1. 拉伸特征

拉伸特征是将一个截面沿着与截面垂直的方向延伸，进而形成实体的造型方法。拉伸特征适合创建比较规则的实体。拉伸特征是最基本和常用的特征造型方法，而且操作比较简单，工程实践中的多数零件模型，都可以看作是多个拉伸特征相互叠加或切除的结果。

2. 旋转特征

旋转特征也是常用的特征造型方法，它是将一个截面围绕一条中心线旋转一定角度，进而形成实体的造型方法，适合创建轴、盘类等回转形的实体。

课堂讲解课时：2 课时

3.2.1　设计理论

Creo Parametric 是基于特征的实体造型软件。所谓特征就是可以用参数驱动的实体模型。“基于特征”的含义为：零件模型的构建是由各种特征生成的，零件模型的设计就是特征的累计过程。

Creo Parametric 中所应用的特征可以分为 3 类。

（1）基准特征：起辅助作用，为基本特征的创建和编辑提供操作的参考。基准特征没有物理容积，也不对几何元素产生影响。基准特征包括基准平面、基准轴、基准曲线、基准坐标系、基准点等。

（2）基本特征：也可以称作草绘特征，用于构建基本空间实体。基本特征通常要求先草绘出特征的一个或多个截面，然后根据某种形式生成基本特征。基本特征包括拉伸特征、旋转特征、扫描特征、混合特征和薄板特征等。本章主要介绍基本特征的构建方法和操作步骤。

（3）工程特征：也可以称作拖放特征，用于针对基本特征的局部进行细化操作。工程特征是系统提供或自定义的一类模板特征，其几何形状是确定的，构建时只需要提供工程特征的放置位置和尺寸即可。工程特征包括倒角特征、圆角特征、孔特征、拔模特征、壳特征、筋特征等。

零件实体设计即基本特征的创建，相对来说比较简单易懂，但由于涉及到后续各种特征的创建和修改，以及由此引发的父子特征依赖性等问题，因此在零件实体设计之初，就应当从全局入手，认真考虑，合理安排特征的建立顺序，以及每个特征的草绘截面直至截面的参考对象、参考方式、尺寸标注等。因为如果要设计一个比较复杂的零件的话，这些基本特征就是所有复杂特征的基础，正如地基之于大厦的重要性，不可不重视。虽然 Creo Parametric 提供了很多功能帮助用户快捷地更改顺序、修正截面、编辑参数，但是随着零件复杂程度的提高，这些功能的可用性与基础的好坏是紧密相关的，一个零件，高手和低手都能做出来，但水平高低往往就体现在其中反映的设计理念、基础好坏、可修改性等方面。正因为如此，虽然从技术构建本身来说，零件实体设计比较简单，但在学习过程中要时刻考虑到将来的工程加工、模型修正、系列化效率、变形设计等问题，养成良好的设计习惯，注重基础、灵活应用，在掌握技术的同时更要形成自己的设计思想。

Creo Parametric 中零件设计的基本过程如图 3-31 所示。

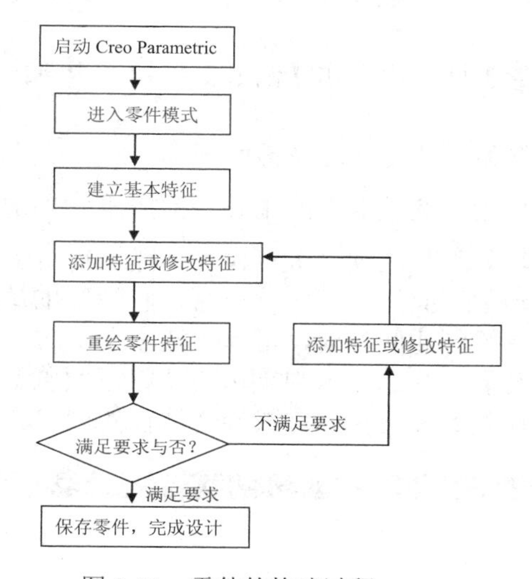

图 3-31　零件的构建过程

创建拉伸特征的一般操作步骤如下：

（1）单击【模型】选项卡【形状】组中的【拉伸】按钮，打开【拉伸】工具选项卡。

（2）在【拉伸】工具选项卡中单击【拉伸为实体】按钮，用于生成实体特征。

（3）单击【放置】标签，切换到【放置】面板，单击【断开】按钮，再单击【编辑】按钮，进入草绘状态。

（4）绘制拉伸特征的截面图形。

（5）单击【草绘】选项卡中的【确定】按钮，退出草绘状态。

（6）在【拉伸】工具选项卡中，设置计算拉伸长度的方式。

（7）在【拉伸】工具选项卡中，设置拉伸特征的拉伸长度。如果要相对于草绘平面来反转特征创建的方向，可单击选项卡中的按钮。

（8）在【拉伸】工具选项卡中，单击【特征预览】按钮进行预览，无误后单击【应用并保存】按钮，完成拉伸特征的创建。

创建旋转特征的操作步骤如下：

（1）单击【模型】选项卡【形状】组的【旋转】按钮，打开【旋转】工具选项卡。

（2）在【旋转】工具选项卡中单击【作为实体旋转】按钮，用于生成实体特征。

（3）在【放置】面板中单击【断开】按钮，再单击【编辑】按钮，进入草绘状态。

（4）绘制旋转特征的旋转轴及截面图形。

（5）单击【草绘】选项卡中的【确定】按钮，退出草绘状态。

（6）在【旋转】工具选项卡中，设置计算旋转角度的方式。

（7）在【旋转】工具选项卡中，设置旋转特征的旋转角度。如果要相对于草绘平面来反转特征创建的方向，可单击选项卡中的按钮。

（8）在【旋转】工具选项卡中，单击【特征预览】按钮进行预览，无误后单击【应用并保存】按钮，完成旋转特征的创建。

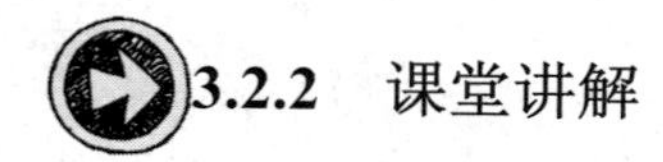

3.2.2 课堂讲解

1. 拉伸特征

单击【模型】选项卡【形状】组中的【拉伸】按钮，可以打开如图3-32所示的【拉伸】工具选项卡，使用拉伸方式建立实体特征。

下面首先对【拉伸】工具选项卡中的一些相关按钮、选项进行说明。

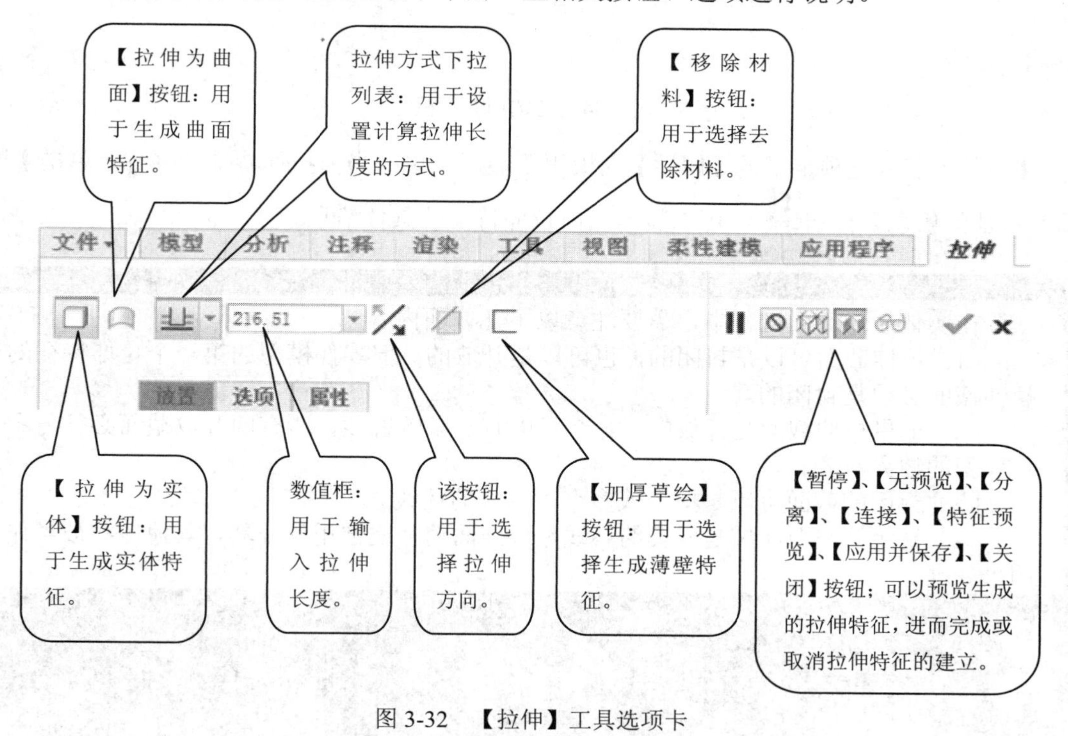

图3-32 【拉伸】工具选项卡

打开【拉伸】工具选项卡【放置】面板，如图3-33所示，此时可以选择已有曲线作为拉伸特征的截面，也可以断开特征与草图之间的联系。

图3-33 【放置】面板

【拉伸】工具选项卡中【选项】面板的内容，如图3-34所示，在其中可以设置计算拉伸长度的方式和拉伸长度。

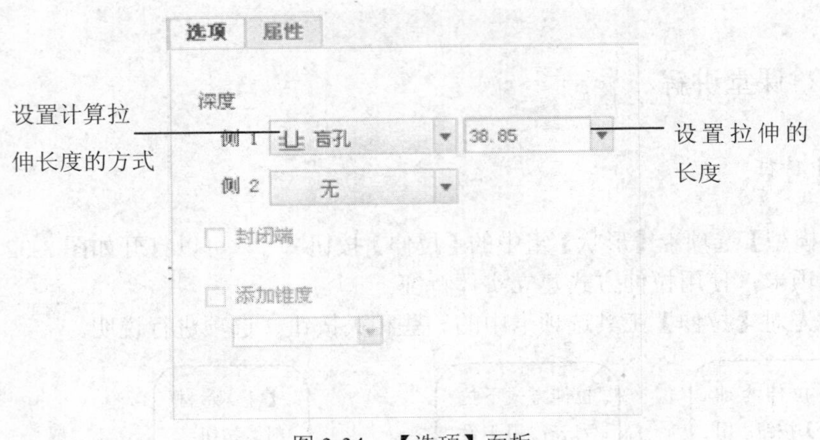

图 3-34 【选项】面板

【拉伸】工具选项卡中的【属性】面板用于显示或更改当前拉伸特征的名称，单击【显示此特征的信息】按钮，可以显示当前拉伸特征的具体信息。

在实体拉伸截面过程中，需要注意以下几方面内容。

（1）拉伸截面可以是封闭的，也可以是开放的。但零件模型的第一个拉伸特征的拉伸截面必须是封闭的。

（2）如果拉伸截面是开放的，那么只能有一条轮廓线，所有的开放截面必须与零件模型的边界对齐。

（3）封闭的截面可以是单个或多个不重叠的环线。

（4）封闭的截面如果是嵌套的环线，最外面的环线被用做外环，其他环线被当作洞来处理。

名师点拨

2. 旋转特征

单击【模型】选项卡【形状】组中的【旋转】按钮，可以打开图 3-35 所示的【旋转】工具选项卡，可以采用旋转方式建立实体特征。

下面首先对【旋转】工具选项卡中的一些相关按钮、选项进行说明。

【旋转】工具选项卡中【放置】面板的内容如图 3-36 所示，可以选择已有曲线作为旋转特征的截面，也可以草绘旋转特征的截面。

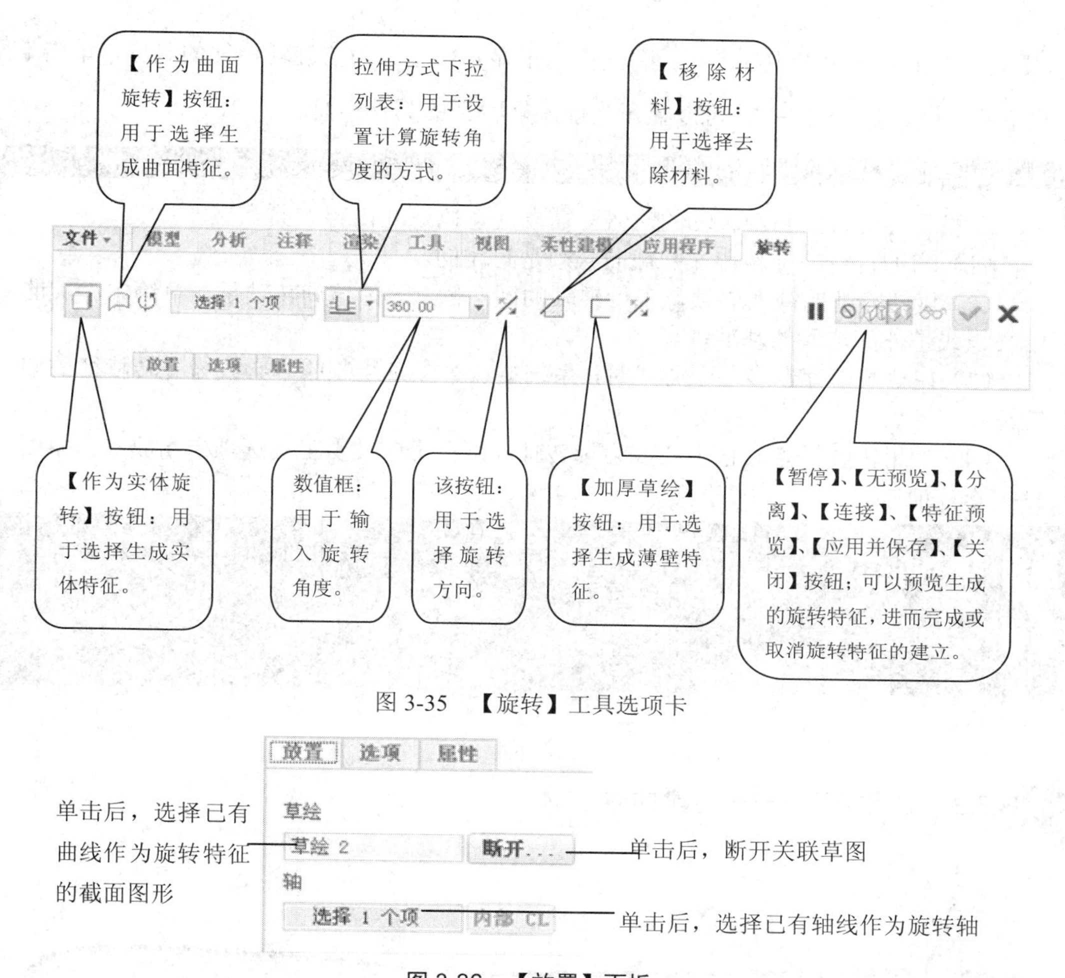

图 3-35　【旋转】工具选项卡

图 3-36　【放置】面板

【旋转】工具选项卡中【选项】面板的内容如图 3-37 所示，可以设置计算旋转角度的方式和旋转角度。

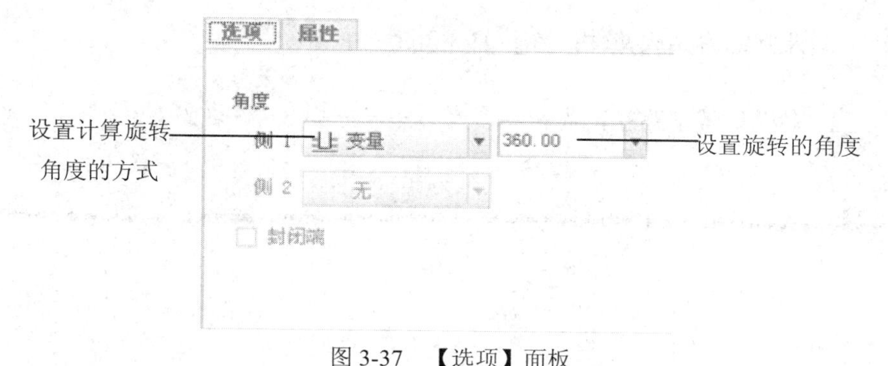

图 3-37　【选项】面板

【旋转】工具选项卡中的【属性】面板用于显示或更改当前旋转特征的名称，单击【显示此特征的信息】按钮 i ，可以显示当前旋转特征的具体信息。

在设置旋转截面和旋转轴的时候，需要注意以下几内容方面。

（1）增加材料的旋转特征的截面必须是封闭的。

（2）旋转特征的截面必须位于旋转轴的同一侧，无论该旋转轴是在草绘中添加的中心线或是外部选取的基准轴。

（3）在草绘中存在多条中心线时，系统默认第一条绘制的中心线为旋转特征的旋转轴。

（4）如果需要设定其他中心线为旋转轴，可在【旋转】工具选项卡【放置】面板设定旋转轴。

名师点拨

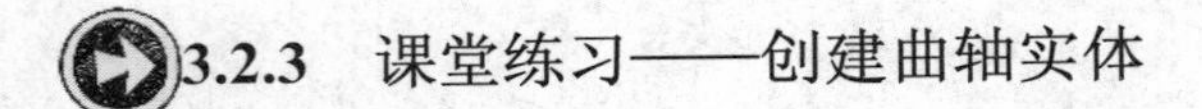

3.2.3 课堂练习——创建曲轴实体

课堂练习开始文件：ywj /03/3-2.prt

课堂练习完成文件：ywj /03/3-2.prt

多媒体教学路径：光盘→多媒体教学→第 3 章→3.2 练习

Step1 进行旋转操作，如图 3-38 所示。

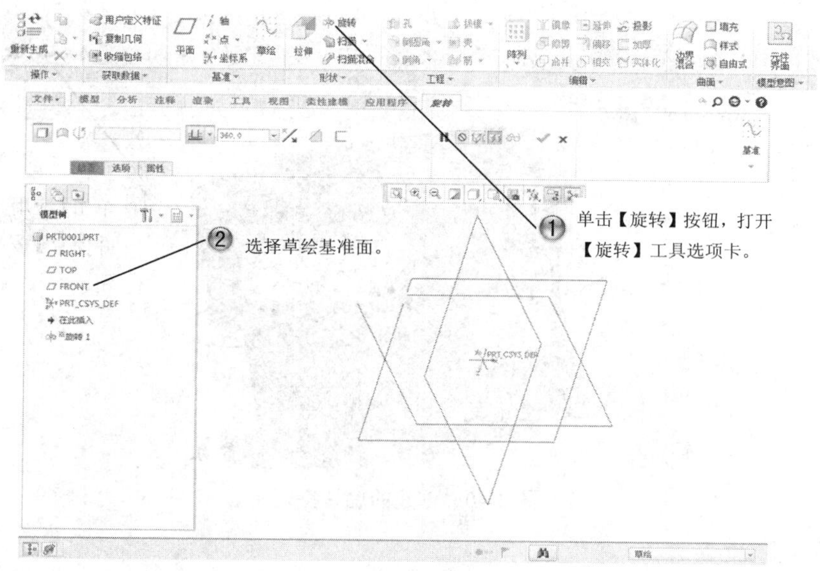

图 3-38 【旋转】工具选项卡

Step2 进入草绘界面后，进行草图绘制，如图 3-39 所示。

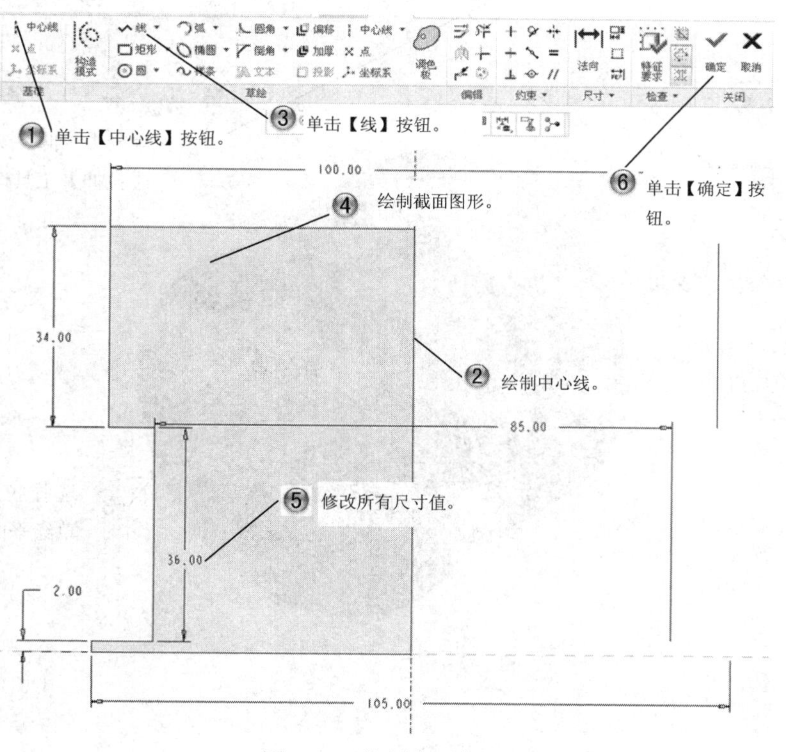

图 3-39 绘制截面草图

Step3 完成旋转特征的创建，如图 3-40 所示。

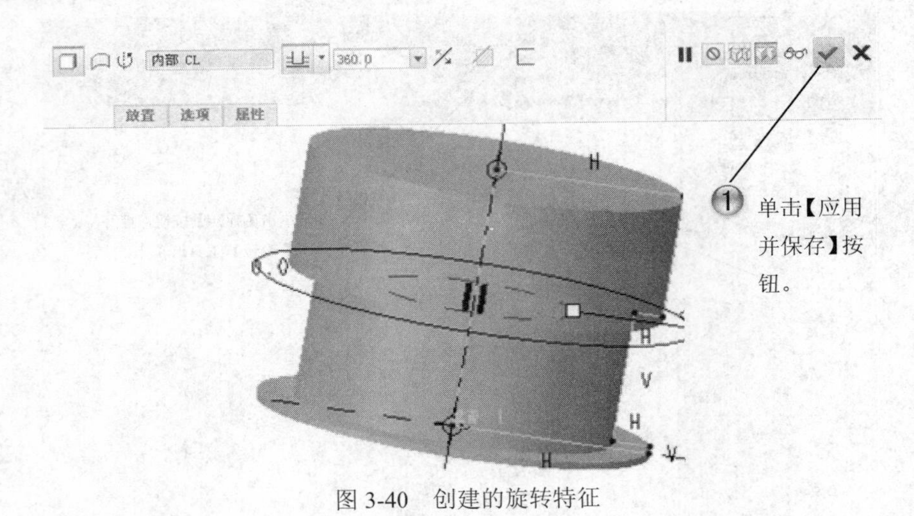

图 3-40 创建的旋转特征

Step4 创建拉伸特征，如图 3-41 所示。

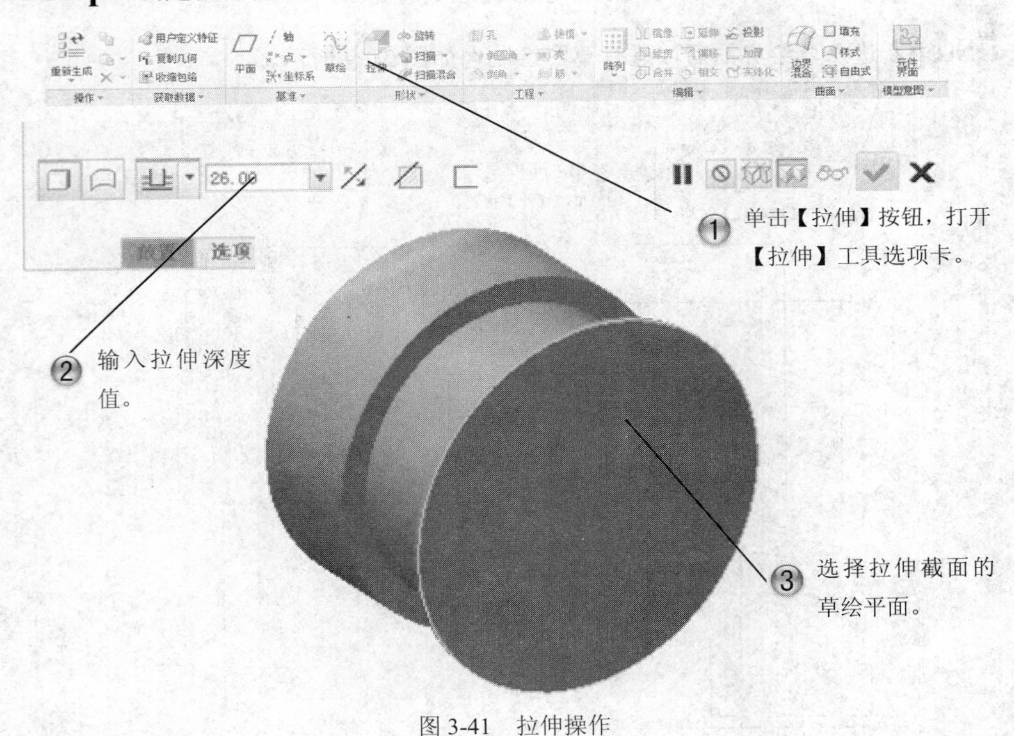

图 3-41 拉伸操作

Step5 进入草绘界面后，绘制拉伸截面，如图 3-42 所示。

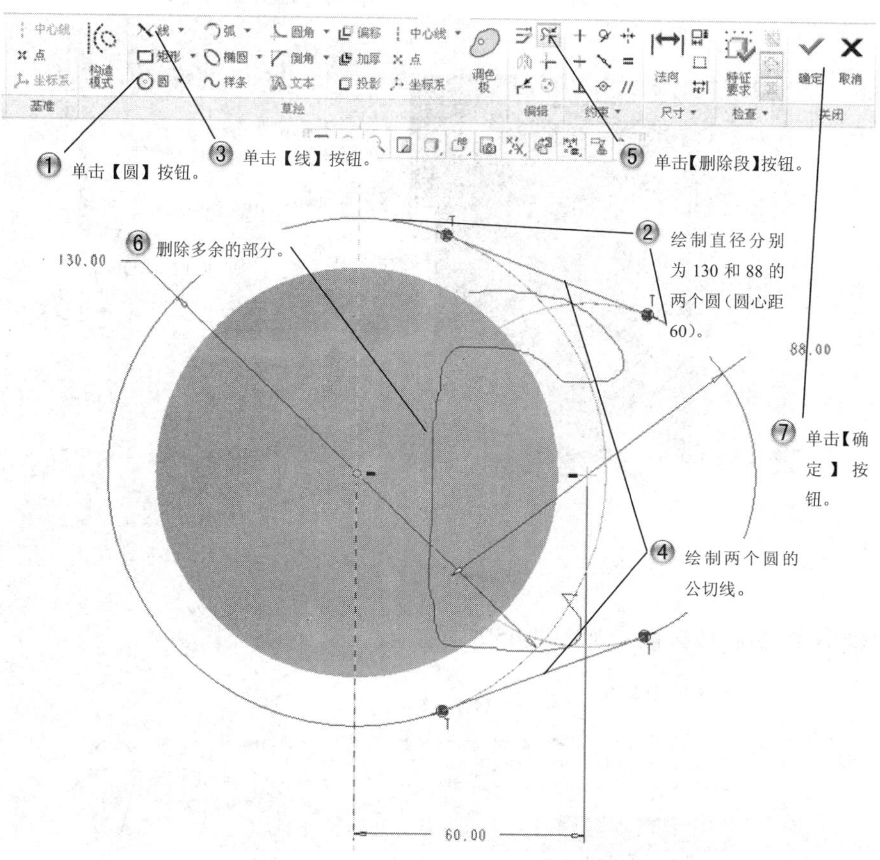

图 3-42　绘制拉伸截面草图

Step6 完成拉伸特征的创建，如图 3-43 所示。

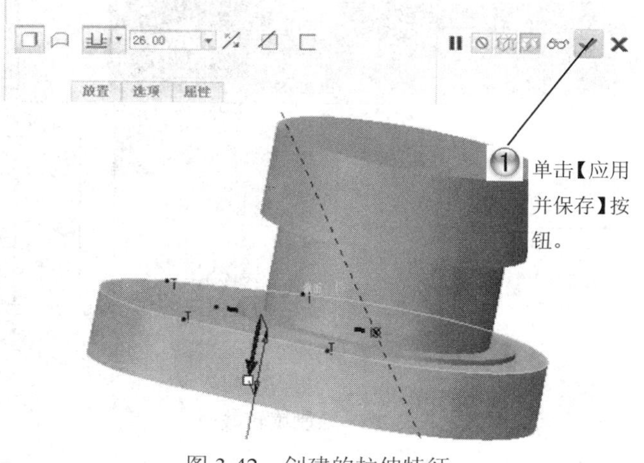

图 3-42　创建的拉伸特征

Step7 单击【旋转】按钮，选择 FRONT 基准平面为草绘平面，如图 3-44 所示。

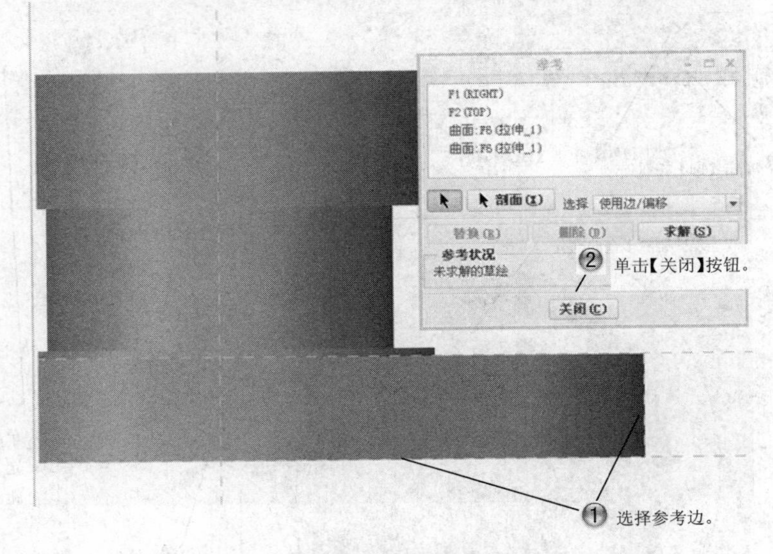

图 3-44　选择参考

Step8 绘制旋转截面，如图 3-45 所示。

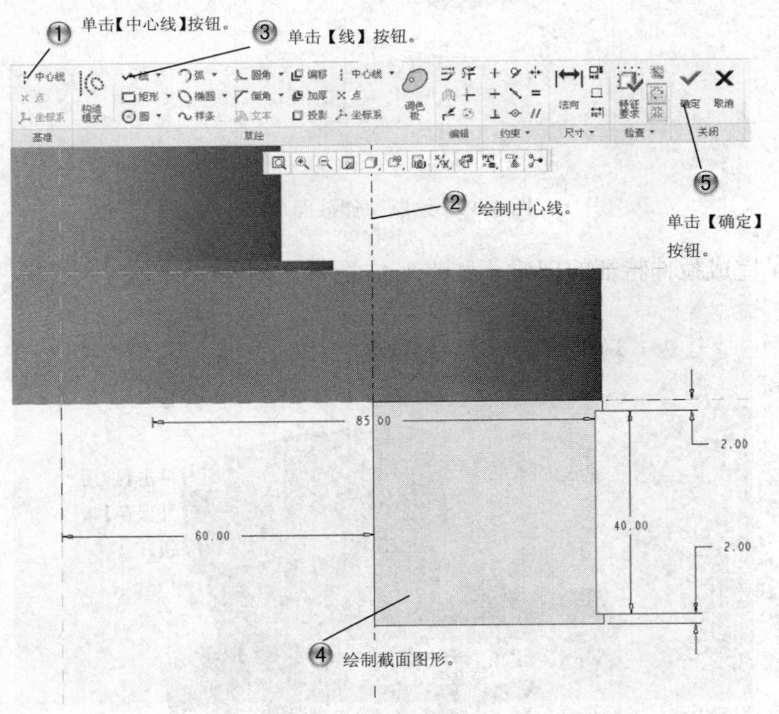

图 3-45　绘制旋转截面

Step8 完成旋转特的创建，如图 3-46 所示。

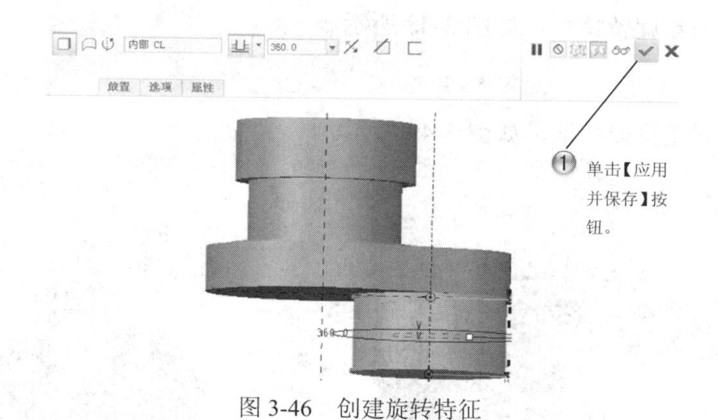

图 3-46　创建旋转特征

Step9 按照前面的方法创建拉伸特征，如图 3-47 所示。

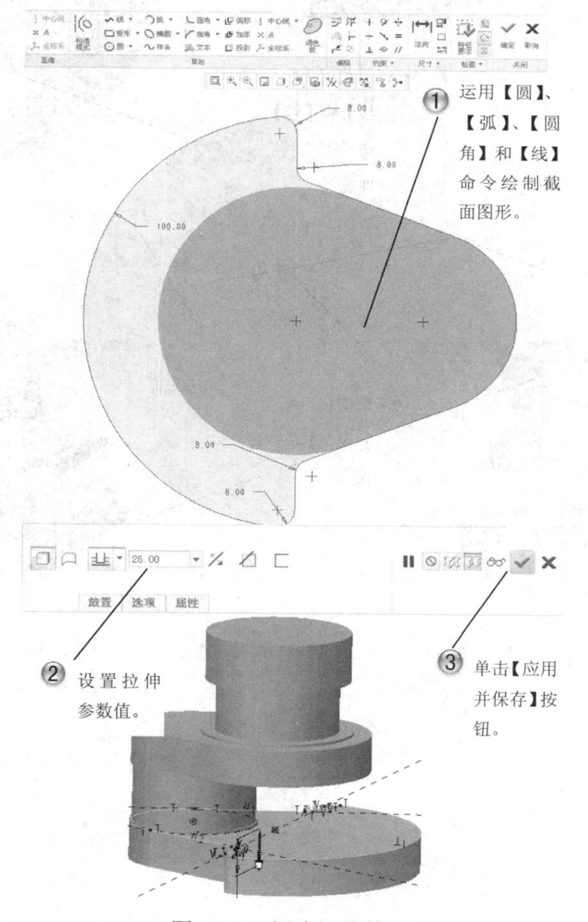

图 3-47　创建拉伸特征

Step10 创建旋转特征，如图 3-48 所示。

Step11 创建拉伸特征，如图 3-49 所示。

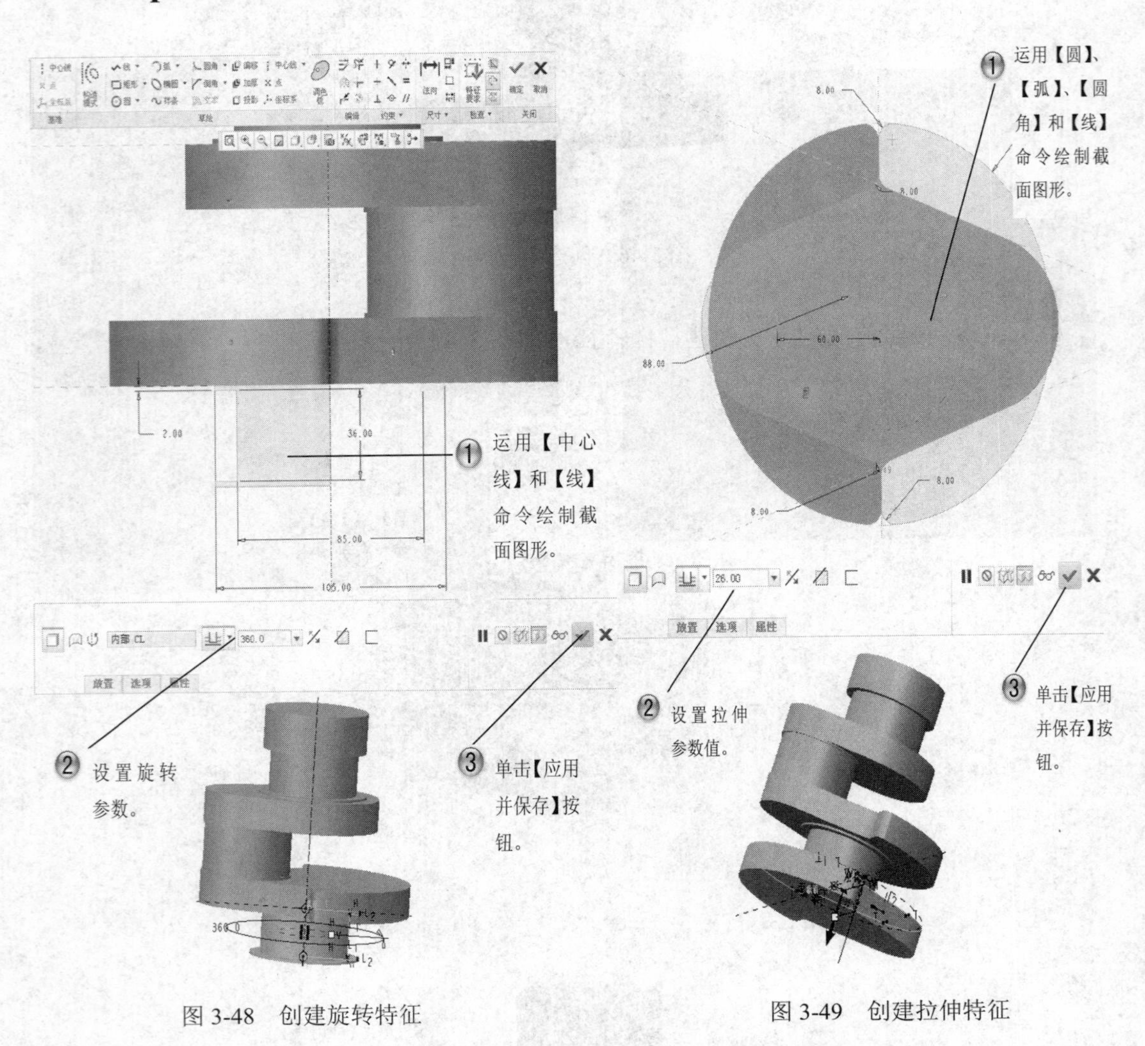

图 3-48　创建旋转特征

图 3-49　创建拉伸特征

Step12 创建旋转特征，如图 3-50 所示。

Step13 创建拉伸特征，如图 3-51 所示。

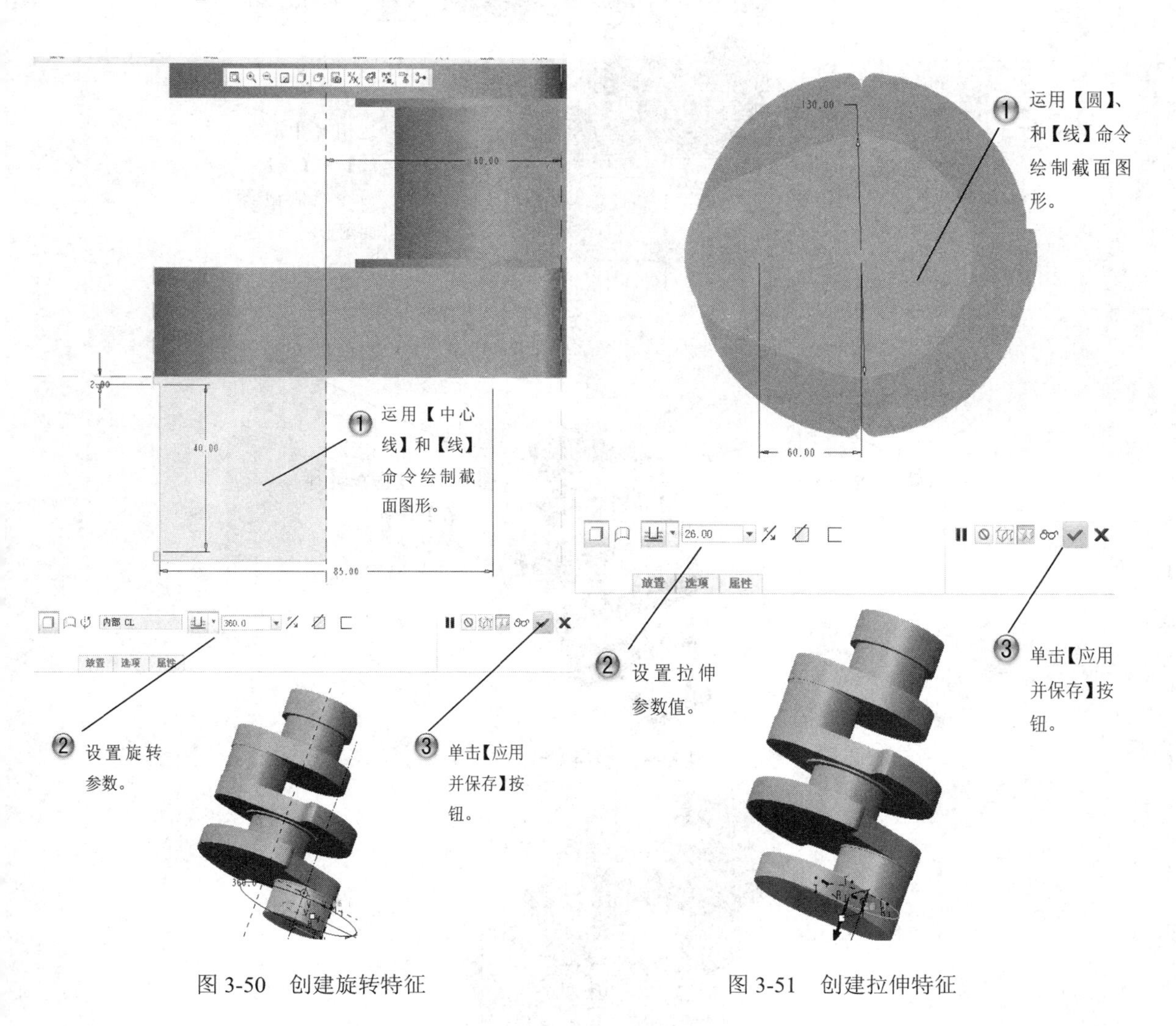

图 3-50 创建旋转特征

图 3-51 创建拉伸特征

Step12 创建旋转特征，如图 3-52 所示。至此，完成曲轴的制作，如图 3-53 所示。

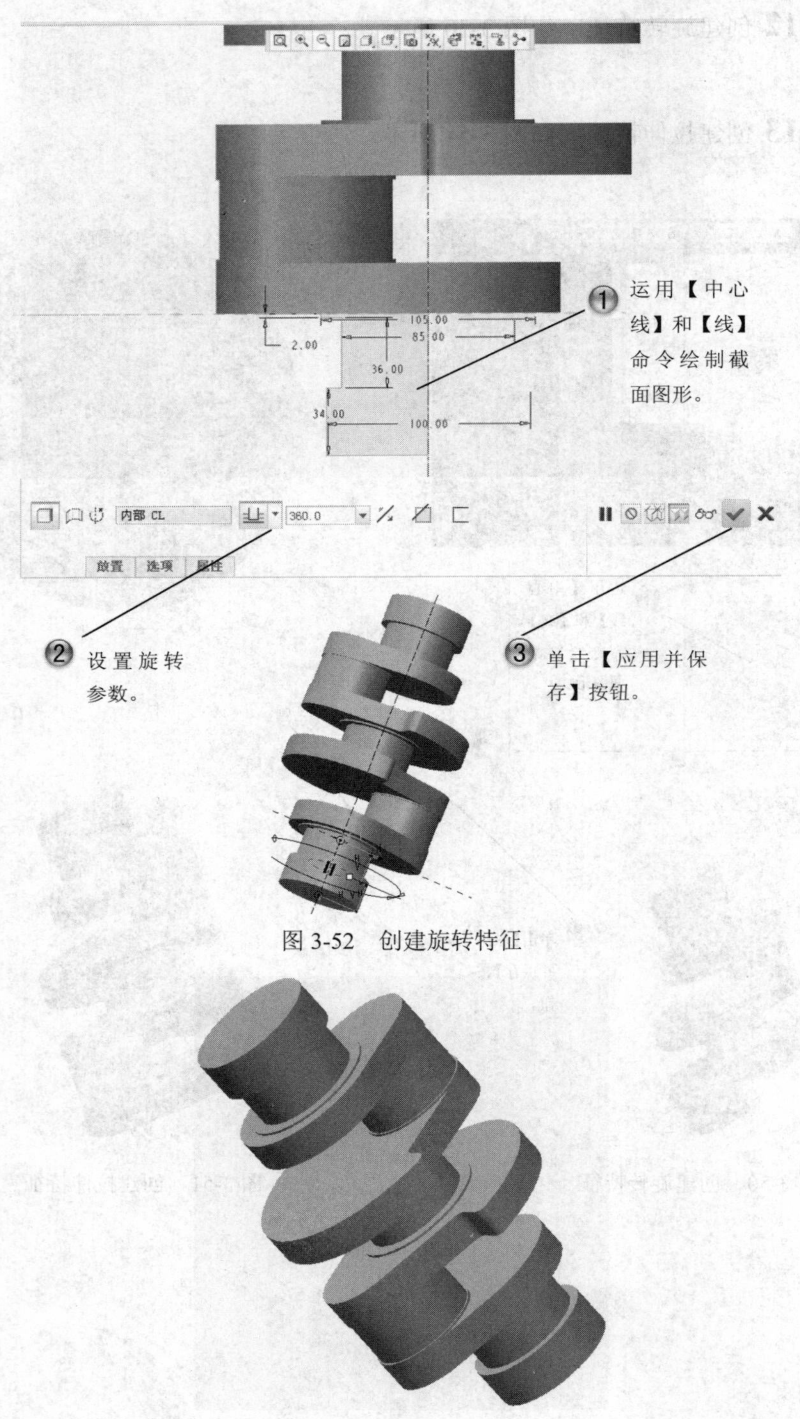

图 3-52　创建旋转特征

图 3-53　曲轴完成图

3.3 扫描特征

基本概念

扫描特征是单一截面沿一条或多条扫描轨迹生成实体的方法，在扫描特征中，截面虽然可以按照轨迹的变化而变化，但其基本形态是不变的。如果需要在一个实体中实现多个形态各异的截面，就可以考虑使用混合特征。

以扫描方式创建实体或曲面时，截面必须垂直于轨迹线，但很多零件的截面与轨迹并不垂直，使用“可变截面扫描”的方法可创建这类实体或曲面特征。在给定的截面较少、轨迹尺寸较明确，且轨迹较多的场合，适合使用可变截面扫描。

扫描截面沿着螺旋轨迹进行扫描，可形成螺旋扫描特征。扫描的螺旋轨迹线轮廓由旋转面的外形线与螺距（螺圈间的距离）共同决定。螺旋轨迹线和旋转面将不会在最后形成的螺旋几何体中显现。对于实体和曲面造型，螺旋扫描方式均可用。

课堂讲解课时：2 课时

3.3.1 设计理论

创建扫描特征的一般操作步骤如下。

（1）单击【模型】选项卡【形状】组中的【扫描】按钮，打开【扫描】工具选项卡。

（2）在【扫描】工具选项卡中单击【扫描为实体】按钮，用于生成实体特征。

（3）单击按钮，使沿扫描轨迹的草绘截面保持不变。

（4）在显示窗口选择扫描轨迹。

（5）单击按钮，创建扫描截面。

（6）单击【草绘】选项卡中的【确定】按钮，退出草绘状态。

（7）在【扫描】工具选项卡中，单击【特征预览】按钮进行预览，无误后单击【应用并保存】按钮，完成扫描特征的创建。

3.3.2 课堂讲解

1. 三维扫描

单击【模型】选项卡【形状】组中的【扫描】按钮，可以打开如图 3-54 所示的【扫描】工具选项卡，使用扫描方式建立实体特征。

下面首先对【扫描】工具选项卡中的一些相关按钮、选项进行说明。

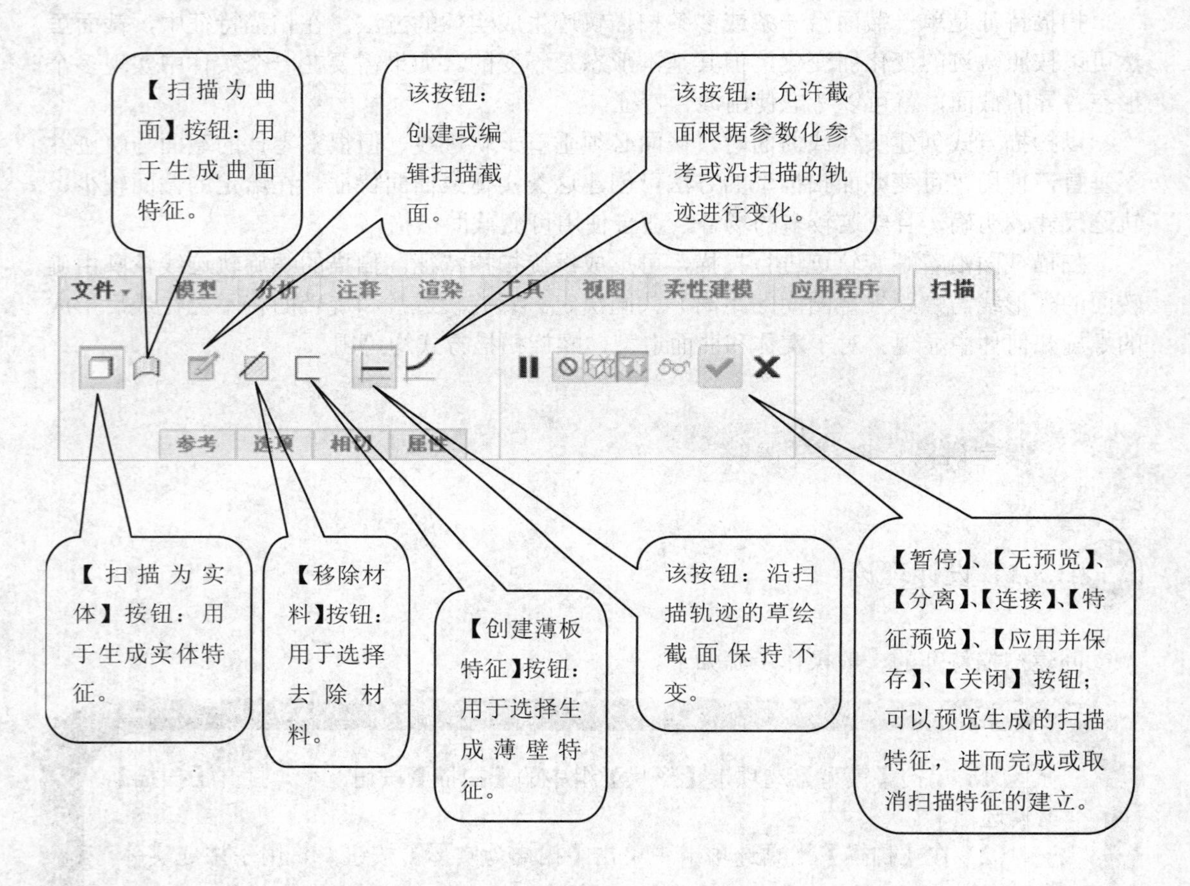

图 3-54 【扫描】工具选项卡

打开【扫描】工具选项卡【参考】面板，如图 3-55 所示，此时可以选择已有曲线作为扫描轨迹，也可以单击【细节】按钮，在弹出的【链】对话框中设置参考，如图 3-56 所示。

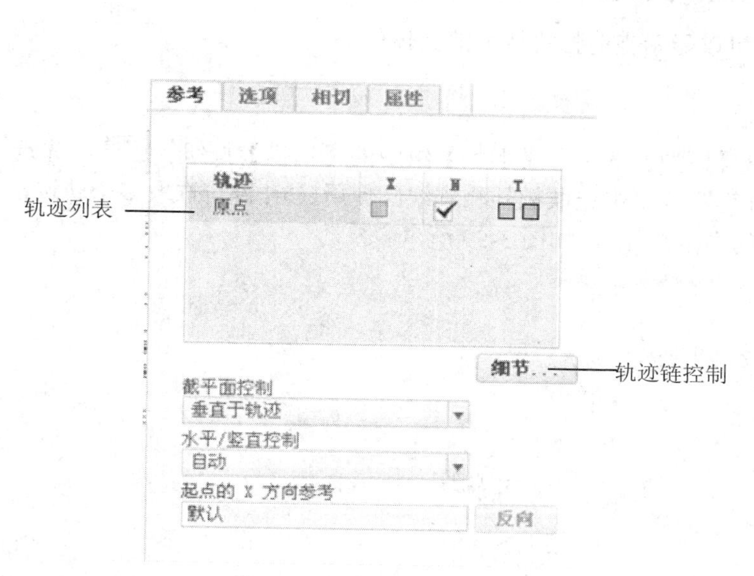

图 3-55 【参考】面板

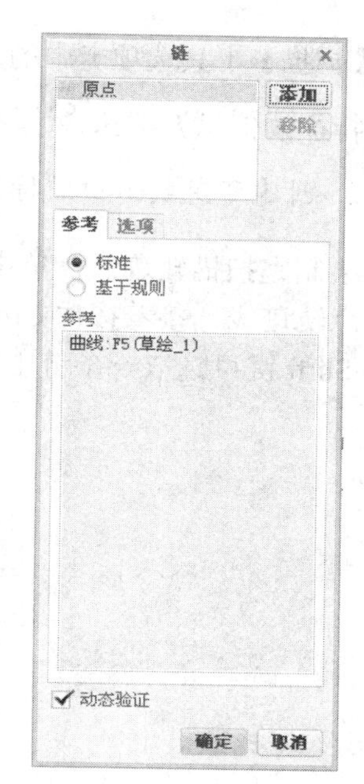

图 3-56 【链】对话框

【扫描】工具选项卡中【选项】面板的内容，如图 3-57 所示。

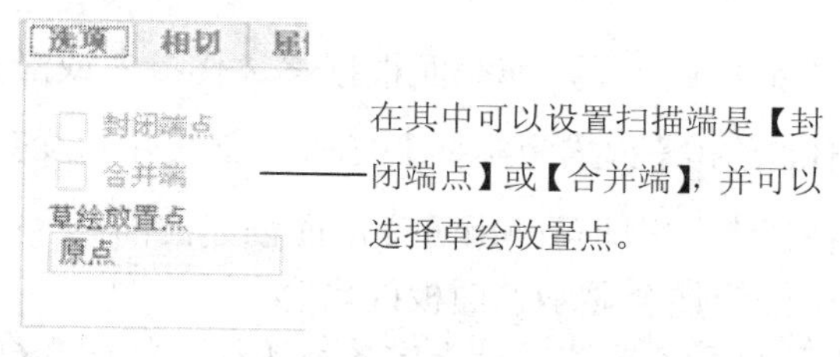

图 3-57 【选项】面板

【扫描】工具选项卡中【相切】面板的内容，如图 3-58 所示。

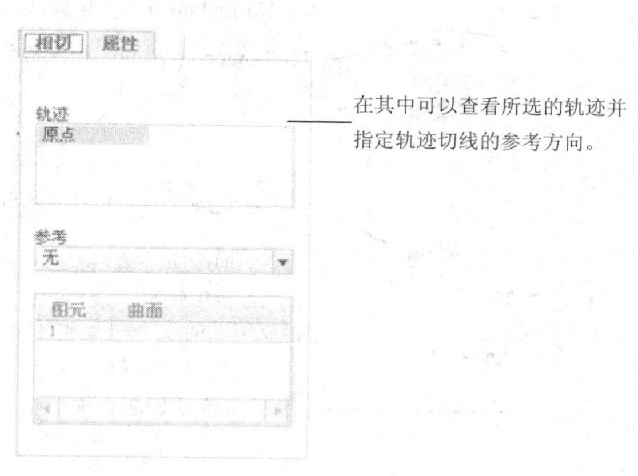

图 3-58 【相切】面板

【扫描】工具选项卡中的【属性】面板用于显示或更改当前拉伸特征的名称，单击【显示此特征的信息】按钮，可以显示当前扫描特征的具体信息。

2. 创建可变截面扫描特征

绘制完扫描轨迹后，单击【模型】选项卡【形状】组中的【扫描】按钮，先选择原点轨迹线，接着按住 Ctrl 键不放单击选取额外轨迹线（使用 Ctrl 键可选取多个轨迹，使用 Shift 键可选取一条链中的多个图元），如图 3-59 所示。

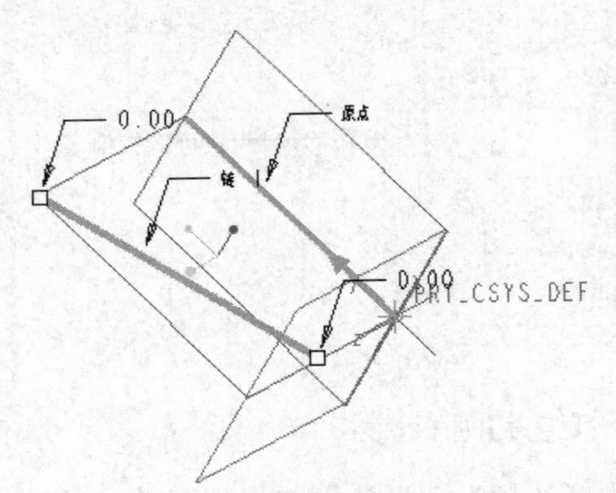

图 3-59 选取扫描轨迹

单击【可变截面扫描】按钮，使截面根据参数化参考或沿扫描的轨迹进行变化，即创建可变剖面扫描实体。单击【扫描为实体】按钮，使用可变剖面扫描方式创建实体。若单击【扫描为曲面】按钮，即可使用可变剖面创建曲面。

单击选项卡上的各个按钮便会显示各面板的内容。

【参考】面板的作用是显示各轨迹线及指定各轨迹线，如图 3-60 所示。

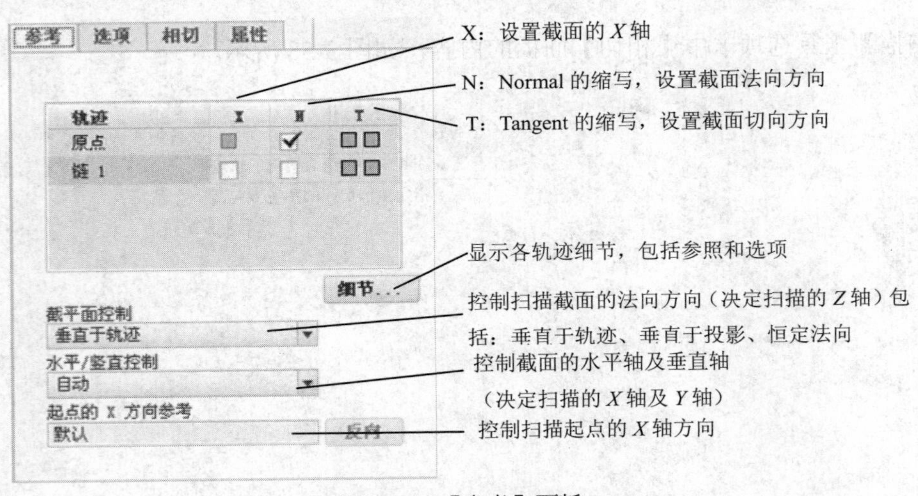

图 3-60 【参考】面板

通过【选项】面板可以指定采取何种扫描截面端点处理方式，如图 3-61 所示。

【相切】面板的作用是指定扫描轨迹线的切线参考方向，如图 3-62 所示。

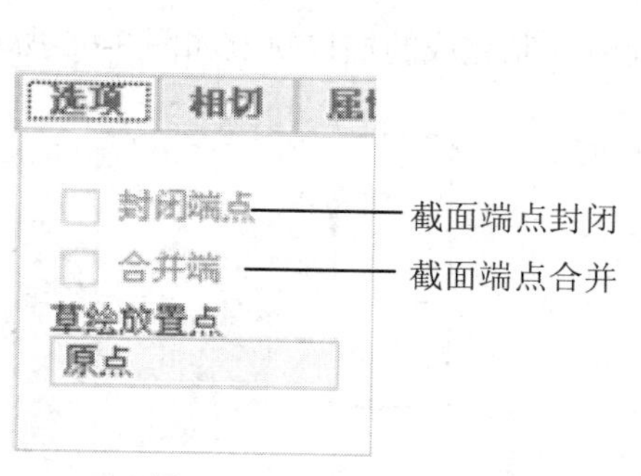

图 3-61　【选项】面板

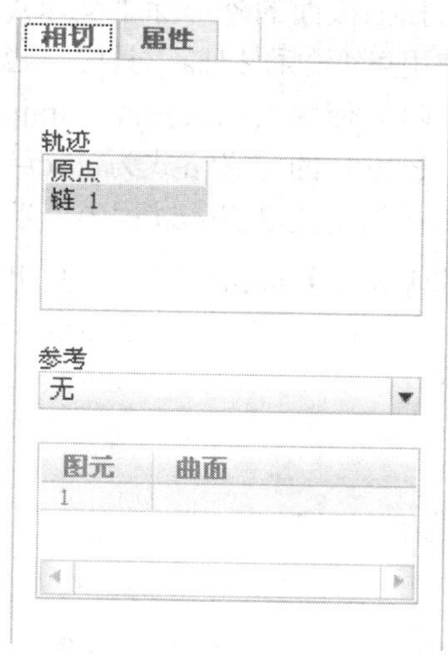

图 3-62　【相切】面板

扫描轨迹线依次选取后，单击【创建或编辑扫描截面】按钮，创建扫描剖面，沿选定轨迹草绘扫描截面，如图 3-63 所示。

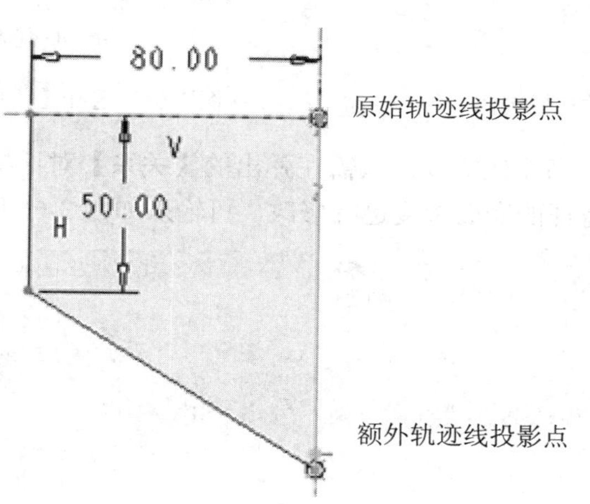

图 3-63　扫描截面图示

草绘截面创建完成后，单击【草绘】选项卡中的【确定】按钮 确定 返回【扫描】工具选项卡，单击【特征预览】按钮进行预览，无误后单击【应用并保存】按钮，完成扫描实体的创建，如图 3-64 所示。

3. 扫描剖面外形的控制方式

扫描截面的外形除了受原点轨迹线、法向轨迹线、X 轴方向轨迹线等因素控制外，实际应用可变剖面扫描工具时，也常使用下列两种方式控制扫描截面的外形变化。

（1）使用关系式搭配“trajpar”参数控制截面参数变化

该方式的定义格式为：sd#=trajpar+参数变化量，其中 sd#代表要变化的参数

在创建扫描实体过程中，当绘制完成扫描截面后，单击【工具】选项卡【模型意图】组中的【关系】按钮 d=关系，弹出【关系】对话框，此时绘制完成的扫描轨迹如图 3-65 所示。

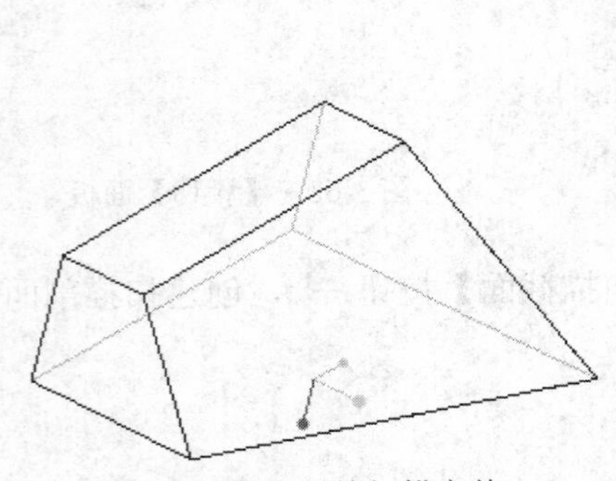

图 3-64　完成后的扫描实体

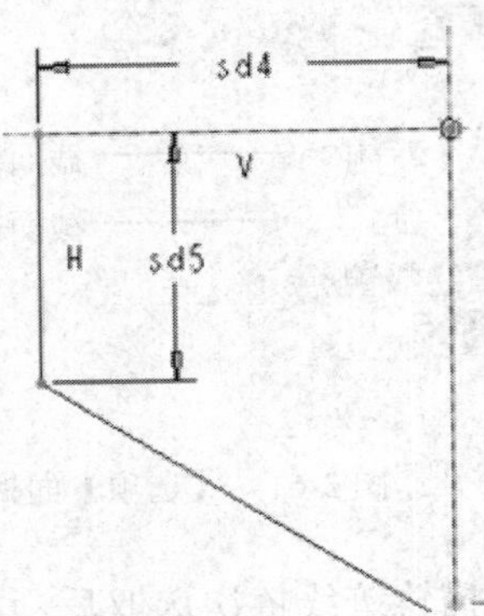

其中 sd4 代表宽度变化参数

sd5 代表高度变化参数

图 3-65　选择【关系】命令后的扫描截面

若要改变扫描截面的高度或宽度，只需在弹出的【关系】对话框中编辑相应的变化参数即可实现。如对扫描特征的表面宽度进行修改，可输入如图 3-66 所示的语句。

图 3-66　宽度修改语句

单击【确定】按钮后，扫描截面外形将发生改变，如图 3-67 所示。

草绘截面修改完成后，单击【草绘】工具选项卡中的【确定】按钮，再单击【特征预览】按钮进行预览，无误后单击【应用并保存】按钮，完成扫描实体特征的创建，如图 3-68 所示。

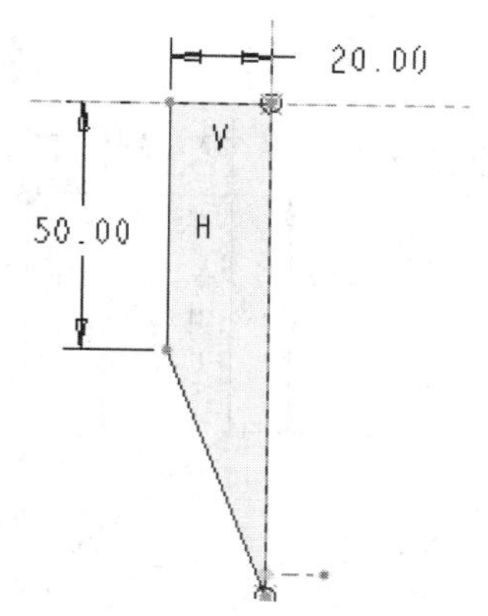

图 3-67　修改后的扫描截面

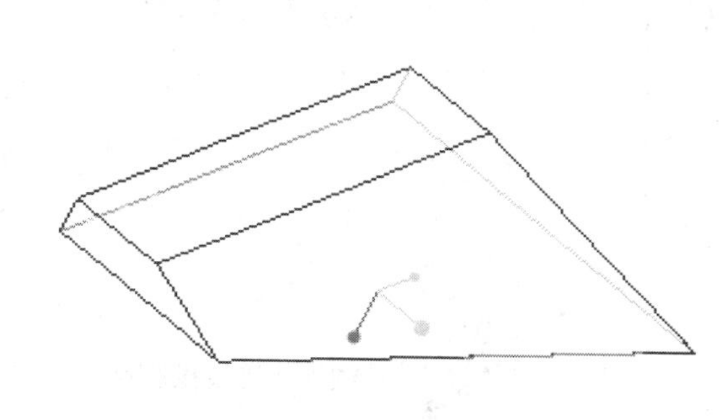

图 3-68　修改后的扫描实体

（2）使用关系式搭配基准图及“trajpar”参数控制截面参数变化

该方式的定义格式为：sd#=evalgraph（“基准图名”，扫描行程）

其中基准图名由用户命名，扫描行程=trajpar×参数变化量

首先绘制扫描轨迹（包含原始轨迹线及额外轨迹线）。

之后单击【模型】选项卡【基准】组中的【平面】按钮，弹出【基准平面】对话框，命名基准平面名称为“height”，单击【确定】按钮，如图 3-69 所示，。在创建的基准面上绘制草图，如图 3-70 所示。图中曲线的长度对应用户指定的扫描实体长度值（即扫描轨迹线的长度）。

图 3-69　【基准平面】对话框

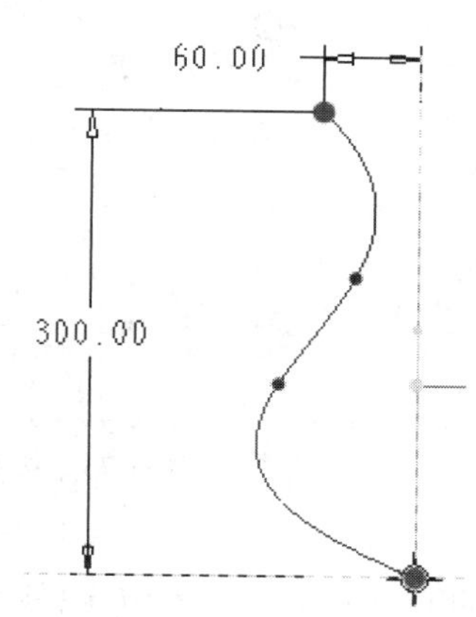

图 3-70　绘制基准草图

单击【模型】选项卡【形状】组中的【扫描】按钮，单击【固定截面扫描】按

钮 。扫描轨迹线依次选好后，单击【创建或编辑扫描截面】按钮 ，沿选定轨迹草绘扫描截面，如图 3-71 所示。

当扫描轨迹绘制完成后，单击【工具】选项卡【模型意图】组中的【关系】按钮 d=关系，此时扫描截面如图 3-72 所示。在弹出的【关系】对话框中输入关系式，如图 3-73 所示。

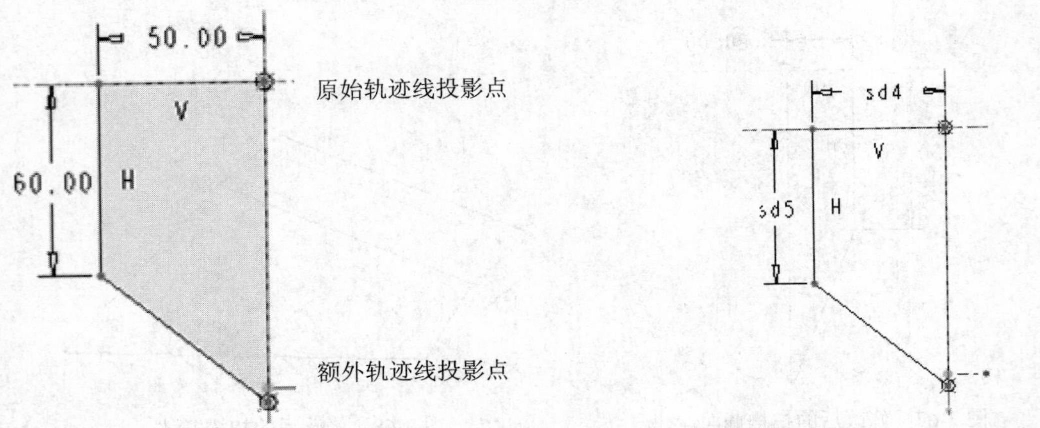

图 3-71　扫描截面　　图 3-72　选择【关系】命令后的扫描截面

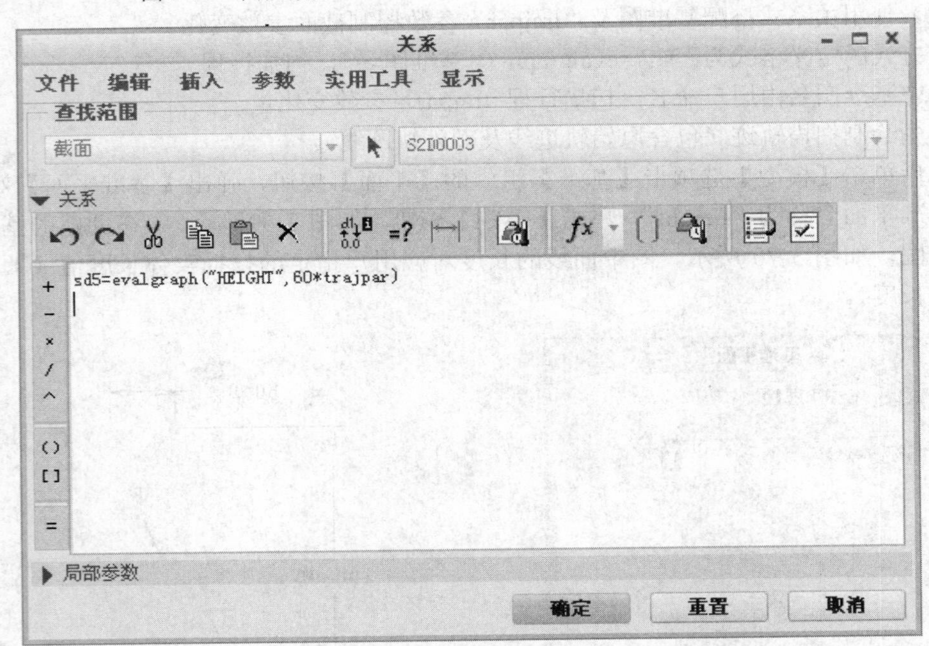

图 3-73　按基准图元修改扫描外形语句

草绘截面修改完成后，单击【草绘】工具选项卡中的【确定】按钮 ，再单击【特征预览】按钮 进行预览，无误后单击【应用并保存】按钮 ，完成扫描实体特征的创建，如图 3-74 所示。

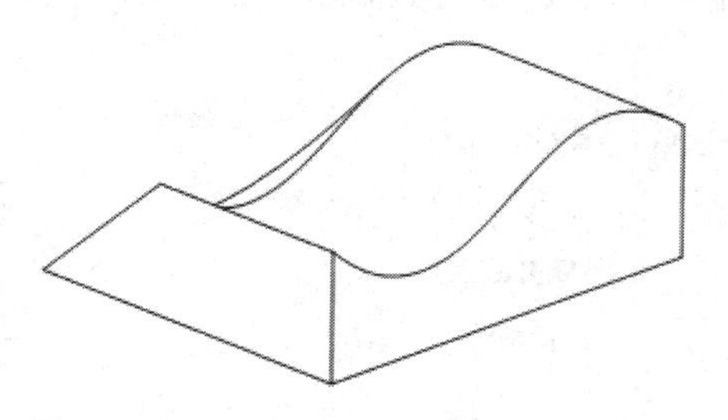

图 3-74　按基准图元扫描生成的实体特征

4. 创建螺旋扫描

单击【模型】选项卡【形状】组中的【螺旋扫描】按钮 螺旋扫描，弹出【螺旋扫描】工具选项卡，如图 3-75 所示。

下面首先对【螺旋扫描】工具选项卡中的一些新的按钮、选项进行说明。

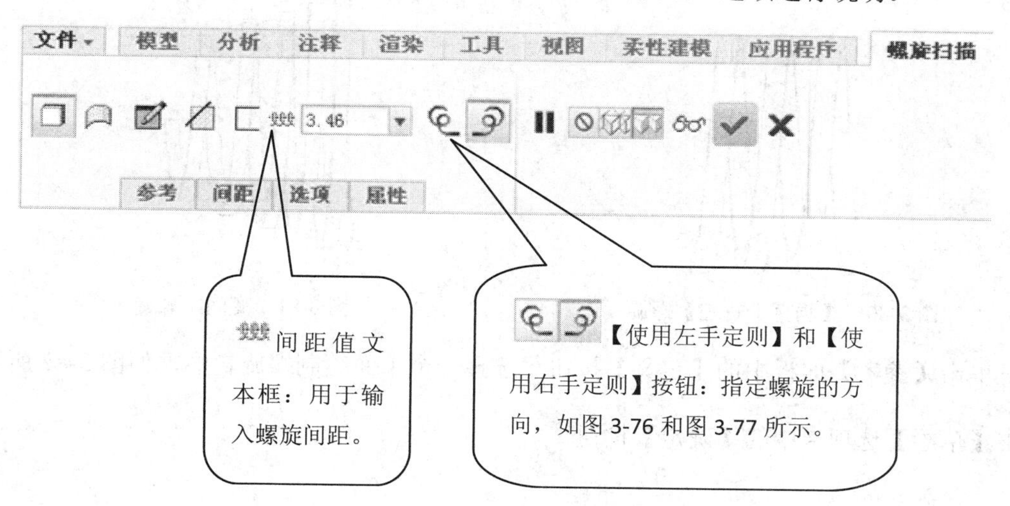

图 3-75　【螺旋扫描】工具选项卡

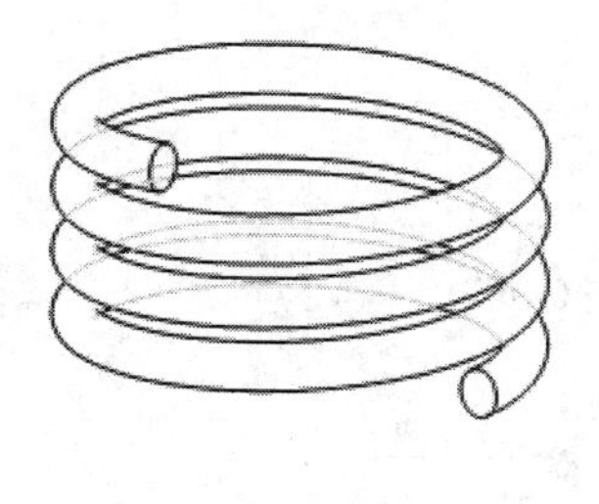

图 3-76　右旋螺旋

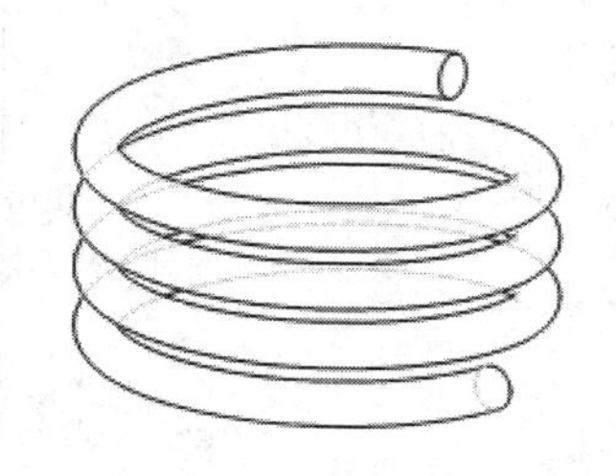

图 3-77　左旋螺旋

打开【螺旋扫描】工具选项卡中的【参考】和【选项】面板，如图 3-78 和 3-79 所示，前者可以选择已有曲线作为扫描轮廓，也可以单击【断开链接】按钮，重新绘制；之后选择【旋转轴】;【穿过旋转轴】和【垂直于轨迹】是设置截面的方向选项，如图 3-80 所示。后者可以设置扫描的封闭端面，以及截面沿轨迹的变化。【间距】面板设置螺旋间距的变化，如图 3-81 所示。

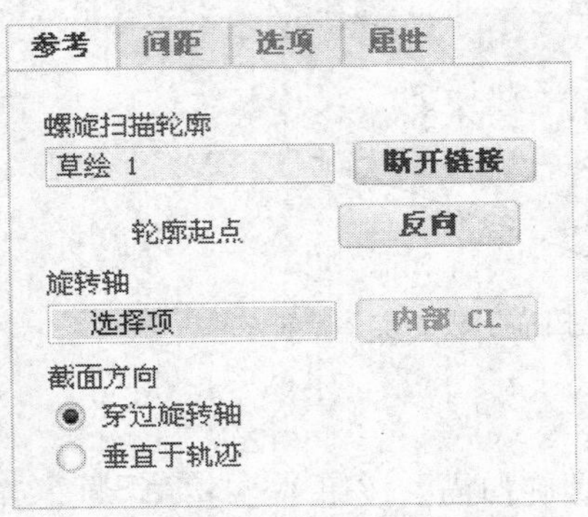

图 3-78 【参考】面板

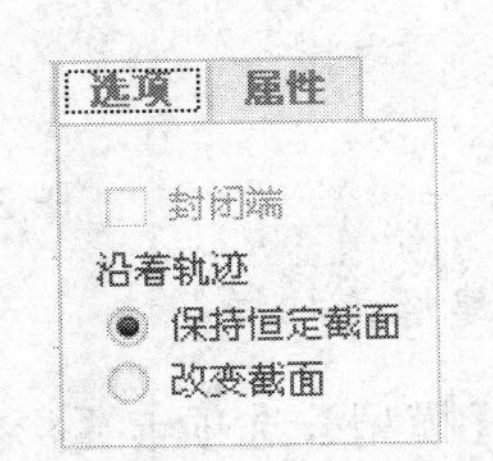

图 3-79 【选项】面板

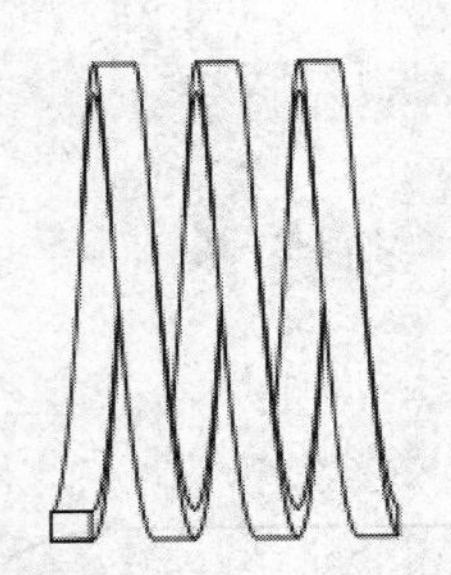

图 3-80 【垂直于轨迹】螺旋

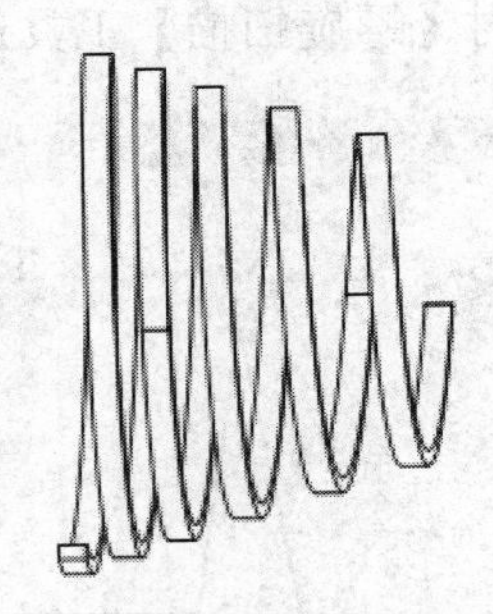

图 3-81 变间距螺旋

单击【参考】面板中的【定义】按钮，选择一个平面绘制螺旋轮廓，如图 3-82 所示。单击【草绘】选项卡中的【确定】按钮 确定 。

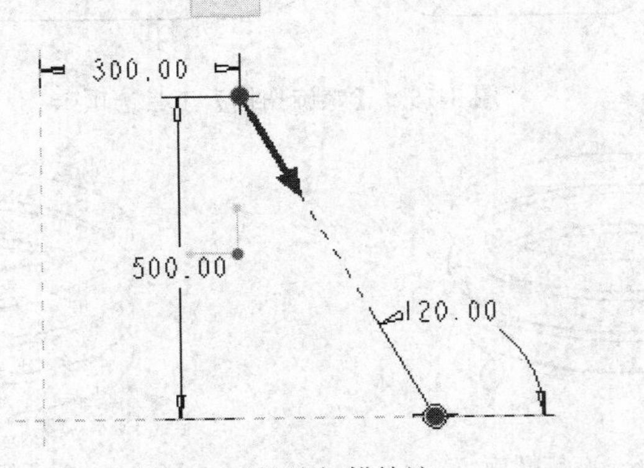

图 3-82 螺旋扫描轨迹

单击【参考】面板中的【旋转轴】选择框，选择一条直线作为旋转轴。

单击【螺旋扫描】工具选项卡中的【创建或编辑扫描截面】按钮，绘制扫描截面，如图 3-83 所示。

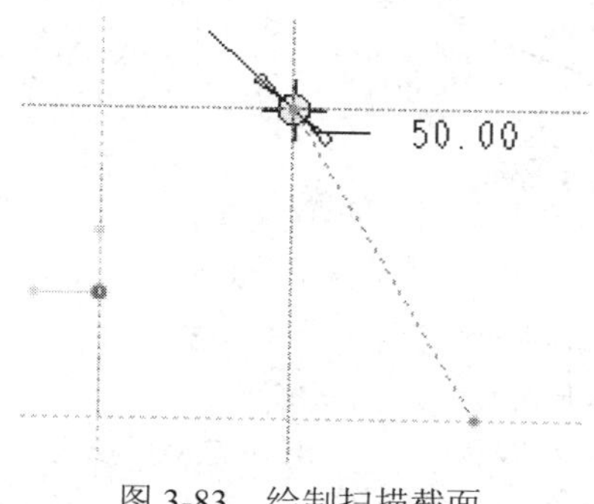

图 3-83　绘制扫描截面

在【螺旋扫描】工具选项卡【输入间距值】按钮后的文本框输入间距，并选择螺旋旋转方向。无误后单击【应用并保存】按钮，完成扫描实体特征的创建，如图 3-84 所示。

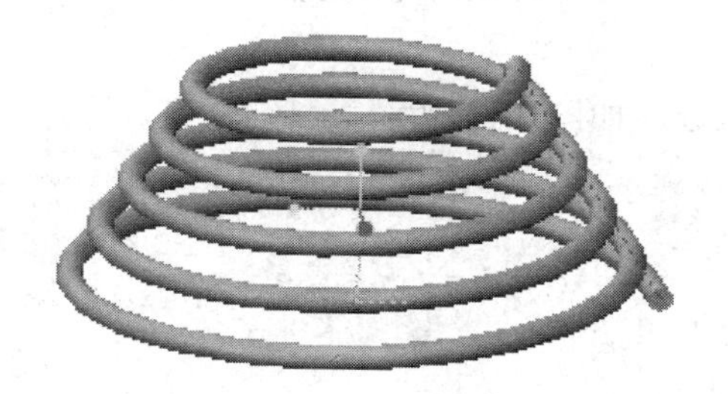

图 3-84　螺旋扫描实体

3.3.3　课堂练习——创建螺线圈

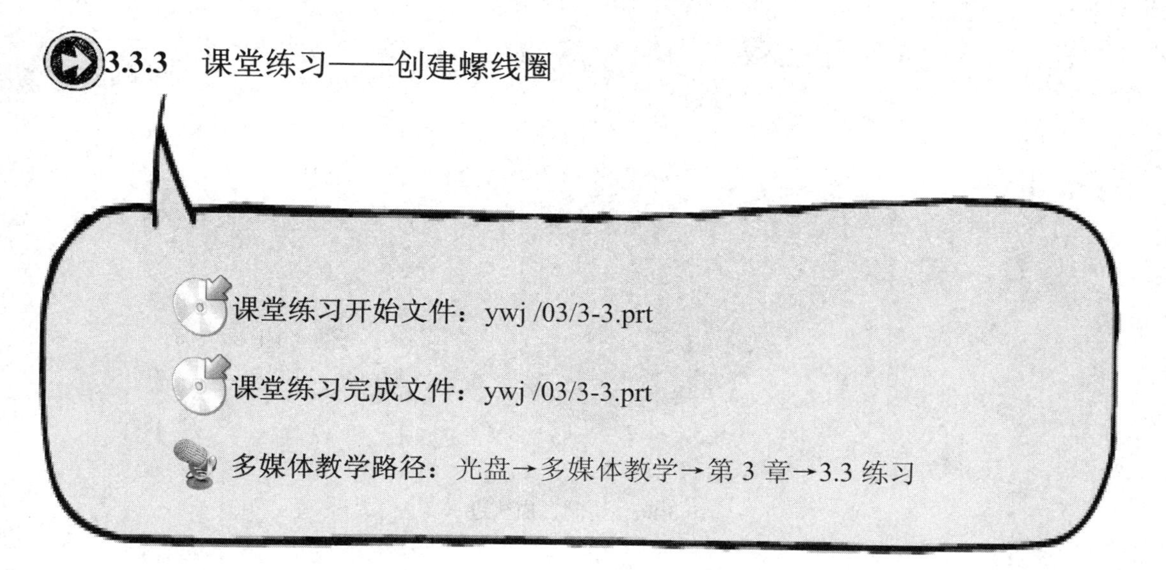

Step1 进入草绘，如图 3-85 所示。

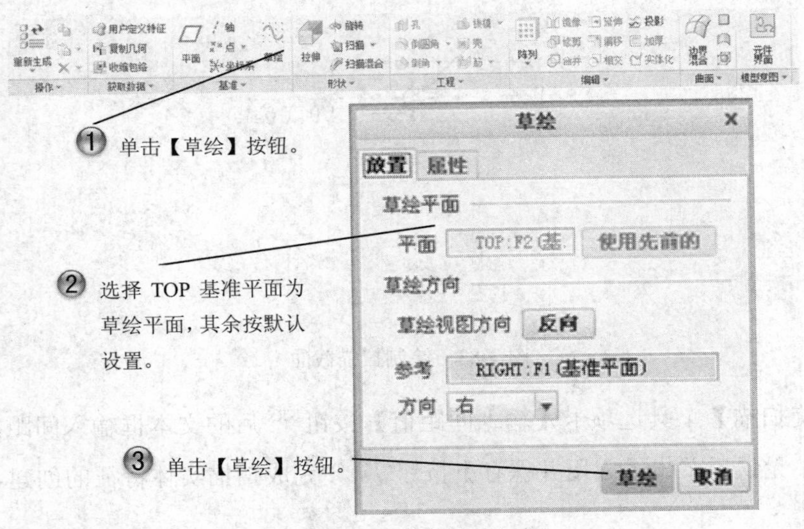

图 3-85 【草绘】对话框

Step2 绘制扫描轨迹，如图 3-86 所示。

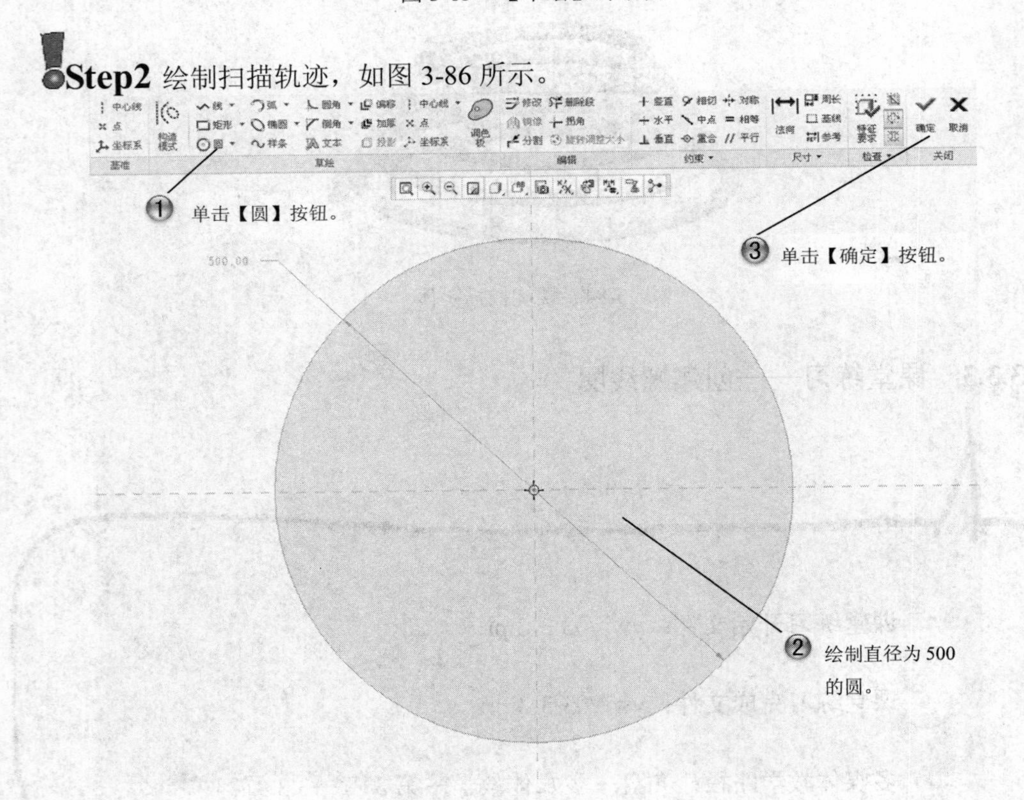

图 3-86 绘制扫描轨迹

Step3 创建扫描特征，如图 3-87 所示。

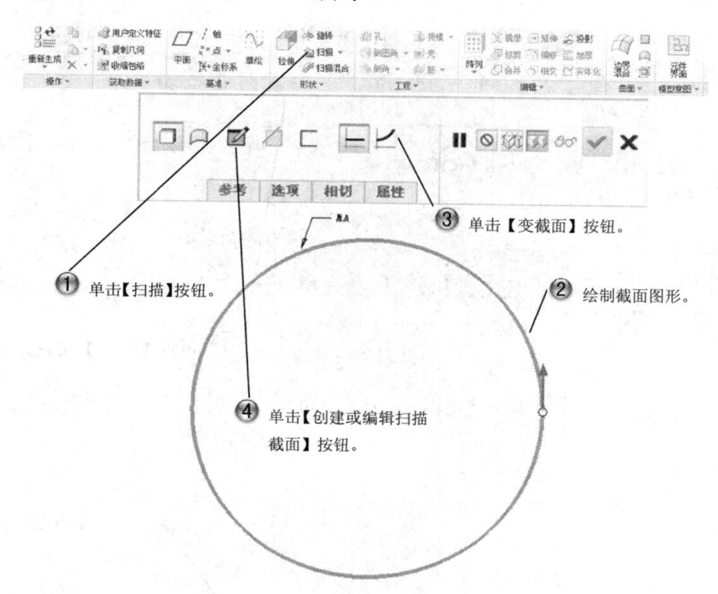

图 3-87　创建扫描特征

Step4 绘制扫描截面，如图 3-88 所示。

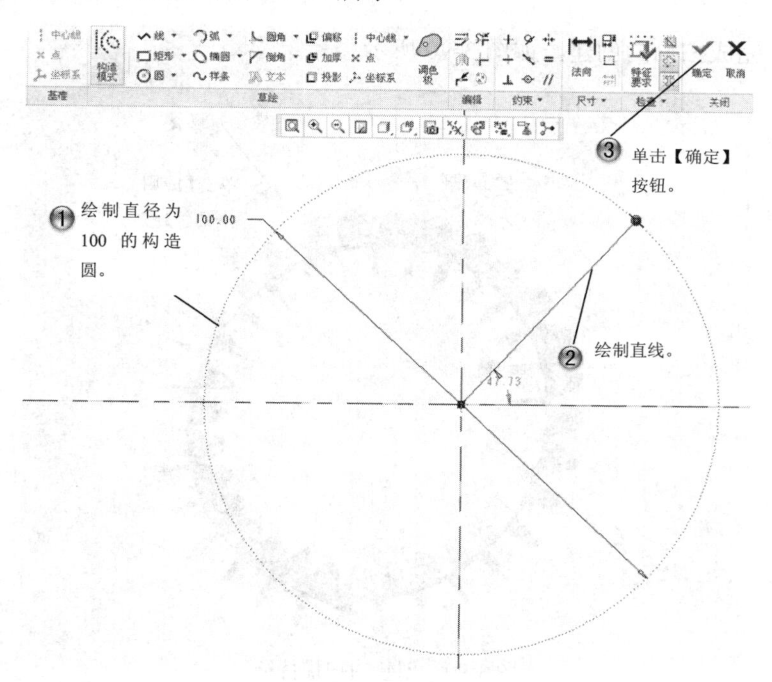

图 3-88　绘制扫描截面

Step5 设置关系，如图 3-89 所示。

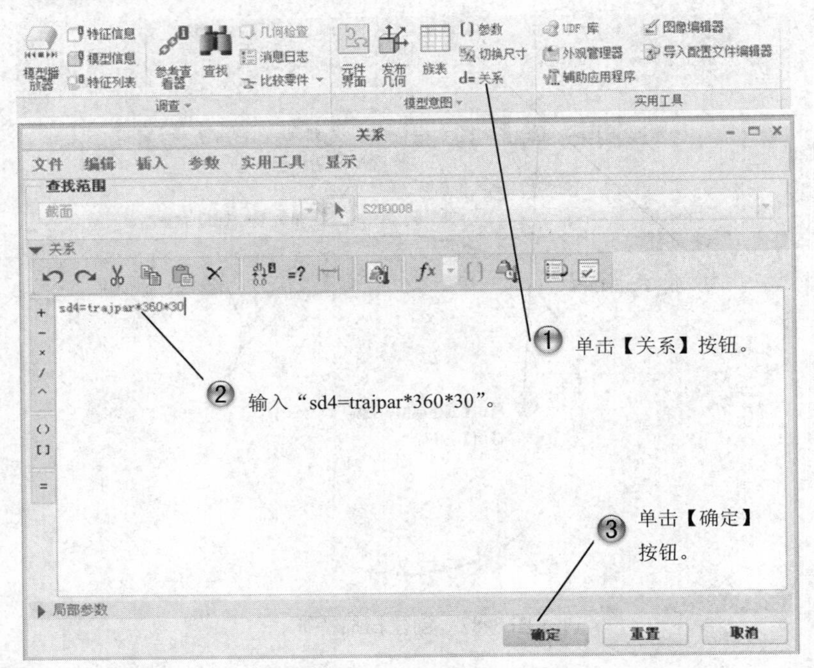

图 3-89 【关系】对话框

Step6 完成扫描的创建，如图 3-90 所示。

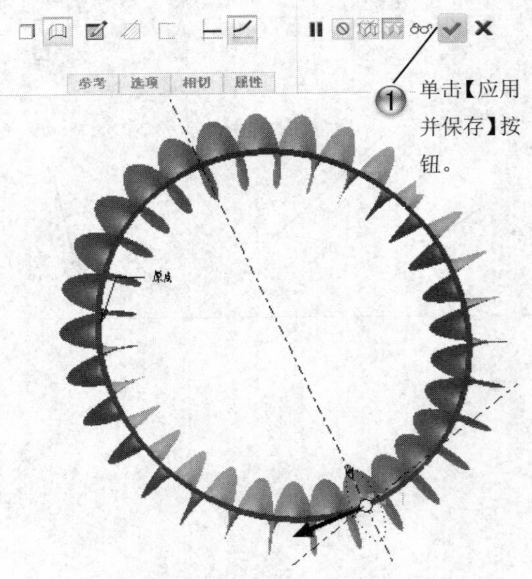

图 3-90 创建的扫描特征

Step7 创建扫描特征，如图 3-91 所示。

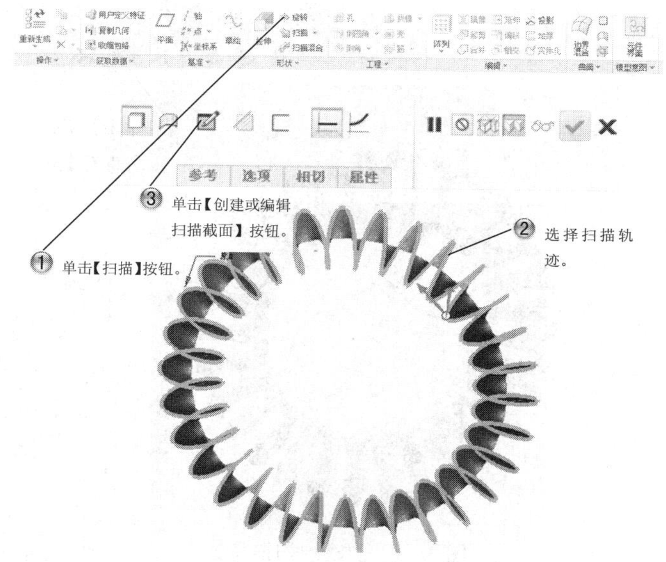

图 3-91　创建扫描特征

Step8 绘制扫描截面，如图 3-92 所示。

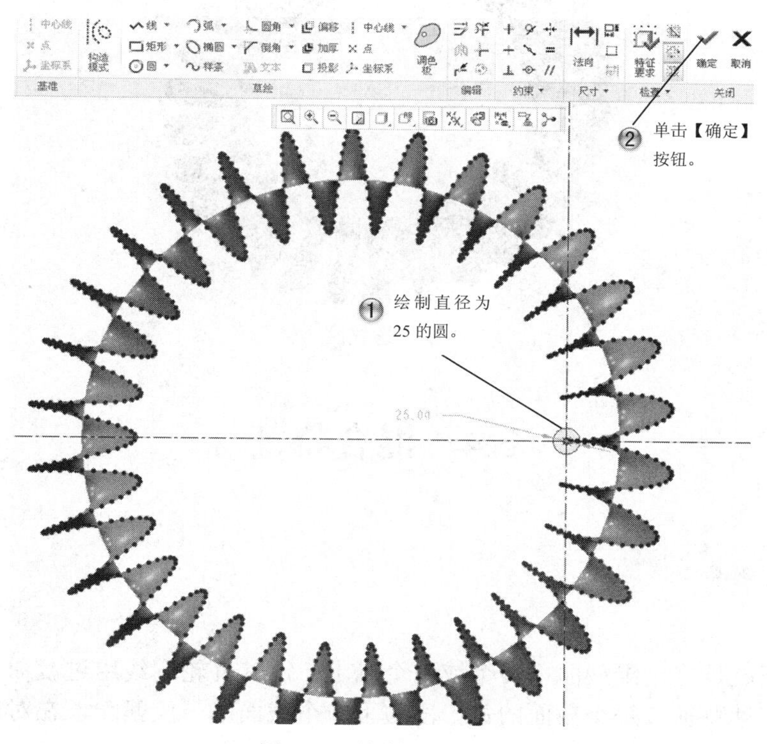

图 3-92　绘制扫描截面

Step9 完成扫描特征的创建，如图 3-93 所示。创建完成的扫描实体如图 3-94 所示。

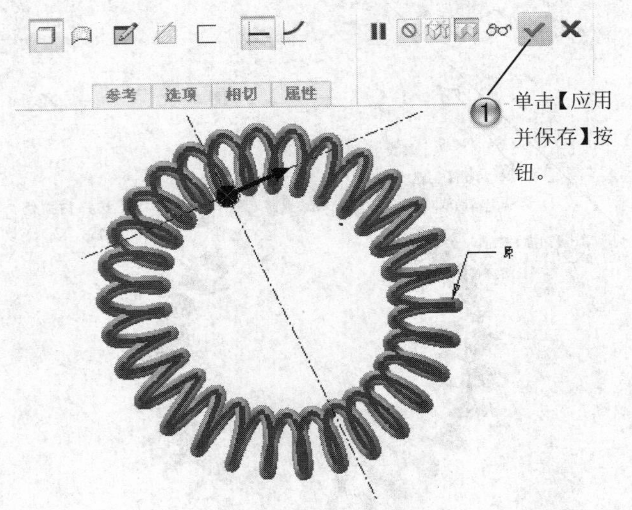

图 3-93　创建的扫描特征

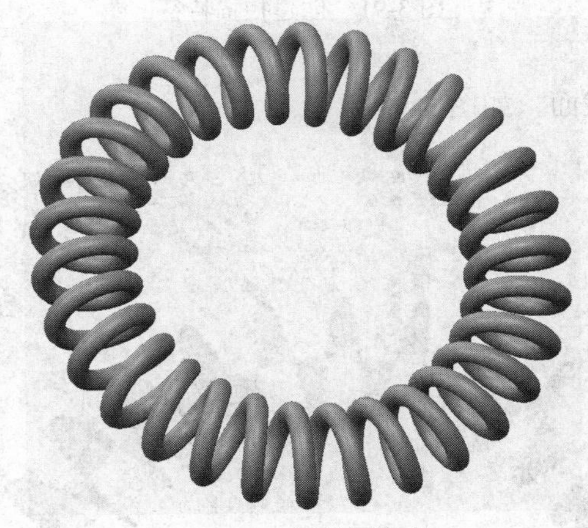

图 3-94　螺线圈实体

3.4　混合特征

基本概念

混合特征就是将一组截面（两个或两个以上）沿其外轮廓线用过渡曲面连接，从而形成的一个连续特征。每个截面的每一段与下一个截面的一段匹配，在对应段间形成过渡曲面。

课堂讲解课时：2 课时

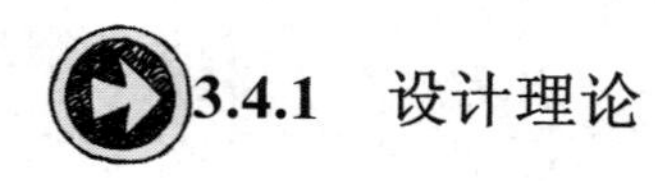

3.4.1 设计理论

打开【混合】工具选项卡中的【截面】和【选项】面板，如图 3-95 和 3-96 所示，前者可以选择已有草绘图形作为混合截面，也可以单击【移除】按钮，重新绘制；后者可以设置混合方式，如图 3-96 所示。

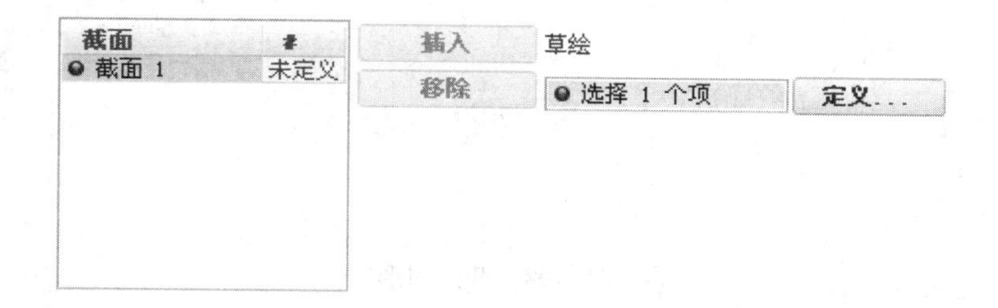

图 3-95 【截面】面板

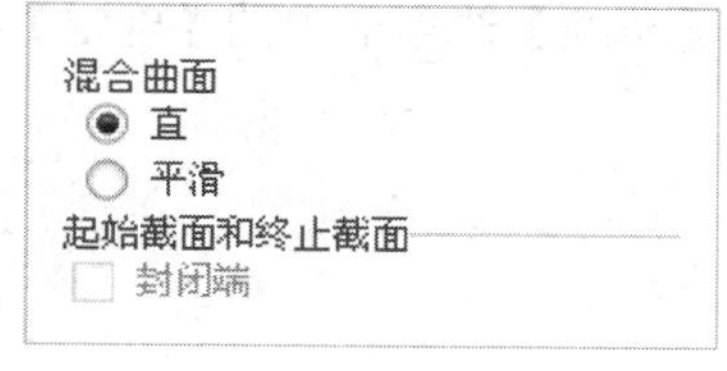

图 3-96 【选项】面板

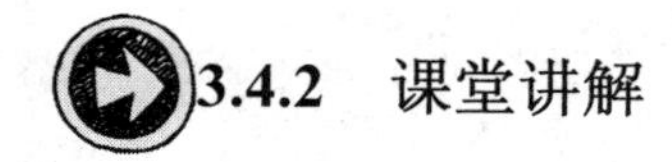

3.4.2 课堂讲解

在【模型】选项卡中选择【形状】|【混合】命令，将弹出【混合】工具选项卡，如图 3-97 所示。

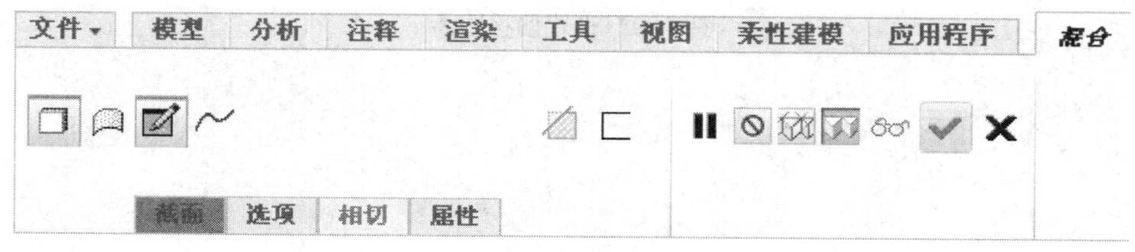

图 3-97 【混合】工具选项卡

单击【混合】工具选项卡的【截面】按钮，单击【定义】按钮，选择草绘平面绘制截面图形，如图 3-98 所示，单击【草绘】选项卡中的【确定】按钮 确定 。

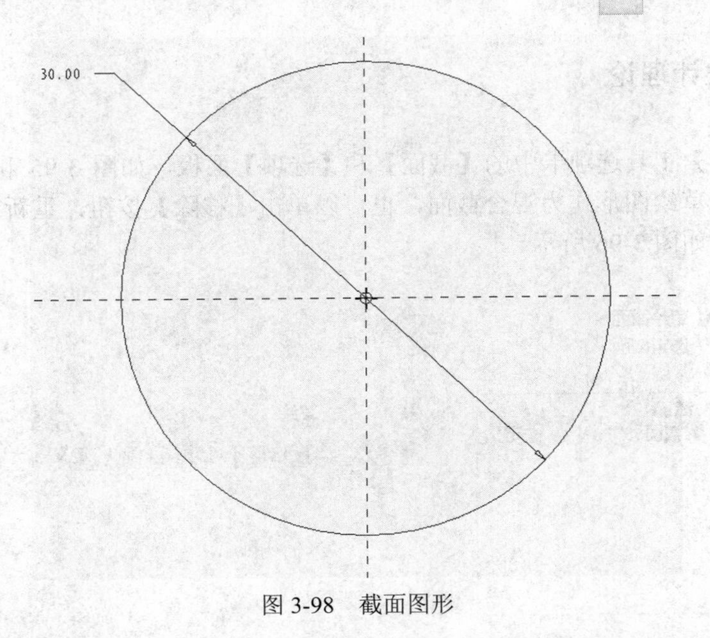

图 3-98　截面图形

单击【截面】按钮，如图 3-99 所示，设置截面 1 的偏移距离，单击【草绘】按钮绘制截面 2，如图 3-100 所示，单击【草绘】选项卡中的【确定】按钮 确定 。最终完成如图 3-101 所示

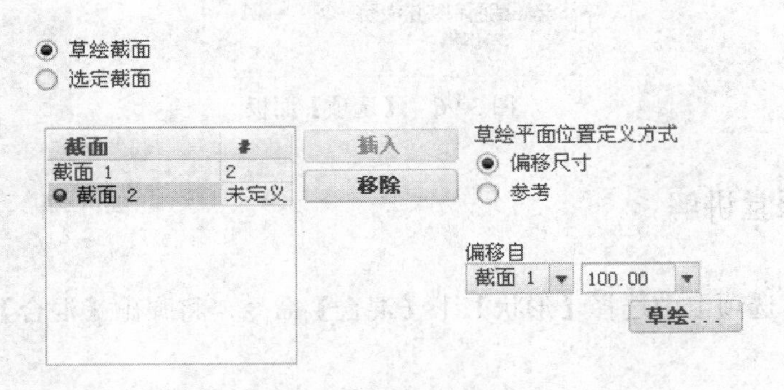

图 3-99　设置偏移距离

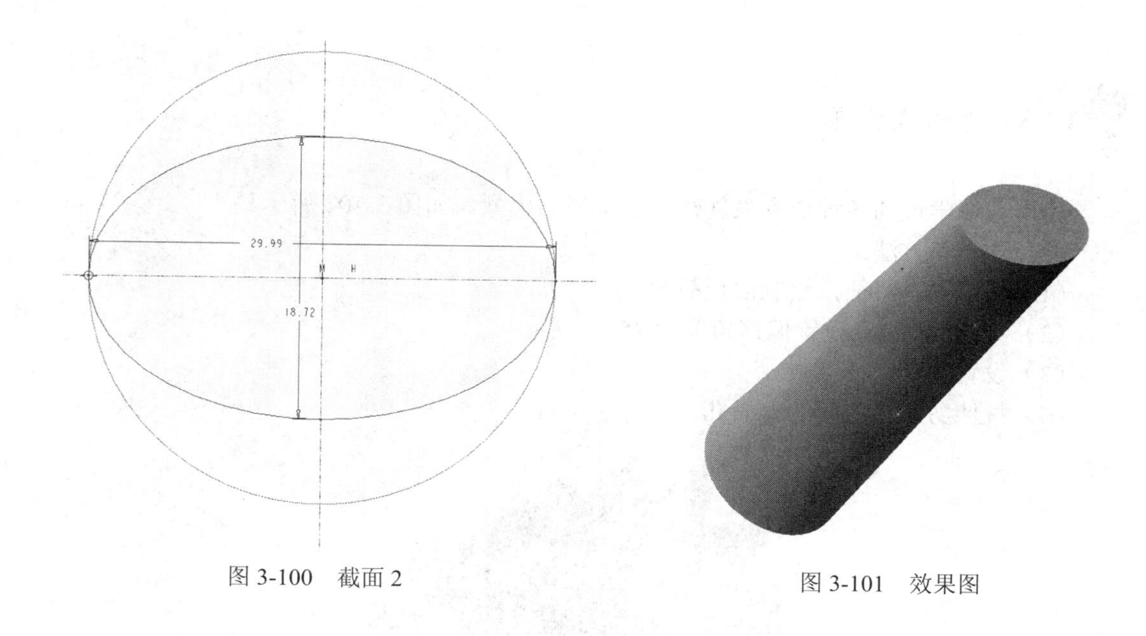

图 3-100　截面 2

图 3-101　效果图

3.5　专家总结

本章详细介绍了基准特征和实体特征的创建方法，除此之外，本章还对多种特征的创建方法进行了比较，可以在实际应用中为读者提供选择的依据。通过本章的学习，希望读者能够掌握基准和实体特征的创建方法并在实际工作中加以运用。

3.6　课后习题

3.6.1　填空题

（1）基准是创建一般特征的________，可以和其他特征产生关系以便定位。

（2）拉伸特征是将一个截面沿着与截面________的方向延伸，进而形成________的造型方法。

3.6.2　问答题

（1）基准点的类型有哪些？

（2）扫描剖面外形的控制方式有哪些？

3.6.3 上机操作题

使用本章学过的各种命令来创建一个铣刀的模型，如图 3-102 所示。

练习步骤和方法：

（1）使用混合特征，绘制混合截面 1。

（2）绘制截面 2，设置偏移角度为 45。

（3）设置混合特征参数。

（4）拉伸剪切出中间的刀具孔。

图 3-102　铣刀模型

第 4 章　构造特征设计

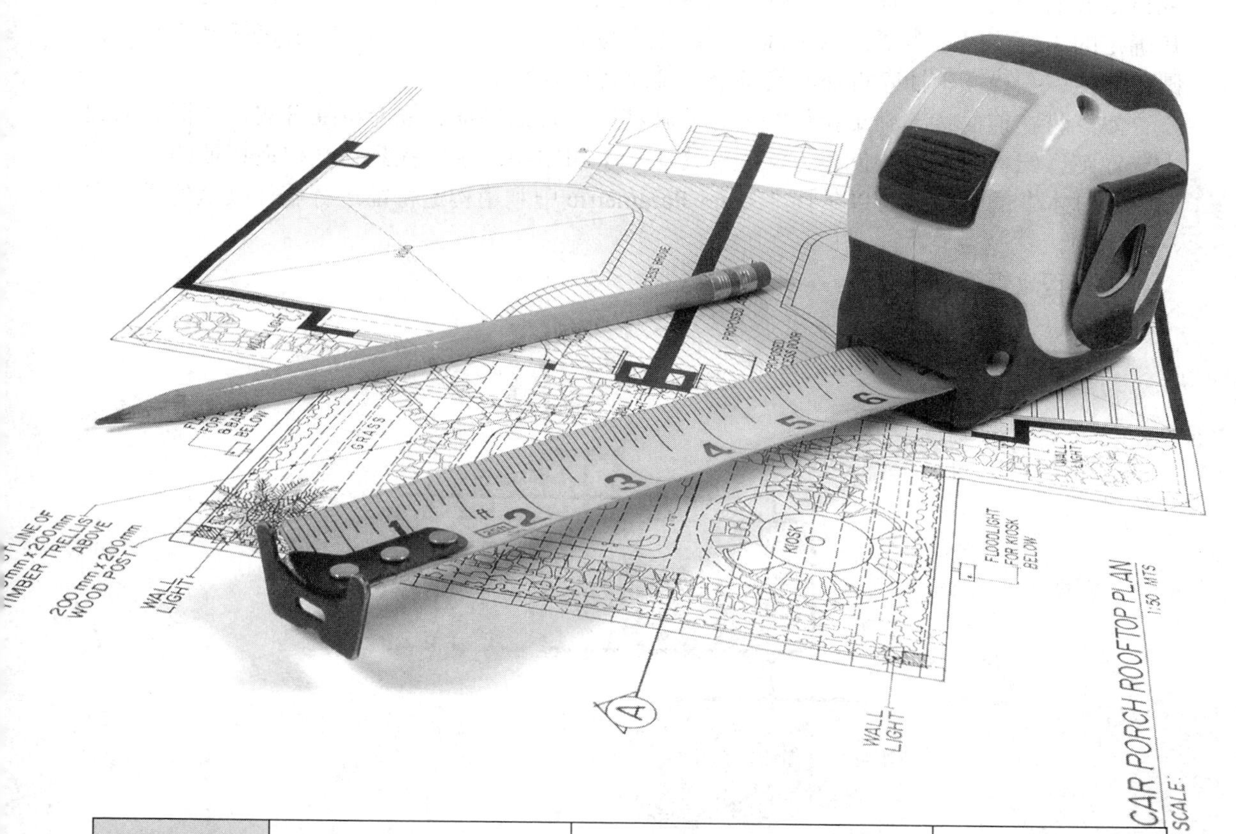

课训目标	内　容	掌握程度	课　时
	倒角和圆角设计	熟练掌握	2
	创建孔特征	熟练掌握	2
	创建筋特征	熟练掌握	2
	创建抽壳特征	熟练掌握	2
	创建螺纹特征	熟练掌握	2

课程学习建议

Creo Parametric 中的构造特征可以看作是基本实体特征的扩展。构造特征是系统提供或自定义的一类模板特征，用于针对基本特征的局部进行细化操作。构造特征的几何形状是确定的，构建时只需要提供工程特征的放置位置和尺寸即可。构造特征包括倒角特征、圆角特征、孔特征、抽壳特征、筋特征和螺纹特征等。

本章将在前面章节介绍拉伸特征、旋转特征、扫描特征、混合特征等实体特征的基础上，详细介绍构造特征的创建方法。在【工程】组中用户可以找到这些构造特征的命令按钮。通过本章的学习，可以掌握在 Creo Parametric 中利用构造特征进行零件模型建模的方法和步骤。

本课程培训课程表如下。

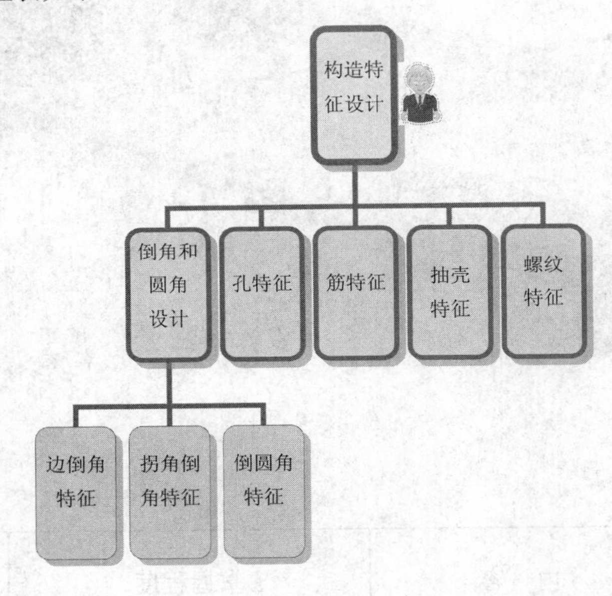

4.1 倒角和圆角设计

基本概念

在零件模型中添加倒角特征，通常是为了使零件模型便于装配，或者用来防止锐利的边角割伤人。

在零件模型中添加圆角特征，通常是为了增加零件造型的变化使其更为美观，或者为了增加零件造型的强度。在 Creo Parametric 中，所有圆角特征的控制选项都放在【倒圆角】工具选项卡中。

课堂讲解课时：2 课时

4.1.1 设计理论

Creo Parametric 中的倒角特征分为边倒角和拐角倒角两种类型，如图 4-1 所示。

【边倒角】：在棱边上进行操作的倒角特征。

【拐角倒角】：在棱边交点处进行操作的倒角特征。

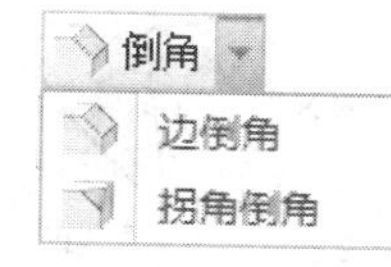

图 4-1 倒角命令

1. 倒角中拐角倒角特征的创建操作步骤如下。

（1）单击【模型】选项卡【工程】组中的【拐角倒角】按钮 拐角倒角 。

（2）选择要倒角的顶点。

（3）在 D1 文本框定义顶点到第一条相邻边的距离。

（4）在 D2 文本框定义顶点到第二条相邻边的距离。

（5）在 D3 文本框定义顶点到第三条相邻边的距离。

（6）在该选项卡中可以通过单击【特征预览】按钮 进行预览，无误后单击【应用并保存】按钮 ，完成拐角倒角特征的创建。

2. 创建圆角特征的具体操作步骤如下。

（1）单击【模型】选项卡【工程】组中的【倒圆角】按钮 倒圆角 ，打开【倒圆角】工具选项卡，以进行倒圆角的操作。

（2）选择要倒圆角的边，选中一条后，可以按住 Ctrl 键不放选择其他边。

（3）在【倒圆角】工具选项卡的【集】面板中，根据需要设置圆角类型，并根据不同圆角类型输入相应的尺寸。

（4）单击【特征预览】按钮 进行预览，无误后单击【应用并保存】按钮 ，完成边圆角特征的创建。

4.1.2 课堂讲解

1. 边倒角特征

单击【模型】选项卡【工程】组中的【边倒角】按钮 边倒角 ，可以打开图 4-2 所示的【边倒角】工具选项卡，以进行边倒角的操作。

下面首先对【边倒角】工具选项卡中的一些相关按钮、选项进行说明。

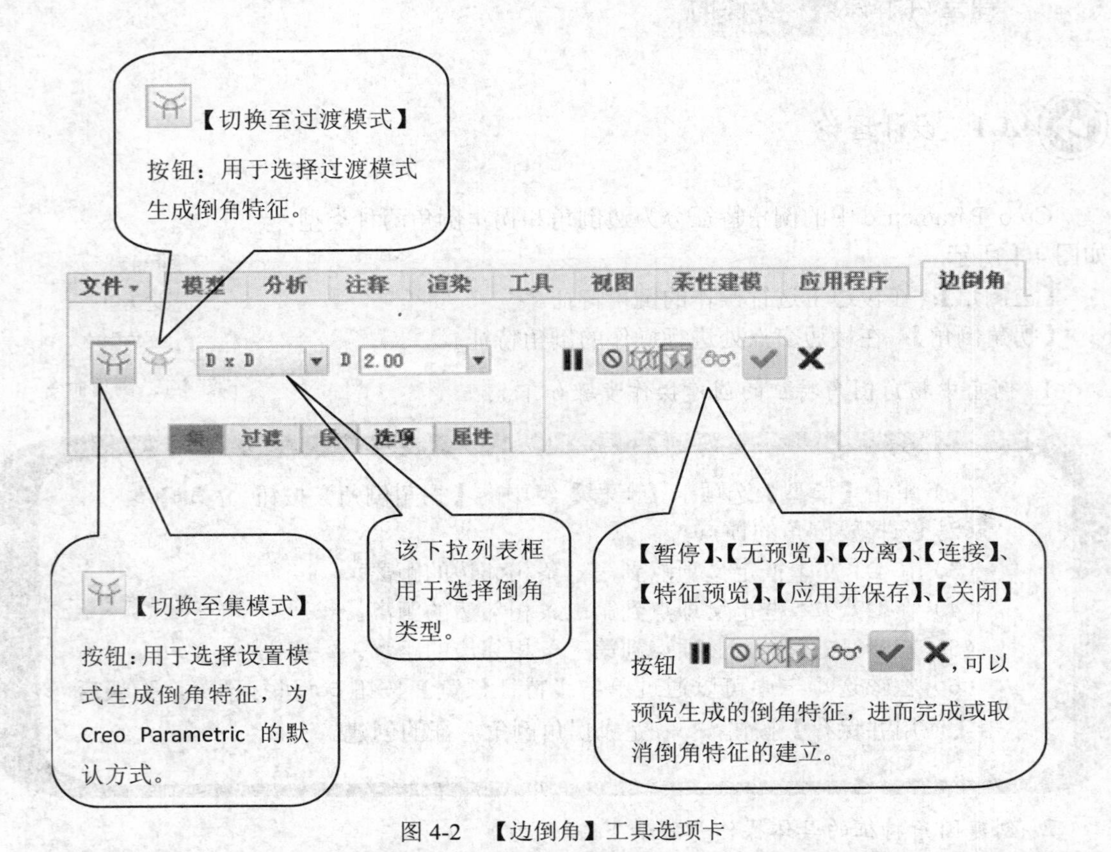

图 4-2 【边倒角】工具选项卡

D x D 下拉列表框包含有【D×D】、【D1×D2】、【角度×D】、【45×D】、【O×O】和【O1×O2】6 种边倒角类型。

- 【D×D】：倒角边与相邻曲面的距离均为 D，随后要输入 D 的值。Creo Parametric 默认选取此选项。
- 【D1×D2】：倒角边与相邻曲面的距离一个为 D1，另一个为 D2，随后要输入 D1 和 D2 的值。
- 【角度×D】：倒角边与相邻曲面的距离为 D，与该曲面的夹角为指定角度，只能在两个平面间使用该类型，随后要输入角度和 D 的值。
- 【45×D】：倒角边与相邻曲面的距离为 D，与该曲面的夹角为 45°角，只能在两个垂直面的交线上使用该类型，随后要输入 D 的值。
- 【O×O】和【O1×O2】两种类型并不常用，这里不再详细介绍。

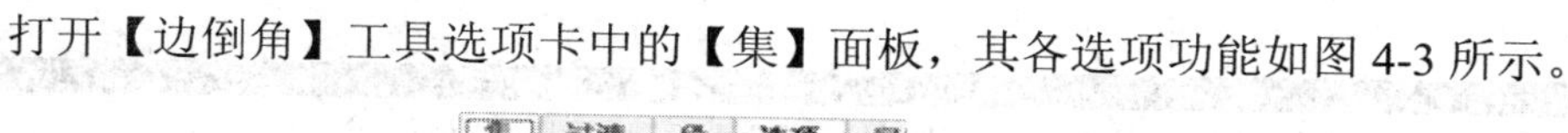

打开【边倒角】工具选项卡中的【集】面板，其各选项功能如图 4-3 所示。

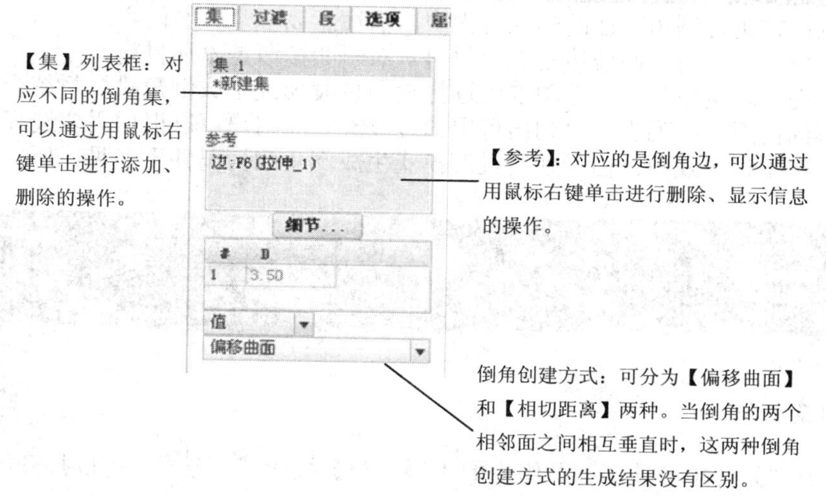

图 4-3　【集】面板

【边倒角】工具选项卡中【过渡】面板，对应于使用过渡模式生成倒角时过渡方式的选择。

【边倒角】工具选项卡中【段】面板，用于执行倒角段的管理。

【边倒角】工具选项卡中【选项】面板，用于选择进行实体操作还是生成曲面。

【边倒角】工具选项卡中【属性】面板：用于显示或更改当前倒角特征的名称，单击【显示此特征的信息】按钮，可以显示当前倒角特征的具体信息。

2. 拐角倒角特征

单击【模型】选项卡【工程】组中的【拐角倒角】按钮 拐角倒角，可以打开图 4-4 所示的【拐角倒角】工具选项卡，以进行拐角倒角的操作。

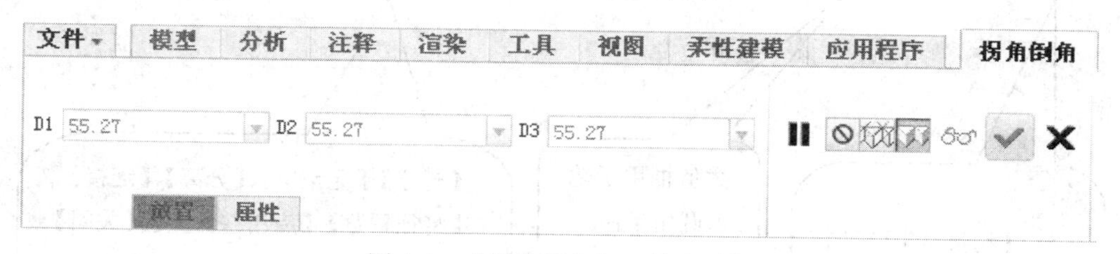

图 4-4　【拐角倒角】工具选项卡

下面对【拐角倒角】选项卡中的一些相关选项进行说明。

倒角顶点的定义：直接在模型上选择一个参考点，以确定倒角在相邻边上的尺寸。

输入：在尺寸框中输入数值，以确定倒角在高亮边上的位置。

注意：在进行倒角特征的建立过程中，需注意以下几方面内容。

（1）倒角特征对于凸棱边是去除材料，对于凹棱边是添加材料。

（2）在【边倒角】工具选项卡中选择使用过渡模式生成倒角时，系统会针对倒角特征的不同情形，在列表中只列出可用的过渡类型，用户可以根据需要选择。

（3）在工程实践中，由于使用过渡模式生成倒角的情况并不多见，所以不再详细介绍。

名师点拨

3. 倒圆角特征

单击【模型】选项卡【工程】组中的【倒圆角】按钮 倒圆角，可以打开图 4-5 所示的【倒圆角】工具选项卡，以进行倒圆角的操作。

下面首先对【倒圆角】工具选项卡中的一些相关按钮、选项进行说明。

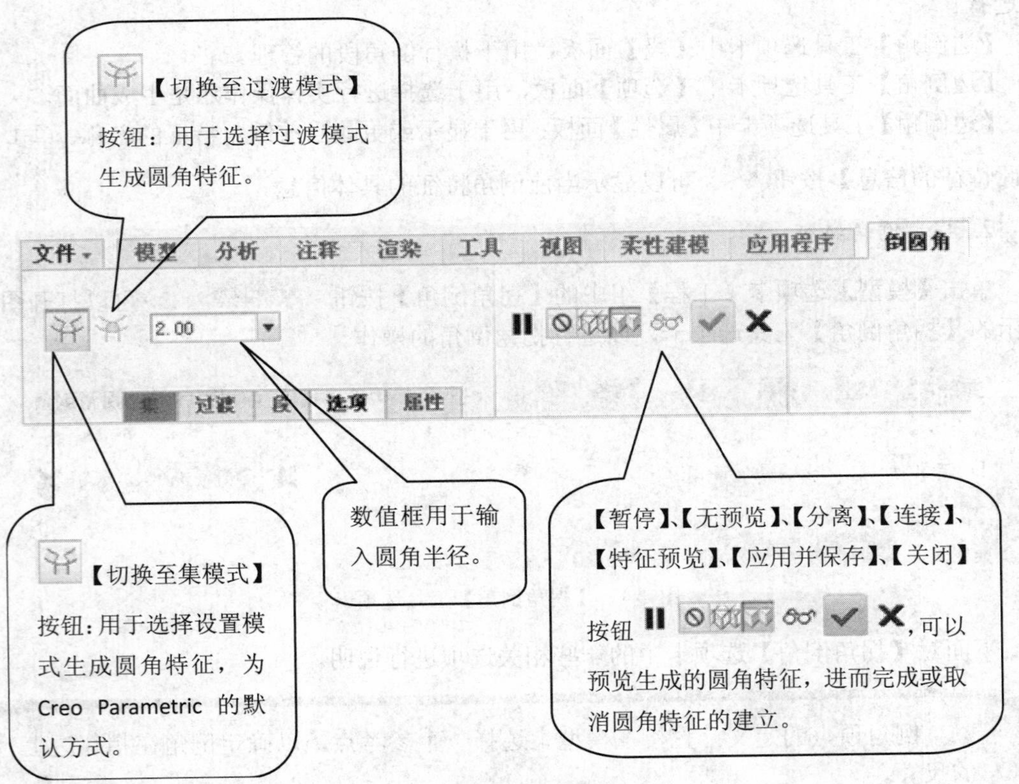

图 4-5 【倒圆角】工具选项卡

打开【倒圆角】工具选项卡中的【集】面板，其各选项功能图 4-6 所示。

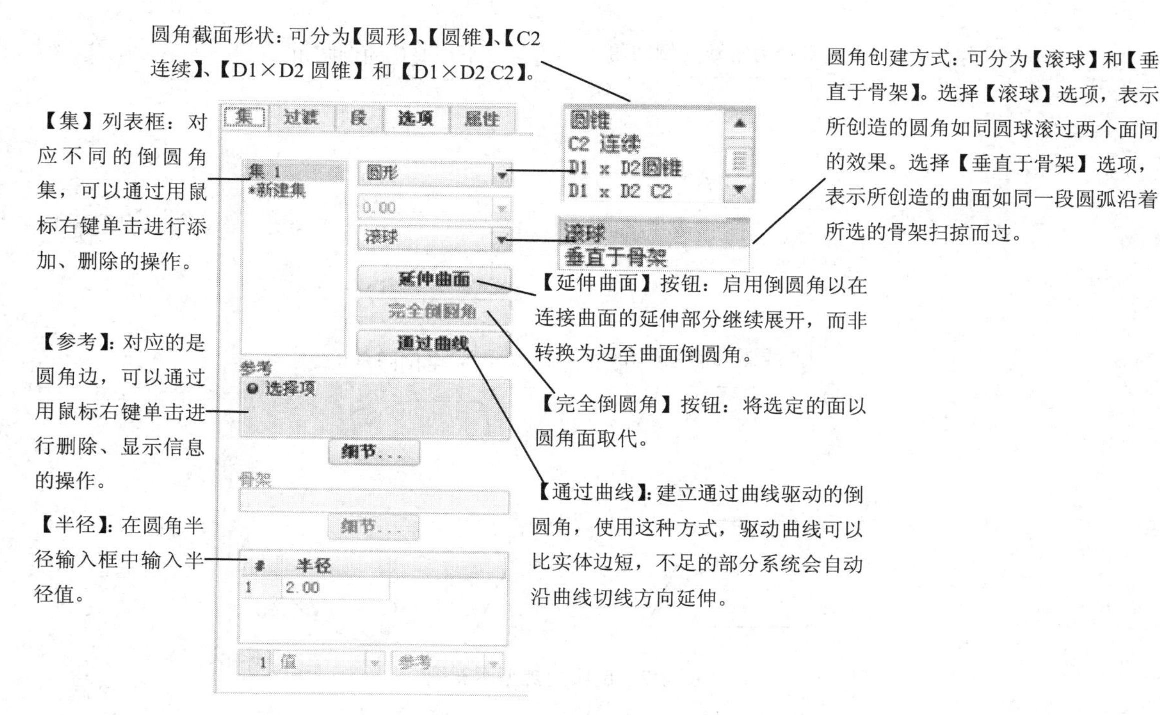

图 4-6　【倒圆角】工具选项卡【集】面板

【倒圆角】工具选项卡中【过渡】面板：对应于使用过渡模式生成圆角时过渡方式的选择。

【倒圆角】工具选项卡中【段】面板：用于执行倒圆角段的管理。可查看倒圆角特征的全部倒圆角集，查看当前倒圆角集中的全部倒圆角段，修剪、延伸或排除这些倒圆角段，以及处理放置模糊等问题。

【倒圆角】工具选项卡中【选项】面板：用于选择进行实体操作还是生成曲面。

【倒圆角】工具选项卡中【属性】面板：用于显示或更改当前圆角特征的名称，单击【显示此特征的信息】按钮，可以显示当前圆角特征的具体信息。

图 4-7 所示为 Creo Parametric 中常见的 4 种倒圆角类型的示意图。

4. 过渡部分设计

下面对圆角的过渡部分设计进行介绍。

（1）过渡模式

当需要对多个圆角集相接处的几何形状进行特殊控制时，可以使用过渡模式生成圆角。

虽然使用过渡模式生成圆角时，过渡区几何形状可以有多种不同的选择，但通常以设置模式生成的圆角也能构建出令人满意的结果，所以两者优劣要视设计需求而定。在【倒圆角】工具选项卡中单击【切换至过渡模式】按钮，其下拉列表框如图 4-8 所示。

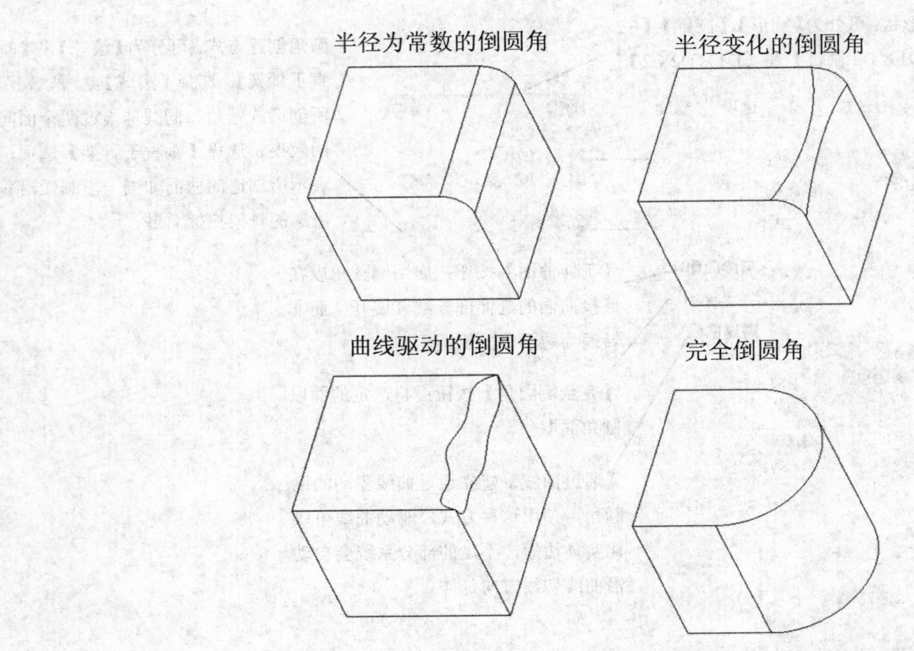

图 4-7　倒圆角类型示意图

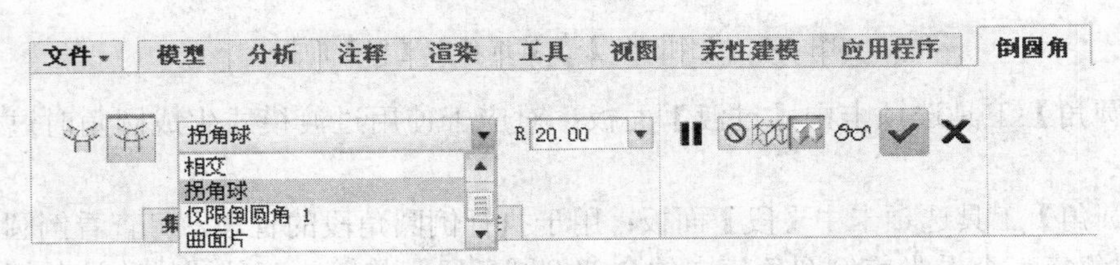

图 4-8　【过渡模式】下拉列表框

图 4-9 是在集模式下，分三次给定不同圆角半径所生成的结果。图 4-10 是在过渡模式下分别变更过渡区几何形状所完成的几种结果。通过比较不难发现，使用集模式生成圆角的结果是可以接受的，只是过渡模式下可以依照要求选择不同的过渡区样式。

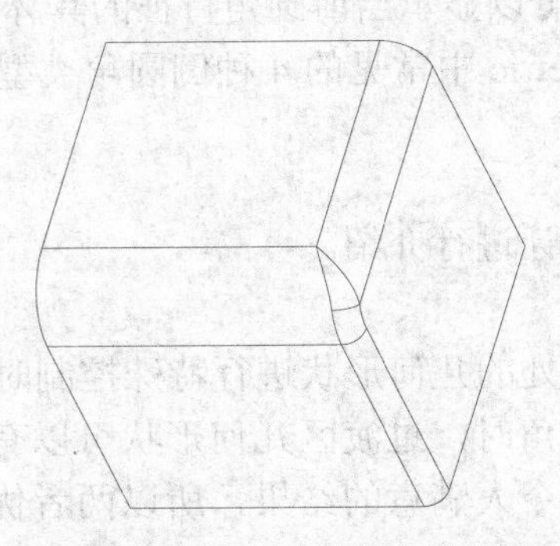

图 4-9　集模式下倒圆角的结果

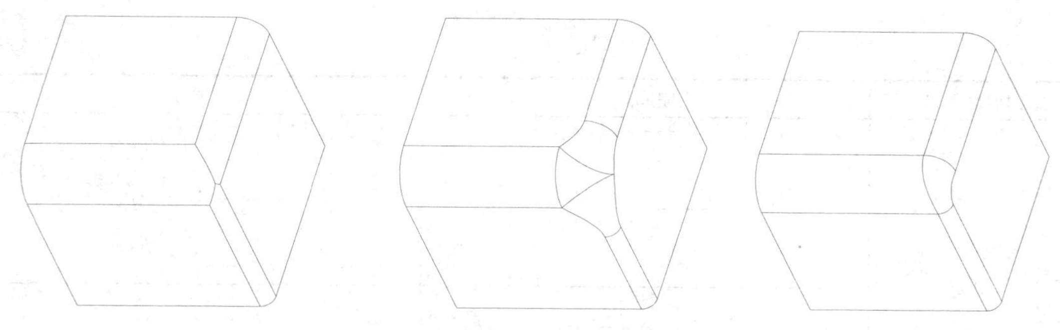

图 4-10　不同过渡区几何形状的几种结果

（2）过渡区几何形状的说明

- 【仅限倒圆角 1】：未规定过渡区几何形状，类似于使用简单圆角完成后的结果。
- 【相交】：相邻的圆角集直接延伸相接。
- 【拐角球】：过渡区几何形状为球形曲面，半径不小于最大圆角集半径，仅限于三个圆角集的情况。
- 【曲面片】：使用补片方式，利用过渡区的数个边补成一个嵌面来构建过渡区，适用于三个或四个圆角集的情况，并且可在圆角相交处加上圆角。

为了便于直观认识，将不同过渡区几何形状完成后的效果整理为表 4-1。

表 4-1　不同过渡区几何形状的完成效果

过渡区形式	完成前	完成后
仅限倒圆角 1		

续表

过渡区形式	完成前	完成后
相交	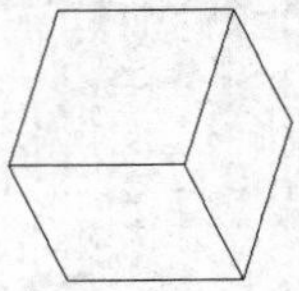	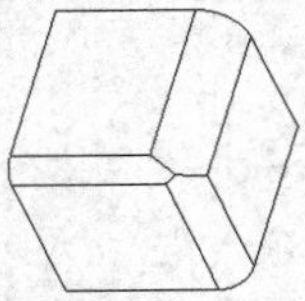
	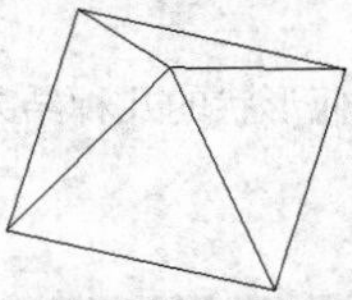	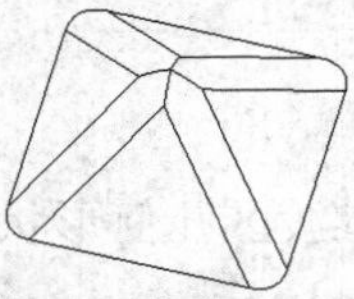
拐角球	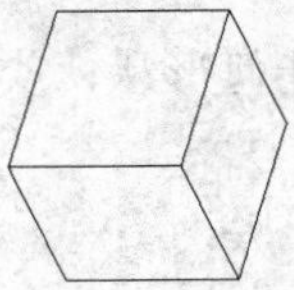	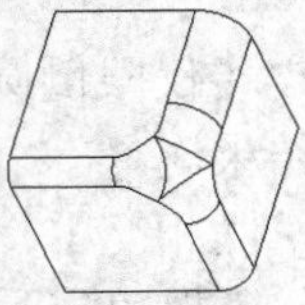
曲面片	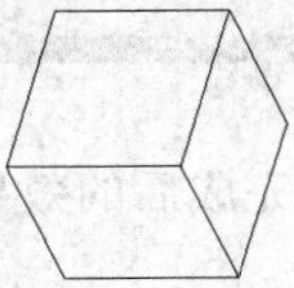	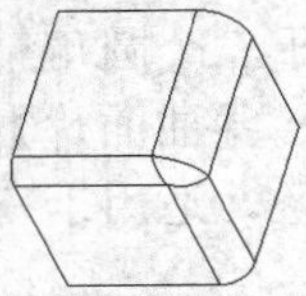 过渡区未指定圆角
		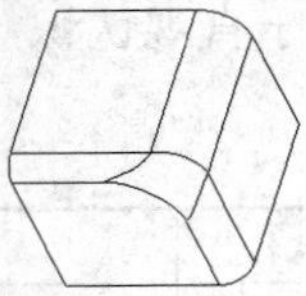 过渡区指定以前面为参考的圆角
	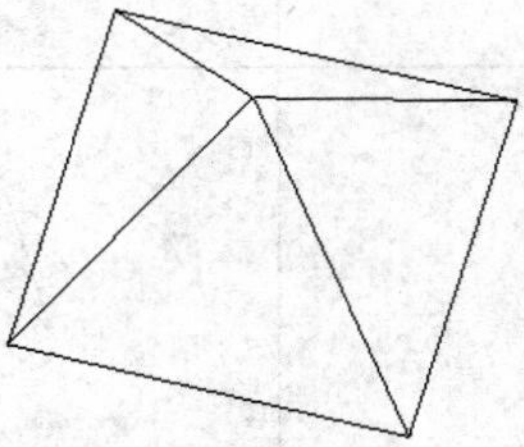	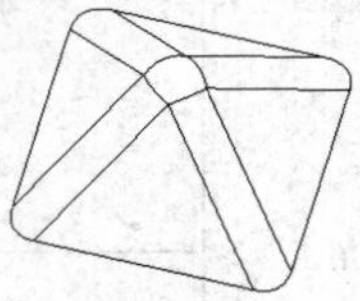 过渡区未指定圆角
		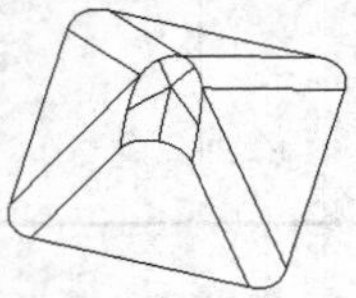 过渡区指定以前面为参考的圆角

系统默认为【仅限倒圆角 1】方式。

在过渡区几何形状下拉菜单中选择不同的几何形状类型，在屏幕绘图区能够立即看到完成后的结果，用户可以根据设计需要进行选择。

（3）过渡模式生成圆角特征的步骤

- 单击【模型】选项卡【工程】组中的【倒圆角】按钮 倒圆角，打开【倒圆角】工具选项卡，以进行倒圆角的操作。
- 设置并生成多个圆角。
- 单击【切换至过渡模式】按钮，切换至过渡模式，选择过渡区，指定过渡区几何形状。
- 单击【特征预览】按钮进行预览，无误后单击【应用并保存】按钮，完成倒圆角特征的创建。

4.2 孔特征

基本概念

（1）直孔：最简单的一类孔特征。

简单孔：可以看作是矩形截面的旋转切除。

草绘孔：可以看作是由草绘截面定义的旋转切除。

（2）标准孔：由系统创建的基于相关工业标准的孔，可带有标准沉孔、埋头孔等不同的末端形状。

课堂讲解课时：2 课时

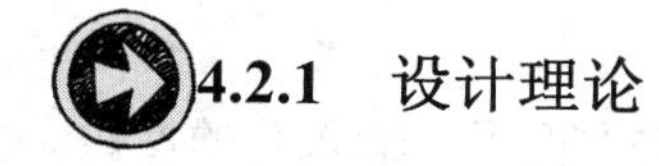

4.2.1 设计理论

创建孔特征的操作步骤如下：

（1）单击【模型】选项卡【工程】组中的【孔】按钮，打开【孔】工具选项卡，以进行孔特征的操作。

（2）选择孔的类型，系统默认孔类型为简单直孔。

如果选择孔类型为草绘孔，可以选择打开已有的草绘截面或创建新的截面。

如果选择孔类型为标准孔，则设定相应的直径、深度等属性。

（3）定义孔放置的主参考面。

（4）如果需要的话，可在【放置】面板卡中定义孔的放置方向。

（5）定义孔的放置类型，系统默认的类型为【线性】。

（6）根据孔的放置类型定义相应的参考和定位尺寸。

（7）定义孔的直径。

（8）定义孔深度的计算方式及深度尺寸。

（9）单击【特征预览】按钮进行预览，无误后单击【应用并保存】按钮，完成孔特征的创建。

4.2.2 课堂讲解

单击【模型】选项卡【工程】组中的【孔】按钮，可以打开如图 4-11 所示的【孔】工具选项卡，以进行孔特征的创建。

图 4-11 【孔】工具选项卡

下面首先对【孔】工具选项卡中的一些相关按钮、选项进行说明。

（1）单击【创建简单孔】按钮

按钮：用于选择生成直孔，是系统默认方式。尺寸和深度文本框用于输入孔的参数。

按钮：用于生成标准孔。当选择此按钮时，【孔】工具选项卡如图 4-12 所示。与拉伸特征相似，孔深度计算方式也有多种类型。

按钮：用于生成草绘孔。当选择此按钮时，【孔】工具选项卡如图 4-13 所示。

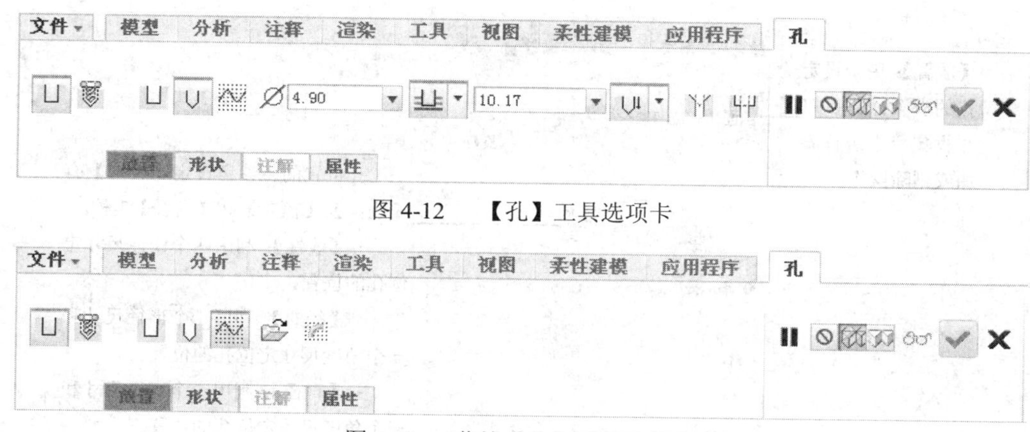

图 4-12　【孔】工具选项卡

图 4-13　草绘【孔】工具选项卡

注意：

生成草绘孔时，草绘截面中必须有一个竖直放置的中心线作为旋转轴，并至少有一个垂直于这个旋转轴的图元。

名师点拨

（2）单击【创建标准孔】按钮

此时【孔】工具选项卡如图 4-14 所示，用于选择生成标准孔。

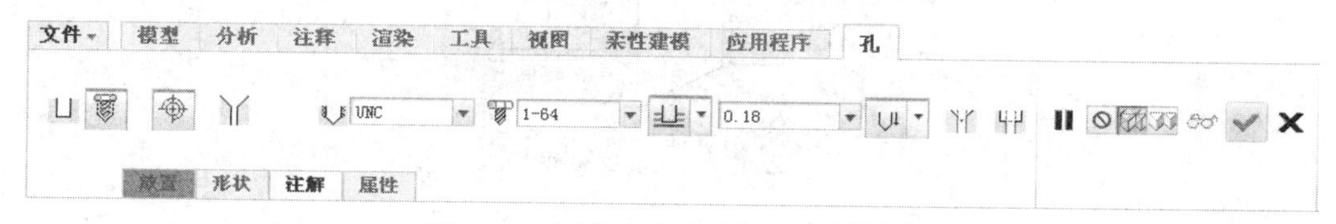

图 4-14　标准孔的【孔】工具选项卡

标准孔包括 ISO、UNF 和 UNC 3 种标准体系，其中 ISO 与我国的 GB 最为接近，也是采用最为广泛的机械类标准。

尺寸和深度文本框用于输入孔的参数。

（3）【孔】工具选项卡右侧为【暂停】、【无预览】、【分离】、【连接】、【特征预览】、【应用并保存】、【关闭】按钮，可以预览生成的孔特征，进而完成或取消孔特征的建立。

（4）图 4-15 所示为【孔】工具选项卡中的【放置】面板，用于检查和修改孔特征的主、次参考。

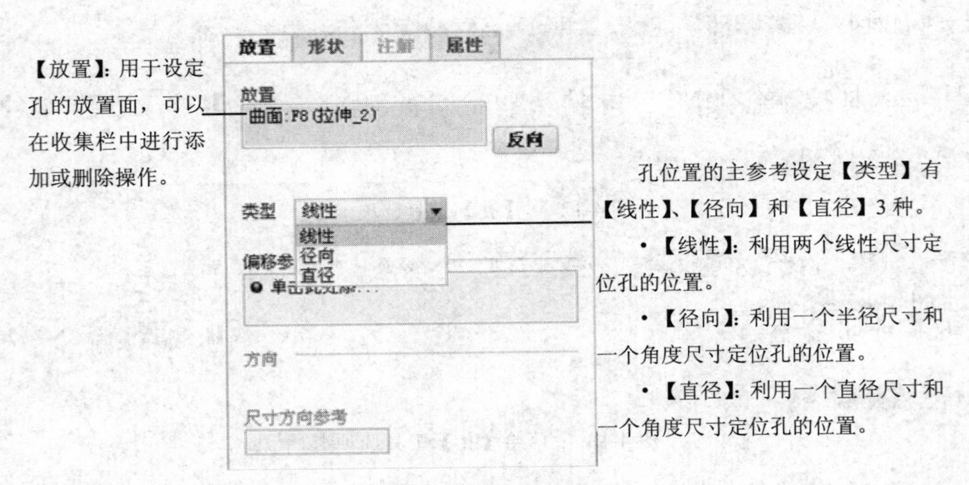

图 4-15　【放置】面板

（5）图 4-16 所示为【孔】工具选项卡中的【形状】面板，用于预览当前孔特征的 2D 视图和修改孔特征的深度、直径等属性。

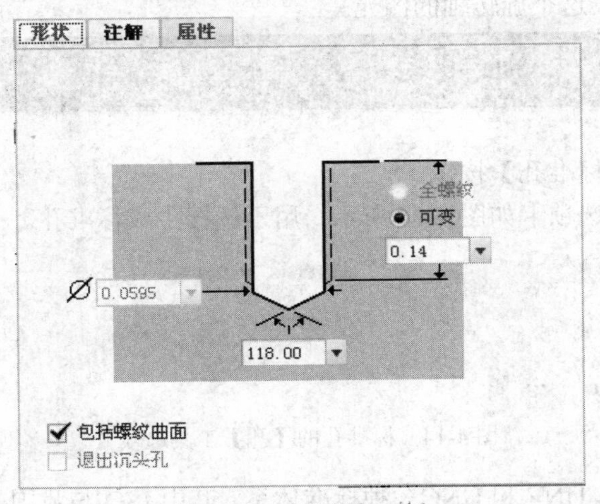

图 4-16　【形状】面板

（6）图 4-17 所示为【孔】工具选项卡中的【注解】面板，仅用于标准孔，可预览孔特征的注释说明。

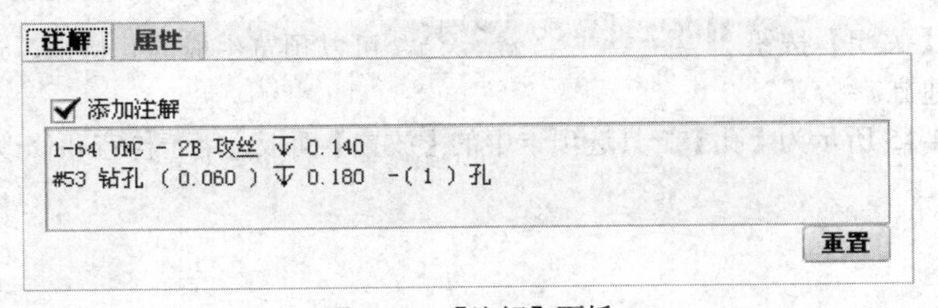

图 4-17　【注解】面板

（7）【孔】工具选项卡中的【属性】面板，用于显示或更改当前孔特征的名称，单击【显示此特征的信息】按钮 ，可以显示当前孔特征的具体信息。

4.2.3 课堂练习——绘制带孔轴座

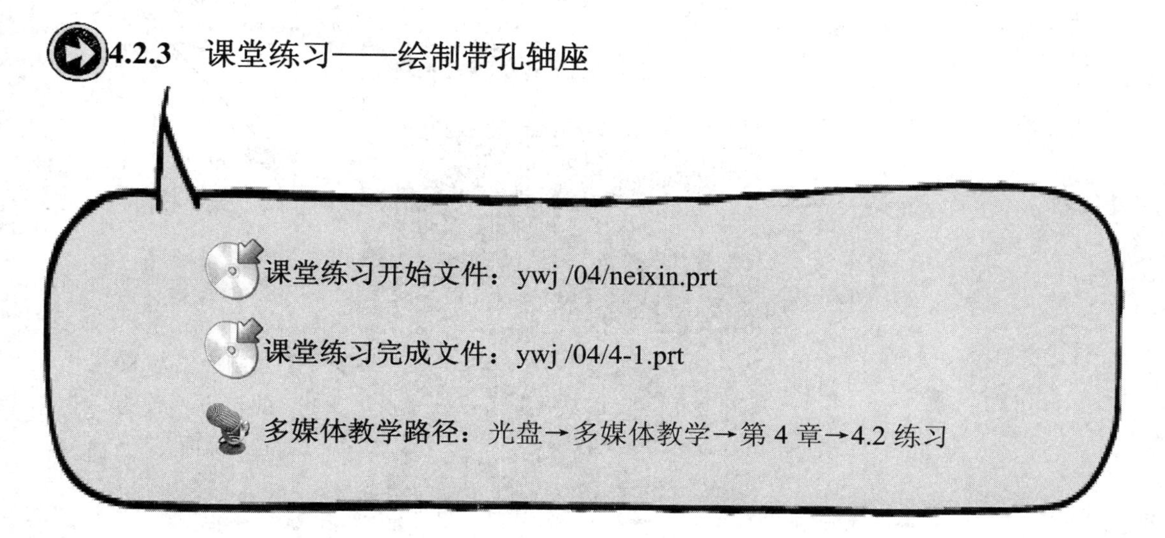

Step1 进行第 1 次拉伸，如图 4-18 所示。

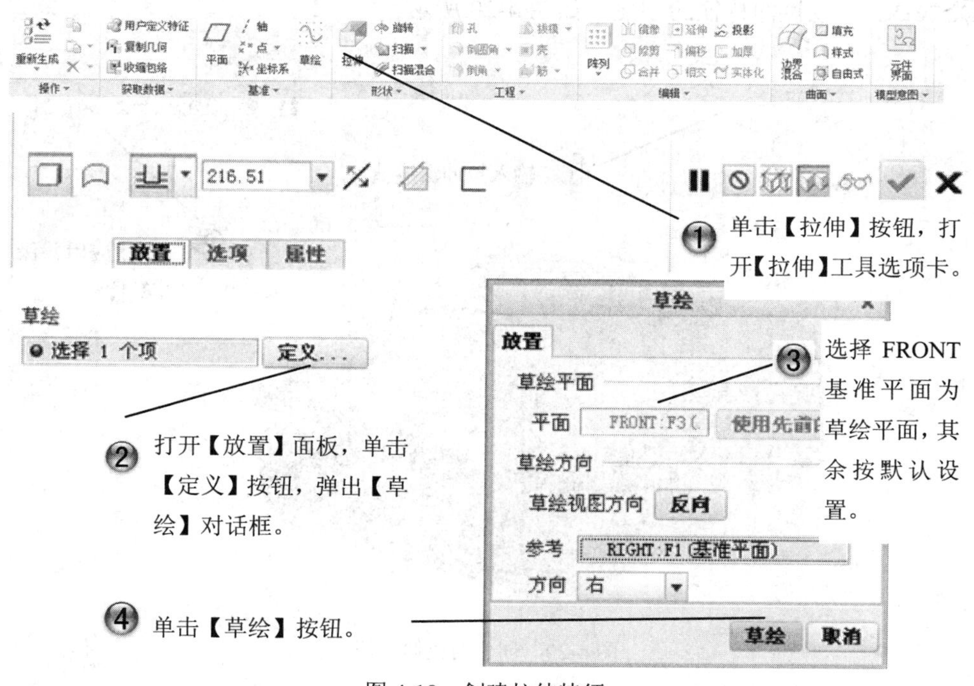

图 4-18　创建拉伸特征

Step2 绘制拉伸截面，如图 4-19 所示。

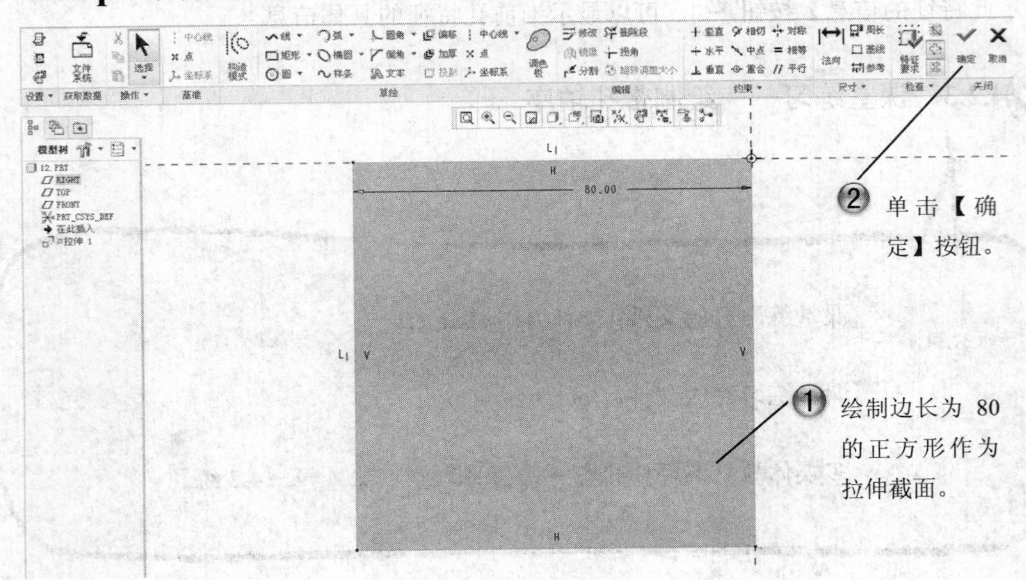

图 4-19　绘制拉伸截面

Step3 完成拉伸特征的创建，如图 4-20 所示。

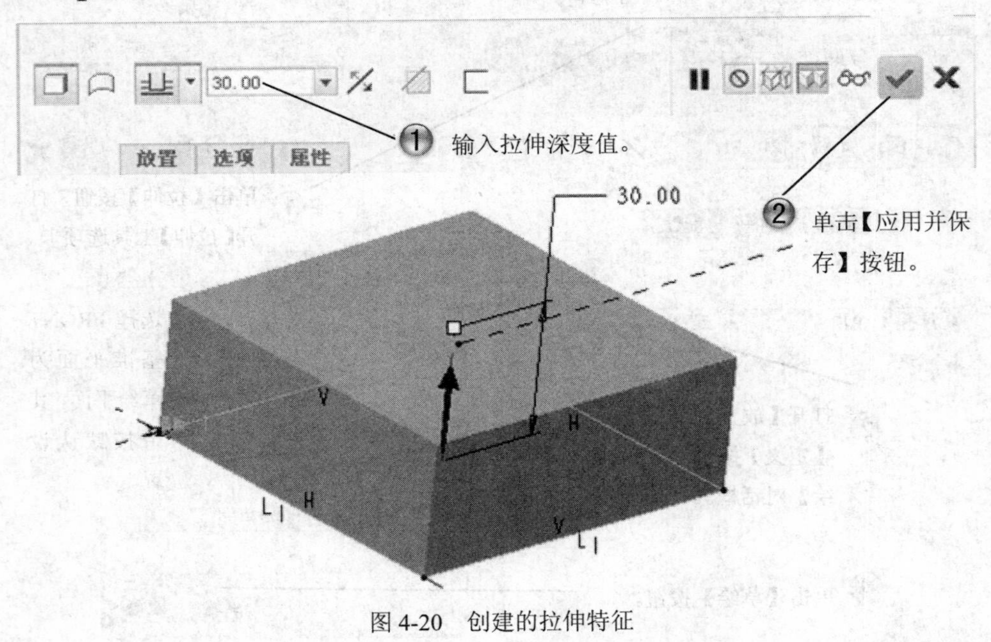

图 4-20　创建的拉伸特征

Step4 创建第 2 个拉伸特征。进行拉伸，如图 4-21 所示。完成拉伸特征的创建，如图 4-22 所示。

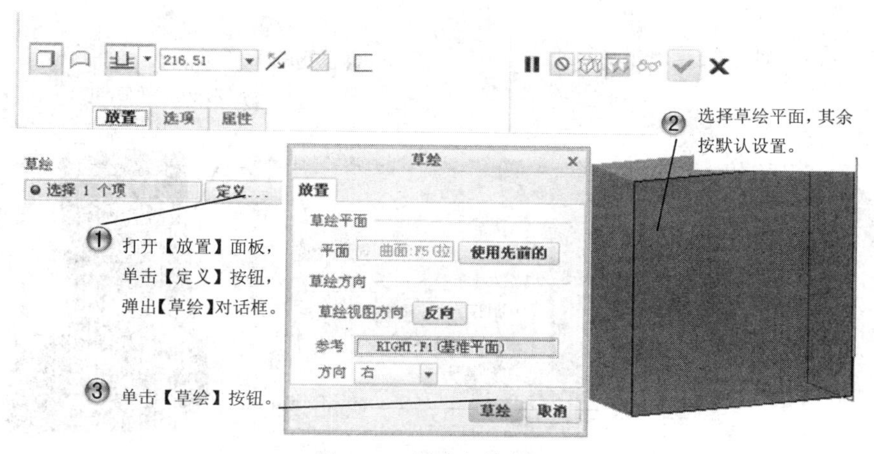

图 4-21　创建拉伸特征

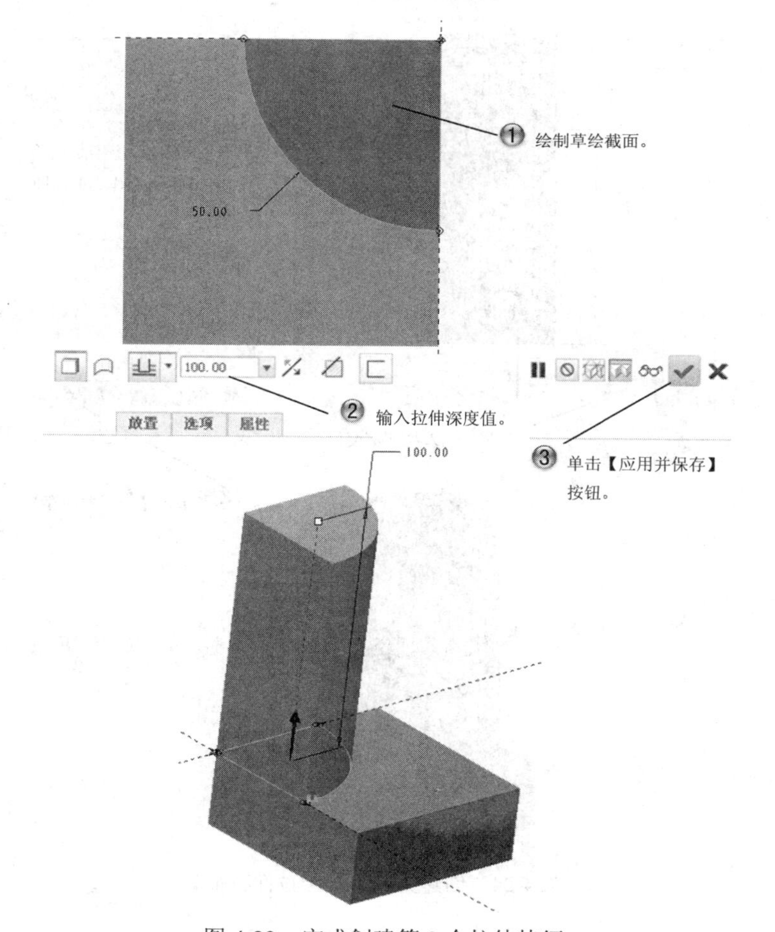

图 4-22　完成创建第 2 个拉伸特征

Step5 创建第 3 个拉伸特征。进行拉伸，如图 4-23 所示。完成拉伸特征的创建，如图 4-24 所示。

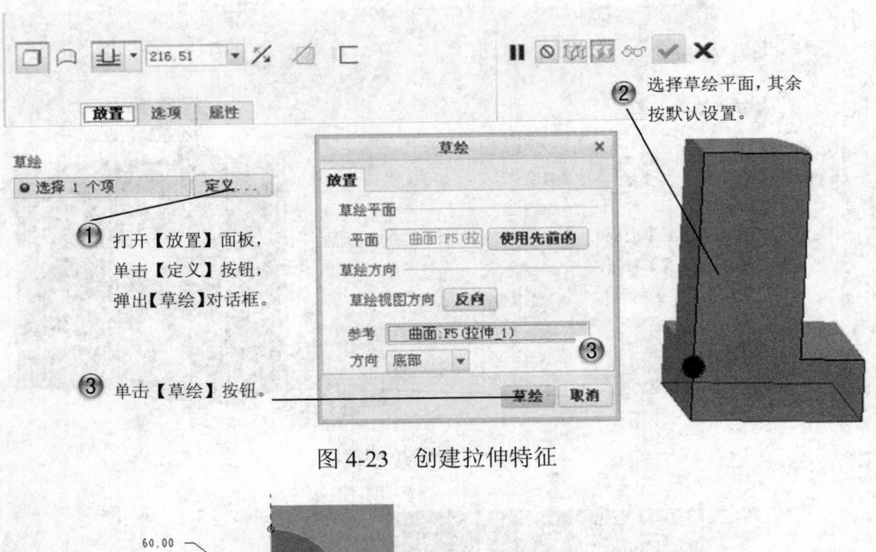

图 4-23　创建拉伸特征

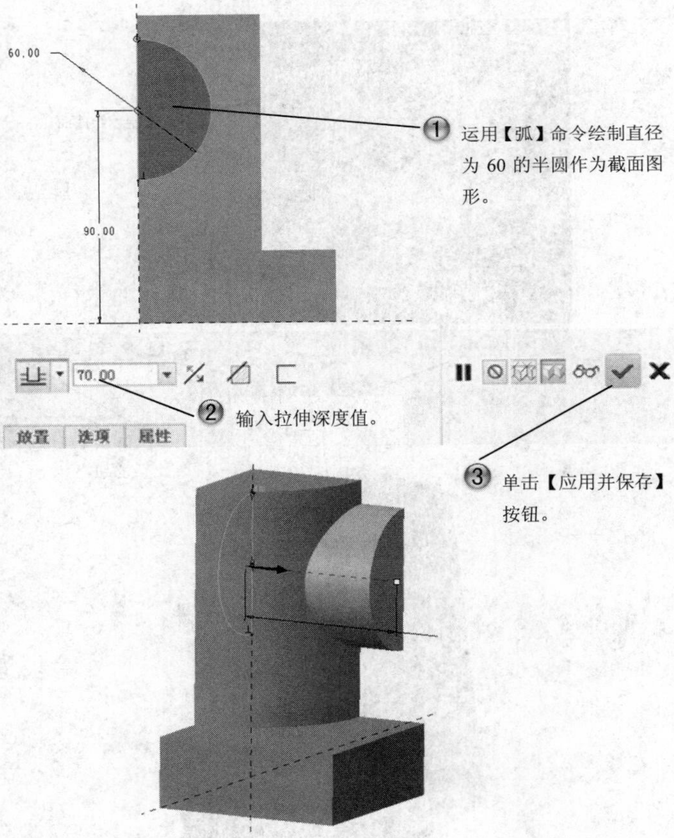

60.00

90.00

① 运用【弧】命令绘制直径为 60 的半圆作为截面图形。

70.00

② 输入拉伸深度值。

放置　选项　属性

③ 单击【应用并保存】按钮。

图 4-24　创建完成第 3 个拉伸特征

Step6 创建第 4 个拉伸特征。进行拉伸，如图 4-25 所示。完成拉伸特征的创建，如图 4-26 所示。

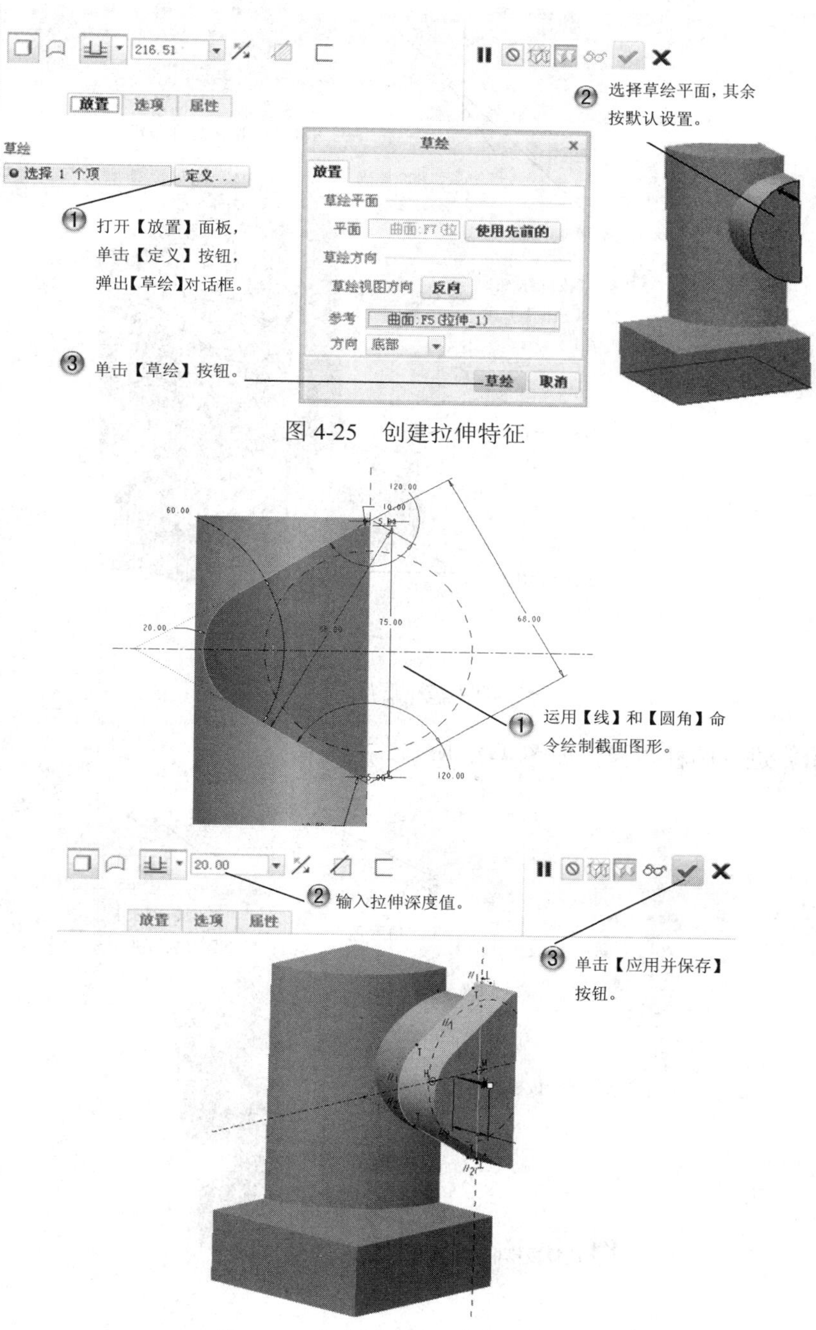

图 4-25 创建拉伸特征

图 4-26 完成创建第 4 个拉伸特征

Step7 进行底座拔模，如图 4-27 所示。

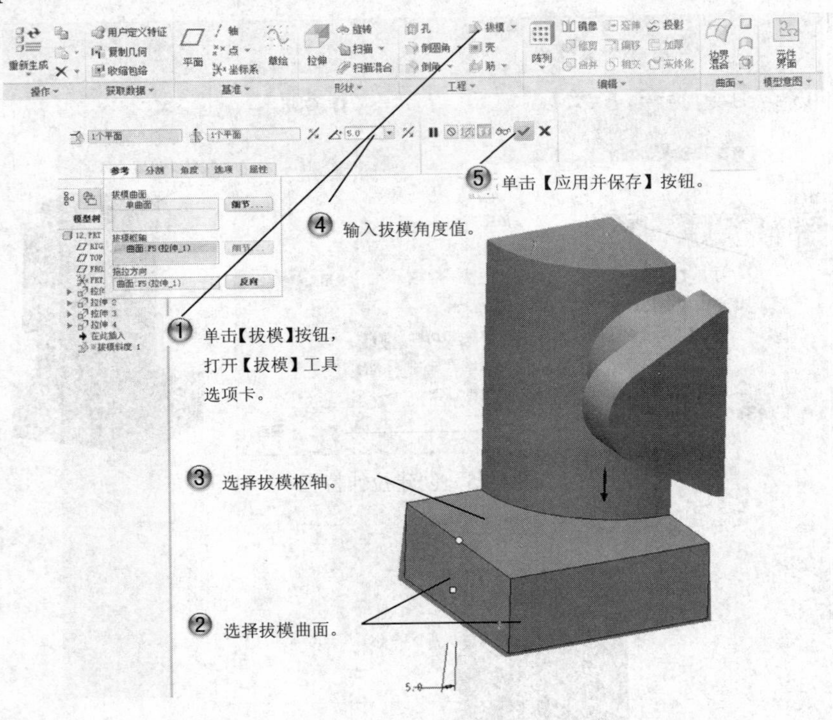

图 4-27　底座拔模

Step7 进行圆柱拔模，如图 4-28 所示。

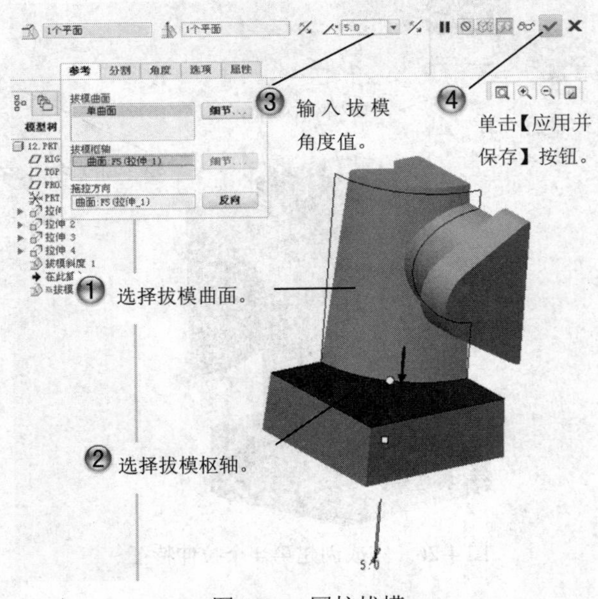

图 4-28　圆柱拔模

Step8 进行端面拔模，如图 4-29 所示。

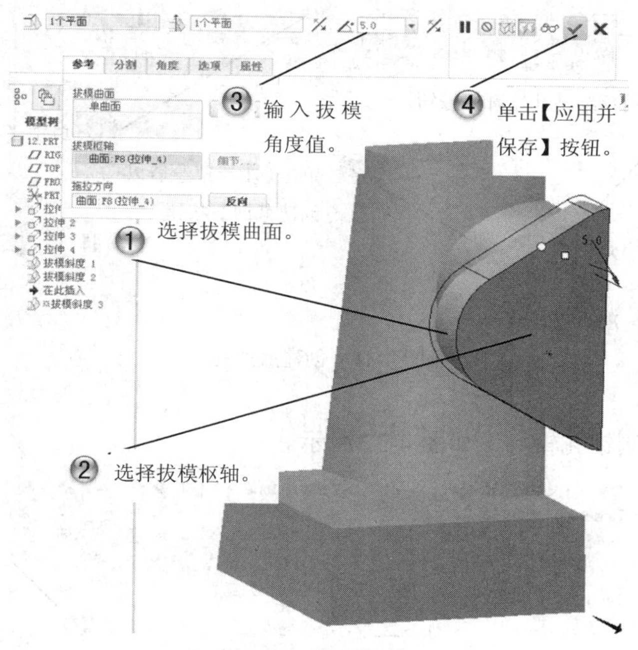

图 4-29 端面拔模

Step9 进行倒圆角，如图 4-30 所示。

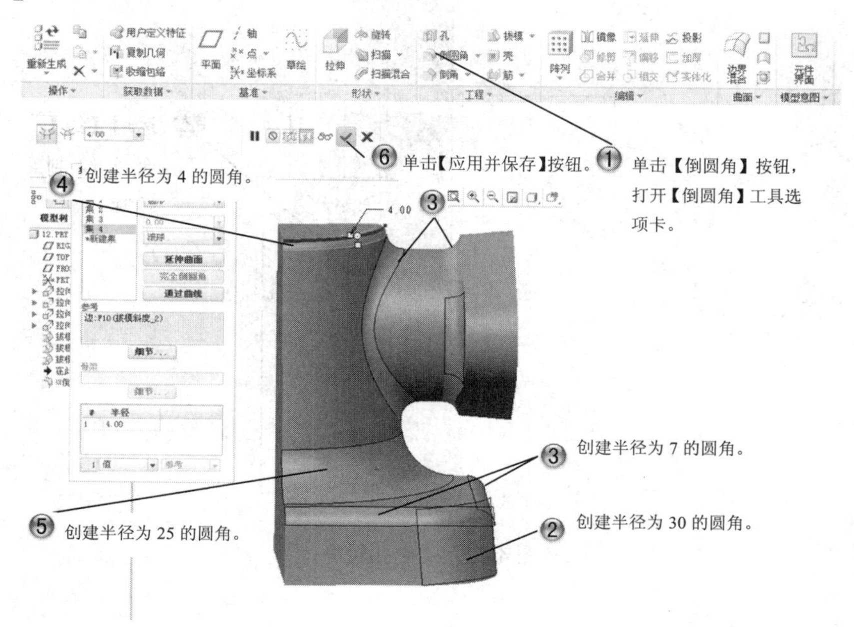

图 4-30 倒圆角

Step10 创建底座孔基本设置，如图 4-31 所示。

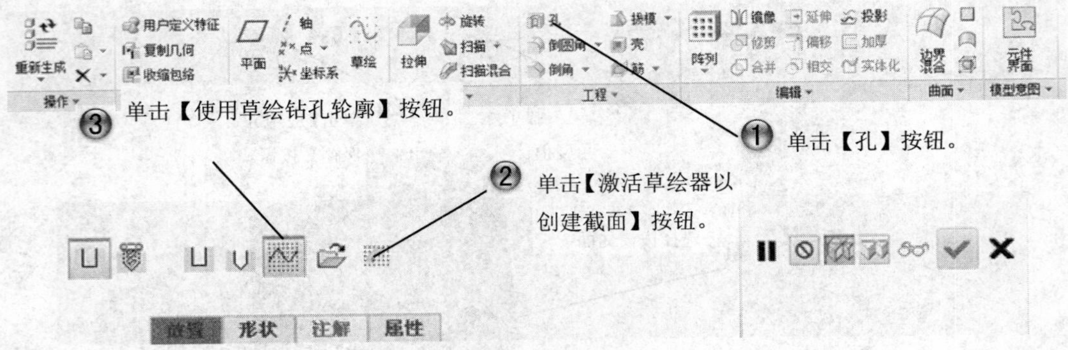

图 4-31　创建底座孔

Step11 绘制钻孔轮廓，如图 4-32 所示。

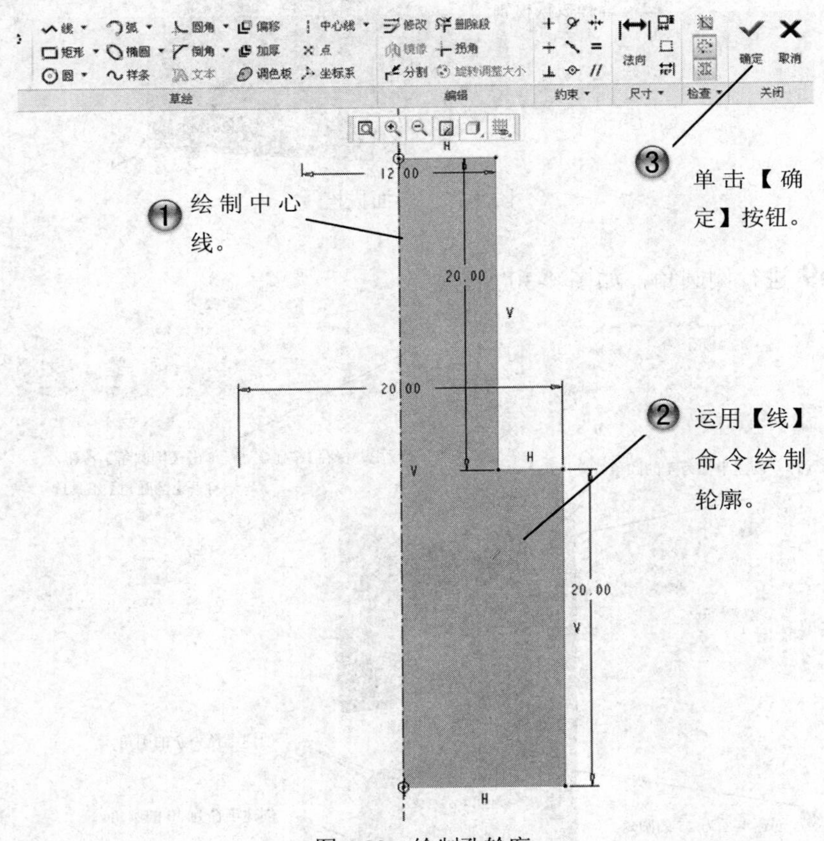

图 4-32　绘制孔轮廓

Step12 放置底座孔，如图 4-33 所示。

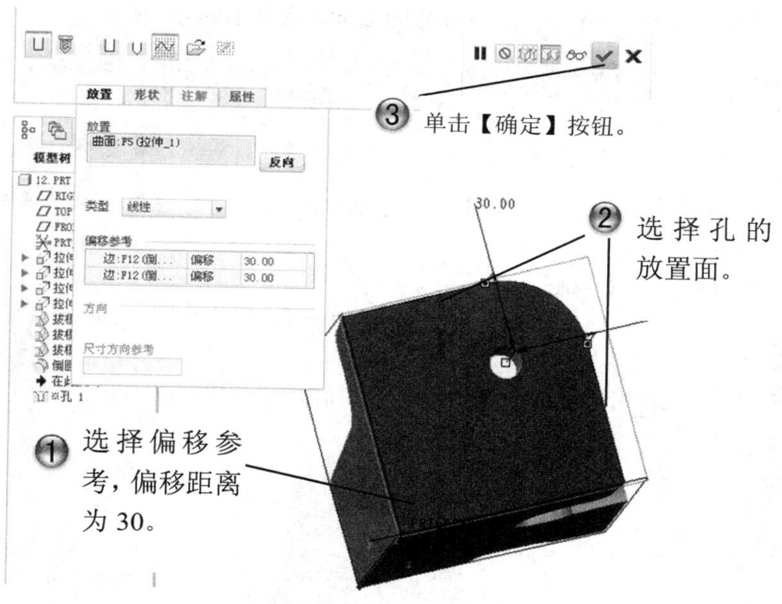

图 4-33　放置底座孔

Step13 创建端面孔，如图 4-34 所示。

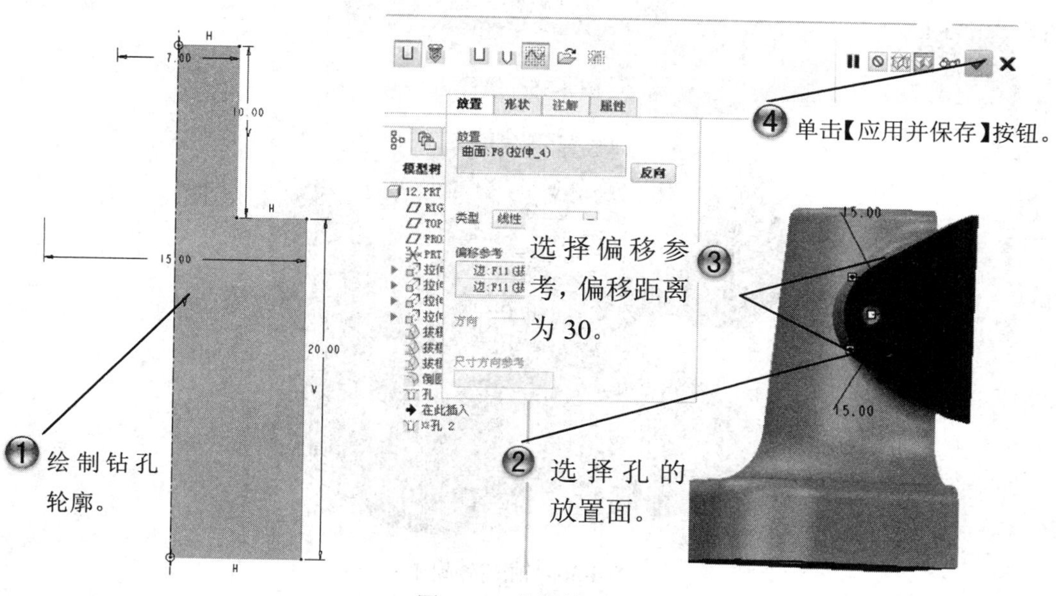

图 4-34　放置端面孔

Step13 进行镜像，如图 4-35 所示。运用同样方法再选择 TOP 为镜像平面进行镜像，至此，此零件的制作全部完成，完成后的双向轴座如图 4-36 所示。

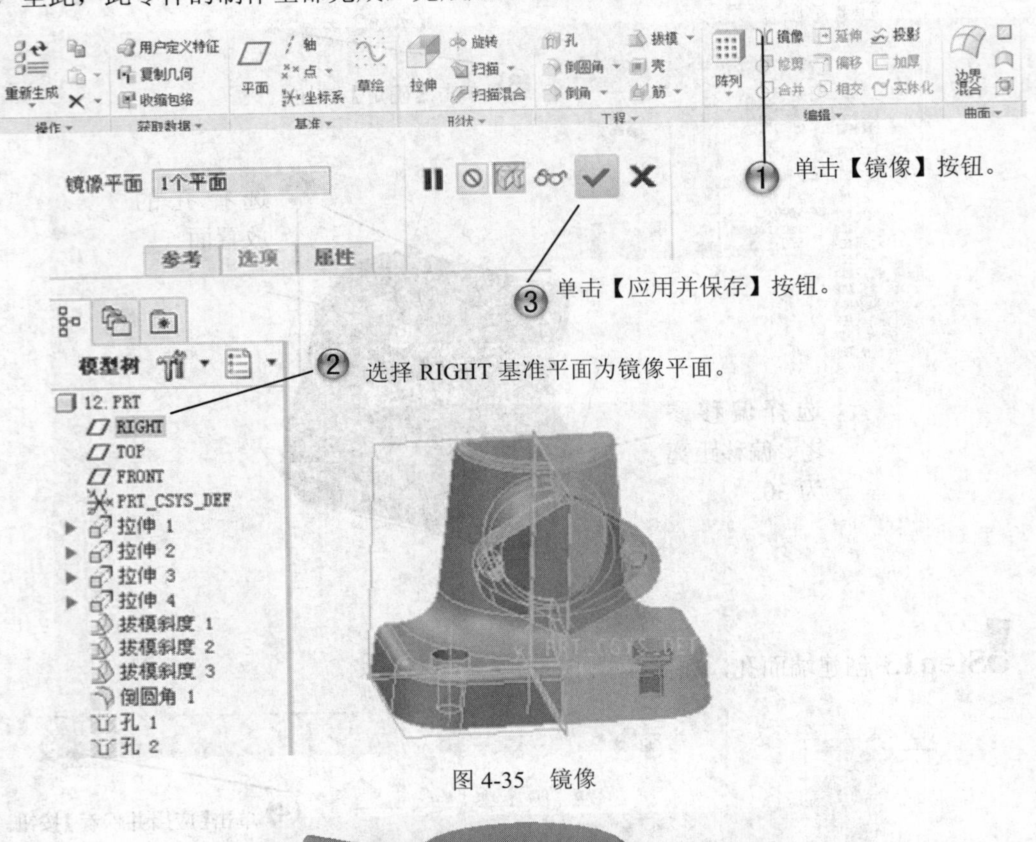

图 4-35　镜像

图 4-36　轴座完成图

4.3 筋特征

基本概念

筋特征又称为“加强肋”特征，是实体曲面间连接的薄翼或腹板，对零件外形尤其是薄壳外形有提升强度的作用。筋特征的外形通常为薄板，位于相邻实体表面的连接处，用于加强实体的强度，也常用于防止实体表面出现不需要的折弯。

课堂讲解课时：2 课时

4.3.1 设计理论

筋特征的构建与拉伸特征相似。在选定的草绘平面上，指定筋的参考绘制筋的外形，并指定筋的生成方向及厚度值。

> 筋特征分为两大类，即轨迹筋特征和轮廓筋特征。
>
> 轨迹筋特征：在平面上建立筋特征的轨迹，之后轨迹自动拉伸形成的筋特征。
>
> 轮廓筋特征：在草绘平面绘制筋的轮廓，根据参考拉伸成筋的特征。

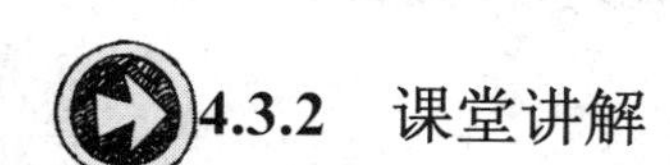

4.3.2 课堂讲解

在【模型】选项卡【工程】组的【筋】下拉列表框中有两种创建筋特征的命令，如图 4-37 所示，可以创建轨迹筋和轮廓筋。

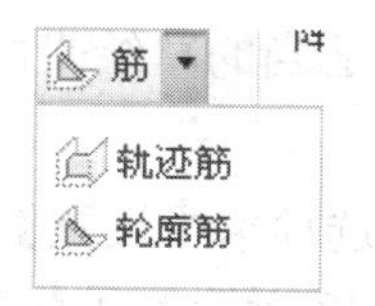

图 4-37　创建筋的命令

1. 轨迹筋特征

在【模型】选项卡的【工程】组中单击【轨迹筋】按钮 轨迹筋，弹出【轨迹筋】

工具选项卡，如图 4-38 所示。在绘图区按住鼠标右键两秒，在弹出的快捷菜单中选择【定义内部草绘】命令，或者单击【轨迹筋】工具选项卡【放置】面板中的【定义】按钮，选择创建筋特征的草绘平面。

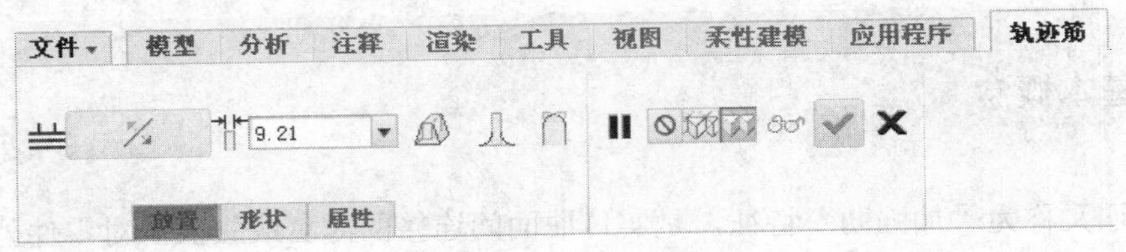

图 4-38 【轨迹筋】工具选项卡

系统弹出【草绘】对话框，选择适当的草绘平面及参考平面后，单击【草绘】按钮，进入草绘模式。

进入草绘模式后，绘制筋的路径草图。完成后单击【确定】按钮，返回【轨迹筋】工具选项卡。

用户可以在【轨迹筋】工具选项卡中直接修改筋特征的厚度值，或者筋的附属类型，设置完成后单击【特征预览】按钮进行预览，无误后单击【应用并保存】按钮，完成轨迹筋特征的创建。

2．轮廓筋特征

在【模型】选项卡的【工程】组中单击【轮廓筋】按钮，弹出【轮廓筋】工具选项卡，如图 4-39 所示。在绘图区按住鼠标右键两秒，在弹出的快捷菜单中选择【定义内部草绘】命令，或者单击【轮廓筋】工具选项卡【参考】面板中的【定义】按钮，选择筋特征创建的草绘视图。

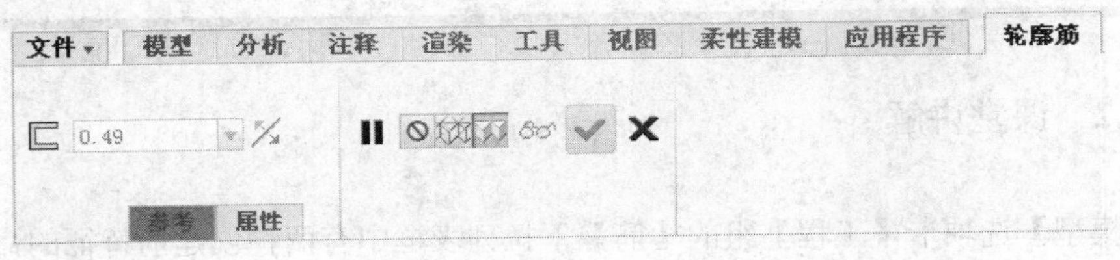

图 4-39 【轮廓筋】工具选项卡

系统弹出【草绘】对话框，选择适当的草绘平面及参考平面后，单击【草绘】按钮，进入草绘模式。

进入草绘模式后，单击【草绘】选项卡【设置】面板中的【参考】按钮，为即将创建的筋特征指定参考。系统弹出图 4-40 所示的【参考】对话框，在显示窗口选择参考。参考选取完成后单击【关闭】按钮，关闭筋【参考】对话框。

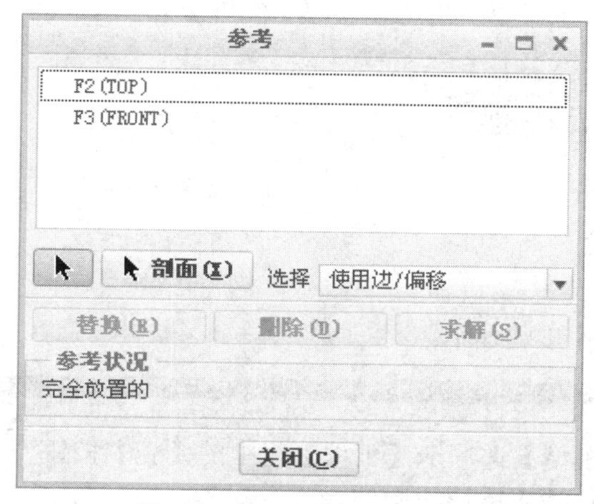

图 4-40 筋【参考】对话框

使用草图工具，创建筋特征截面，单击【确定】按钮，返回【轮廓筋】工具选项卡。

绘制完成筋特征截面后，在零件实体上会出现筋特征生成方向箭头及筋特征图形。如果没有看到筋特征图形，可单击箭头改变筋生成方向，或将鼠标指针移到箭头附近，箭头变亮后按住鼠标右键，选择快捷菜单中的【反向】命令，以改变筋生成方向。

用户可以在【轮廓筋】工具选项卡中直接修改筋特征的厚度值，设置完成后单击【特征预览】按钮进行预览，无误后单击【应用并保存】按钮，完成轮廓筋特征的创建。

注意：轨迹筋特征的草绘轨迹无需与特征相交。轮廓筋特征侧截面草绘线条的两端应与筋所连接的实体边线相交。

4.4 抽壳特征

基本概念

抽壳特征是指将零件实体的一个或几个表面去除，然后挖空实体的内部，留下一定壁厚的壳的构造方式。壳特征常见于注塑或铸造零件，默认情况下，壳特征的壁厚是均匀的。零件中特征创建的顺序对抽壳特征的创建结果影响很大。

课堂讲解课时：2 课时

4.4.1 设计理论

创建抽壳特征的操作步骤如下：

（1）单击【模型】选项卡【工程】组中的【壳】按钮，打开【壳】工具选项卡，以进行抽壳特征的操作。

（2）选择移除的曲面。

（3）进行抽壳厚度设置。

（4 单击【特征预览】按钮进行预览，无误后单击【应用并保存】按钮，完成壳特征的创建。

4.4.2 课堂讲解

1. 建立抽壳特征及选项说明

单击【模型】选项卡【工程】组中的【壳】按钮，打开【壳】工具选项卡，如图 4-41 所示。工具选项卡中【更改厚度方向】按钮的作用是调整壳厚度方向，默认情况下，将在模型实体上保留指定厚度到材料，如果单击该按钮，则会在相反方向添加指定厚度的材料，即按模型实体外形掏空实体，在外围添加指定厚度的材料，抽壳操作如图 4-42 所示。

图 4-41 【壳】工具选项卡

单击【壳】工具选项卡中的【参考】面板，即可显示其中所包含的内容，如图 4-43 所示。

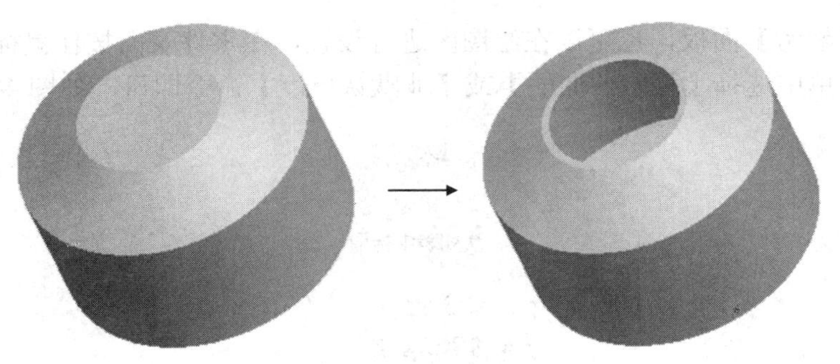

图 4-42　抽壳特征的建立

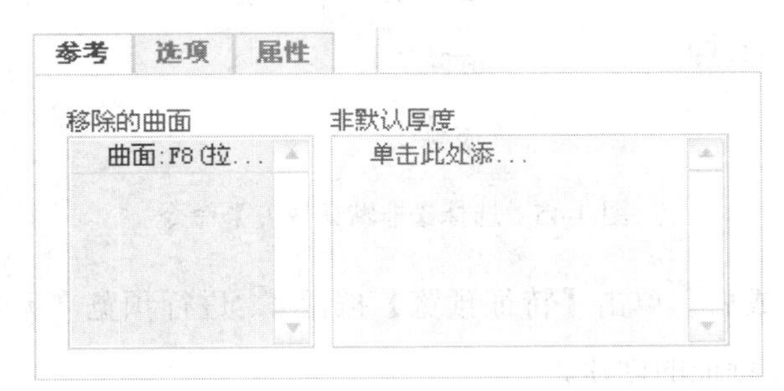

图 4-43　【参考】面板

在【参考】面板中有【移除的曲面】和【非缺省厚度】两个选项。

- 【移除的曲面】：显示用户创建壳特征时从实体上选择的要删除的曲面。若用户没有选择任何曲面，则系统默认创建一个内部中空的封闭壳。激活该列表框后，用户可以从实体表面选择一个或多个移除曲面。选择多个曲面的方法是按住 Ctrl 键配合视角调整来选取移除曲面。
- 【非缺省厚度】：在创建壳特征时系统默认的厚度值是均匀的，用户可以为此处选取的每个曲面指定单独的厚度值，剩余的曲面将统一使用默认厚度。

如图 4-44 所示，为设置不同抽壳厚度所生成的零件模型。

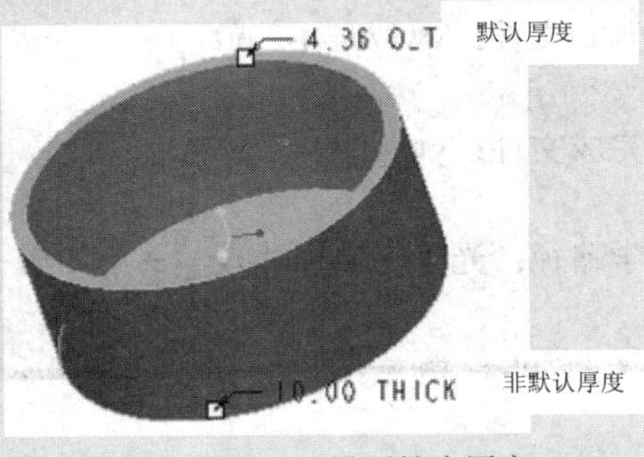

图 4-44　设置抽壳厚度

不使用【参考】面板，也可以在绘图区进行设置，在零件表面按住鼠标右键两秒，在弹出的快捷菜单中选择【移除的曲面】或【非默认厚度】命令即可，如图 4-45 所示。

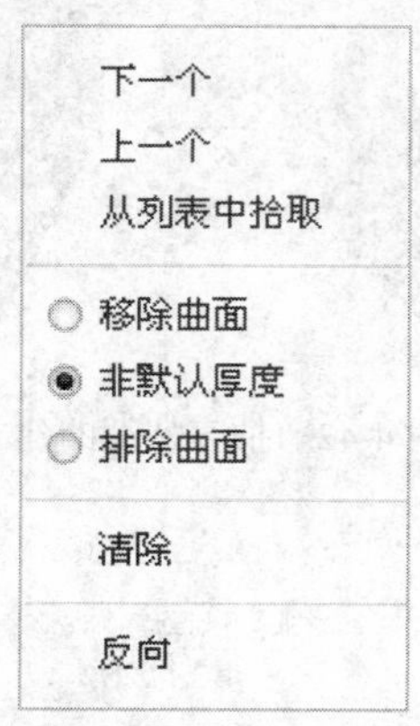

图 4-45　选择【非默认厚度】命令

移除曲面选取完成后，单击【特征预览】按钮进行预览，无误后单击【应用并保存】按钮，完成壳特征的创建。

2. 抽壳特征设置提示

当零件特征需要倒圆角或拔模特征时，应先建立倒圆角或拔模特征，再创建薄壳特征，否则将导致壳厚度不均匀。

在创建壳特征时，被移除的曲面与其他曲面相切时必须有相同的厚度，否则会导致薄壳特征创建失败。

4.4.3　课堂练习——创建叶轮壳实体

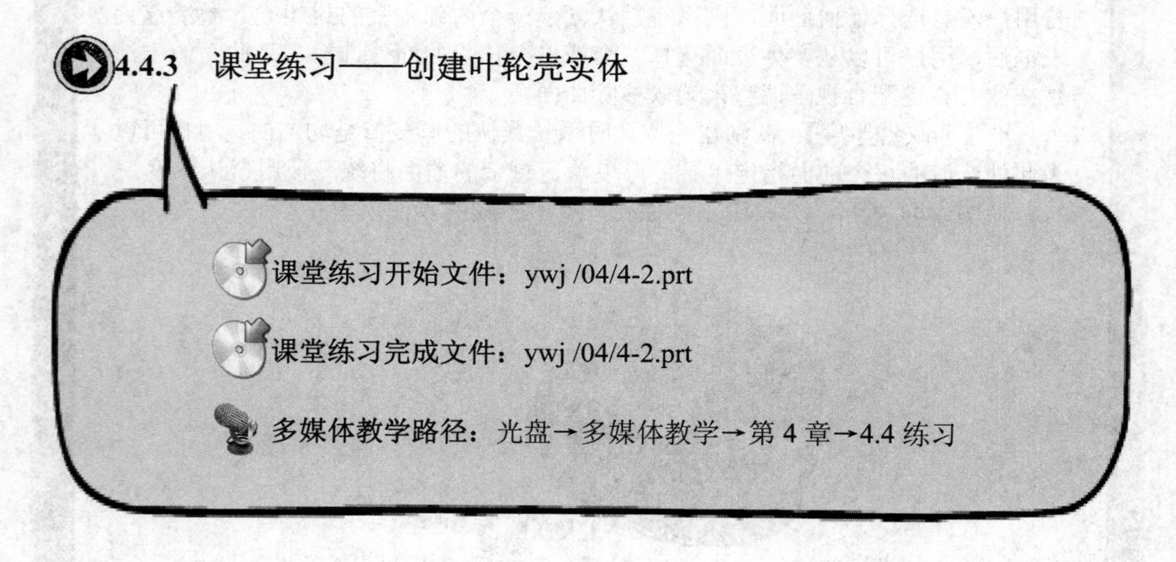

Step1 进行拉伸，如图 4-46 所示。

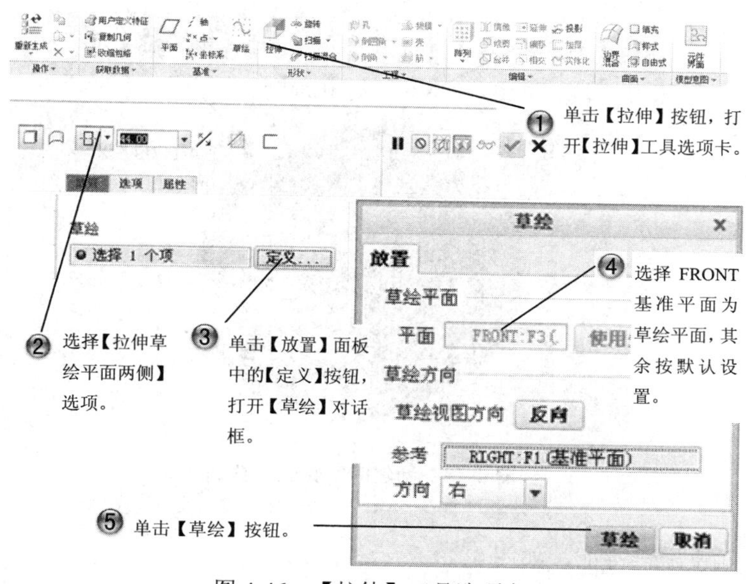

图 4-46 【拉伸】工具选项卡

Step2 绘制拉伸截面，如图 4-47 所示。

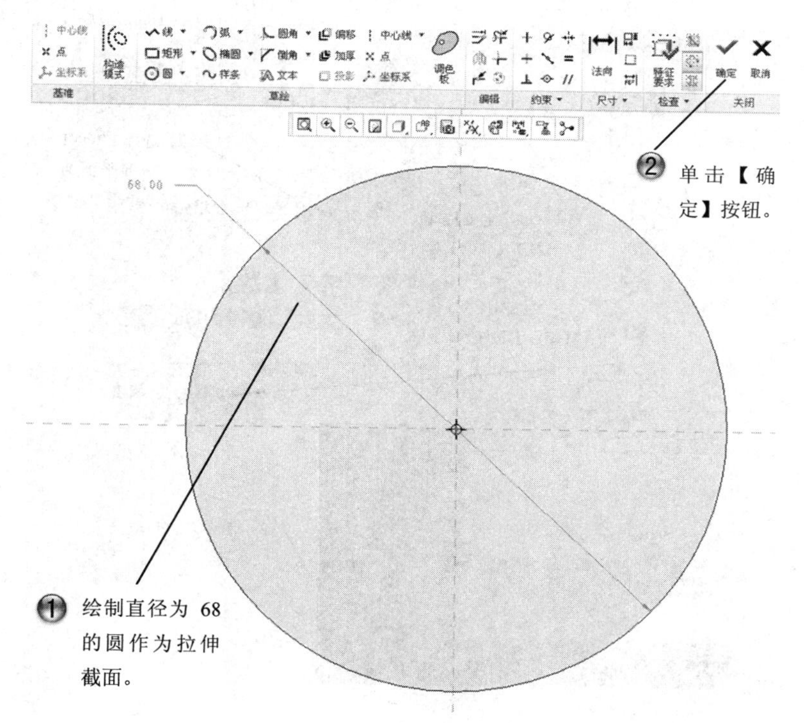

图 4-47 绘制拉伸截面

Step3 完成拉伸特征的创建，如图 4-48 所示。

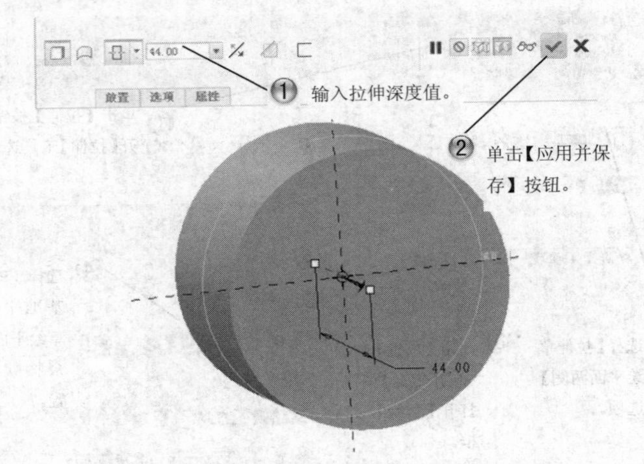

图 4-48　创建的叶轮壳主体

Step4 创建旋转特征，如图 4-49 所示。

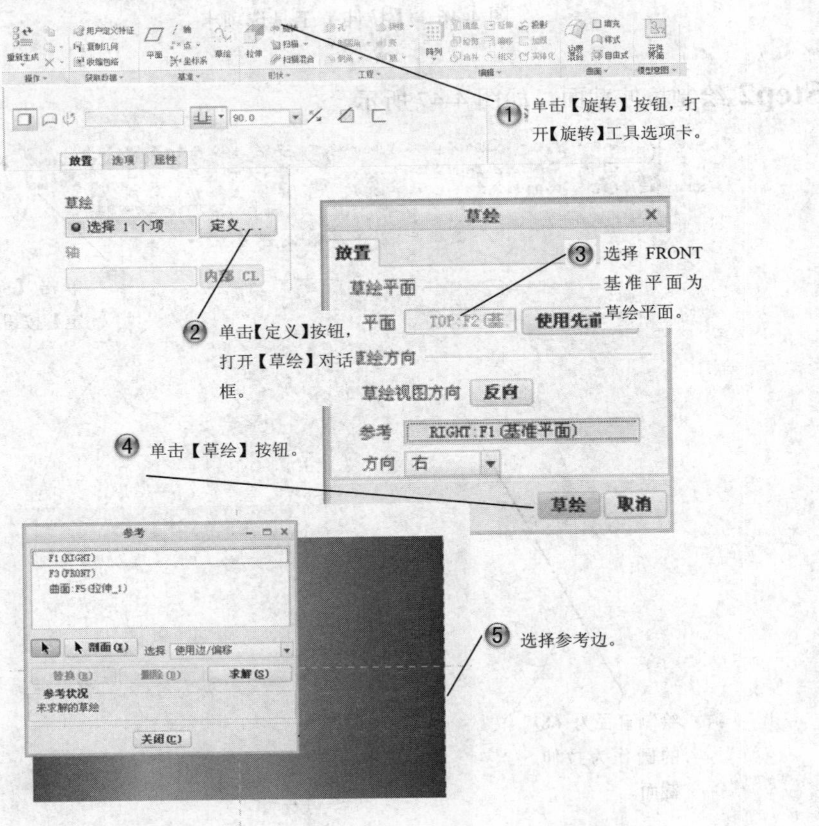

图 4-49　设置旋转工具选项和参考

Step5 绘制截面图形，如图 4-50 所示。

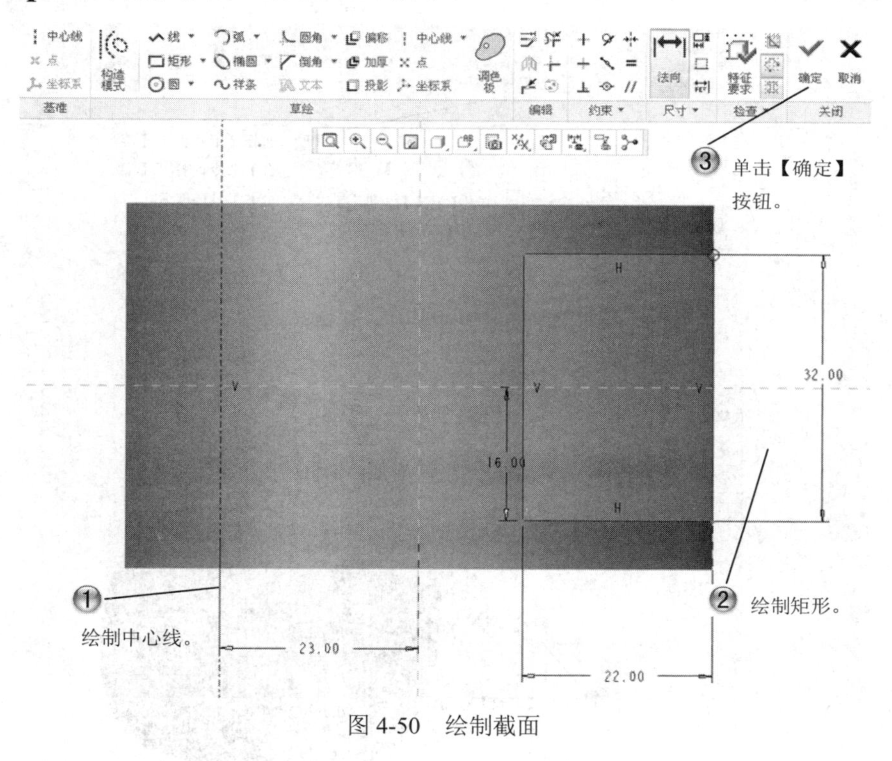

图 4-50　绘制截面

Step6 完成旋转特征的创建，如图 4-51 所示。

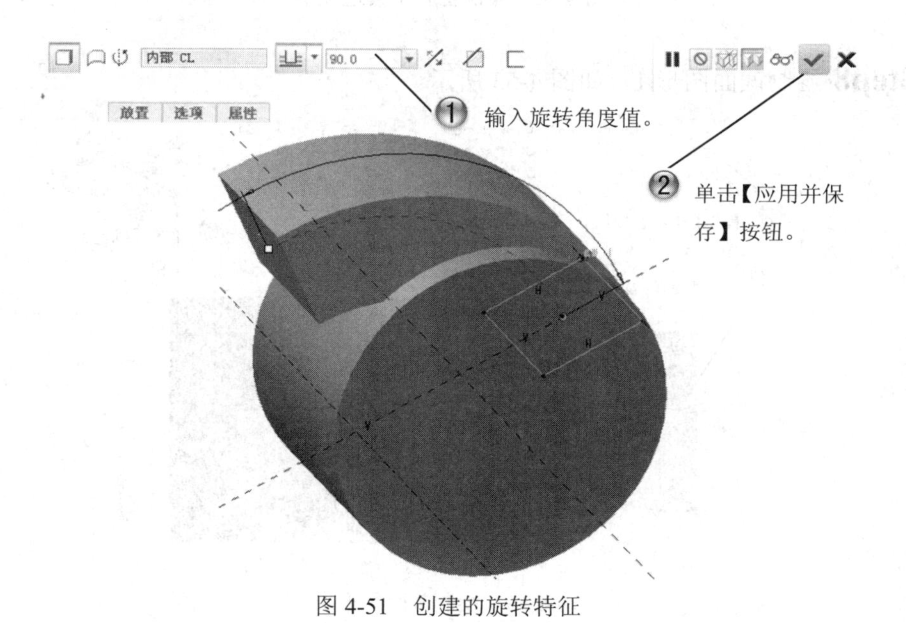

图 4-51　创建的旋转特征

Step7 创建混合特征，如图 4-52 所示。

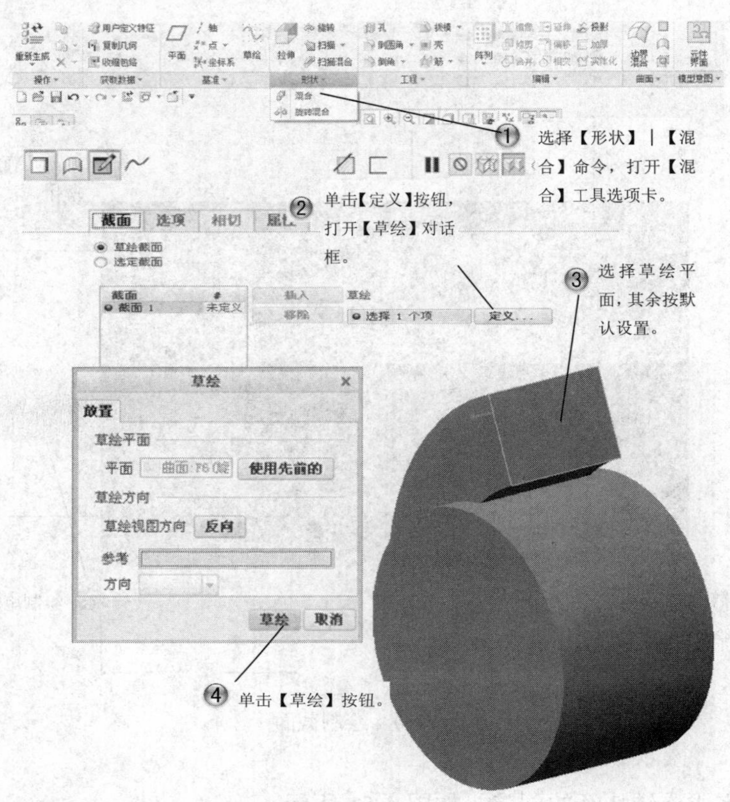

图 4-52 【混合】工具选项卡

Step8 绘制截面图形 1，如图 4-53 所示。

图 4-53 绘制截面图形 1

Step9 绘制截面 2，如图 4-54 所示。

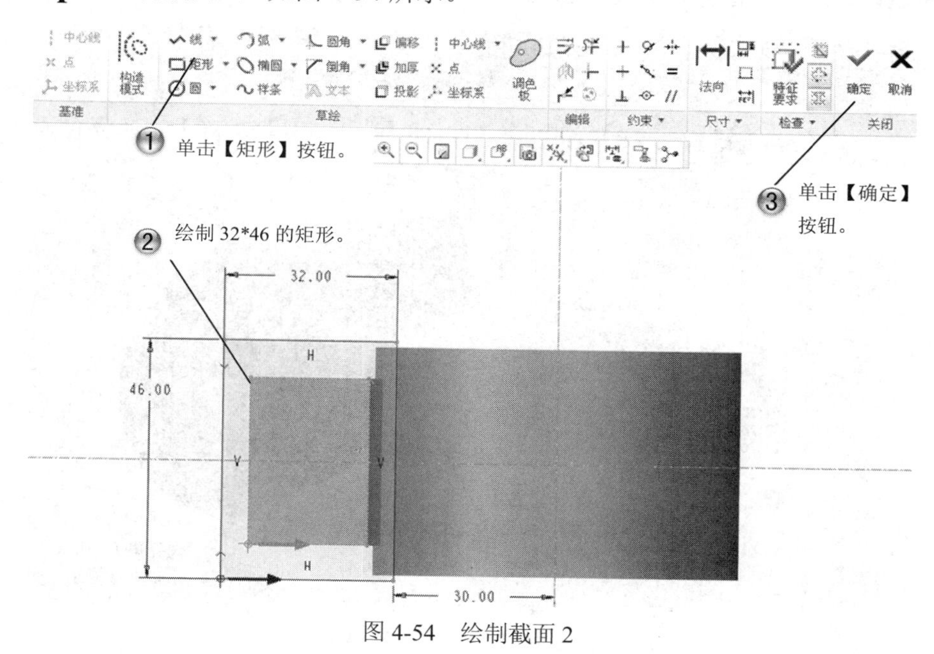

图 4-54 绘制截面 2

Step10 完成混合特征的创建，如图 4-55 所示。

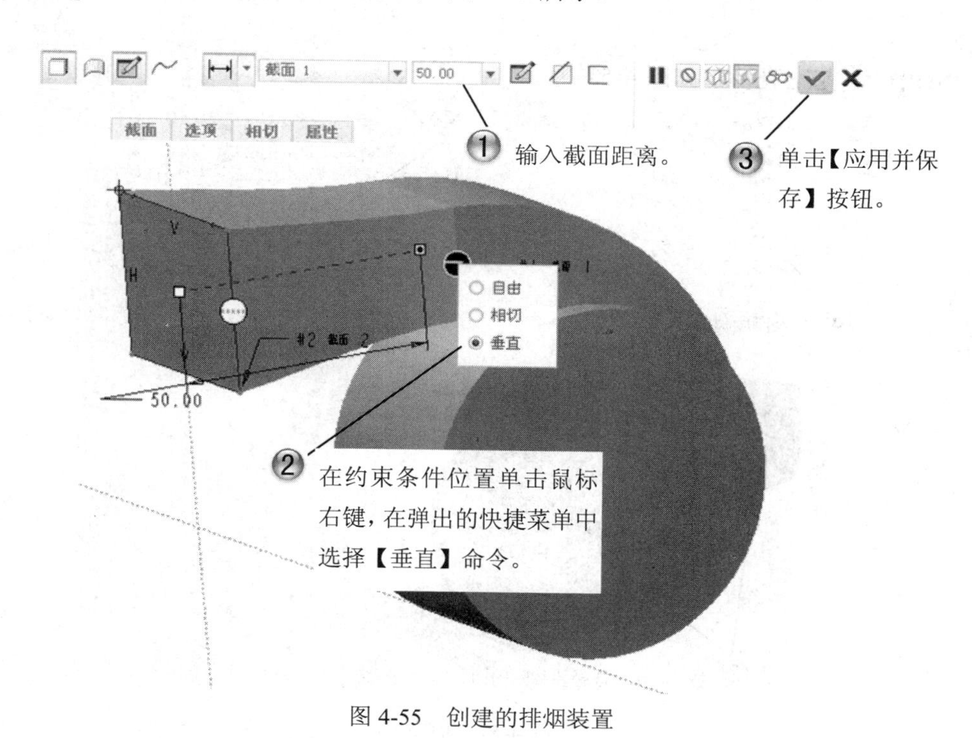

图 4-55 创建的排烟装置

Step11 进行倒圆角，如图 4-56 所示。

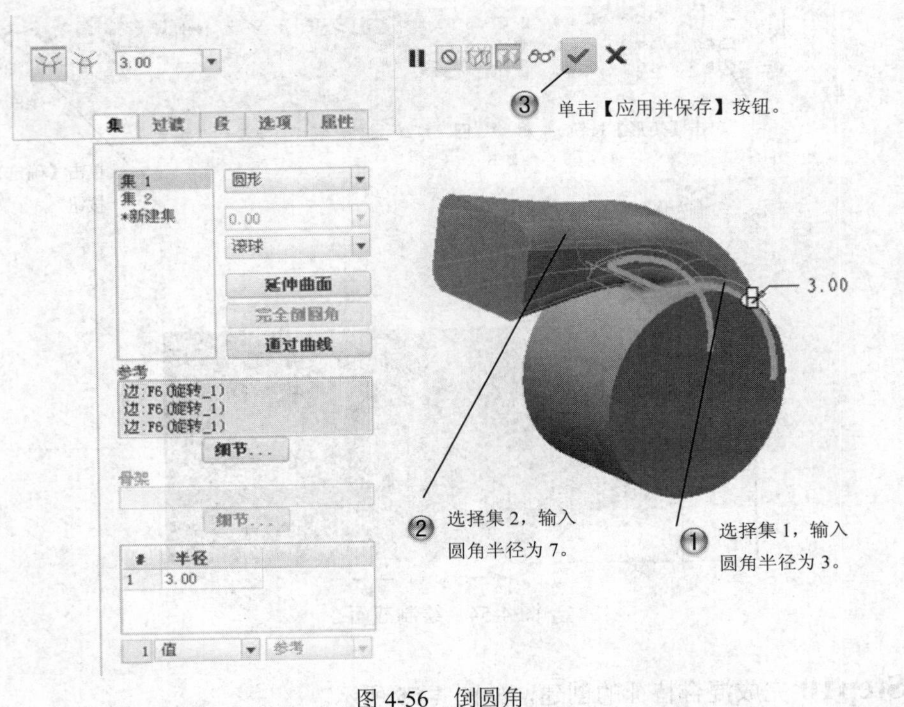

图 4-56 倒圆角

Step12 挖空壳体，如图 4-57 所示。

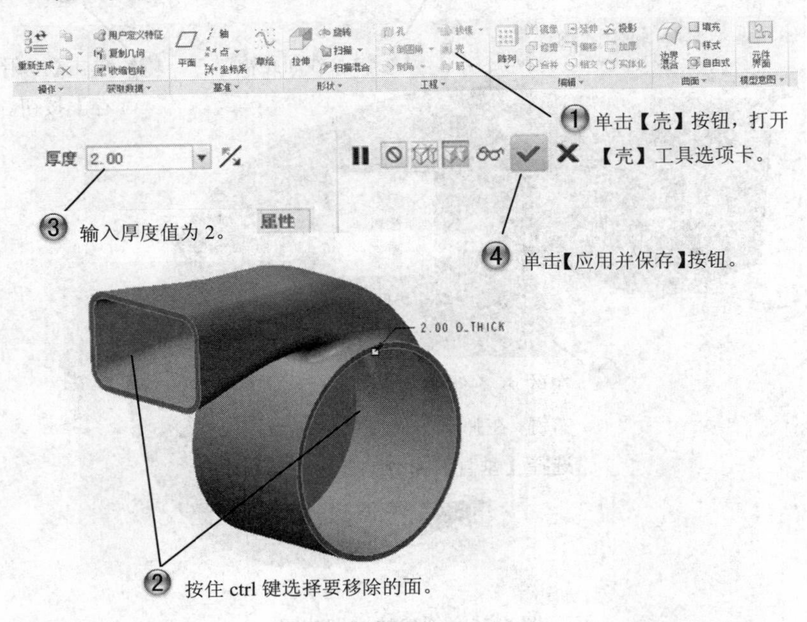

图 4-57 抽壳

Step13 创建孔，如图 4-58 所示。

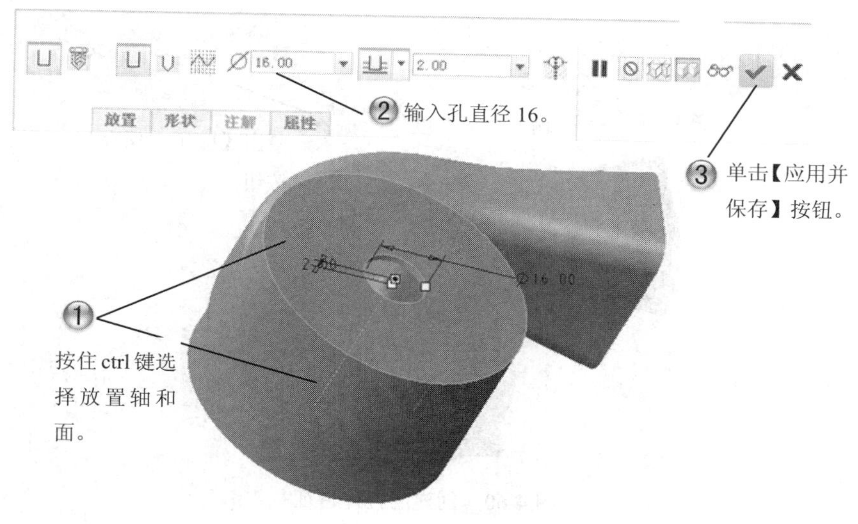

图 4-58 创建孔

Step14 使用拉伸创建法兰，如图 4-59 所示.

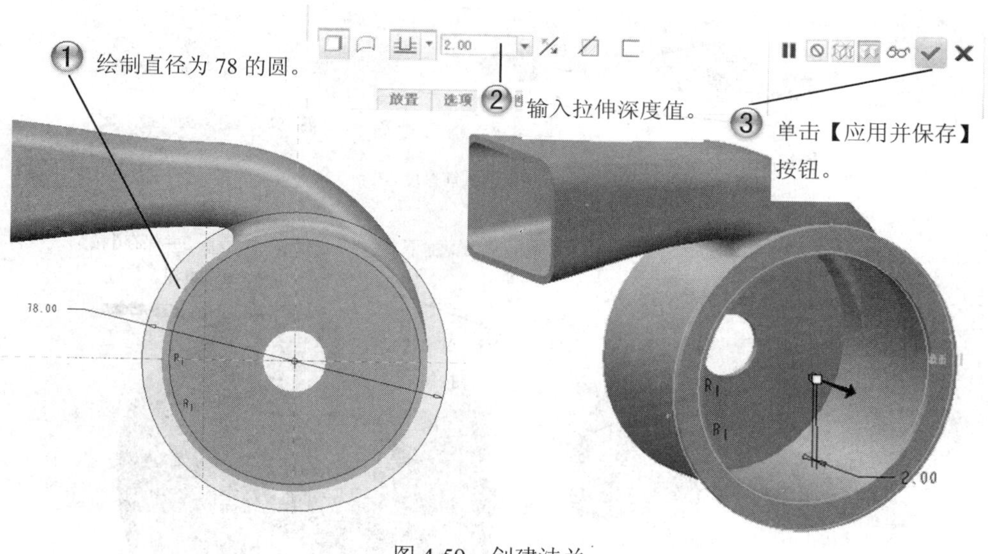

图 4-59 创建法兰

Step14 使用拉伸创建固定法兰基面，如图 4-60 所示。

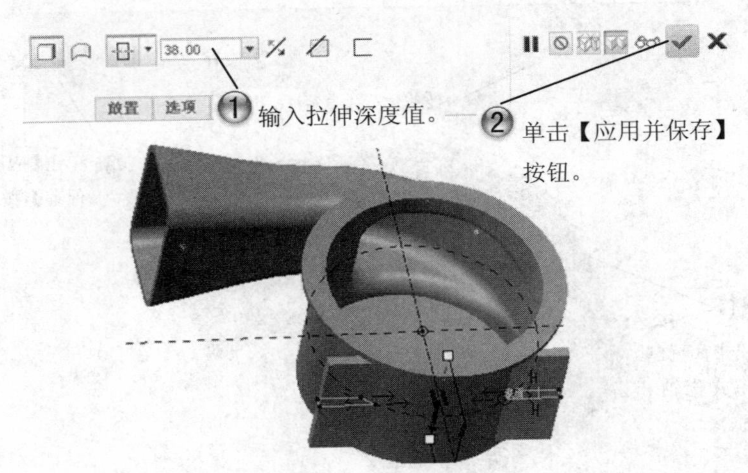

图 4-60　创建的拉伸特征

Step15 创建筋特征，如图 4-61 所示。用同样方法创建剩余 3 个筋特征，完成后的叶轮壳效果如图 4-62 所示。

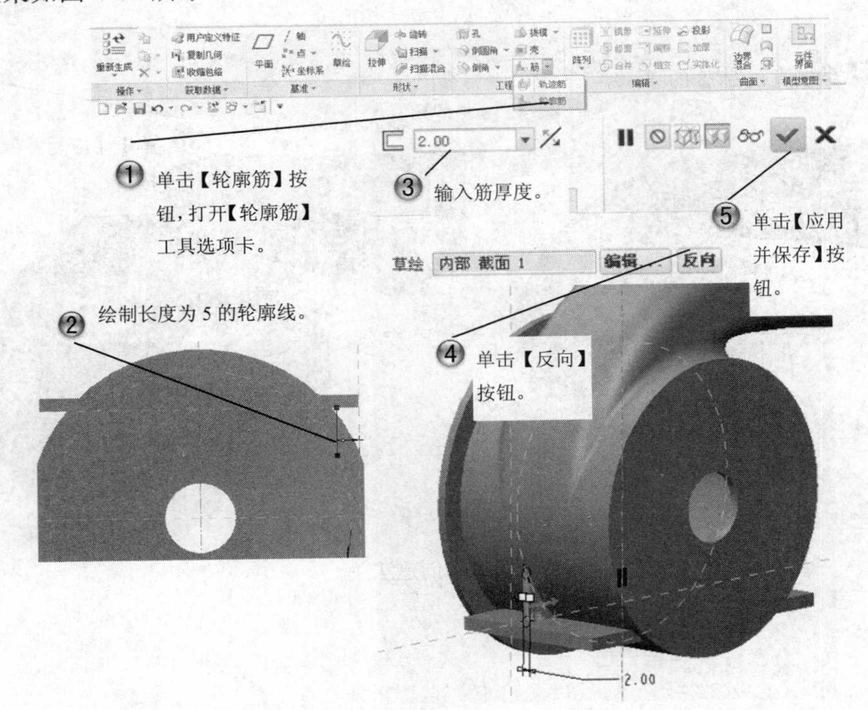

图 4-61　【轮廓筋】工具选项卡

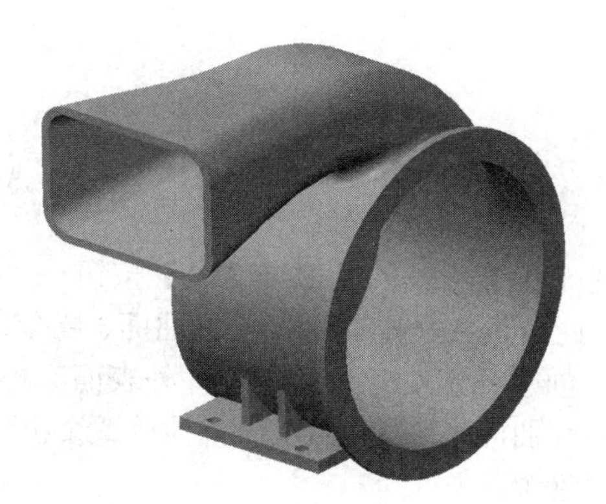

图 4-62 叶轮壳

4.5 螺纹特征

基本概念

同其他实体造型特征一样，螺纹特征是实体造型特征的一种，更确切地说，螺纹特征的创建是螺旋扫描切口操作的具体应用，除此之外，Creo Parametric 提供了一种表示螺纹直径的修饰特征—修饰螺纹。由于螺旋扫描特征的基础操作在前面章节中已经介绍过，所以本节将重点介绍螺纹修饰的创建过程。

课堂讲解课时：2 课时

4.5.1 设计理论

创建螺纹修饰特征的操作步骤如下：

（1）单击【模型】选项卡【工程】组中的【修饰螺纹】按钮 修饰螺纹，打开【螺纹】工具选项卡，以进行螺纹特征的操作。

（2）依次选择螺纹修饰曲面、螺纹起始曲面、螺纹生成方向、螺纹深（长）度及主直径。

（3）单击【特征预览】按钮进行预览，无误后单击【应用并保存】按钮，完成螺纹特征的创建。

4.5.2 课堂讲解

1. 创建螺纹特征

单击【模型】选项卡【工程】组中的【修饰螺纹】按钮 修饰螺纹 ，打开【螺纹】工具选项卡，如图4-63所示。此时可依次定义螺纹修饰曲面、螺纹起始曲面、螺纹生成方向、螺纹深（长）度及主直径。创建外螺纹时，选择零件外表面为螺纹修饰曲面即可，内螺纹则选择零件内表面为螺纹修饰曲面。修饰螺纹又分为简单螺纹和标准螺纹，如图4-64所示为【螺纹】工具选项卡标准螺纹设置。

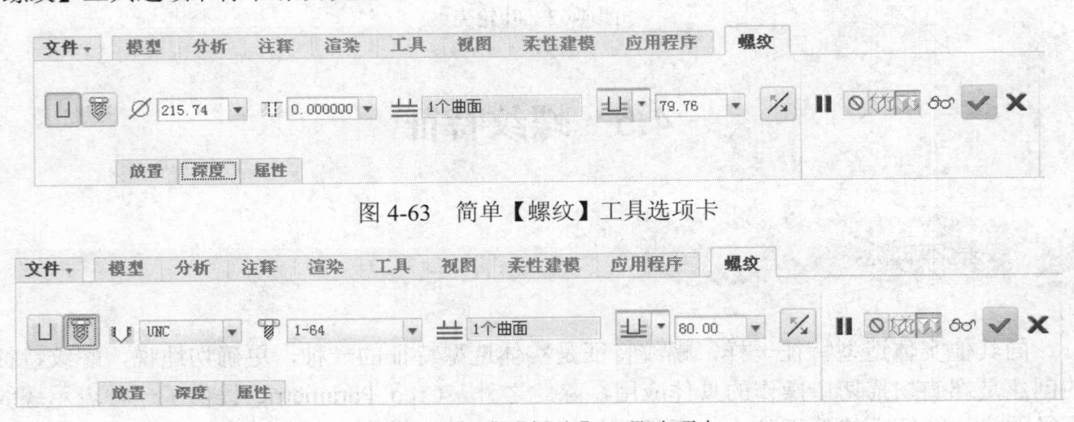

图4-63 简单【螺纹】工具选项卡

图4-64 标准【螺纹】工具选项卡

注意：不能从非平面曲面定义，使用螺纹深度参数（盲螺纹）的螺纹。如果螺纹内径等于放置曲面的直径，那么盲孔的外修饰螺纹将会失败。对于外螺纹，默认外螺纹小径值比轴的直径约小10%；对于内螺纹，默认内螺纹大径值比孔的直径约大10%。

名师点拨

2. 定义螺纹修饰曲面

【螺纹】工具选项卡中【放置】面板用于选择放置螺纹的曲面。

创建外螺纹时，选择零件外表面为螺纹修饰曲面即可，内螺纹则选择零件内表面为螺纹修饰曲面。

3. 定义螺纹深（长）度

【螺纹】工具选项卡中【深度】面板用于选择螺纹的起始面以及深度选项，如图4-65所示。

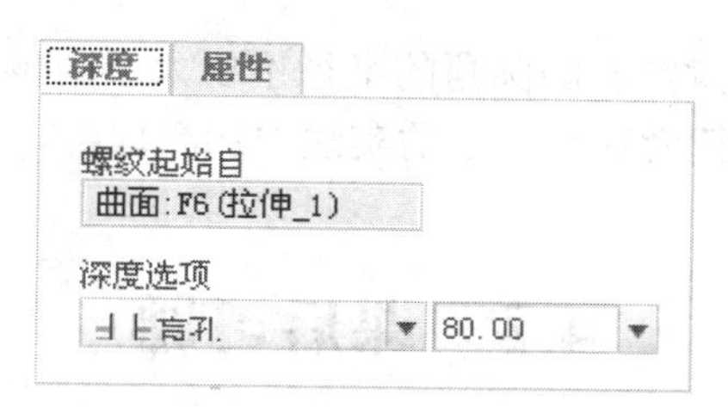

图 4-65 【深度】面板

4. 定义螺纹直径

当定义的螺纹直径不符合要求时，可以在显示窗口直接观察到。打开【属性】面板，系统弹出螺纹修饰的参数窗口，如图 4-66 所示。

属性
名称 修饰螺纹_1
参数

名称	值
MAJOR_DIAMETER	0.070000
THREADS_PER_INCH	64.000000
FORM	UNC
CLASS	2B
PLACEMENT	INTERNAL
METRIC	NO

打开...
保存...

图 4-66 【属性】面板

表 4-2 列出了可用于定义创建螺纹的参数，或后面要添加的螺纹。该表中的螺距是指两个螺纹之间的距离。

表 4-2 螺纹参数列表

参数名称	参数值	参数描述
MAJOR_DIAMETER	数量	螺纹外径
THREADS_PER_INCH	数量	每英寸的螺纹数（1/螺距）
FORM	字符串	螺纹形式
CLASS	数量	螺纹等级
PLACEMENT	字符	螺纹放置（A：外部，B：内部）
METRIC	TRUE/FALSE	螺纹为公制

4.6 专家总结

本章主要讲述了构造特征，包括创建倒角、圆角、孔、抽壳、筋和修饰螺纹特征的创建过程，读者需要注意创建这些特征时的关键问题。例如创建孔特征的关键是孔特征的定位问题；创建圆角特征要注意定义的圆角的半径不要大于圆角所在的边，否则会导致创建失败。当然，这些内容需要读者在进一步的实践中加深理解。

4.7 课后习题

4.7.1 填空题

（1）Creo Parametric 中的倒角特征分为________和________两种类型。

（2）标准孔是由系统创建的基于相关工业标准的孔，可带有________、________等不同的末端形状。

（3）在创建壳特征时，被移除的曲面与其他曲面相切时必须有相同的________，否则会导致薄壳特征创建失败。

4.7.2 问答题

（1）在进行倒角特征的建立过程中，需注意哪些问题？

（2）筋特征的分类有哪些？

4.7.3 上机操作题

使用本章学过的各种命令来创建一个活塞模型，如图 4-67 所示。

图 4-67　活塞模型

练习步骤和方法：

（1）通过拉伸创建主体。

（2）通过旋转创建密封槽。

（3）通过孔创建连接孔。

（4）通过拉伸创建底部槽。

第 5 章　特征操作和程序设计

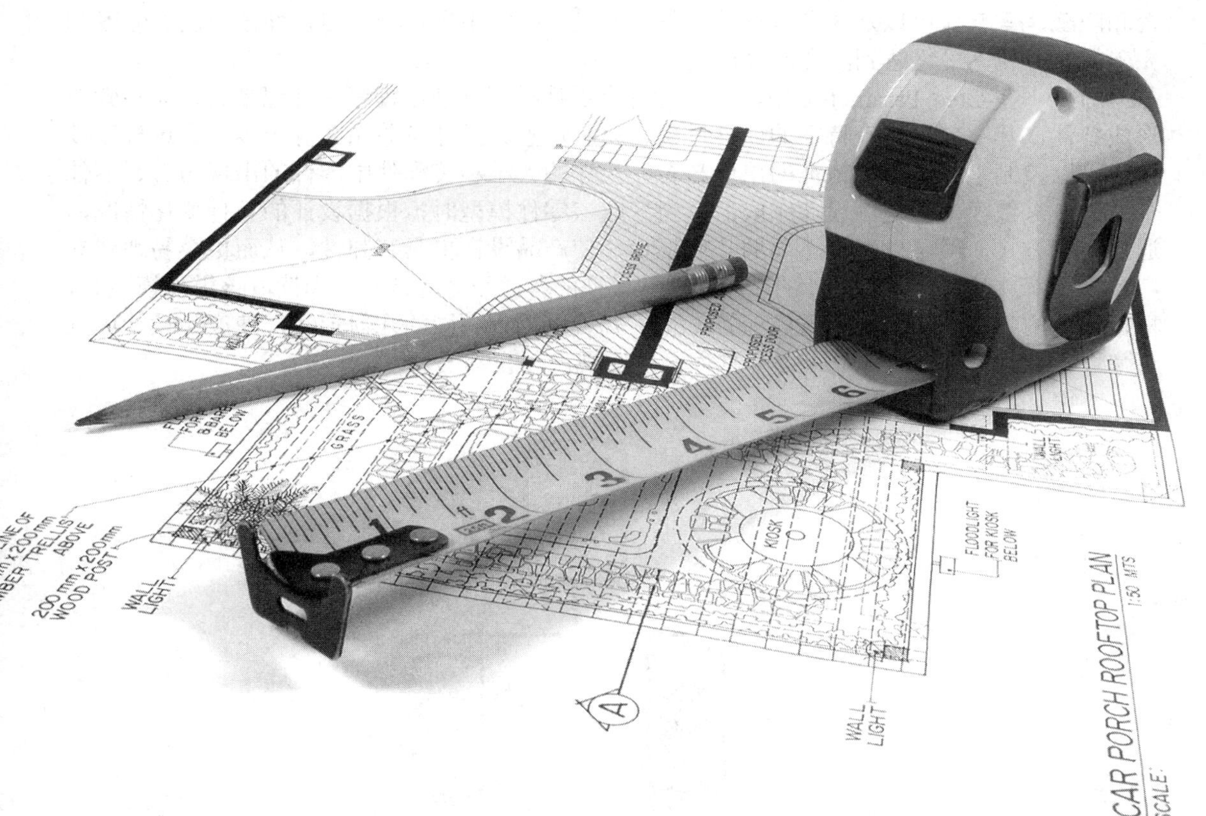

<table>
<tr><td rowspan="6">课训目标</td><td>内　容</td><td>掌握程度</td><td>课　时</td></tr>
<tr><td>特征复制和阵列</td><td>熟练掌握</td><td>2</td></tr>
<tr><td>修改和重定义特征</td><td>熟练掌握</td><td>1</td></tr>
<tr><td>特征之间父子关系</td><td>基本掌握</td><td>1</td></tr>
<tr><td>特征的删除、隐含、隐藏，重新排序和重定参考</td><td>熟练掌握</td><td>2</td></tr>
<tr><td>程序设计</td><td>熟练掌握</td><td>2</td></tr>
</table>

课程学习建议

本章重点介绍零件创建过程中的一些常用操作，如特征的复制与阵列操作、查看特征间的父子关系，以及后续处理中的一些常用操作，如对特征进行修改、重定义、删除、隐含和隐藏、重新排序以及参考特征等操作。通过这些常用操作的学习，使读者能够修改和完善特征，使其最终达到满意的设计效果。

另外，在 Creo Parametric 中，系统对每个零件模型都使用程序文件记录其建立步骤与形成条件，其中包括所有特征的建立过程、变量设置、尺寸及关系式等内容。通过程序设计就可以控制零件模型中特征的出现与否、尺寸的大小和装配件中零件的出现与否、零件个数等。零件模型的程序设计完成后，当读取该零件模型时，根据设计的各种变化情况，通过问答方式，就可以得到不同的几何形状，使产品设计更具有弹性，从而更容易地建立产品零件库，以实现产品设计的要求。零件模型的程序设计完成后，当读取该零件模型时，根据设计的各种变化情况，通过问答方式，就可以得到不同的几何形状，使产品设计更具有弹性，从而更容易地建立产品零件库，以实现产品设计的要求。

本课程培训课程表如下。

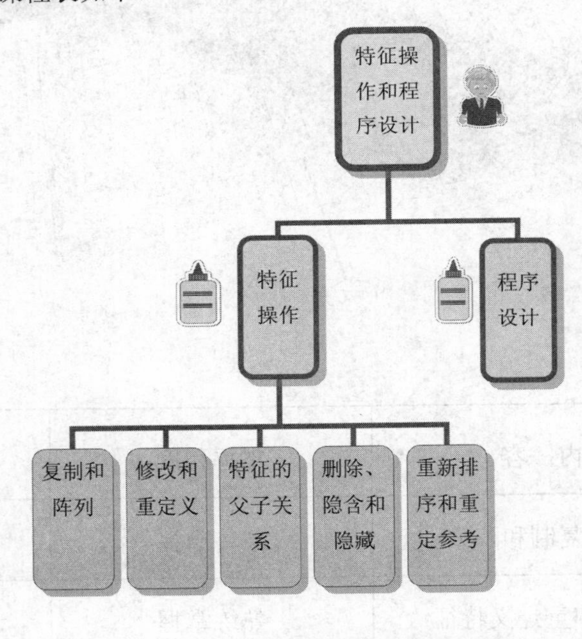

5.1 特征复制和阵列

特征复制操作是将零件模型中单个特征、数个特征或组特征，通过复制操作产生与原

特征相同或相近的特征，并将其放置到当前零件的指定位置上的一种特征操作方法。

特征阵列是将指定特征创建为一定数量的、按某种规则有序排列的、与原特征形状相同或相近的组结构的特征操作方法。

课堂讲解课时：2课时

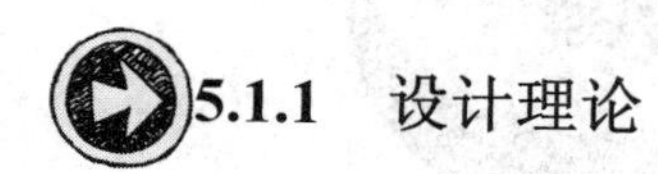

5.1.1 设计理论

在特征复制操作中，被复制的特征可以从当前模型中选取，也可以从其他模型文件中选取，经复制生成的特征的外型、尺寸、参考等定义元素可以与原特征相同，也可以不同，由复制操作的具体方式决定。

在特征建模中，有时需要在零件模型上构造大量重复性特征，而这些特征在模型上的特定位置按某种规则有序地排列，此时阵列方法是最佳的选择。相对特征复制而言，特征阵列更高效、更快速。

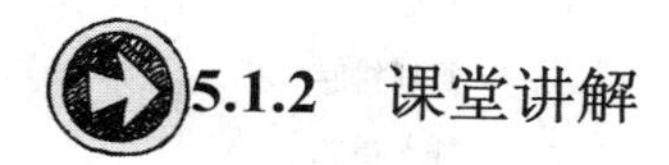

5.1.2 课堂讲解

1．镜像复制

在特征复制操作中，被复制的特征可以从当前模型中选取，也可以从其他模型文件中选取，经复制生成的特征的外型、尺寸、参考等定义元素可以与原特征相同，也可以不同，由复制操作的具体方式决定。

在特征复制的众多方法中，镜像是最简单的操作方法。单击【模型】选项卡【编辑】组中的【镜像】按钮 镜像，打开【镜像】工具选项卡，如图5-1所示。选取要复制的对象（原特征）后，指定【镜像平面】，之后单击【应用并保存】按钮，即可实现特征的镜像复制，如图5-2所示。

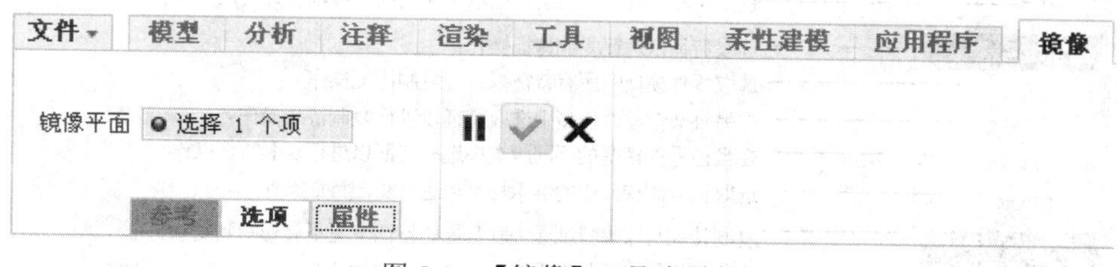

图5-1 【镜像】工具选项卡

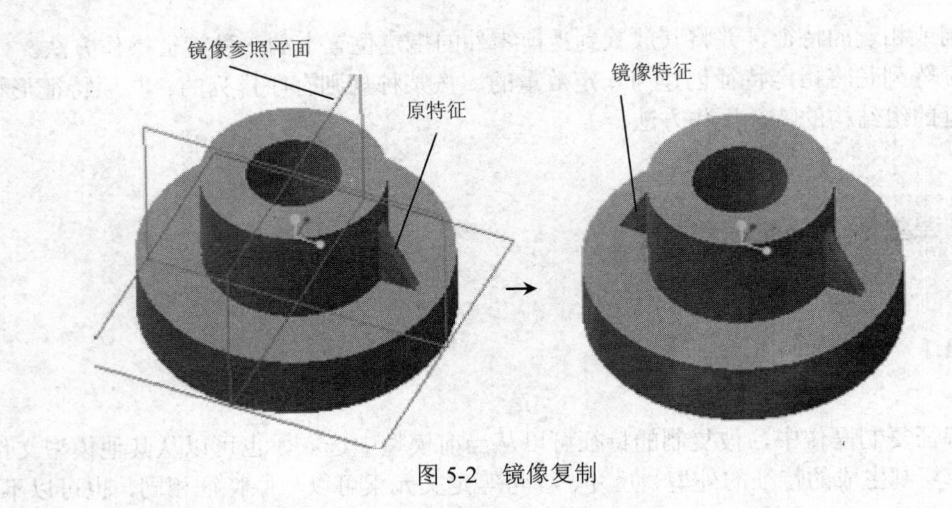

图 5-2　镜像复制

2. 特征复制

除镜像的特征复制方式以外，系统还提供了其他几种复制方式，下面对特征复制的其他方式及建立过程进行详细的介绍。

（1）单击【模型】选项卡【操作】组中，选择【操作】|【特征操作】命令。

（2）系统弹出【特征】菜单管理器，选择【复制】选项，如图 5-3 所示。

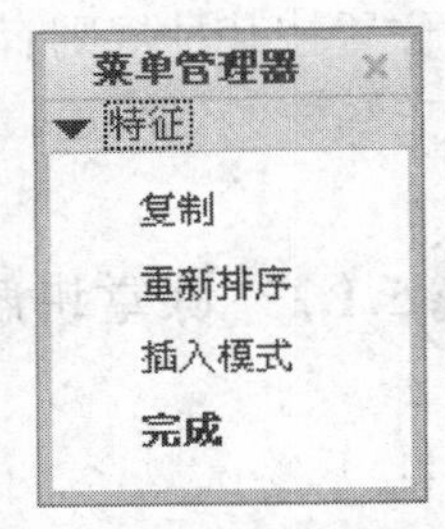

图 5-3　【特征】菜单管理器

（3）在弹出的【复制特征】菜单管理器中选择放置方式，各选项意义如图 5-4 所示。最后选择【完成】命令。

菜单管理器
特征
复制
复制特征

新参考——复制时可以修改特征的放置面、位置参照面及几何尺寸等
相同参考——复制时只能修改特征的几何尺寸与位置尺寸，不能修改参照和放置面
镜像——复制时不能修改特征的几何尺寸，只是选取的特征相对参照平面镜像
移动——包括平移和旋转，由用户选取平移线或旋转轴，几何尺寸可修改
选择——选取特征以进行复制特征操作
所有特征——选取零件模型中所有特征以进行复制特征操作
不同模型——在另外一个零件模型中选取特征以进行复制特征操作
不同版本——在当前零件模型的不同版本中选取特征以进行复制特征操作
自继承——选取被复制特征中的继承特征以进行复制特征操作
独立——复制特征与原始特征无关联，原始特征变更不会影响到复制特征
从属——复制产生的特征从属于原始特征，原始特征变更时复制特征也变化

完成
退出

图 5-4　【复制特征】菜单管理器

特征放置方式包括【新参考】、【相同参考】、【镜像】和【移动】。

特征选择方式包括【选择】、【所有特征】、【不同模型】、【不同版本】和【自继承】。

特征关联方式包括【独立】和【从属】两种。

无论用户选择何种放置方式，系统均会弹出【选择特征】菜单管理器，提示用户选取被复制的原特征，如图 5-5 所示。

● 若用户选择【新参考】放置方式，选取了被复制的原特征后，系统弹出【组元素】对话框及【组可变尺寸】菜单管理器。如图 5-6 和 6-7 所示。

首先选择【组可变尺寸】中的元素，再选择【完成】命令后，系统提示用户键入新的尺寸值，完成可变尺寸的定义。

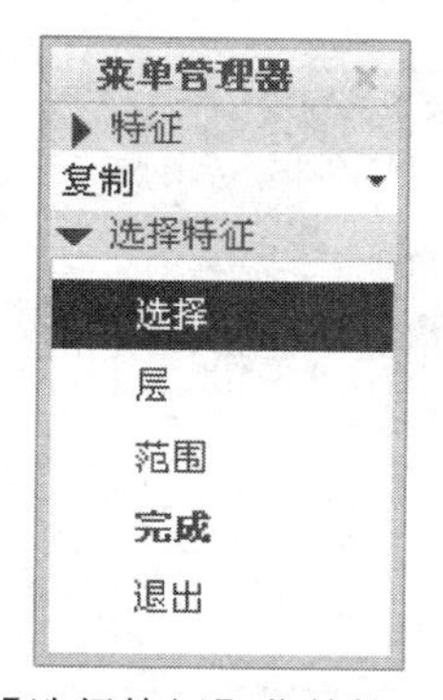

图 5-5 【选择特征】菜单管理器

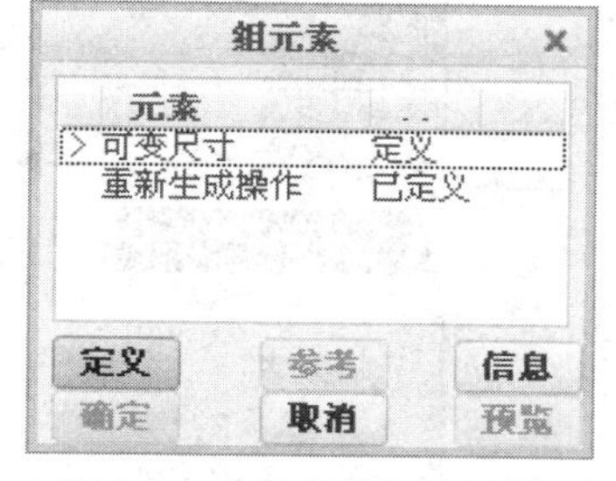

图 5-6 【组元素】对话框

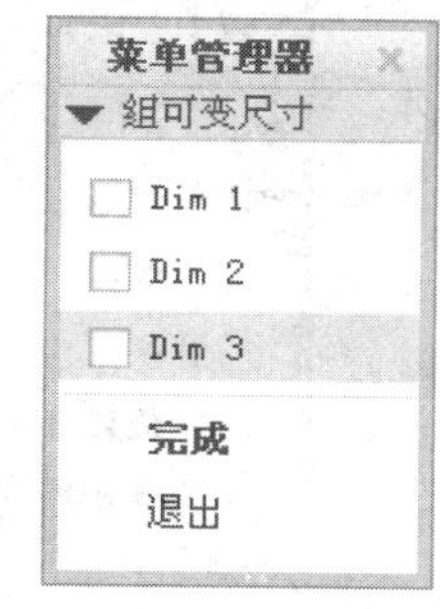

图 5-7 【组可变尺寸】菜单管理器

然后选择复制特征的新参考，系统弹出【参考】菜单管理器，如图 5-8 所示，标明了各选项的作用。全部定义完成后，生成新复制特征。

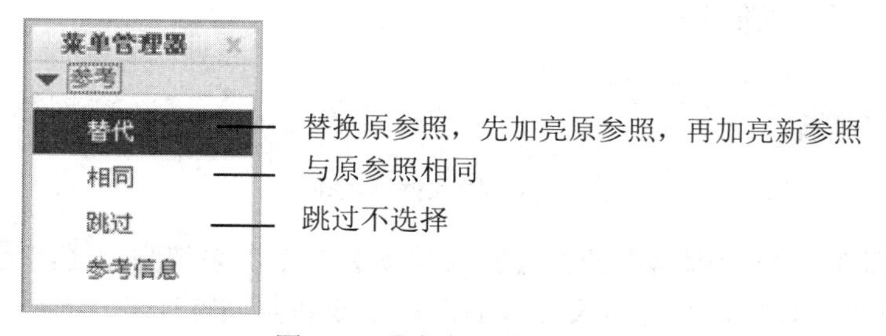

图 5-8 【参考】菜单管理器

● 若用户选择【相同参考】放置方式，选取了被复制的原特征后，系统同样弹出【组元素】对话框与【组可变尺寸】菜单管理器。只需修改组可变尺寸中的元素即可实现特征复制，因为被复制特征与原特征参考相同（包括生成面及位置参考面）。尺寸定义完成后即生成新复制特征。

● 若用户选择【镜像】放置方式，选取了被复制的原特征后，系统弹出【设置平面】菜单管理器，如图 5-9 所示。选择参考平面后，生成复制特征。

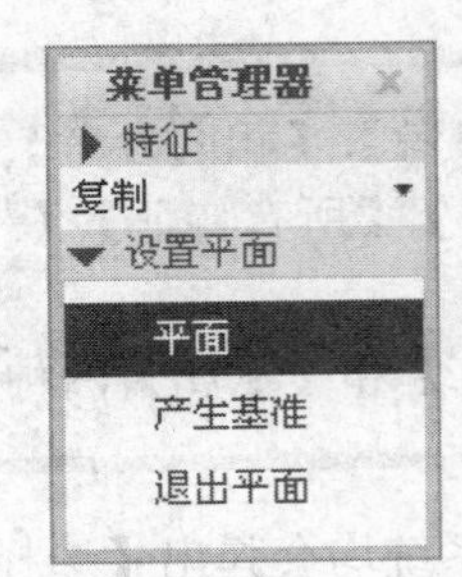

图 5-9 【设置平面】菜单管理器

● 若用户选择【移动】放置方式，选取了被复制的原特征后，系统弹出【移动特征】菜单管理器，包括【平移】和【旋转】两种方式，这两种方式下，用户需为复制特征指定平移（或旋转）的参考平面、曲线/边轴/或坐标系，并指定平移（或旋转）的相对方向，如图 5-10 所示。

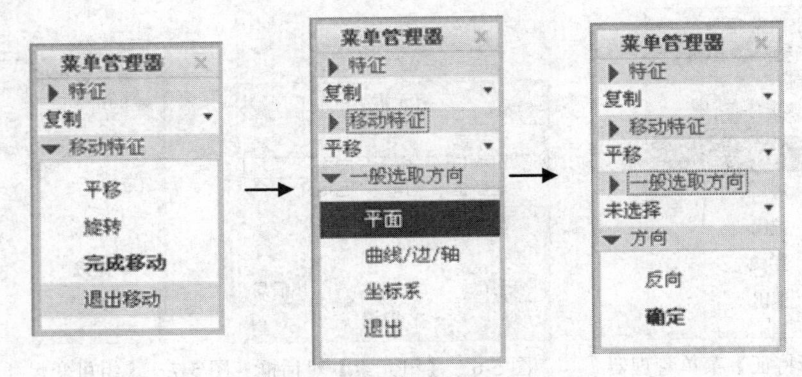

图 5-10 移动放置方式操作

方向定义完成后，系统提示用户【输入偏移距离】（或旋转角度），如图 5-11 所示，输入偏移距离，单击【接受值】按钮。

图 5-11 输入偏移距离

在【移动特征】菜单管理器中选择【完成移动】命令，系统弹出【组元素】对话框与【组可变尺寸】菜单管理器，尺寸定义完成后即可生成新复制特征。

3. 阵列特征

（1）打开阵列特征选项卡的方法如下。

方式 1：首先在零件上选取要阵列的对象即原特征。单击【模型】选项卡【编辑】组中的【阵列】按钮。

方式 2：选中模型树中的特征，单击鼠标右键弹出快捷菜单，选择其中的【阵列】命令，如图 5-12 所示。或者选中特征，在零件的原特征处按住鼠标右键不放，在弹出的快捷菜单中选择【阵列】命令，如图 5-13 所示。

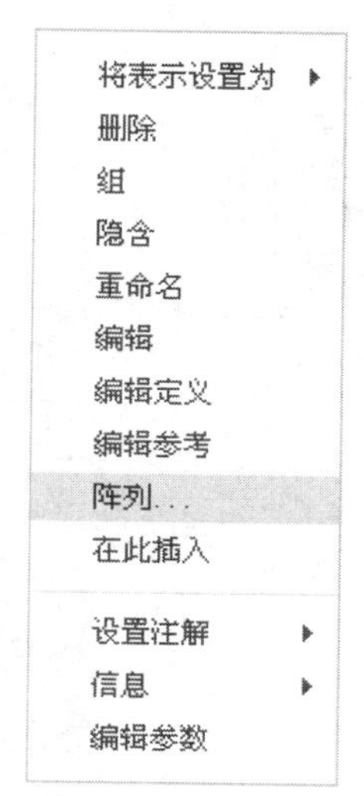

图 5-12　通过模型树特征快捷菜单选择命令

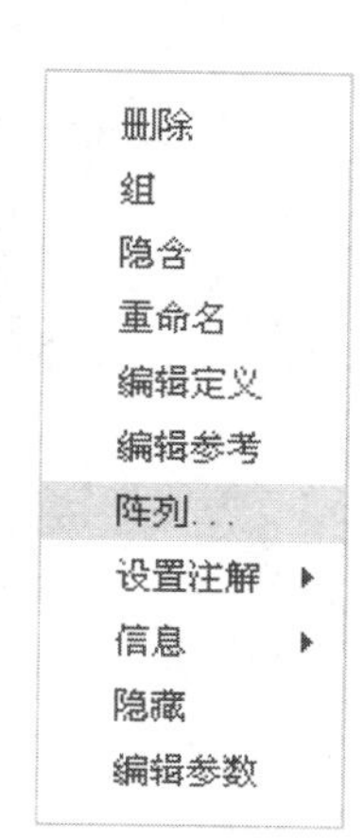

图 5-13　通过零件特征选择【阵列】命令

通过上述方式均可打开【阵列】工具选项卡。系统默认的阵列方式为【尺寸】，如图 5-14 所示。

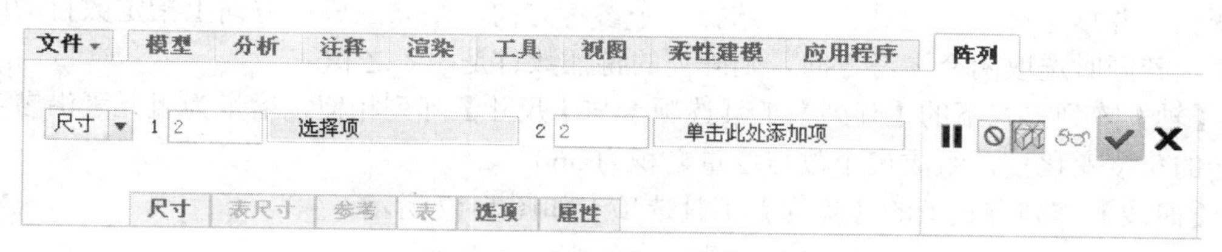

图 5-14　【阵列】工具选项卡

阵列方式下拉列表框中的几种阵列方式，如图 5-15 所示。

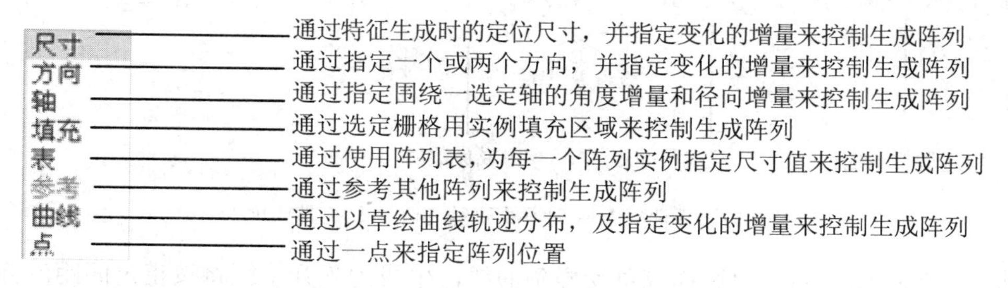

图 5-15　阵列方式下拉列表框

（2）选择阵列方式

选择不同的阵列方式，【阵列】工具选项卡包含的内容也有所不同，下面对选项卡中的内容加以说明。

【尺寸】阵列方式下的【尺寸】面板如图 5-16 所示。

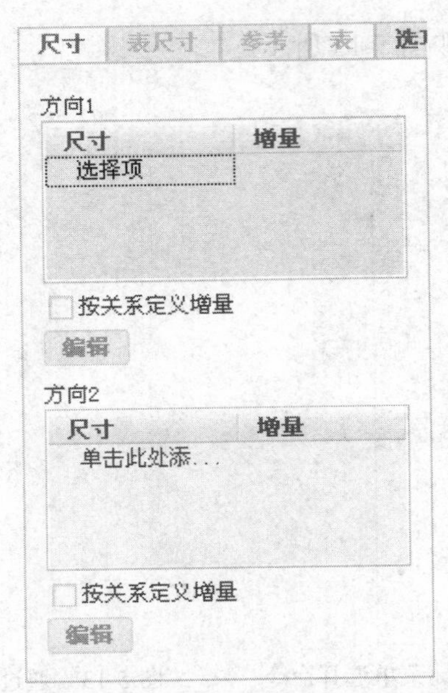

图 5-16　【尺寸】阵列方式下的【尺寸】面板

在尺寸阵列方式中，可以选取两个参考方向，在各自的选择栏中定义参考方向的选择及变更，并指定增量变化量。若只选择一个参考方向，则只生成该方向上指定数目的阵列特征，若同时选取两个参考方向，则阵列的特征数目是两者之积。

【轴】阵列方式下的【阵列】工具选项卡与【尺寸】阵列相似，增量为组元素沿参考轴旋转的角度变化量，组成员个数与增量之积为 360°。

【曲线】阵列方式下的【阵列】工具选项卡如图 5-17 所示。

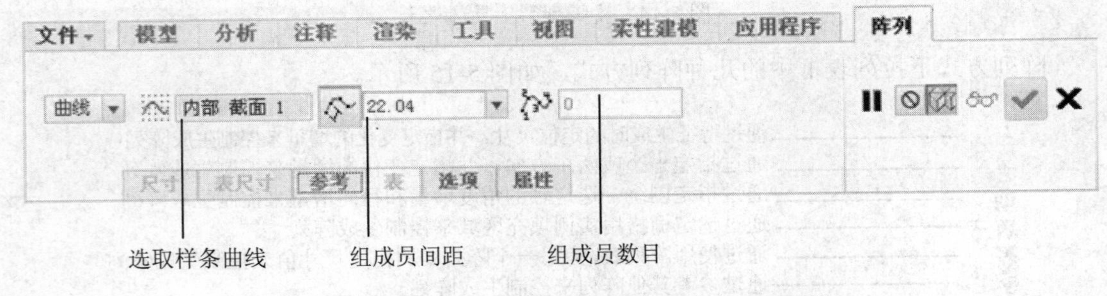

图 5-17　【曲线】阵列方式下的【阵列】工具选项卡

曲线阵列的创建由用户选择或草绘样条曲线，生成的阵列特征将按指定间距沿样条曲线的形状排列。

（3）选择阵列再生方式

若单击打开【阵列】工具选项卡中的【选项】面板，弹出图 5-18 所示的阵列再生选项设置。

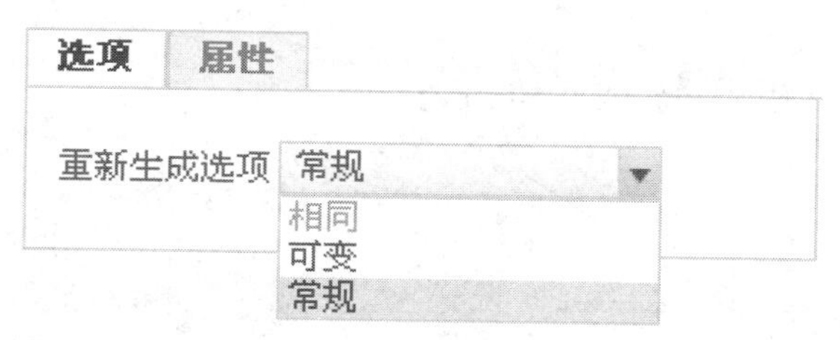

图 5-18　选择阵列再生方式

这几个选项的意义如下。

- 【相同】：阵列后的特征与原始特征完全相同，每个产生的特征与原始特征在同一平面上，且彼此之间互不干涉。
- 【可变】：阵列后的特征与原始特征可以不同，其外形、尺寸和放置平面可以改变，但彼此之间互不干涉，否则提示出错。
- 【常规】：阵列后的特征与原始特征可以不同，其外形、尺寸和放置平面可以改变，彼此之间允许存在干涉。

预览生成阵列的效果，确定无误后单击【应用并保存】按钮 。

5.1.3　课堂练习——创建带轮

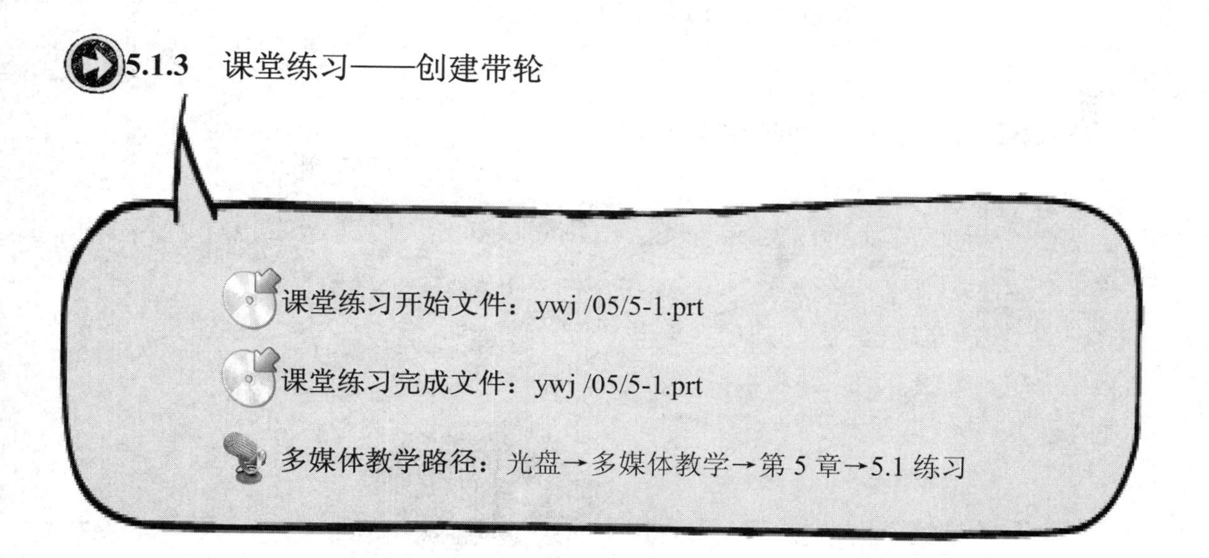

Step1 创建旋转特征，如图 5-19 所示。

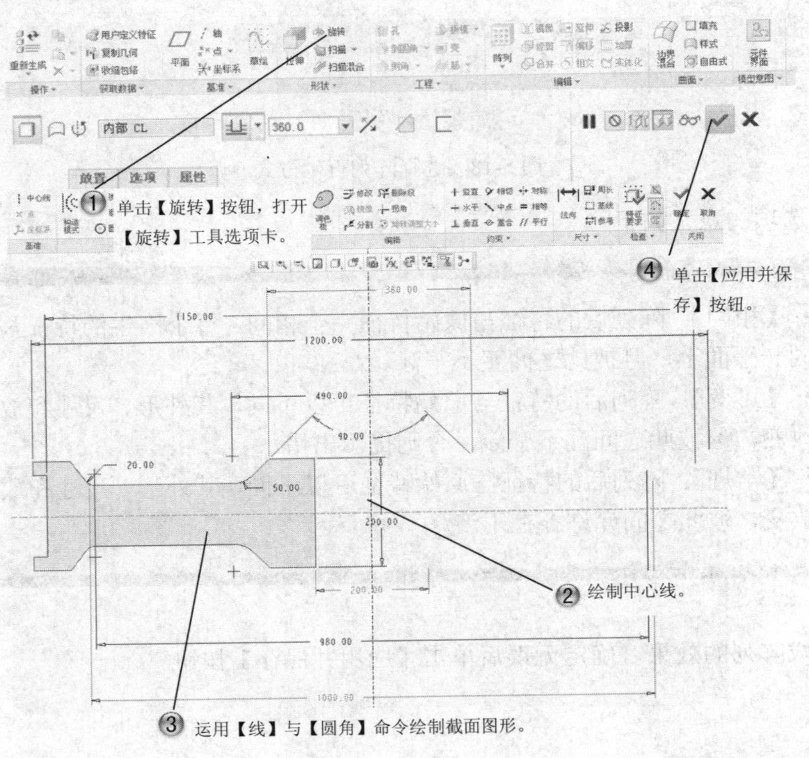

图 5-19　绘制旋转截面

Step2 创建孔特征，如图 5-20 所示。

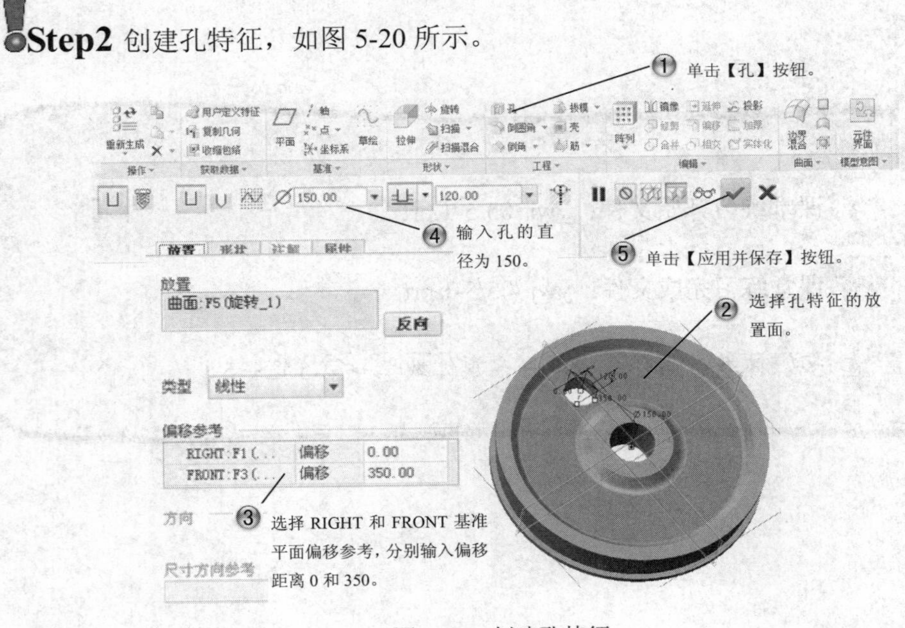

图 5-20　创建孔特征

Step3 进行阵列，如图 5-21 所示。至此，完成带轮的创建，如图 5-22 所示。

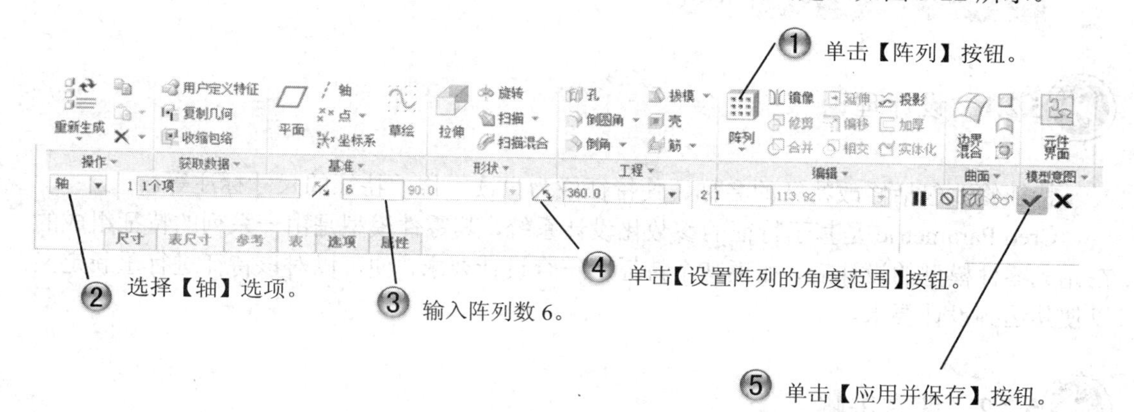

图 5-21　阵列

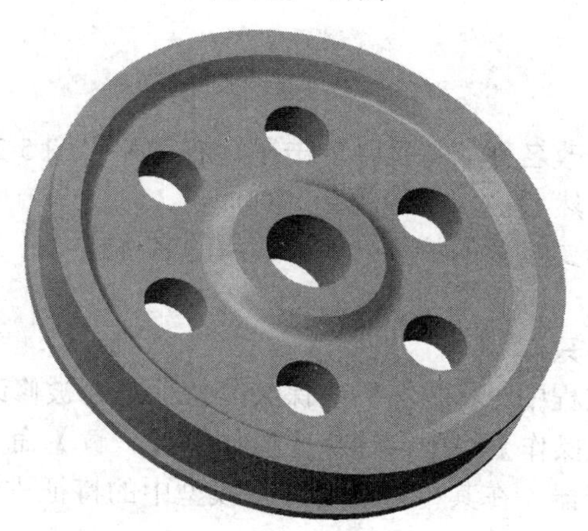

图 5-22　带轮完成图

5.2　修改和重定义特征

对于在 Creo Parametric 中创建的零件模型，不但可以修改特征的参数值，还可以对特征进行其他方面的修改。

特征重定义是指重新定义特征的创建方式，包括特征的几何数据、绘图平面、参考平面和二维截面等。

课堂讲解课时：1 课时

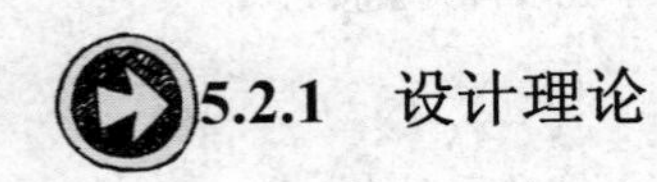

5.2.1 设计理论

特征修改包括修改特征的名称、使特征成为只读、修改特征的尺寸标注等。

Creo Parametric 是基于特征的参数化设计系统，其零件模型是由一系列的特征组成的。在完成零件模型的设计后，如果某个特征不符合设计要求，便可以对该特征进行重新定义，以使其达到设计要求。

5.2.2 课堂讲解

1. 特征的修改

（1）修改特征名称

在模型树中选取要修改名称的特征，单击鼠标右键弹出图 5-23 所示的快捷菜单，选择其中的【重命名】命令，然后输入特征的新名称即可。

或者在模型树中选择要修改的特征，单击其后的名称栏，输入新名称即可。

（2）修改特征属性为只读

在零件模型构建的过程中，有时需要确保某些特征不会被修改，可以将其设置为只读。

在【模型】选项卡【操作】组中，选择【操作】|【只读】命令，可以打开图 5-24 所示的【只读特征】菜单管理器，在其中可以对零件模型中的特征进行只读设置。

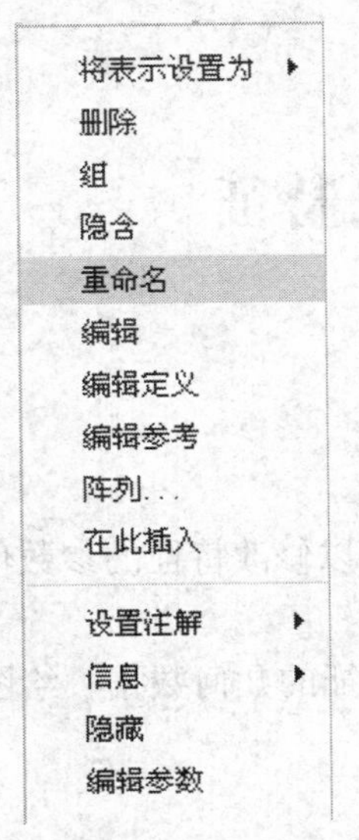

图 5-23　选择【重命名】命令

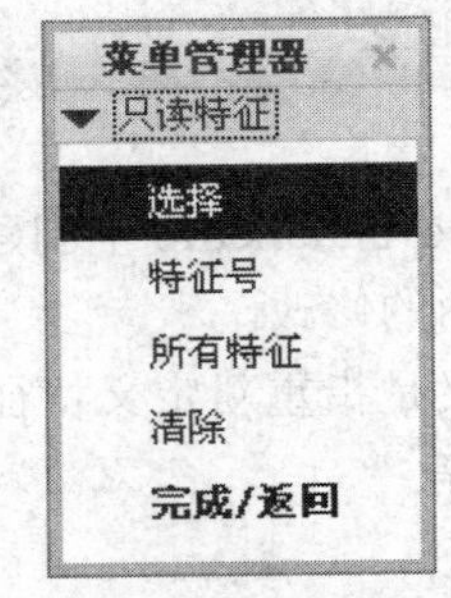

图 5-24　【只读特征】菜单管理器

选择【选择】选项，在模型树或绘图区选取要被设置为只读的特征，选择【完成/返回】命令后退出。

若要取消被设置为只读的特征，只需在打开【只读特征】菜单管理器后选择【清除】选项，再选择要取消只读的特征即可。

【特征号】选项的作用是输入一个特征外部标识符，使得它和所有先前生成的特征成为只读。

（3）修改特征尺寸

在参数化零件模型设计中，修改特征的尺寸是常用的手段之一。

可以通过两种方式来修改特征的尺寸，一是通过模型树中特征的右键快捷菜单进行修改，另一种是在绘图显示窗口中直接修改。

在模型树或绘图显示窗口选中需要修改尺寸的特征，单击鼠标右键，在弹出的快捷菜单中选择【编辑】命令，如图 5-25 所示。

此时绘图显示窗口将显示所选特征的所有尺寸参数，双击要修改的尺寸，然后输入新的尺寸值，即可改变特征尺寸。如图 5-26 所示。

如果选中尺寸，右键单击尺寸，在快捷菜单中选择【属性】命令，如图 5-27 所示，系统弹出如图 5-28 所示的【尺寸属性】对话框，在其中可改变尺寸属性、尺寸文本或尺寸文本样式等。

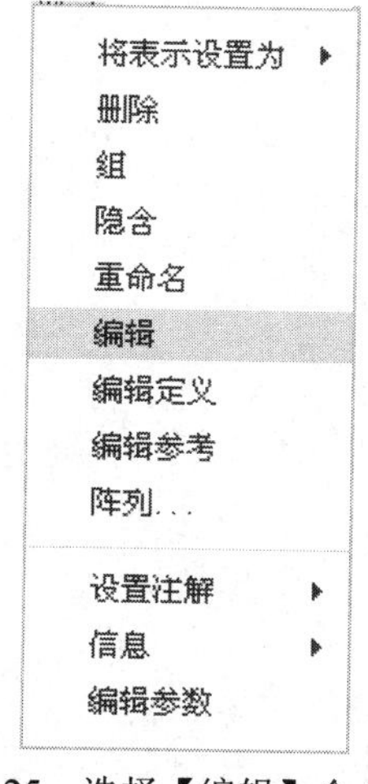

图 5-25　选择【编辑】命令

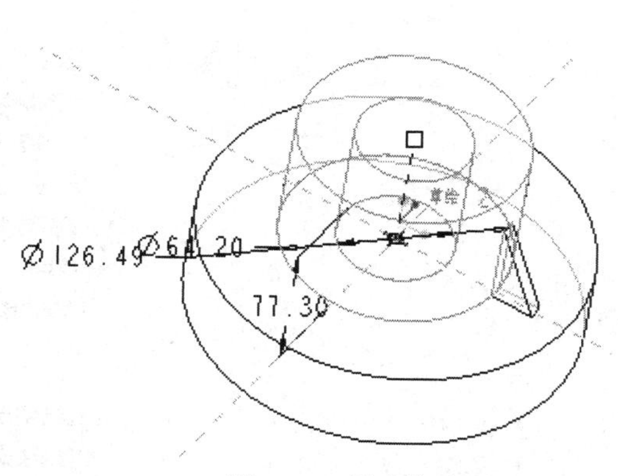

图 5-26　尺寸修改

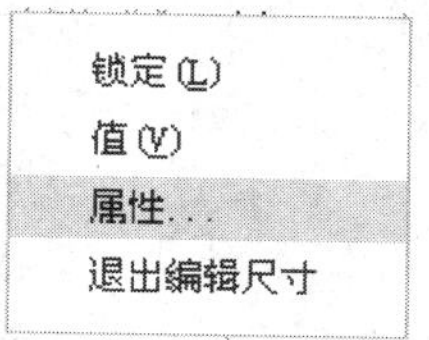

图 5-27　尺寸快捷菜单

图 5-28　【尺寸属性】对话框

2. 重定义特征

(1) 在模型树中选中要重新定义的特征，单击鼠标右键，在弹出的快捷菜单中选择【编辑定义】命令，如图 5-29 所示。系统会打开特征生成时的选项卡或定义对话框，在其中可选择相应的选项进行重定义操作。

或者在绘图显示窗口中选择要重定义的特征后，按住鼠标右键两秒，在弹出的快捷菜单中选择【编辑定义】命令，如图 5-30 所示。

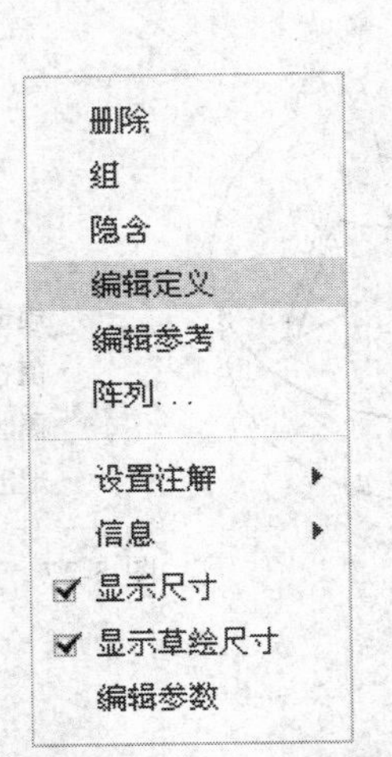

图 5-19　模型树【编辑定义】命令

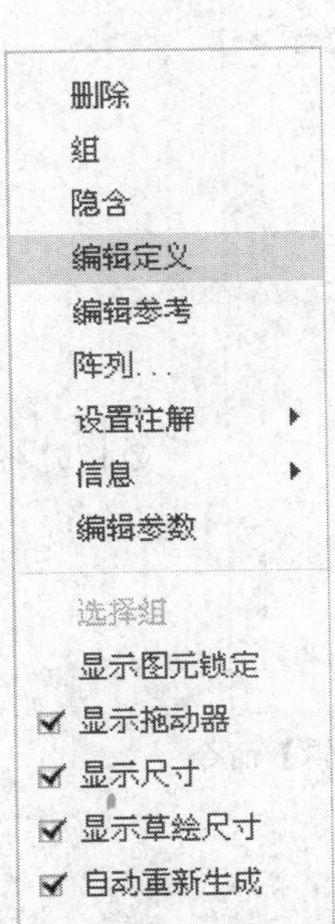

图 5-30　显示窗口【编辑定义】命令

（2）在绘图区中选择要重定义的特征后，在【模型】选项卡【操作】组中，选择【操作】|【编辑定义】命令，也可以进行重新定义特征的操作。

一般情况下，选择【编辑定义】命令后，系统进入生成实体特征前的最后定义界面，如实体特征的深度定义、生成方向等。若用户希望进行更深一步的重定义，如重定义草绘视图，则用户可在选择【编辑定义】命令后，在实体特征处按住鼠标右键两秒，在弹出的快捷菜单中选择【编辑内部草绘】命令，如图 5-31 所示，即可对实体草绘图样进行重定义。

编辑内部草绘...
清除
✔ 对称
显示截面尺寸

图 5-31 【编辑内部草绘】命令

当用户对零件模型特征的尺寸、特征截面、编辑关系或变更尺寸表等进行修改后，需要对零件模型进行再生操作，以重新计算发生变化的特征及被影响的特征。单击【模型】选项卡【操作】组中的【重新生成】按钮，即可重新生成零件模型。

编辑定义与编辑有时候具有相同的作用，但编辑定义是进行设计改变的几种方法中功能最为强大的一种。

5.3 特征之间的父子关系

基本概念

在创建实体零件的过程中建立模块时，可使用各种类型的 Creo Parametric 特征。有时某些特征需要优先于设计过程中的其他多种从属特征。这些从属特征从属于先前为尺寸和几何参考所定义的特征，这就是通常所说的父子关系。

使用 Creo Parametric 中的命令来建立实体零件的模型特征的过程中，一些特征是以其他特征为参考建立起来的，即这些特征是依赖或从属于先前定义的特征的，这些特征即为子特征，先前的特征即为父特征，二者之间的关系即所说的父子关系。因此，了解特征的父子关系及其产生的原因是很有必要的，用户在编辑、修改和重定义特征时必须考虑特征间的这种关联性。

课堂讲解课时：1 课时

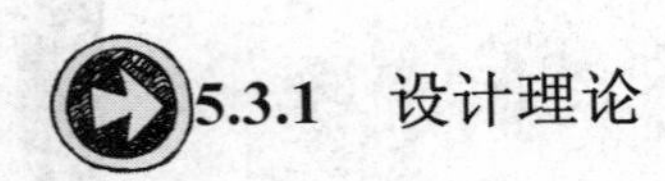

5.3.1 设计理论

特征间的父子关系形成于以一定顺序创建特征的过程中，其父子关系的确立主要取决于特征创建过程中的参考关系以及创建的次序。产生父子关系的原因主要有以下几点。

（1）设置基准特征时的几何参考：在创建一些特征的过程中，需创建一些如基准平面、基准点、基准轴、基准曲线或坐标系等基准特征，而创建这些基准特征需要一些已存在的几何参考以指定其约束，而这些已存在的几何参考所属的特征就成为基准平面、基准点、基准轴、基准曲线或坐标系等基准特征的父特征。

（2）参考点：当创建一些特征时，常需要选择一个点作为参考点，则这个参考点所属的特征就成为了此新建特征的父特征。

（3）参考平面：当创建一些特征时，常需要选择一个水平或垂直的平面作为参考平面，从而确定绘图平面的方位，则这个参考平面所属的特征就成为了此新建特征的父特征。

（4）特征放置边或参考边：当创建一些特征时，常需要选择一个边作为参考边或放置边，则这个参考边或放置边所属的特征就成为了此新建特征的父特征。

（5）特征放置面或参考面：当创建一些特征时，常需要选择一个面来作为参考面或放置面（如 RIGHT、TOP、FRONT 基准面），则这个参考面或放置面所属的特征就成为了此新建特征的父特征。

（6）绘图平面：当创建一些特征时，常需要选择一个面来作为绘图平面，则这个绘图平面所属的特征就成为了此新建特征的父特征。

（7）尺寸标注几何参考：当创建一些特征时，常进行二维图形的绘制，而这时常需要选用一些已存在的特征的几何参考，作为二维图形的位置尺寸的标注或设置约束，则这些已存在的特征便成为了此新建特征的父特征。

5.3.2 课堂讲解

在模型树中选取要查看父子关系的特征，单击鼠标右键，在弹出的快捷菜单中选择【信息】|【参考查看器】命令，如图 5-32 所示。或者在绘图显示窗口选择要查看父子关系的特征，按住鼠标右键不放，在弹出的快捷菜单中选择【信息】|【参考查看器】命令，如图 5-33 所示。

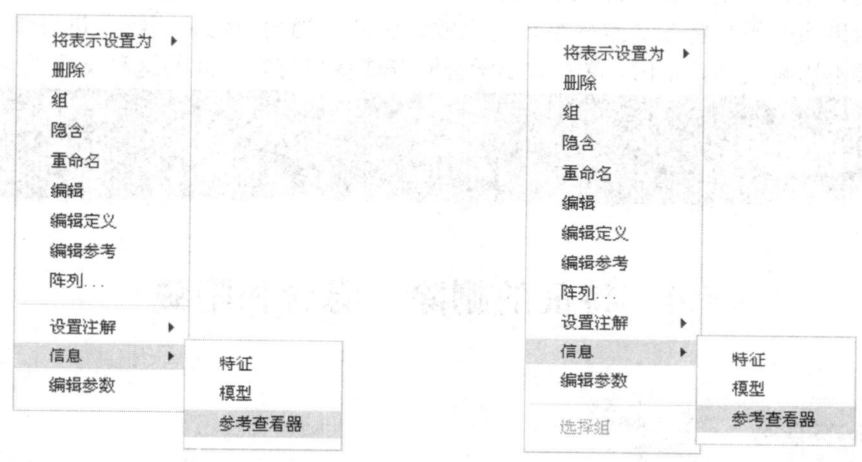

图 5-32　模型树快捷菜单　　图 5-33　绘图显示窗口快捷菜单

选择【参考查看器】命令之后，都将打开图 5-34 所示的【参考查看器】对话框。

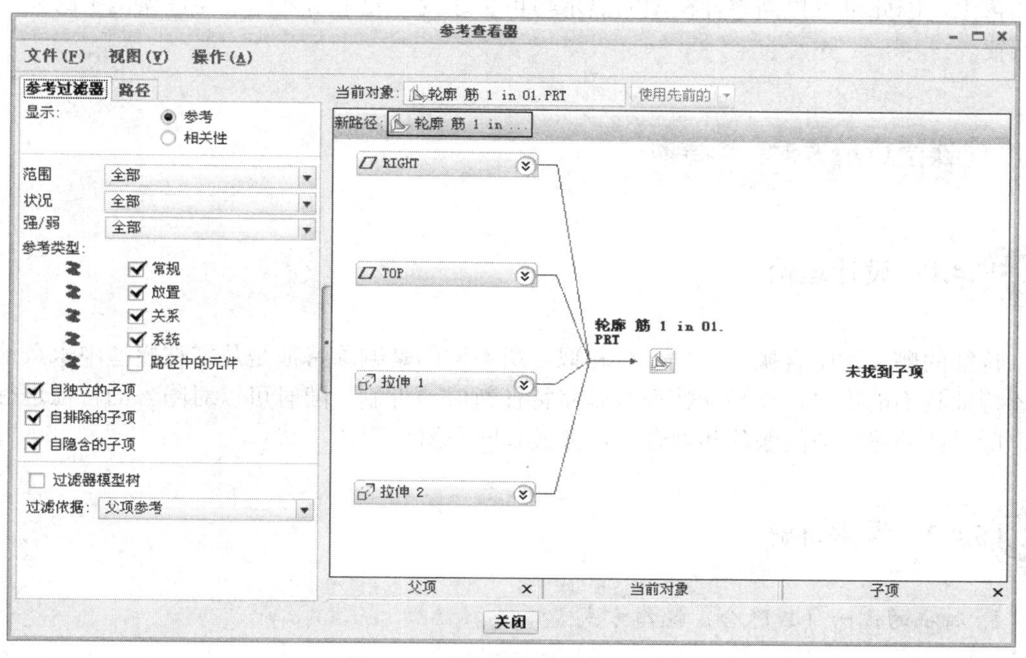

图 5-34　【参考查看器】对话框

【参考查看器】对话框右侧显示出当前零件特征的所有父项特征和子项特征，可以进行相关操作。

父子关系的意义：

特征之间的父子关系能够保证设计者轻松地实现模型的修改，为设计带来极大的方便。但是，也因为父子关系非常复杂，使得模型的结构也变得更加复杂，如果修改不当将会导致模型再生失败。因此，当用户对某一特征进行修改而希望不影响其他特征时，首先需要学会断开或变更特征之间的这种父子关系。

名师点拨

5.4 特征的删除、隐含和隐藏

基本概念

用户可以随时利用恢复功能来显示被隐含的特征或元件。隐含的特征不再参与任何计算和再生，因此可以提高零件模型的显示与再生速度，经常用来隐含零件模型中的某些复杂特征。

课堂讲解课时：1 课时

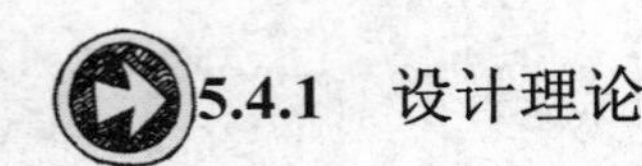

5.4.1 设计理论

特征的删除和隐含操作过程十分相似，所不同的是删除特征是从零件模型中永久地移除该特征且不能恢复，而隐含特征只是将特征暂时地抑制，随时可以对隐含的特征进行恢复，所以此处将特征的删除和隐含操作方式共同介绍给读者。

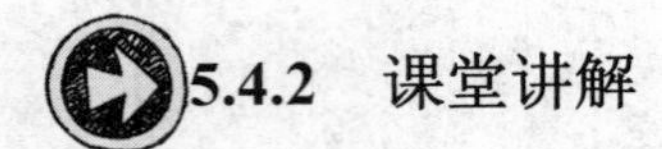

5.4.2 课堂讲解

1. 特征的删除（或隐含）操作方式

特征的删除（或隐含）操作方式分为两种，一种是通过快捷菜单选择删除（或隐含）

选项，另一种则是通过单击【操作】组中的按钮来完成。

在模型树中用鼠标右键单击要删除（或隐含）的特征，在弹出的快捷菜单中选择【删除（或隐含)】命令，如图 5-35 所示。

也可以在绘图显示窗口直接选中要删除（或隐含）的特征，然后按 Delete 键直接删除，或者用鼠标右键单击特征两秒，在弹出的快捷菜单中选择【删除（或隐含)】命令，如图 5-36 所示。

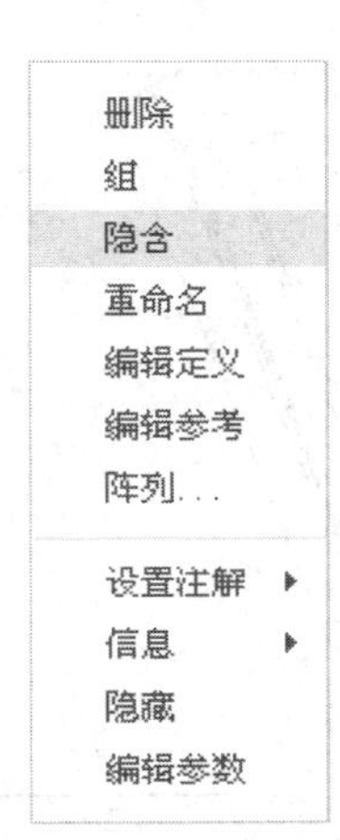

图 5-35　模型树快捷菜单

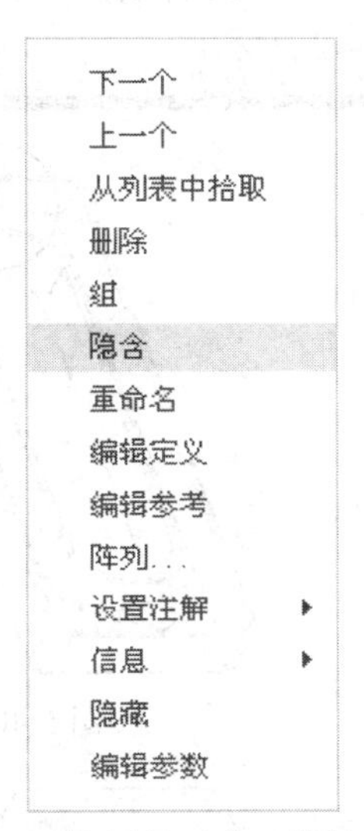

图 5-36　绘图显示窗口快捷菜单

此时会弹出相应的提示对话框，在对话框中单击【确定】按钮，即可删除（或隐含）选定的特征，如图 5-37 或图 5-38 所示。

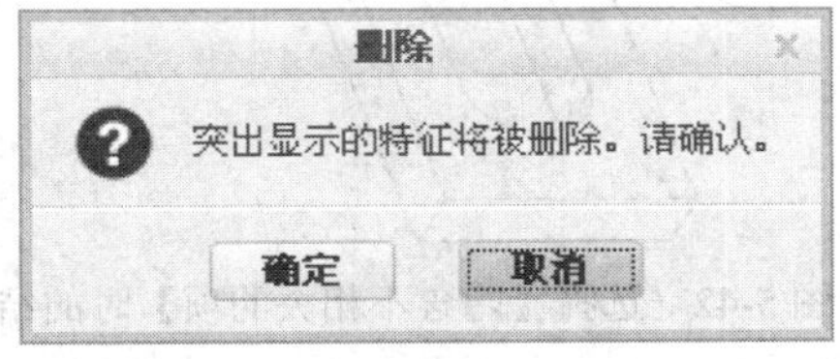

图 5-37　【删除】提示对话框

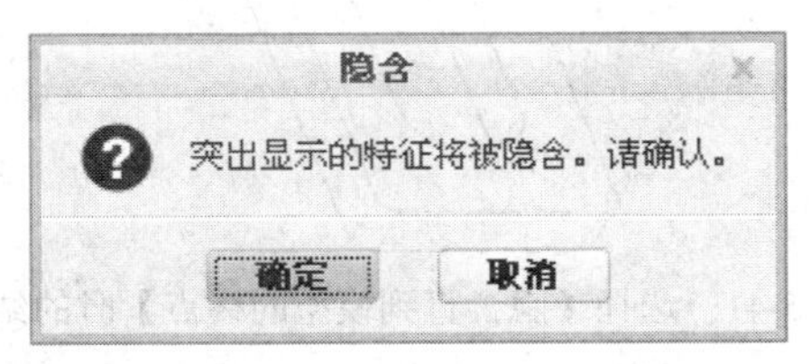

图 5-38　【隐含】提示对话框

在绘图显示窗口中选择要删除（或隐含）的特征后，单击【模型】选项卡【操作】组中的【删除】按钮 删除 或者【隐含】按钮 隐含 ，在弹出的相应子菜单中选择【删除】或【隐含】命令，也可以进行删除（或隐含）特征的操作，其子菜单中各包括 3 个命令，如图 5-39 所示。

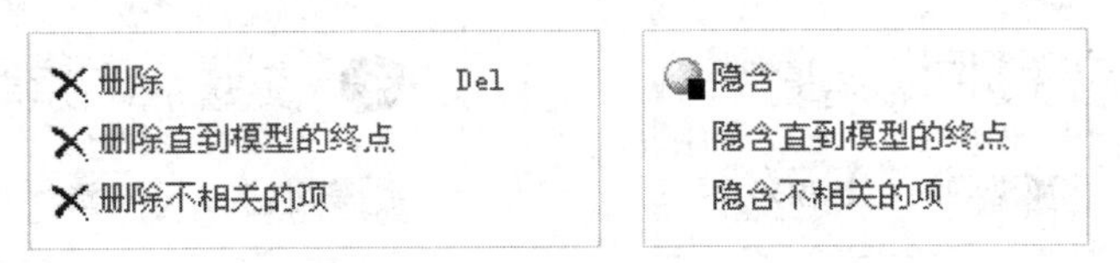

图 5-39　子菜单命令

子菜单中各选项的意义如下（以隐含操作为例，删除操作与之类似）。

【隐含】：只隐含用户所选当前模型中的特征。如图 5-40 所示。

【隐含直到模型的终点】：隐含用户所选当前模型特征生成前的模型终点，隐含结果如图 5-41 所示。

【隐含不相关的项】：隐含当前模型中除用户所选特征以外的特征，隐含结果如图 5-42 所示。

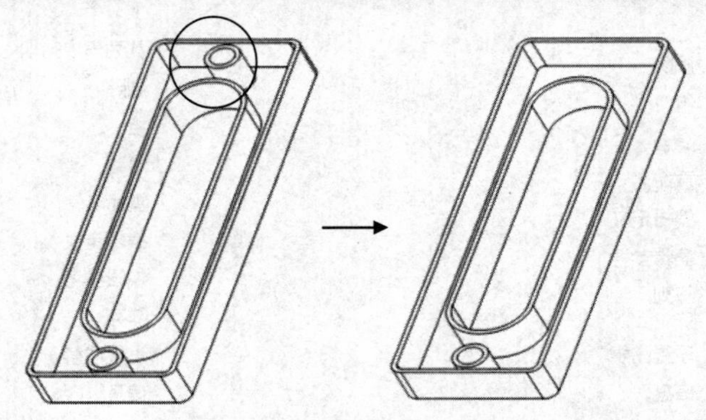

图 5-40　选择【隐含】选项时的结果

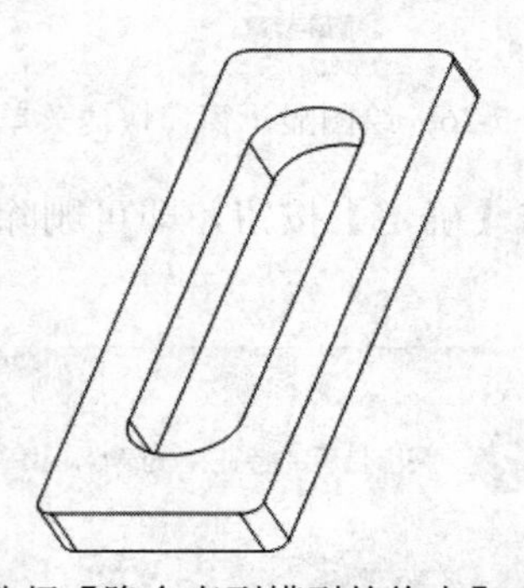

图 5-41　选择【隐含直到模型的终点】时的结果

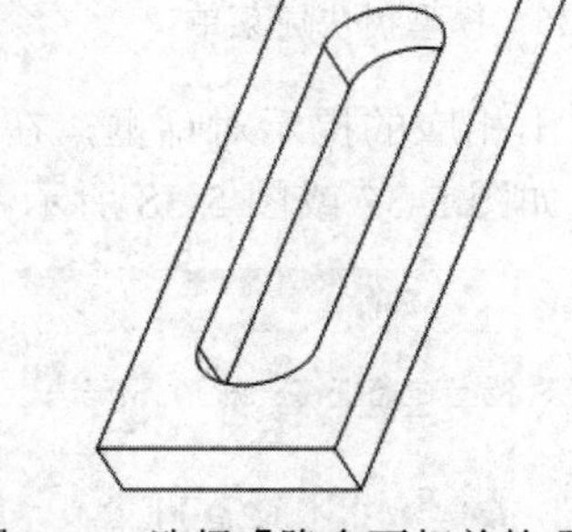

图 5-42　选择【隐含不相关的项】时的结果

2. 绘图区中都会加亮显特征删除（或隐含）的高级操作

如果要删除（或隐含）的特征包括子特征，而要进行删除（隐含）或保留该特征时，选定特征及其子特征在模型树及示，选择删除（或隐含）命令后，弹出的提示对话框如图 5-43 或图 5-44 所示。

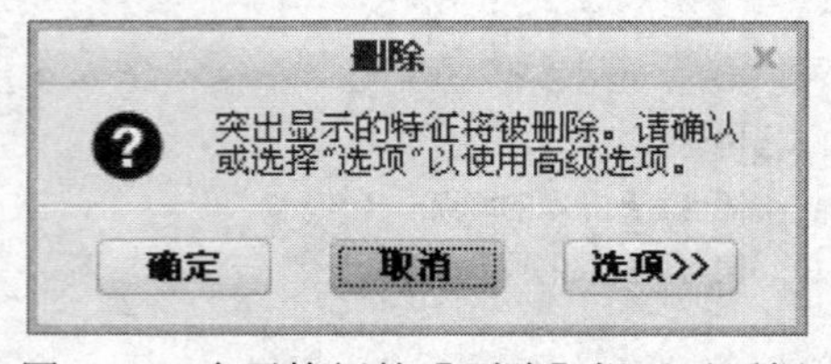

图 5-43　含子特征的【删除】提示对话框

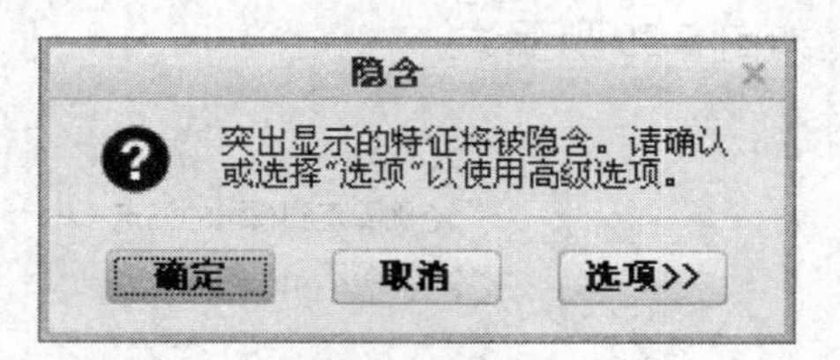

图 5-44　含子特征的【隐含】提示对话框

单击【选项】按钮，将分别弹出如图 5-45 或图 5-46 所示的特征【子项处理】对话框。

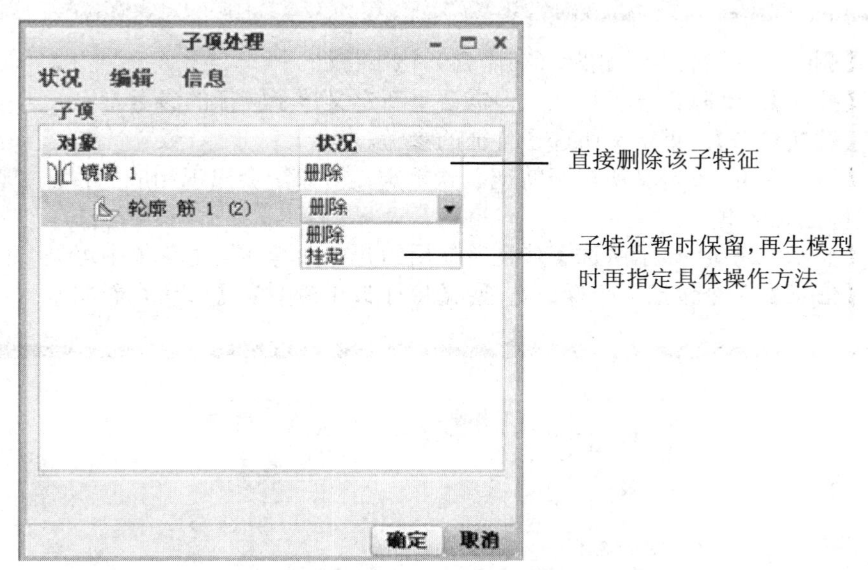

图 5-45 删除【子项处理】对话框

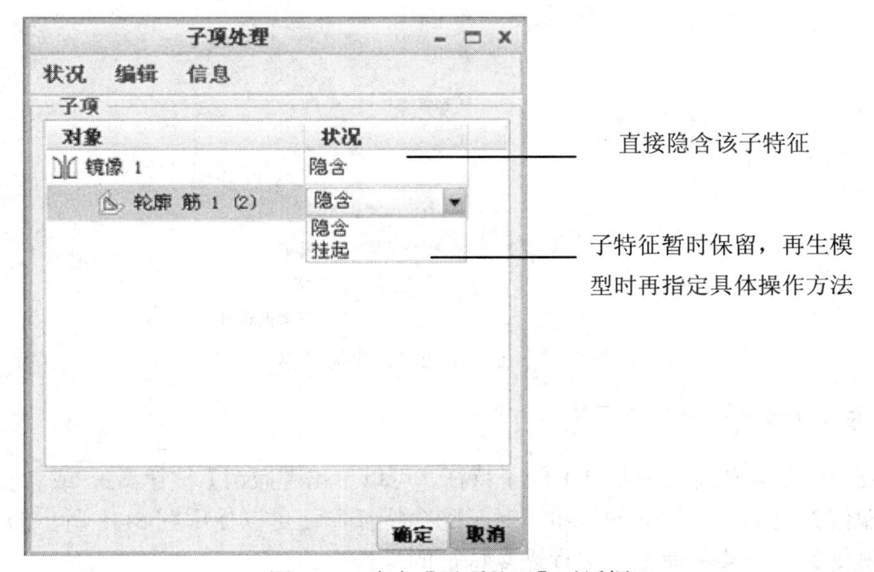

图 5-46 隐含【子项处理】对话框

在【子项处理】对话框中可以查看要隐含特征的子特征，并可以对子特征进行操作。用户可以选择子特征后在对话框中选择要进行操作的子特征，单击鼠标右键，在弹出的快捷菜单中选择要进行的操作，如图 5-47 所示，使用菜单命令和快捷菜单共包含以下几项操作。

【删除（或隐含）】：删除（或隐含）该子特征。

【挂起】：不隐含该子特征，但需要重新定义该子特征的参考。

【替换参考】：重定义所选子特征的参考。

【重定义】：重定义所选子特征。若重定义对象，会出现相应的特征中选项卡或特征对话框。

【显示参考】：显示所选子特征所使用的几何参考（快捷菜单中可见）。

【信息】命令包括4个操作选项：【特征】、【模型】、【参考查看器】。

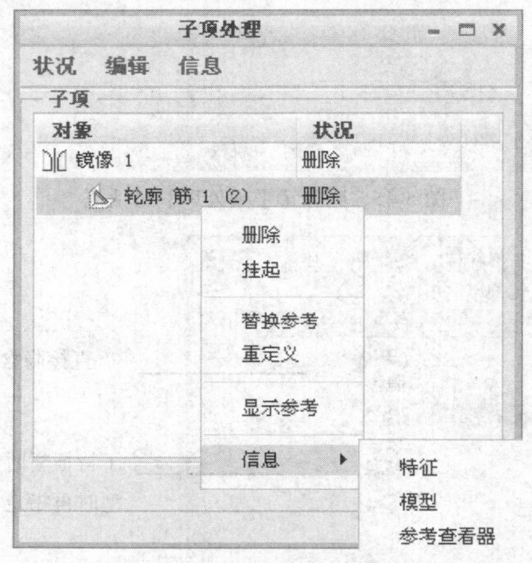

图 5-47 【子项处理】快捷菜单

3. 删除（或隐含）特征的恢复

用户要想恢复被删除（或隐含）的子特征，可以单击【撤销】按钮，或者在【模型】选项卡【操作】组中单击相应的按钮。对于隐含特征，还可以使用图 5-48 所示的【操作】组中的【恢复】下拉菜单命令，进行恢复特征的操作。

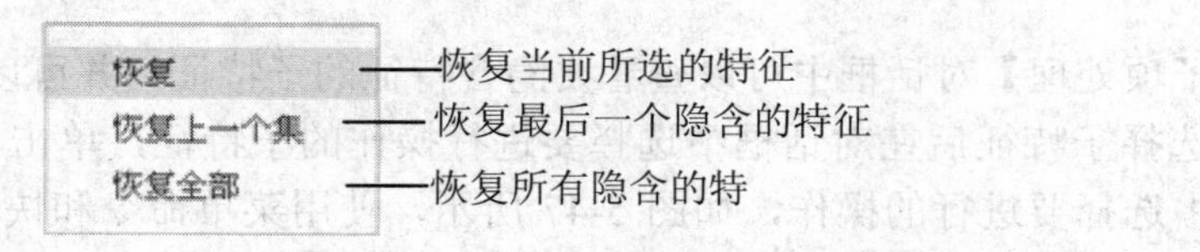

图 5-48 选择【恢复】菜单命令

4. 特征的隐藏

隐藏对象时可先在模型树中选择需要隐藏的特征，单击鼠标右键在弹出的快捷菜单中选择【隐藏】命令，如图 5-49 所示。恢复被隐藏特征的方法是在模型树中选择被隐藏的对象，按住鼠标右键，在弹出的快捷菜单中选择【取消隐藏】命令，如图 5-50 所示。

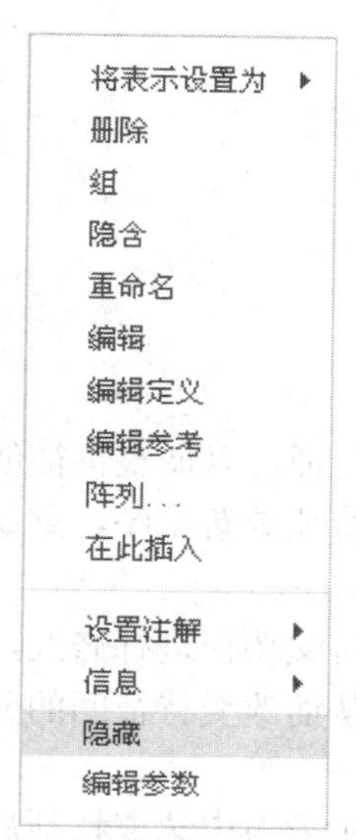

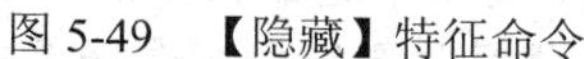
图 5-49 【隐藏】特征命令

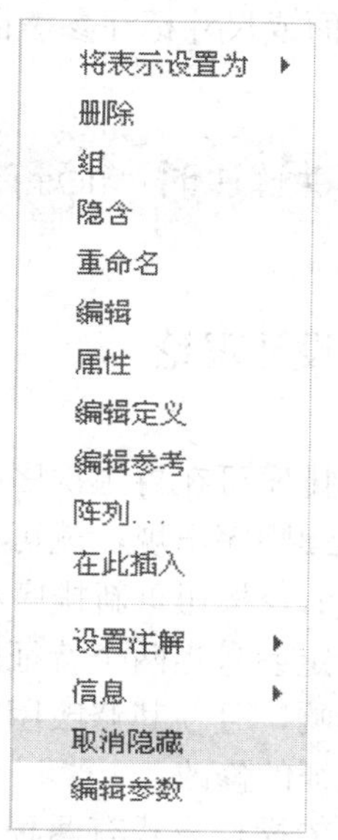

图 5-50 选择【取消隐藏】命令

被隐藏的特征将以暗灰色底纹显示在模型树中，如图 5-51 所示。

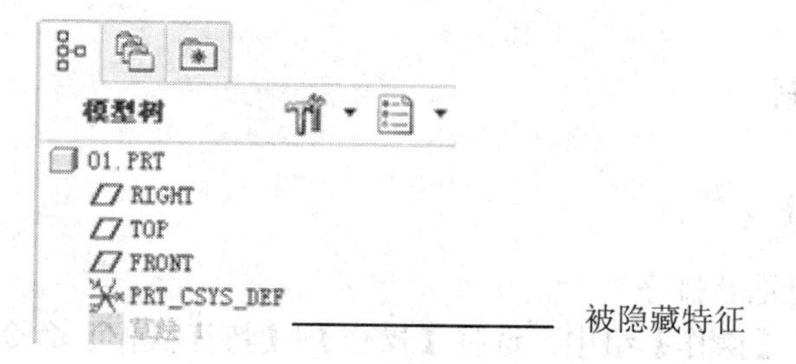

图 5-51 被隐藏特征

可以隐藏的特征主要有以下几种：基准平面（如 RIGHT、TOP、FRONT）、基准轴、基准点、基准面、曲面、元件及含有轴（如孔特征）、平面和坐标系的特征等。

5.5 特征的重新排序和重定参考

特征的重新排序创建零件模型后，有时为了符合设计要求，需要调整特征之间建立的

顺序。

特征的重定参考是指重新定义特征构建时所选择的参考，让用户可以选取新的绘图平面、特征放置面或尺寸标注参考面等。

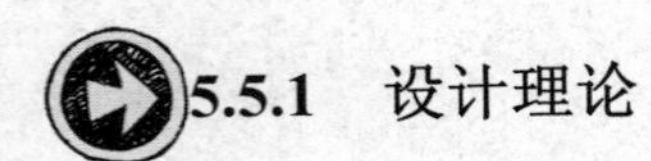

课堂讲解课时：1 课时

5.5.1 设计理论

特征重新排序可在再生次序列表中向前或向后移动特征，以调整特征创建顺序。只要这些特征以连续顺序出现，就可以在一次操作中对多个特征重新排序。重新排序有两种操作方式：使用命令按钮重新排序和使用模型树方式重新排序。

特征的重定参考当两个特征间有父子关系时，如果对父特征进行修改，则其子特征的生成就会受影响，且使其修改困难。对特征重定参考，从而改变特征间的父子关系，可以方便地进行特征的修改。

重定参考的操作方式有两种，一种是在模型树或显示窗口中选取特征后，右键单击特征，在弹出的快捷菜单中选择【编辑参考】命令。一种在【操作】组中，选择【操作】|【编辑参考】命令。

5.5.2 课堂讲解

1. 特征的重新排序

（1）使用命令按钮重新排序

在【模型】选项卡【操作】组中，选择【操作】|【特征操作】命令，弹出图 5-52 所示的【特征】菜单管理器。

在其中选择【重新排序】选项，弹出图 5-53 所示的【选择特征】菜单管理器。

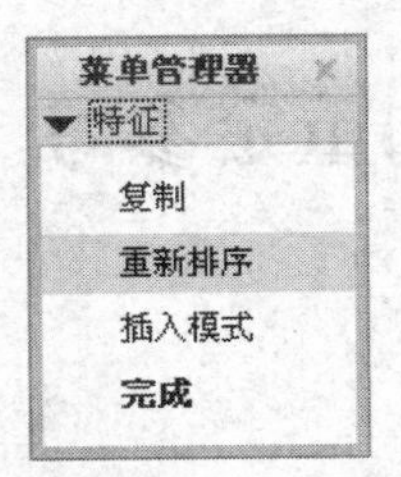

图 5-52 【特征】菜单管理器

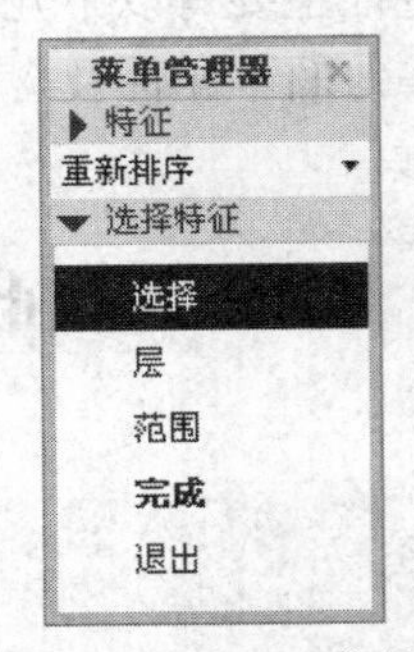

图 5-53 【选择特征】菜单管理器

在【选择特征】菜单管理器中提供了 3 种选择特征的方式，其意义如下。

【选择】：在当前模型实体中选取需要重新排序的特征，被选取的特征将以加亮显示。选择【完成】命令后，系统弹出图 5-54 所示的【重新排序】菜单管理器，并提示用户选择重新排序再生的插入点，插入点选择完成后，系统自动再生出重新排序后的新特征。

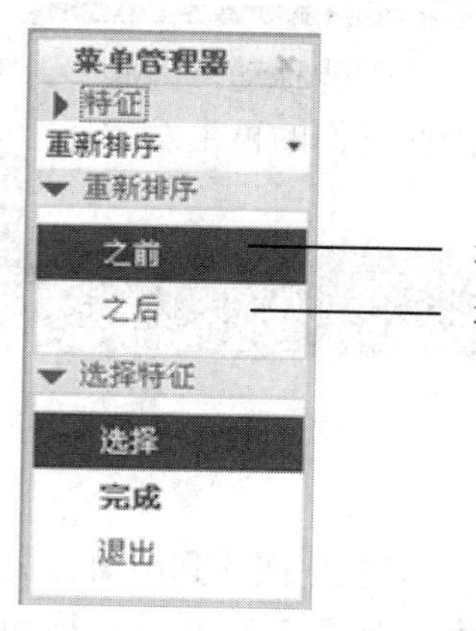

图 5-54　【重新排序】菜单管理器

【层】：通过选择当前模型实体的各特征所在层，来选取层中的所有特征，选择该命令后，系统弹出图 5-55 所示的【层选取】菜单管理器。层选取完成后，系统提示用户所选的重排序特征新插入点的可能有效范围（以再生序号显示），如果选择合适，则自动再生新特征，否则报错。

【范围】：指通过输入起始特征和终止特征的再生序号来指定特征范围，选择该选项后，系统弹出如图 5-56 所示的输入起始特征和终止特征的再生序号命令提示栏，单击【接受值】按钮✓。

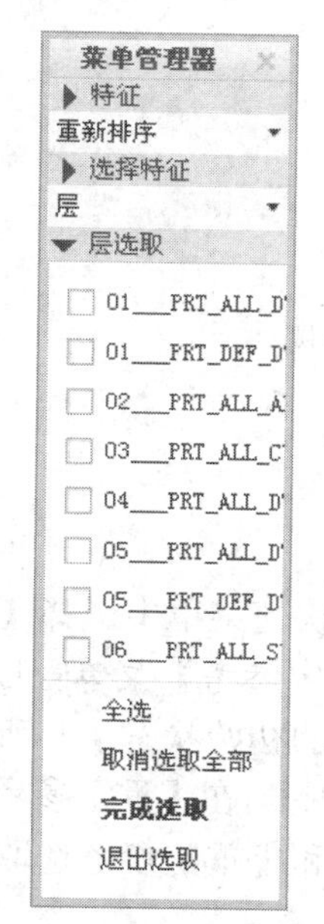

图 5-55　【层选取】菜单管理器

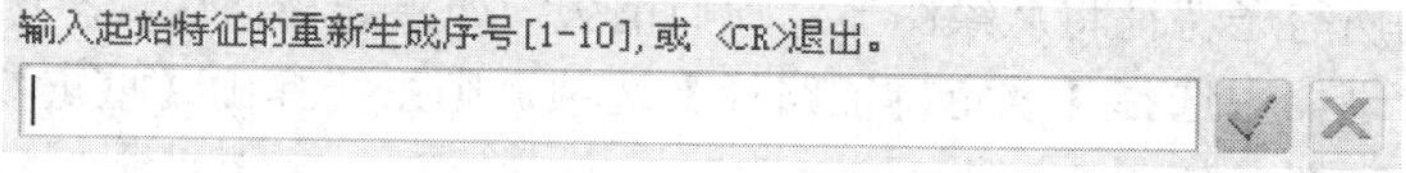

输入起始特征的重新生成序号[1-10]，或 <CR>退出。

图 5-56　指定特征范围

再生序号确认输入完成后，系统同样弹出提示，提示用户所选择的重排序特征新插入点的可能有效范围（以再生序号显示），如果选择合适，则自动再生新特征，否则报错。

注意：具有父子关系的两个特征的顺序不可互调，即父项不能移动，因此它们的再生发生在它们的子项再生之后；子项不能移动，因此它们的再生发生在它们的父项再生之前。

名师点拨

（2）使用模型树方式重新排序

打开零件模型，在模型树上选择要重新排序的特征。

在模型树上单击选中要重新排序的特征，在该特征上按下鼠标左键拖动到用户要放置的特征前或特征后，此时在模型树上会出现一个黑色的移动标记，如图 5-57 所示。拖动完成后，模型自动再生，模型树也发生相应的顺序变化。

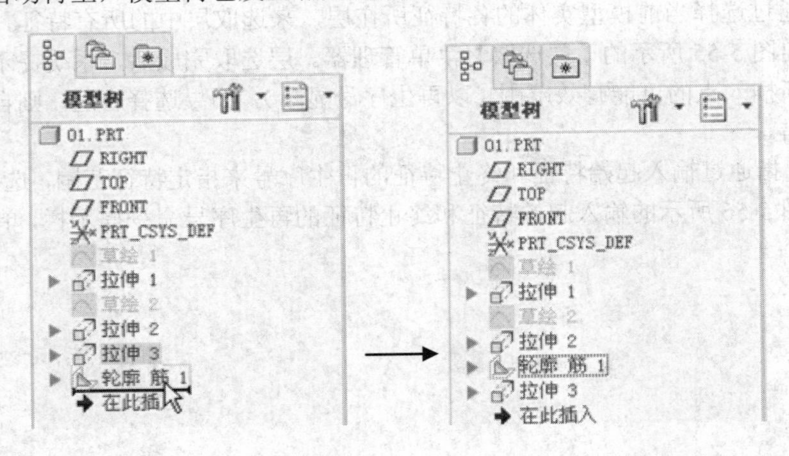

图 5-57　特征重新排序过程中模型树的变化

2. 特征的重定参考

在模型树或显示窗口中选取特征后，右键单击特征，在弹出的快捷菜单中选择【编辑参考】命令，如图 5-58 所示。之后系统弹出【确认】对话框和【重定参考】菜单管理器，如图 5-59 所示，如果用户选择【是】，零件将返回到创建特征之前的初始状态，则所选特征的所有子特征将从绘图显示窗口消失。如果选择默认状态选项【否】。在【重定参考】菜单管理器中选择【重定特征路径】选项，则系统弹出【重定参考】和【重定参考选取】菜单管理器，如图 5-60 所示。

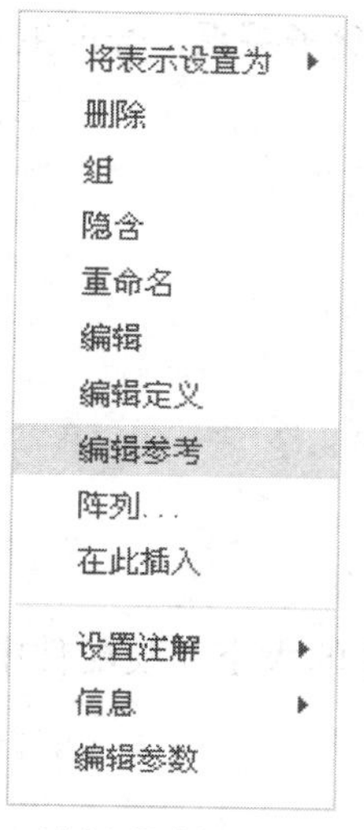

图 5-58　选择【编辑参考】命令

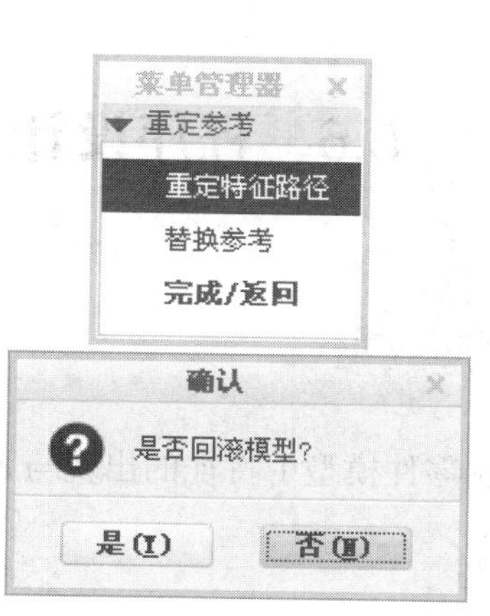

图 5-59　确认回滚

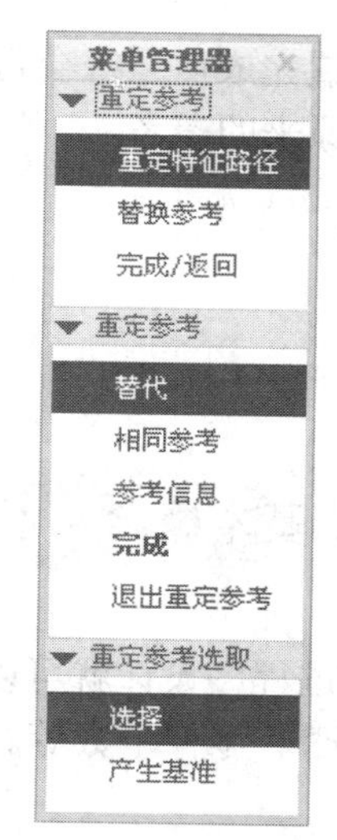

图 5-60　【重定参考】菜单管理器

菜单管理器中各选项意义如下。

- 【替代】：为特征选择或创建一个替换参考。
- 【相同参考】：当前参考保持不变。
- 【参考信息】：显示有关加亮参考的信息。该选项显示参考标识符和参考类型。由于只能对同类的参考重定参考，因此这一点非常重要。
- 【完成】：结束重定参考过程。
- 【退出重定参考】：退出当前特征重定参考过程。即使退出重定参考操作，在特征重定参考过程中创建的基准仍会保留在模型中。

如果用户在【重定参考】菜单管理器中选择【替换参考】选项，则系统弹出图 5-61 所示的【选择类型】菜单管理器。

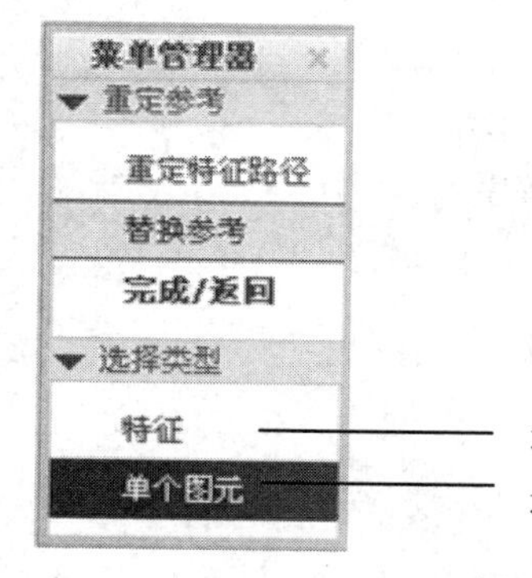

图 5-61　【选择类型】菜单管理器

设置完成后系统会再生特征，若自动再生成功，则建立新的父子关系，若再生不成功，则恢复原来的参考。

5.6 程序设计

基本概念

通过程序设计就可以控制零件模型中特征的出现与否、尺寸的大小和装配件中零件的出现与否、零件个数等。

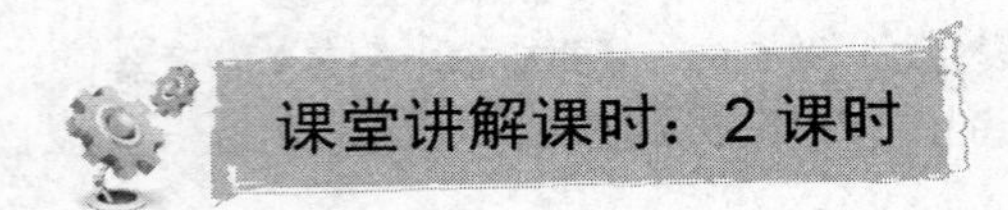

课堂讲解课时：2 课时

5.6.1 设计理论

要启动 Creo Parametric 的程序工作环境，可在零件设计或装配件设计环境中，在【模型】选项卡的【模型意图】组中，选择【模型意图】|【程序】命令。

系统弹出如图 5-62 所示的【程序】菜单管理器，在菜单管理器中选择相应的选项，即可进入程序环境。

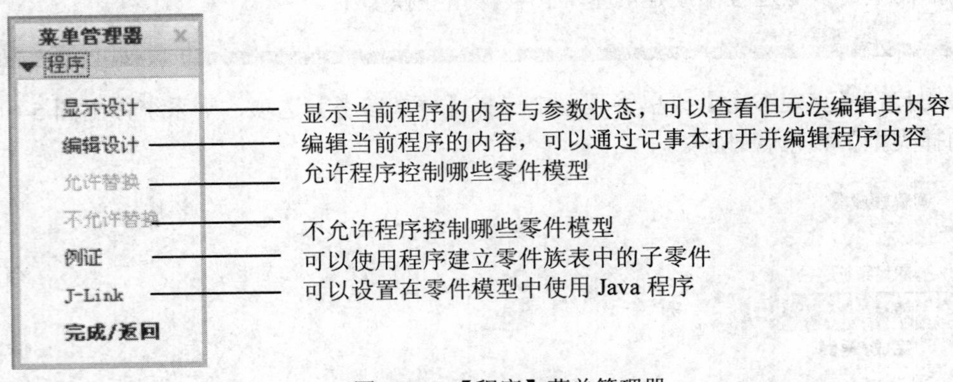

图 5-62 【程序】菜单管理器

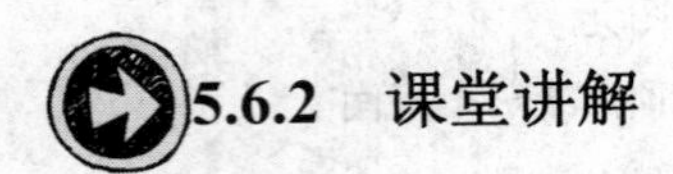

5.6.2 课堂讲解

下面具体介绍显示和编辑设计的相关概念和操作流程。

1. 显示设计的方法

零件模型建立后，系统记录整个模型的建立过程，可以通过【程序】菜单管理器中的【显示设计】选项来显示产生的程序内容。

在【程序】菜单管理器中选择【显示设计】选项，系统弹出如图 5-63 所示的【信息窗口】，在其中显示程序的内容。

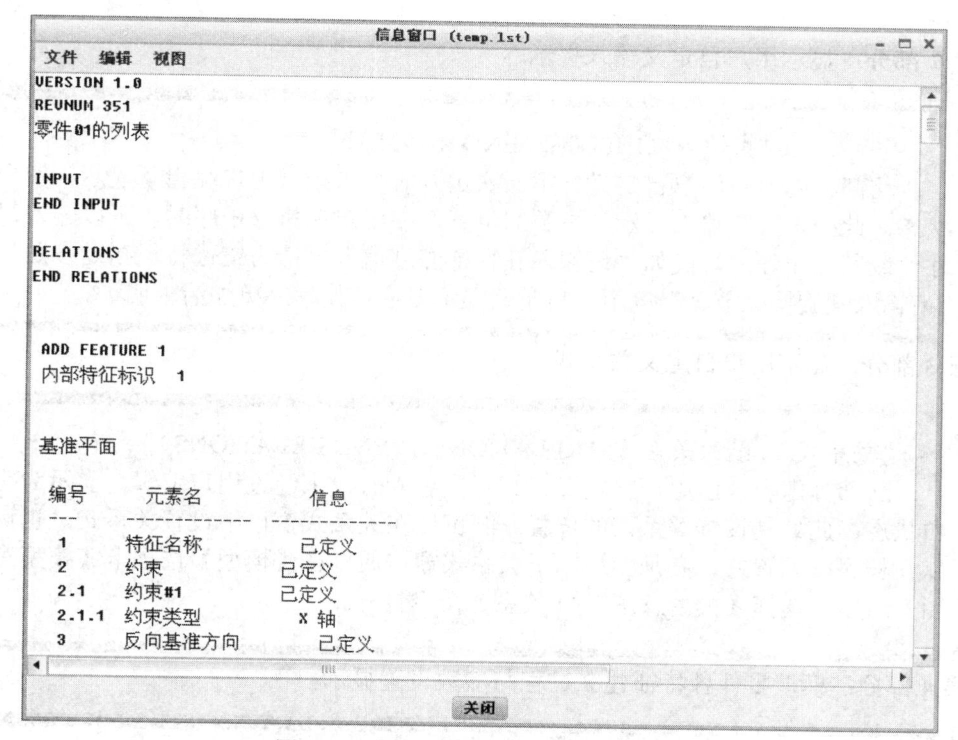

图 5-63　显示程序内容的【信息窗口】

> 信息窗口包含所有特征的建立过程及参数设置、尺寸以及关系式等。由于大部分程序是由系统产生的，因此程序有严格、统一、规范的结构。在 Creo Parametric 3.0 中，程序始终由标题、提示信息等 5 个部分按顺序构成。

2. 信息窗口的组成

信息窗口中的内容包含当前模型所有特征的建立过程及参数设置、尺寸以及关系式等信息，每个模型特征的建立过程及具体内容虽有差异，但在程序信息窗口中，所有的模型内容均由以下 5 个部分组成。

第 1 部分：显示标题

这部分内容由系统自动产生，用户不需编辑。标题共有 3 行，包括软件版本信息、程序修改信息和零件模型名称。

第 2 部分：显示用户自定义输入提示

“输入... 结束输入（INPUT... END INPUT）”

这部分内容由用户自定义，第一次进入时，未经过用户编辑，显示为空白状态。此处是设置输入提示与参数的位置，使用户在执行程序时，可以输入尺寸值或其他设计信息。如“请输入孔特征深度值”，“请为镜像特征指定参照”，“请输入螺旋特征节距”等用户自定义提示，这样使程序更加清晰明了。

第 3 部分：显示用户自定义关系式

“关系式... 结束关系式（RELATIONS... END RELATIONS）”

这部分内容也由用户自定义，第一次进入时，未经过用户编辑，显示为空白状态。此处是设置关系式的位置。既可以在关系式窗口中设置关系式，也可以在程序中设置，二者是相通的。关系式窗口通过在【模型】选项卡【模型意图】组中，选择【模型意图】|【关系】命令打开。

第 4 部分：模型零件各特征建立过程与参数设置显示

“添加特征 1... 结束添加（ADD FEATURE1... END ADD）

……

添加 n 个特征结束添加（ADD FEATUREn... END ADD）”

这部分内容由程序自动生成，每一组“ADD FEATURE”到“END ADD”之间为零件的 n 个特征中的第 n 个特征的建立过程与参数设置信息。

注意：n 为零件模型最后建立的特征数，如一个模型零件共包含 8 个子特征，则此处的 n 为 8。

名师点拨

第 5 部分：显示用户自定义质量程序内容

"质量程序...结束质量程序（MASSPROP... END MASSPROP）"
这部分内容用于设置零件模型的质量属性，也由用户自定义，第一次进入时，未经过用户编辑，显示为空白状态。

3. 输入提示信息

零件模型建立后，系统记录整个模型的建立过程，可以通过【程序】菜单管理器中的【编辑设计】选项来编辑产生的程序内容。

在【程序】菜单管理器中选择【编辑设计】选项，系统弹出如图 5-64 所示的【记事本】程序编辑窗口，显示并可由用户编辑程序的内容。

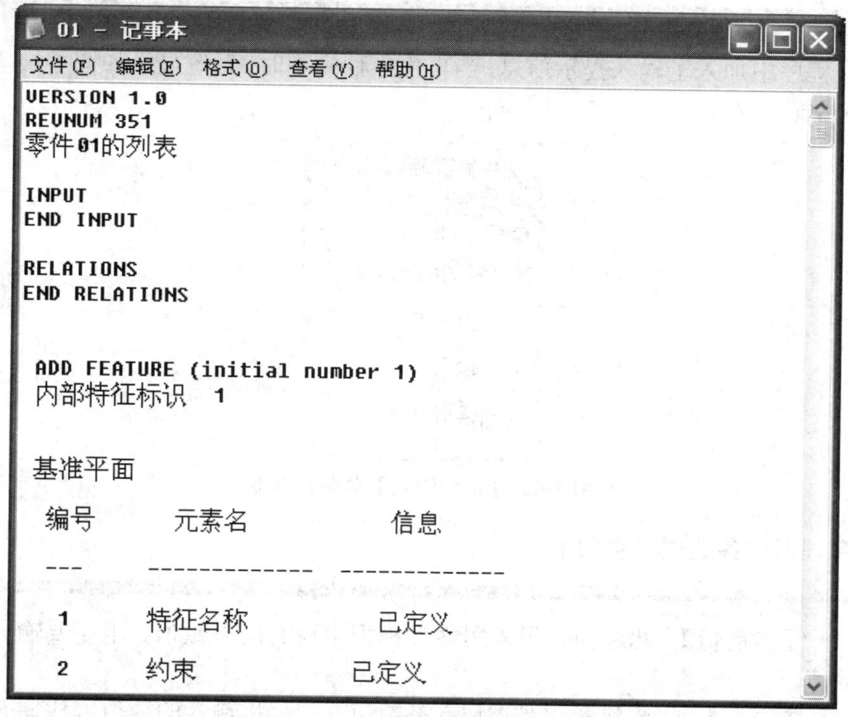

图 5-64 【记事本】程序编辑窗口

前面提到的显示设计【信息窗口】中，显示的就是此处该记事本中的内容，即此处包含了程序构成的 5 个部分，用户编辑设计程序也在这 5 部分中进行，只要在记事本程序窗口中找到需要修改编辑的地方，根据程序的语法进行编辑即可。

下面分别介绍程序编辑设计的内容和语法格式。

在“INPUT”与“END INPUT”之间添加输入提示信息，当重新生成零件或装配件时，系统将在提示栏中显示提示信息，提示输入有关参数。

语法格式为：

“INPUT

参数名 参数值类型

提示行

END INPUT”

参数名由用户定义。参数值类型有 3 种：“Number”，参数值为一个数字；“String”，参数值为一个字符串；“Yes_No”，参数值为“Yes”或“No”。

提示行是用双引号引起的提示语句，执行时全部显示在信息提示行。

如果在程序中加入了输入提示信息，当再生零件模型时，系统显示如图 5-65 所示的【得到输入】菜单管理器。

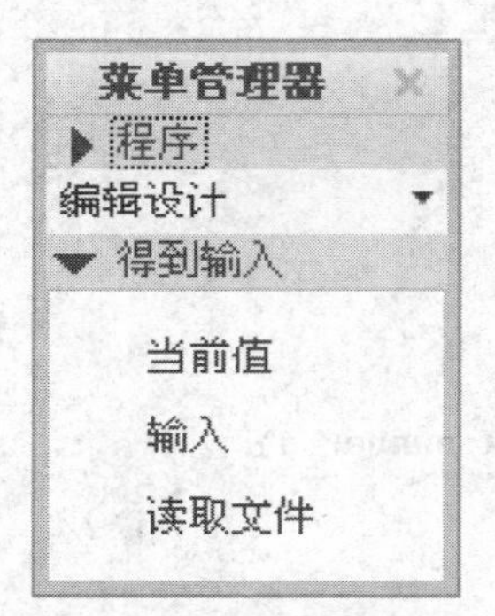

图 5-65 【得到输入】菜单管理器

菜单管理器中各选项说明如下。

- 【当前值】：此选项表示采用零件模型中现有的参数值，不需要输入新的参数值。
- 【输入】：此选项表示要求输入参数值，系统将输入的数值取代原有的参数值，以改变零件模型的造型。
- 【读取文件】：此选项表示将从文件中读入参数值。

4. 输入关系式

在“RELATIONS”与“END RELATIONS”之间加入关系式。

语法格式为：
"RELATIONS
关系式
END RELATIONS"

5. 在"ADD"与"END ADD"之间加入特征或零件

语法格式为：
"ADD FEATURE (PART) #
特征创建信息或零件
END ADD"

特征操作包括以下几种。

（1）特征的删除：找出对应于特征的"ADD"与"END ADD"之间的程序内容，将其全部删除即可。

（2）特征的隐藏：找出对应于特征的"ADD"与"END ADD"之间的程序内容，在"ADD"后加入"SUPPRESSED"命令即可。

（3）特征的恢复：找出对应于特征的"ADD"与"END ADD"之间的程序内容，将"ADD"后的"SUPPRESSED"命令删除即可。

（4）特征顺序的更换：找出对应于两个特征的"ADD"与"END ADD"之间的程序内容，将各自的程序内容更换即可。

（5）特征尺寸的修改：直接修改程序中的尺寸，系统并不反映，必须在尺寸参数之前加入"MODIFY"命令，修改后的尺寸才起作用。

6. 执行程序

"EXECUTE"命令是在装配件中用于执行零件的程序，即在当前装配件程序中去执行某零件的程序。

语法格式为：
"EXECUTE part（part_name）
表达式
END EXECUTE"

7. 暂停程序

“INTERACT”命令用以暂停程序的执行。暂停时，只能进行特征的建立。加入一个新的特征后，系统询问是否加入新的特征，可以回答“Yes”继续加入新的特征，直到回答“No”后，系统才执行后面的程序。

8. 条件控制语句

条件控制语句“IF ... ELSE”语句的功能和用法与一般的程序语言类似，在此不再赘述。

在程序编辑中，“IF ... ELSE”语句主要可分为下列两种语法格式。

语法格式 1 为：
“IF 判断语句
操作 1
ENDIF”
语法格式 2 为：
“IF 判断语句
操作 1
ELSE
操作 2
ENDIF”

其中，判断语句使用的判断符号共有以下 3 种。

大于号：“>”，A>B，表示参数 A 大于参数 B。
小于号：“<”，A<B，表示参数 A 小于参数 B。
等于号：“=”，A=B，表示参数 A 等于参数 B。

以上判断符号既可以用于参数值的比较，如尺寸值，也可以用于字符串的比较或“Yes_No”的判断上，若用于字符串的比较，则必须为互相比较的字符串打上双引号：“字符串 A”、“字符串 B”。

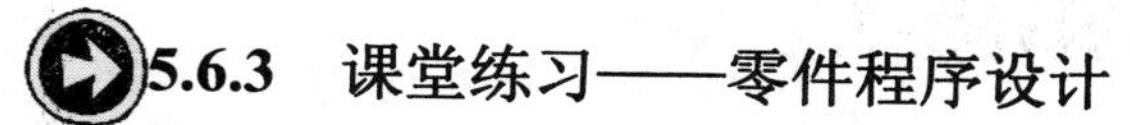

5.6.3 课堂练习——零件程序设计

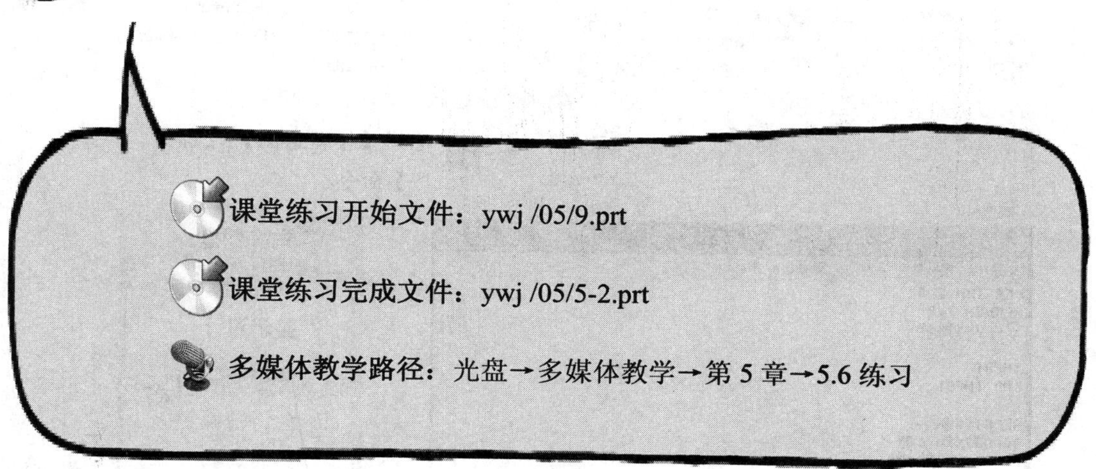

Step1 打开“9.prt”文件，进行编辑操作，如图 5-66 所示。

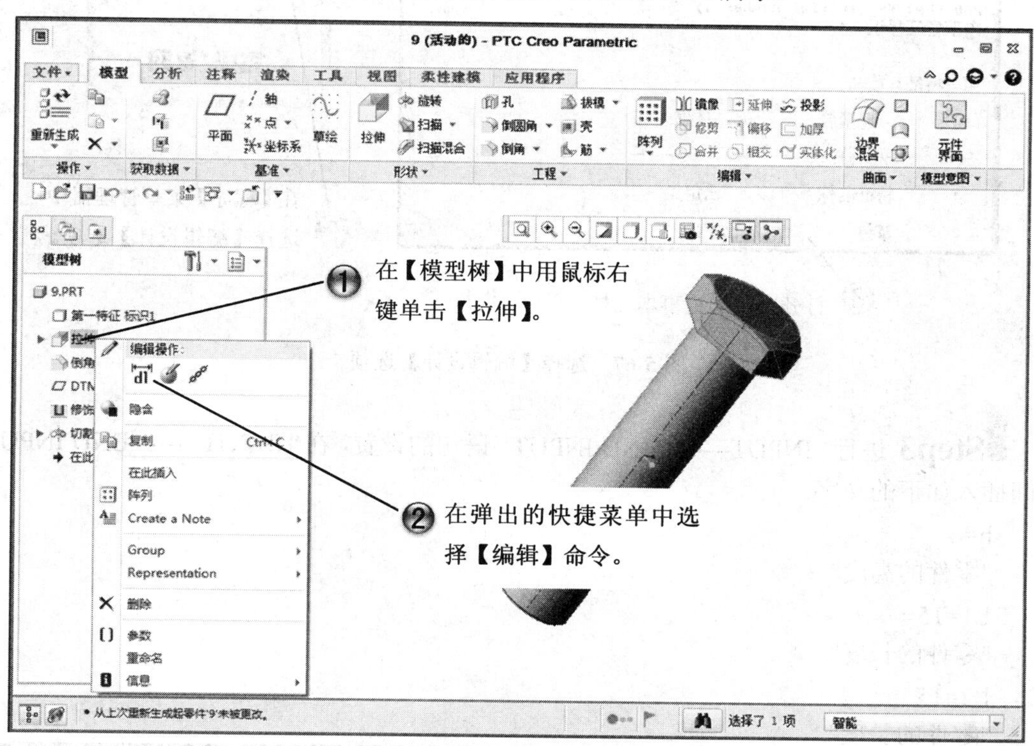

图 5-66 选择编辑对象

Step2 打开实例的记事本文档，如图 5-67 所示。

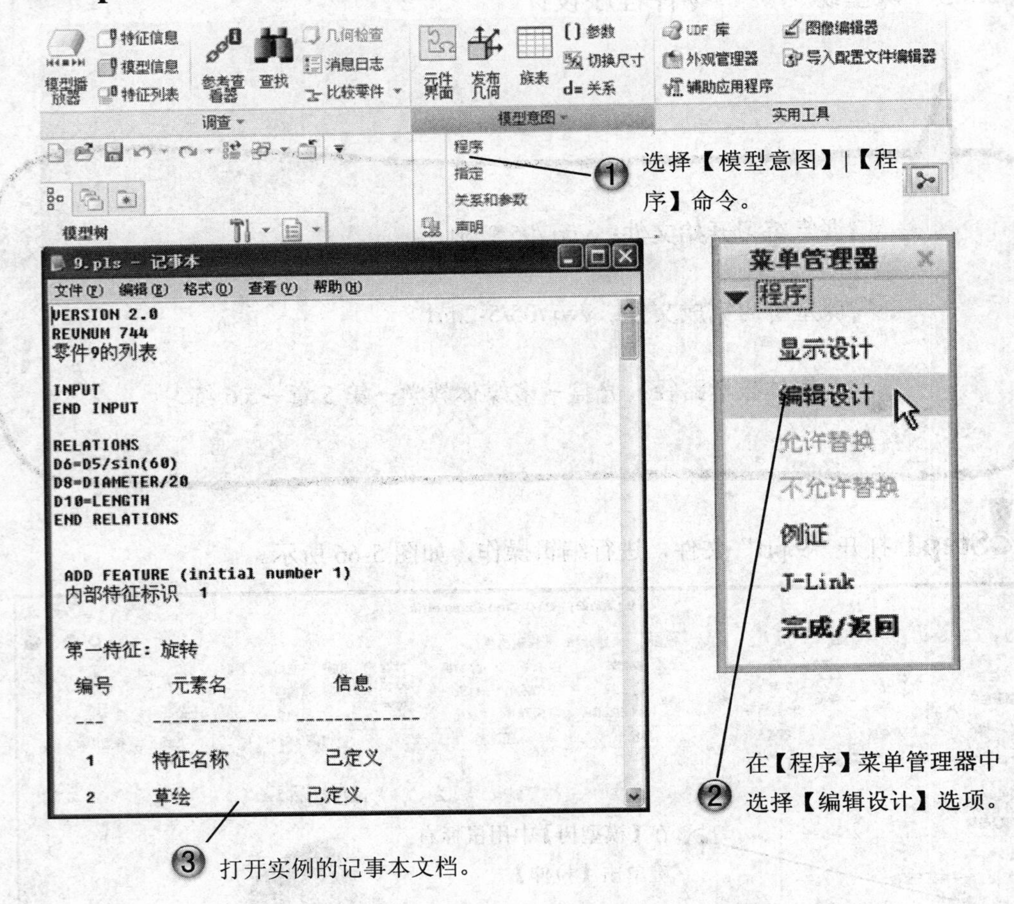

图 5-67　选择【编辑设计】选项

Step3 进行“INPUT--------END INPUT”语句的设置，在“INPUT--------END INPUT”中间插入如下的文字。

h=6
"零件的高度"
L1=15
"零件的长度"
L2=15
"零件的长度"

> 注意文字说明部分要加上引号。
>
> 名师点拨

Step4 找到【拉伸】特征在记事本中的记录如图 5-68 所示。观察 d5、d6 和 d7，就是拉伸特征长度和高度。

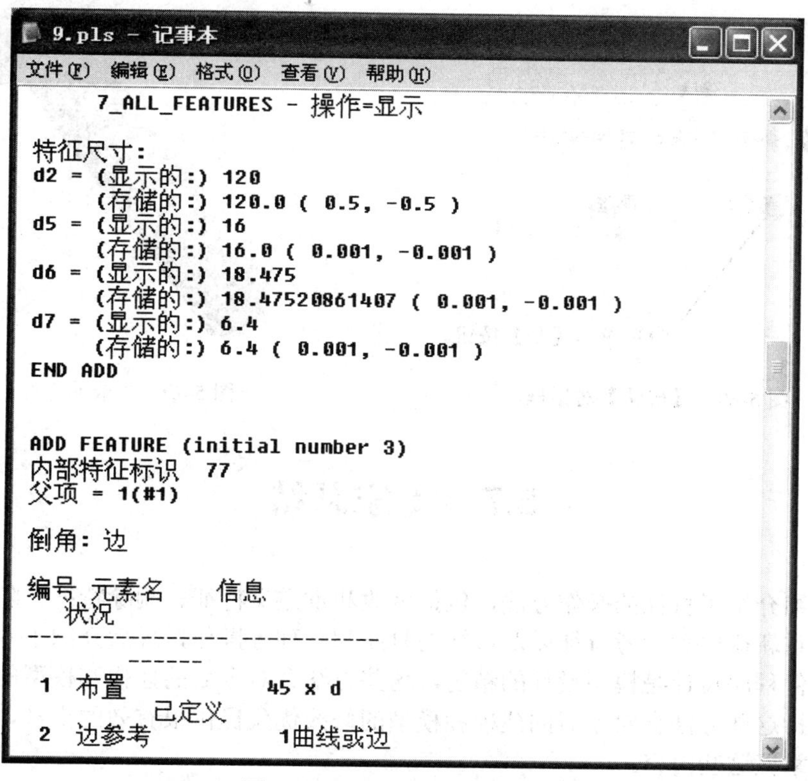

```
9.pls - 记事本
文件(F) 编辑(E) 格式(O) 查看(V) 帮助(H)
     7_ALL_FEATURES - 操作=显示

特征尺寸:
d2 = (显示的:) 120
     (存储的:) 120.0 ( 0.5, -0.5 )
d5 = (显示的:) 16
     (存储的:) 16.0 ( 0.001, -0.001 )
d6 = (显示的:) 18.475
     (存储的:) 18.47520861407 ( 0.001, -0.001 )
d7 = (显示的:) 6.4
     (存储的:) 6.4 ( 0.001, -0.001 )
END ADD


ADD FEATURE (initial number 3)
内部特征标识  77
父项 = 1(#1)

倒角: 边

编号 元素名      信息
  状况
--- ------------ -----------
         ------
 1  布置          45 x d
          已定义
 2  边参考        1曲线或边
```

图 5-68 创建拉伸特征的记录

Step5 编辑“RELATIONS--------END RELATIONS”语句，在记事本的“RELATIONS--------END RELATIONS”中间插入如下的文字。下面的数据是根据本实例前面的设计步骤产生的，可以在记事本文件中找到特征名和对应参数。

D7=H

D5=L1

D6=L1

Step6 保存修改的参数，如图 5-69 所示。生成的结果零件如图 5-70 所示。

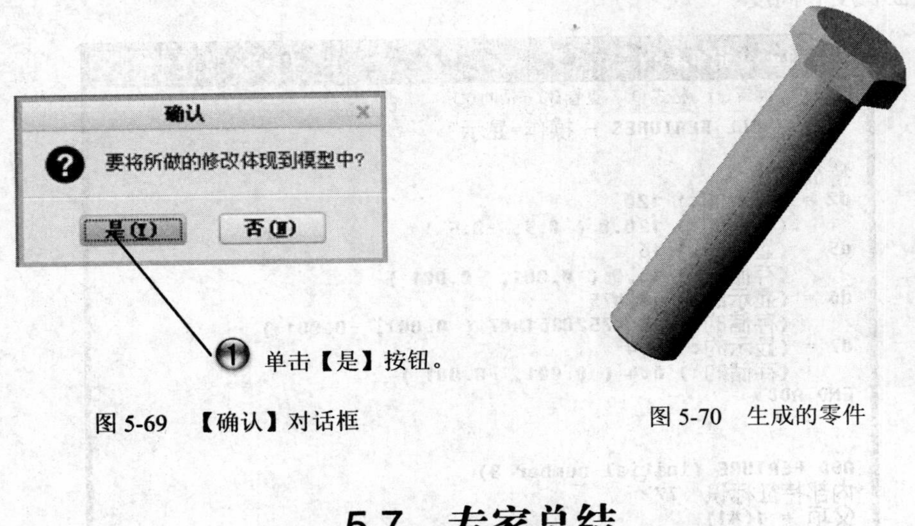

图 5-69 【确认】对话框　　图 5-70 生成的零件

5.7 专家总结

本章详细介绍了特征的操作方法，包括修改和重定义特征、删除特征、隐含和隐藏特征、特征的重新排序和参考特征以及特征的复制和阵列等操作，最后介绍了零件程序设计的方法，零件程序设计是模型设计的精髓，这些方法会对今后的建模和模型的修改优化提供有效的支持这些方法会对今后的建模和模型的修改优化提供很有效的支持，希望广大读者能够认真掌握这些内容。

5.8 课后习题

5.8.1 填空题

（1）在特征建模中，有时需要在零件模型上构造大量重复性特征，而这些特征在模型上的特定位置按某种规则有序地排列，此时________方法是最佳的选择。

（2）特征重定义是指重新定义特征的创建方式，包括特征的________、________、参考平面和________等。

5.8.2 问答题

（1）重定参考的操作方式有哪两种？

（2）通过程序设计可以控制什么？

5.8.3 上机操作题

使用本章学过的各种命令来创建一个螺栓座的模型文件，如图 5-71 所示。

练习步骤和方法：

（1）使用拉伸等创建一半的螺栓座模型。

（2）进行特征定义。

（3）特征镜像复制完成模型。

图 5-71　螺栓座模型

第 6 章　曲面设计

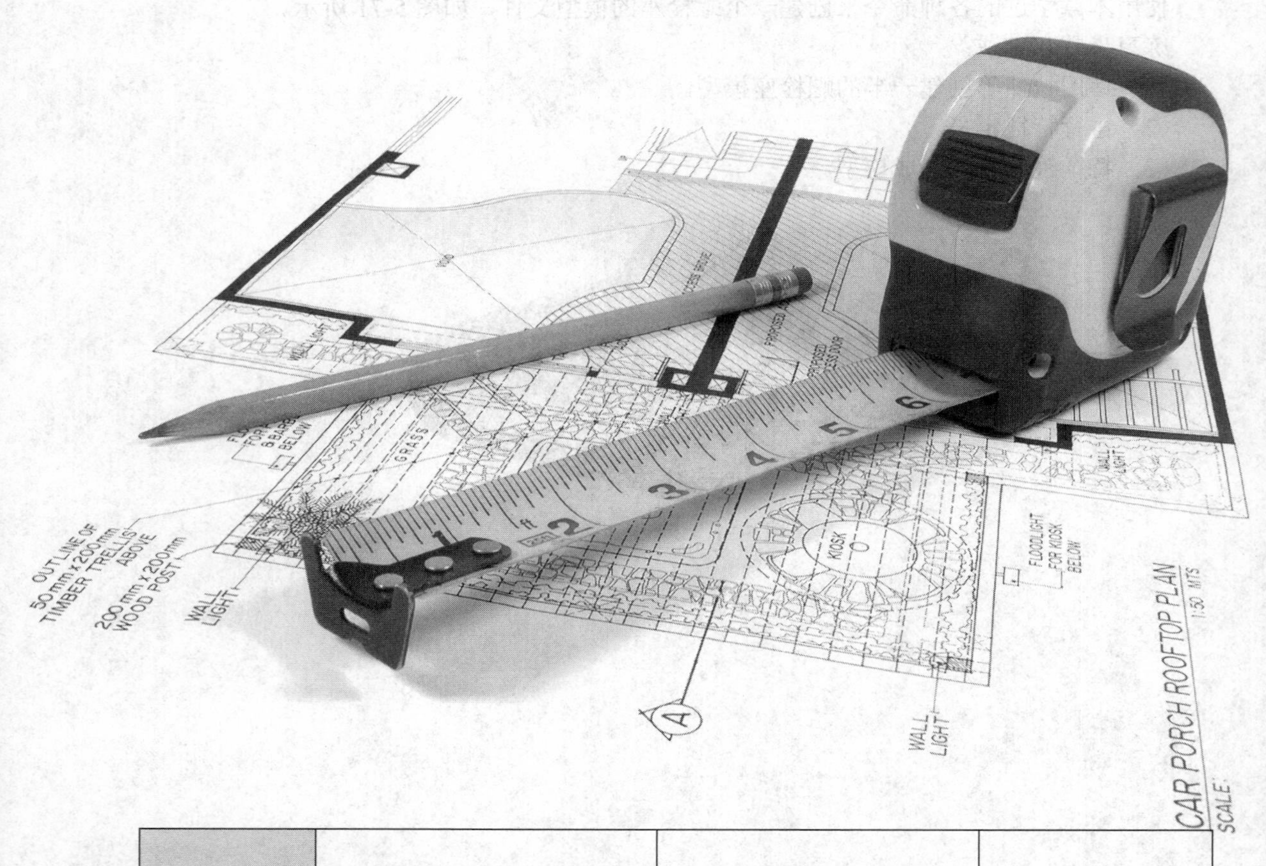

课训目标	内　容	掌握程度	课　时
	简单曲面创建	熟练掌握	2
	扫描混合曲面创建	熟练掌握	2
	边界混合曲面和自由曲面创建	熟练掌握	4
	曲面编辑修改	熟练掌握	2

课程学习建议

曲面设计是三维建模中非常重要的一个环节。在 Creo Parametric 中，除了实体造型工具外，曲面造型工具是另外一种非常有效的方法，特别是对于形状复杂的零件，利用 Creo Parametric 提供的强大而灵活的曲面造型工具，可以更为有效地创建三维模型。

曲面特征是没有厚度、质量的，但具有边界，可以利用多个封闭曲面来生成实体特征，这是建立曲面特征的最终目的。

本课程培训课程表如下。

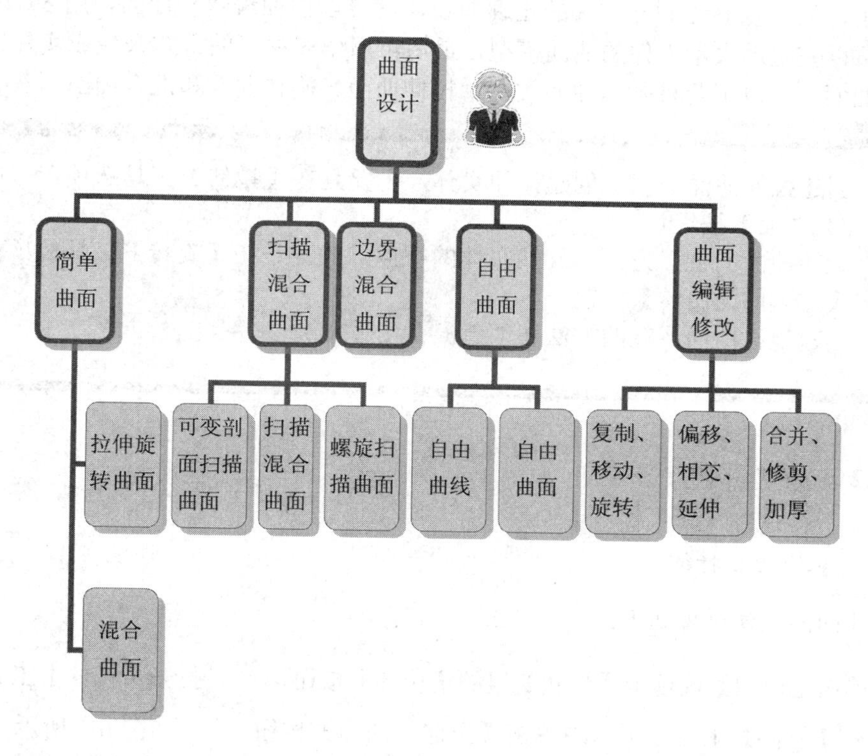

6.1 简单曲面

基本概念

简单曲面是相对复杂曲面而言的，主要包括拉伸曲面、旋转曲面和混合曲面。

课堂讲解课时：2 课时

6.1.1 设计理论

对于简单、规则的零件，使用实体特征方式就能迅速方便地建模。但对于形状复杂，特别是表面形状不规则的零件，使用实体特征方式进行建模就比较困难，有时甚至不可能完成。但是，只要能够绘制出零件的轮廓曲线，就可以由曲线建立曲面，用多个单一曲面组合起来可以完整地表示零件的曲面模型，最后再用填充材料的方式来生成实体。

简单曲面分为以下几种基本曲面类型：拉伸曲面、旋转曲面和混合曲面。

创建拉伸曲面类似于创建拉伸实体，主要是在【拉伸】工具选项卡中单击【拉伸为曲面】按钮。

旋转曲面的创建方法和旋转实体的类似，关键是在【旋转】工具选项卡中单击【作为曲面旋转】按钮。

创建混合曲面特征的方法和创建混合实体相类似。

6.1.2 课堂讲解

1. 创建拉伸曲面特征

拉伸曲面的创建过程如下：

（1）单击【模型】选项卡【形状】组的【拉伸】按钮，打开【拉伸】工具选项卡。

（2）在【拉伸】工具选项卡中单击【拉伸为曲面】按钮，如图 6-1 所示。

（3）在工具选项卡中打开【放置】面板，单击【定义】按钮，弹出【草绘】对话框。

（4）选择一个基准平面为草绘平面，其余接受系统默认的设置，单击对话框中的【草绘】按钮，进入草绘模式。

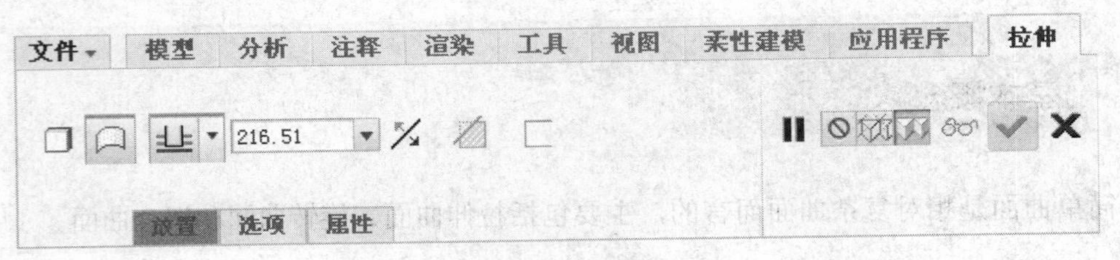

图 6-1 【拉伸】工具选项卡

（5）绘制如图 6-2 所示的剖面，完成后单击【草绘】工具选项卡中的【确定】按钮，退出草绘模式。

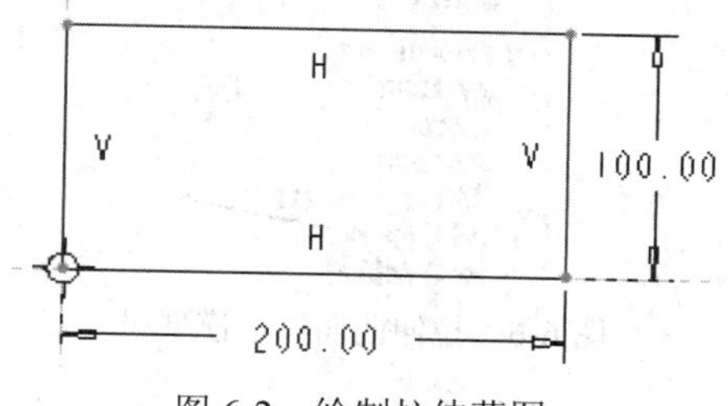

图 6-2　绘制拉伸草图

（6）深度选项可以采用系统默认的选项，输入深度值为“200”，按 Enter 键确认；单击【应用并保存】按钮，创建的拉伸曲面特征如图 6-3 所示。

图 6-3　拉伸曲面特征

如果想绘制封闭的拉伸曲面，可以单击工具选项卡中的【选项】标签，打开【选项】面板，启用【封闭端】复选框，如图 6-4 所示，生成的封闭拉伸曲面图 6-5 所示。

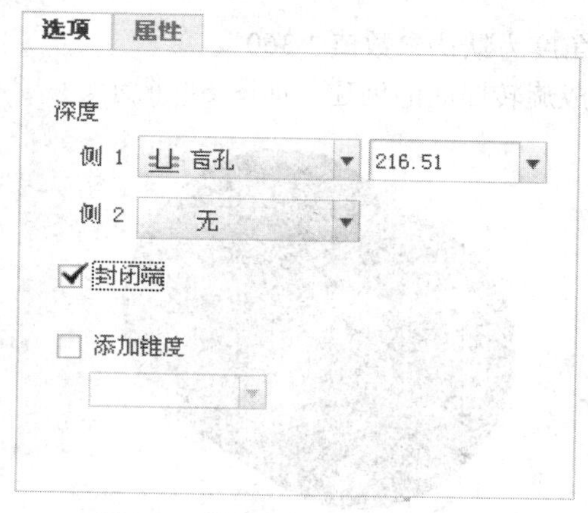

图 6-4　【选项】面板

图 6-5　拉伸曲面特征（封闭）

拉伸曲面特征和拉伸实体特征在模型树中的标识相同，如图 6-6 所示。

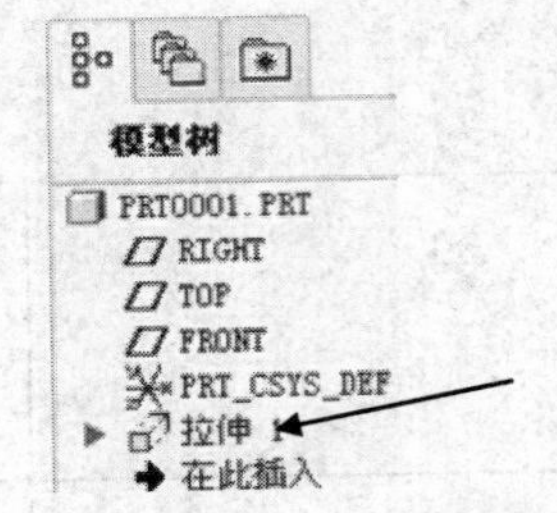

图 6-6　拉伸曲面特征模型树

2. 创建旋转曲面特征

旋转曲面的创建过程如下：

（1）单击【模型】选项卡【形状】组中的【旋转】按钮，打开【旋转】工具选项卡。

（2）在工具选项卡中单击【作为曲面旋转】按钮，如图 6-7 所示。

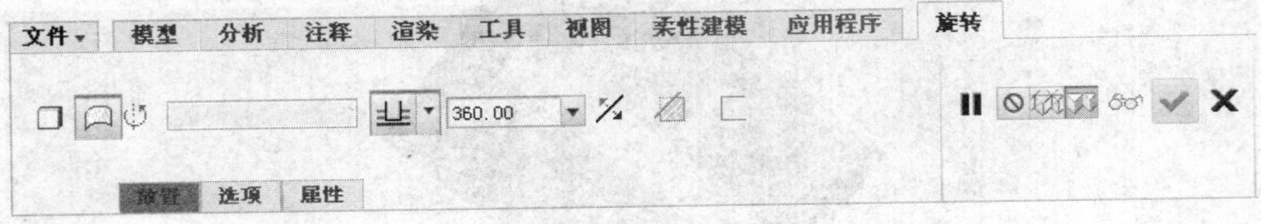

图 6-7　【旋转】工具选项卡

（3）在【放置】面板中单击【定义】按钮，弹出【草绘】对话框。

（4）选择一个基准平面为草绘平面，其余接受系统默认的设置，单击对话框中的【草绘】按钮，进入草绘模式。

（5）绘制如图 6-8 所示的图形，完成后单击【草绘】工具选项卡中的【确定】按钮，退出草绘模式。

（6）选择一条旋转轴，如 z 轴，设置旋转角度为默认参数值“360”。

（7）最后单击【应用并保存】按钮，完成旋转曲面的创建，如图 6-9 所示。

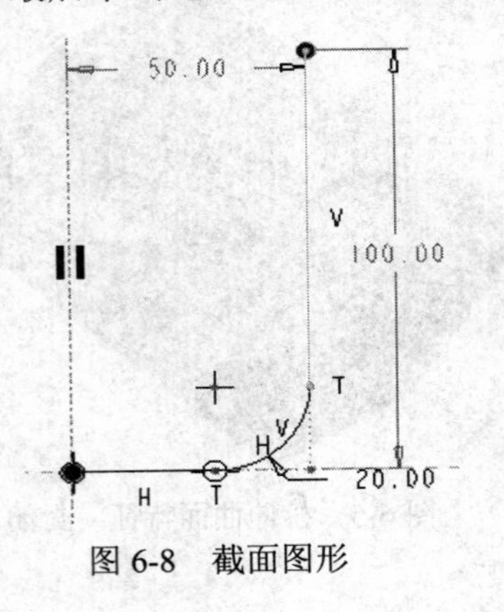

图 6-8　截面图形

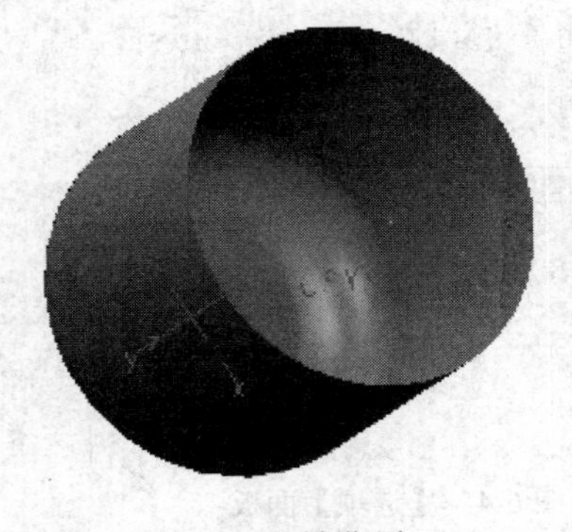

图 6-9　旋转曲面

3. 创建混合曲面特征

混合曲面的创建过程如下：

（1）在【模型】选项卡中选择【形状】|【混合】命令，将弹出【混合】工具选项卡，单击【混合为曲面】按钮即可创建混合曲面特征，如图 6-10 所示。

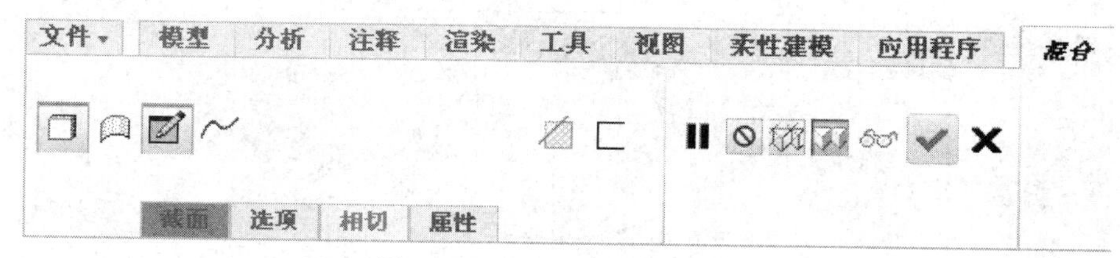

图 6-10 【混合】工具选项卡

打开【混合】工具选项卡中的【截面】和【选项】面板，如图 6-11 和图 6-12 所示。

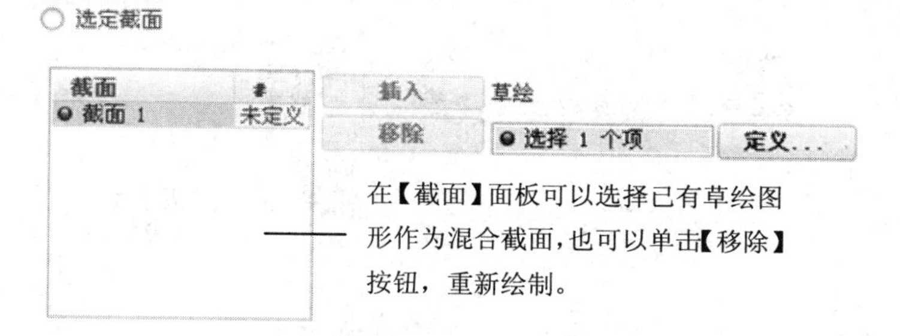

图 6-11 【截面】面板

图 6-12 【选项】面板

（2）在【模型】选项卡中选择【形状】|【混合】命令，单击【混合】工具选项卡的【截面】按钮，单击【定义】按钮，选择草绘平面绘制截面图形，如图 6-13 所示，单击【草绘】选项卡中的【确定】按钮。

单击【截面】按钮，如图 6-14 所示，设置截面 1 的偏移距离，单击【草绘】按钮绘制截面 2，如图 6-15 所示，单击【草绘】选项卡中的【确定】按钮。

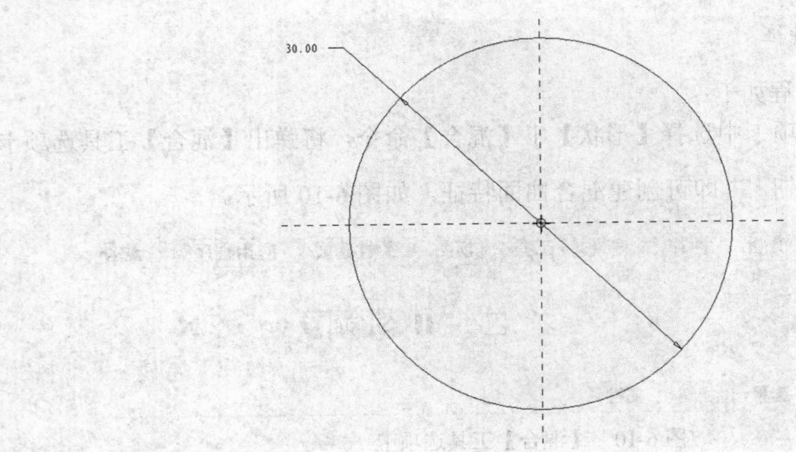

图 6-13　截面图形

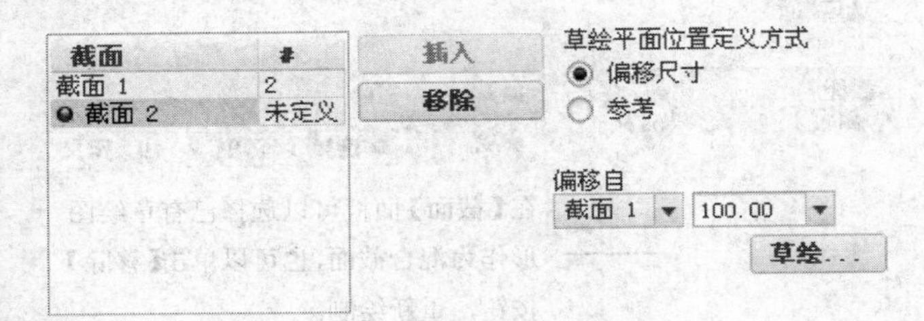

图 6-14　设置偏移距离

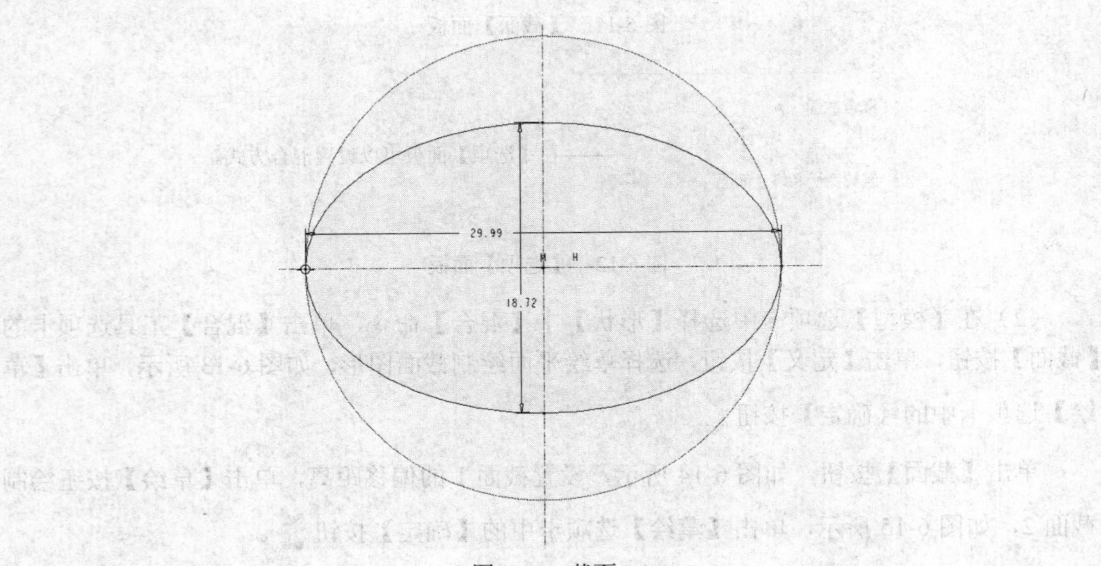

图 6-15　截面 2

在【混合】工具选项卡中单击【应用并保存】按钮完成创建，如图 6-16 所示，最终结果如图 6-17 所示。

图 6-16　【混合】工具选项卡

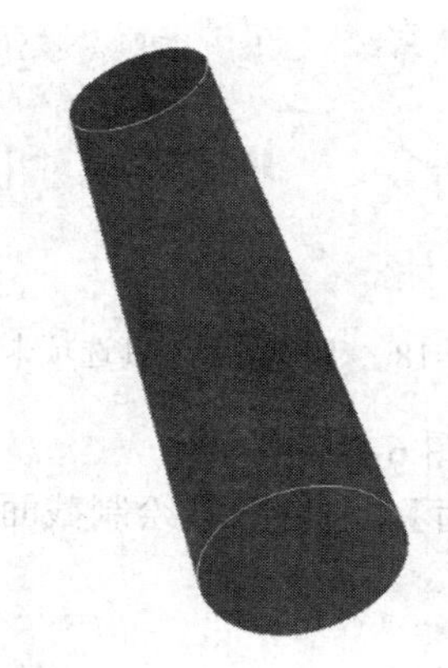

图 6-17　混合曲面效果

6.2　扫描混合曲面

基本概念

扫描混合曲面主要包括可变剖面扫描曲面、扫描混合曲面和螺旋扫描曲面。

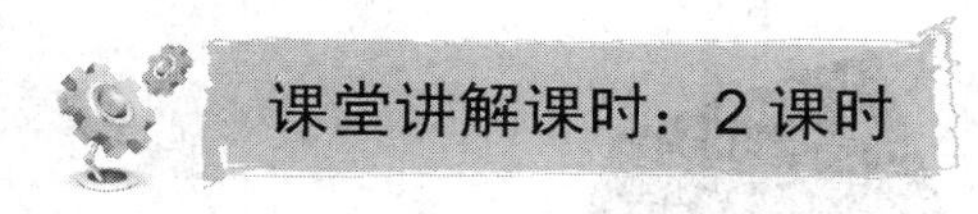

课堂讲解课时：2 课时

6.2.1　设计理论

当创建可变剖面扫描曲面特征时，可在【扫描】工具选项卡中单击【可变截面扫描】按钮。

当创建扫描混合曲面特征时，可在【扫描混合】工具选项卡中单击【创建曲面】按钮。

6.2.2 课堂讲解

1. 创建可变剖面扫描曲面

创建过程如下：

（1）单击【模型】选项卡【形状】组中的【扫描】按钮，打开【扫描】工具选项卡，如图 6-18 所示，单击【扫描曲面】按钮。

图 6-18 【扫描】工具选项卡

（2）选择两条或多条轨迹，如图 6-19 所示。

（3）单击【创建或编辑扫描曲面】按钮，绘制截面草图，如图 6-20 所示，单击【草绘】工具选项卡中的【确定】按钮。

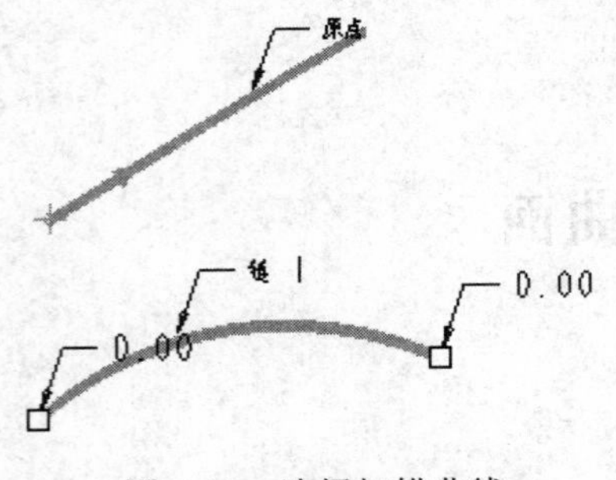

图 6-19 选择扫描曲线

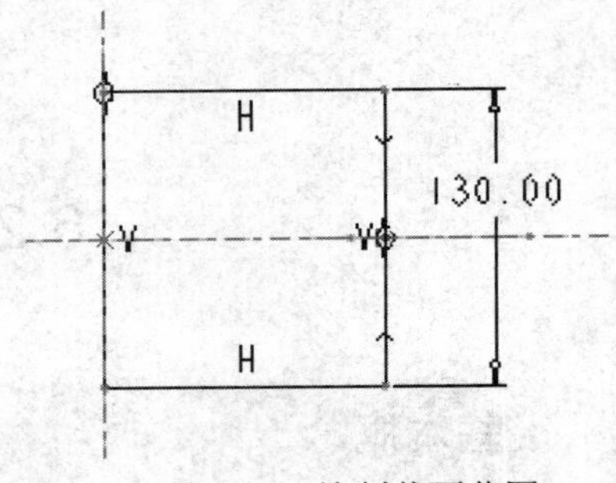

图 6-20 绘制截面草图

（4）在【选项】面板中，如图 6-21 所示，启用【封闭端点】复选框，可以建立封闭曲面，如图 6-22 所示为可变扫描曲面。

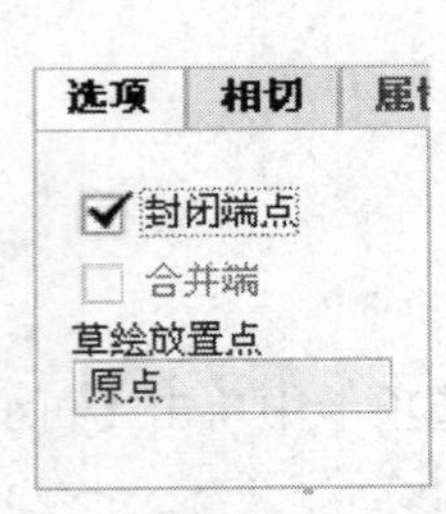

图 6-21 【选项】面板

图 6-22 可变剖面扫描曲面

2. 创建扫描混合曲面

其创建过程如下：

（1）单击【模型】选项卡【形状】组中的【扫描混合】按钮，打开【扫描混合】工具选项卡，如图 6-23 所示。

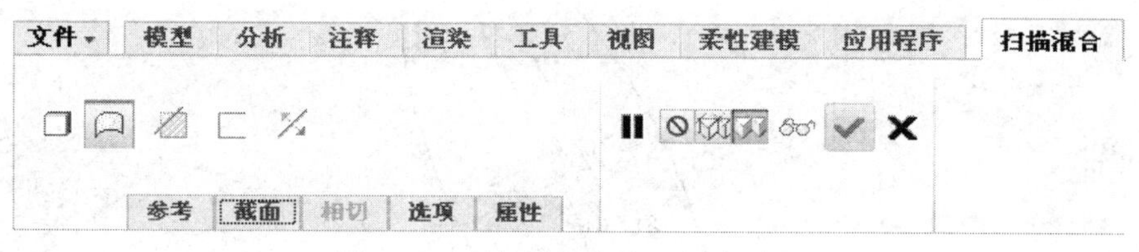

图 6-23 【扫描混合】工具选项卡

（2）单击【创建曲面】按钮，选择轨迹，如图 6-24 所示。

图 6-24 扫描混合轨迹线

（3）打开【截面】面板，如图 6-25 所示，单击【草绘】按钮，绘制第一个截面草图，如图 6-26 所示。单击【草绘】工具选项卡中的【确定】按钮。

图 6-25 【截面】面板

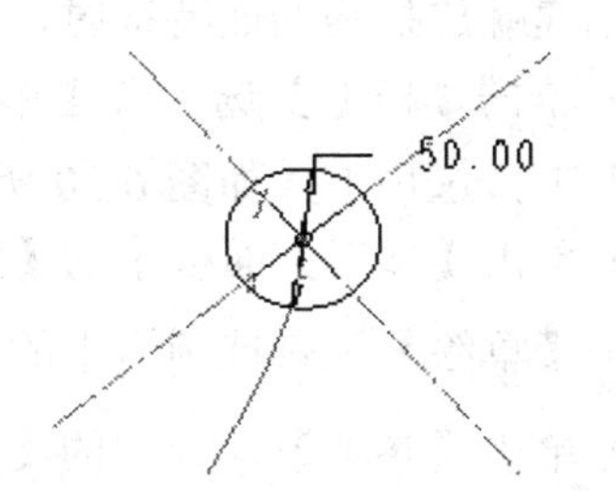

图 6-26 绘制第一个截面草图

（4）再单击【截面】面板中的【插入】按钮，插入截面，单击【草绘】按钮，进行截面 2 草图的绘制，如图 6-27 所示。单击【草绘】工具选项卡中的【确定】按钮。

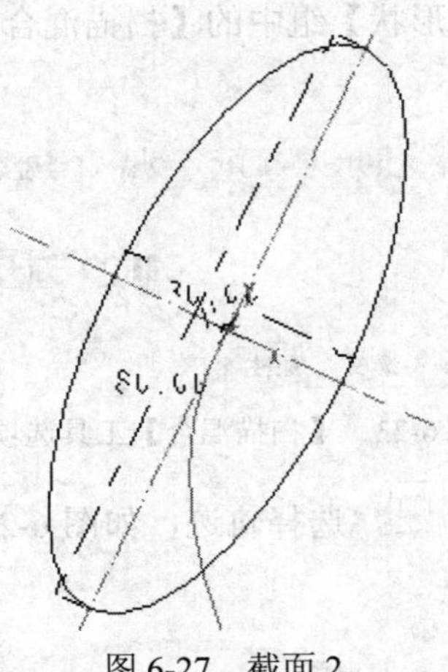

图 6-27　截面 2

（5）在【选项】面板可以设置曲面是否封闭，如图 6-28 所示。查看扫描预览，无误后单击【应用并保存】按钮，完成扫描混合曲面特征的创建，如图 6-29 所示。

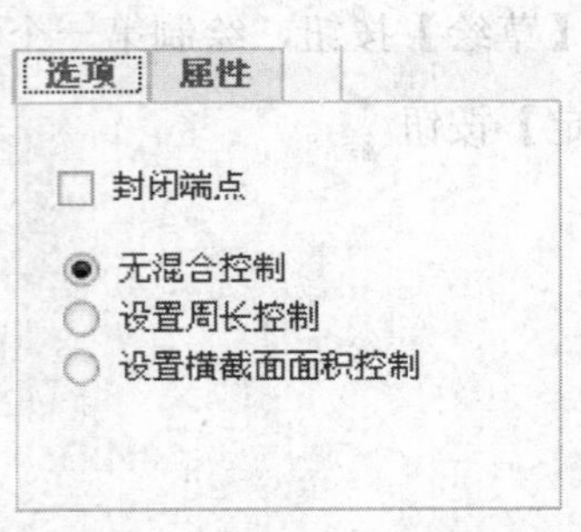

图 6-28　【选项】面板

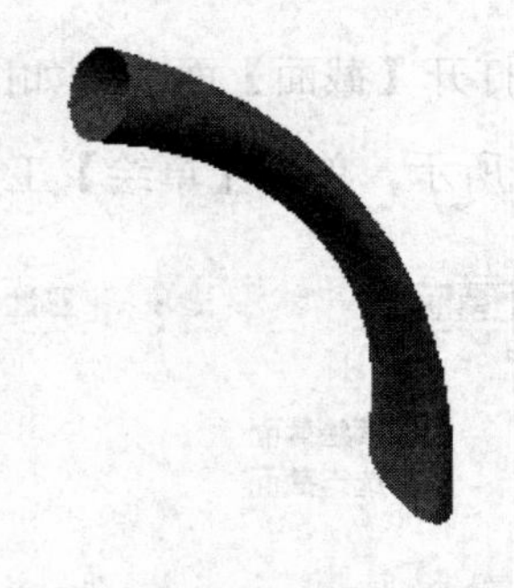

图 8-29　扫描混合曲面特征

3. 创建螺旋扫描曲面

在创建螺旋扫描曲面特征时，可执行如下操作：

（1）单击【模型】选项卡【形状】组中的【螺旋扫描】按钮，弹出【螺旋扫描】工具选项卡，如图 6-30 所示，单击【创建曲面】按钮。

（2）单击【参考】面板中的【定义】按钮，选择一个平面绘制螺旋轮廓，如图 6-31 所示。单击【草绘】工具选项卡中的【确定】按钮。

（2）单击【参考】面板中的【旋转轴】选择框，选择一条直线或轴作为旋转轴。

（3）单击【螺旋扫描】工具选项卡中的【创建或编辑扫描截面】按钮，绘制扫描截面，如图 6-32 所示。

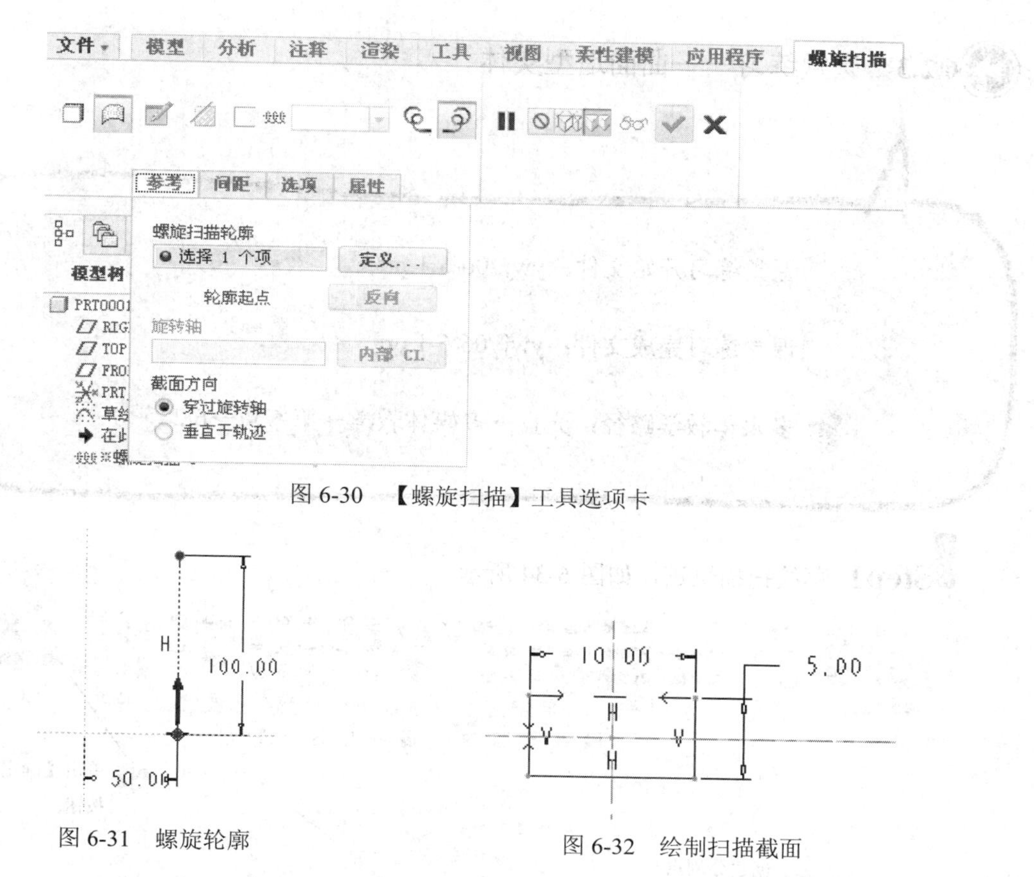

图 6-30 【螺旋扫描】工具选项卡

图 6-31 螺旋轮廓

图 6-32 绘制扫描截面

（4）在间距值文本框输入间距，并选择螺旋旋转方向。查看扫描预览，无误后单击【应用并保存】按钮，完成扫描曲面特征的创建，如图 6-33 所示。

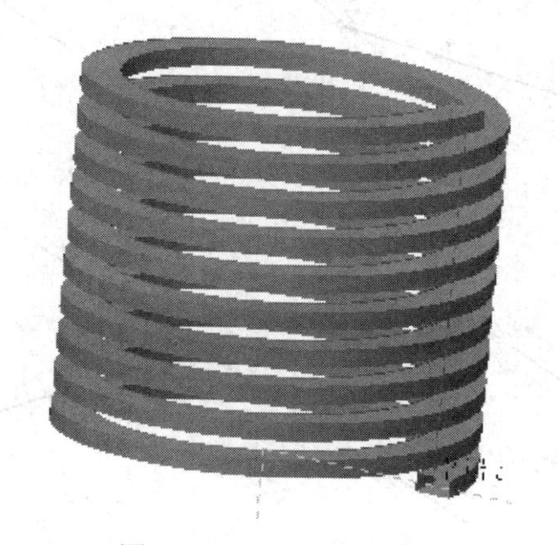

图 6-33 螺旋扫描曲面

6.2.3 课堂练习——曲面造型实体

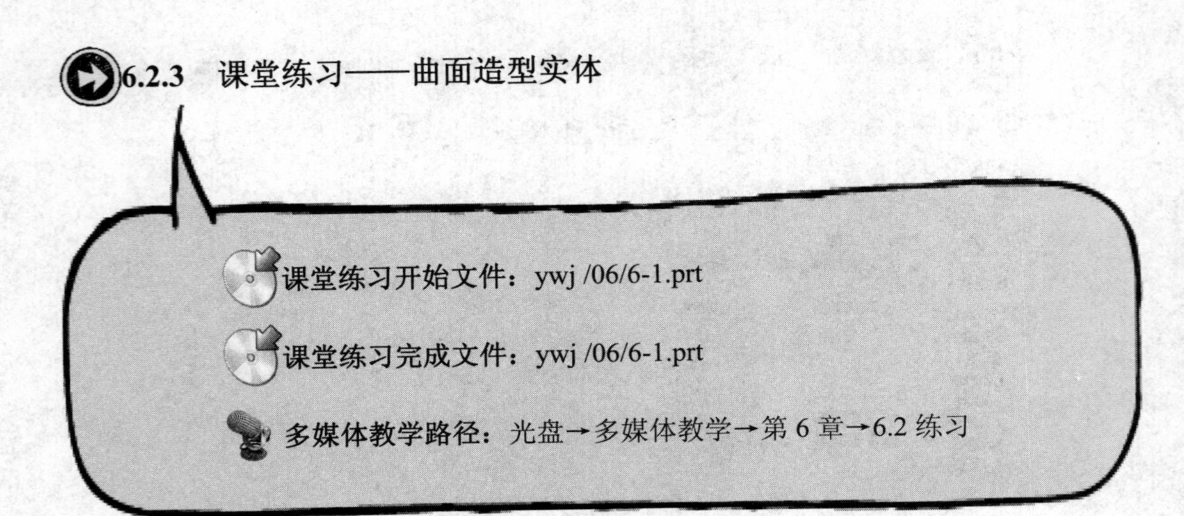

Step1 草绘扫描轨迹，如图 6-34 所示。

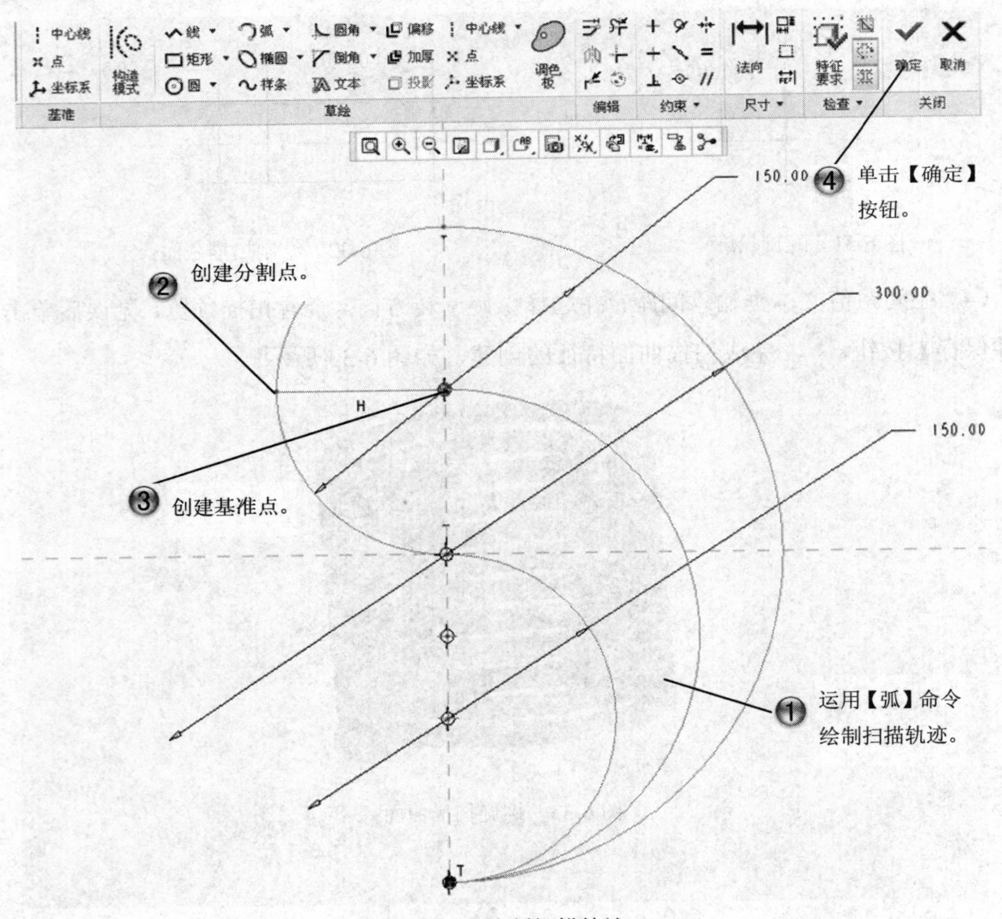

图 6-34　绘制扫描轨迹

Step2 创建可变截面扫描特征，如图 6-35 所示。

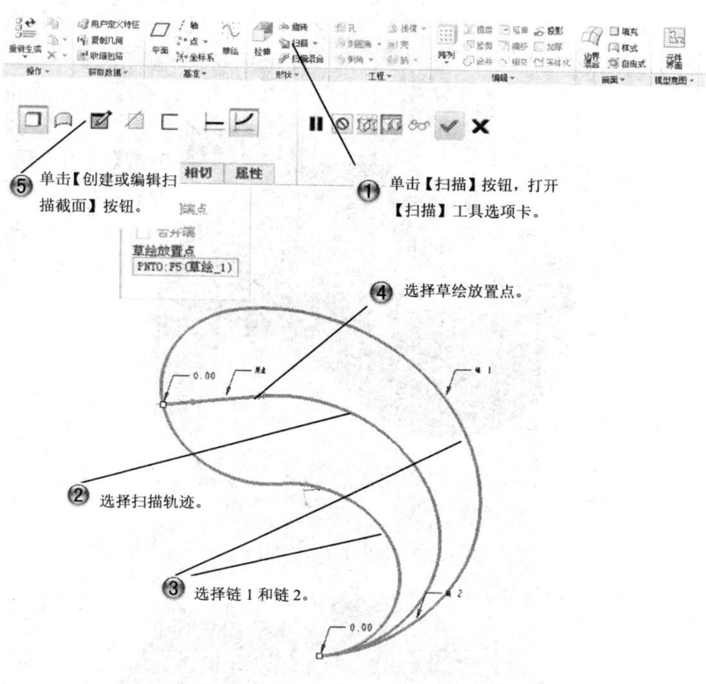

图 6-35　创建可变截面扫描特征

Step3 绘制扫描截面，如图 6-36 所示。

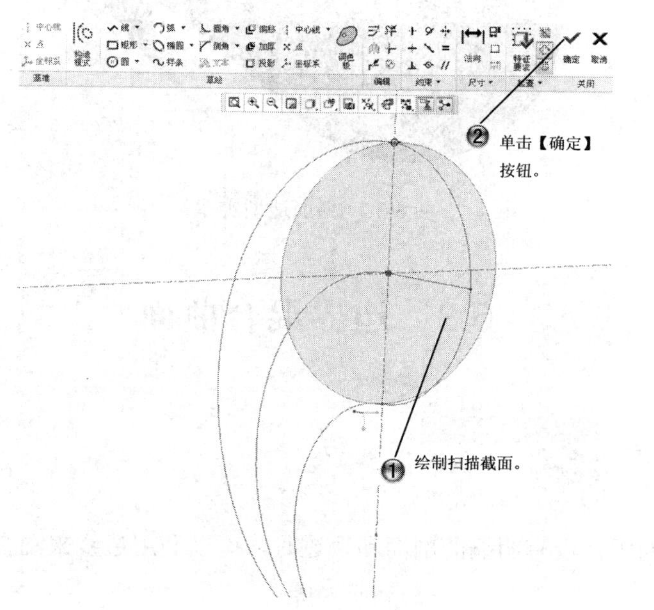

图 6-36　绘制扫描截面

Step4 完成扫描创建，如图 6-37 所示。完成的曲面造型实体如图 6-38 所示。

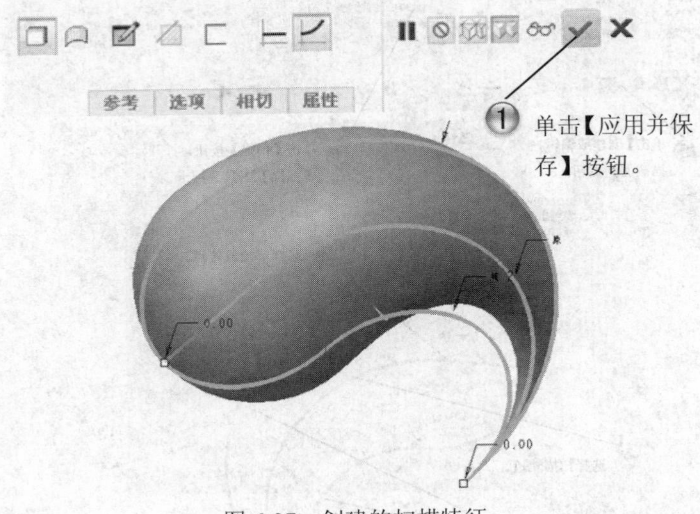

图 6-37 创建的扫描特征

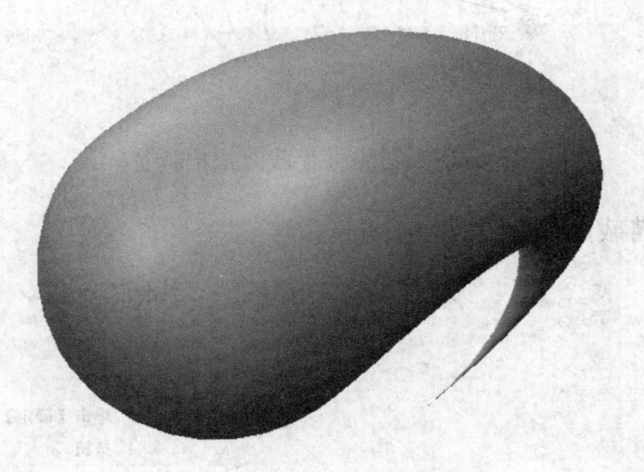

图 6-38 曲面造型实体

6.3 边界混合曲面

当需要建立的零件没有明显的剖面和轨迹时，可以利用边线来混合成曲面，这就是边界混合曲面。

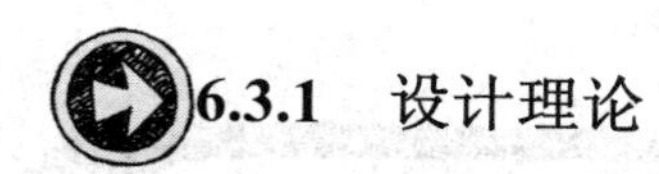

课堂讲解课时：2 课时

6.3.1 设计理论

创建边界混合曲面的步骤如下：

（1）单击【模型】选项卡【曲面】组中的【边界混合】按钮，打开【边界混合】工具选项卡。

（2）分别单击【第一方向链收集器】选择框和【第二方向链收集器】选择框，依次选择两个方向上的各个曲线。

（3）设置边界混合曲面上的形状控制点。

（4）单击【应用并保存】按钮，完成边界混合曲面特征的创建。

6.3.2 课堂讲解

创建边界曲面的具体方法如下：

（1）单击【模型】选项卡【曲面】组中的【边界混合】按钮，打开图 6-39 所示的【边界混合】工具选项卡。

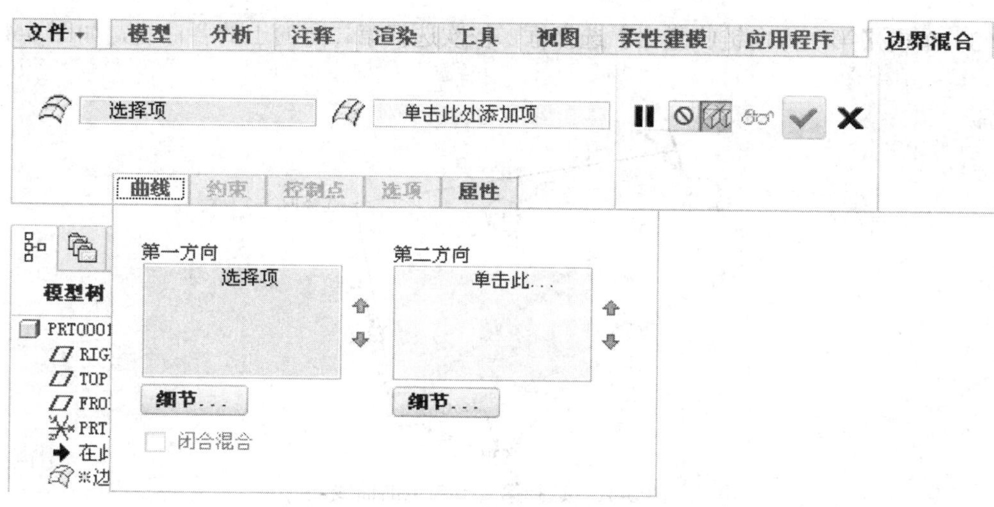

图 6-39 【边界混合】工具选项卡

工具选项卡中有两个收集器：【第一方向链收集器】和【第二方向链收集器】。

当创建单向的边界混合曲面时，只使用【第一方向链收集器】选择框；当创建双向边界混合曲面时，两个收集器选择框都使用。

选项卡中有如下 5 个面板。

- 【曲线】面板：选择在一个方向上混合时所需要的曲线，而且可以控制选取顺序。
- 【约束】面板：指边界曲线的约束条件，包括自由、切线、曲率和垂直。
- 【控制点】面板：为精确控制曲线形状，可以在曲线上添加控制点。
- 【选项】面板：选取曲线来控制混合曲面的形状和逼近方向。
- 【属性】面板：边界混合曲面的命名。

（2）单击【第一方向链收集器】选择框，依次选择第一方向上的各曲线，如图 6-40 所示。

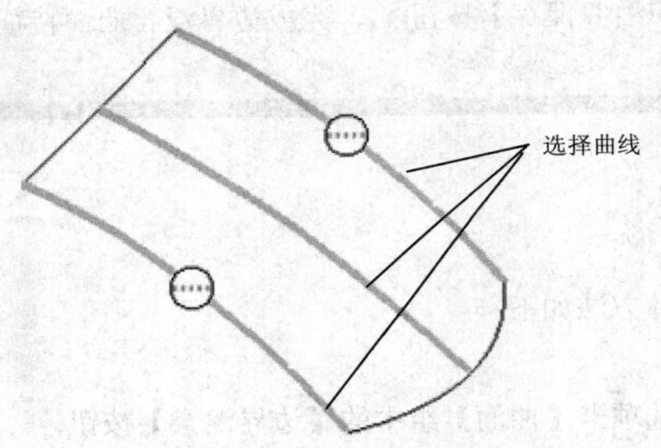

图 6-40　选择第一方向的曲线

（3）单击【第二方向链收集器】选择框，依次选择第二方向上的各曲线，如图 6-41 所示。

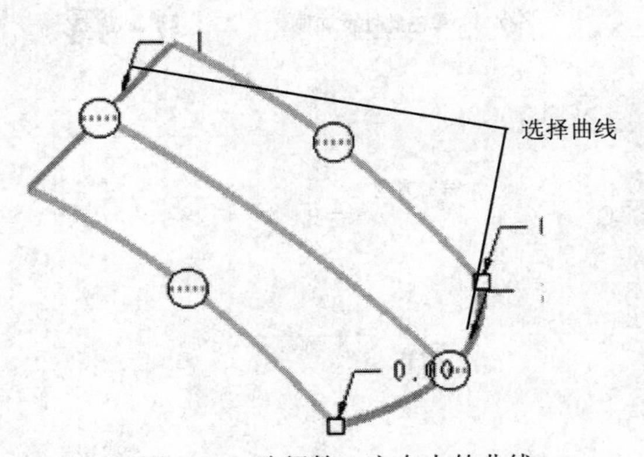

图 6-41　选择第二方向上的曲线

（4）在【控制点】面板中可以设置边界混合曲面上的形状控制点，在【选项】面板中可以添加曲面的形状控制曲线，如图 6-42 和图 6-43 所示。

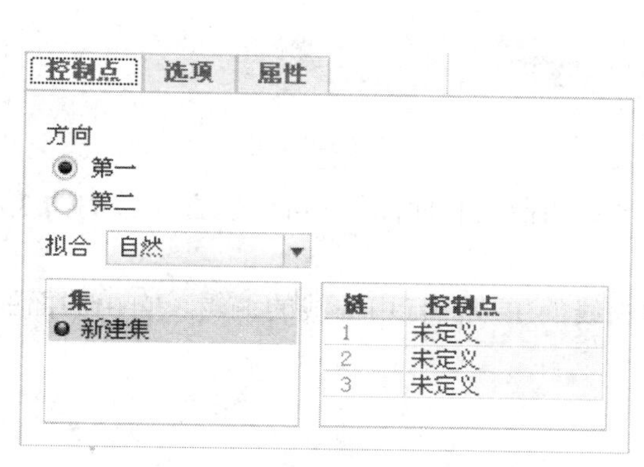

图 6-42　【控制点】面板

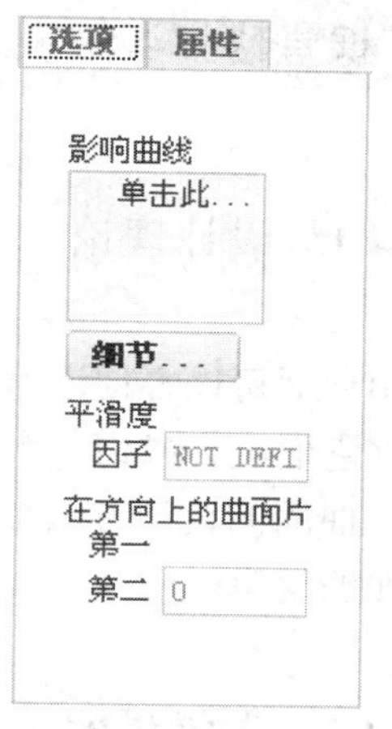

图 6-43　【选项】面板

（5）查看扫描预览，无误后单击【应用并保存】按钮，完成边界混合曲面特征的创建，如图 6-44 所示。

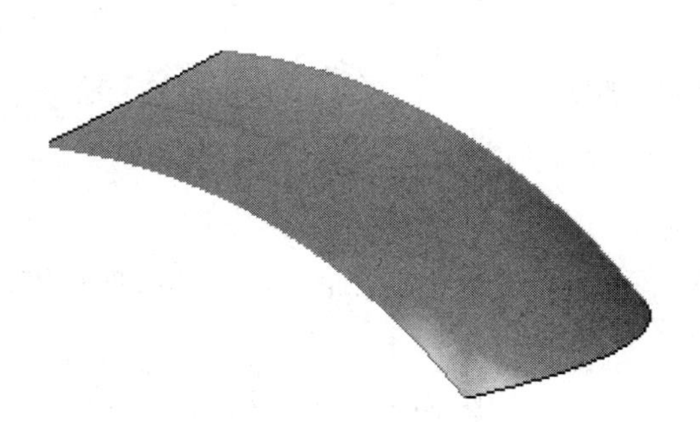

图 6-44　边界混合曲面

6.4　自 由 曲 面

自由曲面也称交互式曲面设计（ISDX），它提供了更加方便的 3D 曲线创建的功能，能快速缩短产品的开发周期。

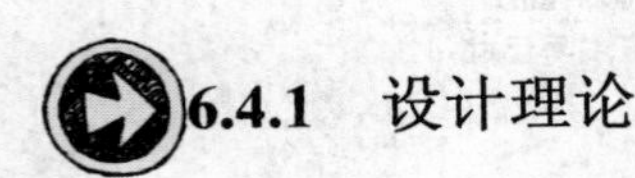

课堂讲解课时：2 课时

6.4.1 设计理论

自由曲面可以方便迅速地创建自由形式的曲线和曲面，它可以包含无数的曲线和曲面，并能够将它们组合成为一个超级特征。

自由曲面的设计方法主要包括自由曲线的生成、自由曲线的编辑、自由曲面的生成和自由曲面的编辑。

6.4.2 课堂讲解

接下来就为大家详细介绍自由曲面设计的一些基本方法。

1. 自由曲线的生成

（1）自由曲线如图 6-45 所示。

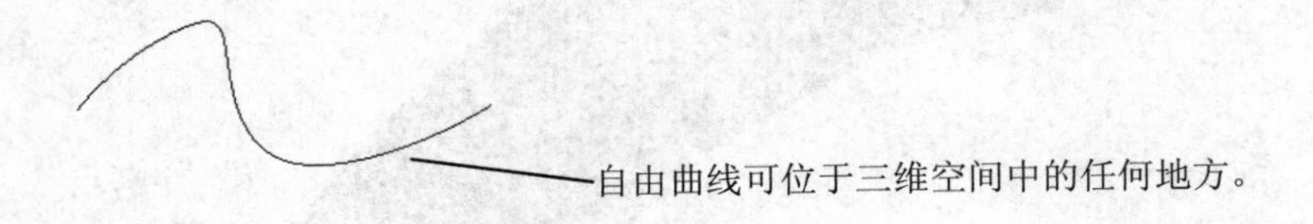

图 6-45　自由曲线

（2）平面自由曲线如图 6-46 所示。

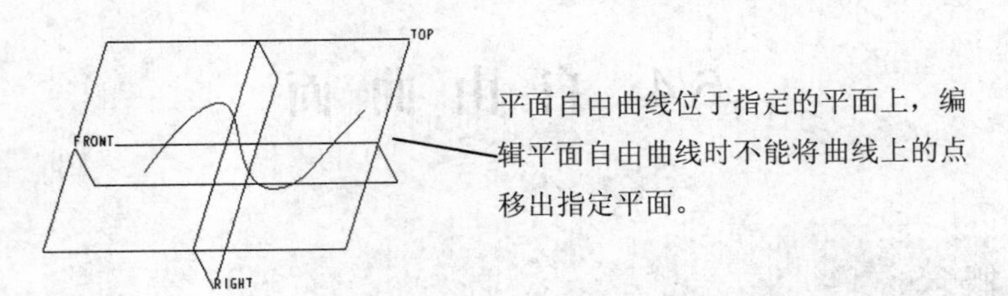

图 6-46　平面自由曲线

（3）COS 自由曲线如图 6-47 所示。

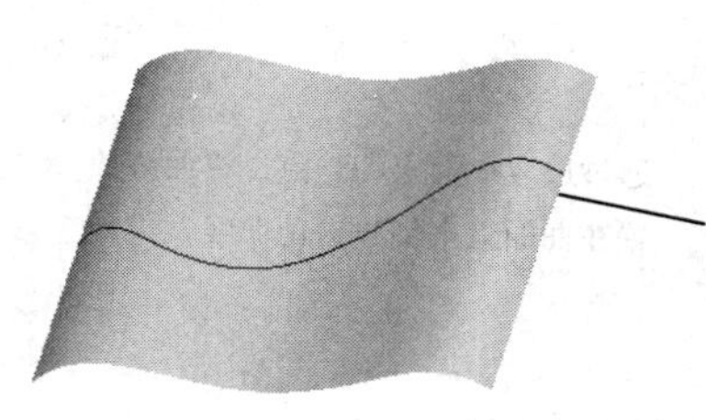

图 6-47　COS 自由曲线

（4）投影自由曲线如图 6-48 所示。

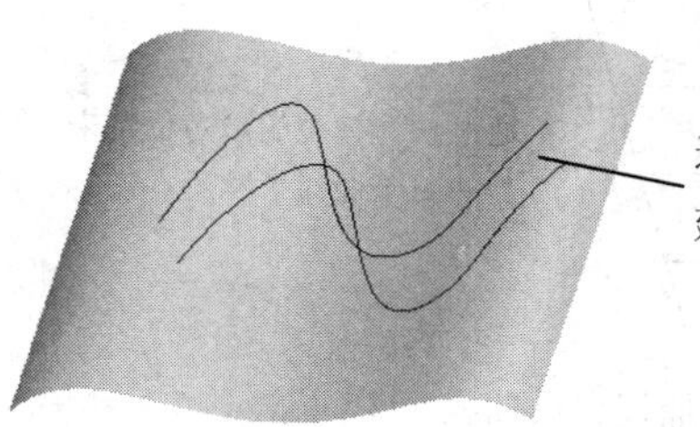

图 6-48　投影自由曲线

（5）曲面相交如图 4-49 所示。

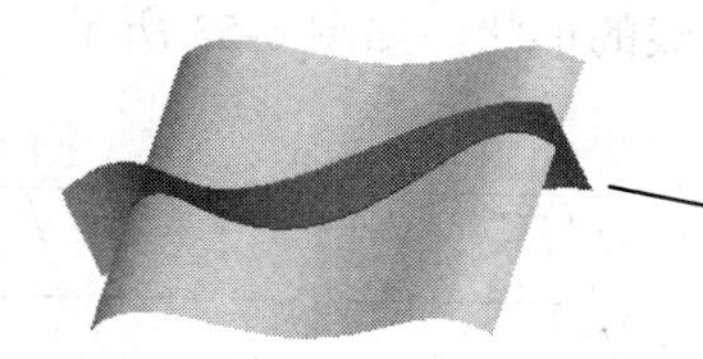

图 6-49　曲面相交

（6）偏移自由曲线如图 6-50 所示。

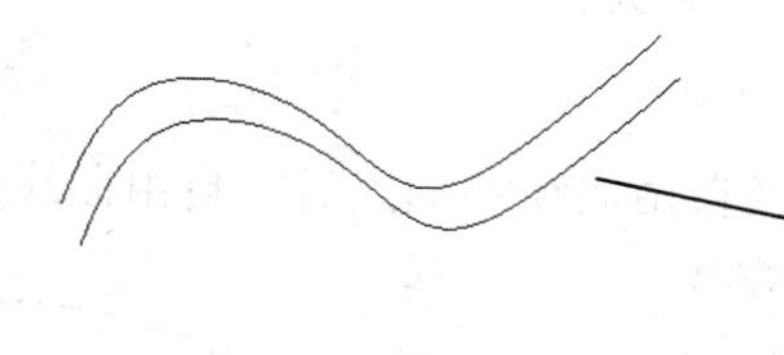

图 6-50　偏移自由曲线

（7）基准曲线

通过对基准曲线的复制来创建自由曲线。

（8）曲面自由曲线如图 6-51 所示。

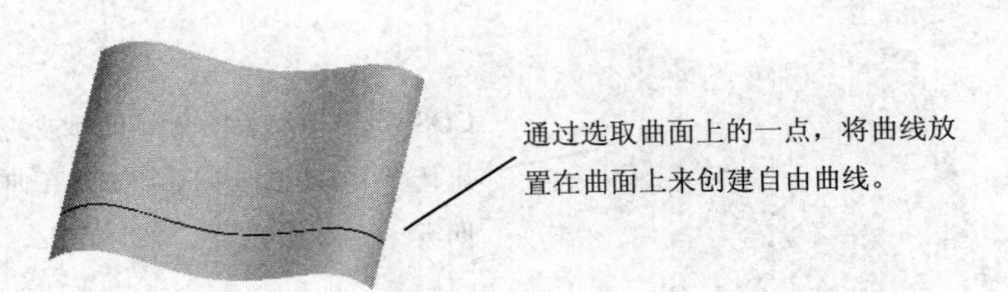

图 6-51　曲面自由曲线

（9）捕捉自由曲线如图 6-52 所示。

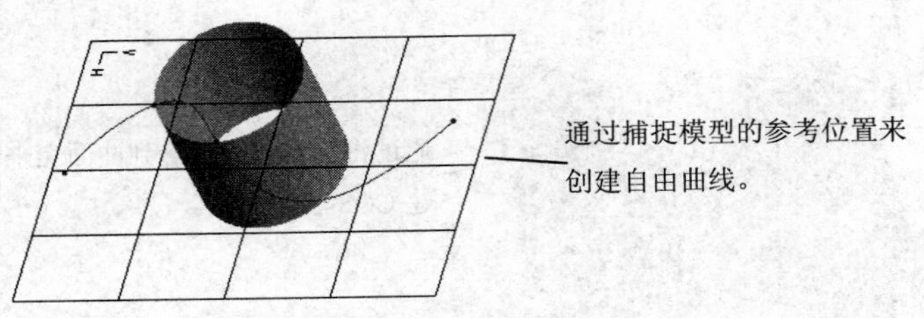

图 6-52　捕捉自由曲线

2. 自由曲线的编辑

（1）修改形状

通过修改自由曲线上点的位置来改变自由曲线的形状，如图 6-53 所示。

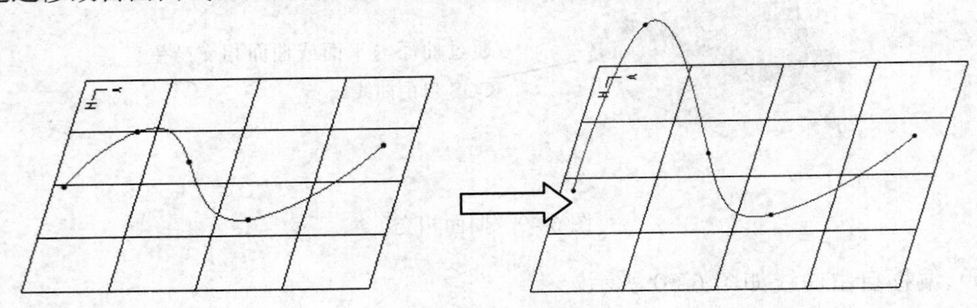

图 6-53　修改形状

（2）添加点

在自由曲线上可以添加任意点或中点。当自由曲线添加点后，自由曲线会根据定义点的位置改变其形状，如图 6-54 和图 6-55 所示。

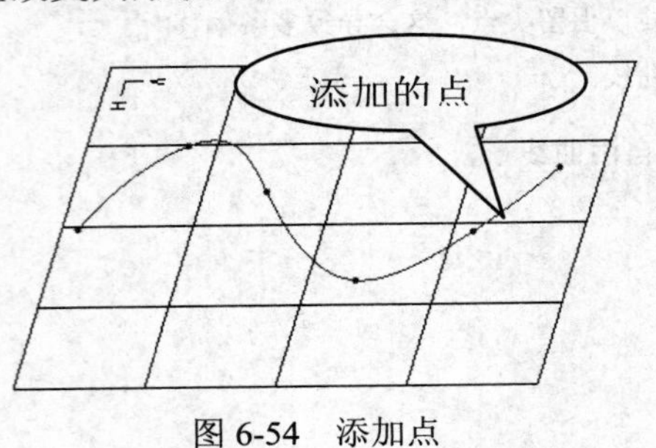

图 6-54　添加点

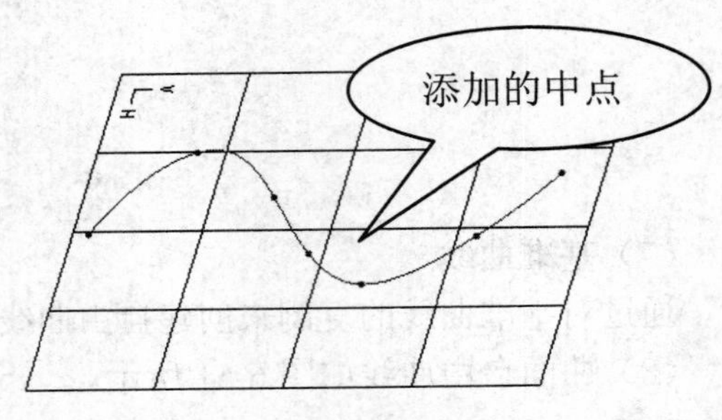

图 6-55　添加中点

（3）创建软点

将自由曲线上的点约束到模型的参考位置上来定义自由曲线，如图 6-56 所示。

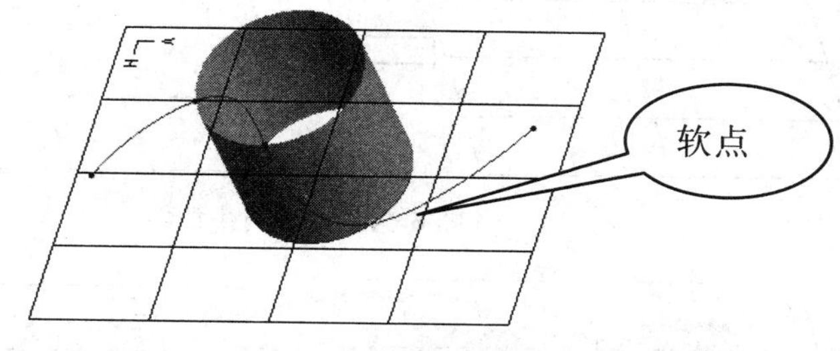

图 6-56　创建软点

（4）删除点

删除自由曲线上不需要的点来改变自由曲线的形状，如图 6-57 所示。

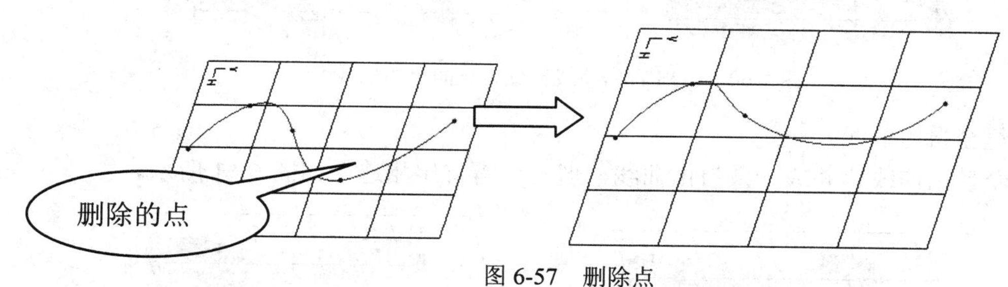

图 6-57　删除点

（5）分割自由曲线

通过选取点将一条自由曲线分成两部分，两条自由曲线由位于其端点的软点连接在一起，如图 6-58 所示。

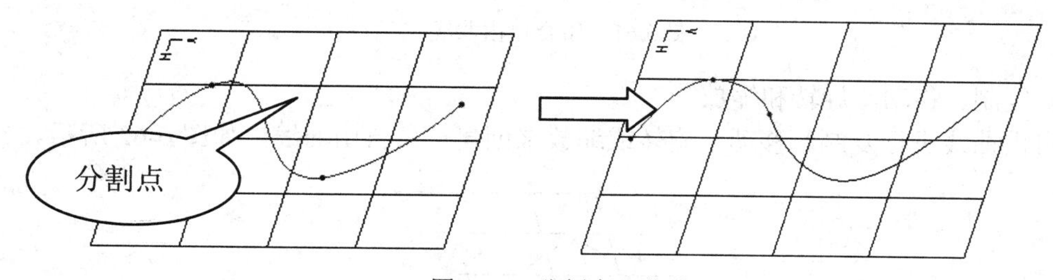

图 6-58　分割自由曲线

（6）延伸自由曲线

将自由曲线延伸到指定的地方，如图 6-59 所示。

（7）改变自由曲线类型

可以将平面自由曲线和 COS 自由曲线转换成自由曲线或平面曲线，如图 6-60 所示。

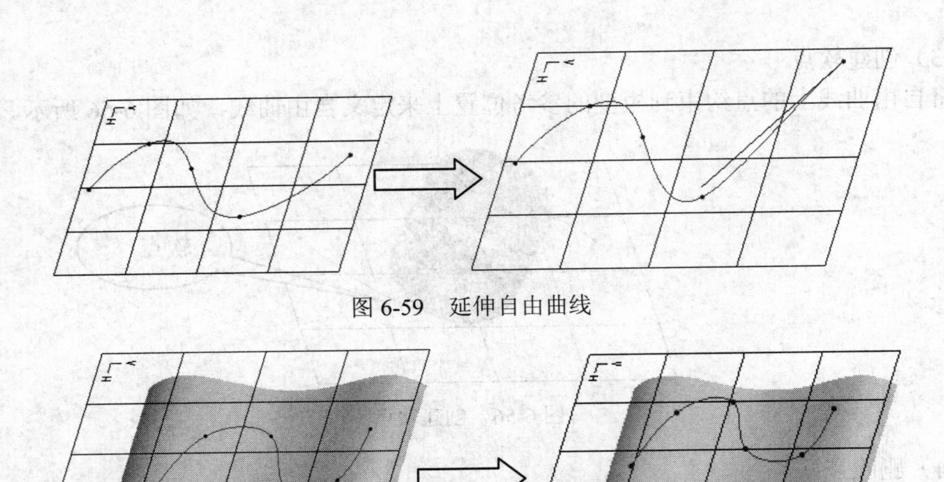

图 6-59 延伸自由曲线

图 6-60 COS 自由曲线转变为平面自由曲线

（8）组合自由曲线

将多个自由曲线合并成一条自由曲线，但它们需首尾相连，如图 6-61 所示。

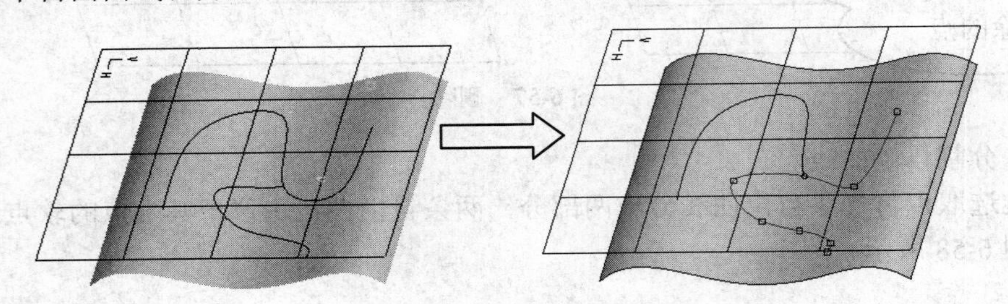

图 6-61 组合自由曲线

（9）复制、移动、旋转和缩放

将自由曲线进行复制、移动、旋转或缩放来创建一条自由曲线，如图 6-62 所示。

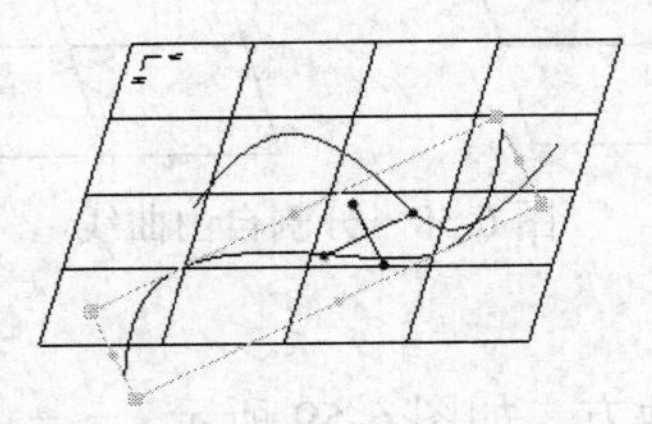

图 6-62 复制、移动、旋转和缩放自由曲线

3. 自由曲面的生成

（1）边界曲面如图 6-63 所示。

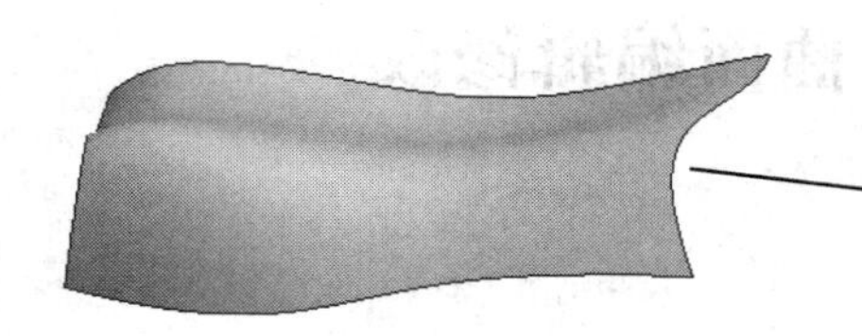

图 6-63　边界曲面

（2）放样曲面如图 6-64 所示。

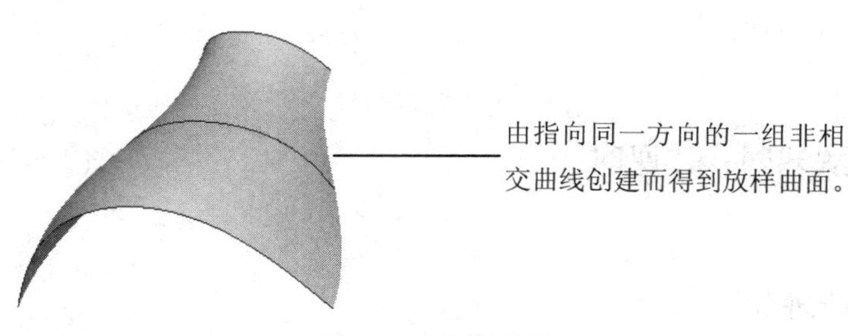

图 6-64　放样曲面

（3）混合曲面如图 6-65 所示。

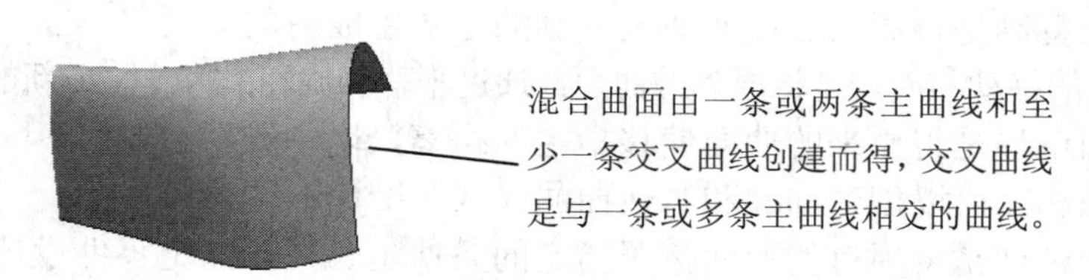

图 6-65　混合曲面

4. 自由曲面的修剪

在自由曲面中，可以使用一组曲线来修剪曲面和面组。可以保留或删除所得到的被修剪面组部分。在默认情况下，自由曲面不删除任何被修剪的部分，如图 6-66 所示。

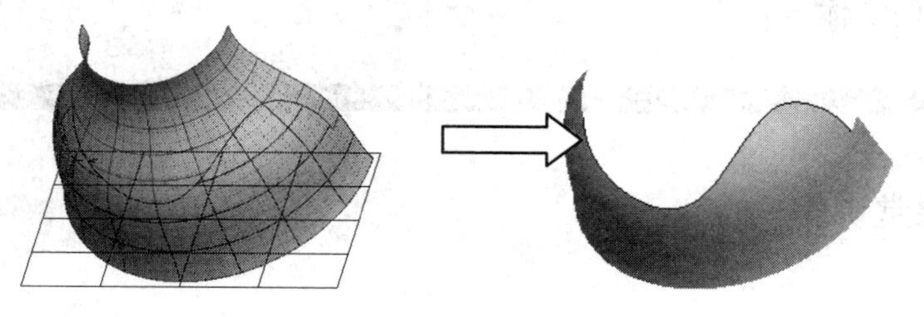

图 6-66　修剪曲面

6.5 曲面编辑修改

基本概念

创建曲面特征之后，根据具体的需要，还可以对其进行一系列的编辑和修改。包括复制、移动、旋转、偏移、延伸、修剪和合并等操作，同时还可以将曲面加厚或实体化，最终完成一个完整特征的创建。

课堂讲解课时：2 课时

6.5.1 设计理论

曲面复制是将原来的曲面通过复制的方式生成新的曲面。

曲面的移动与旋转是将原来的曲面，通过平移和旋转的方式生成新的曲面。

曲面偏移是将原来的曲面偏移指定的距离，以生成新的曲面。

曲面相交可以创建曲面和其他曲面（或基准面）的交线。

曲面延伸是将现有的曲面按照指定的条件延长，以满足零件设计的需要。

曲面合并通过“求交”或“连接”操作使两个独立的曲面合并为一个新的曲面面组，该面组是单独存在的，将其删除后，原始参照曲面仍然保留。

曲面修剪是指利用曲线、曲面或者其他基准平面对现有曲面或面组进行修剪。

曲面加厚是指在选定的曲面特征、曲面组几何特征中，添加薄材料而得到厚度均匀的实体。

6.5.2 课堂讲解

1. 复制曲面

复制曲面创建步骤如下。

（1）首先打开一个曲面效果，选择如图 6-67 所示的曲面。

图 6-67　选择曲面

（2）单击【模型】选项卡【操作】组中的【复制】按钮，然后再单击【粘贴】按钮，打开图 6-68 所示的【拉伸】工具选项卡，在【放置】面板中显示的是将要复制的草绘图。

（3）单击工具选项卡中的【应用并保存】按钮，完成复制曲面的建立，如图 6-69 所示，模型树显示如图 6-70 所示。选择模型树中的参照曲面（拉伸 1）并单击鼠标右键，在弹出的快捷菜单中选择【隐藏】命令将其隐藏，此时，在绘图窗口中仅显示复制曲面（拉伸 1(2)）。

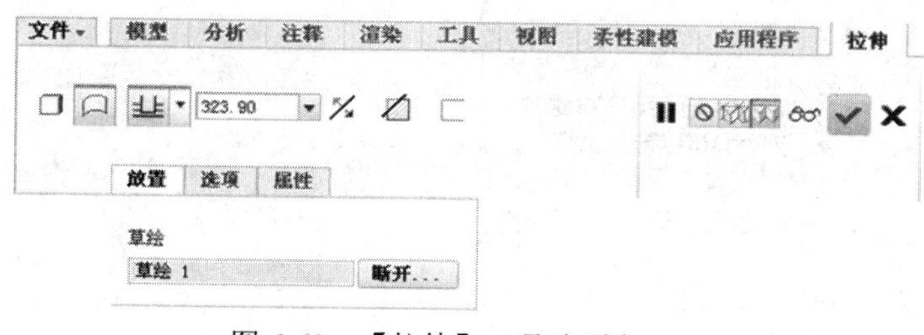

图 6-68　【拉伸】工具选项卡

图 6-69　复制的曲面

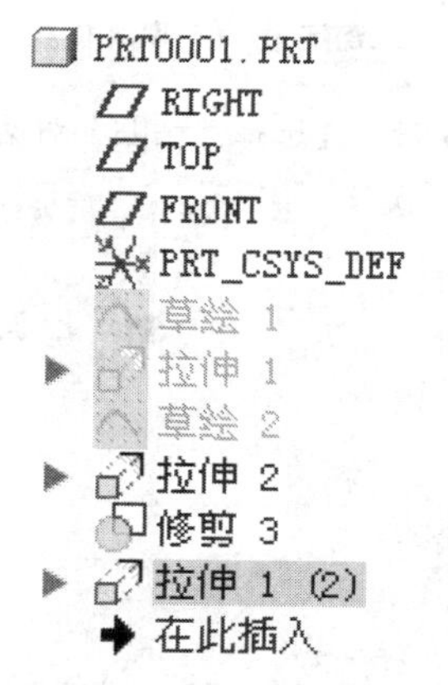

图 6-70　模型树中显示的拉伸 1(2)

提示：与上述步骤相同，如果所选曲面不是拉伸曲面，则单击【粘贴】按钮粘贴后打开相应的工具选项卡。例如，复制边界曲面时，单击【粘贴】按钮粘贴后则打开【边界混合】工具选项卡，然后照上述例子，选择相应的草绘图。在此就不一一举例。

名师点拨

2. *移动与旋转曲面*

其创建步骤如下：

（1）打开文件，选择其中的曲面。

（2）单击【模型】选项卡【操作】组中的【复制】按钮复制，然后再单击【选择性粘贴】按钮选择性粘贴，打开如图 6-71 所示的【选择性粘贴】对话框，启用【对副本应用移动/旋转变换（A）】复选框，单击【确定】按钮。打开如图 6-72 所示的【移动（复制）】工具选项卡。

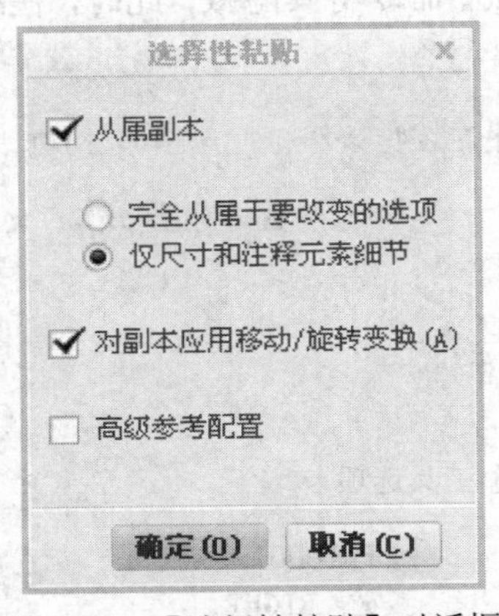

图 6-71　【选择性粘贴】对话框

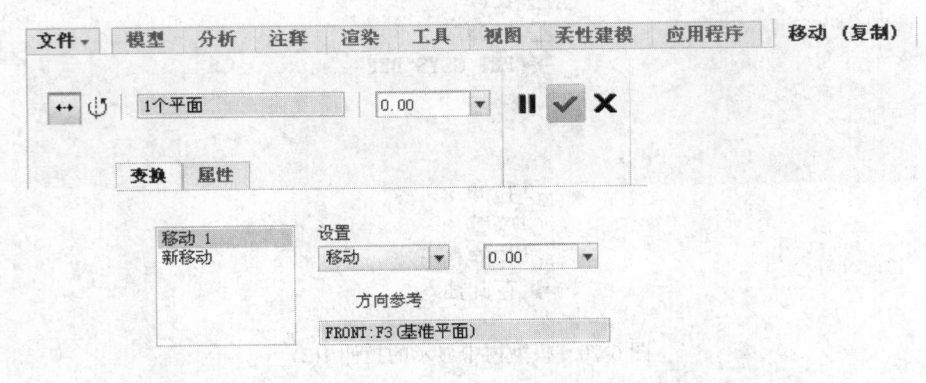

图 6-72　【移动（复制）】工具选项卡

（3）在弹出的【移动（复制）】工具选项卡中单击【沿选定参考平移特征】按钮↔，输入移动距离，选择参照，移动曲面，如图 6-73 所示。

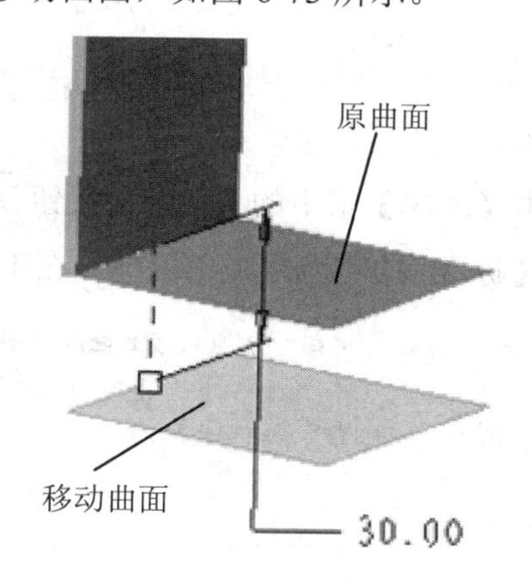

图 6-73　曲面移动

（4）在弹出的【移动（复制）】工具选项卡中单击【相对选定参考旋转特征】按钮，输入旋转角度，选择参照，旋转曲面，如图 6-74 和图 6-75 所示。

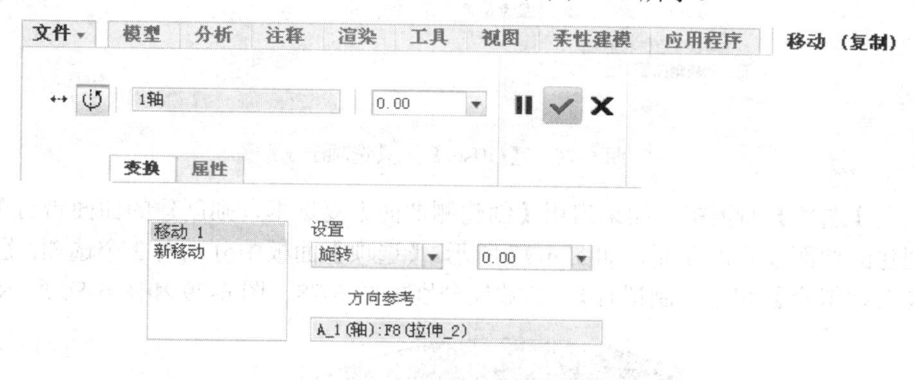

图 6-74　【移动（复制）】工具选项卡

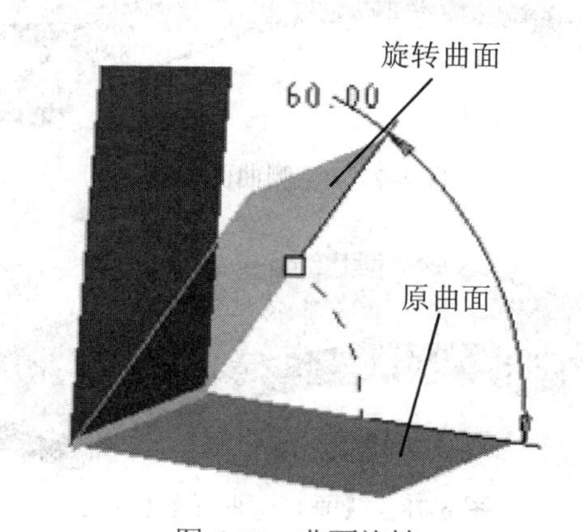

图 6-75　曲面旋转

（5）单击工具选项卡中的【应用并保存】按钮，完成曲面的旋转。

3. 曲面偏移

其创建步骤如下：

（1）打开文件，选择曲面。

（2）单击【模型】选项卡【编辑】组中的【偏移】按钮，打开如图 6-76 所示的【Offset】工具选项卡。选择【标准偏移特征】选项，在工具选项卡中输入偏移距离。

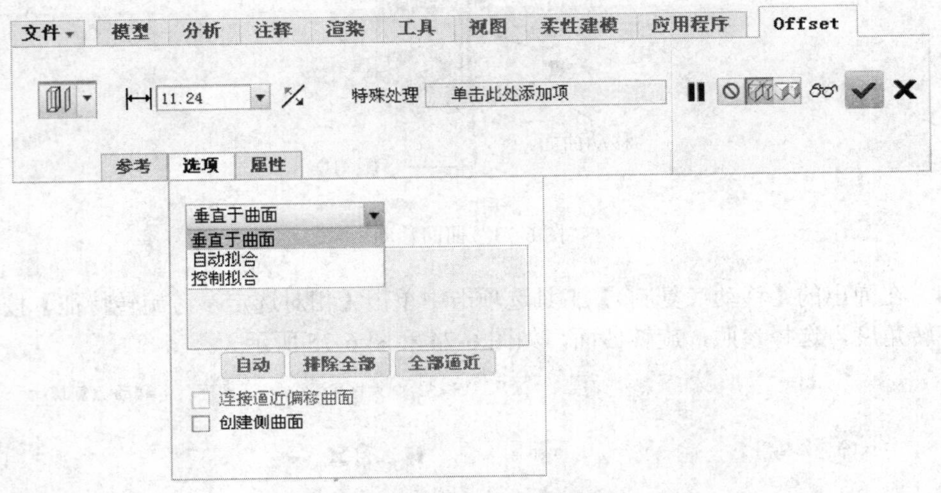

图 6-76 【Offset】工具选项卡

（3）在【选项】面板中。如果启用【创建侧曲面】复选框，则创建的曲面带有侧曲面，反之，创建的曲面没有侧曲面，如图 6-77 所示。【选项】面板中分别有 3 个选项：【垂直于曲面】、【自动拟合】和【控制拟合】。其效果分别如图 6-78、图 6-79 和图 6-80 所示。

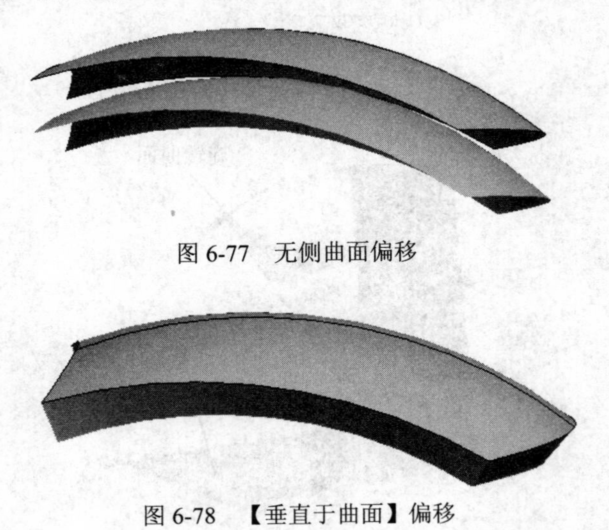

图 6-77 无侧曲面偏移

图 6-78 【垂直于曲面】偏移

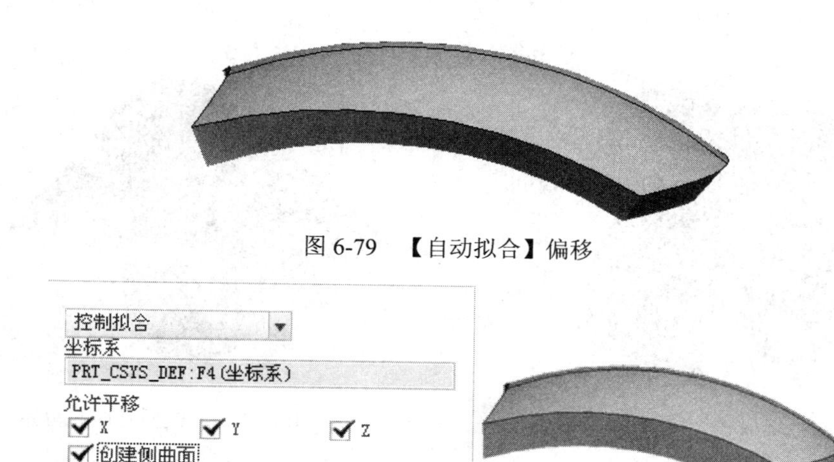

图 6-79　【自动拟合】偏移

图 6-80　【控制拟合】偏移

（4）最后单击【应用并保存】按钮完成偏移操作。

4. 曲面相交

其使用方法如下。

（1）选择一个或者两个曲面。

（2）单击【模型】选项卡【编辑】组中的【相交】按钮相交，弹出如图 6-81 所示的【曲面相交】工具选项卡。如果在【参考】面板中选择了一个曲面，则还需要按住 Ctrl 键不放，再选择一个与其相交的曲面，如图 6-82 所示。

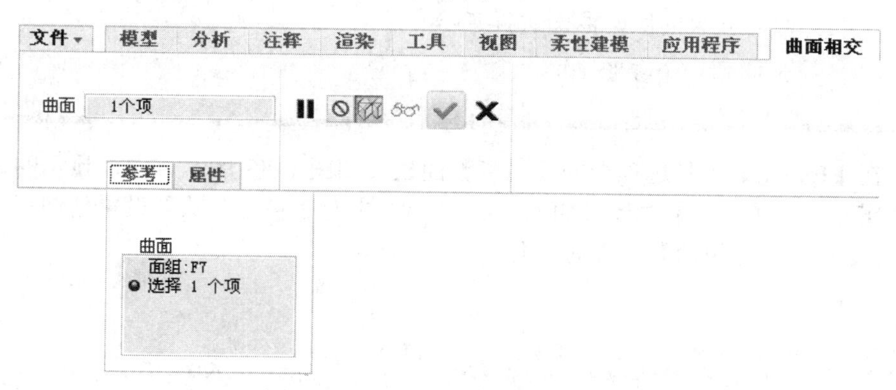

图 6-81　【曲面相交】工具选项卡

（3）最后单击【应用并保存】按钮，完成曲面相交操作。

5. 曲面延伸

其操作方法如下。

（1）打开文件，单击选择环境中曲面的一条边，如图 6-83 所示。

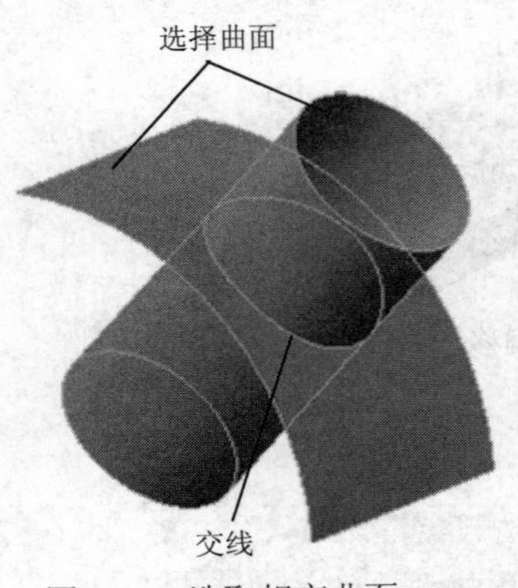

图 6-82　选取相交曲面

图 6-83　选取要延伸的边界

（2）单击【模型】选项卡【编辑】组中的【延伸】按钮 延伸，打开【Extend】工具选项卡，如图 6-84 所示。

图 6-84　【Extend】工具选项卡

在其中提供了 2 种延伸曲面的方法。

：沿着原来的原始曲面进行延伸。

：延伸到一个参照平面。

（3）在【Extent】工具选项卡的【量度】面板（如图 6-85 所示）中，显示的是延伸特征的各个属性；在【选项】面板（如图 6-86 所示）中有 3 种【方法】设置延伸相对于原曲面的方向：【相同】、【相切】和【逼近】。

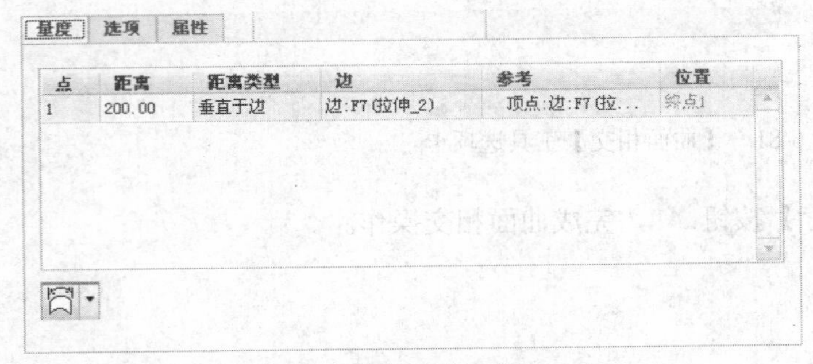

点	距离	距离类型	边	参考	位置
1	200.00	垂直于边	边:F7(拉伸_2)	顶点:边:F7(拉...	终点1

图 6-85　【量度】面板

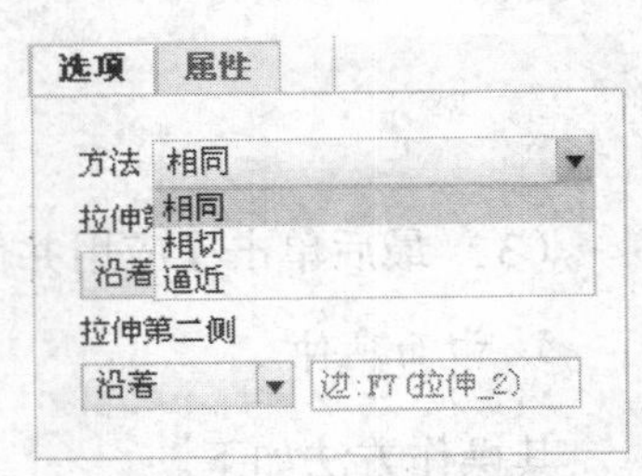

图 6-86　【选项】面板

（4）如图 6-87 所示为延伸预览曲面，输入其延伸距离，单击【应用并保存】按钮，生成如图 6-88 所示的延伸曲面。

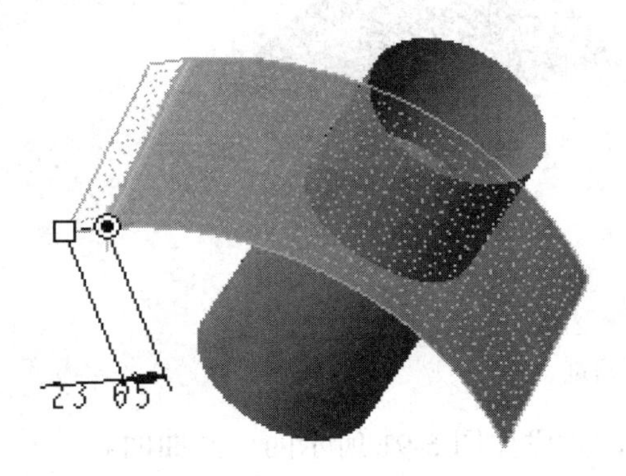

图 6-87　延伸预览曲面

图 6-88　延伸曲面

6. 曲面合并

其操作方法如下。

（1）打开文件，先选择绘图区中的任意一个曲面，再按 Ctrl 键选择另外的一个曲面。

（2）单击【模型】选项卡【编辑】组中的【合并】按钮，打开【合并】工具选项卡，如图 6-89 所示。

图 6-89　【合并】工具选项卡

（3）分别单击工具选项卡中的【更改要保留的第一面组的侧】按钮和【更改要保留的第二面组的侧】按钮，会得到不同的合并结果，如图 6-90 所示。

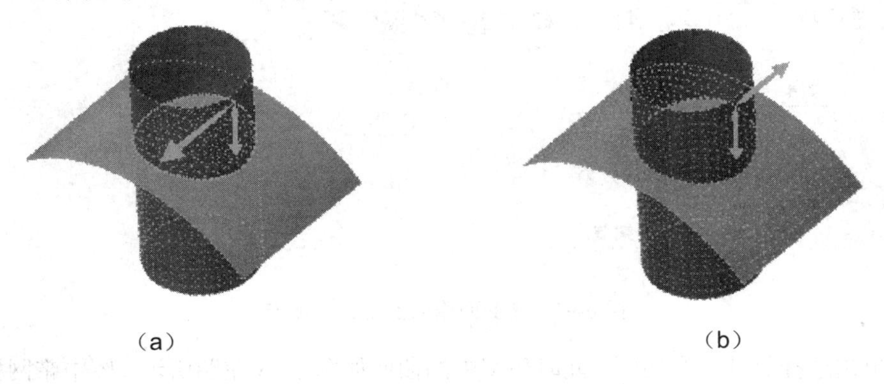

（a）　　（b）

图 6-90　不同合并结果预览

图 6-90　不同合并结果预览（续）

（4）最终保留如图 6-90（d）所示的合并特征，生成如图 6-91 所示的合并曲面。

图 6-91　合并曲面特征

7. 曲面修剪

其操作方法如下。

（1）打开文件，选择绘图区中的任意一个曲面。

（2）单击【模型】选项卡【编辑】组中的【修剪】按钮，打开【曲面修剪】工具选项卡，如图 6-92 所示。

图 6-92　【曲面修剪】工具选项卡

（3）单击选择另外一个曲面，此时环境中的曲面如图 6-93 左图所示。图中带网格的部分是要保留的，箭头指向要保留部分，单击箭头可以改变要保留的部分，如图 6-93 右图所示。

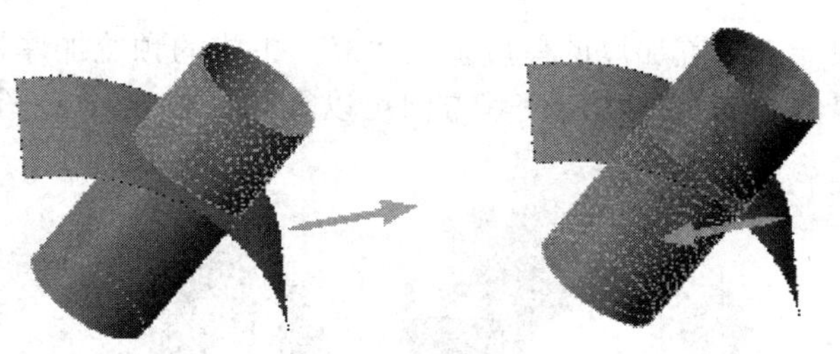

图 6-93　预览修剪曲面

（4）单击【应用并保存】按钮，完成修剪曲面特征，选择不同的保留曲面，产生不同的结果，如图 6-94 所示。

图 6-94　修剪曲面

8. 加厚曲面

其操作方法如下。

（1）首先在绘图区选择一个曲面，单击【模型】选项卡【编辑】组中的【加厚】按钮，打开【加厚】工具选项卡，如图 6-95 所示。

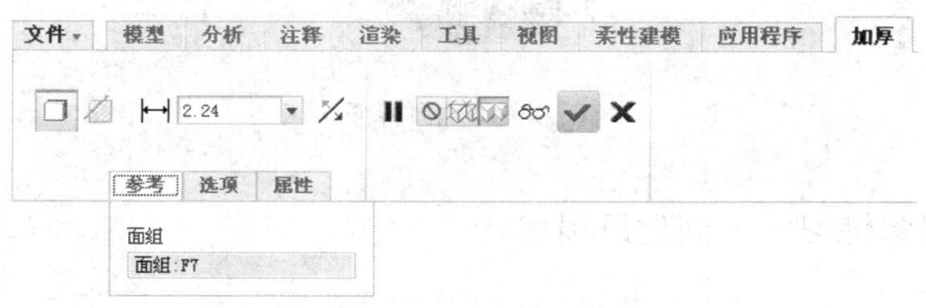

图 6-95　【加厚】工具选项卡

（2）在【选项】面板中，可以选择加厚的方向，包括【垂直于曲面】、【自动拟合】和【控制拟合】3 种，单击【排除曲面】选择框，可以在绘图区选择不需要加厚的曲面，如图 6-96 所示。

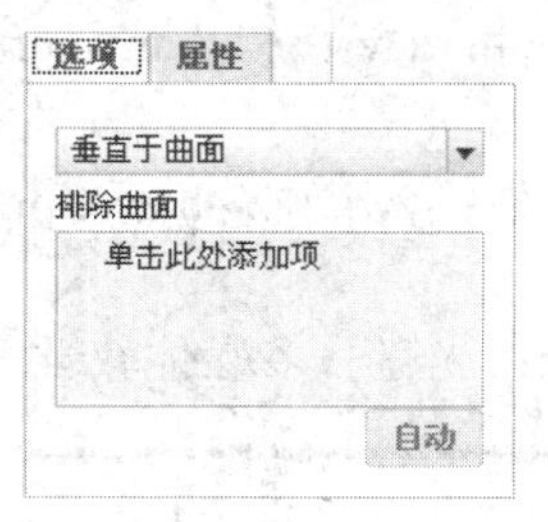

图 6-96　【选项】面板

（3）在工具选项卡中设置加厚的厚度值为“3”，生成的预览加厚特征如图 6-97 左图所示。图中箭头为加厚的方向，拖动改变其方向可以得到如图 6-97 右图所示的加厚效果。

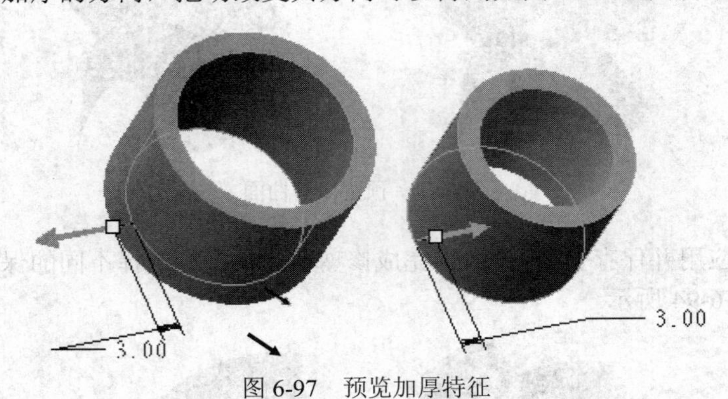

图 6-97　预览加厚特征

（4）单击【应用并保存】按钮，完成效果如图 6-98 所示。

图 6-98　加厚特征

6.5.3　课堂练习——创建风扇扇叶

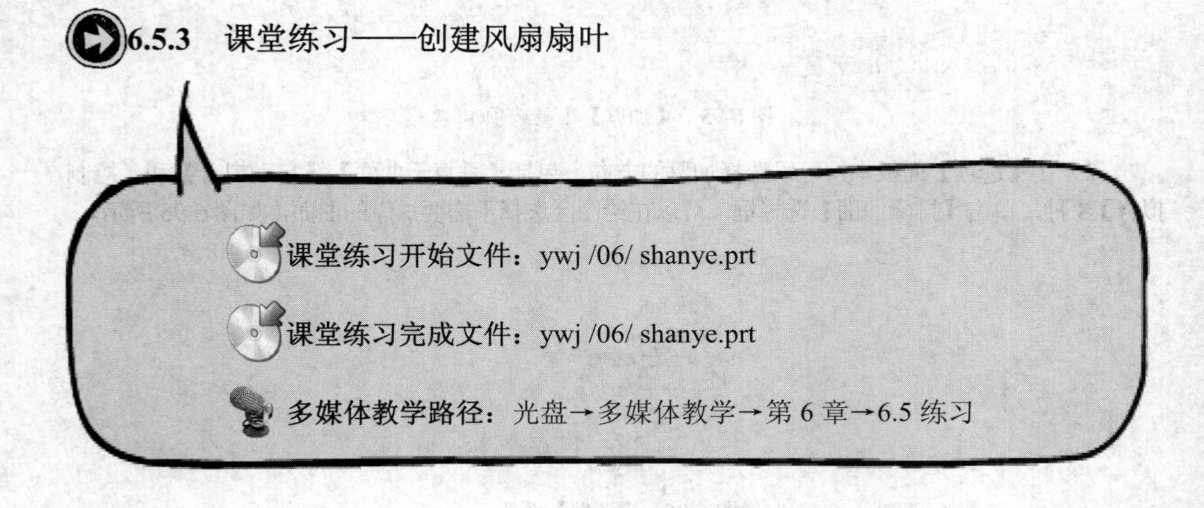

Step1 创建拉伸曲面，如图 6-99 所示。

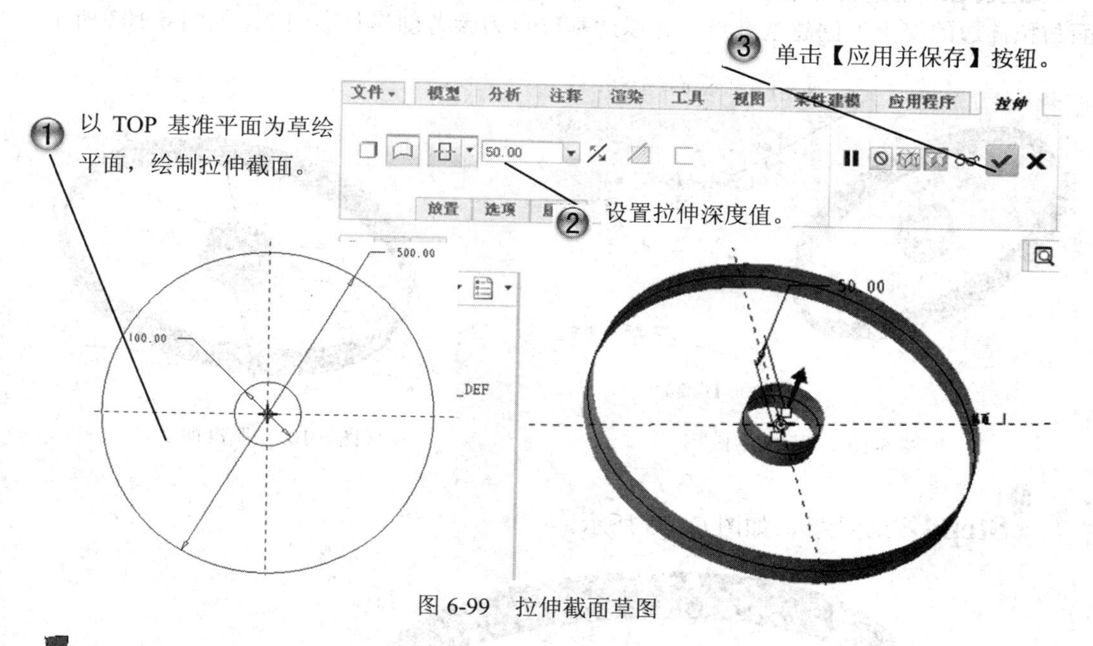

图 6-99　拉伸截面草图

Step2 创建新的基准点，如图 6-100 所示。

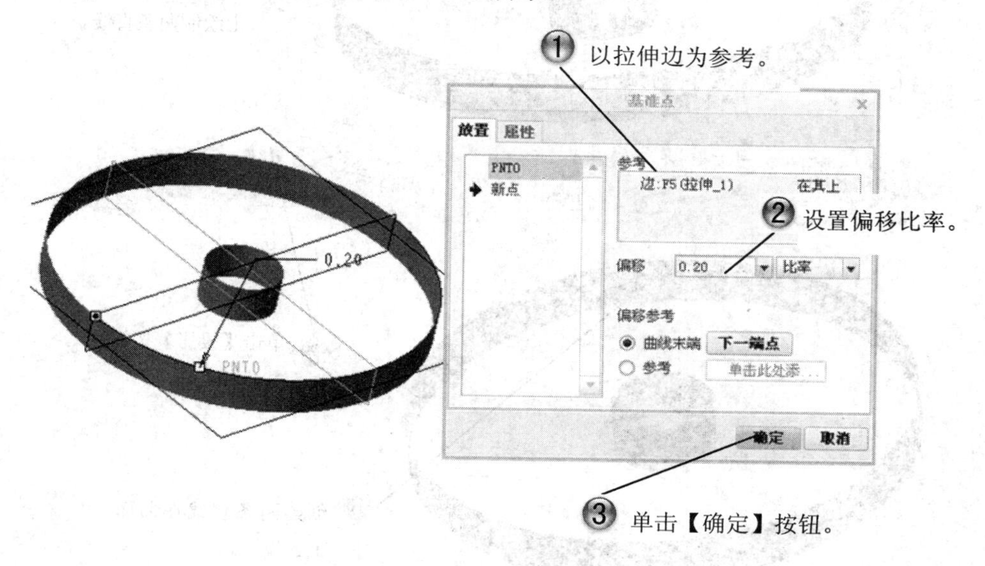

图 6-100　新建基准点

Step3 创建新的基准面 1，如图 6-101 所示，然后在 RIGHT 基准平面和 DTM1 基准面与拉伸边的交点处创建基准点，并以此基准点为参考创建基准面 2，如图 6-102 所示。

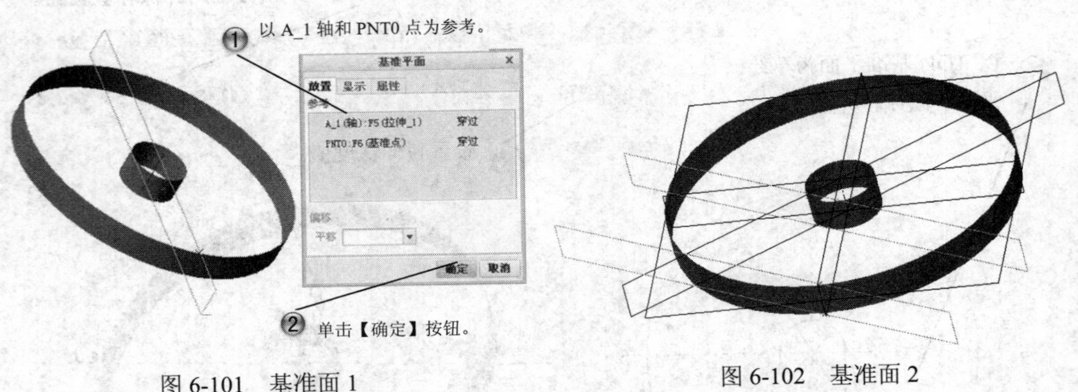

图 6-101　基准面 1

图 6-102　基准面 2

Step4 绘制投影，如图 6-103 所示。

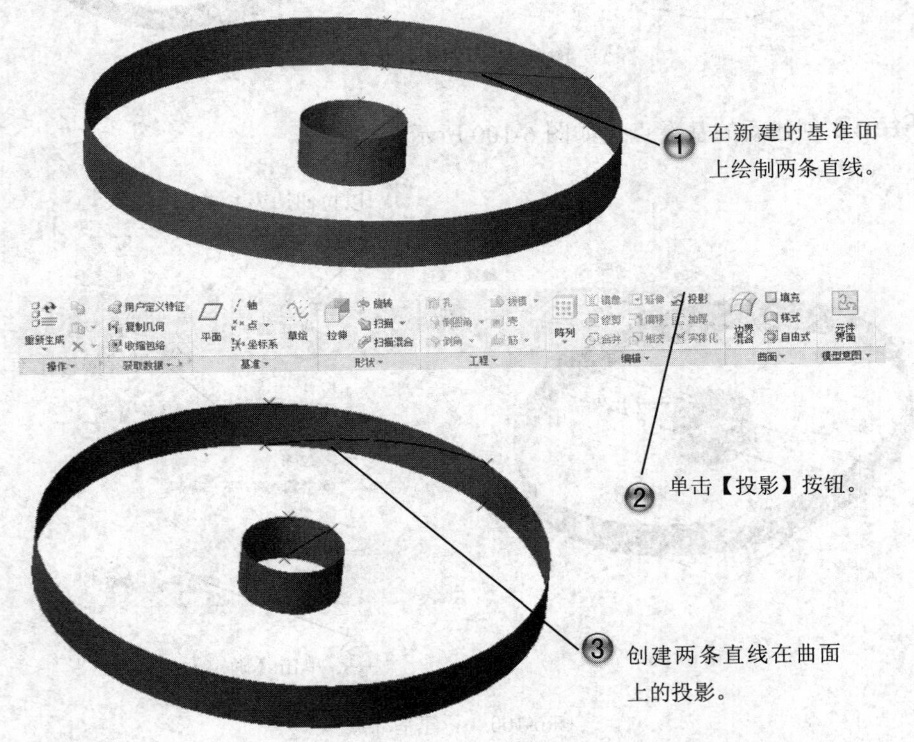

图 6-103　绘制投影

Step4 使用边界混合创建扇叶面，如图 6-104 所示。

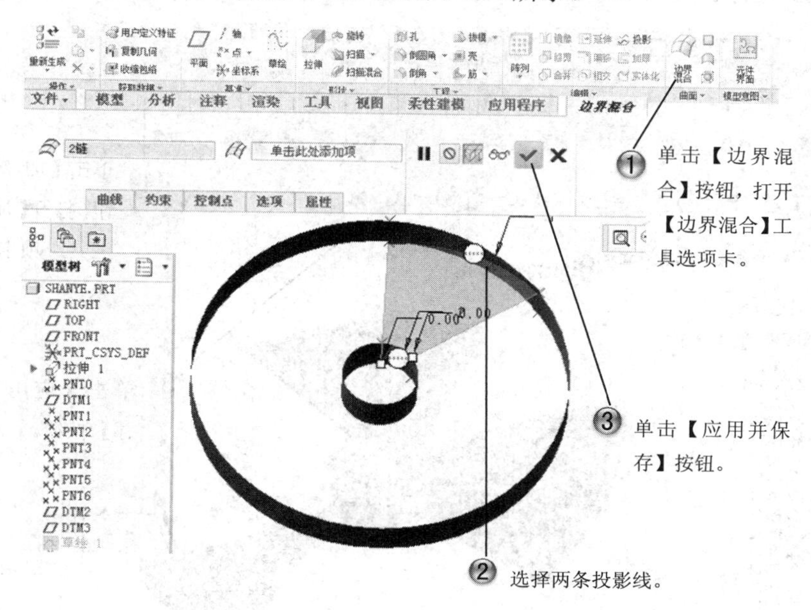

图 6-104　边界混合

Step5 进行阵列，复制边界混合曲面，如图 6-105 所示。

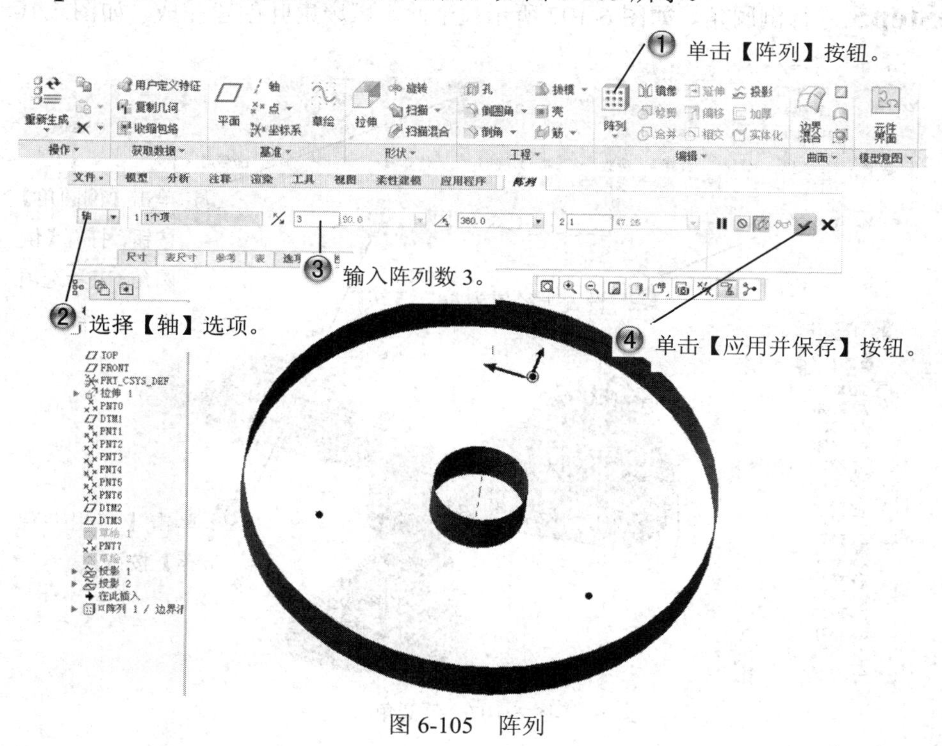

图 6-105　阵列

Step6 拉伸长度为 50、截面为 100 的圆柱后，加厚曲面，如图 6-106 所示。

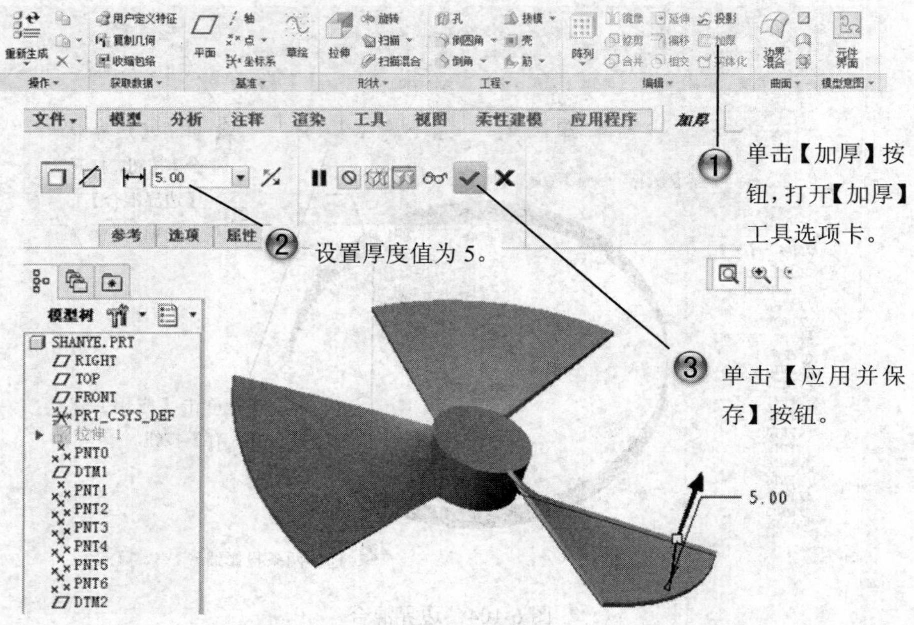

图 6-106　加厚

Step5 进行倒圆角，如图 6-107 所示。至此，风扇扇叶创建完成，如图 6-108 所示。

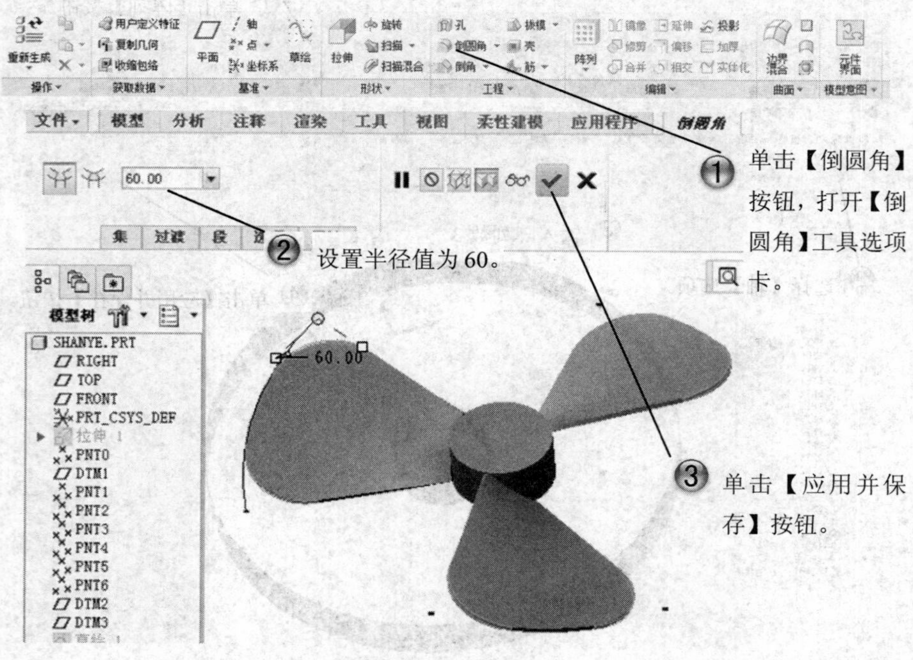

图 6-107　倒圆角

图 6-108　风扇扇叶

6.6　专家总结

本章主要介绍了曲面特征的创建方式，曲面造型在建模中是非常有用的，对于形状复杂，特别是表面形状不规则的零件，使用实体特征方式来建模就比较困难，有时甚至不可能实现。但是，只要能够绘制出零件的轮廓曲线，就可以由曲线建立曲面，实体化后就能够建立完成。本章同时介绍了曲面的各种编辑命令，读者如果多加练习，一定可以建立出任何想要的模型。

6.7　课后习题

6.7.1　填空题

（1）扫描混合曲面主要包括________曲面、________曲面和________曲面。

（2）自由曲面也称________，它提供了更加方便的 3D 曲线创建的功能，能快速缩短产品的开发周期。

6.7.2　问答题

（1）简单曲面的类型有哪些？

（2）延伸曲面的方法是什么？

6.7.3 上机操作题

使用本章学过的各种命令来创建一个水龙头的曲面模型，如图 6-109 所示。

练习步骤和方法：

（1）绘制扫描混合轨迹。

（2）绘制扫描混合的 2 个截面。

（3）进行扫描混合操作，最后倒圆角。

图 6-109 水龙头模型

第 7 章　钣金件设计

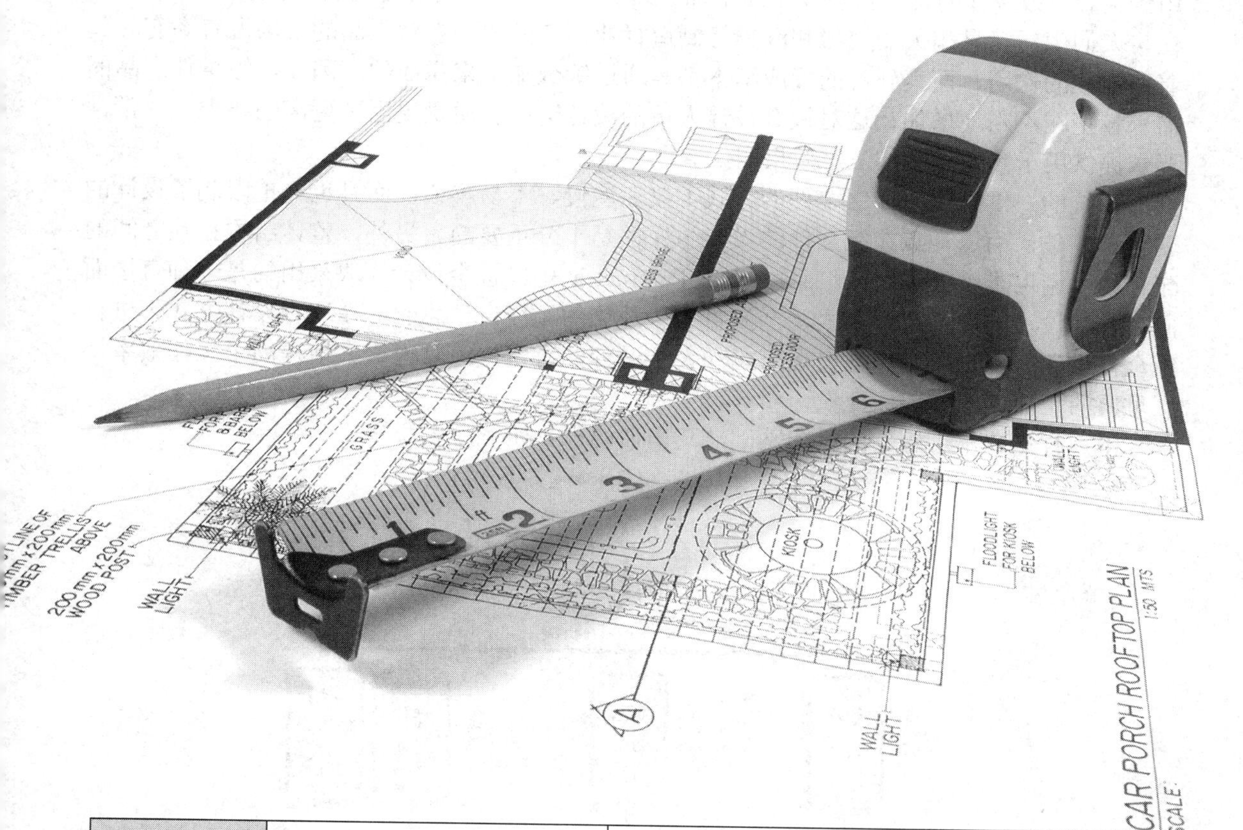

课训目标	内　容	掌握程度	课　时
	钣金壁设计	熟练掌握	2
	折弯设计	熟练掌握	2
	混合设计	熟练掌握	1
	实体转换钣金件设计	熟练掌握	1

课程学习建议

钣金在工业界中一直扮演着重要的角色。无论是电子产品、家电产品，还是汽车都会用到钣金，钣金件的使用量也在不断增加。钣金件具有非常突出的优点：十分易于冷成型。在与人们生活息息相关的电器和汽车等制造行业，产品的外观对产品的市场占有率有时起着决定性的作用，而其外观的形成基本都是通过钣金加工来完成的。因此，钣金件产品的需求量正在不断地增加，这对钣金设计人员的设计速度和质量提出了更高的要求，并常常要求提供用于参照的整体三维效果图。

传统的二维绘图设计钣金件的方式不仅速度慢、不易解读，而且也严重限制了设计的创新与突破，而这一点在钣金件的设计中往往是十分重要的。另外，整体结构相互之间的配合和协调也难以得到保证。而在 Creo Parametric 中，钣金设计模块采用的是一种直接面向钣金件设计人员的设计模式，全面贯穿参数化的特征设计思想，在这种设计方式下进行钣金件设计，不仅可以保证整体机构和设计过程的协调，而且也极大地提高了工作效率，更重要的是能够很好地保证设计质量。

本课程主要基于软件的绘图基础，其培训课程表如下。

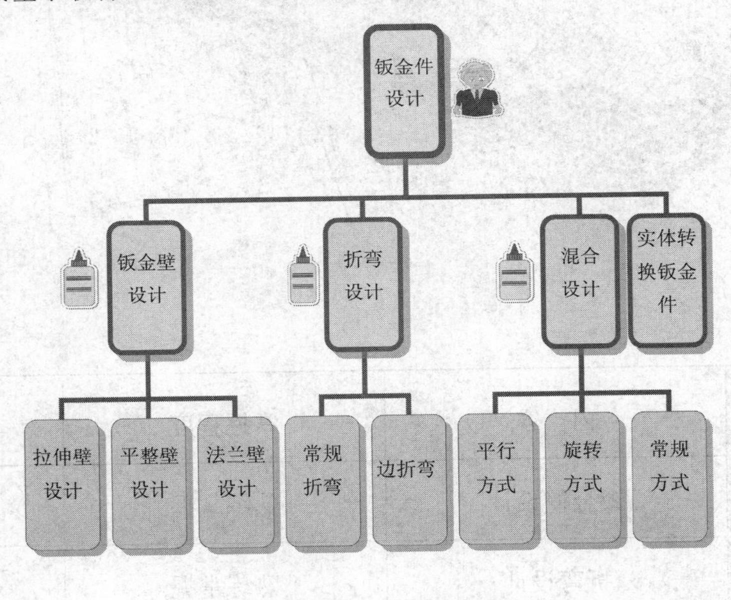

7.1 钣金壁设计

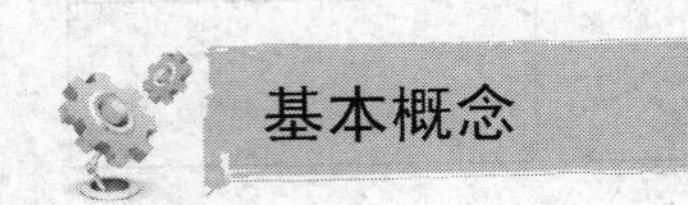

钣金的英文为“sheet metal”，其意义为金属薄板，而且是指各部分的厚度都相同的金

属薄板。在 Creo Parametric 中，钣金件的厚度一般都很小，在钣金件造型设计中不考虑厚度的关系。

课堂讲解课时：2 课时

7.1.1 设计理论

下面介绍一下钣金的基本创建方法。

（1）单击【快速访问】工具栏中的【新建】按钮。

（2）打开【新建】对话框，在【类型】选项组中选中【零件】单选按钮，在【子类型】选项组中选中【钣金件】单选按钮，如图 7-1 所示，单击【确定】按钮，随即进入钣金件的设计模式，如图 7-2 所示。

（3）单击【模型】选项卡【形状】组中的【平面】按钮，创建钣金基体。

（4）或者创建拉伸薄壁。单击【模型】选项卡【形状】组中的【拉伸】按钮，可以打开【拉伸】工具选项卡，然后进行设置。之后也可使用【编辑】组中的【偏移】按钮，偏移出钣金基体。

（5）在【模型】选项卡【形状】组中单击【平整】按钮，可以创建平整壁。

（6）在【模型】选项卡【形状】组中单击【法兰】按钮，可以创建法兰壁。

（7）使用【模型】选项卡【工程】组中命令按钮，创建工程特征。

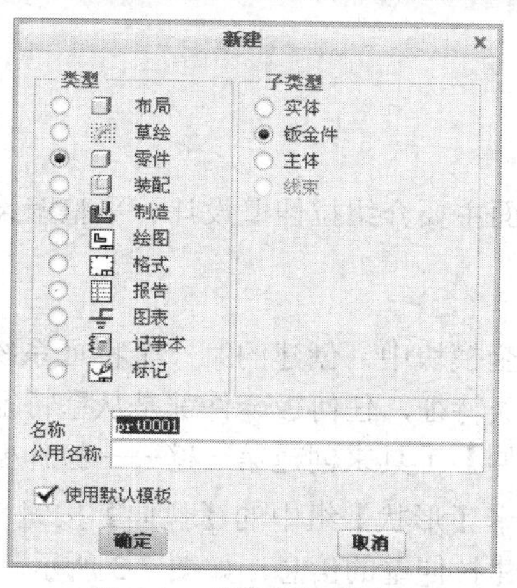

图 7-1 【新建】对话框

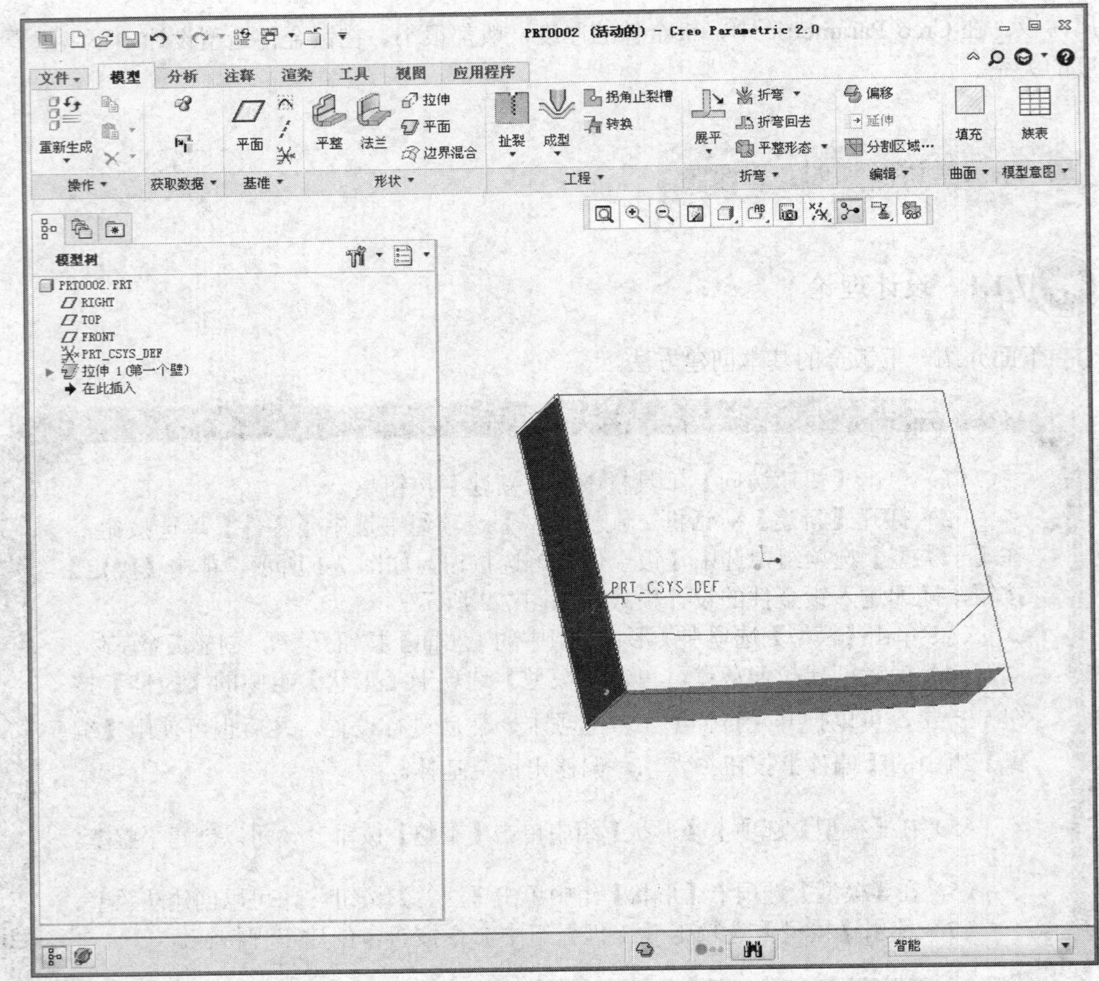

图 7-2　钣金件设计环境

7.1.2　课堂讲解

钣金件有多种特征，下面主要介绍拉伸壁设计、平整壁设计、法兰壁设计。

1. 拉伸壁设计

在 Creo Parametric 的钣金模块中，创建的第一个特征系统会自动命名为“第一个壁”，这表明第一个特征必然是壁类特征，任何钣金件都是从壁特征开始的。

下面介绍如何应用【拉伸】工具来创建第一壁——拉伸壁。

（1）单击【模型】选项卡【形状】组中的【拉伸】按钮，打开【拉伸】工具选项卡，在其中包含了所有创建拉伸壁的信息，如图 7-3 所示。下面介绍一下各参数的设置。

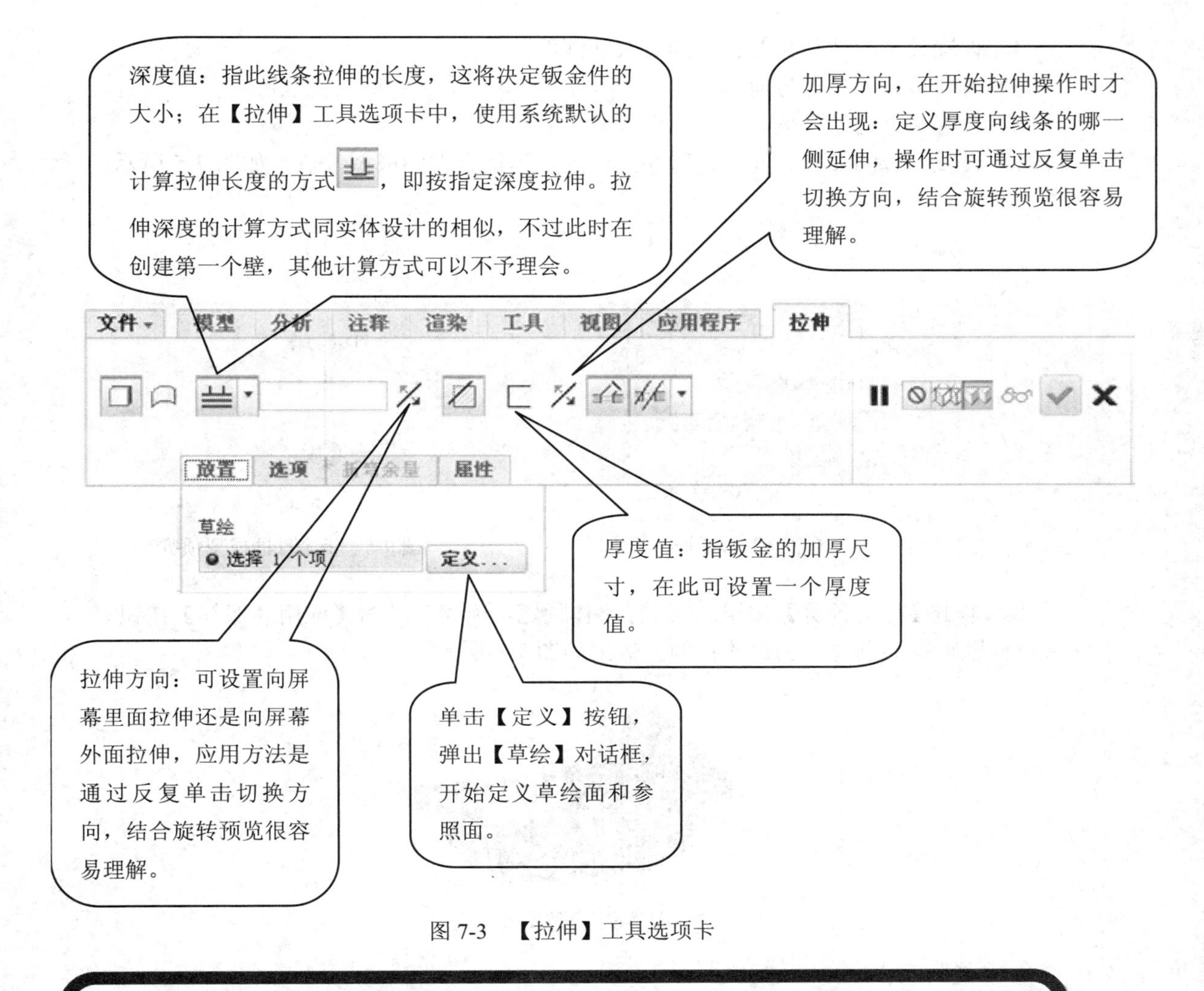

图 7-3 【拉伸】工具选项卡

注意：在【拉伸】工具选项卡中，初学者只要关注深度值、拉伸方向、厚度值和加厚方向就可以了，其余的属于较高级应用，而且对于简单钣金件的学习来说也不常用。

名师点拨

（2）切换到【拉伸】工具选项卡的【放置】面板，单击【定义】按钮，打开【草绘】对话框，在绘图区单击选择“FRONT”基准面为草绘平面，“TOP”基准面为草绘视图的顶参考面，设置完毕后的【草绘】对话框如图 7-4 所示，准备阶段完成后就可以进入草绘状态了。

（3）在绘图区绘制图形，然后单击【草绘】工具选项卡中的【确定】按钮，退出草绘状态，进入预览定义状态。

（4）设置钣金的计算拉伸长度的方式和深度值。
（5）设置钣金的拉伸方向。
（6）设置钣金的厚度值。
（7）设置钣金的加厚方向。此时在工作区显示钣金件的成型预览，如图 7-5 所示。

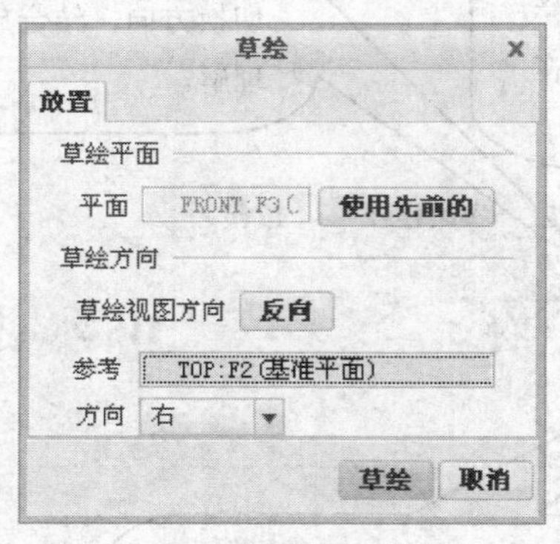

图 7-4 【草绘】对话框

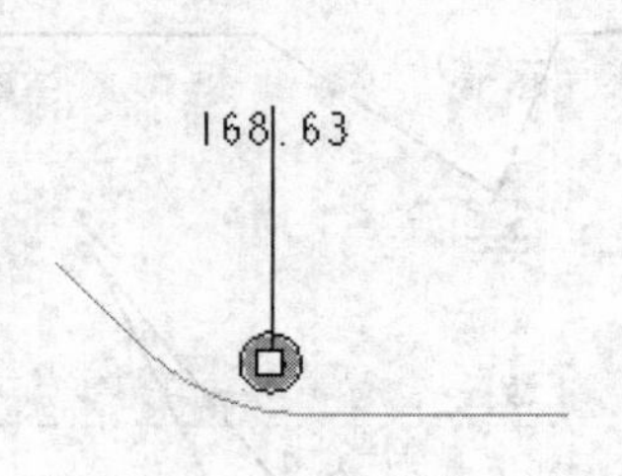

图 7-5 钣金件的成型预览

（8）单击【特征预览】按钮进行实体预览，无误后单击【应用并保存】按钮，完成拉伸壁特征的创建，创建的拉伸壁效果如图 7-6 所示。

图 7-6 拉伸壁效果

2. 平整壁设计

创建平整壁是指利用一个封闭的截面拉伸出钣金的厚度来生成钣金件。下面具体介绍创建平整壁的方法。

（1）在【模型】选项卡【形状】组中单击【平整】按钮，以创建平整壁，此时出现如图 7-7 所示的【平整】工具选项卡。

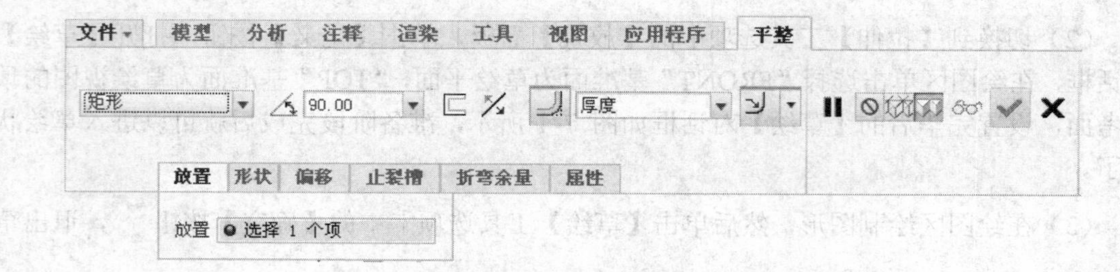

图 7-7 【平整】工具选项卡

在该工具选项卡中从左到右包括如下可设置选项。

- 第一是形状，就是第一个下拉列表框，系统有一些预定义的简单形状供用户选择，包括【矩形】、【梯形】、【L】和【T】，在创建这些形状的平整壁时，用户只需选择后，在【形状】面板中定义尺寸即可，方法比较简单，目的是方便用户创建一些简单的形状。如果要创建的不是这些简单形状，而是其他形状时，系统提供了【用户定义】的选项，此时就可以通过【形状】选项卡来草绘自定义的形状。
- 第二是角度定义，也就是第一个数值框，指创建的平整壁与相连接的参考壁的折弯角，也可理解为平整壁的旋转角度。
- 第三是折弯角度方向，就是第一个 按钮，用于定义平整壁的折弯方向。
- 第四是是否增加折弯圆角，这样钣金件会更加光滑一些，一般都要定义，所以系统默认为增加，即 按钮。
- 第五是折弯圆角半径值，就是第二个文本框，用于定义需要多大的半径，一般系统默认给出钣金厚度作为参考，实际工作中也一般是这样。
- 第六是定义此圆角半径是控制内侧半径还是外侧半径。由于钣金有厚度，所以在圆角处就会有内外径之分，根据实际的钣金工作经验，钣金设计师一般更关注内径，所以系统会默认定义为内径，即 按钮。
- 如果选择【用户定义】选项，单击切换到【放置】面板，在【放置】面板中可定义此平整壁与第一壁的位置关系，即平整壁在什么位置连接第一壁，通常选择第一壁的一个边，表示新的平整壁将在此边与第一壁连接。

（2）选择【用户定义】选项，单击【放置】标签，切换到【放置】面板，其中要求选择创建平整壁位置的边。

（3）直接单击一个壁的边即可选中该边，如图 7-8 所示。

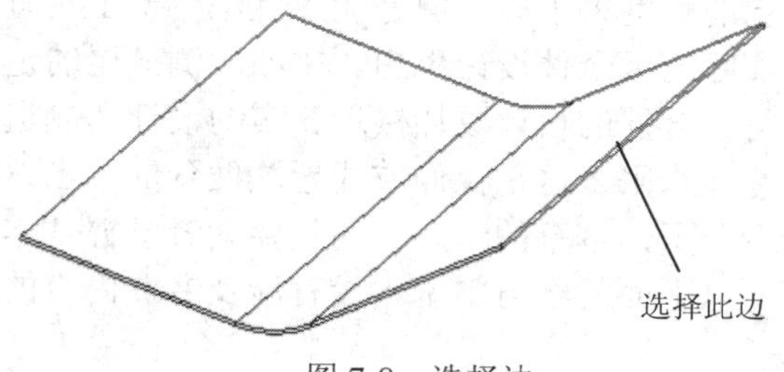

图 7-8　选择边

（4）选择完成后，在【平整】工具选项卡中切换到【形状】面板，如图 7-9 所示。单击【草绘】按钮，系统弹出【草绘】对话框，接受系统默认参照，单击【草绘】对话框中的【草绘】按钮，进入草绘状态。

注意：由于选择的是【用户定义】选项，所以要在【形状】面板中通过草绘来自己定义截面的形状。

名师点拨

（5）绘制好截面图形后，单击【草绘】工具选项卡中的【确定】按钮，退出草绘状态。

（6）返回【平整】工具选项卡，确定角度值和折弯半径。

（7）单击【特征预览】按钮进行实体预览，无误后单击【应用并保存】按钮，完成平整壁特征的创建，平整壁的效果如图 7-10 所示。

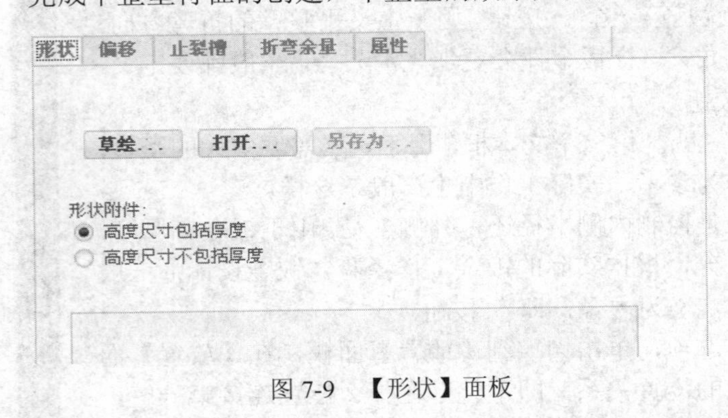

图 7-9　【形状】面板

图 7-10　平整壁的效果

3. 法兰壁设计

法兰壁可以简单理解为系统对钣金件末端造型壁的一种称呼，其实名称并不重要，关键是要理解其思想。

从创建方法来讲，法兰壁的创建过程与拉伸壁很相似，也是先绘制侧面线型，然后再拉伸一定的长度来生成，但是在应用法兰壁工具时用户会有更多的选择，而且更符合实际的钣金件设计思想，比如两侧链尾的定义、斜切口的定义等，这些功能使得钣金件的设计更加接近真实的设计和制造，可以充分地反映设计师的思想和专业水平，这是拉伸方式无法做到的。当然，这些对于初学者来说显得有些太专业了，本章的学习目的是要读者掌握基本的创建技术，而非钣金专业理论，所以下面的学习中基本没有涉及专业内容的部分，重点讲解操作技术。

下面介绍创建法兰壁的步骤和参数设置方法。

（1）单击【模型】选项卡【形状】组中的【法兰】按钮，打开【凸缘】工具选项卡。

（2）在【凸缘】工具选项卡中，选择【用户定义】选项。切换到【放置】面板，【凸缘】工具选项卡及其【放置】面板如图 7-11 所示。

与平整壁预定义的形状类型设置的目的相同，在法兰壁的造型中，系统也预先定义了许多常用的造型，包括【I】、【弧形】、【S】、【打开】、【平齐的】、【鸭形】、【C】和【Z】，在选择了这些造型方式后，可以在【形状】面板中预览和修改尺寸，这些常用造型的功能为用户提供了很大的方便，读者可以逐一选择查看。

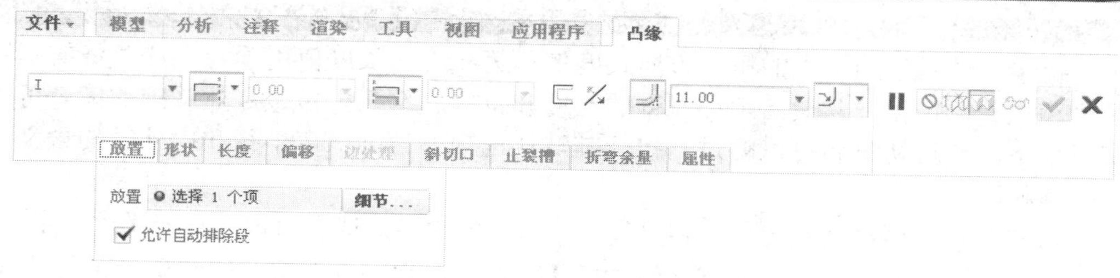

图 7-11　【凸缘】工具选项卡

（3）接下来选择附着边。与平整壁的生成一样，同样需要设置此法兰壁要连接到什么位置，如图 7-12 所示。

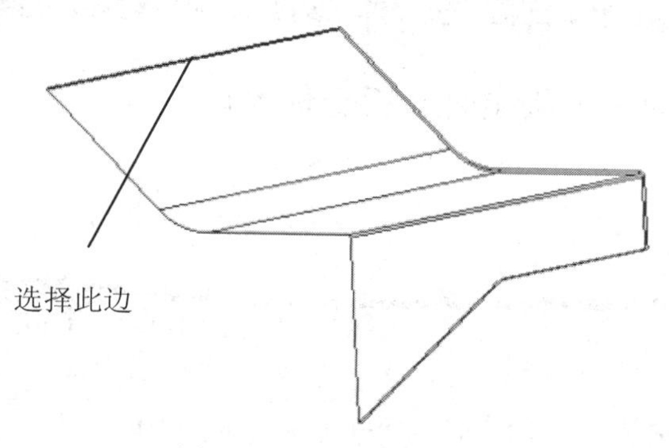

图 7-12　选择附着边

（4）选择完成后，在【凸缘】工具选项卡中切换到【形状】面板，然后在其中单击【草绘】按钮，系统弹出【草绘】对话框。接受系统默认参照，单击【草绘】对话框中的【草绘】按钮，进入草绘状态。

（5）绘制截面图形后，单击【草绘】工具选项卡中的【确定】按钮，退出草绘状态。

（6）单击【在连接边上添加折弯】按钮，定义一个折弯半径，定义其他参数与前面创建平整壁的方法基本相同。

（7）单击【特征预览】按钮进行实体预览，无误后单击【应用并保存】按钮，完成法兰壁特征的创建，法兰壁的结果如图 7-13 所示。

图 7-13　法兰壁的结果

提示：工具选项卡中的第一方向长度值和第二方向长度值用于定义法兰壁的延展长度和位置，可以非常灵活地控制壁的长度和位置。有一定钣金专业基础的读者可以练习一下，普通初学者可以略过，接受其默认选项即可。折弯半径和内外径的含义与平整壁相同。

其实在系统预定义的造型中有些是非常常用的造型，读者可以不选择【用户定义】选项，试一试这些造型的功能，比如选择【鸭形】选项，查看法兰壁结果。

名师点拨

7.1.3　课堂练习——固定管卡钣金件设计

课堂练习开始文件：ywj /07/ guding.prt

课堂练习完成文件：ywj /07/ guding.prt

多媒体教学路径：光盘→多媒体教学→第 7 章→7.1 练习

Step1 新建钣金体文件，创建第一壁，如图 7-14 所示。

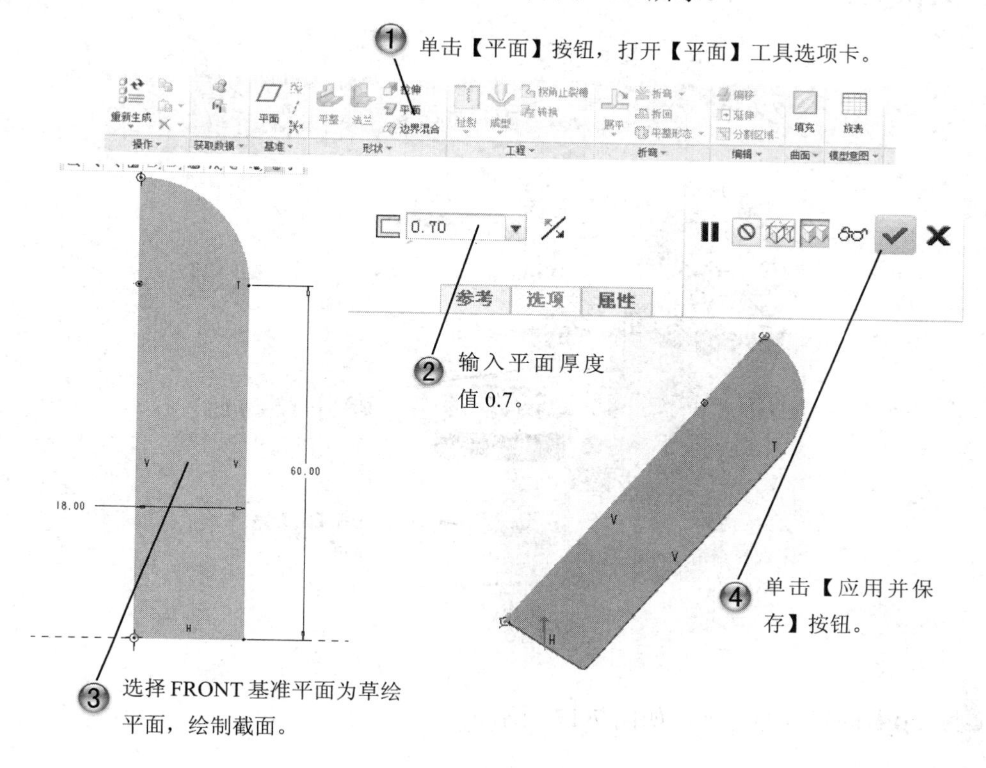

图 7-14　创建第一壁

Step2 镜像第一壁，如图 7-15 所示。

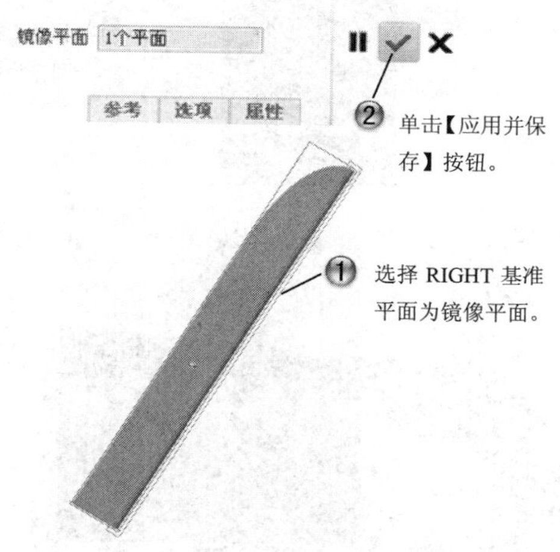

图 7-15　【镜像】工具选项卡

Step3 创建合并壁，如图 7-16 所示。

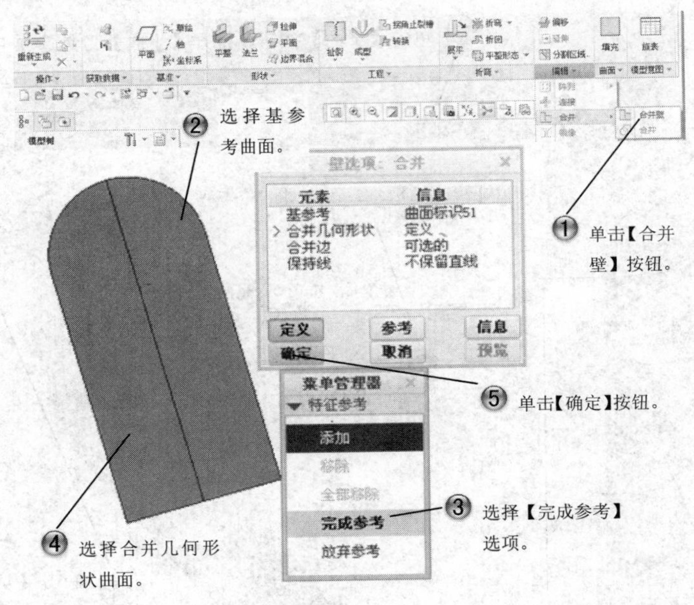

图 7-16　合并壁

Step4 创建拉伸特征，如图 7-17 所示。

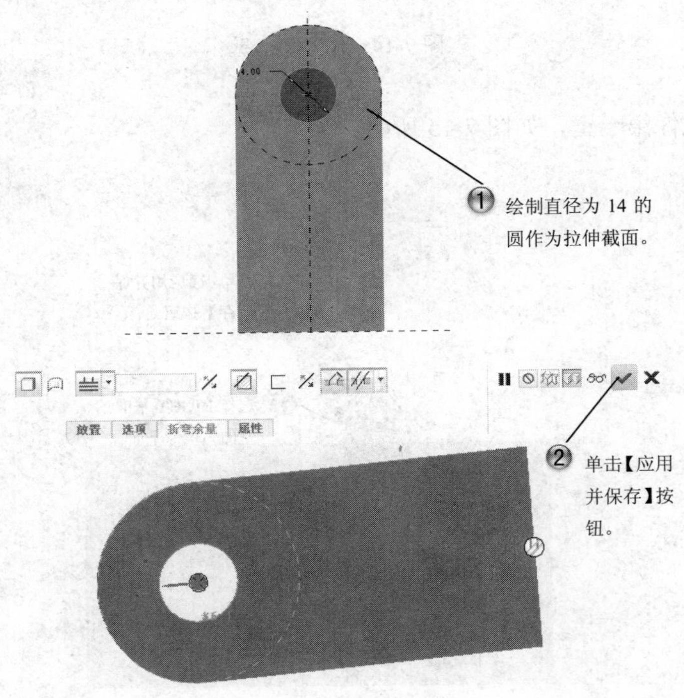

图 7-17　拉伸移除特征

Step5 选择创建完整体特征，进行镜像，如图 7-18 所示。

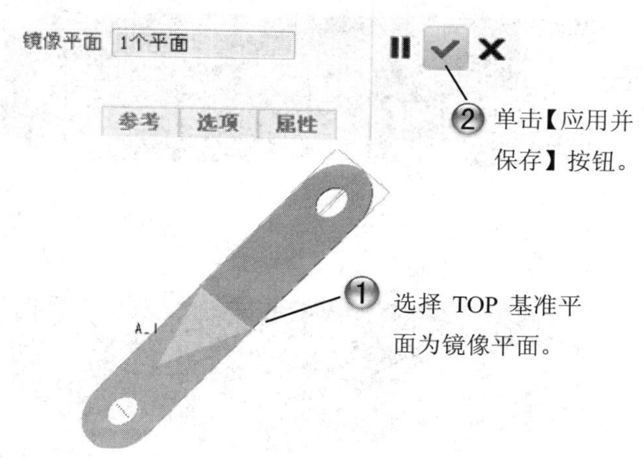

图 7-18　【镜像】工具选项卡

Step6 进行平整壁创建，如图 7-19 和图 7-20 所示。

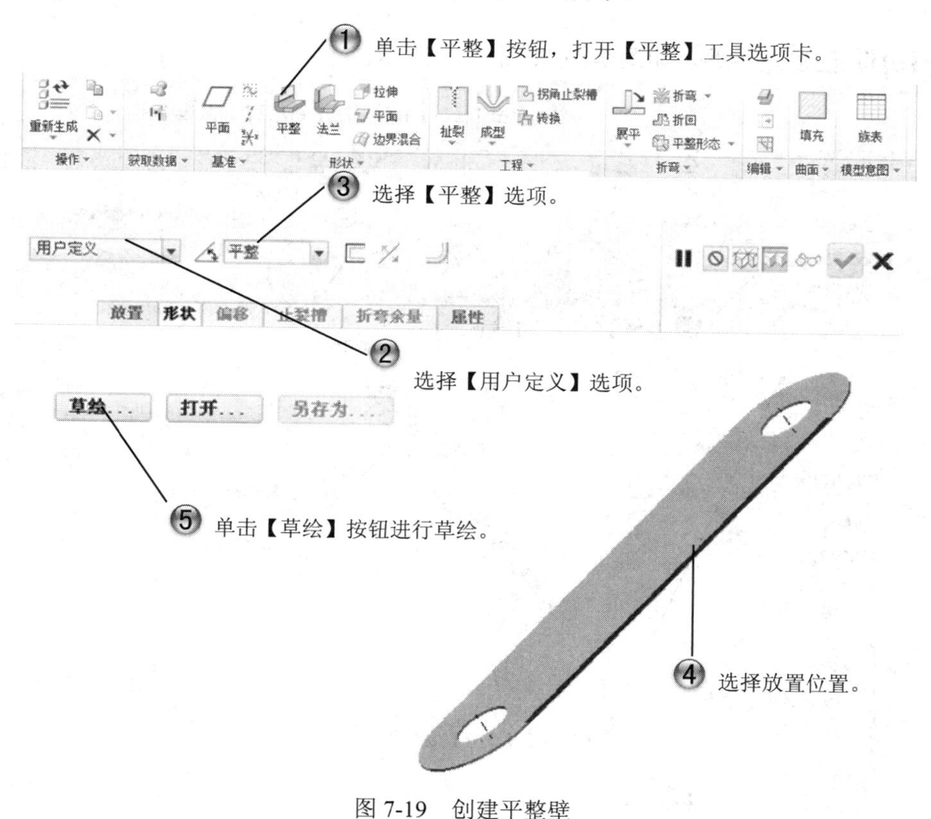

图 7-19　创建平整壁

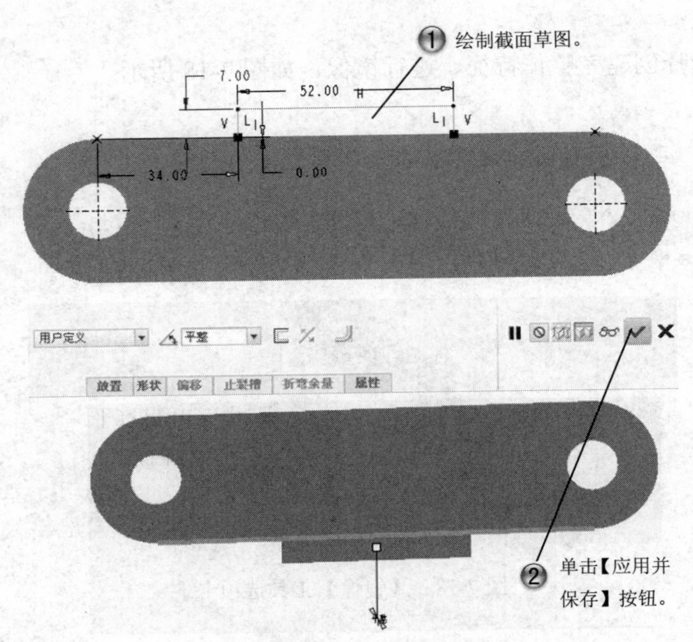

图 7-20 创建完成平整壁

Step7 创建法兰壁，如图 7-21 和图 7-22 所示。

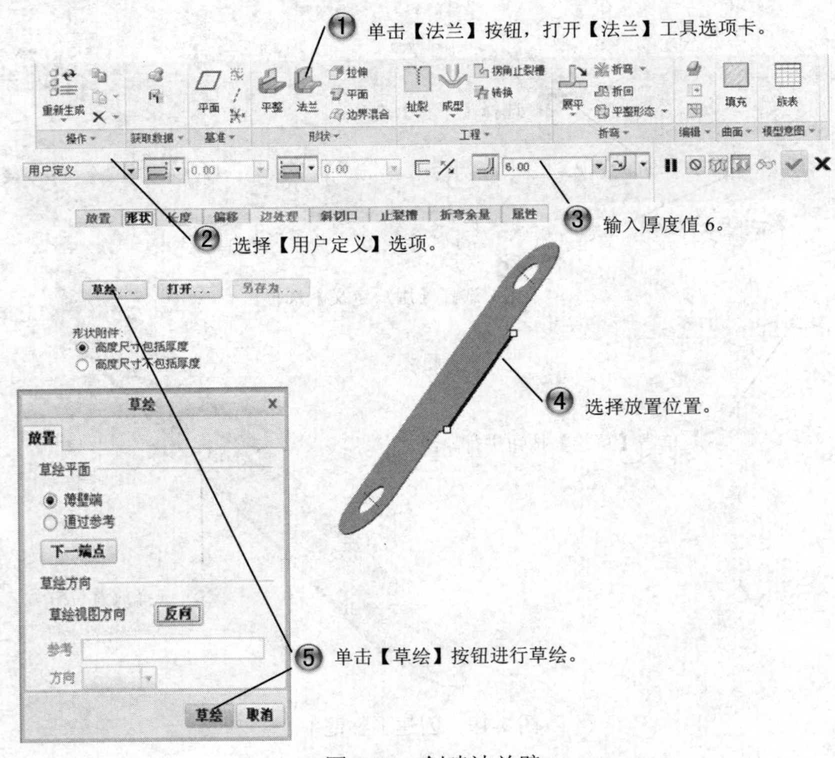

图 7-21 创建法兰壁

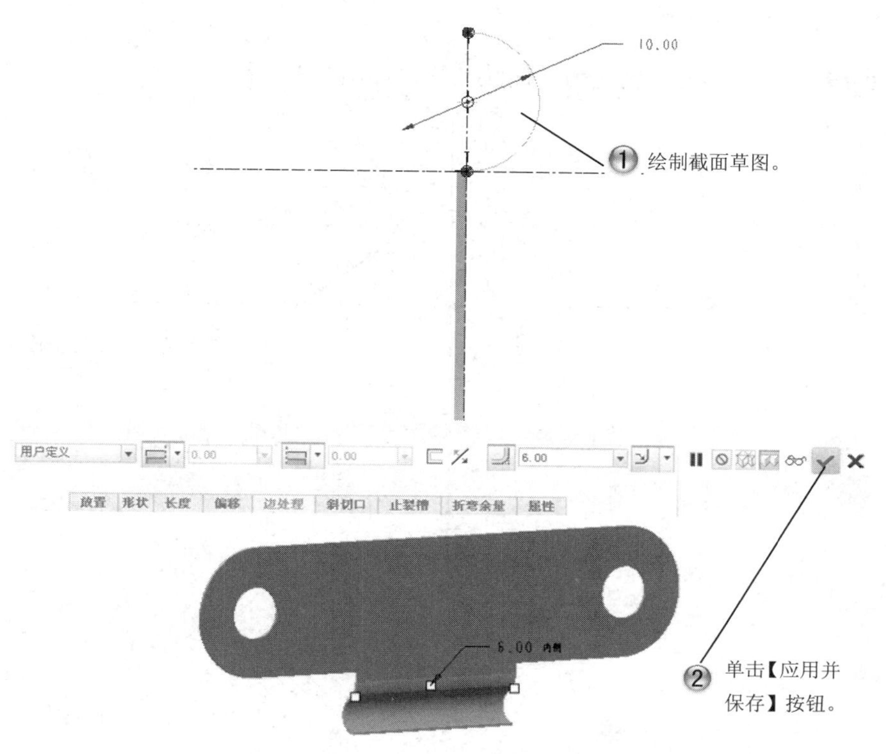

图 7-22　创建完成法兰壁

Step8 按照同样方法创建另一侧平整壁，如图 7-23 所示。

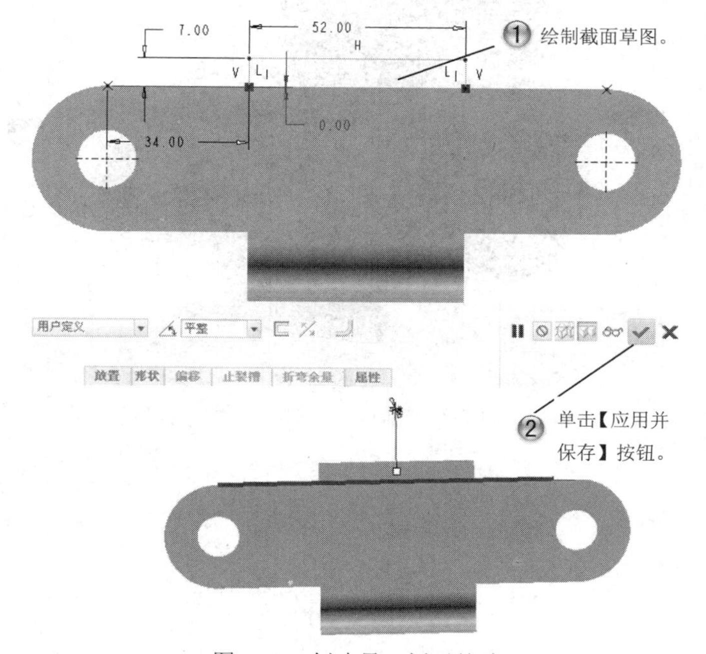

图 7-23　创建另一侧平整壁

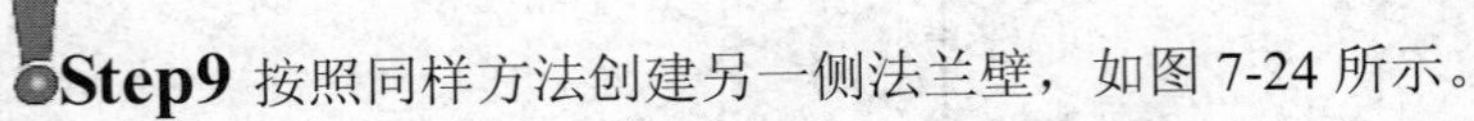

Step9 按照同样方法创建另一侧法兰壁，如图 7-24 所示。

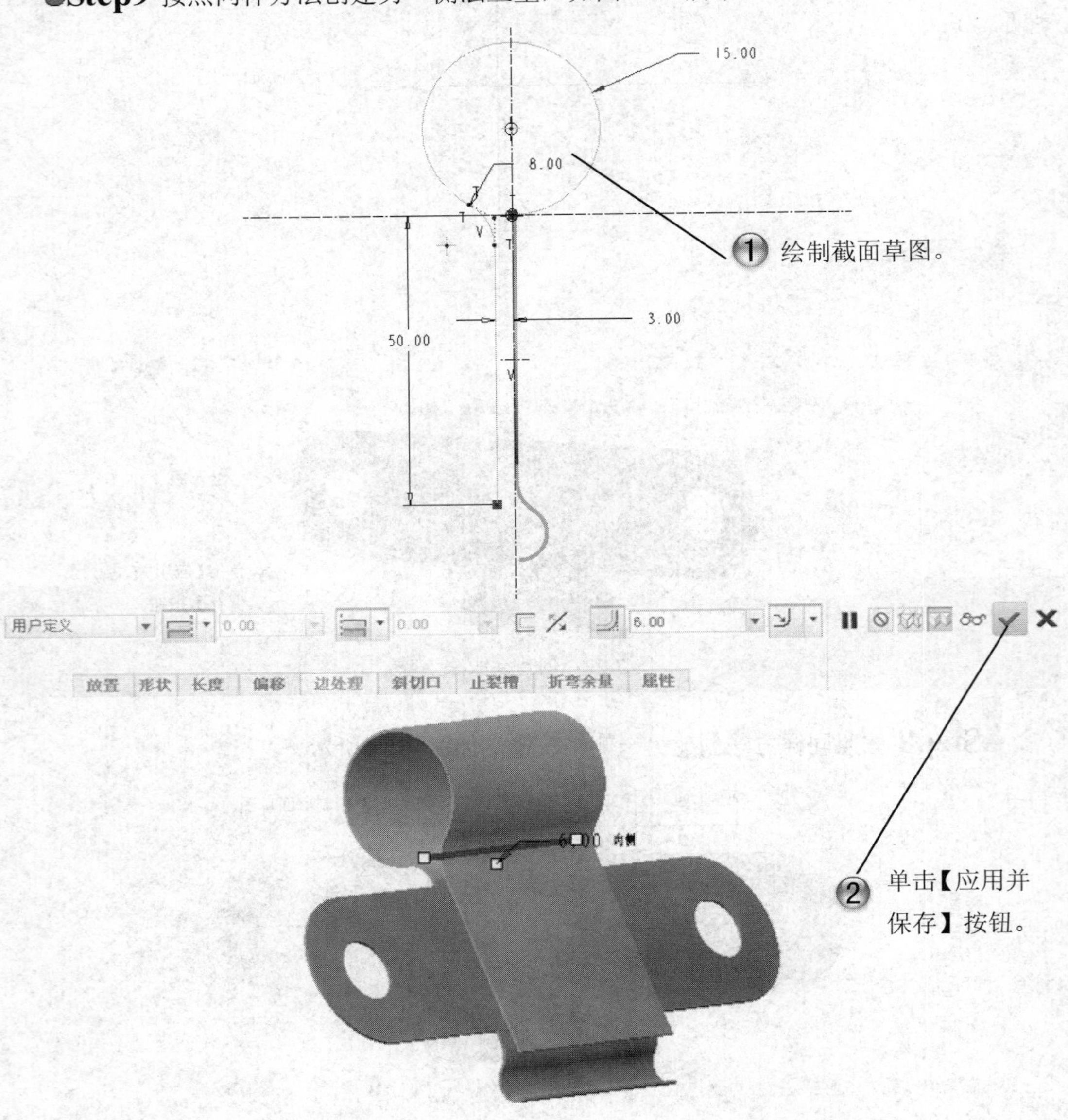

图 7-24　创建另一侧法兰壁

Step10 创建最后的法兰壁，如图 7-25 和图 7-26 所示。

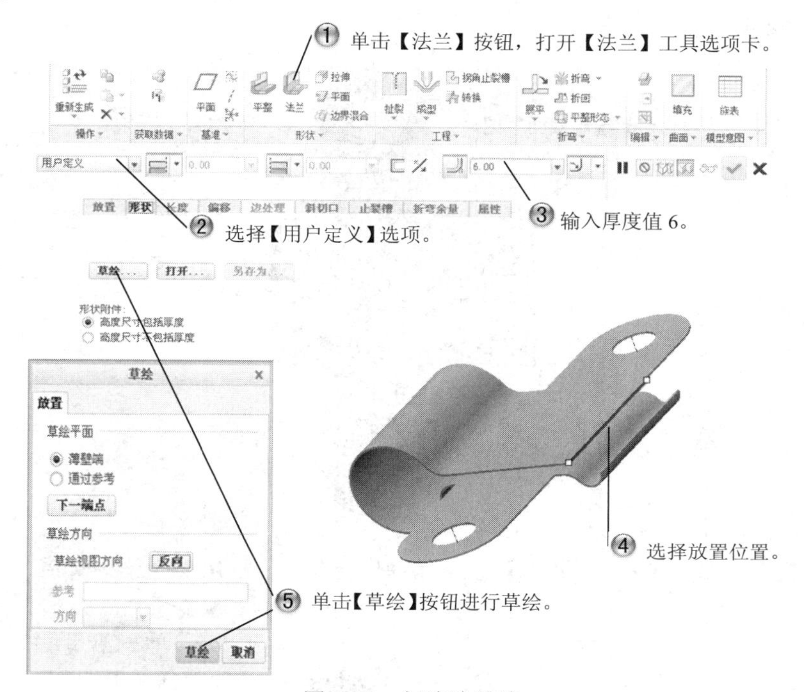

图 7-25　创建法兰壁

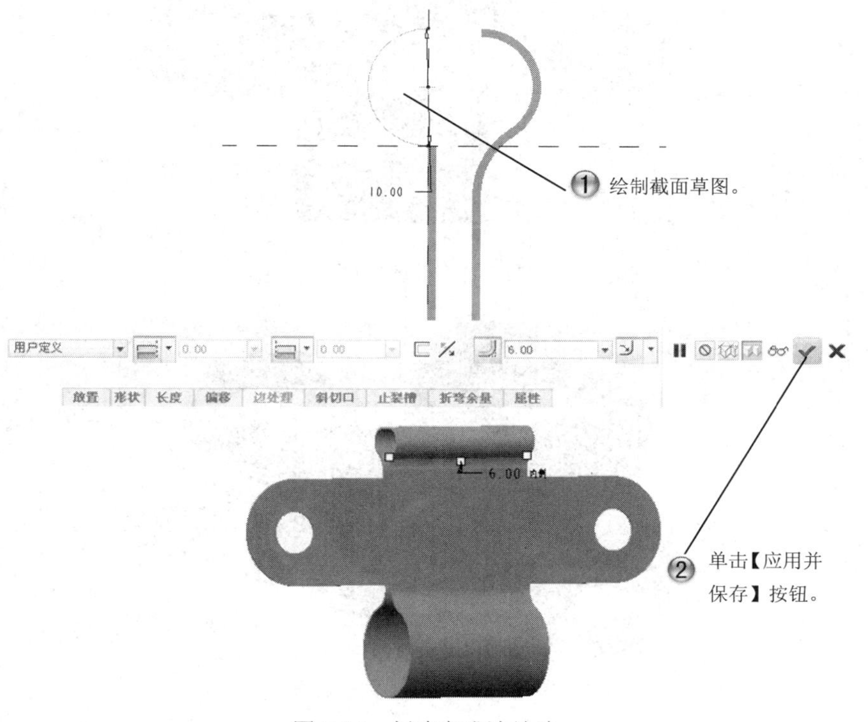

图 7-26　创建完成法兰壁

Step11 创建拉伸切除特征，如图 7-27 所示。最后再进行成型处理，创建完成固定管卡，如图 7-28 所示。

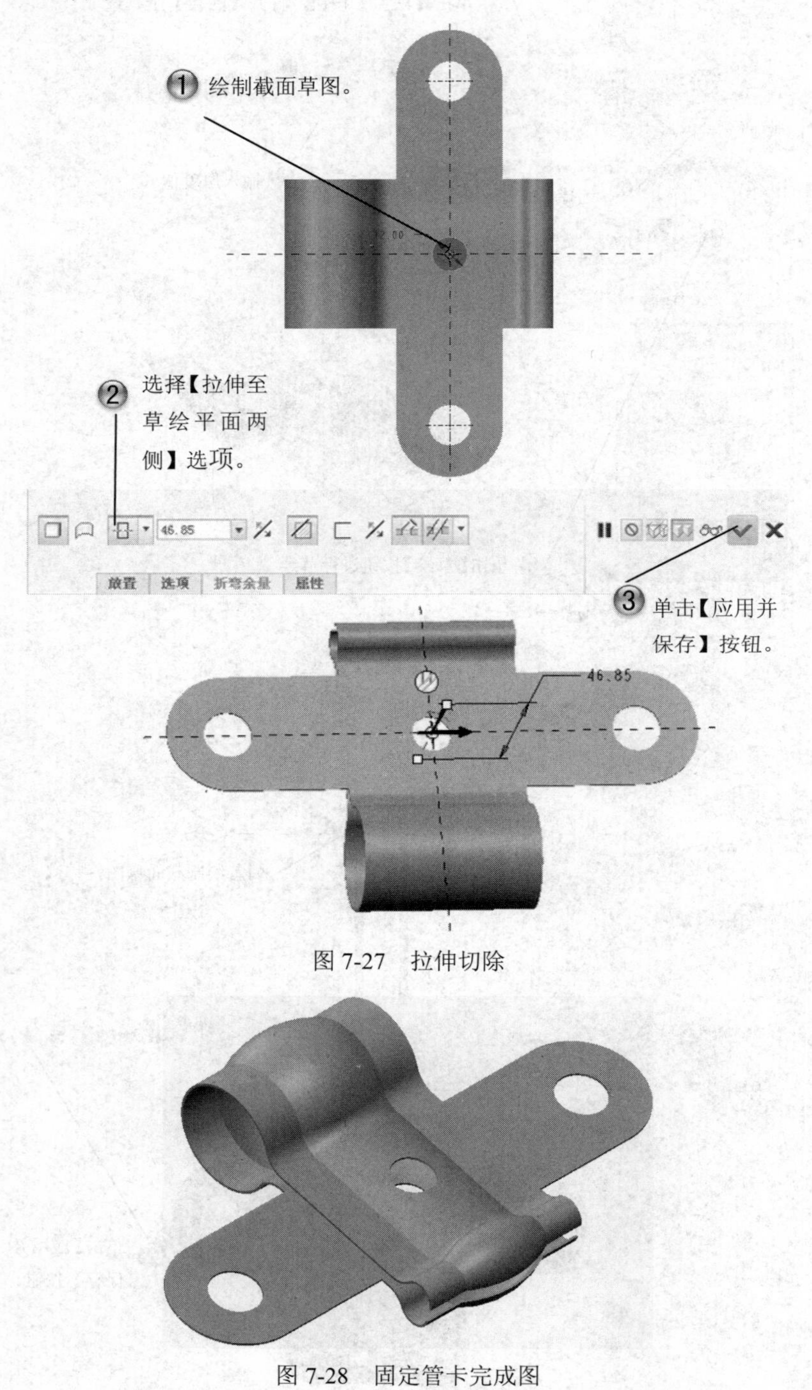

图 7-27　拉伸切除

图 7-28　固定管卡完成图

7.2　折弯设计

钣金的折弯特征指的是将钣金件上的平面区域进行弯曲成型，可以进行常规折弯、边折弯和面折弯 3 种折弯操作，常用的是前两种。

7.2.1　设计理论

本节首先介绍常规折弯的制作方法，然后介绍边折弯方法。但是读者要注意的一点是，对于常规折弯而言，无论任何形式的折弯，都只能在钣金的平面区域内进行，而不能在已折弯的区域内再次折弯。

7.2.2　课堂讲解

1．常规折弯

首先介绍常规折弯的可设置选项和创建方法。

（1）单击【模型】选项卡【折弯】组中的【折弯】按钮折弯后，首先出现的是【折弯】工具选项卡，如图 7-29 所示。

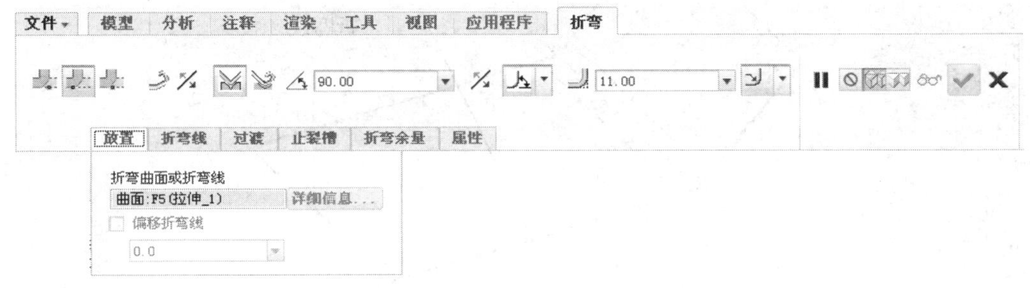

图 7-29　【折弯】工具选项卡

（2）在【放置】面板选择用于绘制折弯线的平面，一般来说，要对哪个平面区域折弯，就选择哪个面。例如，在图 7-30 中选择平面，折弯线出现在平面上。

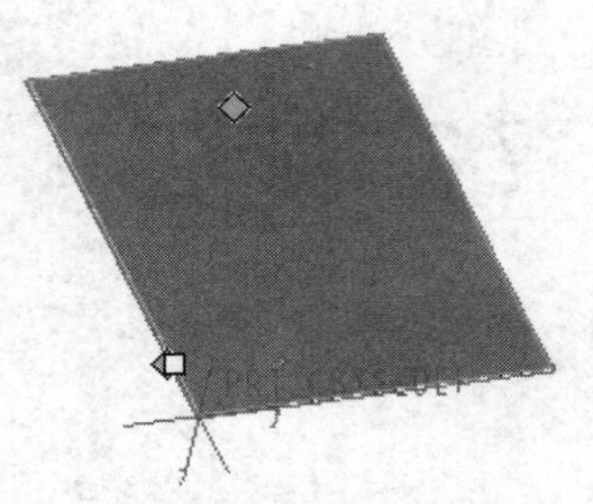

图 7-30　选择折弯面

（3）读者也可以自己绘制折弯线。切换到【折弯线】面板，如图 7-31 所示。

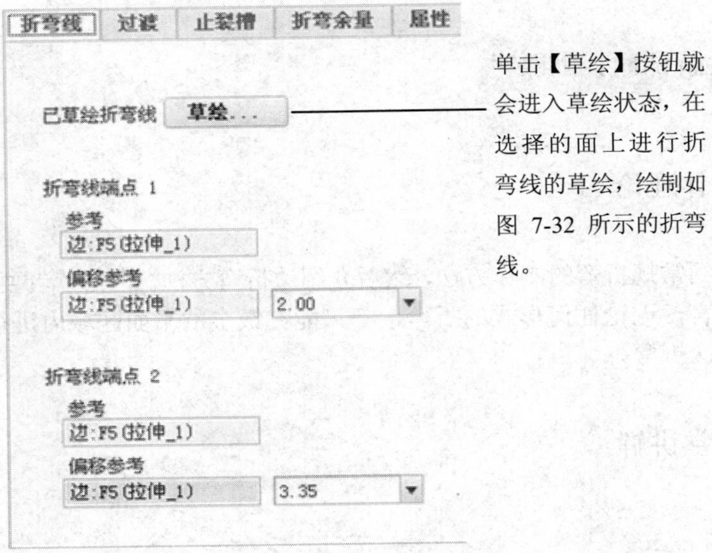

折弯线　过滤　止裂槽　折弯余量　属性

已草绘折弯线　草绘...

折弯线端点 1

参考

边:F5(拉伸_1)

偏移参考

边:F5(拉伸_1)　2.00

折弯线端点 2

参考

边:F5(拉伸_1)

偏移参考

边:F5(拉伸_1)　3.35

单击【草绘】按钮就会进入草绘状态，在选择的面上进行折弯线的草绘，绘制如图 7-32 所示的折弯线。

图 7-31　【折弯线】面板

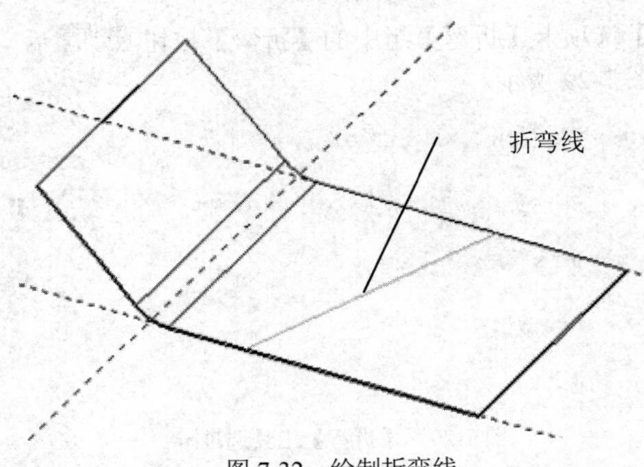

图 7-32　绘制折弯线

结束草绘后，依次在【折弯线端点 1】和【折弯线端点 2】选择折弯线端点的位置参考和偏移参考。

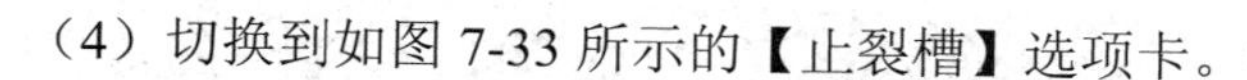

（4）切换到如图 7-33 所示的【止裂槽】选项卡。

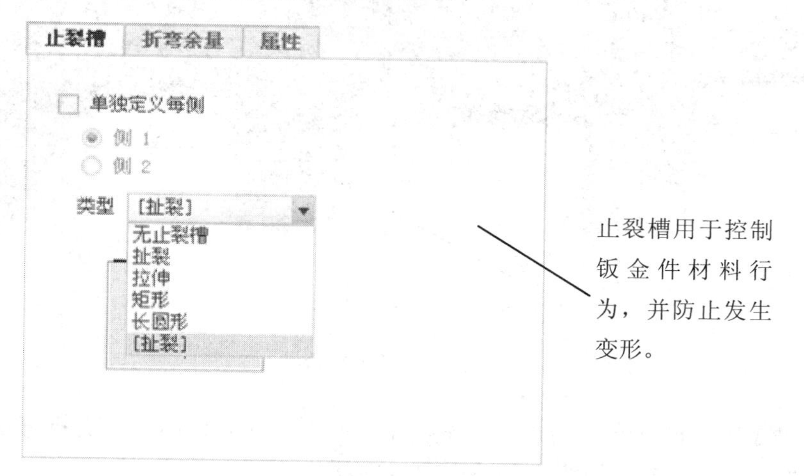

图 7-33　定义止裂槽

例如，由于材料拉伸，未止裂的折弯可能不会表示出准确的、用户所需要的实际模型。添加适当的折弯止裂槽，如【拉伸】止裂槽，钣金件折弯就会符合用户的设计意图，并可创建一个精确的平整模型。

【止裂槽】面板中有以下止裂槽类型，各类型定义后的效果如图 7-34 所示。

- 【无止裂槽】：创建没有任何止裂槽的折弯。
- 【扯裂】：在每个折弯端点处切割材料。切口是垂直于折弯线形成的。
- 【拉伸】：拉伸材料，以便在折弯与现有固定材料边的相交处提供止裂槽。
- 【矩形】：在每个折弯端点添加一个矩形止裂槽。
- 【长圆形】：在每个折弯端点添加一个长圆形止裂槽。

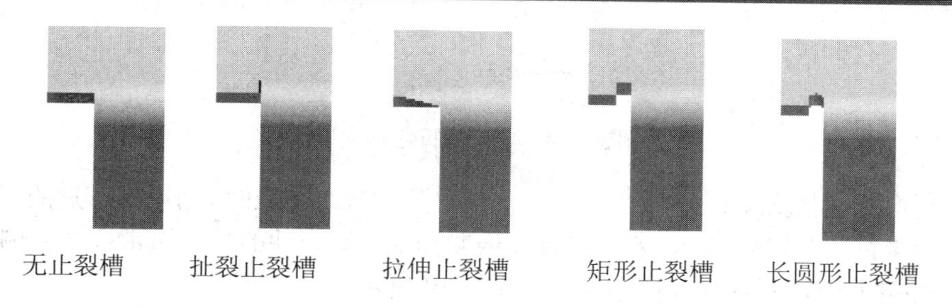

图 7-34　止裂槽效果

（5）在【折弯】工具选项卡中的按钮依次代表材料相对折弯线的位置，如图 7-35 所示。

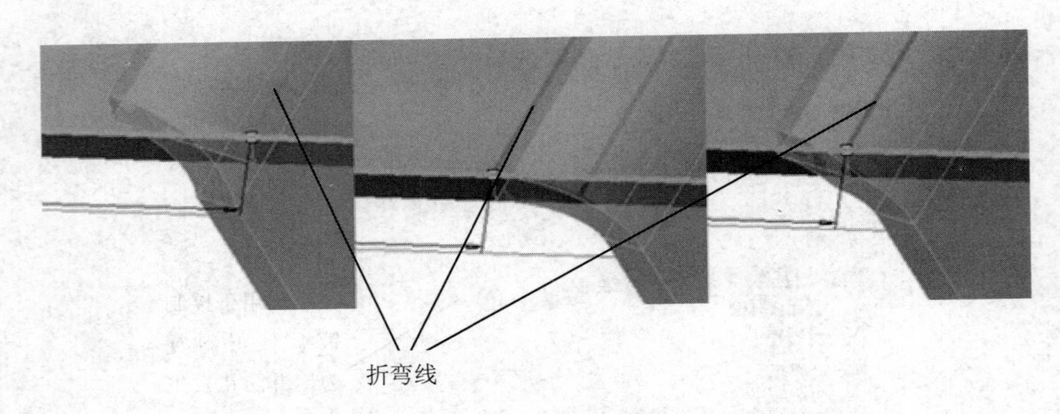

图 7-35　折弯材料位置

（6）【折弯】工具选项卡中的折弯状态按钮，代表使用值定义折弯角度和折弯至曲面顶部的两种折弯方式，如图 7-36 和图 11-37 所示。

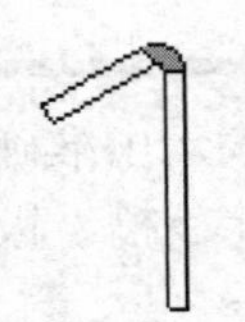

图 7-36　值定义折弯角度

图 7-37　折弯至曲面顶部

（7）折弯角度文本框 90.00 就是指要将折弯侧折弯多少角度，如图 7-38 所示的折弯角度示意图。

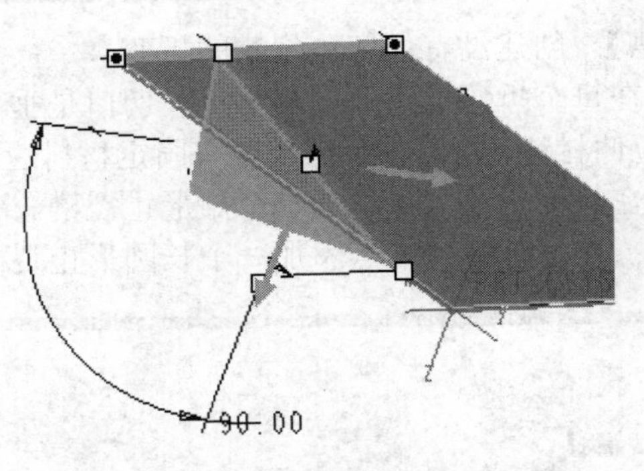

图 7-38　定义“折弯角度”

（8）折弯半径值文本框 5.00 设置折弯处半径的大小。在其后的下拉列表可以选择内存半径或者外侧半径。若选择标注内侧曲面，钣金件的尺寸通常标注内侧半径；若选择标注外侧曲面，则标注外侧半径，如图 7-39 所示。

图 7-39　标注的内侧曲面和外侧曲面样式

(9) 单击【特征预览】按钮进行实体预览，无误后单击【应用并保存】按钮，完成折弯特征的创建。

2．边折弯

边折弯是指将非相切、锐边转换为折弯。根据选择要加厚的材料侧的不同，某些边显示为倒圆角，而某些边则具有明显的锐边。利用【边折弯】工具选项卡可以快速对边进行倒圆角，不同的边折弯方式如图 7-40 所示。

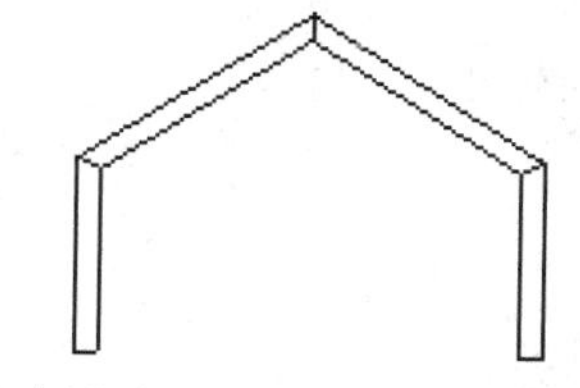

具有锐边、非相切边的钣金件

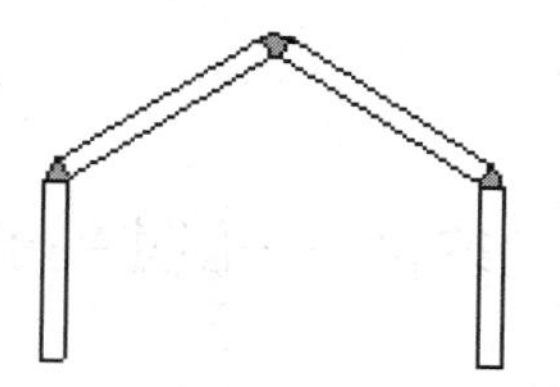

边折弯后的钣金件

图 7-40　不同的边折弯方式

单击【模型】选项卡【折弯】组中的【边折弯】按钮，打开【边折弯】工具选项卡，如图 7-41 所示。边折弯的操作非常简单，选择边折弯对象后，再输入折弯半径值即可。

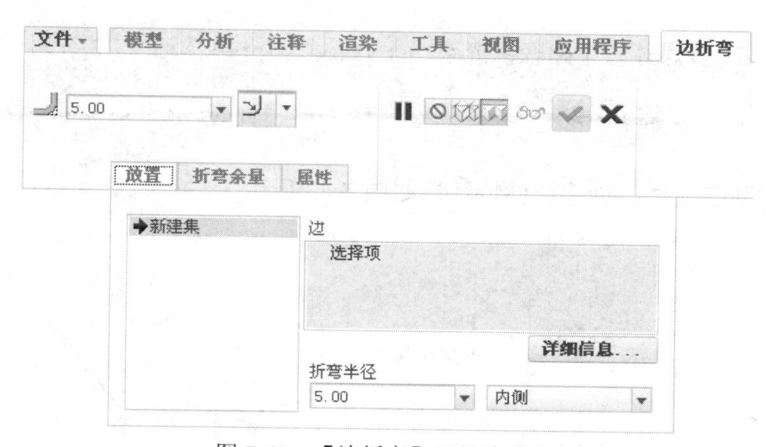

图 7-41　【边折弯】工具选项卡

在【放置】面板只需定义一个元素即可，不过在选择过程中会发现这一元素要求的是一些对象的集合，即钣金件中现有的非相切边、锐边的边线，用户只要将需要进行边折弯的边一一选择后，即可预览效果并完成边折弯的操作。图 7-42 所示为折弯前后的效果对比。

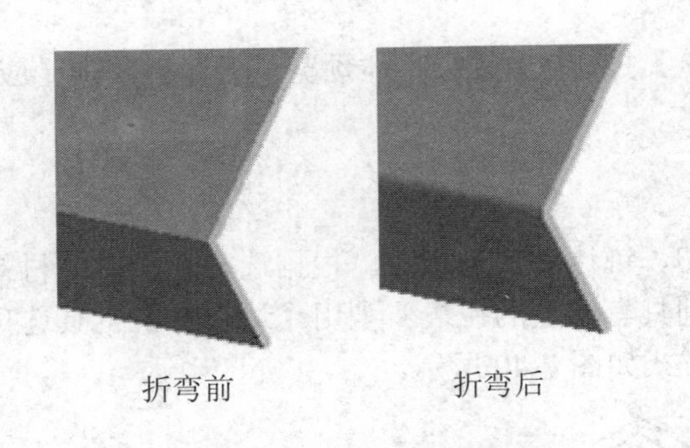

图 7-42　折弯前后的效果

7.2.3　课堂练习——创建夹子

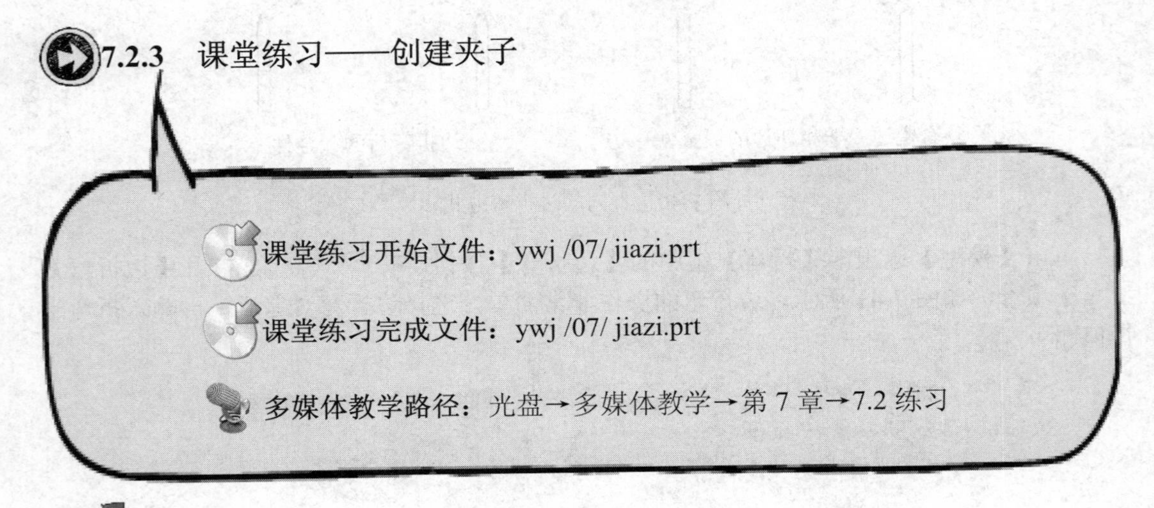

Step1 新建文件，创建拉伸特征，如图 7-43 所示。

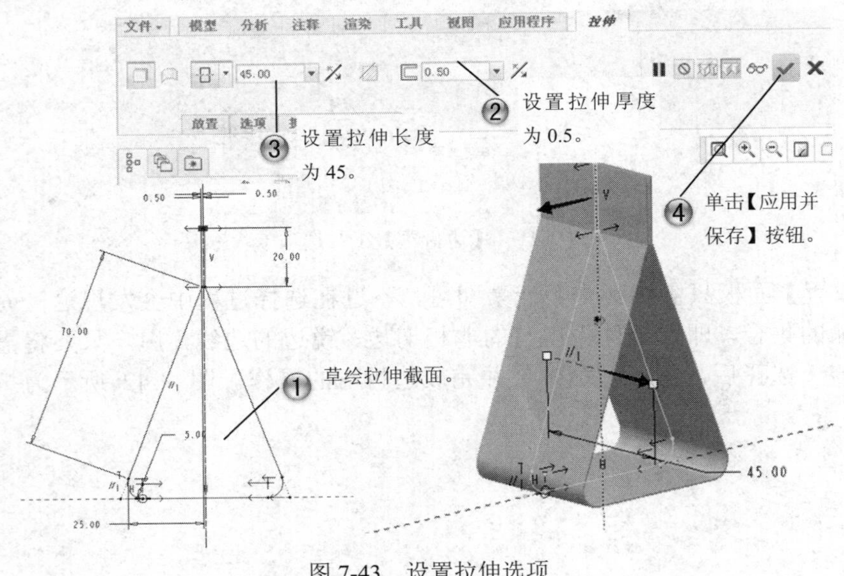

图 7-43　设置拉伸选项

Step2 进行折弯，如图 7-44 所示。

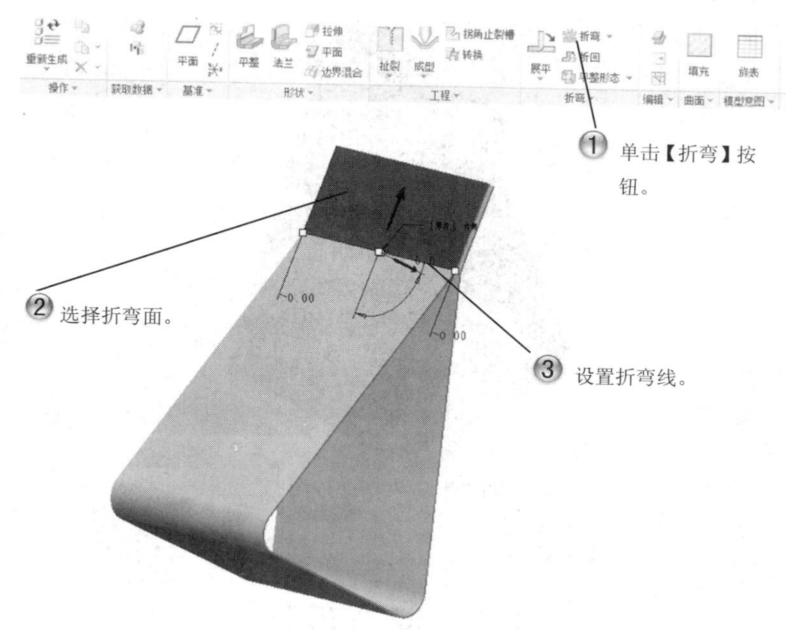

图 7-44　进行折弯

Step3 完成折弯，如图 7-45 所示。

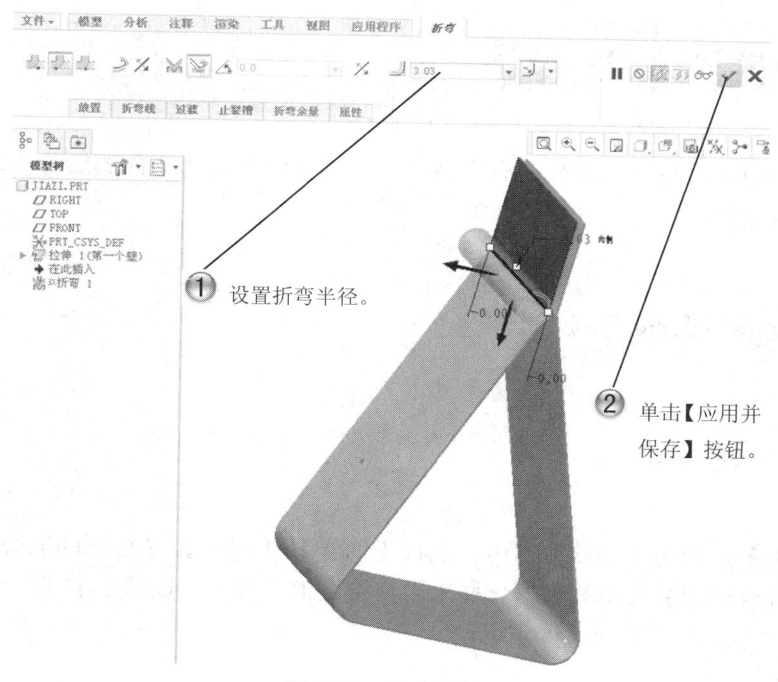

图 7-45　完成折弯

Step4 用同样方法折弯另一侧，夹子创建完成，如图 7-46 所示。

图 7-46　夹子完成图

7.3　混合设计

基本概念

钣金混合设计，也可以称作混合壁特征，它通过结合每个截面的边界来连接至少两个截面以形成钣金壁。

课堂讲解课时：1 课时

7.3.1　设计理论

在【模型】选项卡【形状】组中，选择【形状】|【混合】|【分离的混合壁】命令，系统会弹出【混合选项】菜单管理器，要求用户定义混合类型，如图 7-47 所示。这里有三种主混合类型的方式，下面来具体介绍。

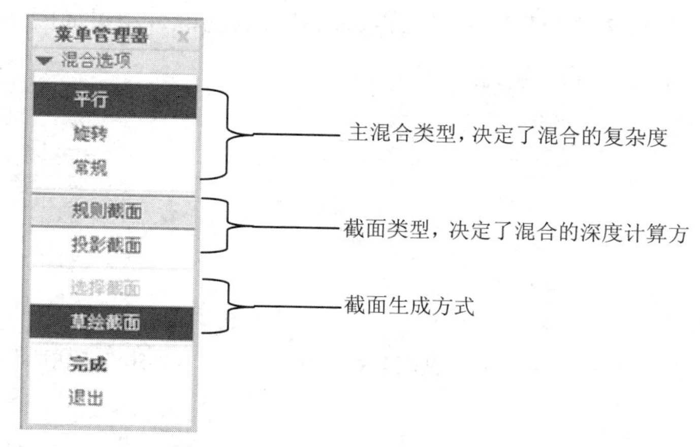

图 7-47 【混合选项】菜单管理器

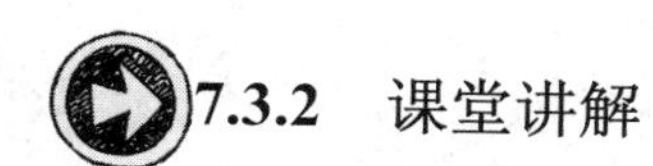

7.3.2 课堂讲解

1．平行方式

平行方式就是指所有混合截面都位于草绘中的平行平面上。

（1）在【混合选项】菜单管理器中分别选择【平行】、【规则截面】和【草绘截面】选项，就可以进行平行方式的混合设计。首先，在绘制截面时，给用户的感觉是 3 个截面在同一个平面上绘制。

一般来说，会有两个或两个以上的截面，虽然在绘制时都在一个平面上，但是通过后期的深度定义，截面会分布在几个平行的平面上，如图 7-48 所示。

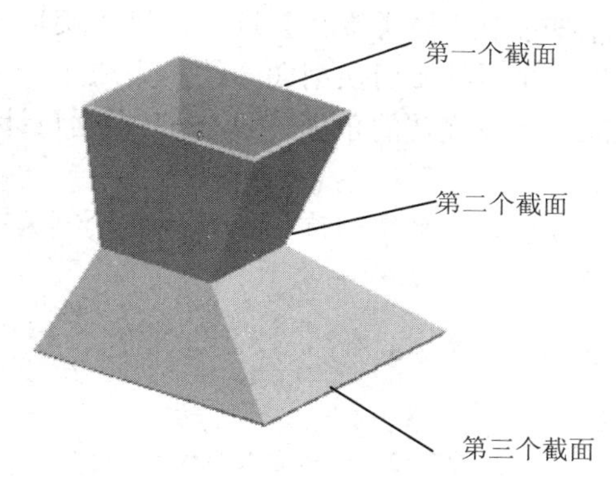

图 7-48 分布在几个平行的平面上的截面

（2）绘制一个截面后，要切换剖面才能进行下一个截面的绘制。在【草绘】工具选项卡，选择【设置】|【特征工具】|【切换截面】命令即可进行下一个截面的绘制。

（3）完成截面绘制后，在【壁曲面：混合，平行，规则截面】对话框中的【截面】选项显示已定义，如图 7-49 所示。接着在【属性】菜单管理器中有两种方式进行选择，如图

7-50 所示，即【直】和【平滑】选项，选择这两种方式的混合结果如图 7-51 所示。

图 7-49　【壁曲面：混合，平行，规则截面】对话框

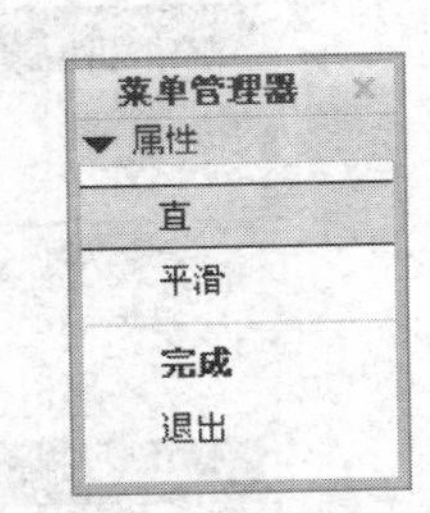

图 7-50　【属性】菜单管理器

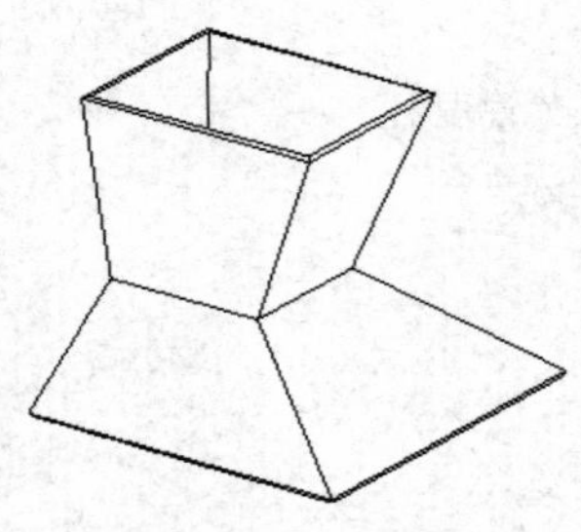

【直】方式的混合结果

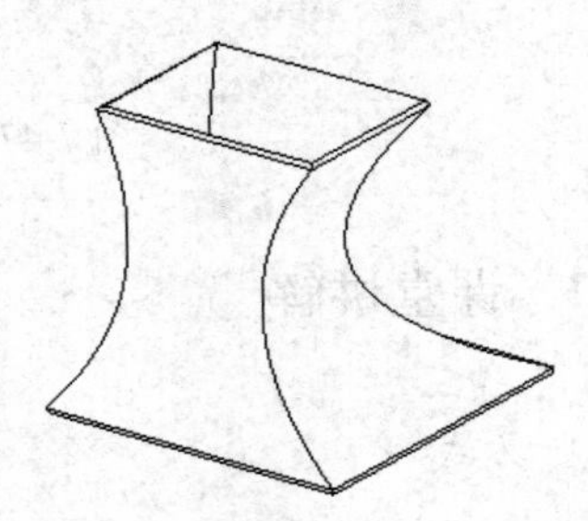

【平滑】方式的混合结果

图 7-51　不同的混合结果

2．*旋转方式*

旋转方式是指混合截面绕 Y 轴旋转，其最大角度可达 120°。用户可以单独草绘每一个截面，然后利用坐标系对齐它们。

在【混合选项】菜单管理器中选择【旋转】选项，进入旋转方式混合设计，在绘制截面时，是绘制一个完成一个，并不需要切换剖面。绘制完成第一个截面后，系统会询问下一个截面相对于第一个截面绕 Y 轴旋转的角度，用户应当根据设计要求进行设置，如图 7-52 所示。

一般来讲，完成第二个截面后，系统会询问还要不要绘制第三个截面，用户可根据需要回答是或不是。

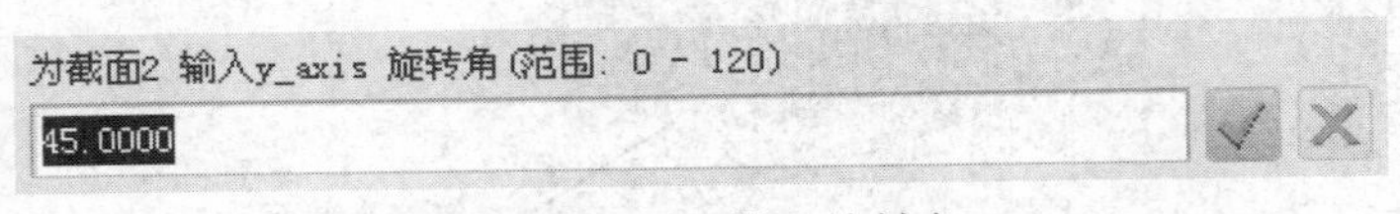

图 7-52　提示输入旋转角

绘制截面时，关键在于绘制每一个截面时用户是否添加了一个坐标系，上面所说的“绕 Y 轴旋转”的这个 Y 轴所指的坐标系，就是用户在绘制截面时添加的坐标系。在绘制每一个截面时都要添加一个坐标系，当所有截面完成后，系统会自动将所有的坐标系（比如 3 个）识别为一个统一的坐标系，以用来定位这 3 个截面之间的空间关系，如图 7-53 所示。

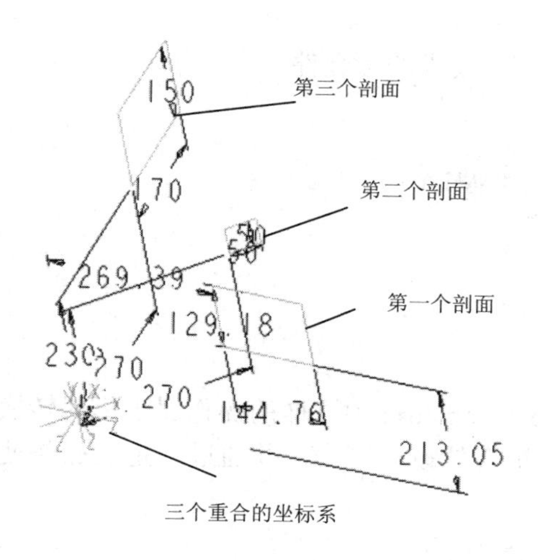

图 7-53　绘制截面时的坐标系

另外，对于旋转混合，还要考虑是否需要系统自动将混合封闭，封闭混合的效果如图 7-54 所示。

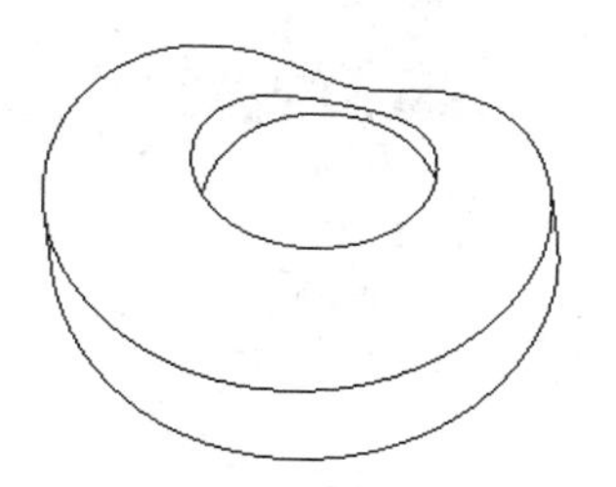

图 7-54　封闭混合的效果

3．常规方式

混合截面可以绕 X、Y 和 Z 轴旋转，也可沿这 3 条轴平移。用户可以单独草绘每一个截面，然后利用坐标系对齐它们。

常规方式的制作原理和注意事项与旋转方式基本相同，只不过截面不仅仅是绕 Y 轴旋转，而是可以同时绕 X、Y、Z 三个轴旋转甚至平移。简单地说，就是用户可以将下一个截面放置到空间任何位置来形成混合件，这里不再赘述。

7.4　实体转换钣金件设计

基本概念

实体零件生成钣金件实际上可以称为一种转换的过程。即首先生成实体零件，然后通过一定的操作将其转换为符合要求的钣金件。

课堂讲解课时：1 课时

7.4.1 设计理论

首先，要理解在 Creo Parametric 中这样的操作属于模式转换，这里要做的是将对象从实体零件设计模式转换到钣金件设计模式，并通过一定的操作使转换后的零件符合钣金件的特征规则。

具体转换命令如图 7-55 所示。

图 7-55 转换命令

7.4.2 课堂讲解

在进入具体转换操作界面后，对于初学者来说，应当注意在命令提示栏中出现的系统操作提示，看系统此时要求用户做些什么，要确定的是对所选的实体零件采用何种方式转换为钣金件，提示如图 7-56 所示。

➪为钣金件零件转换类型选择实体零件。

图 7-56　系统操作提示

对于熟悉该软件的用户，就只需要关注系统同时打开的【第一壁】工具选项卡了，在其中可选择转换方式。如图 7-57 所示。

在【第一壁】工具选项卡中可以看到，其中有两种用于转换的方式。

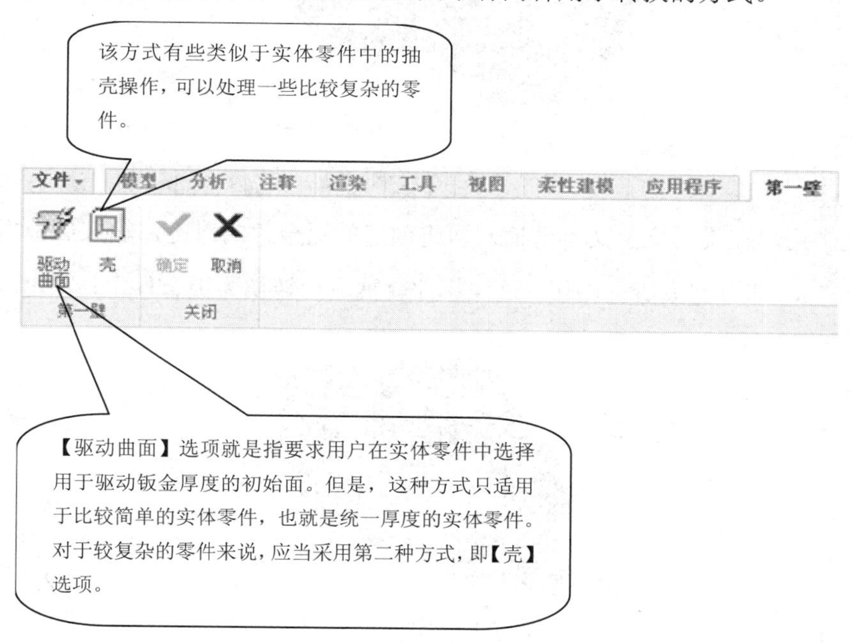

图 7-57　【第一壁】工具选项卡

选择【壳】命令后可以看到图 7-58 所示的【壳】工具选项卡。

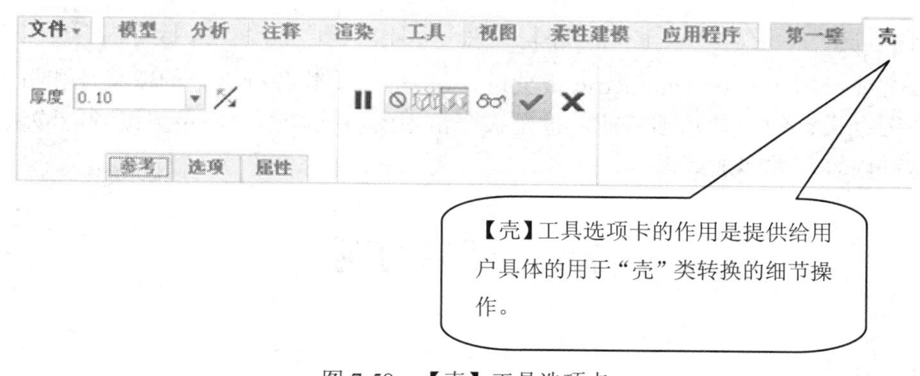

图 7-58　【壳】工具选项卡

【参考】面板就像在实体零件中进行抽壳操作一样，所要增加的是一组删除参考，即选择在抽壳操作时要删除的面。选择删除面的过程非常简单，直接用鼠标单击不需要的面即可，当然，若想要如图 7-59 所示删除几个面的话，那么就需要按住 Ctrl 键多次单击鼠标。

图 7-59　选择删除面

此时要求用户在【厚度】文本框输入即将创建的钣金件的厚度，输入后单击【应用并保持】按钮，即可完成所有操作。这样零件就被成功转换为钣金件了，转化后的钣金件如图 7-60 所示。

图 7-60　转化为钣金件

7.5　专家总结

本章主要介绍了 Creo Parametric 钣金设计，即如何创建各种钣金的壁特征和折弯特征，这些都是钣金设计的一些基础特征，也是钣金常用的特征。因此，希望读者能够认真学习和掌握这些内容，并多加练习。

7.6　课后习题

7.6.1　填空题

（1）创建平整壁是指利用一个__________拉伸出钣金的厚度来生成钣金件。

（2）钣金的折弯特征指的是将钣金件上的________进行弯曲成型，可以进行________、

________和________3 种折弯操作。

7.6.2 问答题

（1）钣金的基本创建方法是什么？
（2）钣金混合设计方式是什么？

7.6.3 上机操作题

使用本章学过的各种命令来创建一个机箱钣金件，如图 7-61 所示。
练习步骤和方法：
（1）创建平整壁。
（2）展平特征。
（3）分割区域和扯裂。
（4）折弯回去并镜像完成。

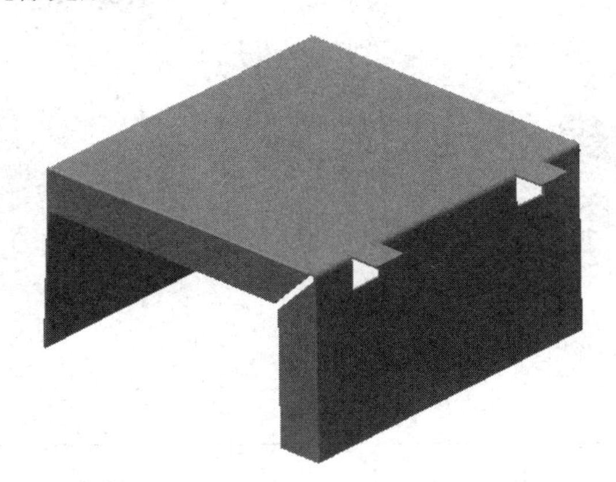

图 7-61　机箱模型

第 8 章　装配设计

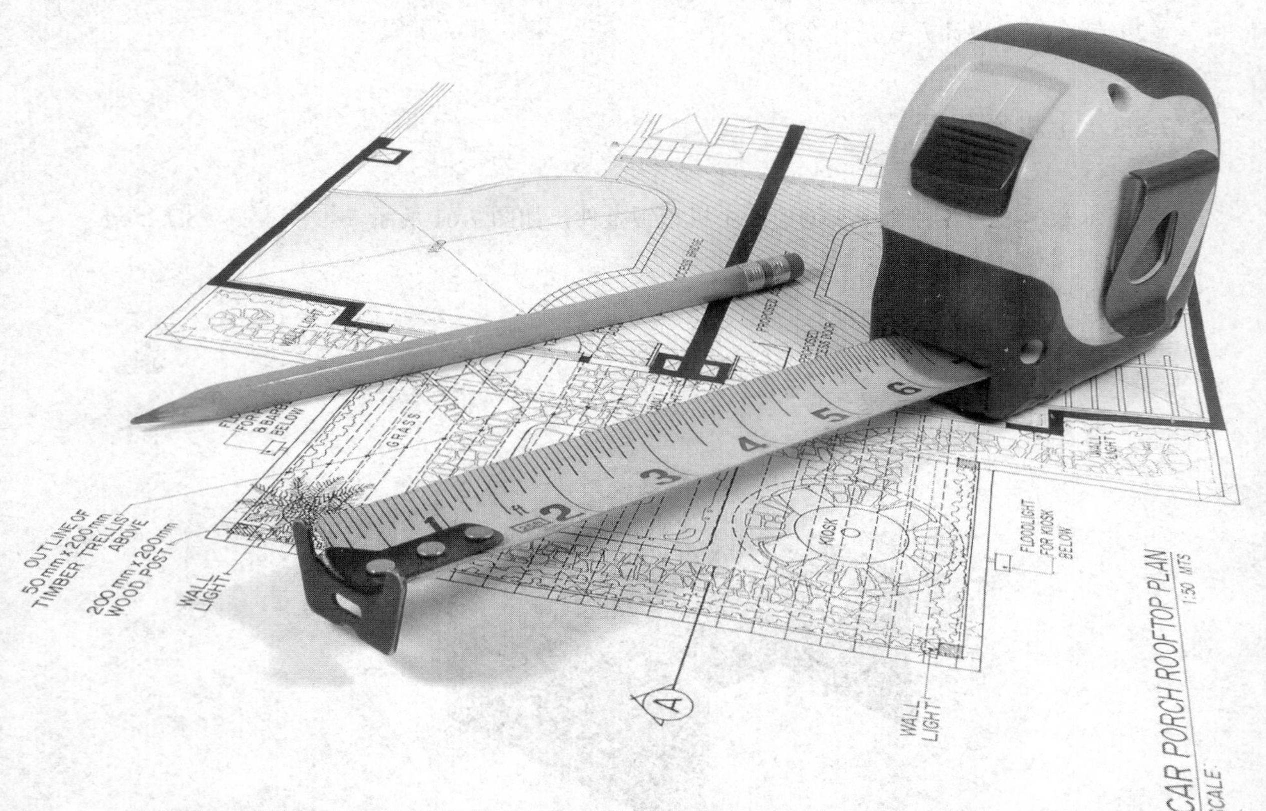

课训目标	内　容	掌握程度	课　时
	装配基本概念和约束	基本掌握	2
	元件的调整和装配关系的修改	熟练掌握	2
	配合件设计	熟练掌握	1
	自顶向下装配设计	熟练掌握	2
	生成装配的分解状态和物料清单	熟练掌握	1
	布局和产品结构图设计	熟练掌握	1

课程学习建议

Creo Parametric 功能强大，不仅可以用来设计简单的零件，而且可以指定零件与零件之间的配合关系，进行装配设计。通过零件装配，能够对要设计的结构有更加全面的认识。

本章力图使读者在学习后能够深刻理解装配特征的设计意图及设计方法在设计思想上的集中体现，同时结合分解状态及材料清单的生成及管理，来深入了解 Creo Parametric 装配中的后期处理。

本章主要介绍了 Creo Parametric 中有关装配的一些基本概念及环境配置方法，并讲解了装配中相当重要的概念——装配约束。本章同时也介绍了装配的调整、修改、复制、配合体的设计、在装配体中定义新的零件、子装配体的方法，生成装配的分解状态和生成材料清单的方法等内容，以及自顶向下装配设计的方法。

本课程培训课程表如下。

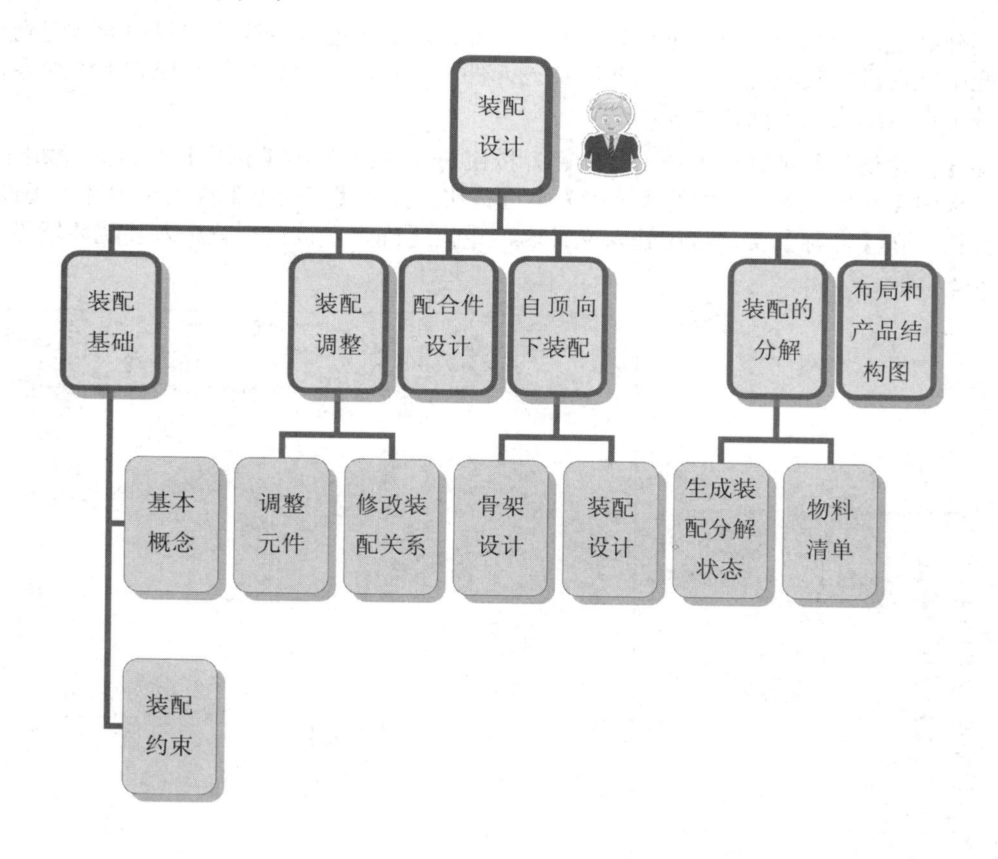

8.1 基本概念和装配约束

基本概念

所谓“装配”是指由多个零件或零部件按一定约束关系组成的装配件，也就是主装配体，装配中的零件称为“元件”。

课堂讲解课时：2 课时

8.1.1 设计理论

创建装配之前必须有已经创建好的基本元件，然后才能创建或装配附加的装配到现有的装配中。在进行装配时，可采用两种加入元件的方式，一种是在装配模式下添加零件，另一种是在装配模式下创建元件。

在【快速访问】工具栏中单击【新建】按钮，系统弹出【新建】对话框，如图 8-1 所示。选中【类型】选项组中的【装配】单选按钮，并在【子类型】选项组中选中【设计】单选按钮，在【名称】文本框中输入文件名，单击【确定】按钮，就进入装配环境界面，如图 8-2 所示。

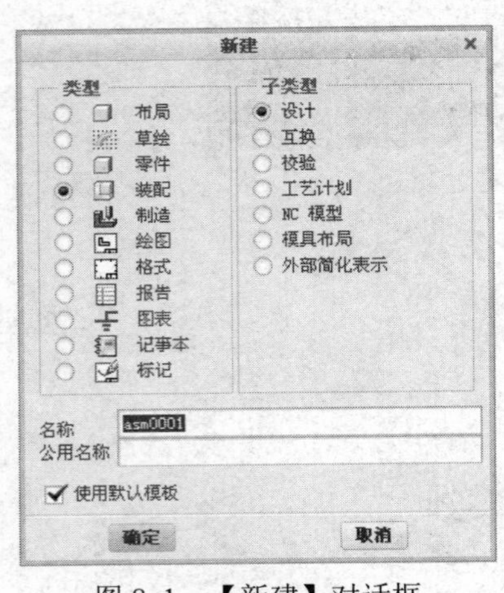

图 8-1 【新建】对话框

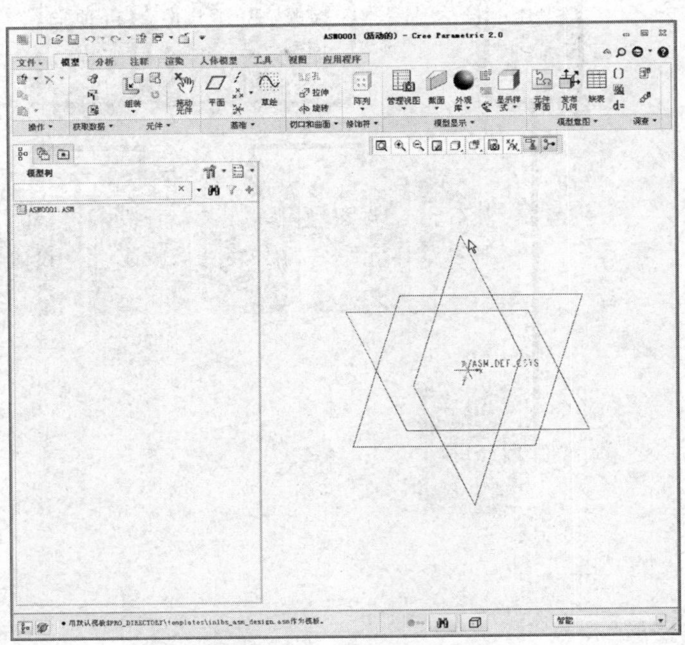

图 8-2 装配环境界面

在【新建】对话框中，可以选择以下两种模式。

1．使用默认模板

启用【使用默认模板】复选框，直接单击【确定】按钮，就会产生相互垂直的 3 个基准平面，如图 8-3 所示。

注意：必须在系统配置文件“config.pro”中将“template_designasm”设定为“mmns_asm_design.asm”，才能使默认的装配设计模板为公制单位。

名师点拨

2．不使用默认模板

取消启用【使用默认模板】复选框，单击【确定】按钮，系统弹出【新文件选项】对话框，如图 8-4 所示，选择要使用的模板，单击【确定】按钮进入装配环境界面。

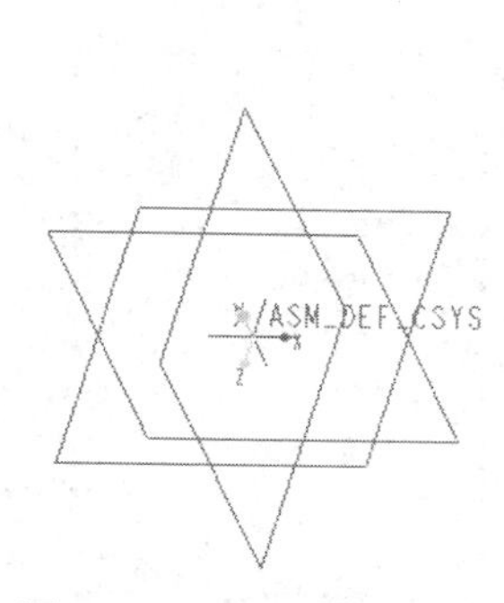

图 8-3 装配基准平面

图 8-4 【新文件选项】对话框

3. 装配模型树

模型树是零件文件中所有元件特征的列表。在装配文件中，模型树显示装配文件名称，并在名称下显示所包括的零件文件。模型树内的模型结构以分层形式显示，根对象位于树的顶部，附属对象位于下部。模型树结构如图 8-5 所示。

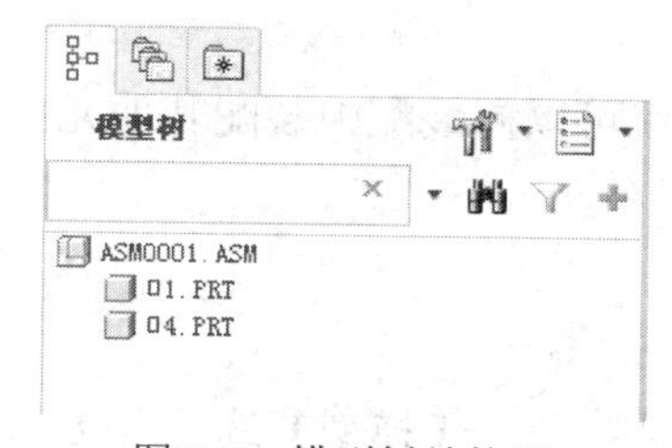

图 8-5 模型树结构图

在默认情况下，模型树位于 Creo Parametric 主窗口左侧。单击导航选项卡中的【模型树】标签，可显示模型树。在模型树中可以选取对象，而无需首先指定要对其进行何种操作。用户可以使用“模型树”选取元件、零件或特征，而不能选取构成零件特征的单个几何特征。

单击其中的【设置】按钮，系统弹出下拉菜单，如图 8-6 所示。

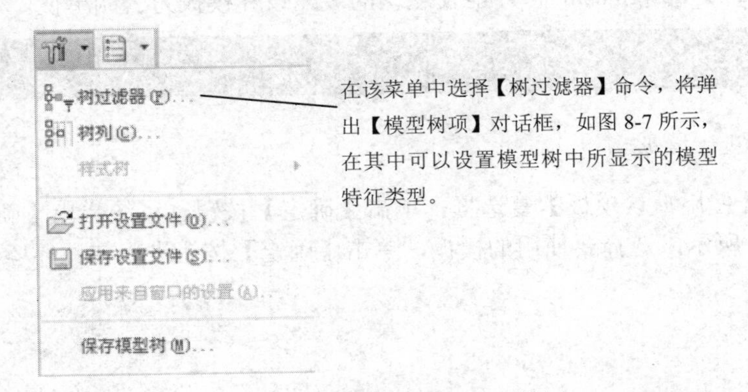

图 8-6 【设置】下拉菜单

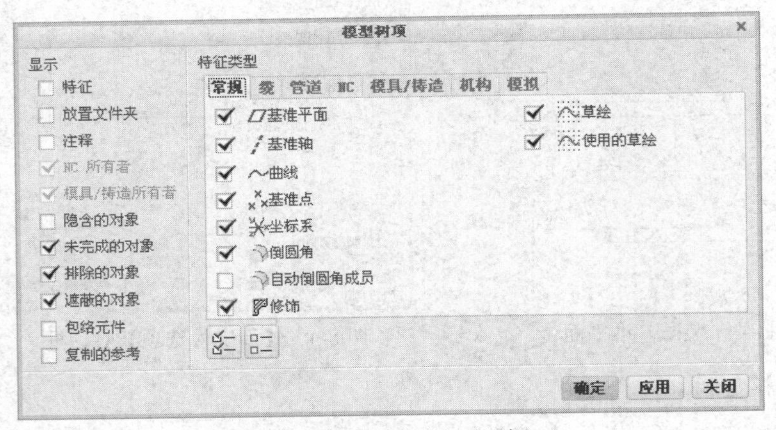

图 8-7 【模型树项】对话框

8.1.2 课堂讲解

在创建了装配文件之后，就可以向装配中装配其他元件，既可以装配单个元件，也可以装配子装配。

1．装配单个元件

（1）添加已设计完成的元件：单击【模型】选项卡【元件】组中的【装配】按钮，

在【打开】对话框中选择需要添加的元件，单击【打开】按钮，元件就显示在主视窗口中。单击【元件放置】工具选项卡中的【放置】标签，系统切换到【放置】面板，如图 8-8 所示，选择不同的约束类型将元件装配到相应的位置上。

在机械设计中，一般装配元件就是将元件的 6 个自由度完全约束（在某些特殊情况下为部分约束或全约束）。在 Creo Parametric 中一样，只有将元件的 6 个自由度完全约束以后，才能成功装配零件。用户可以根据该思想合理利用约束类型，达到定位元件的目的。

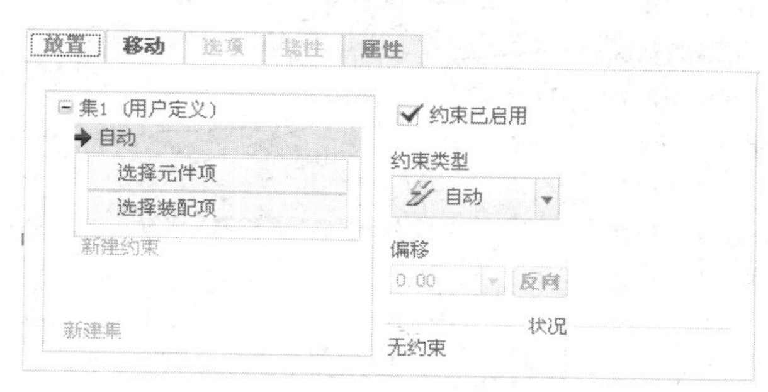

图 8-8 【放置】面板

（2）在装配模式下创建元件并装配：在某些情况下，需要在装配体中另外创建元件时可以使用此方法。

2．装配子装配

在装配较复杂的机械结构时，一般将整个机构按照功能的不同分为几部分，先将这几部分分别装配成几个子装配，然后再将这些子装配装配到机械主体上。

在 Creo Parametric 中，创建子装配实际上就是创建一个装配文件，与创建装配的操作方法相同。

（1）添加已创建的子装配：单击【模型】选项卡【元件】组中的【装配】按钮，在【打开】对话框中选择需要添加的子装配。与添加元件一样，需要在【放置】面板中设置约束类型。

（2）在创建装配模式下，创建子装配并装配到主装配体上。单击【模型】选项卡【元件】组中的【创建】按钮 创建，系统弹出【元件创建】对话框，如图 8-9 所示。在【子类型】选项组中选中【标准】单选按钮，单击【确定】按钮，系统弹出【创建选项】对话框，如图 8-10 所示。

图 8-9 【元件创建】对话框

【从现有项复制】选项表示复制一个装配模型环境，并不是复制子装配，即复制的文件里不应包含元件，而只是一个创建装配的模型环境。复制完成后，在模型树列表中显示新复制的子装配，在子装配下级中只有被复制文件的默认的 3 个相互正交的基准平面。在主装配体的装配环境下，子装配已装配完成，不用再对子装配进行设置约束。

【定位默认基准】选项表示在主装配体的装配模式下选取基准特征。选取完成后，在模型树列表中出现新创建的装配文件名，单击鼠标右键，在弹出的快捷菜单中选择【打开】命令，如图 8-11 所示。系统打开一个装配模式窗口，在主视窗口中显示的基准特征与刚才选取的基准特征一致。在此环境下创建的子装配装配到主装配体上时，以此基准特征进行自动约束。

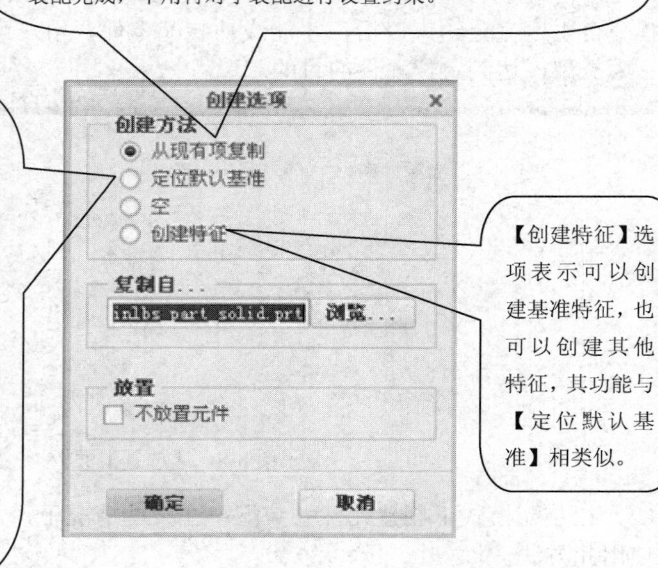

【创建特征】选项表示可以创建基准特征，也可以创建其他特征，其功能与【定位默认基准】相类似。

图 8-10　【创建选项】对话框

3. 装配约束

在装配零件的过程中，为了将每个零件固定在装配体上，需要确定零件之间的装配约束，以确定零件之间的关系。在 Creo Parametric 中，零件装配通过定义零件模型之间的装配关系来实现。零件之间的装配约束关系，就是实际环境中零件之间的设计关系在虚拟环境中的映射。

当引入的元件放置到装配中时，单击【放置】标签，系统会切换到如图 8-12 所示的【放置】面板，在【约束类型】下拉列表框中列出了十多种约束类型。根据零件的几何外形选择约束类型，就可以限制零件间的相互关系。

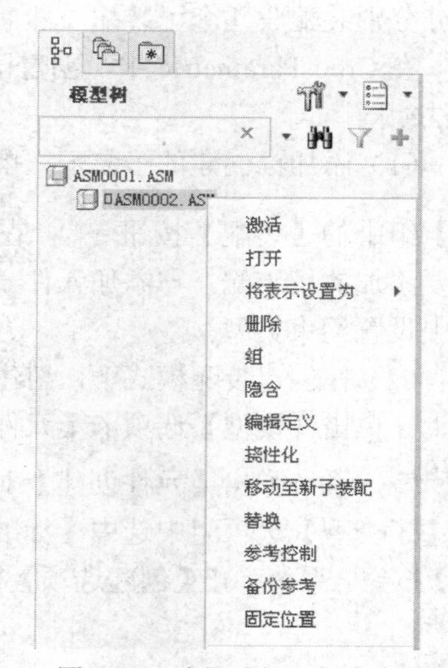

图 8-11　选择【打开】命令

无论是在元件中创建特征，还是在装配体中添加装配，均要通过约束来说明如何建立参数化设计意图。设计人员现在应知道：设计的目的就是建立当对象发生更改时的对象表现。例如，如果要将一个螺钉放入螺纹孔中，那么当删除孔或将孔移到另一位置时，参数约束就会提示螺钉应去哪里。

设计人员应该清楚的是，建立装配约束方案的目的并不是建立设计意图，而是要去掉装配的所有运动自由度。也就是说，通过约束组合，使装配相对于装配体以参数化的形式固定下来。一般来说，装配约束使用的顺序无关紧要，只要它们能够提供一个全约束条件即可。

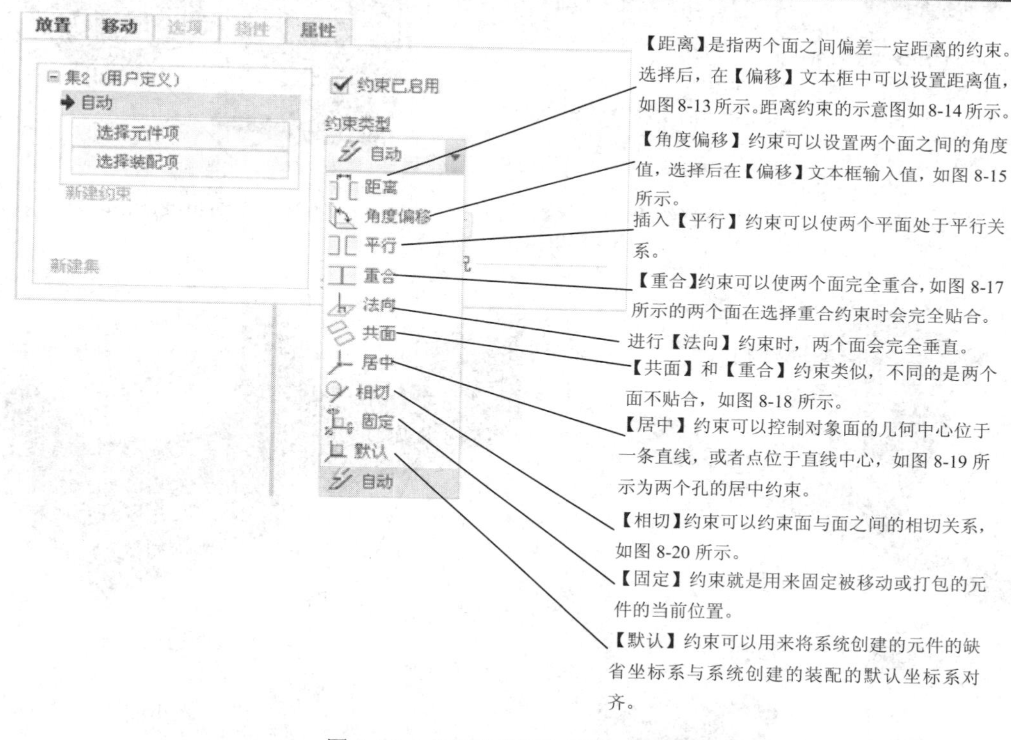

图 8-12 【约束类型】下拉列表框

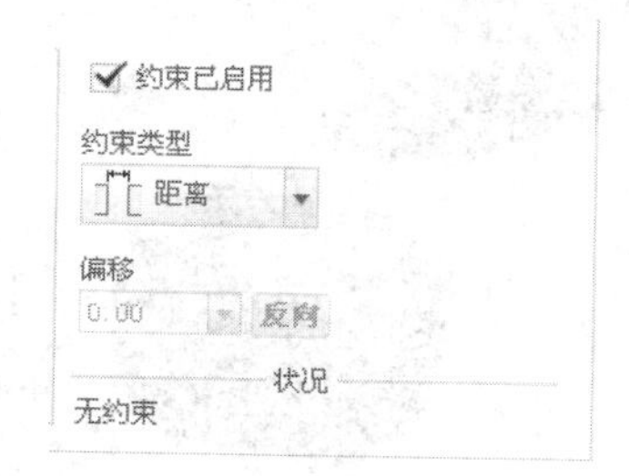

图 8-13 【偏移】文本框

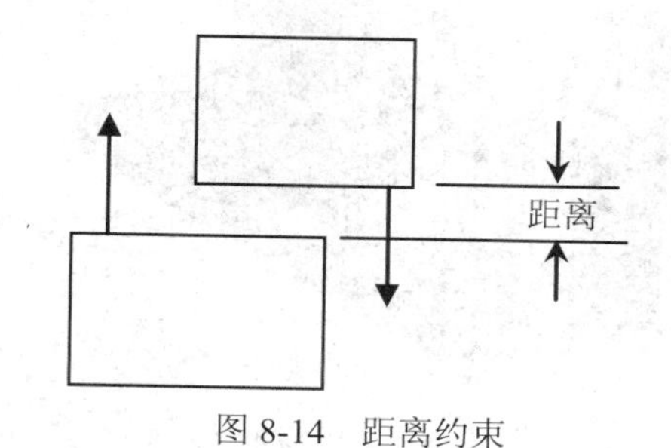

图 8-14 距离约束

注意：如果使距离方向为反向，可以将偏移量指定为负值。使用距离约束时，两个参考必须为同一类型，即平面对平面。

名师点拨

选择两个元件平面进行角度约束时，以第一个选择的平面为基准，第二个平面进行旋转，如图 8-16 所示。

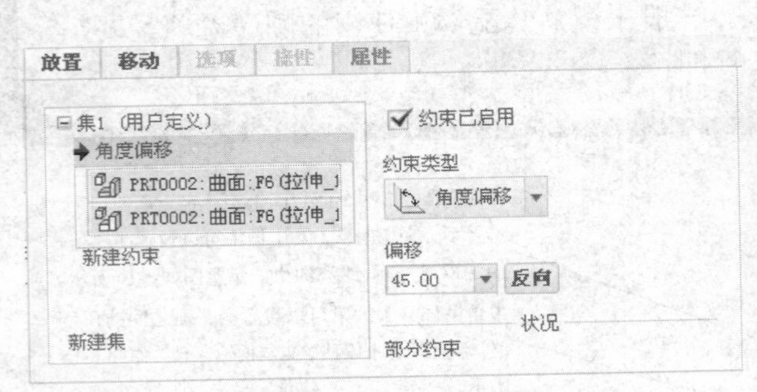

图 8-15　角度偏移约束

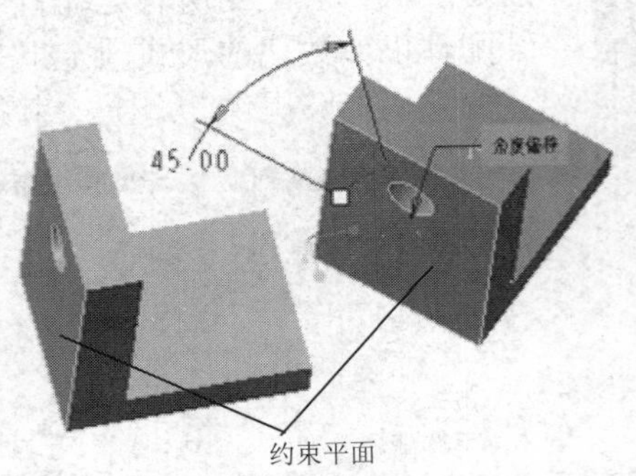

图 8-16　平面角度偏移约束

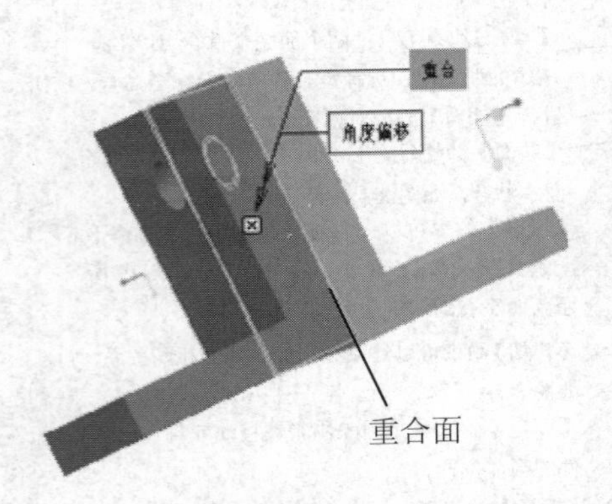

图 8-17　重合约束

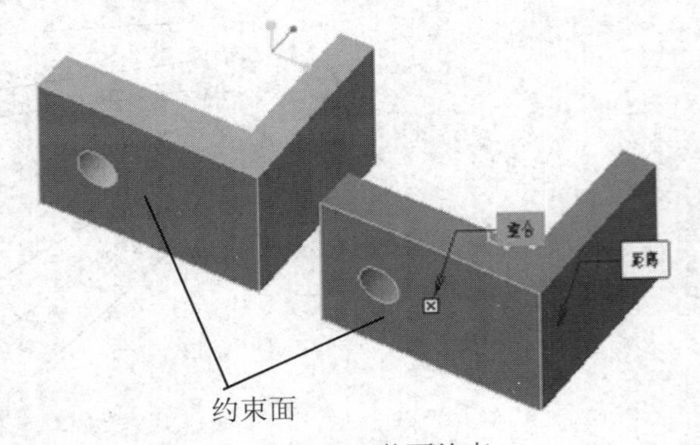

图 8-18　共面约束

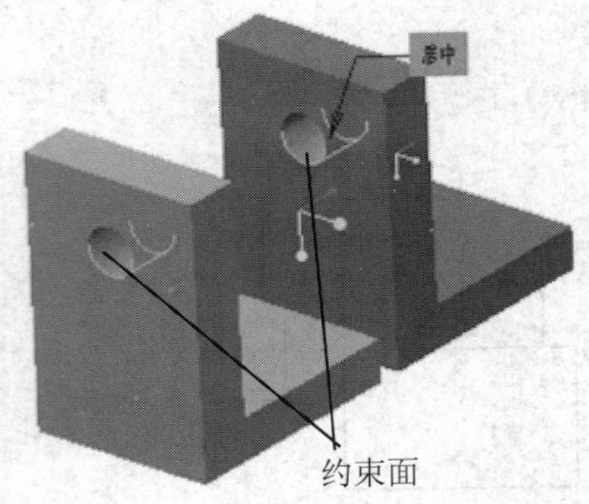

图 8-19　居中约束

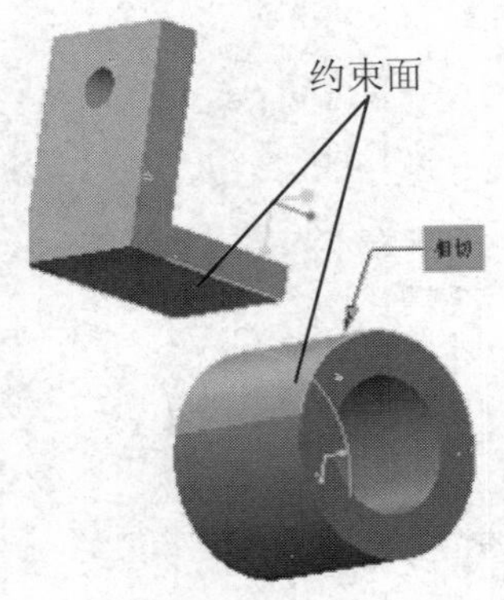

图 8-20　曲面相切

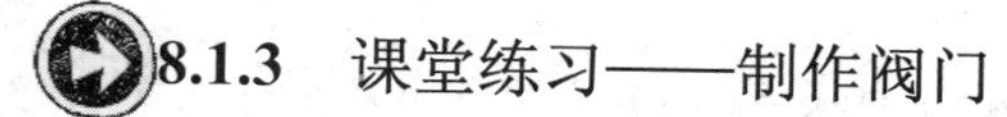

8.1.3 课堂练习——制作阀门

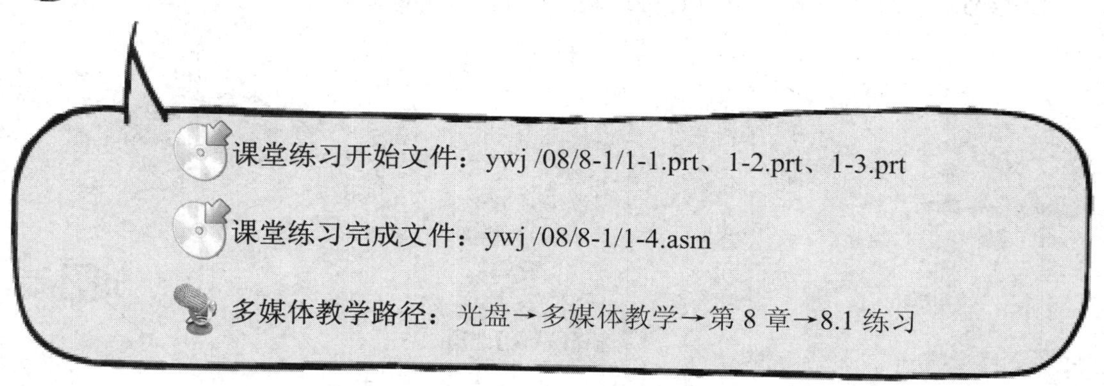

课堂练习开始文件：ywj /08/8-1/1-1.prt、1-2.prt、1-3.prt

课堂练习完成文件：ywj /08/8-1/1-4.asm

多媒体教学路径：光盘→多媒体教学→第 8 章→8.1 练习

Step1 新建文件，如图 8-21 和图 8-22 所示。

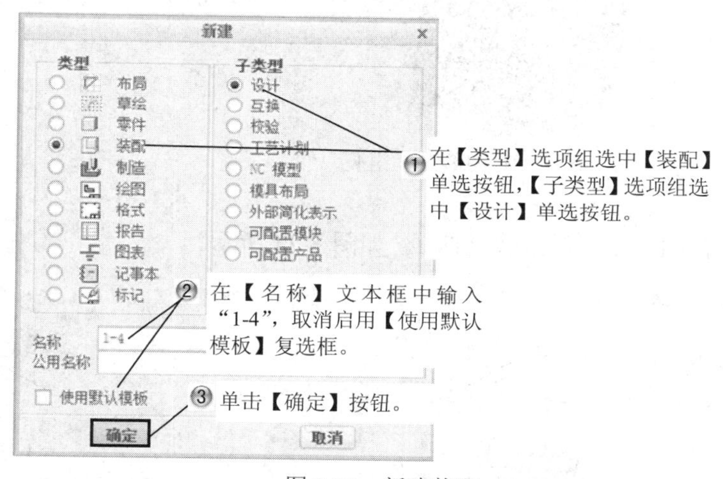

图 8-21　新建装配

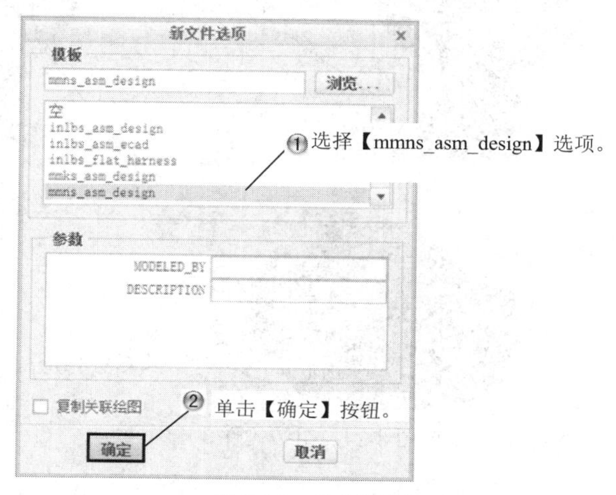

图 8-22　选择模板

Step2 选择“1-1.prt”文件进行组装元件 1，如图 8-23 所示。

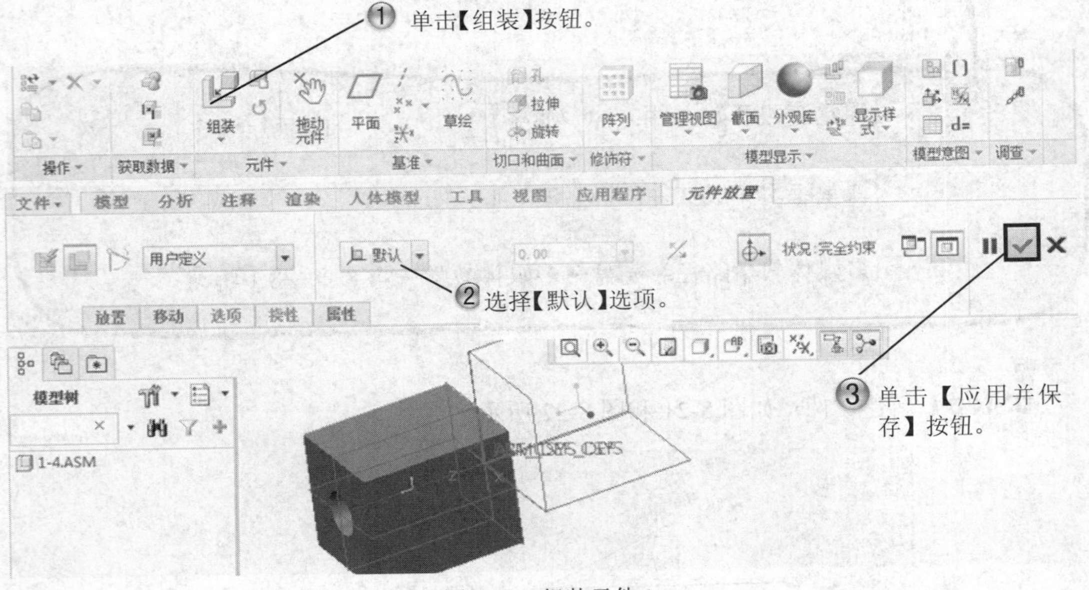

图 8-23　组装元件 1

Step3 选择“1-2”文件组装元件 2，如图 8-24 所示。

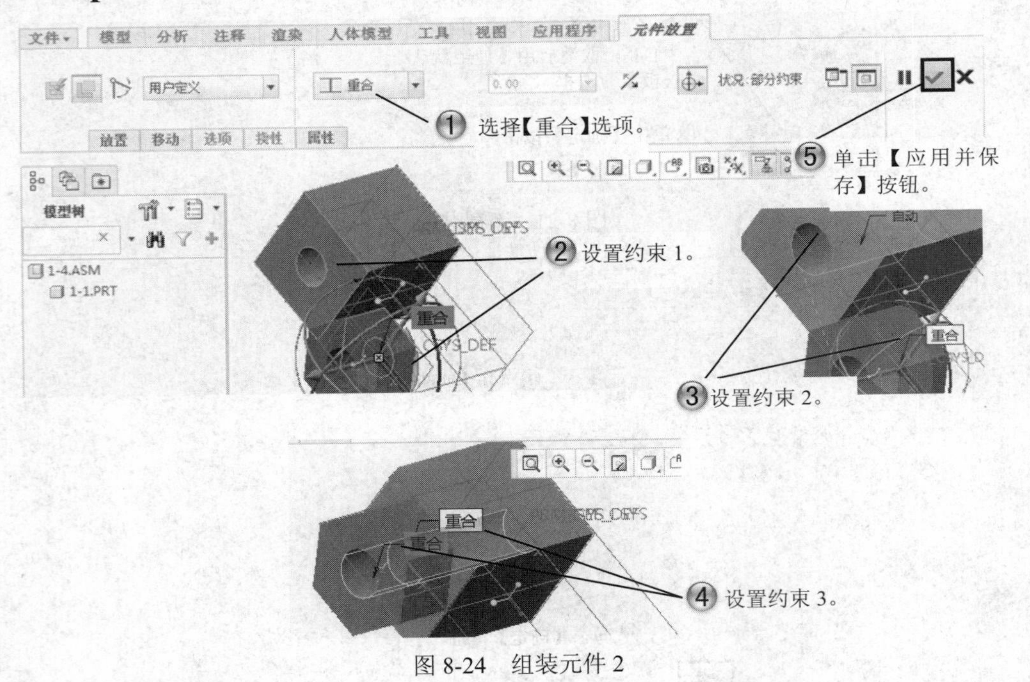

图 8-24　组装元件 2

Step4 选择“1-3”文件组装元件 3，如图 8-25 所示。这样，阀门装配完成，结果如图 8-26 所示。

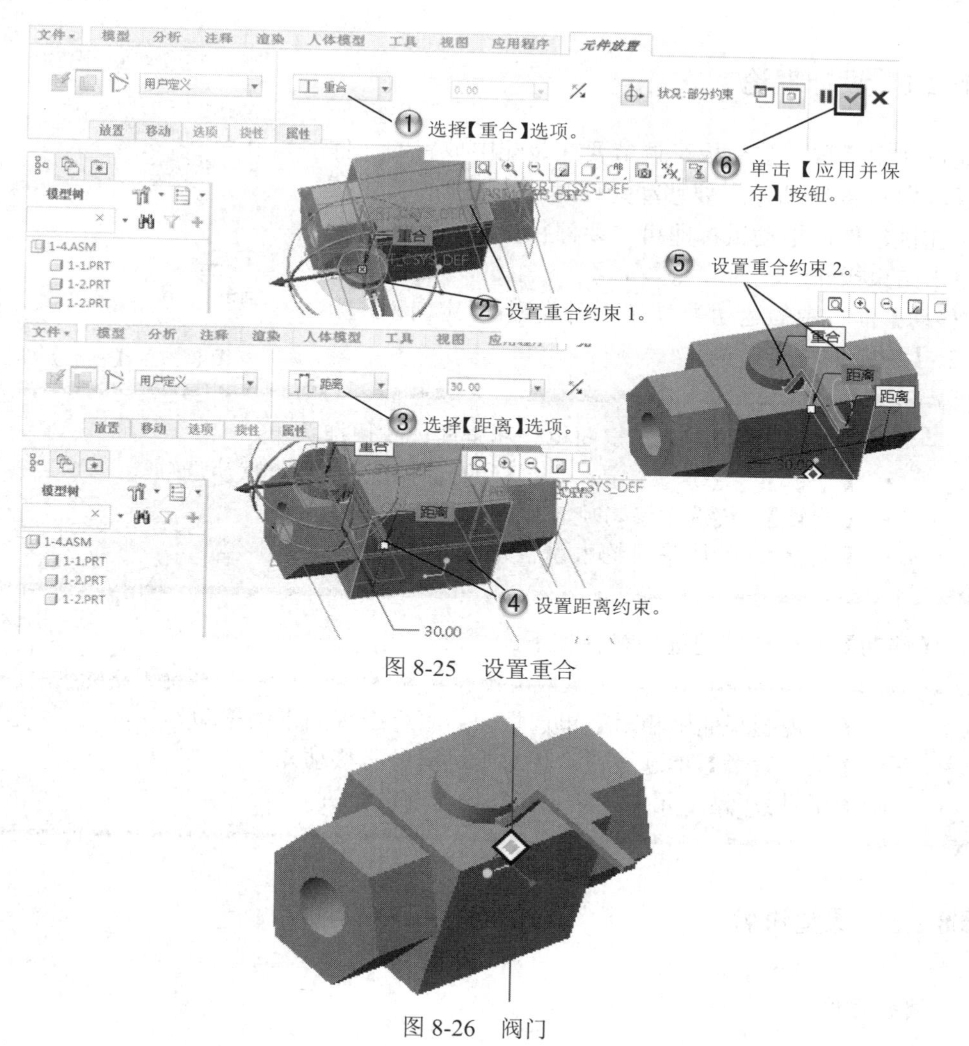

图 8-25　设置重合

图 8-26　阀门

8.2　元件的调整和装配关系的修改

基本概念

本节主要讲解在装配的过程中如何精确调节元件的位置关系，以便能够更好地完成装配设计的功能。

课堂讲解课时：2 课时

8.2.1 设计理论

通过使用【移动】面板可调节要在装配中放置的元件的位置，如图 8-27 所示。要移动元件时，在图形窗口中按下鼠标左键，然后拖动鼠标即可。要停止移动，在图形窗口中单击结束操作。

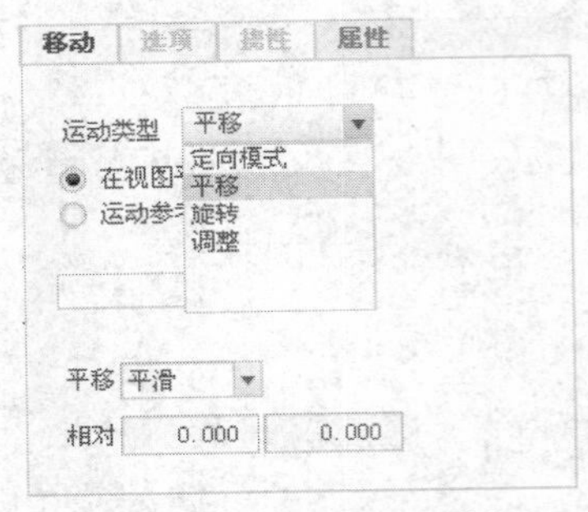

图 8-27 【移动】面板

【移动】面板中的运动类型有 4 种类型：【定向模式】、【平移】、【旋转】和【调整】。

- 【定向模式】：激活定向模式和定向模式快捷菜单。
- 【平移】：拖动与选定参考平行的元件。这是一个默认选项。
- 【旋转】：绕选定参考旋转元件。
- 【调整】：使用临时约束调整元件位置。

在【移动】面板中其他选项解释如下。

- 【在视图平面中相对】单选按钮：平行于视图平面移动元件。
- 【运动参考】单选按钮：相对于运动参考移动元件。
- 【相对】：显示元件相对于移动操作前的位置。

8.2.2 课堂讲解

1. 调整元件

下面介绍调整元件的 4 种模式。

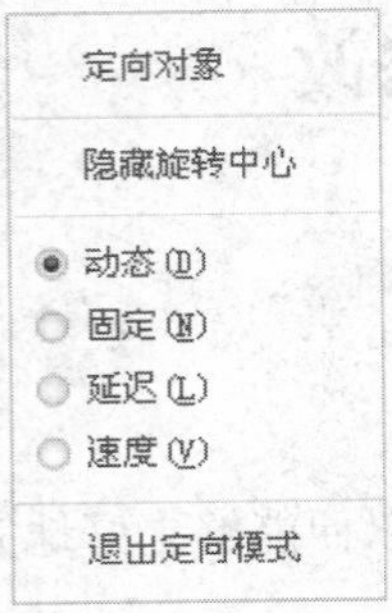

（1）定向模式

【定向模式】可以提供除标准的旋转、平移、缩放之外的更多查看功能。选择【定向模式】后，可相对于特定几何重定向视图，并可更改视图重定向样式。

定向模式打开时，在显示窗口单击鼠标右键，系统弹出如图 8-28 所示的快捷菜单。方向中心通过图形对象显示，当使用鼠标中键单击该图形对象时，可采用多种方式重定向模型。旋转、平移或缩放时，方向中心可见。方向中心被锁定在旋转中心，但在禁用旋转中心后，可将其设置在

定向对象
隐藏旋转中心
动态(D)
固定(N)
延迟(L)
速度(V)
退出定向模式

图 8-28 【定向模式】快捷菜单

图形窗口中的任何位置。

启用定向模式时，可从定向模式快捷菜单中选取下列查看样式。

- 【动态】：方向中心显示为◈。指针移动时方向更新。模型可以绕着方向中心自由旋转。
- 【固定】：方向中心显示为▲。指针移动时方向更新。模型的旋转由指针相对于其初始位置移动的方向和距离控制。方向中心每转 90° 改变一种颜色。当光标返回到按下鼠标的起始位置时，视图回复到起始的地方。
- 【延迟】：方向中心显示为▣。指针移动时方向不更新。释放鼠标中键时，指针模型方向更新。
- 【速度】：方向中心显示为◉。指针移动时方向更新，受到光标从起始位置所移动距离的影响。

（2）平移元件

在装配元件的过程中，往往会出现所装配的元件在屏幕中的位置不合适，例如两个元件的距离太远等情况。为了提高装配效率，方便设计人员的操作，在元件进行设置约束关系前或设置过程中，经常需要对元件进行必要的移动操作，包括平移、旋转和调整。

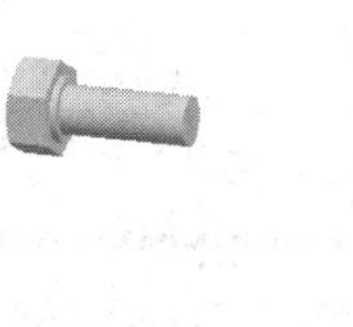

图 8-29　螺栓的初始位置

在向支架上装配如图 8-29 所示的螺栓时，螺栓距离支架较远，为了便于进行后续操作，应该将螺栓移动到支架的近处，此时，打开【移动】面板，如图 8-30 所示。

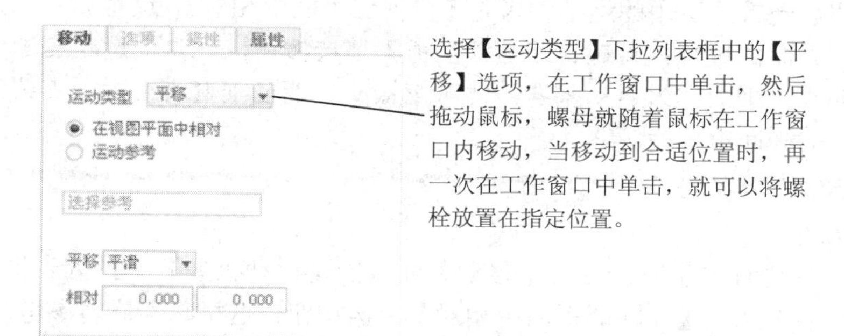

图 8-30　选择【平移】选项

上述平移方式所用的运动参考是【在视图平面中相对】，此种方式下螺栓可以在视图平面内任意移动。若选中【运动参考】单选按钮，此时需选定装配（即支架）中的某一平面作为运动参考，此时螺栓平移时就要垂直或平行于支架的运动参考平面。

（3）旋转元件

当元件平移到合适位置仍不能达到装配要求时，可以对元件进行旋转操作，以使元件达到合适的角度，便于装配。在【移动】面板中，选择【运动类型】下拉列表框中的【旋转】选项，运动参考选中【在视图平面中相对】单选按钮，这意味着旋转参考为视图平面，如图 8-31 所示。

在向支架中装配螺栓时，若选择旋转方式，可在绘图区中单击该螺栓。此时若移动鼠标，螺栓就将以鼠标单击的位置为旋转轴进行旋转。当螺栓移动到合适位置后，再一次单击就可以完成旋转，旋转后的图形效果如图 8-32 所示。

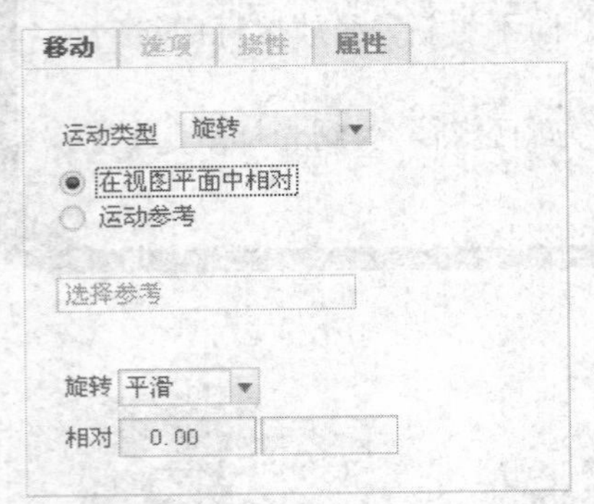

图 8-31　选择【旋转】选项

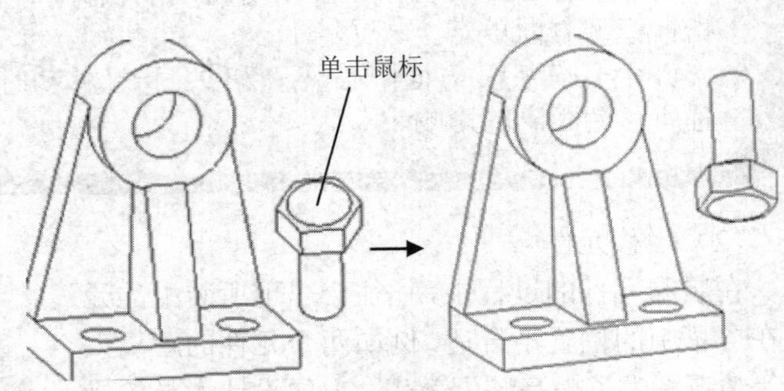

图 8-32　旋转螺栓

若鼠标单击的位置在较远处，螺栓的旋转半径将增大。

名师点拨

上述旋转方式所用的运动参考是【在视图平面中相对】，这种方式下螺栓可以在视图平面内旋转。若选择【运动参考】单选按钮，此时需选定装配（即支架）中的某一平面作为运动参考，此时螺栓就只能在垂直或平行于支架的运动参考平面的平面中旋转。

（4）调整元件

要对装配元件进行调整时，可在【移动】面板的【运动类型】下拉列表框中选择【调整】选项，运动参考选中【在视图平面中相对】单选按钮，这意味着旋转参考为视图平面，如图 8-33 所示。调整模式下必须选择调整参考，并要选中其后的【配对】或【对齐】单选按钮，每选择一次调整参考（螺栓中的某个平面），该参考就与视图平面配对或对齐，其效果如图 8-34 所示。

若选中【运动参考】单选按钮，此时需选定装配（即支架）中的某一平面作为运动参考，此时当选择螺栓的某一平面为调整参考时，该平面就与支架上的运动参考垂直或平行，效果如图 8-35 所示。

图 8-33　选择【调整】选项

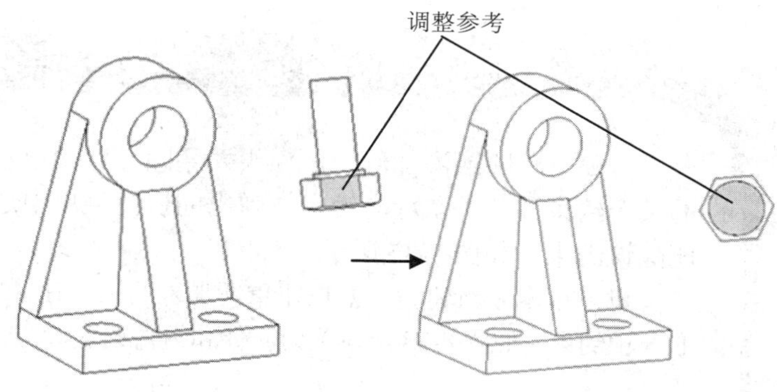

图 8-34　调整螺栓

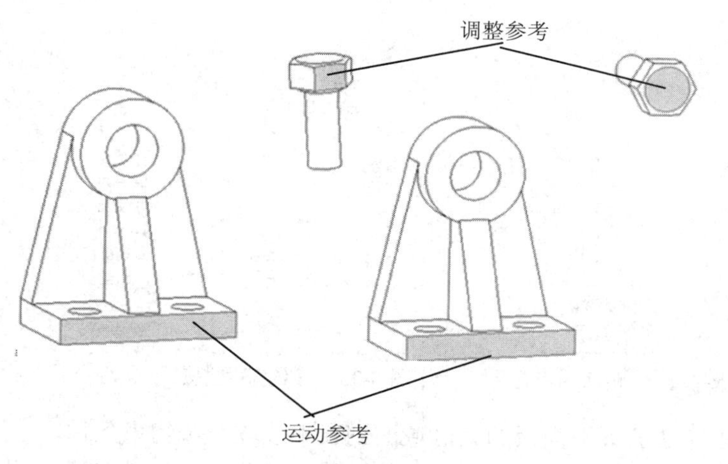

图 8-35　调整螺栓

2. 修改装配关系

如果由于某种原因需要修改零件之间的装配约束关系时，在 Creo Parametric 中可以很方便地实现，只需要重新定义组件即可。

在已经装配好的组件中，可以对元件进行再修改，即重新进行装配约束。用户可以在【放置】对话框中重新装配，还可以在主窗口中直接修改。

在模型树或视图中选择需要修改的元件，选择要修改的元件单击鼠标右键，打开快捷菜单，选择【编辑定义】命令，再单击【放置】标签，就重新切换到了该元件的【放置】面板，如图 8-36 所示。

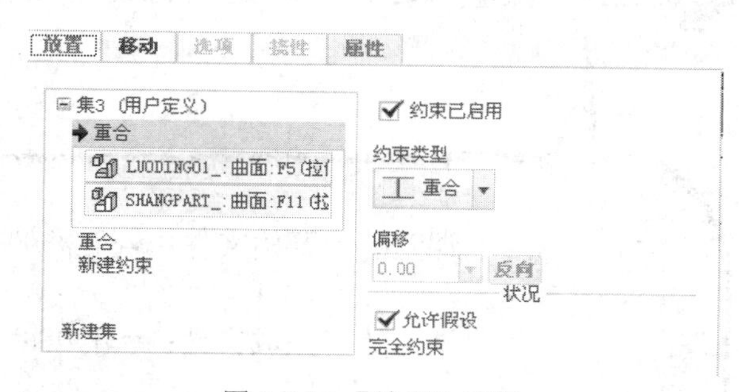

图 8-36　【放置】面板

在【放置】面板中修改约束的方法如下。

可随时移除或添加约束。如果要删除元件的放置约束，可选取约束区所列的某个约束并单击鼠标右键，在弹出的快捷菜单中选择【删除】选项，就可以删除该约束，如图 8-37 所示。

可以单击【新建约束】按钮重新加入约束。在【约束类型】下拉列表框中选取一种约束（如图 8-38 所示）为元件和组件选取参照，将不限顺序定义放置约束。

删除
禁用

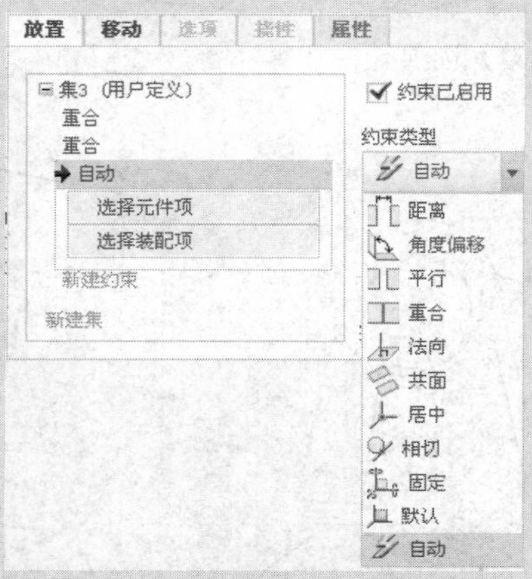

图 8-37　删除约束命令　　　图 8-38　【约束类型】下拉列表框

可以在【放置】面板约束区域的列表中选取一个约束条件。

选取一个约束条件，可以改变组件参照及指定新组件参照。例如，将组件上的曲面改变为元件要与之对齐的曲面。

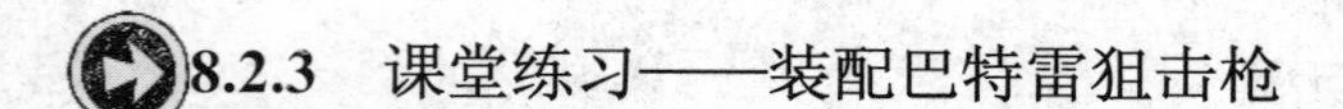

8.2.3　课堂练习——装配巴特雷狙击枪

课堂练习开始文件：ywj /08/8-2/01~20.prt

课堂练习完成文件：ywj /08/8-2/ jujiqiang.asm

多媒体教学路径：光盘→多媒体教学→第 8 章→8.2 练习

Step1 新建装配文件，首先装配枪管。添加元件 01.prt 并设置约束关系，如图 8-39 所示。

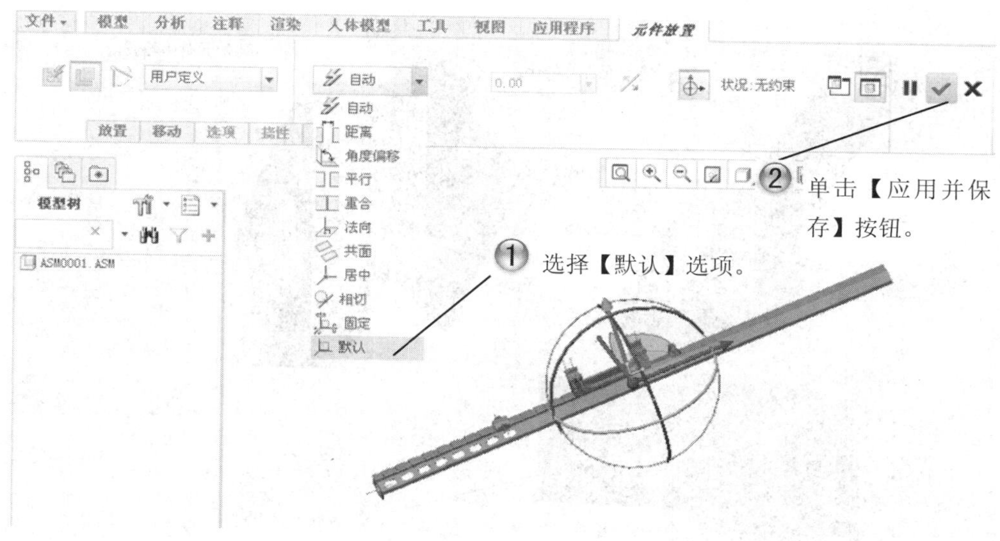

图 8-39　设置 01 元件约束关系

Step2 装配元件 02.prt，如图 8-40 所示。

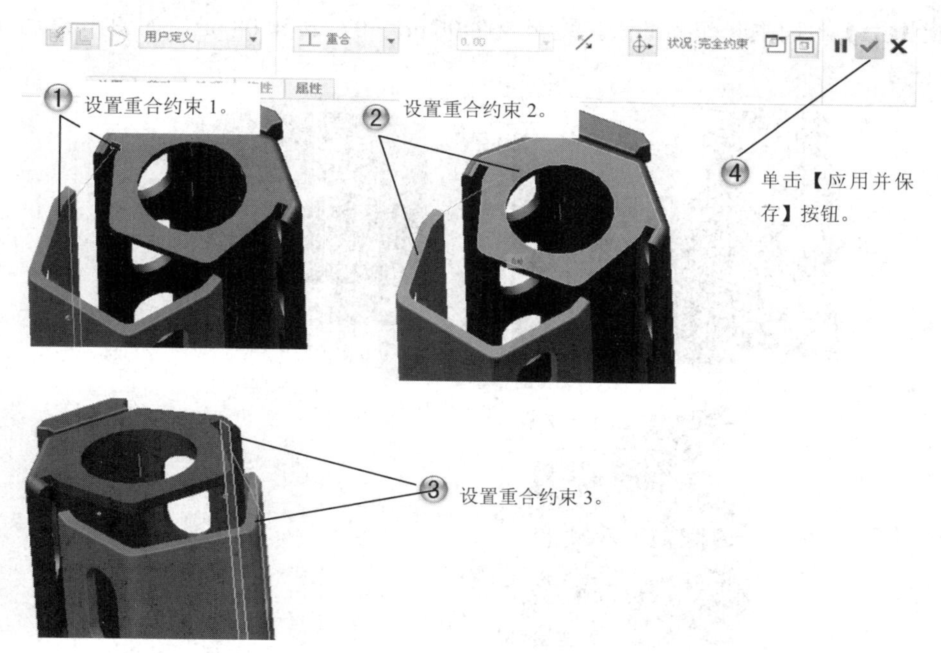

图 8-40　装配元件 02

Step3 按照同样方法装配元件 03.prt，04.prt 和 05.prt，如图 8-41 所示。这样，枪管装配完成。

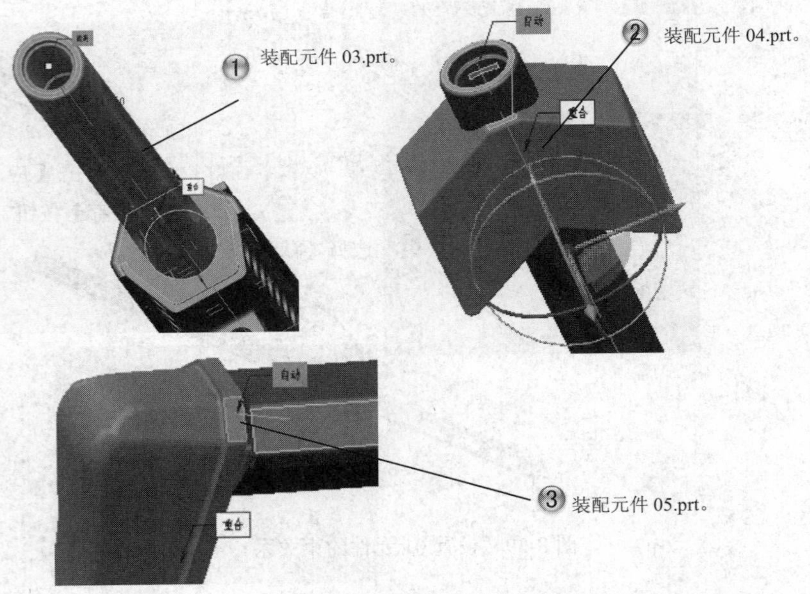

图 8-41　装配元件 03、04 和 05

Step4 下面来装配瞄准镜。装配元件 06.prt、07.prt 和 08.prt，如图 8-42 所示。

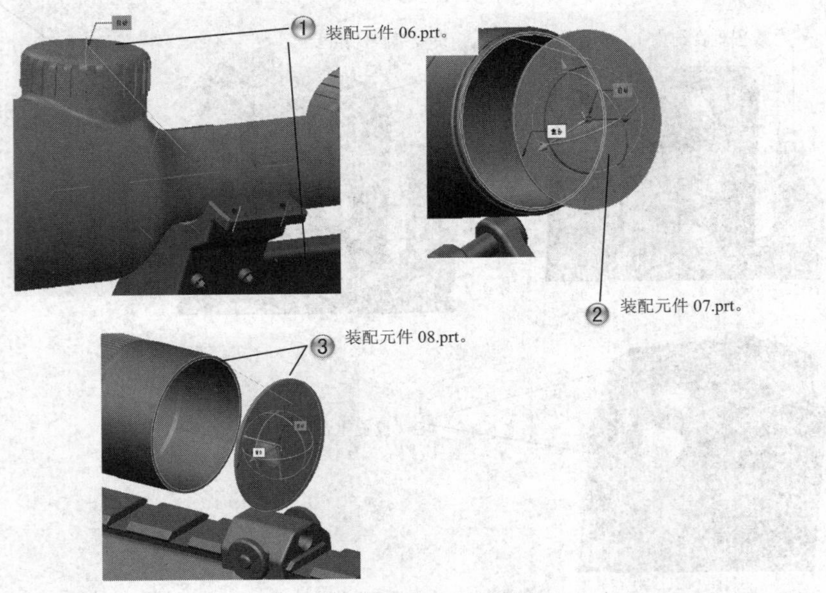

图 8-42　装配元件 06、07 和 08

Step5 装配元件 09.prt、10.prt 和 11.prt，如图 8-43 所示，完成瞄准镜的装配。

Step6 接着装配弹夹，装配元件 12，如图 8-44 所示。

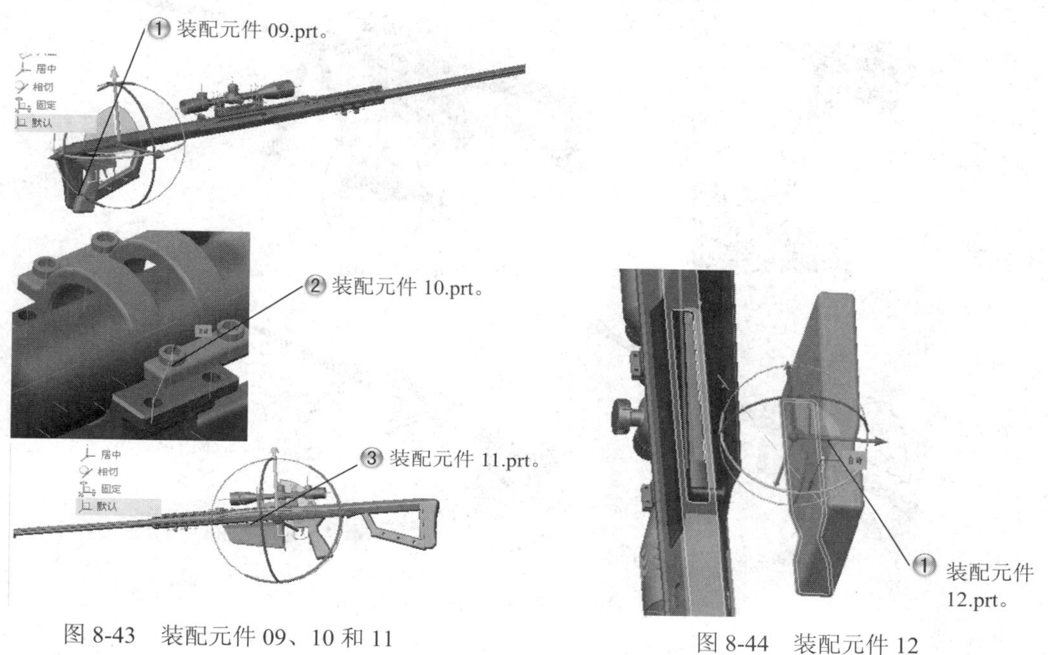

图 8-43　装配元件 09、10 和 11

图 8-44　装配元件 12

Step7 最后装配支架。装配元件 13.prt、14.prt、15.prt 和 16.prt，如图 8-45 所示。

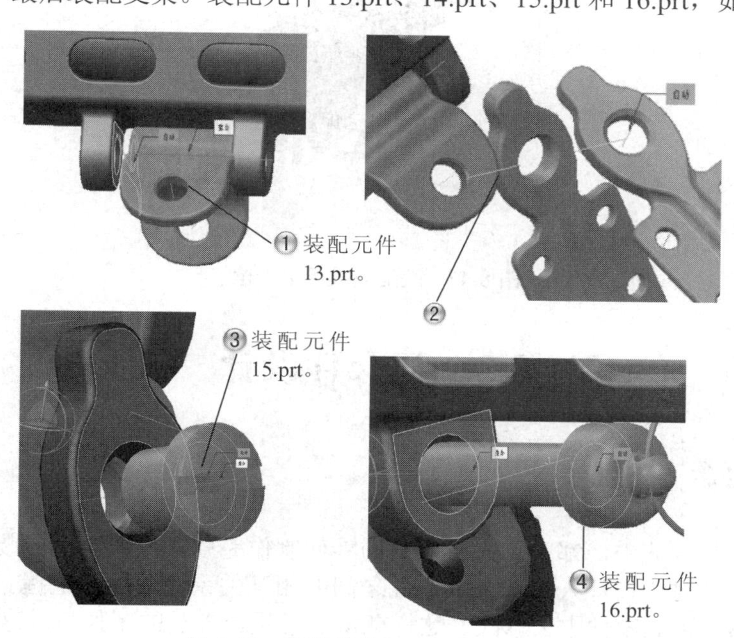

图 8-45　装配元件 13、14、15 和 16

Step8 装配元件 17.prt、18.prt、19.prt 和 20.prt，如图 8-46 所示，完成支架装配。这样完成最终装配，装配后的狙击枪效果如图 8-47 所示。

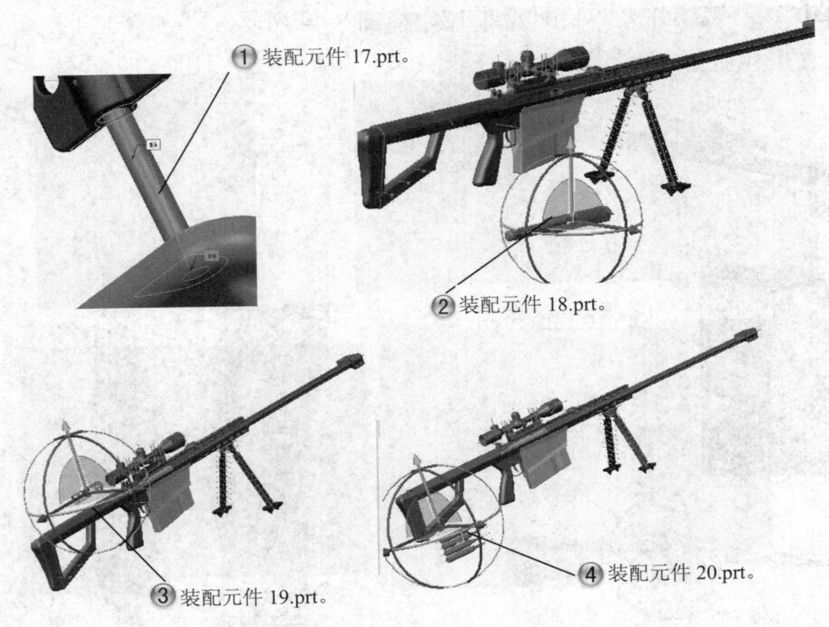

图 8-46　装配元件 17、18、19 和 20

图 8-47　装配完成的狙击枪

8.3　配合件设计

基本概念

在传统的产品设计中，都是首先将所有的零件制作完成，最后再生成装配，这样做的缺点是在零件设计时，设计人员对于各零件之间的相互关系比较难以把握，常常在装配时才发现问题，然后再到零件中去修改，这样就增加了设计人员的工作量。这时可以在 Creo

Parametric 装配模式下直接定义新零件，或者通过模型的合并、切除等方法定义新的零件。在装配中定义新零件丰富了定义新零件的方式，为用户的实际工作带来了便利。

课堂讲解课时：1 课时

8.3.1 设计理论

直接在装配模式下定义新零件。在零件模式下创建新的特征时，往往需要参考已有的特征进行尺寸上的约束。当一个特征成为了参考特征，在本零件特征构造完成时，该参考特征就成为了一个父特征。在装配特征模块中也同样存在特征和特征之间的参考关系，即父子关系。在装配模式下定义的新零件，如果参考了另外一个零件，就形成了一个外部参考的元素。外部参考可以限制将来零件的使用，设计人员应该特别注意。

用户可以先创建一个无初始几何形状的零件，并在以后对其进行编辑和操作。

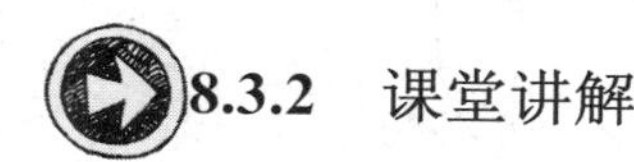

8.3.2 课堂讲解

1. 以相交方式创建零件

在装配模式中，可以通过对几个现有的元件求交来创建零件，这些零件不需要有相同的测量单位。例如可以将装配中的现有零件与另一个零件求交。具体步骤如下。

（1）单击【模型】选项卡【元件】组中的【创建】按钮 创建，打开【元件创建】对话框，如图 8-48 所示。

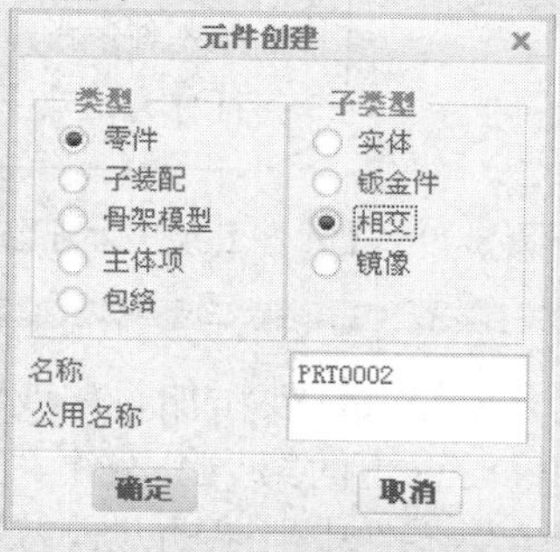

图 8-48 【元件创建】对话框

（2）在【类型】选项组中选中【零件】单选按钮，然后在【子类型】选项组中选中【相交】单选按钮。

（3）接受默认名称，也可输入新的名称，然后单击【确定】按钮。

（4）选取要求交的零件。新零件代表所选元件的公共部分。

2. 在装配中合并或切除两个零件来定义新零件

在【模型】选项卡【元件】组中选择【元件】|【元件操作】命令，弹出【元件】菜单管理器，如图 8-49 所示。选择其中的【合并】或【切除】选项。当把两组零件放置到一个装配中后，可以将一组零件的材料添加到另一组零件中，或将一组零件的材料从另一组零件中除去。

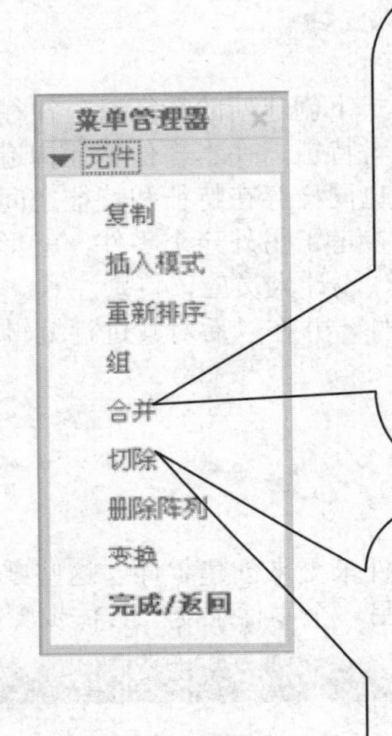

【合并】选项可以将选定的第二组的每一个零件的材料，添加到第一组的每一个零件中。根据可用的附加选项的不同，可以将第二组零件的特征和关系，复制到第一组的每一个零件，也可以通过第一组零件来参考它们。此步骤创建的特征被称为合并。

【切除】选项可以从第一组的每个零件中，减去第二组的每个零件的材料。同使用【合并】选项一样，根据所选的附加选项的不同，可以将第二组零件的特征和关系复制到第一组零件或由第一组零件参考。这个步骤创建的特征称为切除。

图 8-49 【元件】菜单管理器

装配的第一组零件包含要修改、要添加材料或要删除材料的零件。该组还包含创建合并或切除的零件时选定的第一组零件。第二组零件中包含要添加到第一组零件中，或要从第一组零件中删除的几何特征。该组还包含该过程中选取的第二组零件。当正在合并的零件有不同的精度时，会出现一条消息提示新零件的精度，精度最多可达 6 位小数。要撤销合并或切除时，可删除第一组零件的合并/切除特征。

8.3.3 课堂练习——制作套盖

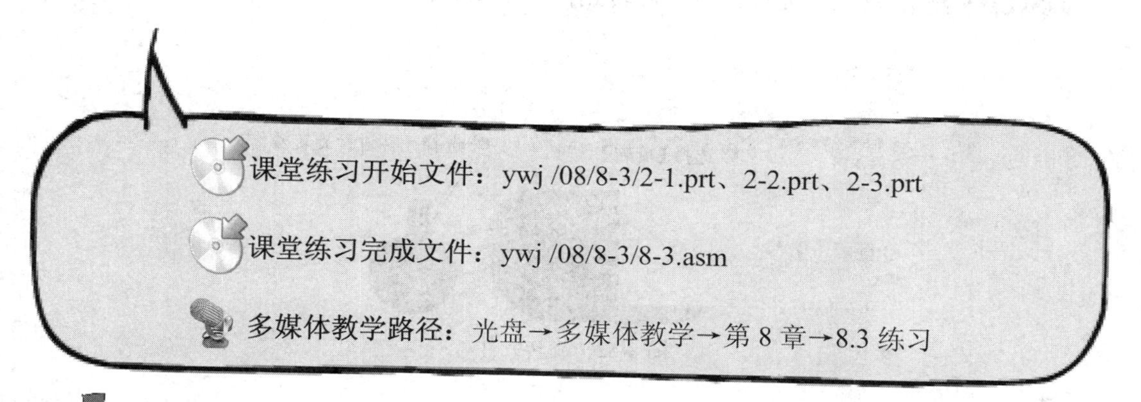

课堂练习开始文件：ywj /08/8-3/2-1.prt、2-2.prt、2-3.prt

课堂练习完成文件：ywj /08/8-3/8-3.asm

多媒体教学路径：光盘→多媒体教学→第 8 章→8.3 练习

Step1 新建装配文件，然后组装“2-1”元件，如图 8-50 所示。

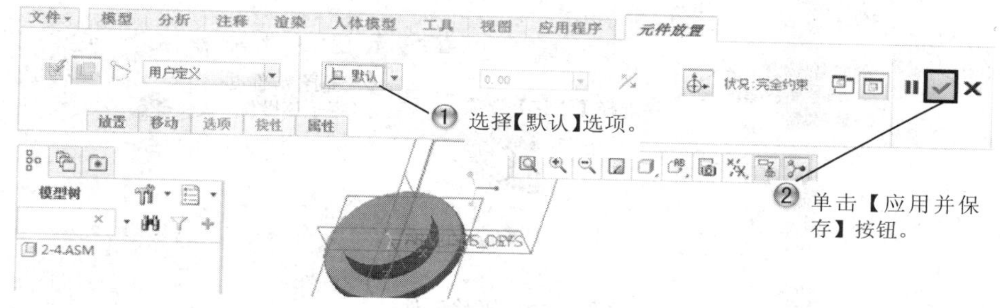

图 8-50 组装元件 2-1

Step2 组装“2-2”元件，如图 8-51 所示。

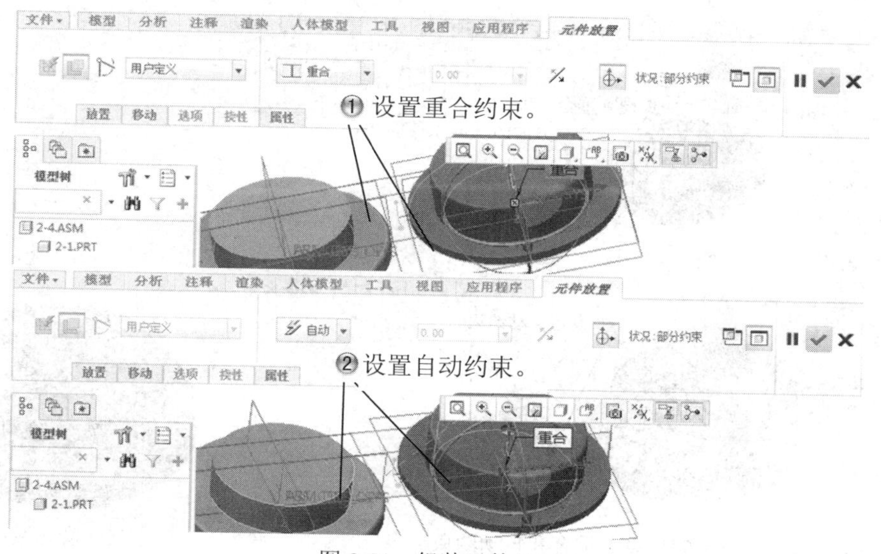

图 8-51 组装元件 2-2

Step3 组装“2-2”元件，首先旋转元件，如图 8-52 所示。

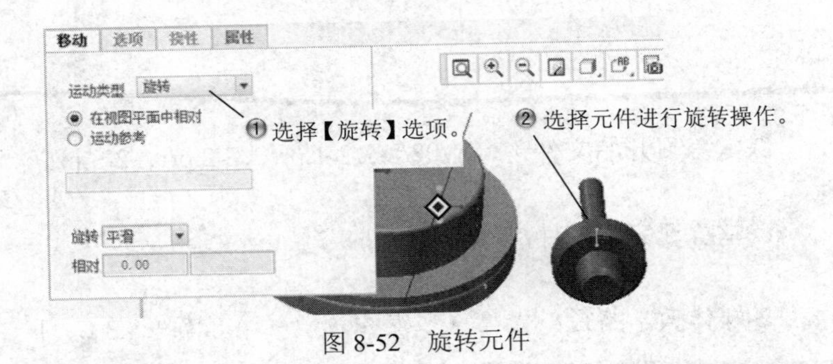

图 8-52　旋转元件

Step4 平移元件，如图 8-53 所示。

图 8-53　平移元件

Step5 设置重合约束和自动约束，如图 8-54 所示。这样，套盖就装配完成，如图 8-55 所示。

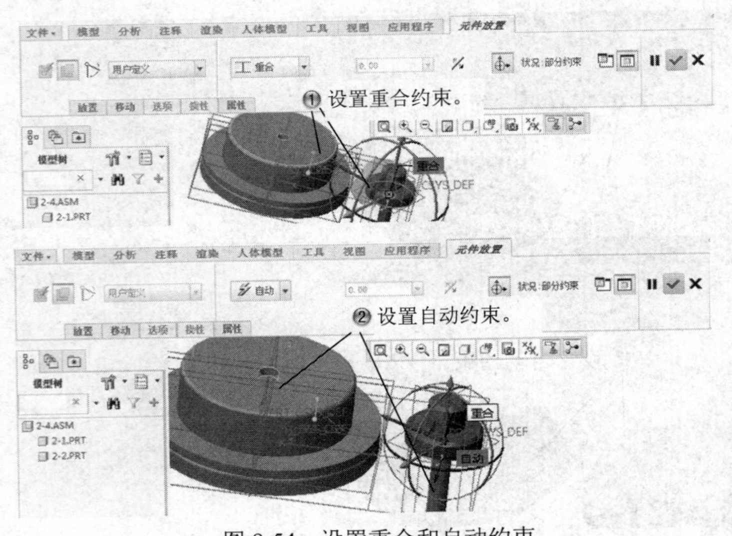

图 8-54　设置重合和自动约束

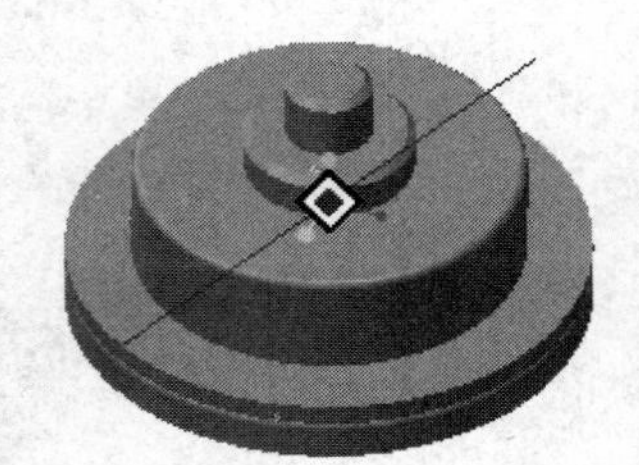

图 8-55　套盖装配体

8.4 自顶向下装配设计

基本概念

对任何产品设计开发来说，都需要考虑到产品的最终设计期限、产品成本及产品的市场灵活性等要求，如果在Creo Parametric中一开始就马上设计模型，而不是进行规划，将会导致大量的设计失误。因此，为使设计具有价值，能够创造出在市场需求变化的驱动下不断更新设计趋势的好产品，一定要通过规划来实现。

要规划设计，设计师需要对产品有宏观的基本了解。也就是说，需要了解产品的整体功能、形式和基本装配关系。主要包括几个方面：总体尺寸、基本模型特点、装配方法、装配将包含的元件的大概数量和用于制造模型的方法。

总之，在开始设计产品前便构想出模型，就可避免许多在特征建模中出现的不必要的问题，从而节省时间并提高设计精度。本节将主要讲解自顶向下的设计方法。

课堂讲解课时：2课时

8.4.1 设计理论

1. 自顶向下装配介绍

自顶向下装配设计是一种高级的装配设计思想，是通过成品对产品进行逐步分析，然后向下设计。具体地说，可以从主装配开始，将其分解为若干个装配和子装配，然后标识主装配元件及其关键特征，最后了解装配内部及装配之间的关系，并确定产品的装配方式。掌握了这些信息，就能规划设计并在模型中体现总体设计意图。在我国，自顶向下设计主要被用于设计频繁修改的产品，或者被用于设计各种更新快的产品。

相对于自顶向下装配设计来说，还有一种由下到上的设计，也就是传统的设计方法。这种方法要求用户从元件级开始分析产品，然后向上设计到主装配。注意，成功的由下到上设计，设计者要求对主装配有基本的了解，但是自下而上方式的设计不能完全体现设计意图。设计者将元件放到子装配中，然后将这些子装配放到一起形成顶级装配，但常常会在创建装配后发现这些模型不符合设计标准，检测出问题后，设计者再手工调整每个模型，这样，随着装配的增大，检测及纠正这些矛盾将会消耗大量的时间，尽管可能与自顶向下设计的结果相同，但却加大了设计冲突和错误的风险，从而导致设计上的不灵活。这种方法主要在设计相似产品或不需要在其生命周期中进行频繁修改的产品中采用。

图 8-56 所示为自顶向下的装配体设计示意图。自底向上的设计方法示意图如图 8-57 所示。

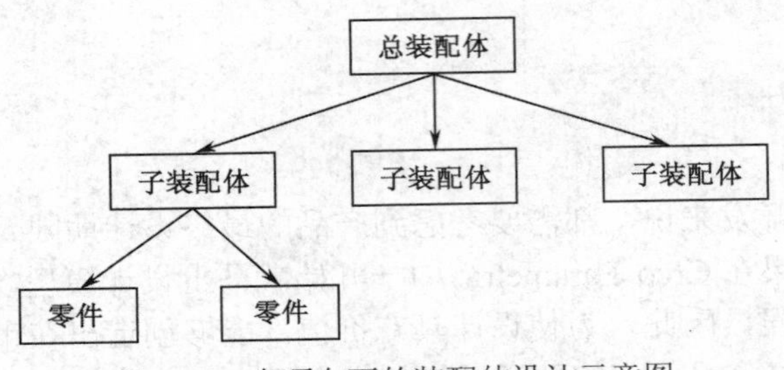

图 8-56　自顶向下的装配体设计示意图

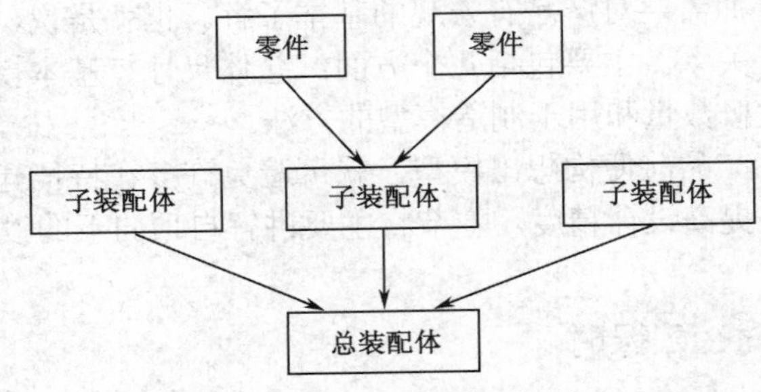

图 8-57　自底向上的装配体设计示意图

2. 自顶向下装配的优点

自顶向下装配的设计方法有很多优点，一般来说可以用于管理大型装配、组织复杂装配设计、支持更加灵活的装配设计等，具体说明如下。

- 自顶向下装配的设计方法可以方便用户在内存中只检索装配的骨架结构，再进行必要的修改，从而管理大型的装配设计。由于骨架包含了重要的设计标准，例如安装位置、子系统和零件的空间需求及设计参数等。用户可以对骨架进行更改，并且将更改传递到整个设计的各个子系统中。
- 组织化的装配结构可以让信息在装配的不同级别之间共享，如果在一个级别中进行了更改，则该更改将会在所有其他与之相关的装配或元件中共享。这样可以支持多个设计小组或个人拥有不同的子系统和元件的团队设计环境。
- 自顶向下装配的设计方法组织并帮助强制执行装配元件之间的相互作用和从属关系。在实际的装配设计中，存在着很多的相互作用和从属关系，在设计模型中应该能够捕捉它们，例如某零件的安装孔位置与另一个零件上的相应位置之间的关系称为期望的从属关系，如果修改了某一个安装孔的位置，则从属关系零件上相应的安装孔也要移动。

3. 自顶向下装配设计的步骤

自顶向下装配的设计方法基本步骤如图 8-58 所示，下面对其基本步骤作详细说明。

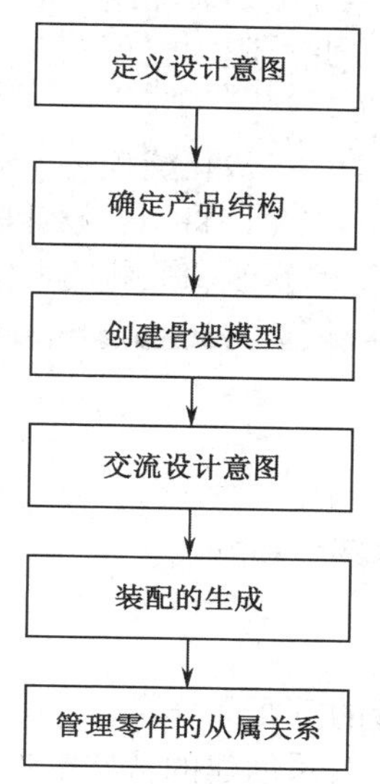

图 8-58　自顶向下的装配体设计步骤

（1）定义设计意图：设计人员在设计产品时都要作一些初步的设计规划，这包括产品的设计目的、功能以及设计的草绘、想法和规范。设计人员通过预先制定好的设计计划能够更好地理解产品的结构组成，并进行详细的产品设计。在 Creo Parametric 中，设计人员能够利用这些信息定义设计的结构和单个元件的详细要求。

（2）确定产品结构：在 Creo Parametric 中，不需要创建任何几何模型就能够创建子装配和零件，从而创建产品结构，同时现有的子装配和零件也可以添加到产品结构中，而不必进行实际的组装。

（3）创建骨架模型：骨架模型是根据装配内的上下关系创建的特殊零件模型。使用骨架模型不必创建元件，只需要参考骨架设计零件，并将其装配在一起，就可以作为设计规范。骨架模型是装配的 3D 布局，可以用于子系统之间共享设计信息，并作为控制这些子系统之间的参考的手段。

（4）交流设计意图：产品的顶级设计信息可以放置在顶级装配骨架模型中，然后根据需要将信息分配到各个子装配骨架模型中。这样，子装配只包含其应有的相关设计信息，设计者只能设计各自的装配部分。因此，在 Creo Parametric 中，多个设计者可以共同参考同一个顶级设计信息，同时开发出的装配在第一次装配时就能够配合在一起。

（5）装配的生成：定义完装配的骨架并分配顶级设计信息后，就可以开始设计单个的元件。使用具体零件组装装配结构的方法有很多，可以组装现有元件，或在装配中创建元件，在此过程中也可以使用其他功能，例如装配元件、骨架模型、布局和合并特征等。

（6）管理零件的从属关系。参数化建模易于修改设计，可以有组织地管理设计中各元件间的从属关系，这允许将一个设计中的元件用于另一个设计中，并提供一种控制整个装配设计的修改和更新的方法。

8.4.2 课堂讲解

下面主要讲解骨架设计的基本概念和方式。

1. 骨架设计基础

骨架设计是自顶向下设计过程的重要部分。

骨架模型是根据装配内的上下关系创建的特殊零件模型。使用骨架不必创建元件，只需参考骨架设计零件，并将其装配在一起，就可以作为设计规范。骨架模型是装配的一个3D 布局，创建装配时可以将骨架用做构架。

骨架通常由曲面和基准特征组成，尽管它们也可具有实体几何。骨架在 BOM 中不显示（除非要对其进行排列），对质量或曲面属性也没有影响。

骨架模型作为一个三维设计的外形，能以多种方式使用，其应用途径如下。

- 装配体空间要求。自顶向下的装配体设计通常需要在设计小的细节元件前，设计大的和外部的元件。例如，汽车的外形可能在设计发动机前设计出来，在设计发动机的过程中，必须在分配的空间里进行。在表明主要设计部件的要求空间时，可以使用骨架模型。
- 运动控制。通过骨架模型，可以控制和设计装配体的运动仿真。真正的元件轮廓由基准轴、基准线以及作为部件的轮廓建立的元件创建，每个零件之间的相对运动都可以用轮廓元件进行设计和修改。优化设计时，实际的元件可以沿轮廓建立。
- 共享信息。在大型制造企业里，会有不同的团队分别进行几个主要部件的设计工作。骨架模型可以从一个部件到另一个部件传递设计信息，以达到设计规范的统一。
- 自顶向下的设计控制。在自顶向下的设计概念中，设计意图从上一级传递到下一级。骨架模型的作用就是在部件设计过程中，描述并传达上一级的设

骨架模型是装配的一种特殊元件，在装配中使用骨架可以实现下列目标。

● 可以划分空间声明，即可以使用骨架创建自装配的空间声明，这样能够在模型中建立主装配和自装配之间的界面关系。

● 可以作为元件间的设计界面来创建和使用骨架。

● 确定装配的运动。在装配上采用骨架模型进行运动分析，即首先创建骨架模型的放置参考，然后修改骨架尺寸以模仿运动。

2. 创建骨架模型的方法

创建一个骨架模型的基本步骤如下。

（1）单击【模型】选项卡【元件】组中的【创建】按钮 创建 ，打开【元件创建】对话框，如图 8-59 所示。

（2）在该对话框的【类型】选项组中选中【骨架模型】单选按钮，接受默认名称或者输入新的骨架模型名称，单击【确定】按钮。

（3）系统弹出【创建选项】对话框，如图 8-60 所示。在【创建选项】对话框中，可以选择不同的创建方法。

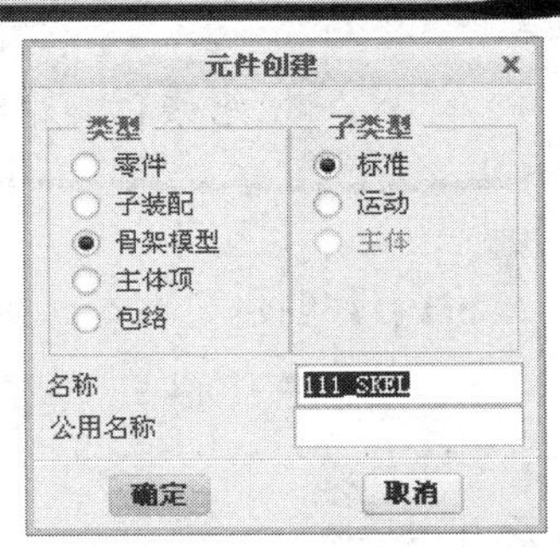

图 8-59 【元件创建】对话框

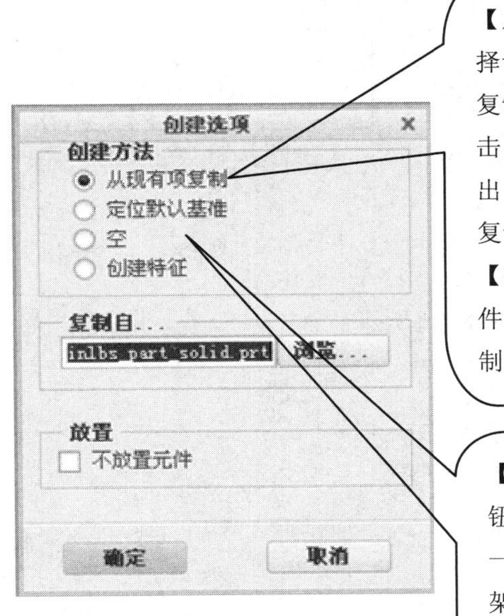

图 8-60 【创建选项】对话框

（4）单击【确定】按钮，将创建一个顶级骨架。

8.4.3 课堂练习——制作蝶阀

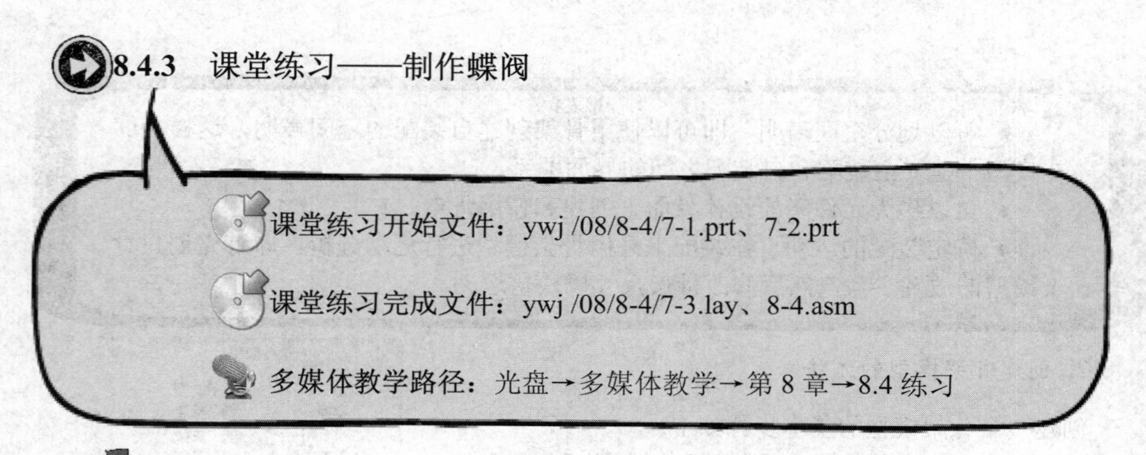

Step1 创建记事本，如图 8-62 和图 8-63 所示。

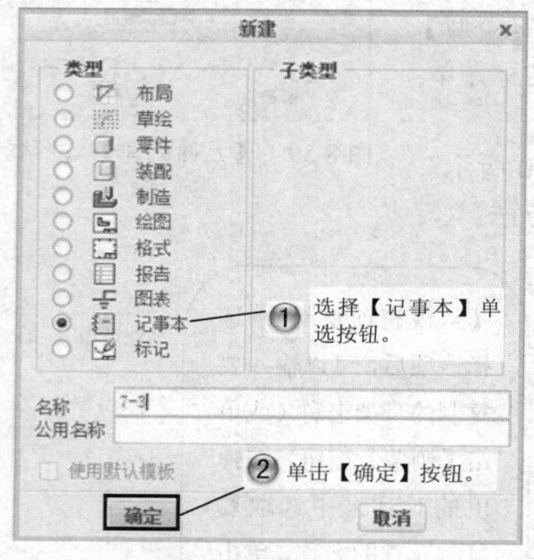

图 8-62 创建记事本

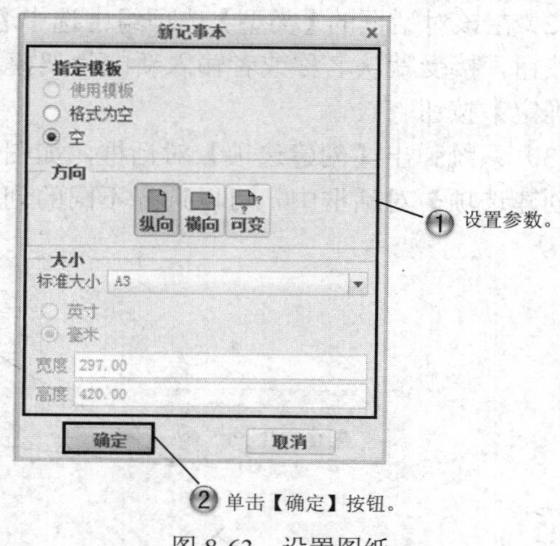

图 8-63 设置图纸

Step2 绘制草图和基准，如图 8-64 所示。

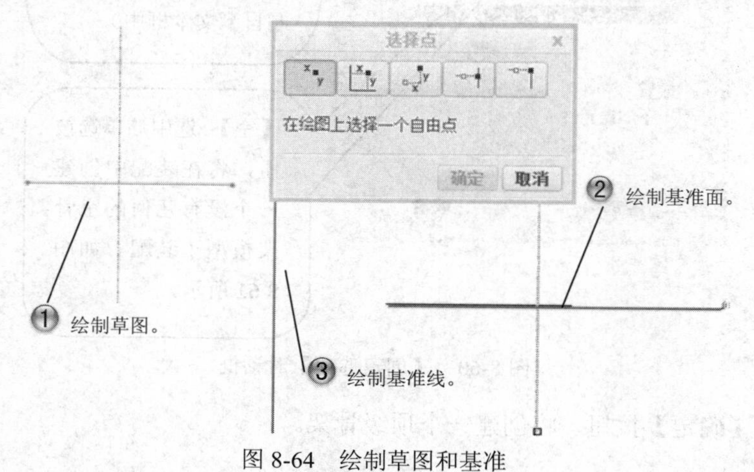

图 8-64 绘制草图和基准

Step3 打开零件 1，然后打开【声明】菜单管理器进行操作，如图 8-65 所示。

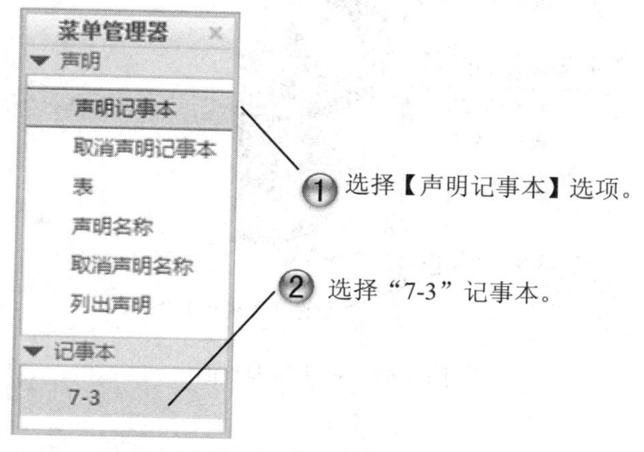

图 8-65　选择记事本

Step4 声明基准面，如图 8-66 所示，然后输入全局名称“01”。

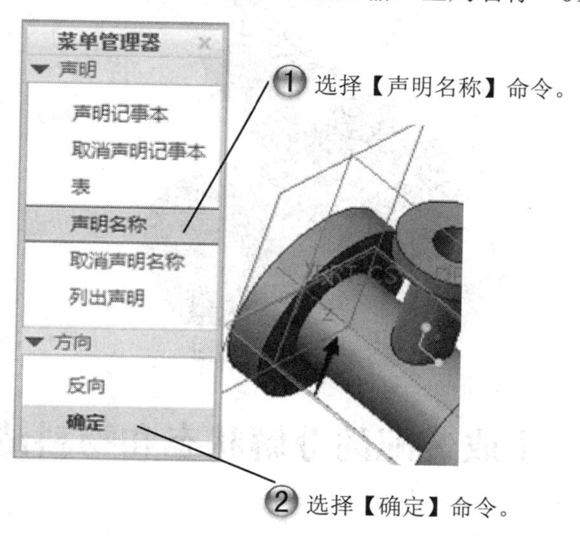

图 8-66　声明基准平面

Step5 按照上面同样的方法打开零件 2 后进行声明操作，并声明基准面，然后输入全局名称“02”，如图 8-67 所示。

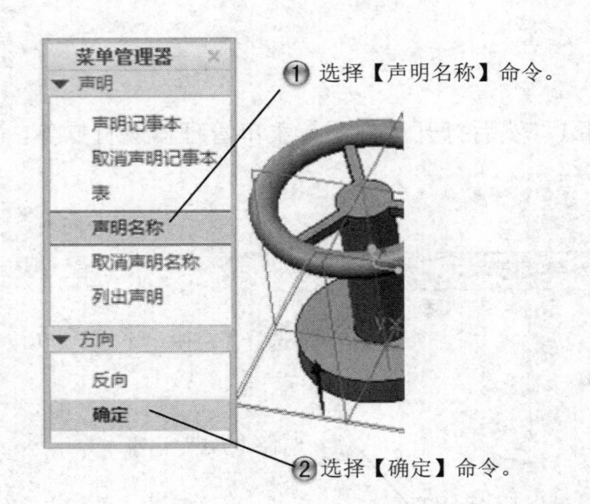

图 8-67　声明基准平面

Step6 新建装配文件，组装“7-1”文件和“7-2”文件，零件自动进行装配，结果如图 8-68 所示。

图 8-68　完成的装配

8.5　生成装配的分解状态和物料清单

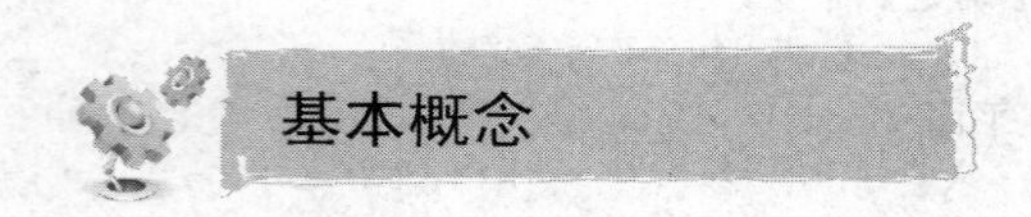

分解视图又称为爆炸视图，它是将装配件的各零件显示位置打开，而不改变零件间的实体距离。

“物料清单”（BOM）列出了当前装配或装配绘图中，所有零件和零件参数可保存为 HTML 或文本格式。

课堂讲解课时：1 课时

8.5.1 设计理论

1. 生成装配分解状态

零件按照装配关系被加入装配件后，它们就被放置在预设的位置上。一般情况下，这种浏览装配件的方法可观察性不强，缺乏描述性。此时，生成装配件的分解状态就显得比较重要。分解视图又称为爆炸视图，它是将装配件的各零件显示位置打开，而不改变零件间的实体距离。通过分解视图能够详细地表达产品装配/分解状态，使得装配件变得易于观察。

图 8-69 为一典型的装配体的分解视图和装配图。

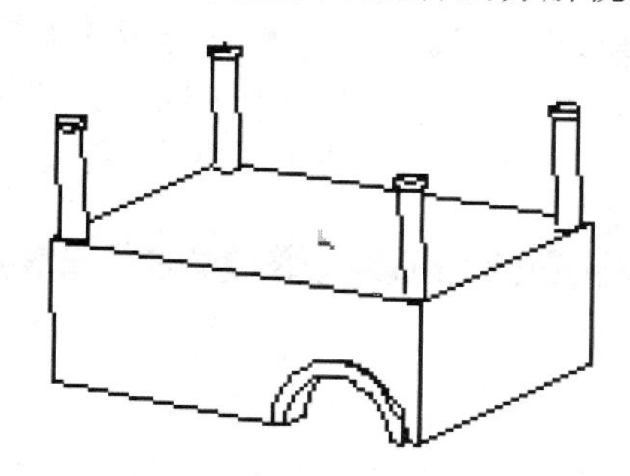

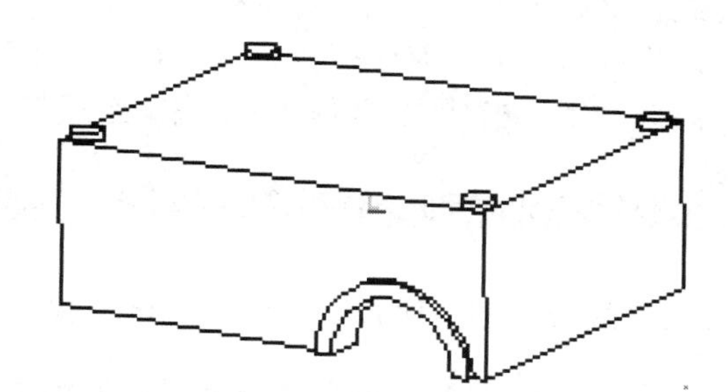

图 8-69　分解视图和装配图

2. 物料清单

当完成了一个复杂的装配件时，从整体上对整个装配体的信息进行把握就显得十分重要。对总装配体中包括的子装配、零件进行列出其分类归纳信息是 Creo 支持的一项重要功能。

“物料清单”（BOM）列出了当前装配或装配绘图中，所有零件和零件参数可保存为 HTML 或文本格式。BOM 分为两部分：细目分类和概要。

“细目分类”部分列出当前组件或零件中包含的内容。“概要”部分列出包括在装配中的各零件的总数，并且是从零件级构建装配所需全部零件的列表。

8.5.2 课堂讲解

1．装配的分解状态生成的基本方法主要有以下两种

方法一：

一般来说，对于比较简单的装配，直接单击【模型】选项卡【模型显示】组中的【分解图】按钮 分解图，就能直接生成一个装配状态，此装配状态是系统默认的分解状态，也就是系统根据元件之间的相互约束关系，自动生成的分解位置所构成的状态。该操作非常简单，可以直接生成。如果需要的话，可以再加入偏距线来表示分解元件的相互关系，或者说表示分解元件的相互对立关系。

方法二：

对于相对较复杂的装配，系统直接生成的默认分解状态，并不太符合用户所需要的分解位置，此时可以由用户自定义各元件的位置，使用“拖动”的方式在屏幕上随意摆放元件的位置，以形成装配的分解状态。这样的分解状态可以生成多个并且互不干扰，用户可以通过【视图管理器】来调用不同的分解状态并使用，当然也可以随时生成偏距线。

方法二的操作相对比较多一些，具体步骤如下。

（1）单击【模型】选项卡【模型显示】组中的【视图管理器】按钮，打开【视图管理器】对话框，切换到【分解】选项卡，如图 8-70 所示。

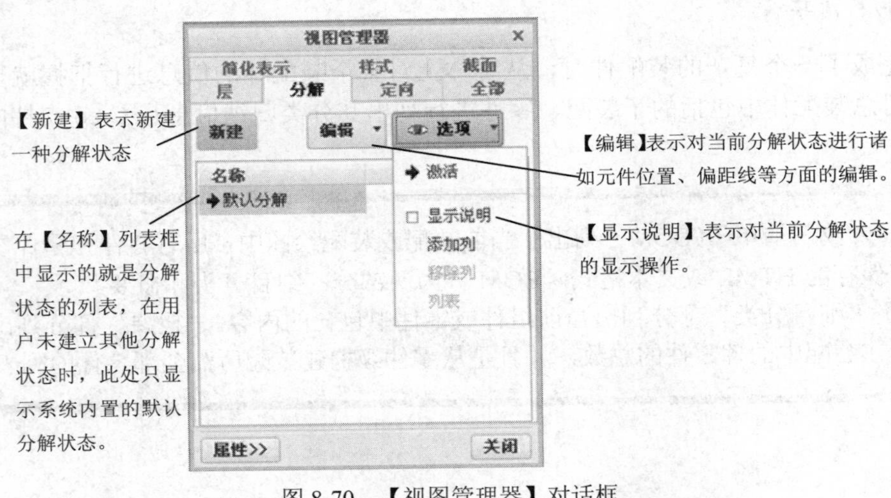

图 8-70 【视图管理器】对话框

（2）单击【新建】按钮新建一个分解状态，系统立刻在【名称】列表框中显示新的状态，并指定一个默认名称且此名称处于修改状态，此时用户可以自定义名称，如图 8-71 所示。

（3）设定名称后，按下 Enter 键确认。此时新建的状态自动切换为当前状态（即在名称前显示一个红色的箭头图标）。单击【编辑】按钮打开其下拉菜单，选择其中的命令可对当前分解状态进行编辑，如图 8-72 所示。

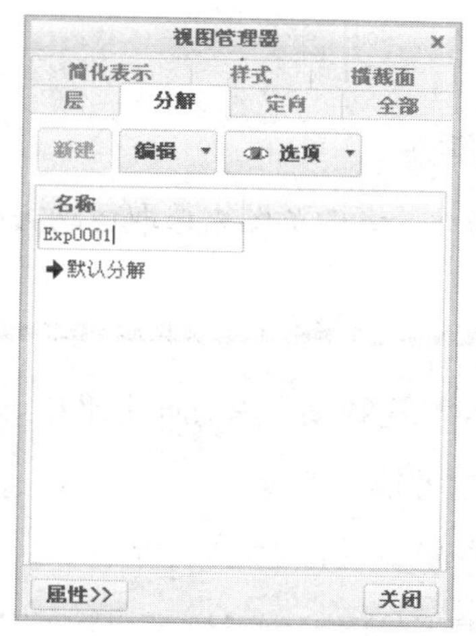

图 8-71　【视图管理器】对话框

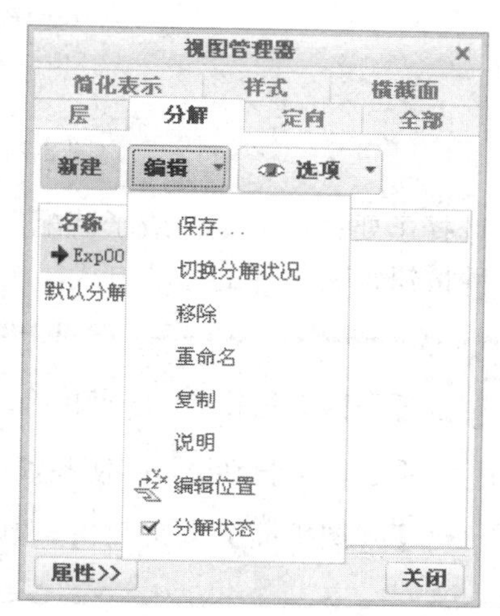

图 8-72　【编辑】下拉菜单

在该下拉菜单中包括下面几个选项。

- 【保存】：表示在当前分解状态被编辑修改后保存。
- 【移除】：表示将当前分解状态删除。
- 【重命名】：表示对当前的分解状态进行重命名。
- 【复制】：表示将选定分解状态复制到新的分解状态。
- 【说明】：表示给当前的分解状态插入一段说明性文字。

（4）完成新视图创建后，可以使用【分解工具】工具选项卡来拖动元件。单击【模型】选项卡【模型显示】组中的【编辑位置】按钮 编辑位置，打开【分解工具】工具选项卡，如图 8-73 所示。

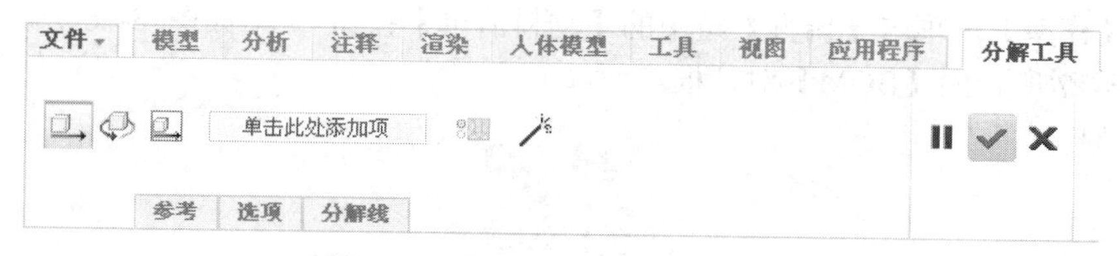

图 8-73　【分解工具】工具选项卡

（5）单击【参考】面板中的【要移动的元件】选择框，选中要设置的元件，如图 8-74 所示。

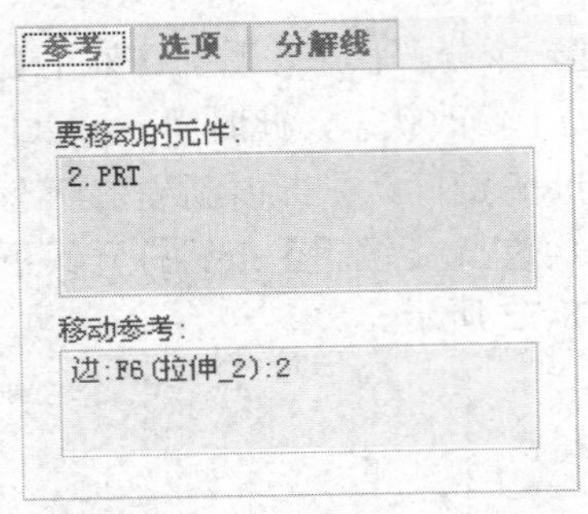

图 8-74 【参考】面板

（6）选择了要移动的零件或子装配后，还要根据设计者的意图来选取运动类型。系统提供了 3 种按钮定义零件的移动方式。

- 【平移】按钮：直接拖动零件或子装配在移动参考方向上平移。
- 【旋转】按钮：使零件或子装配在参考轴上旋转。
- 【视图平面】按钮：选取零件到系统默认的位置。

（7）【选项】面板如图 8-75 所示，可以复制位置和设置【运动增量】。

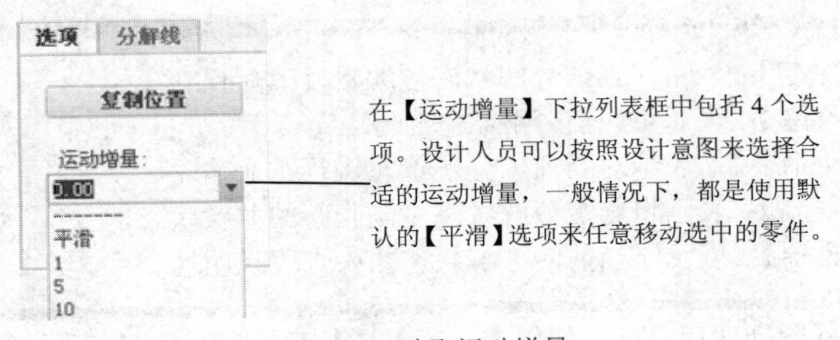

图 8-75 选取运动增量

2. 生成物料清单的方法如下

单击【模型】选项卡【调查】组中的【物料清单】按钮，如图 8-76 所示。系统将打开如图 8-77 所示的【BOM】对话框。

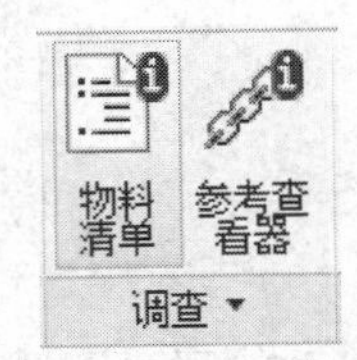

图 8-76 【物料清单】命令

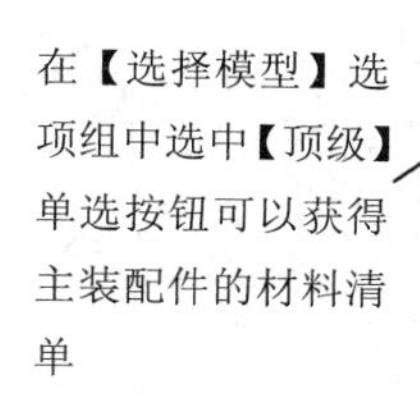
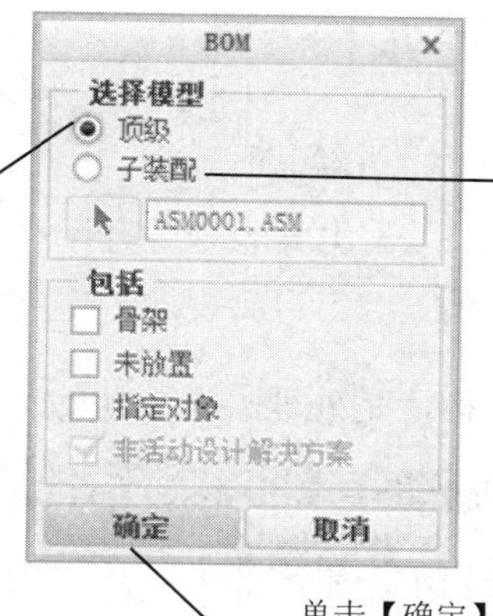

图 8-77 【BOM】对话框

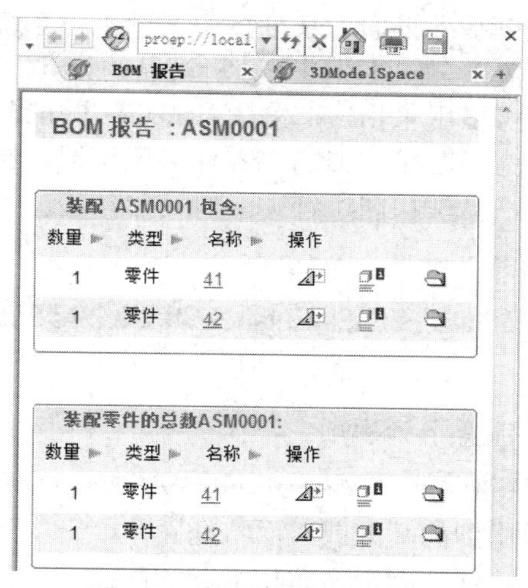

图 8-78 装配件材料清单信息

8.6 布局和产品结构图设计

基本概念

布局是在布局模式下创建的二维草绘，用于以概念方式记录、注释零件和装配。例如，布局可以是实体模型的一种概念性块图表或参考草绘，用于建立其尺寸和位置的参数和关系，以便于成员的自动装配。布局不是比例精确的绘图，而且与实际的三维模型几何不相关。

课堂讲解课时：1 课时

8.6.1 设计理论

产品结构图用来表示一个产品的结构，是处理大型装配的一种重要的工具。

所谓产品结构图，就是用来表示一个产品的结构的图样，它是处理大型装配的一种重要的工具。零部件可以按照产品结构图的结构进行装配，并且可以避免传统装配方法中零件装配间的父子参考关系。此外，产品结构图还可以应用到机构仿真与测试中，其使用使得设计和修改装配变得更加方便，在处理大型装配时更加体现出其优越性。

产品结构图就是以基准平面、基准点、基准坐标系统、轴线等基准特征来创建零件之间的结构关系。它可以用来分析产品的设计、规划产品的空间位置、决定重要的长度，也可以用来指定产品中各零件装配的配合位置。产品结构图创建完成后，它就成为了产品的架构，零件装配可根据结构图自动完成装配。此外，零件装配依据产品结构图进行装配时，被结构图所约束，可以通过修改结构图的方法来驱动零件。

创建产品的结构图应该注意下列事项。

- 适当地命名所用到的基准或取面特征。
- 不要使用实体特征，因为实体特征会和产品的零件发生干涉等。
- 结构图的尺寸标注方式必须配合产品的设计理念。
- 结构图要合理，并且能配合设计的机能。

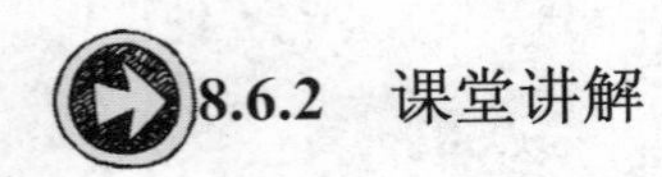

8.6.2 课堂讲解

布局是 Creo Parametric 中的一个模块，单击【快速访问】工具栏中的【新建】按钮，打开【新建】对话框，选中【布局】单选按钮，如图 8-79 所示。

使用【布局】的相关内容如下：

（1）布局图创建

单击【快速访问】工具栏中的【新建】按钮，打开【新建】对话框，选中【布局】单选按钮，单击【确定】按钮。

此时系统弹出如图 8-80 所示的【新布局】对话框。

（2）绘制工具

利用【Draw】组中的命令按钮，包括【线】、【圆】、【弧】、【矩形】等工具，可以绘制产品的简易外形，如图 8-81 所示。

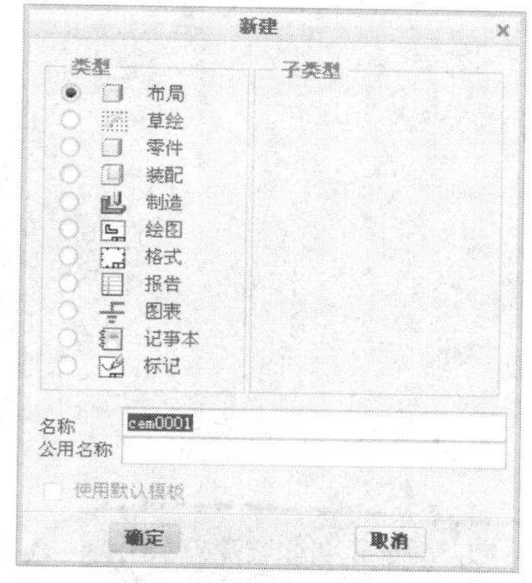

图 8-79　选择【布局】单选按钮

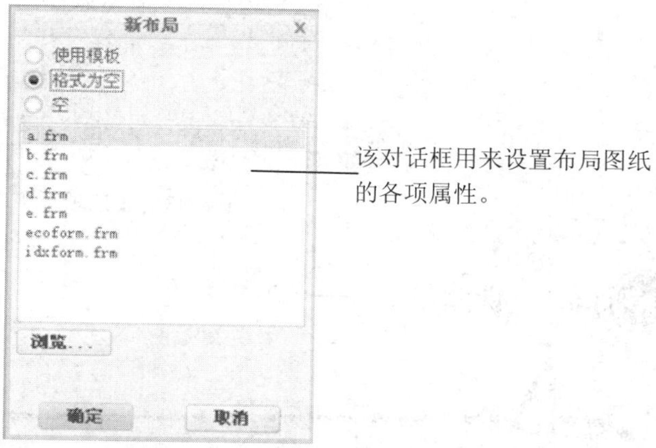

新布局
使用模板
格式为空
空
a.frm
b.frm
c.frm
d.frm
e.frm
ecoform.frm
idxform.frm
浏览...
确定
取消

该对话框用来设置布局图纸的各项属性。

图 8-80　【新布局】对话框

图 8-81　【Draw】组中的命令按钮

（3）辅助命令

下面来介绍一些辅助命令。

打开【设计】选项卡【Design Intent】组中的【尺寸】列表，如图 8-82 所示。

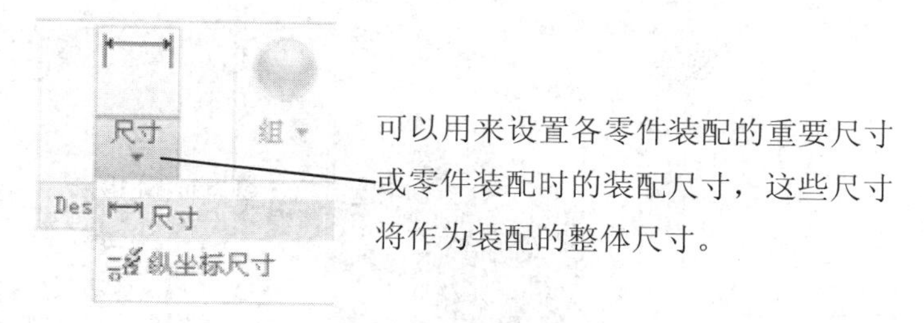

图 8-82　【尺寸】列表

单击【设计】选项卡【Insert】组中的【选项板】按钮，系统弹出如图 8-83 所示的

【选项板】对话框。

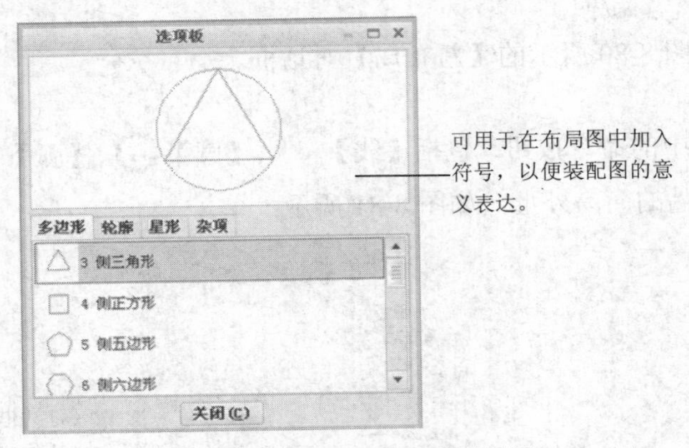

图 8-83　【选项板】对话框

8.6.3　课堂练习——制作法兰

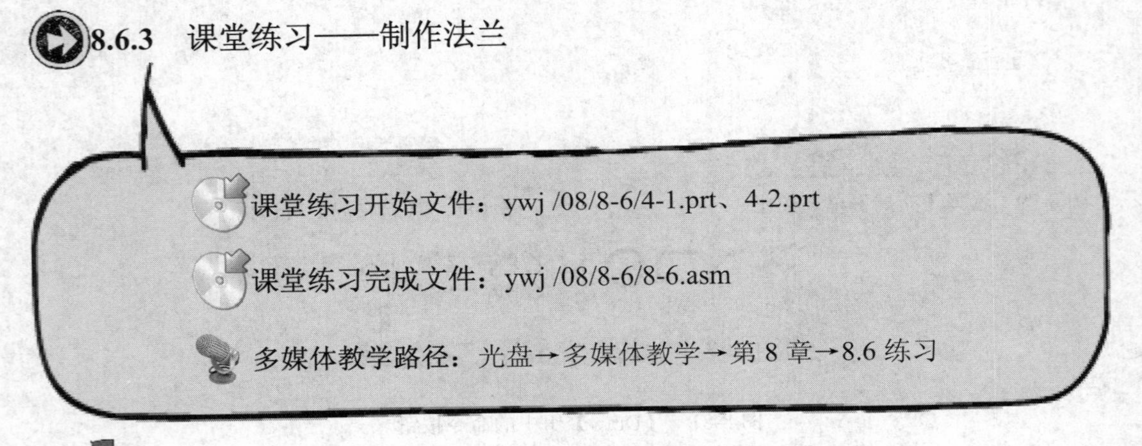

Step1 新建装配文件，选择“4-1”文件进行封装，如图 8-84 所示。

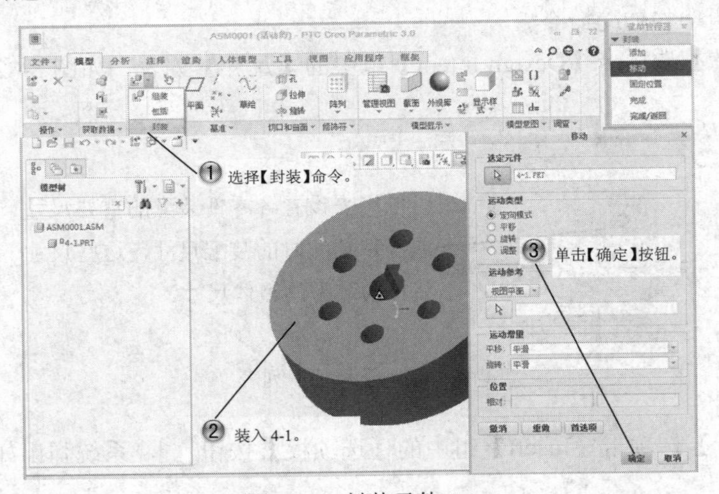

图 8-84　封装元件 4-1

Step2 封装元件“4-2”，旋转元件，如图 8-85 所示。

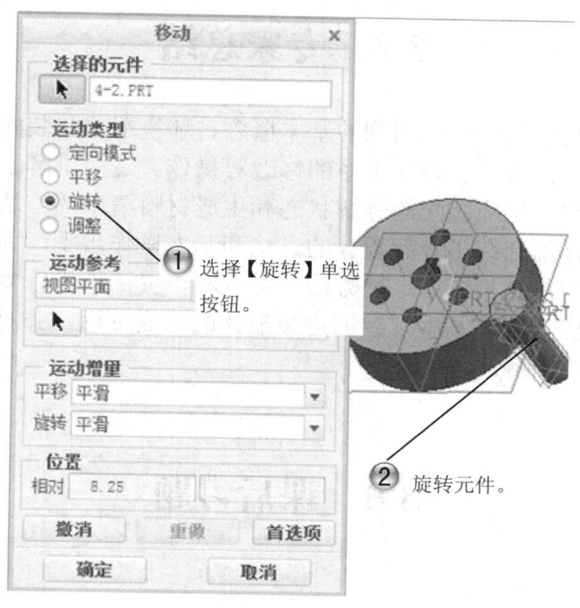

图 8-85　旋转元件

Step3 移动元件，如图 8-86 所示。这样，法兰就装配完成了，结果如图 8-87 所示。

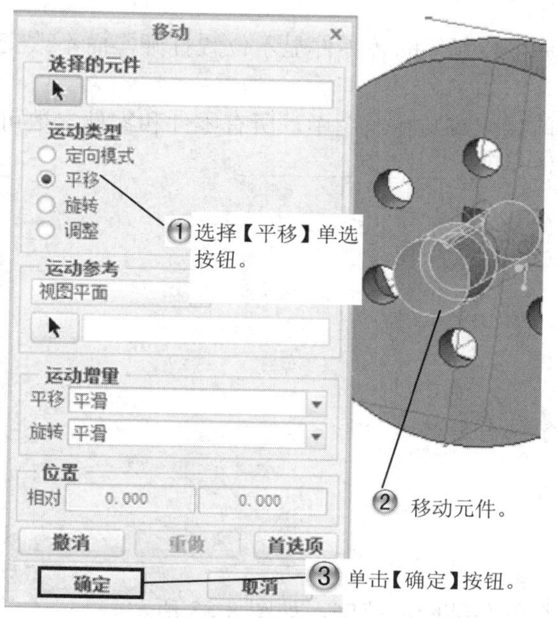

图 8-86　移动元件

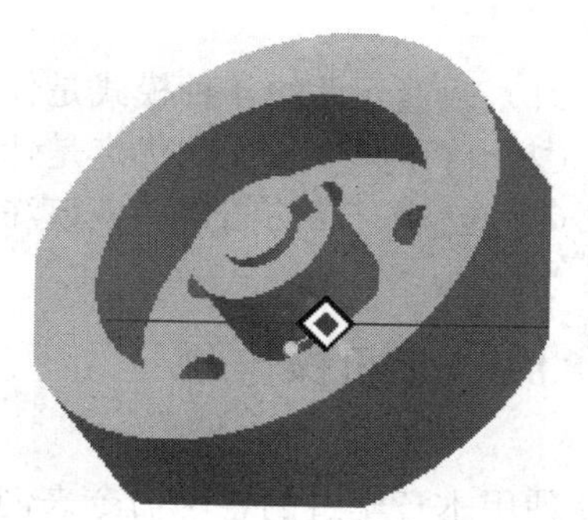

图 8-87　法兰

8.7　专家总结

本章详细介绍了装配设计中所用到的基本概念、环境配置和装配约束的基本概念，同时讲解了装配的调整、修改以及装配关系的修改等操作。之后讲解了在装配体中定义新的零件、子装配体的方法，生成装配的分解状态和生成材料清单的方法。在装配设计中的自顶向下装配设计中，详细介绍了骨架设计的方法和基本操作步骤，同时讲解了产品设计二维布局的设计方法和产品结构图。这些方法非常有利于灵活地进行复杂的装配设计。通过学习本章内容，读者应该能够基本掌握创建装配体的一般过程，并对装配等操作和自顶向下的基本方法有大致的了解。

8.8　课后习题

8.8.1　填空题

（1）所谓“装配”是指由多个零件或零部件按一定约束关系组成的装配件，也就是主装配体，装配中的零件称为“________”。

（2）分解视图又称为________，它是将装配件的各零件显示位置打开，而不改变零件间的________。

（3）“物料清单”（BOM）列出了当前装配或装配绘图中，所有零件和零件参数可保存为________或________。BOM 分为两部分：________和________。

8.8.2　问答题

（1）调整元件的 4 种模式是什么？

（2）自顶向下装配的优点是什么？

（3）创建产品的结构图应该注意的事项有哪些？

8.8.3　上机操作题

使用本章学过的各种命令来创建一个气泵装配的范例，如图 8-88 所示。

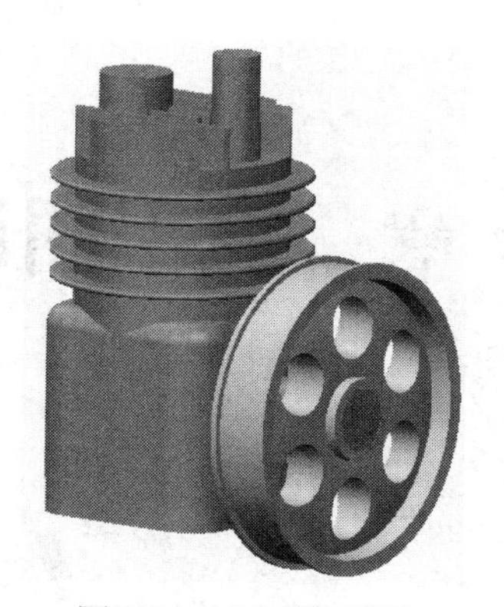

图 8-88　气泵装配图

练习步骤和方法：

（1）创建装配文件并放置气泵。

（2）导入泵轮文件。

（3）设置重合约束。

第 9 章　工程图设计

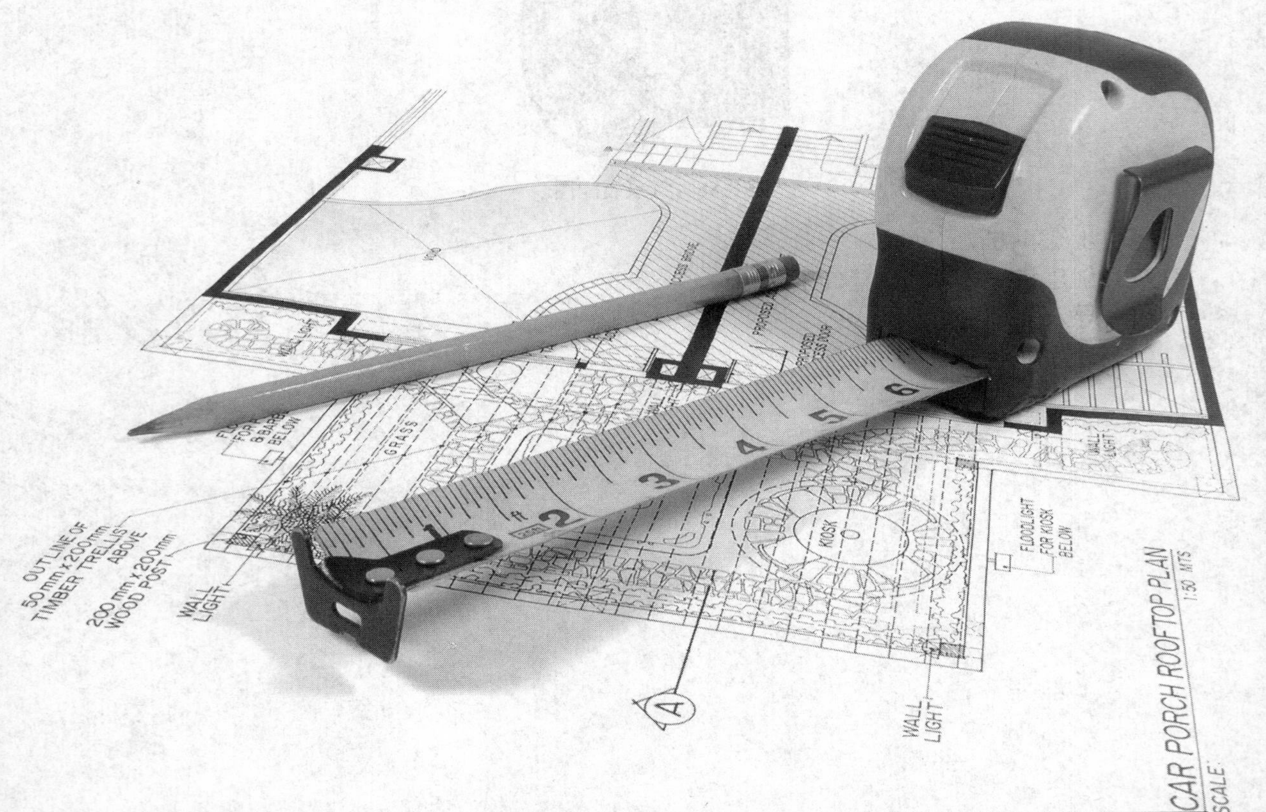

课训目标	内　容	掌握程度	课　时
	基本工程图和配置文件	熟练掌握	2
	创建一般视图和剖视图	熟练掌握	2
	创建特殊视图	熟练掌握	2
	创建尺寸和标注	熟练掌握	2
	编辑工程图和打印	熟练掌握	2

课程学习建议

在工程设计实践中，除了少量产品设计的数据需要直接转到数控设备加工外，大多数的设计最终都要输出为工程图，一方面是为了方便产品设计人员之间的交流，另一方面可以根据工程图纸完成产品的制造。

在 Creo Parametric 中可在零件模型、装配组件创建完成后，直接建立相应的工程图。工程图中所有的视图都相互关联，当修改某个视图中的尺寸时，系统将自动更新其他相关的视图；更为重要的是，工程图与相依赖的零件模型关联，在零件模型中修改的尺寸会关联到工程图，同时在工程图中修改尺寸也会在零件模型中自动更新，这种关联性不仅仅是尺寸的修改，也包括添加和删除某些特征。

在 Creo Parametric 工程图中可以创建多种不同类型的视图，主要包括一般视图、投影视图、详细视图、辅助视图和旋转视图。在创建视图的过程中，可以指定视图的显示模式，设置是否使用截面，或者单独为某个视图设置显示比例等。通常使用一般视图和投影视图即可完成一个零件模型的表达。

本章将介绍工程图的环境界面、创建方法及工程图的基本操作，并详细介绍一般视图、剖视图和特殊视图的创建方法、创建尺寸和标注、以及工程图打印的操作方法。

本课程培训课程表如下。

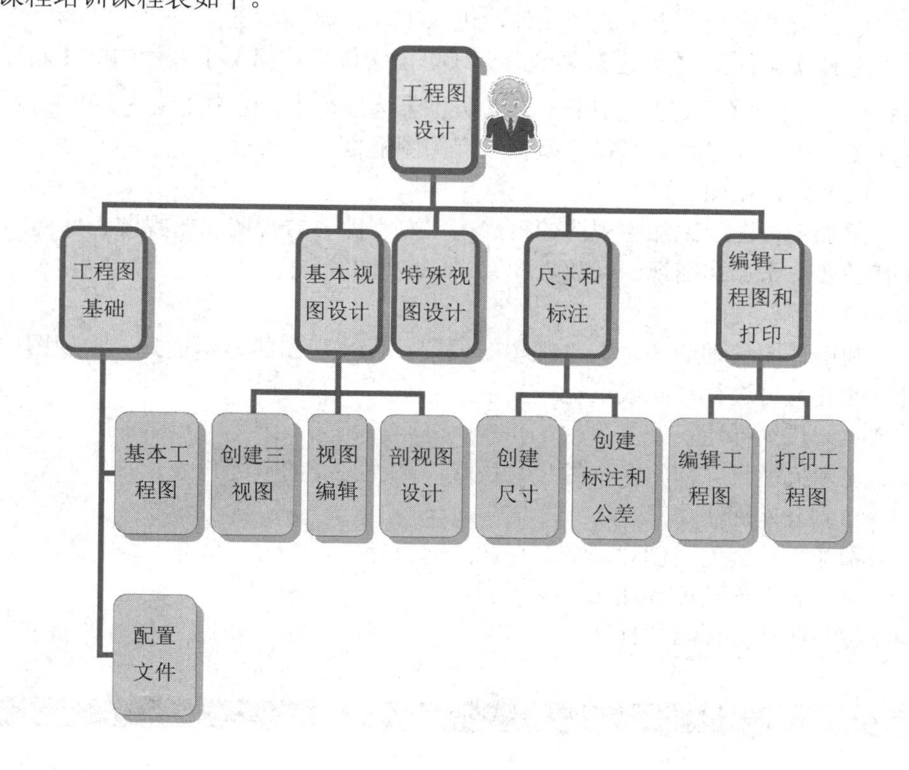

9.1 基本工程图和配置文件

基本概念

当 3D 零件或装配件完成之后，便可利用零件或装配件来产生各种 2D 工程图。工程图与零件或装配件之间相互关联，其中一个有更改，另一个也会自动更改。

课堂讲解课时：2 课时

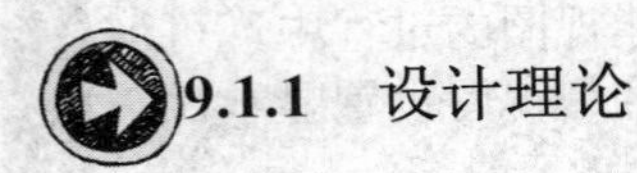

9.1.1 设计理论

下面介绍一下创建工程图的一般过程。

（1）通过新建一个工程图文件，进入工程图模块环境

选择【文件】|【新建】菜单命令或单击【快速访问】工具栏中的【新建】按钮，打开【新建】对话框，在【类型】选项组中，选中【绘图】单选按钮；输入工程图文件名称、选择模型、工程图图框格式或模板。

（2）创建视图

添加主视图；添加主视图的投影图（左视图、右视图、俯视图、仰视图）；如有必要，添加详细视图（放大图）、辅助视图等。

（3）调整视图

利用视图移动命令，调整视图的位置；设置视图的显示模式，如视图中不可见的孔，可进行消隐或用虚线显示。

（4）尺寸标注

显示模型尺寸，将多余的尺寸拭除；添加必要的草绘尺寸。

（5）公差标注

添加尺寸公差；创建基准，标注几何公差。

（6）表面光洁度标注

（7）注释、标题栏标注

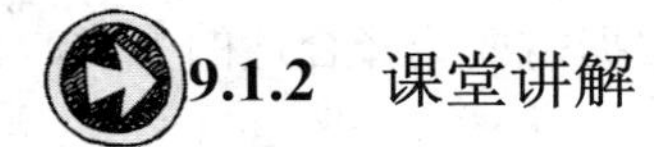

9.1.2 课堂讲解

进入 Creo Parametric 界面后，选择【文件】|【新建】菜单命令或单击【快速访问】工具栏中的【新建】按钮，打开【新建】对话框，如图 9-1 所示。

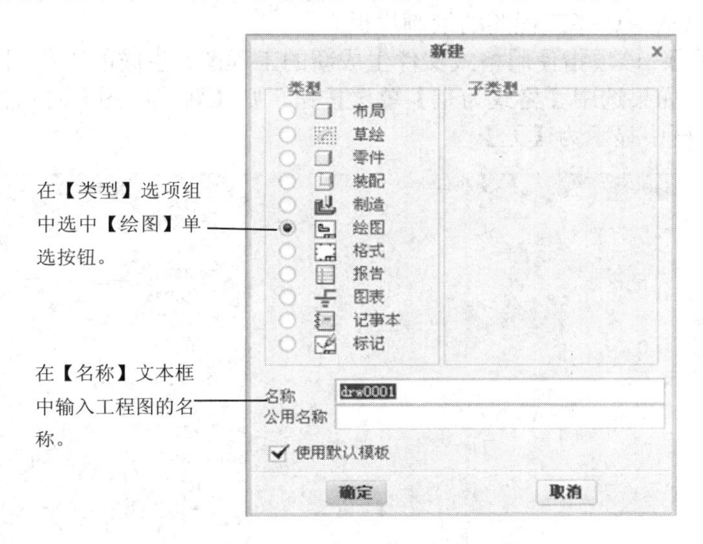

图 9-1 【新建】对话框

在该对话框中单击【确定】按钮，出现如图 9-2 所示的【新建绘图】对话框。

（1）在【默认模型】文本框中指定想要创建工程图的零件模型（或装配组件），单击【浏览】按钮可以进行零件模型的指定。

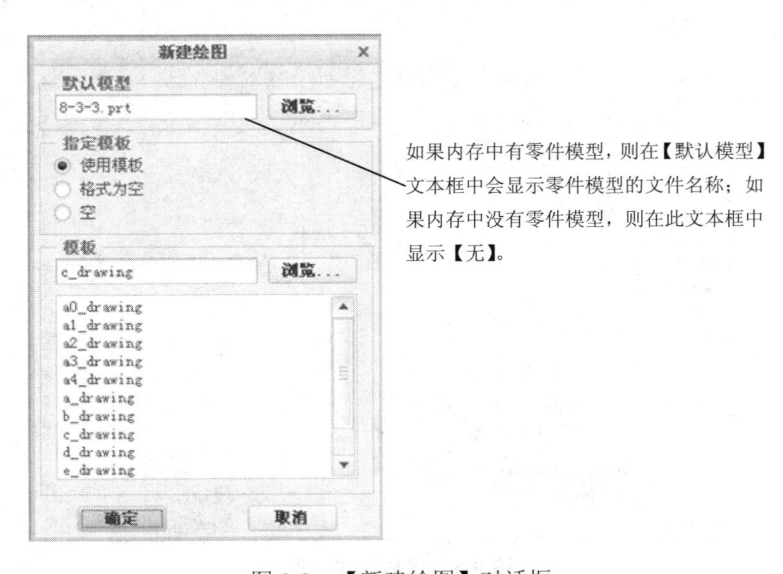

图 9-2 【新建绘图】对话框

(2)【指定模板】选项组用于指定创建工程图的方式，用户可根据需要选择合适的方式，下面分别介绍这几个选项的含义。

- 【使用模板】：该项指使用模板生成新的工程图，生成的工程图具有模板的所有格式与属性。当选中【使用模板】单选按钮后，【新建绘图】对话框显示如图 9-3 所示，在【模板】列表框中会显示许多系统自带的模板如“a0_drawing”、“b_drawing”等，分别对应多种图纸，用户可以从中选择工程图的绘制模板。
- 【格式为空】：该项指使用格式文件生成新的工程图，生成的工程图具有格式文件的所有格式与属性。如果选中【格式为空】单选按钮，则【新建绘图】对话框如图 9-4 所示，【格式】下拉列表框中显示为【无】。

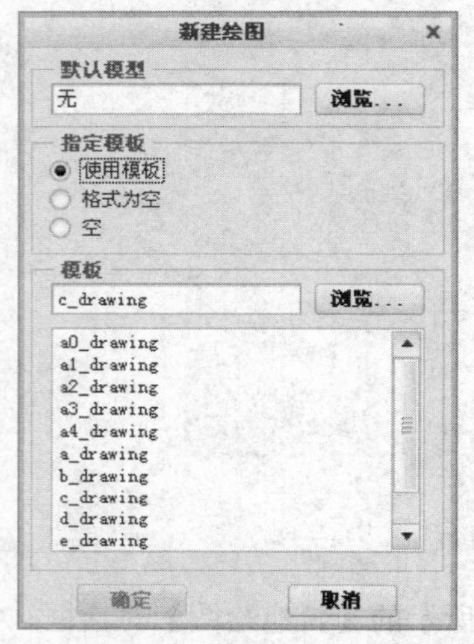

图 9-3　选中【使用模板】单选按钮

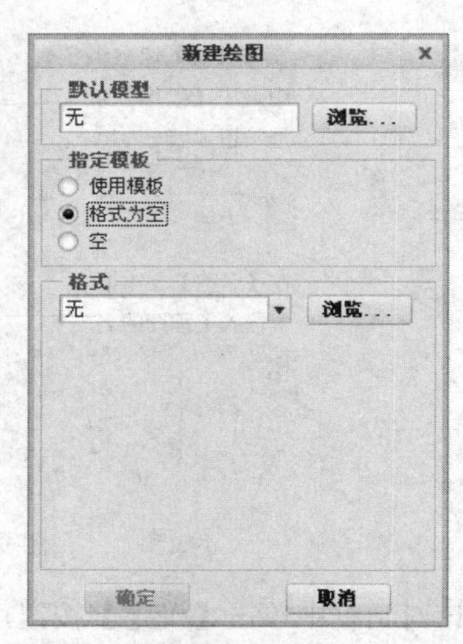

图 9-4　选中【格式为空】单选按钮

此时单击【格式】选项组中的【浏览】按钮，在如图 9-5 所示的【打开】对话框中，选择系统提供的格式文件。

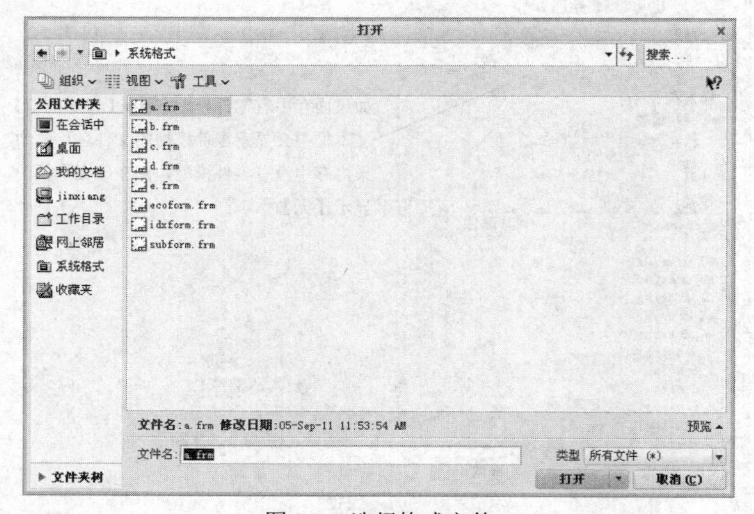

图 9-5　选择格式文件

在【打开】对话框中选择一个格式文件，当指定零件文件后，单击【打开】按钮，工作区即出现如图 9-6 所示的空白图框。这时用户就可以向空白图框中添加一般视图、投影视图等。

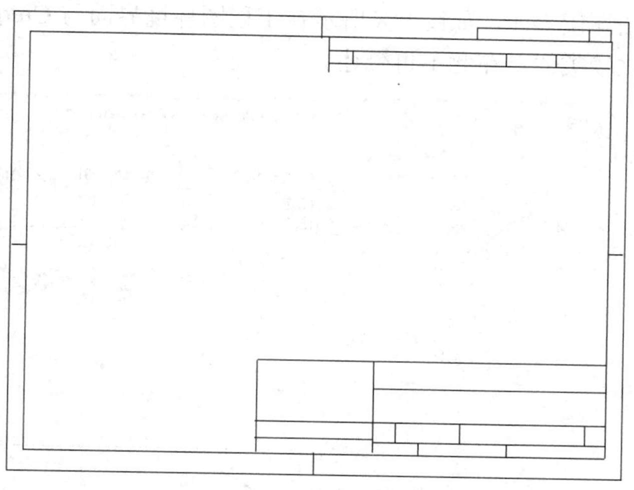

图 9-6　出现的空白图框

- 【空】：选择该项生成一个空的工程图，在生成的工程图中，除了系统配置文件和工程图配置文件设定的属性外，没有任何图元、格式和属性。

如果选中【空】单选按钮，则【新建绘图】对话框如图 9-7 所示，在【指定模板】选项组下方将出现【方向】和【大小】两个选项组。如果选择【方向】选项组中的【纵向】按钮或【横向】按钮，图纸使用标准大小尺寸开作为当前用户所需绘制的工程图的大小；选择【可变】按钮则允许用户自定义工程图的大小尺寸，这时在【大小】选项组中的【宽度】和【高度】文本框中输入用户自定义的数值即可。

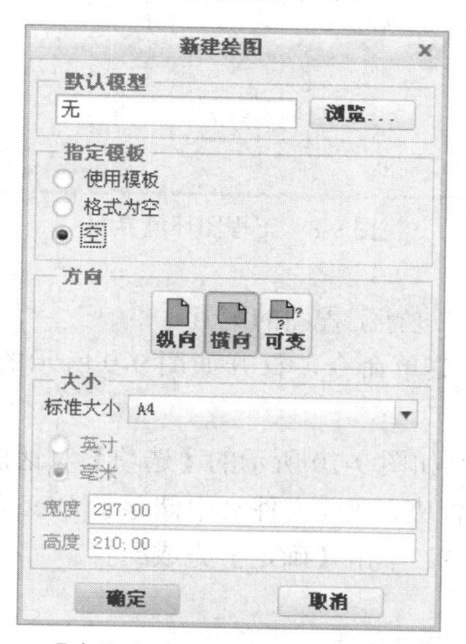

图 9-7　【空】方式对应的【新建绘图】对话框

在实际应用中，【空】这种方式不多用，所有的工程图不是通过模板就是通过格式新建而成的。

在【指定模板】选项组中选中【使用模板】单选按钮并选择零件文件后，单击【确定】按钮即可进入工程图环境界面，如图 9-8 所示。工程图环境界面与 Creo Parametric 中其他模式下的环境界面比较类似，在此不再赘述。

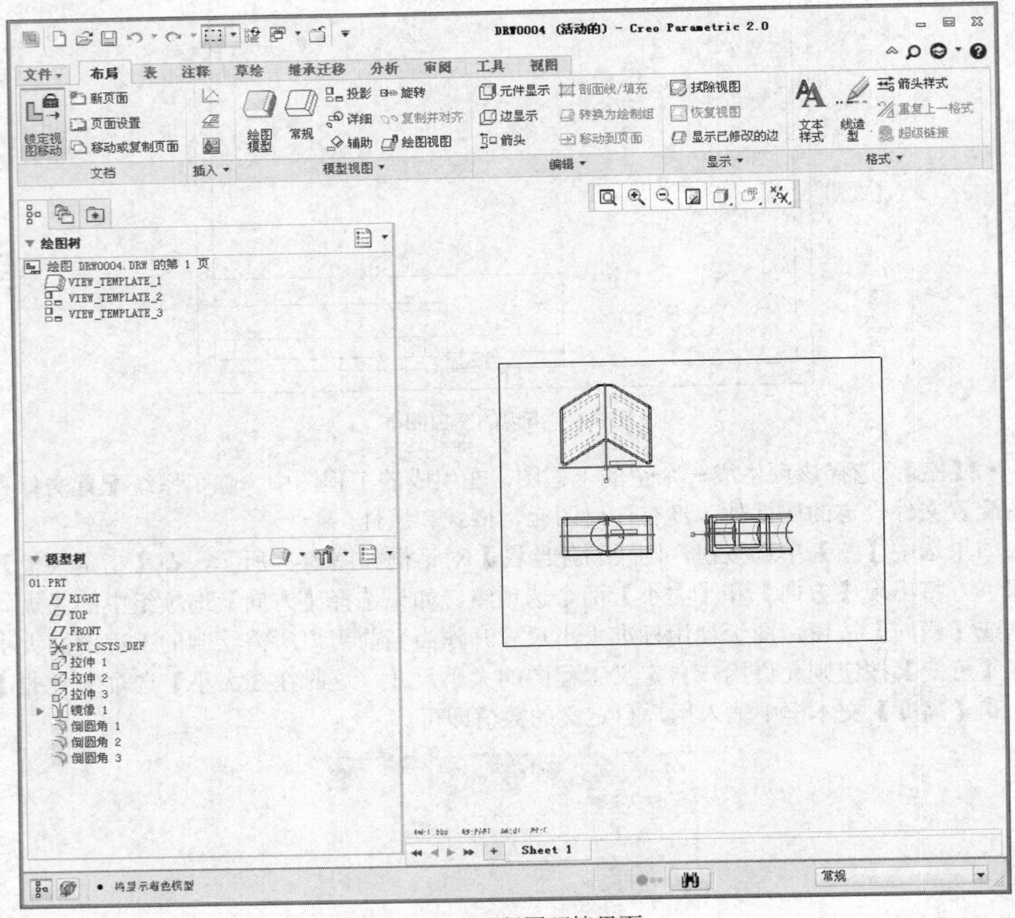

图 9-8　工程图环境界面

（3）下面向用户讲述如何进行工程图的配置。

选择【文件】|【选项】菜单命令，打开如图 9-9 所示的【Creo Parametric 选项】对话框。

单击【添加】按钮，打开如图 9-10 所示的【选项】对话框，单击【浏览】按钮，选择 Creo 系统文件夹中的 text 文件夹，在此文件夹中储存了 Creo 的工程图配置文件，选择需要的文件。在【选项】对话框中，单击【确定】完成配置。

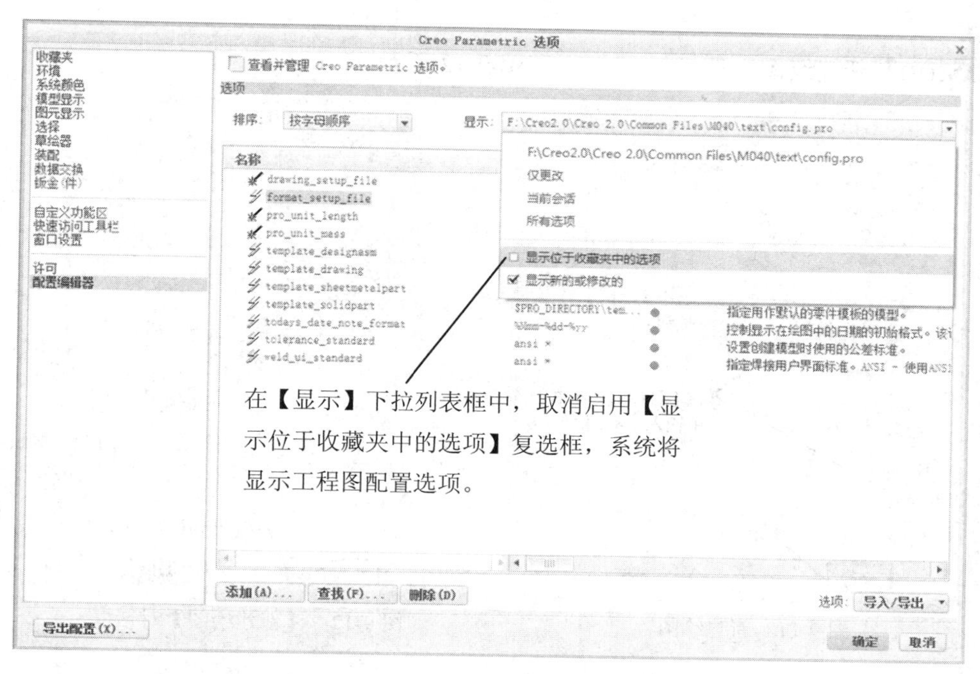

图 9-9　【Creo Parametric 选项】对话框

图 9-10　【选项】对话框

9.1.3　课堂练习——绘制套筒工程图

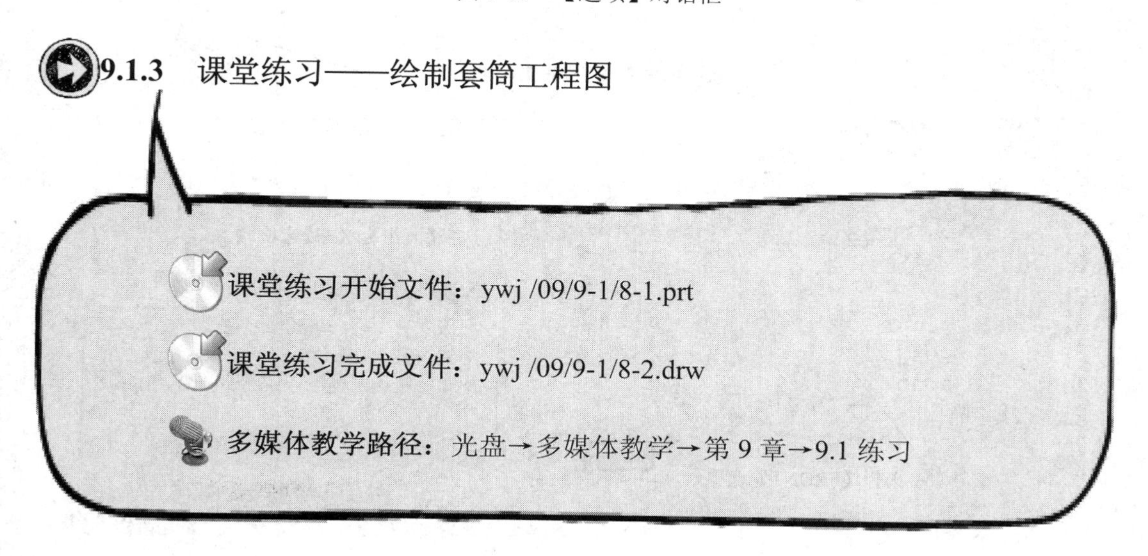

Step1 新建绘图文件，如图 9-11 和图 9-12 所示。

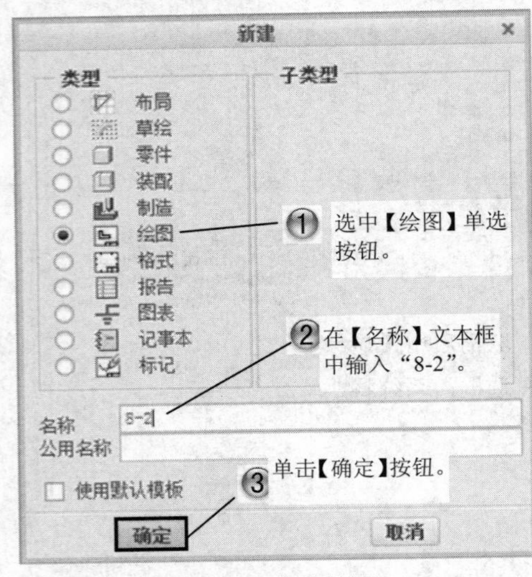

图 9-11　新建绘图

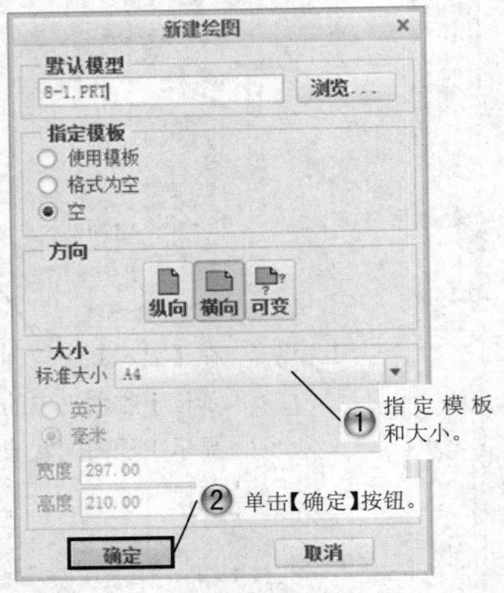

图 9-12　【新建绘图】对话框

Step2 添加模型，如图 9-13 所示。选择文件完成放置后的图如图 9-14 所示。

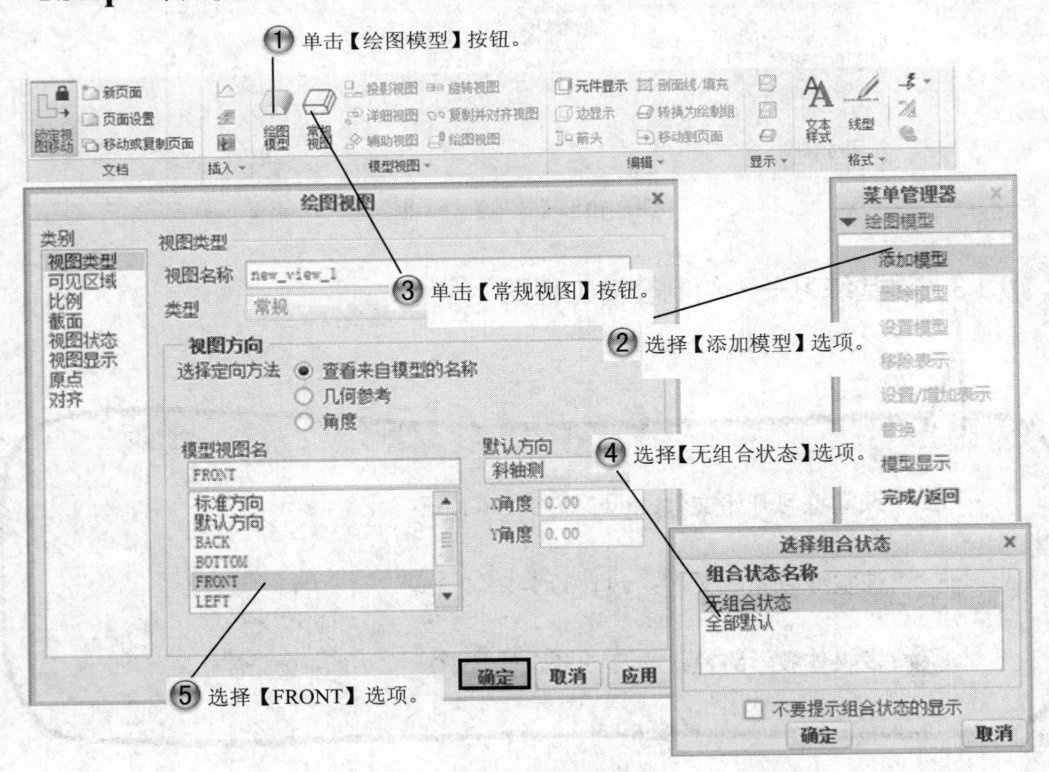

图 9-13　选择视图方向

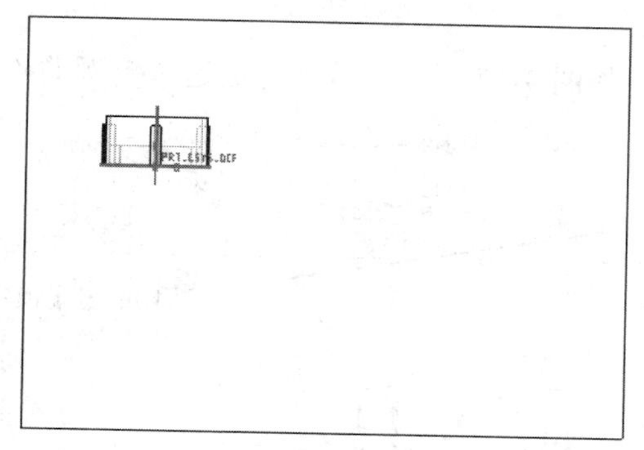

图 9-14　放置视图

Step3 投影视图，如图 9-15 所示。

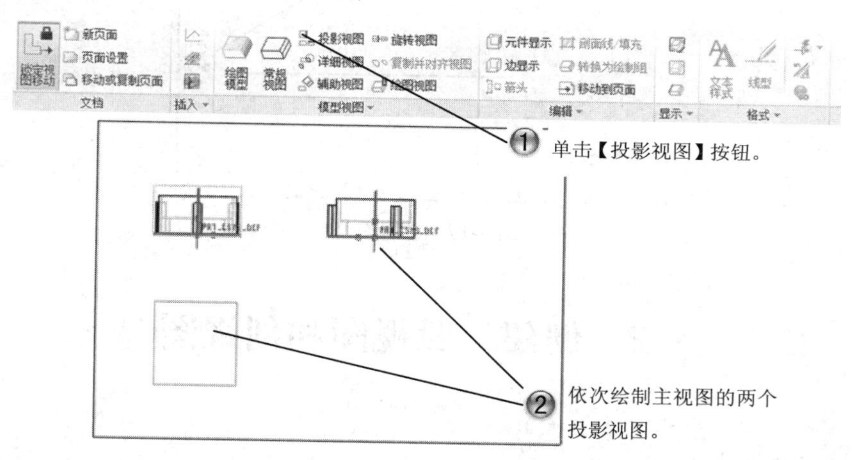

图 9-15　投影视图

Step4 选择左视图删除视图，如图 9-16 所示。

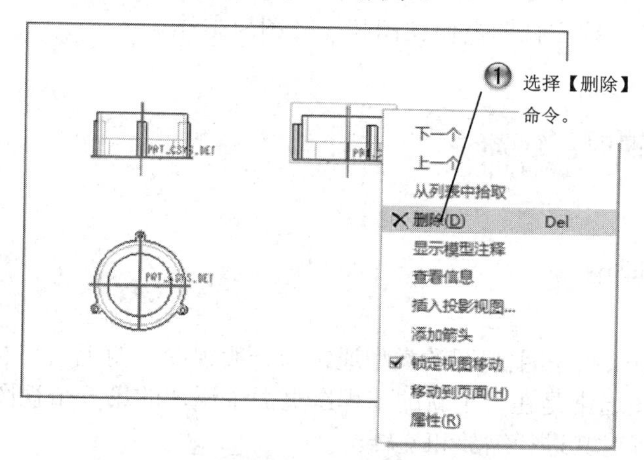

图 9-16　删除视图

Step5 移动视图，如图 9-17 所示。这样完成这个范例的绘制。

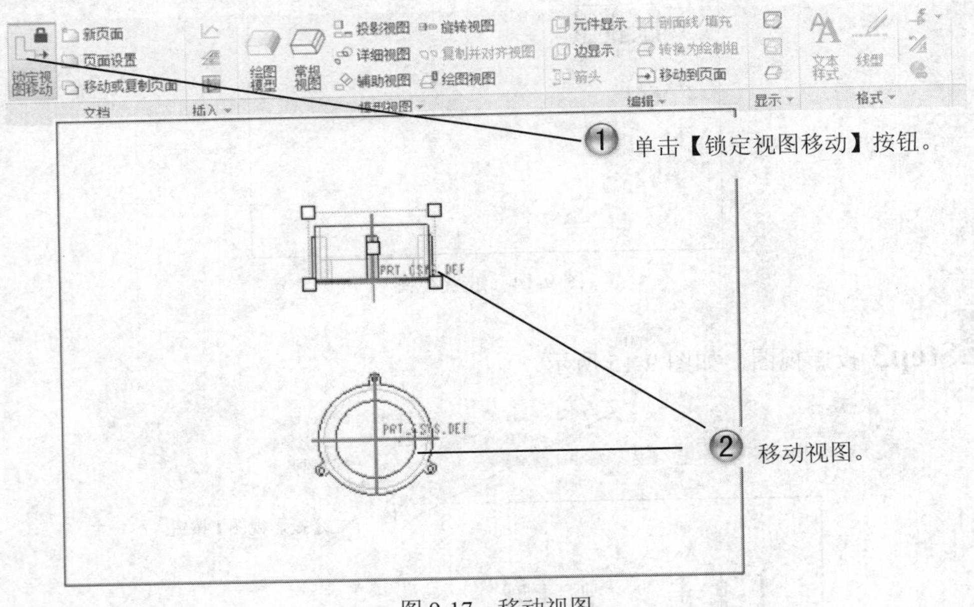

图 9-17　移动视图

9.2　创建一般视图和剖视图

基本概念

在创建工程图时，表达一个零件模型或装配组件一般需要多个视图。我国机械制图标准中，基本以三视图，即主视图、俯视图和左视图为主体。

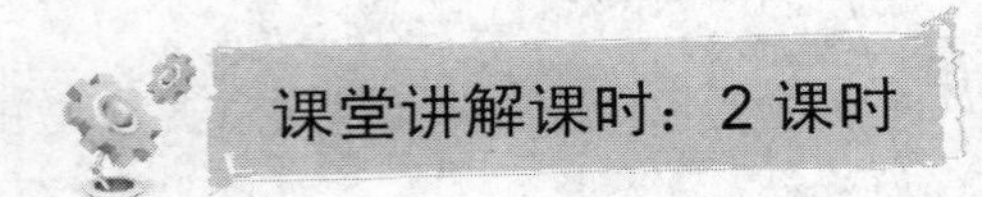

课堂讲解课时：2 课时

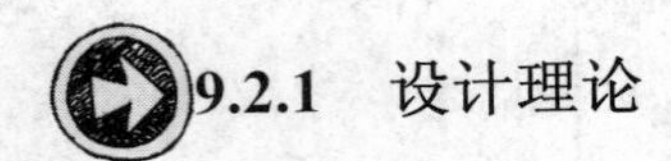

9.2.1　设计理论

在 Creo Parametric 中，主视图的类型通常为一般视图，俯视图和左视图的类型通常为投影视图。常规视图通常是在一个新的工程图页面中添加的第一个视图，是最容易变动的视图，可以根据设置对其进行缩放和旋转。

创建剖视图与创建投影视图的方法相同，也需要先创建一般视图，当一般视图创建完毕后，再利用它创建剖视图。

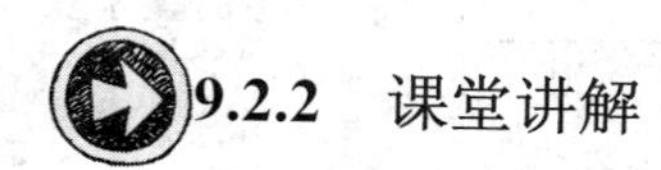

9.2.2 课堂讲解

1. 产生三视图

单击【布局】选项卡【模型视图】组中的【绘图模型】按钮 绘图模型，弹出【绘图模型】菜单管理器，如图 9-18 所示，选择【添加模型】命令，打开需要创建工程图的零件模型，此时【绘图模型】菜单管理器变为如图 9-19 所示。

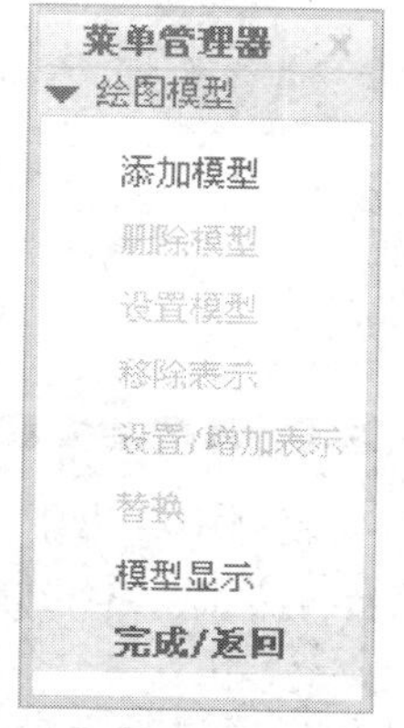

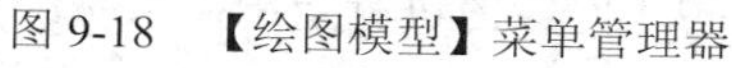
图 9-18 【绘图模型】菜单管理器

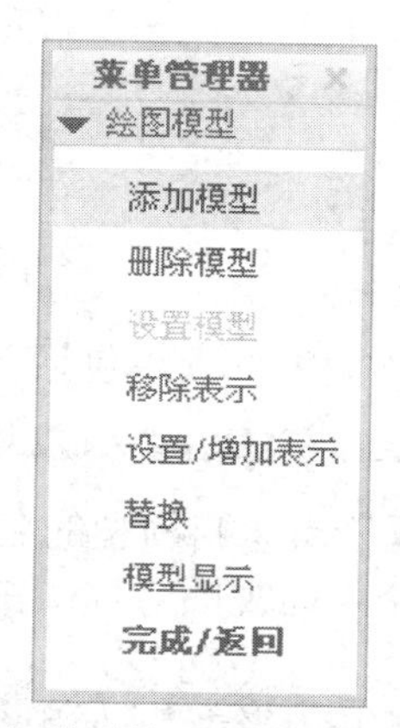

图 9-19 添加模型的【绘图模型】菜单管理器

单击【布局】选项卡【模型视图】组中的【常规视图】按钮 常规视图，弹出【选择组合状态】对话框，选择【组合状态名称】，如图 9-20 所示，单击【确定】按钮。在工程图页面中的合适位置，即视图放置位置单击，系统打开如图 9-21 所示的【绘图视图】对话框。

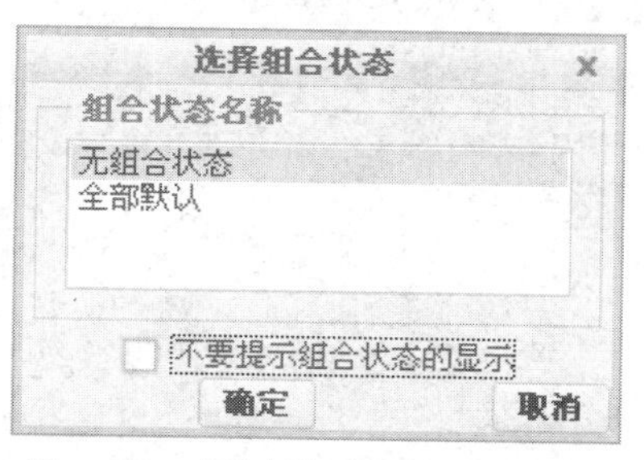

图 9-20 【选择组合状态】对话框

（1）设置【视图类型】选项

在【视图类型】选项卡中，需要设置的选项如图 9-21 所示。

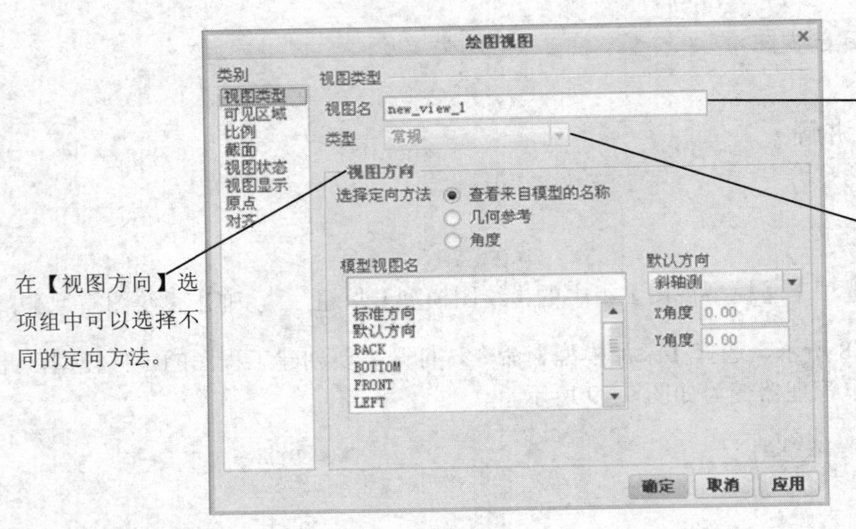

图 9-21　【绘图视图】对话框

在【视图方向】选项组包括下面几个选项。

- 【查看来自模型的名称】：在【模型视图名】列表框中列出了在模型中保存的各个定向视图名称；在【默认方向】下拉列表框中可以选择设置方向的方式。
- 【几何参考】：使用来自绘图中预览模型的几何参考进行定向。系统给出两个参考选项。
- 【角度】：使用选定参考的角度或定制角度进行定向，如图 9-22 所示，在【参考角度】列表框中列出了用于定向的参考。

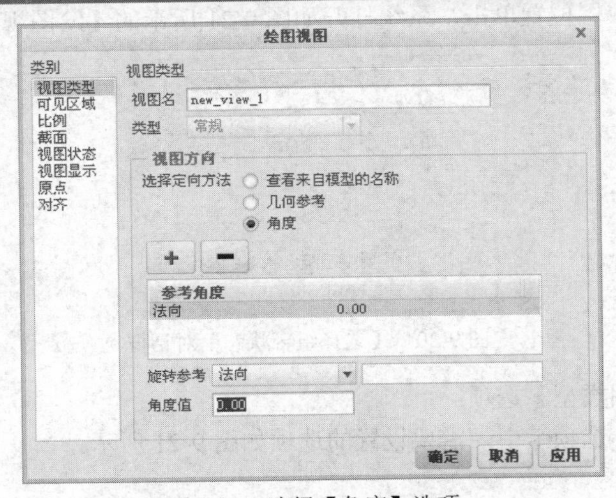

图 9-22　选择【角度】选项

在【旋转参考】下拉列表框中提供了几种旋转参照的方式。

- 【法向】：绕通过视图原点并和绘图页面的法线有一定角度的轴旋转模型。
- 【竖直】：绕通过视图原点并垂直于绘图页面的轴旋转模型。
- 【水平】：绕通过视图原点并与绘图页面保持水平的轴旋转模型。
- 【边/轴】：绕通过视图原点并根据与绘图页面成指定角度的轴旋转模型。

（2）设置比例

在【比例】选项卡中需要设置的选项如图 9-23 所示。

在设置比例和透视图选项时，可选择下面 3 个选项。

- 【页面的默认比例】：系统默认的比例一般为 1，也就是与模型的实际尺寸相等。
- 【自定义比例】：指自定义比例，输入的比例值大于 1 表示放大视图；输入的比例值小于 1 表示缩小视图。
- 【透视图】：在机械制图中很少用到，在此不做介绍。

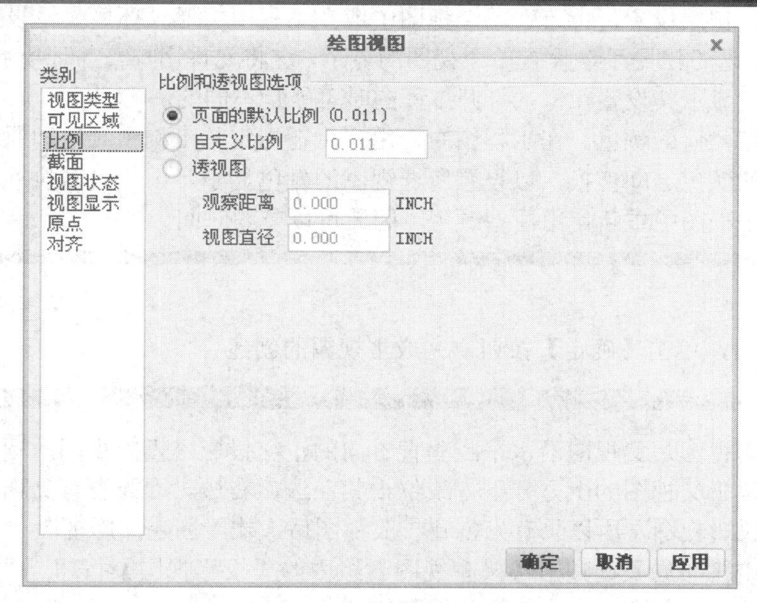

图 9-23 【比例】选项卡

当创建详图视图或常规视图时，可以指定一个独立的比例值，该比例值仅控制该视图及其相关的子视图。

（3）设置视图显示

在【视图显示】选项卡中需要设置的选项如图 9-24 所示。

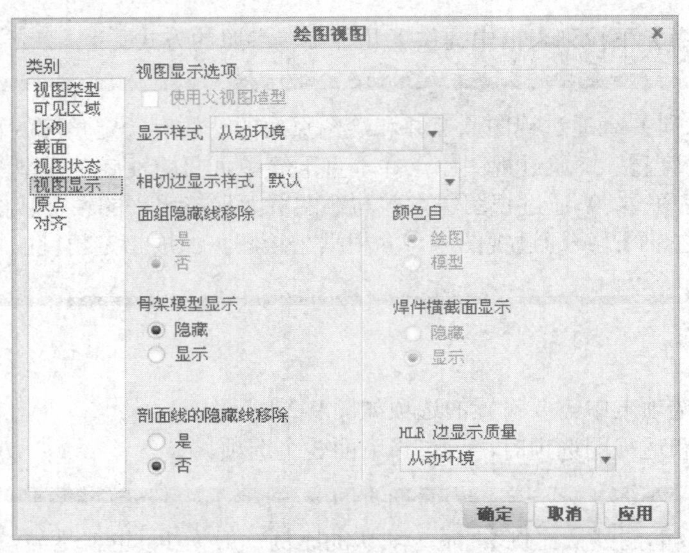

图 9-24　【视图显示】选项卡

控制视图显示包括控制隐藏线、骨架模型的显示以及模型几何的颜色等。

使用隐藏线和骨架模型显示。隐藏线和骨架模型的显示可在工程图设置文件中进行初始设置，也可在单个视图中或在工程图中通过环境显示设置进行控制。其首选方法是手动设置单个视图的显示，这将允许用户覆盖环境显示设置，这些环境显示其设置在每次打开工程图时可能是不同的。

模型几何的颜色。在工程图中，用户可在指定的工程图颜色和原始模型中所使用的颜色之间切换，以设置所选视图的颜色显示。由于只需执行一个命令即可在工程图中重新使用模型颜色，因此可以节约时间。

完成设置后，单击【确定】按钮，完成主视图的创建。

投影视图是父视图沿水平或垂直方向的正交投影。投影视图放置在投影通道中，位于父视图的上方、下方或位于其左边、右边。因为没有父视图就没有所谓的投影视图，所以只有当创建一般视图后，才能创建投影视图。

单击【布局】选项卡【模型视图】组中的【投影视图】按钮投影视图，在主视图的下方单击，完成俯视图的制作。

单击【布局】选项卡【模型视图】组中的【投影视图】按钮，在主视图的右方单击，完成左视图的制作。

2. 视图的操作

在工程图中创建视图后，可随时对其进行下面的操作：改变位置、方向和视图的原点，删除视图，修改视图，修改视图比例，修改视图边界、标准和参考点等。

对视图进行操作时，首先必须选中视图，然后才能进行。

如图 9-25 所示，从左至右依次是一个视图在未选中和选中两个状态的变化。

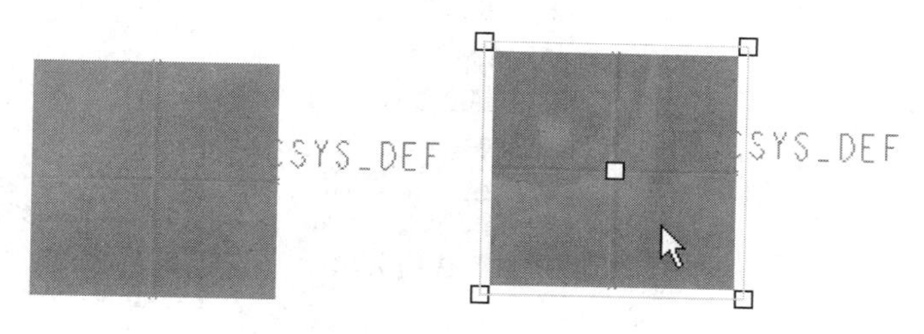

图 9-25　视图的状态显示

对视图进行操作有直接使用鼠标操作和利用菜单命令两种方式。

（1）当视图处于选中状态时，四周会出现控制点，此时可以直接通过鼠标进行操作。每个视图都有一个原点，该点控制系统的移动和视图的定位。默认情况下，绘图视图原点在视图区域内两条对角线的交点处，如图 9-26 所示。

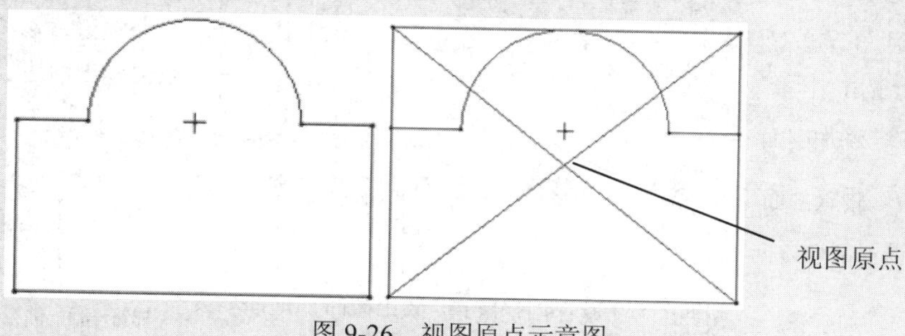

图 9-26　视图原点示意图

（2）当视图处于选中状态时，利用如图 9-27 所示的快捷菜单及其他菜单中的命令，也可以对视图进行操作。

3. 创建常规视图

单击【布局】选项卡【模型视图】组中的【常规视图】按钮，弹出【选择组合状态】对话框，选择【组合状态名称】，单击【确定】按钮。在工程图页面中的合适位置，即视图放置位置单击，系统打开【绘图视图】对话框。进行相应设置后单击【确定】按钮，即可完成常规视图的创建。

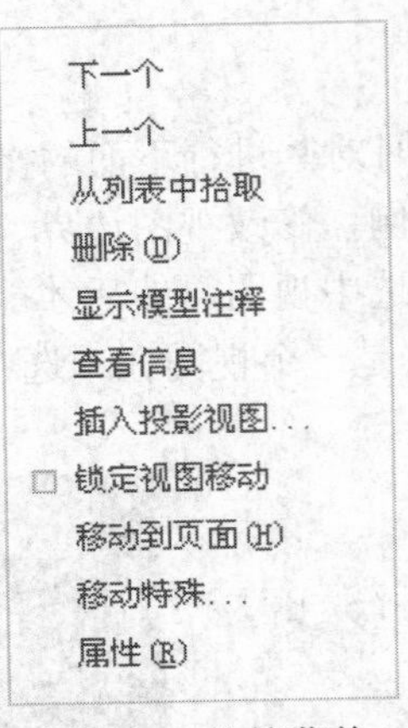

图 9-27　快捷菜单

4．创建全剖视图

机械制图中的剖视图有多种形式，如全剖视图、半剖视图、局部剖视图等。在【绘图视图】对话框中切换到【截面】选项卡，可以创建不同类型的剖视图。

在【截面】选项卡中需要设置的选项如图 9-28 所示。

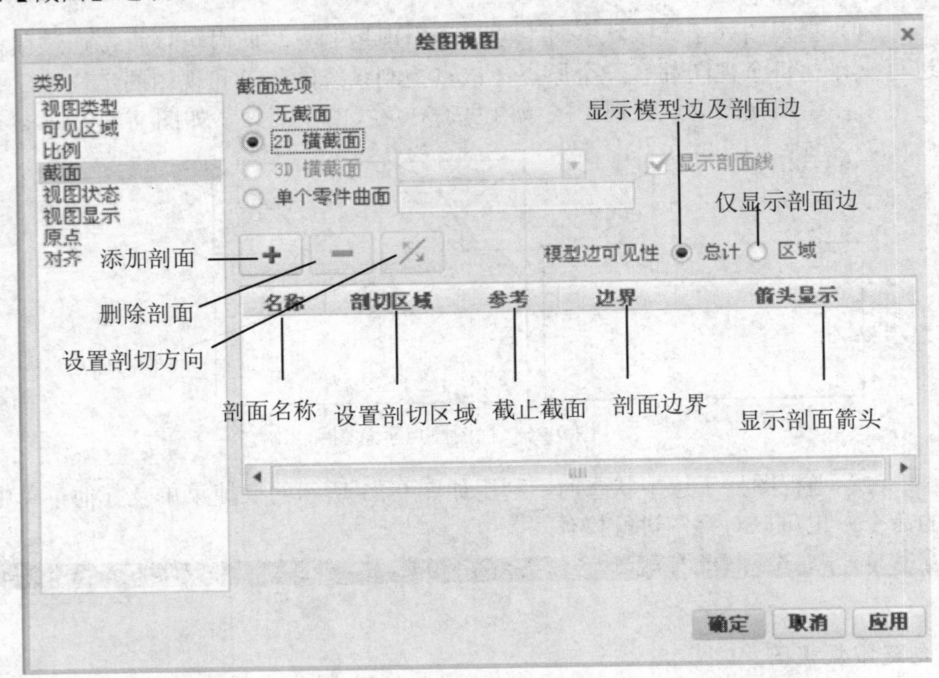

图 9-28　【截面】选项卡

（1）在【截面选项】选项组中系统默认为选中【无截面】单选按钮。

（2）选中【2D 横截面】单选按钮后可以自定义剖面，各选项如图 9-28 所示。

单击【将横截面添加到视图】按钮+，系统将弹出如图 9-29 所示的【横截面创建】菜单管理器，在其中可设置剖面特征。

设置完成后选择【完成】命令，系统提示输入剖截面的名称，输入名称后，按下 Enter 键确定。

系统出现如图 9-30 所示的【设置平面】菜单管理器，用于选取或创建剖截面。

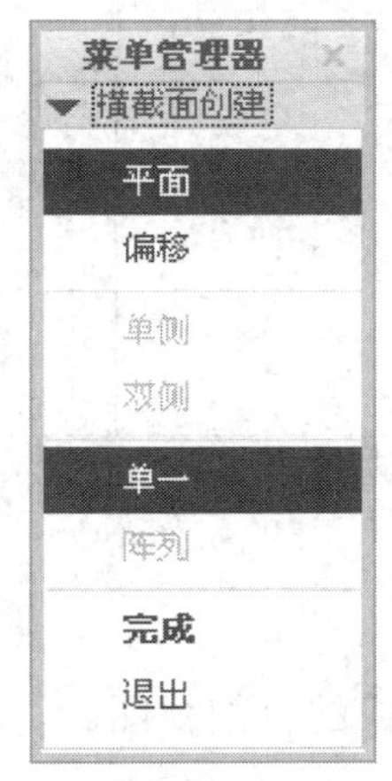

图 9- 29 【剖截面创建】菜单

图 9-30 【设置平面】菜单

完成后，【绘图视图】对话框如图 9-31 所示，单击【确定】按钮即可完成全剖视图的创建。

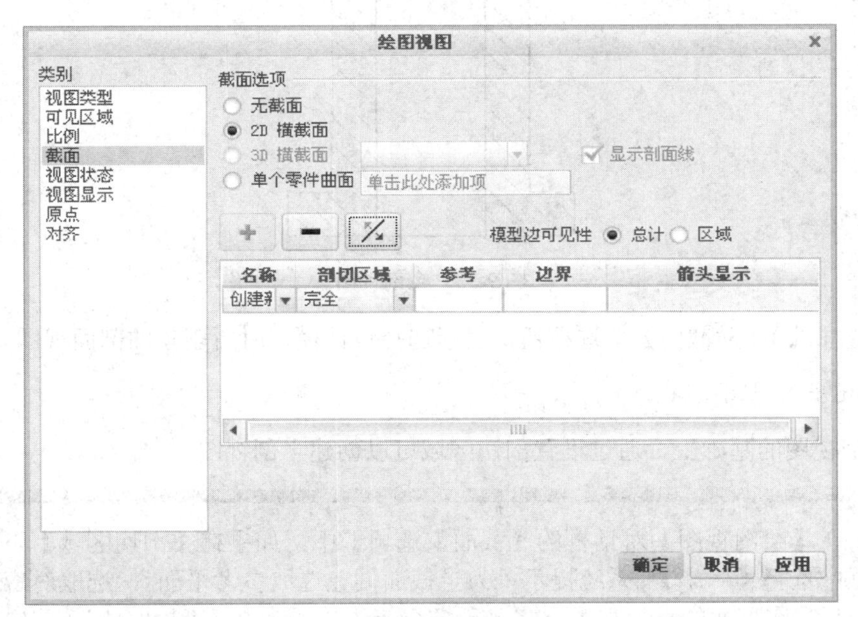

图 9-31 【绘图视图】对话框

如图 9-32 所示为一个模型及其创建的一般视图，创建一般视图时，在【视图类型】选项卡的【视图方向】选项组中选中【几何参考】单选按钮，然后选择“TOP”基准面为【前面】，选择“RIGHT”基准平面为【顶】。

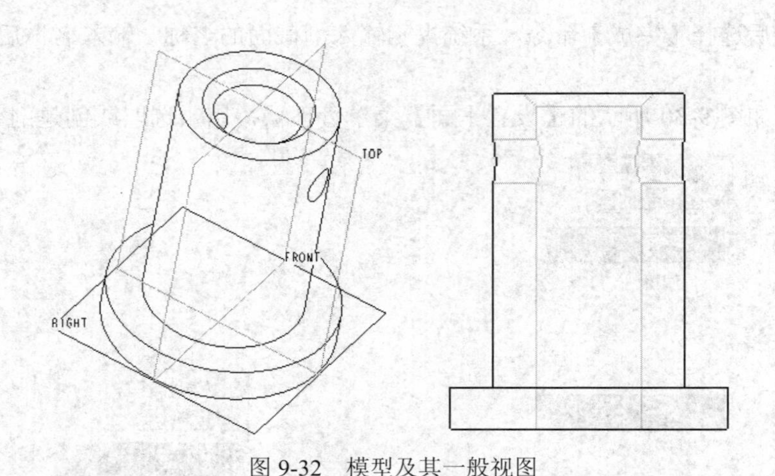

图 9-32　模型及其一般视图

如图 9-33 所示为选取“TOP”基准面作为横截面生成的全剖视图。

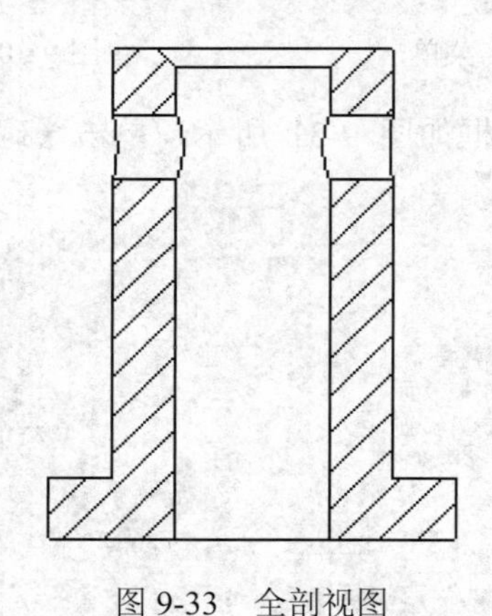

图 9-33　全剖视图

（3）选中【3D 横截面】单选按钮，表示选择设计模型时所创建的剖面视图。

5. 创建半剖视图

在全剖视图的基础上，通过设置剖切区域可以创建半剖视图。

> 在【绘图视图】对话框的【截面】选项卡中，如果在【剖切区域】下拉列表框中选择【一半】，系统提示“为半截面创建选取参考平面”，选取对应的参考面后，在页面的一般视图上将显示一个箭头，系统提示“拾取侧”，即定义剖开方向，在需要的一侧单击即可。此时【绘图视图】对话框中的相应设置如图 9-34 所示，单击【确定】按钮即可完成半剖视图的创建。

如图 9-35 所示为选取“FRONT”基准面作为剖切横截面，并且剖开方向在右侧时所生成的半剖视图。

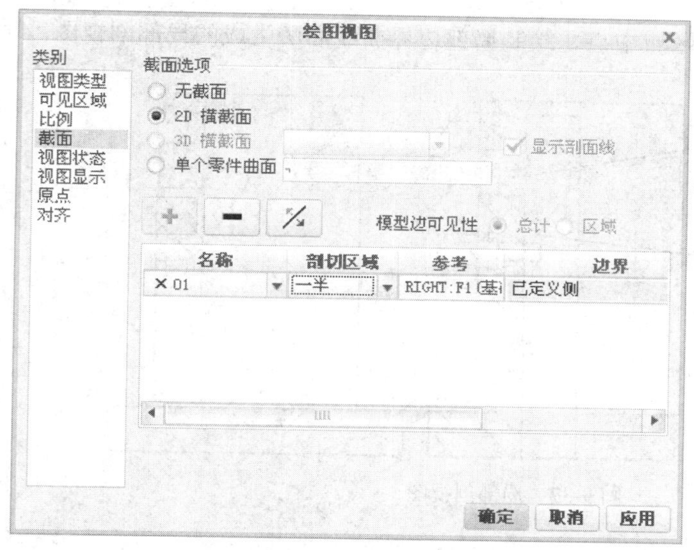

图 9-34　半剖视图设置

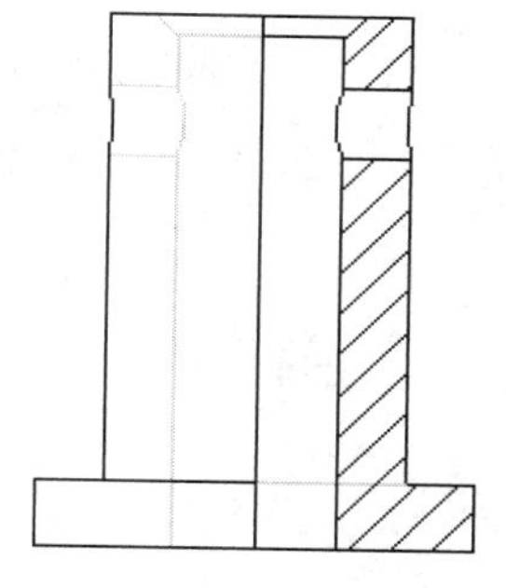

图 9-35　半剖视图

6. 创建局部剖视图

在全剖视图的基础上，通过设置可以创建局部剖视图。

在【绘图视图】对话框中切换到【截面】选项卡，在【剖切区域】下拉列表框中选择【局部】选项，系统提示选取局部的中心点，选取对应的点后，以样条曲线方式绘制边界，绘制完成后单击鼠标中键，此时【绘图视图】对话框的相应设置如图 9-36 所示，单击【确定】按钮即可完成局部剖视图的创建。

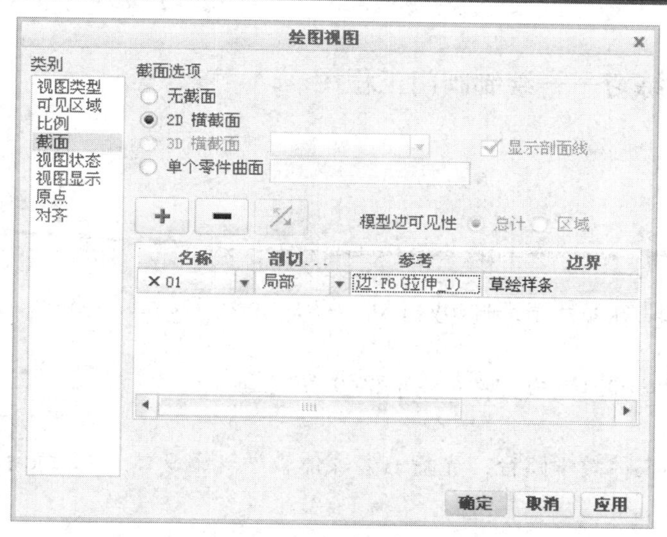

图 9-36　局部剖视图设置

如图 9-37 所示为选取局部区域中点、绘制局部边界曲线后所生成的局部剖视图。

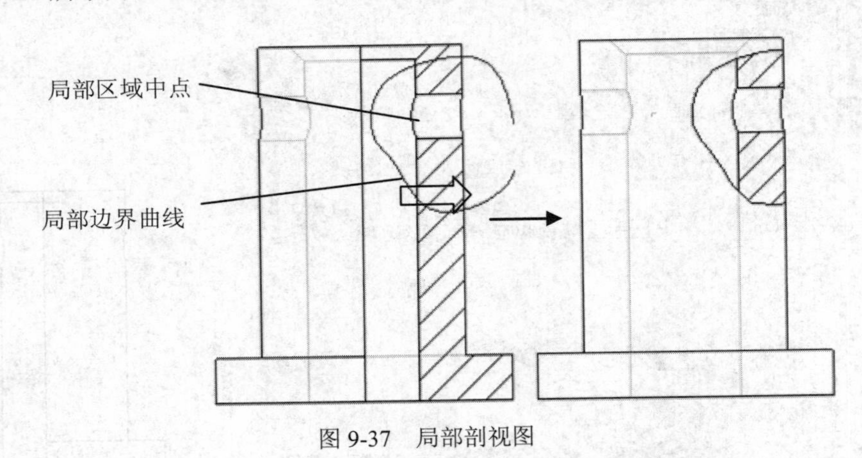

图 9-37　局部剖视图

需要注意的是，在绘制局部区域边界曲线时，不能使用【草绘】选项卡中的【样条】按钮 样条 启动样条草绘，而应直接在页面中单击开始绘制。如果使用草绘工具按钮，则局部剖视图将被取消，只能绘制产生样条曲线图元。

名师点拨

9.2.3　课堂练习——绘制阀门工程图

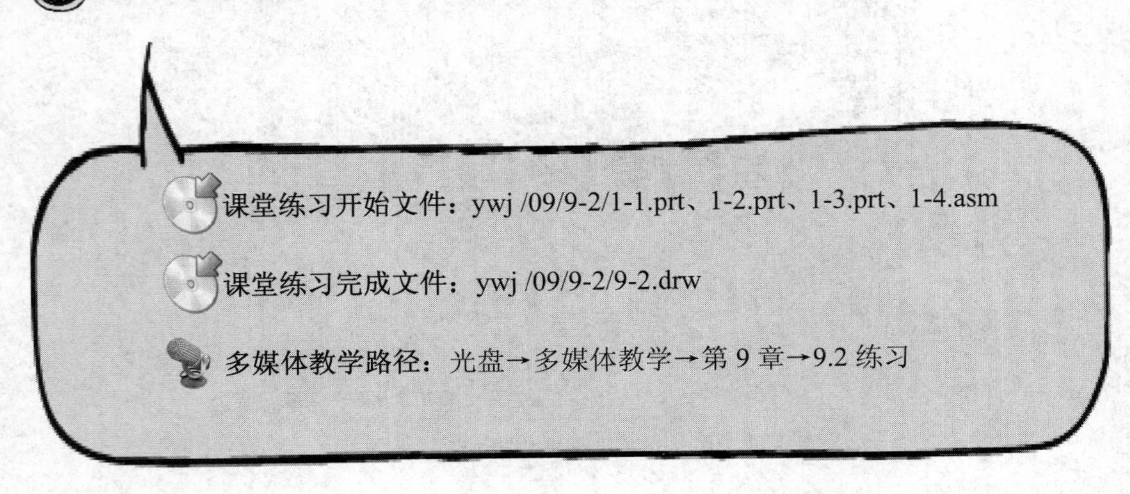

课堂练习开始文件：ywj /09/9-2/1-1.prt、1-2.prt、1-3.prt、1-4.asm

课堂练习完成文件：ywj /09/9-2/9-2.drw

多媒体教学路径：光盘→多媒体教学→第 9 章→9.2 练习

Step1 新建绘图文件，然后添加“1-4.asm”文件，设置参数，如图 9-38 所示。得到零件主视图，如图 9-39 所示。

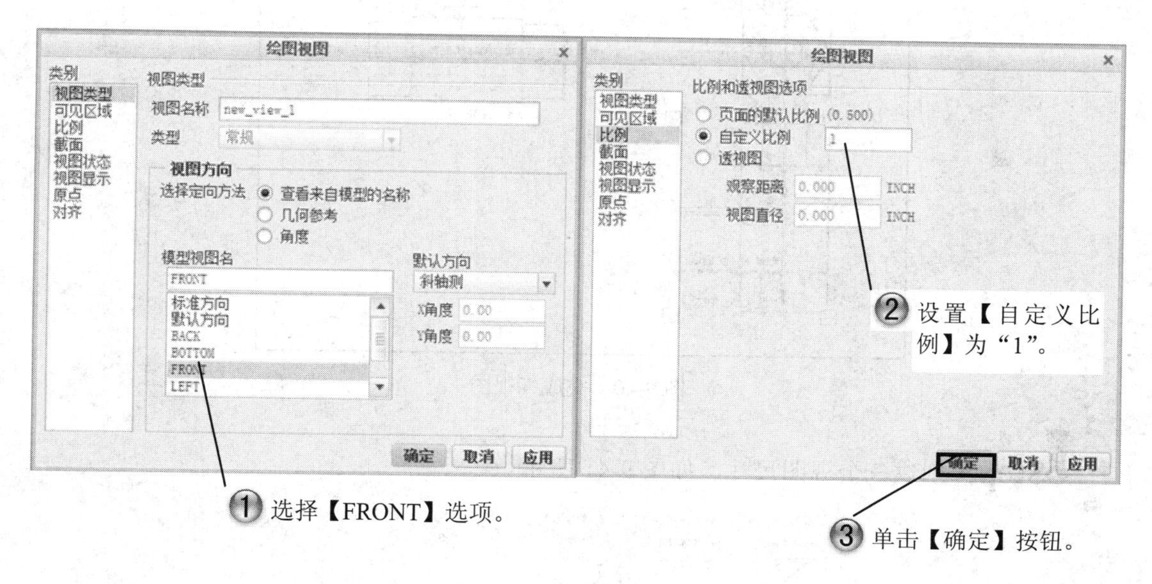

图 9-38　选择视图方向

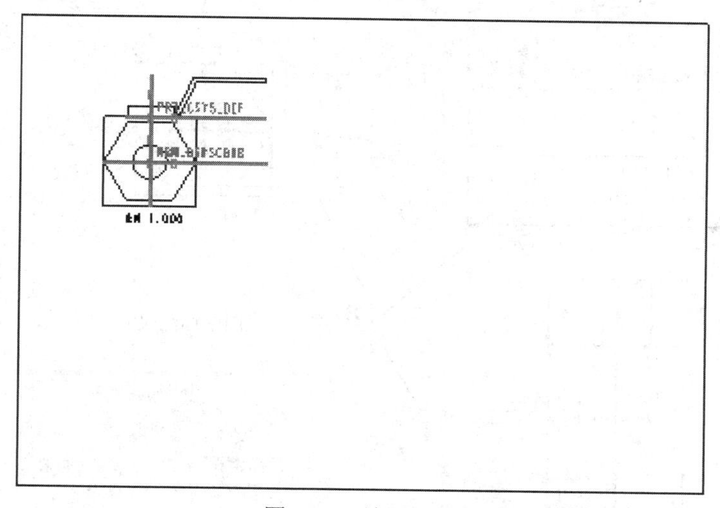

图 9-39　放置视图

Step2 按照同样方法创建另外两个视图，如图 9-40 所示。

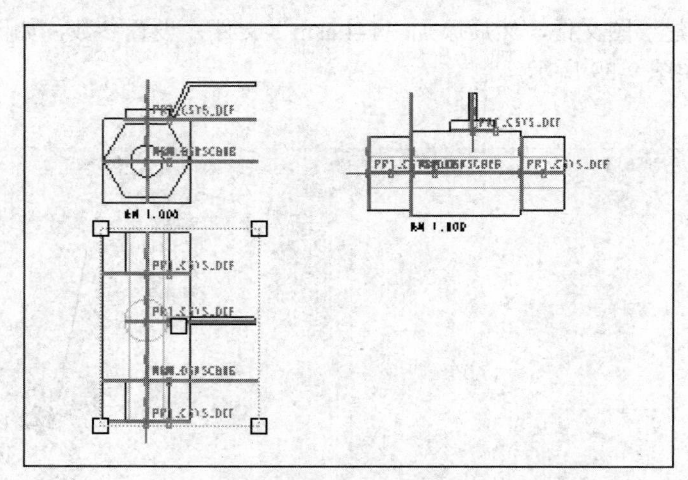

图 9-40　完成三视图

Step3 创建三个视图尺寸，如图 9-41 所示。

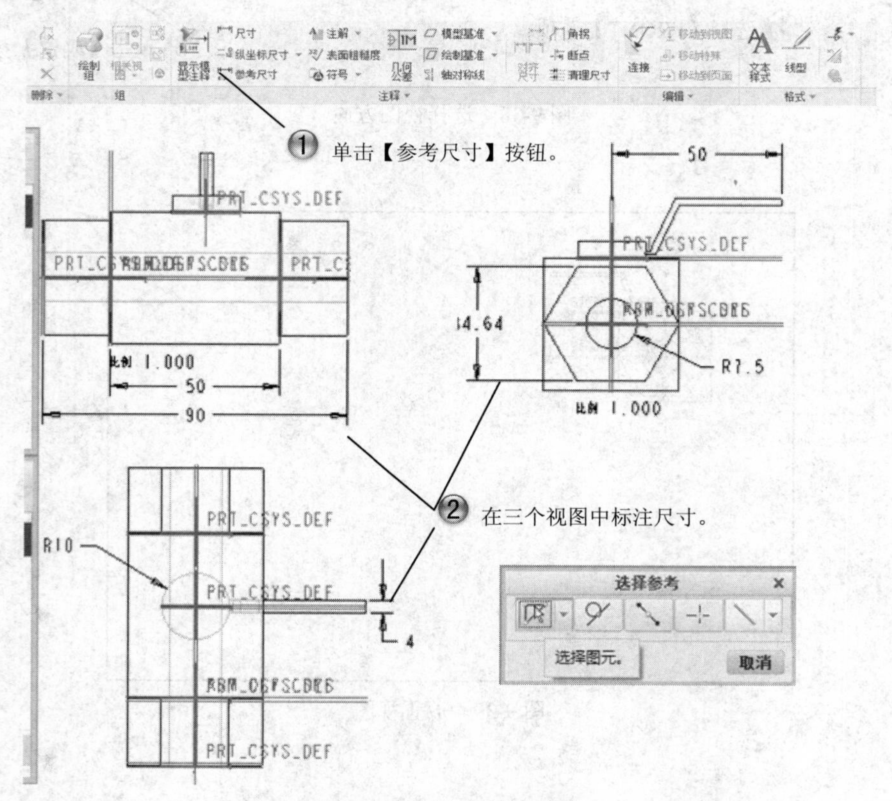

图 9-41　创建主视图尺寸

Step4 按照同样方法设置注解，得到阀门零件的工程图，如图 9-42 所示。

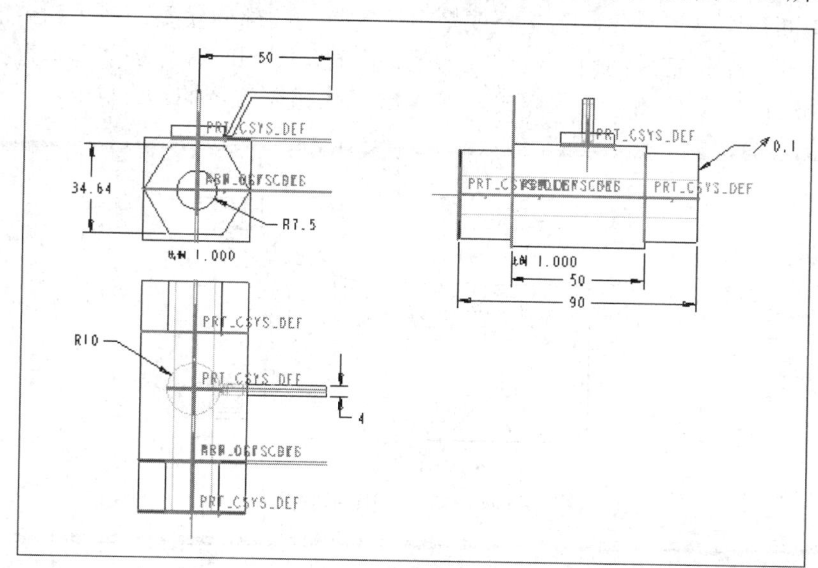

图 9-42　阀门零件工程图

9.3 创建特殊视图

基本概念

特殊视图主要包括制作半视图、打断视图以及局部视图，之后介绍了制作旋转视图、辅助视图等的创建方法。

课堂讲解课时：2 课时

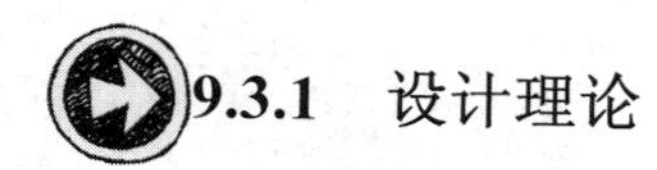

9.3.1 设计理论

与全视图不同，半视图、局部视图或打断视图会隐藏一部分视图。每一种类型使用不同的方法确定要显示或隐藏的部分。可单独使用这些命令或在必要时以组合方式使用。

破断视图是指移除两选定点或多个选定点间的部分模型，并将剩余的两部分合拢在一个指定距离内。可进行水平、垂直，或同时进行水平和垂直打断，并使用打断的各种图形边界样式。图 9-43 即为破断视图的示意图。

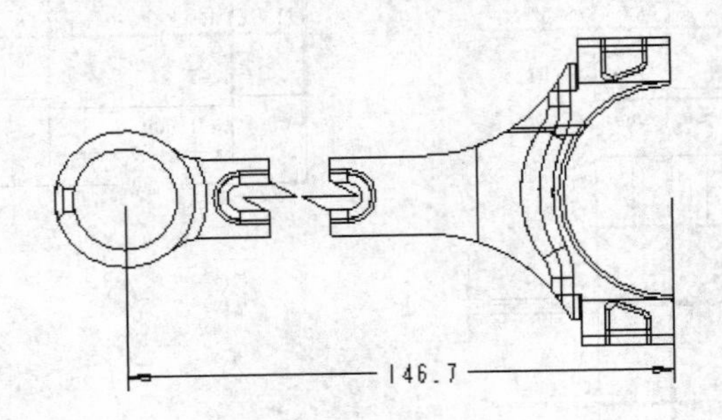

图 9-43　破断视图示意图

旋转视图是现有视图的一个剖面，它绕切割平面投影旋转 90 度。将在 3D 模型中创建的剖面用作切割平面，或者在放置视图时即时创建一个剖面，如图 9-44 所示。旋转视图和剖视图的不同之处在于它包括一条标记视图旋转轴的线。

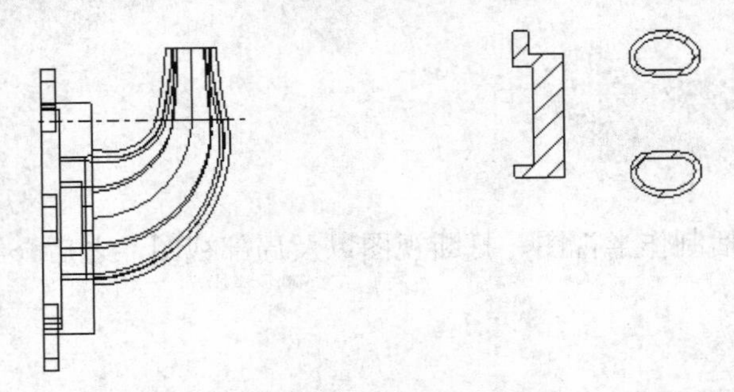

图 9-44　旋转视图示例

9.3.2　课堂讲解

1. 创建半视图

在【绘图视图】对话框中切换到【可见区域】选项卡，可以创建全视图、半视图、局部视图和破断视图。

这些视图的创建方法与创建剖视图相同，也需要先创建一般视图，当一般视图创建完毕后，再利用一般视图进行创建。

【可见区域】选项卡中需要设置的选项如图 9-45 所示。

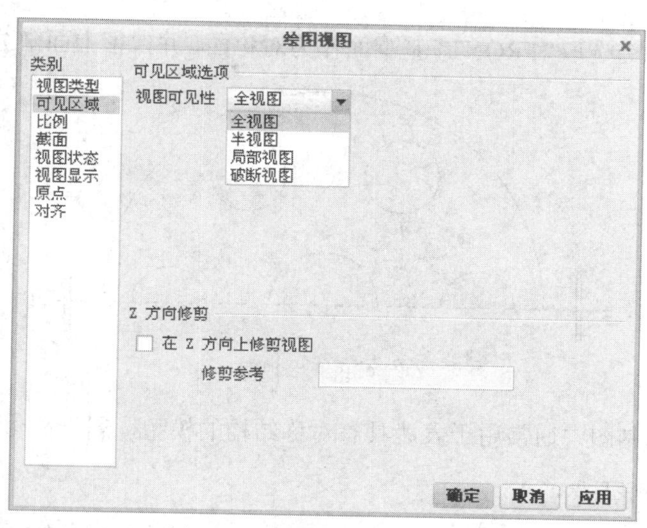

图 9-45 【可见区域】选项卡

系统默认为选择【全视图】选项，表示产生完整的整体模型视图。

在【视图可见性】下拉列表框中选择【半视图】选项，将显示一半视图，此时各选项如图 9-46 所示。

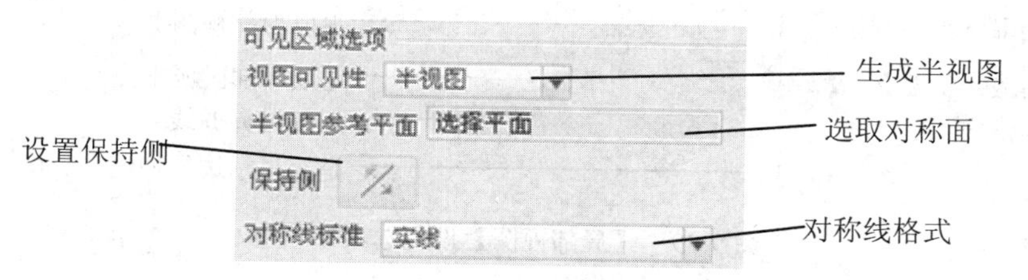

图 9-46 【半视图】设置选项

如图 9-47 所示为一个模型及其创建的一般视图，创建一般视图时在【视图类型】选项卡的【视图方向】选项组中选中【几何参考】单选按钮，然后选择“TOP”基准面为【前面】，选择“RIGHT”基准平面为【顶】。

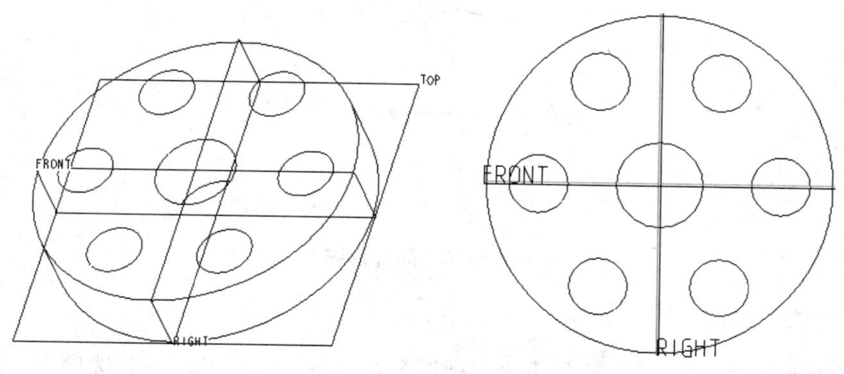

图 9-47 模型及其创建的一般视图

如图 9-48 所示为选取“FRONT”基准面作为对称面，并保留上面部分所生成的半视图。

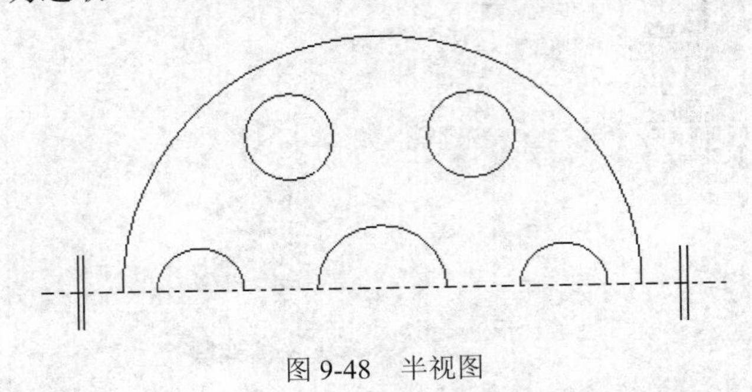

图 9-48　半视图

半视图在机械制图中通常用于表达具有对称结构的模型，属于简化画法。

2．创建局部视图

当创建局部视图时，可切换到【绘图视图】对话框的【可见区域】选项卡，然后在【视图可见性】下拉列表框中选择【局部视图】选项，这种视图用于表达模型的某一局部，各选项如图 9-49 所示。

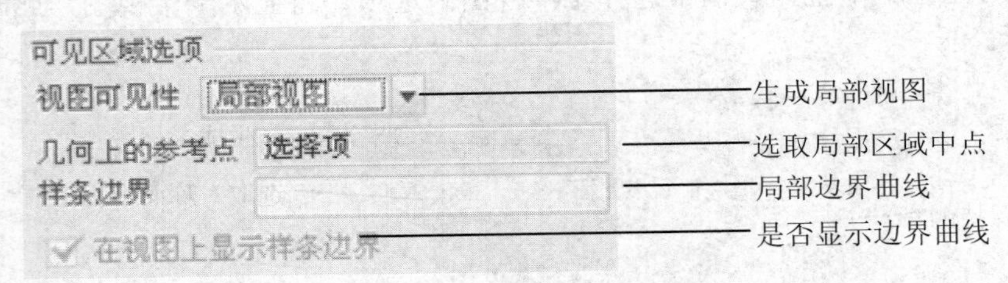

图 9-49　【局部视图】设置选项

如图 9-50 所示为选取局部区域中点、绘制局部边界曲线后，所生成的局部视图。

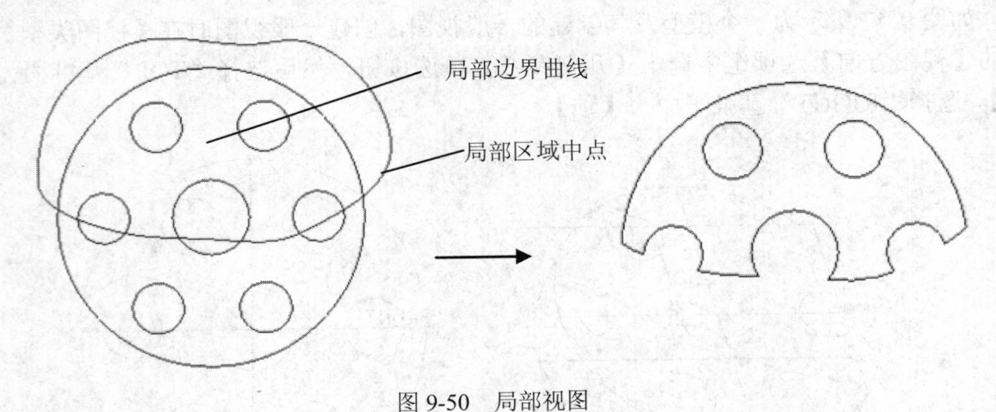

图 9-50　局部视图

3．创建破断视图

在创建破断视图时，可切换到【绘图视图】对话框的【可见区域】选项卡，然后在【视图可见性】下拉列表框中选择【破断视图】选项，这种视图常用于轴、连杆等较长的模型，可断开后缩短绘制，各选项如图 9-51 所示。

单击【添加断点】按钮，系统提示“绘制一条水平或竖直的破断线”，在页面中单击一条水平线，开始绘制第一条垂直破断线，在适当位置单击鼠标左键结束绘制，绘制后系统提示“拾取一个点定义第二条破断线”，在第一条破断线旁单击一点，系统自动绘制两条破断线。
此时工作界面内视图的显示如图 9-52 所示。

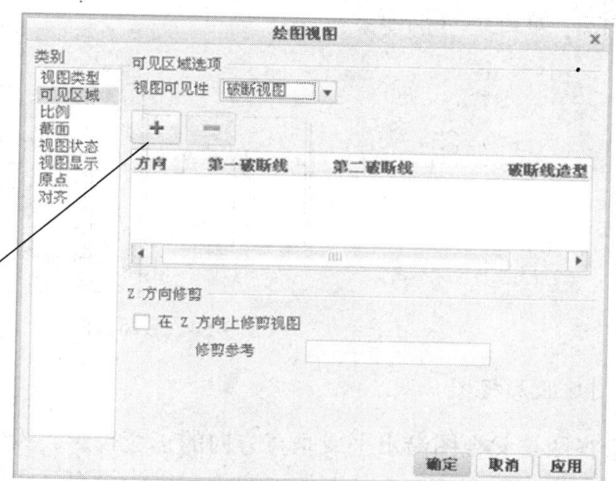

图 9-51　【破断视图】设置选项

绘制的破断线

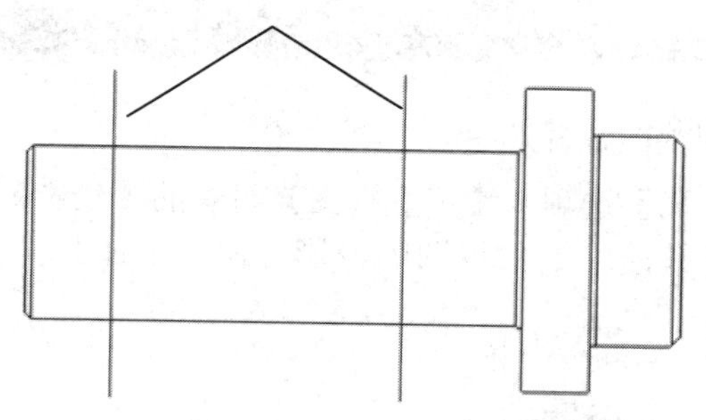

图 9-52　视图显示状态

在机械制图中，破断线一般为样条曲线，所以需要改变破断线的线体。在【绘图视图】对话框的【破断线造型】下拉列表框中选择【草绘】选项后，可以在绘图区中绘制一条通过断点的样条曲线，系统自动将两条破断线更新为两条同样的样条曲线，如图 9-53 所示。

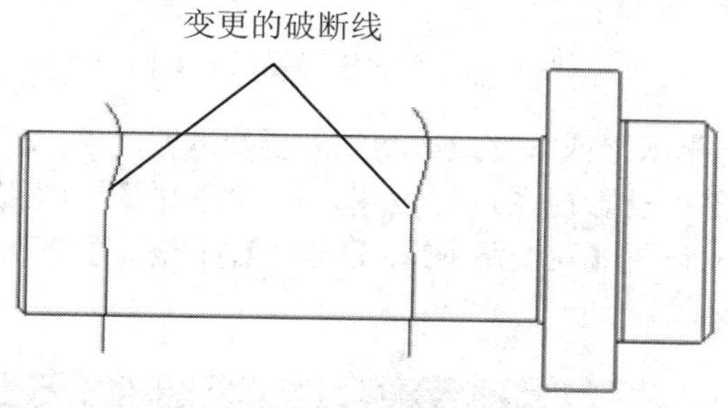

图 9-53　更新破断线样式后的显示

破断视图通常用于表达，沿长度方向上形状一致或按一定规律变化的较长的模型，属于简化画法。如图 9-54 所示。

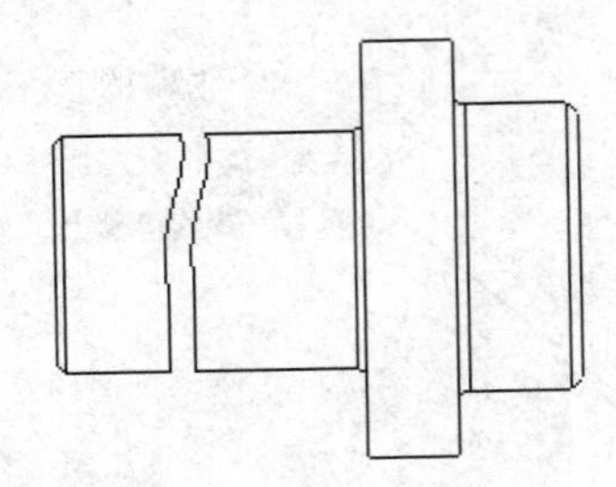

图 9-54　破断视图

4. 创建投影视图

投影视图是父视图沿水平或垂直方向的正交投影。投影视图放置在投影通道中，位于父视图的上方、下方或位于其左边、右边。因为没有父视图就没有所谓的投影视图，所以只有当创建一般视图后，才能创建投影视图。

创建投影视图的一般过程如下。

（1）创建常规视图，并选中。

（2）单击【布局】选项卡【模型视图】组中的【投影】按钮投影。

（3）将鼠标指针移动到父视图的投影方向，此时出现一个方框代表投影，如图 9-55 所示。

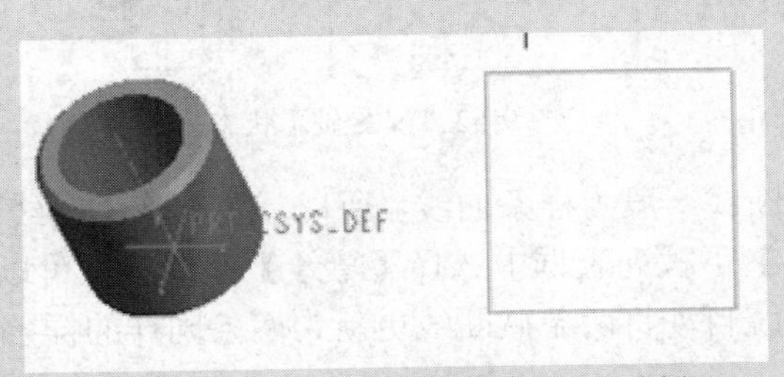

父视图　代表投影视图的方框

图 9-55　代表投影视图的方框

（4）将投影方框水平或垂直地拖动到需要的位置，用鼠标左键单击放置视图。

（5）如果需要对投影视图进行设置，可以打开【绘图视图】对话框，与一般视图相同，可以设置【可见区域】、【比例】、【截面】等属性，操作方法与前面介绍的相同。

5．旋转视图

旋转视图是现有视图的一个剖面绕切割平面投影并旋转 90° 后生成的视图。可将在零件模型中创建的剖面用做切割平面，或者在生成旋转视图时即时创建一个切割平面。

旋转视图和剖视图的不同之处在于它包括一条标记视图旋转轴的线。

创建旋转视图的一般过程如下。

（1）单击【布局】选项卡【模型视图】组中的【旋转视图】按钮 旋转视图。

（2）系统提示“选择旋转界面的父视图”，即旋转视图的父视图，选取一个视图，该视图将加亮显示。

（3）在绘图区单击鼠标确定一个位置，以显示旋转视图。系统打开如图 9-56 所示的【绘图视图】对话框，在其中可以修改视图名称，但不能修改视图类型。

（4）在【横截面】下拉列表框中可以选取一个已经创建的剖面或创建一个新的剖面。

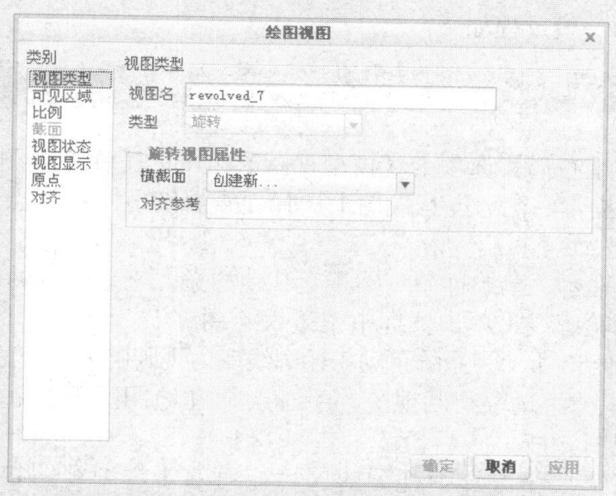

图 9-56 【绘图视图】对话框

（5）完成剖截面的创建后，系统提示选取对称轴或基准，以对其参照放置旋转视图。一般使用中键取消即可。

（6）在【绘图视图】对话框中单击【确定】按钮，生成旋转视图。

（7）在【绘图视图】对话框中进行其他相应设置，然后单击【确定】按钮即可完成旋转视图的创建。

6．创建辅助视图

辅助视图通常用于表达模型中的倾斜部分，是将倾斜部分以垂直角度向选定曲面或轴进行投影后生成的视图，是一种投影视图。选定曲面的方向确定投影通道。父视图中的参照必须垂直于屏幕平面。

创建辅助视图的一般过程如下。

（1）单击【布局】选项卡【模型视图】组中的【辅助】按钮 辅助。

（2）系统提示“在主视图上选择穿过前侧曲面的轴作为基准曲面的前侧曲面的基准平面”，在要创建辅助视图的父视图中选取倾斜部分的边、轴、基准平面或曲面。

（3）此时父视图投影通道方向出现代表辅助视图的方框，在绘图区单击鼠标确定一个位置，以显示辅助视图。

（4）如果需要修改辅助视图的属性，可双击辅助视图打开【绘图视图】对话框进行修改。

7．创建详细视图

详细视图通常用于表达模型中局部的详细情况。

创建详细视图的一般过程如下。

（1）单击【布局】选项卡【模型视图】组中的【详细视图】按钮 详细视图。

（2）系统提示“在一现有视图上选择要查看细节的中心点”，单击需要查看细节部分的中心点。

（3）系统提示“草绘样条，不相交其他样条，来定义一轮廓线”，直接在中心点附近绘制轮廓线，单击鼠标中键结束绘制。

（4）如图 9-57 所示为系统自动将轮廓线变为规则圆形，以表示详细视图区域。

（5）系统提示“选取绘制视图的中心点”，在绘图区单击鼠标确定一个位置，以显示详细视图。

（6）如果需要修改详细视图的属性，可双击详细视图打开【绘图视图】对话框进行修改。如图 9-58 所示为生成的详细视图。

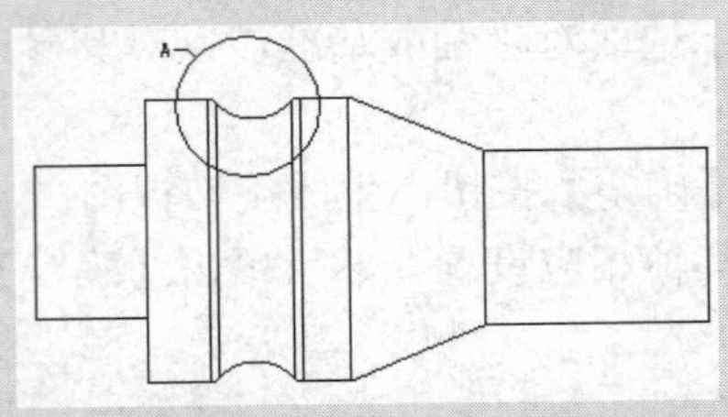

图 9-57　表示详细视图区域的圆形

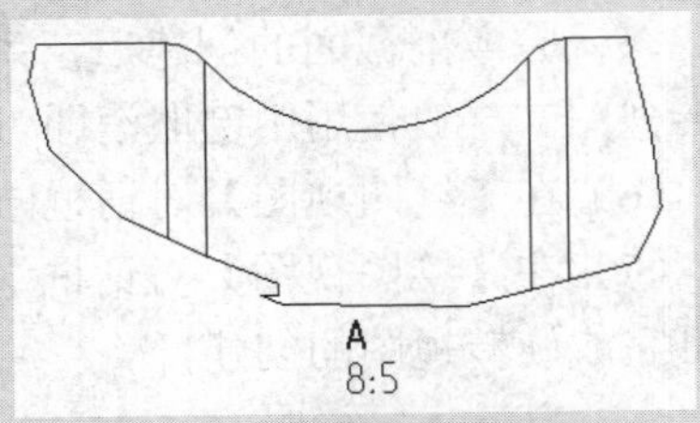

图 9-58　零件模型的详细视图

8．创建参考立体视图

Creo Parametric 工程图中为了更好地表达模型，可以在页面中插入模型的立体视图。创建立体视图的方法与创建一般视图的方法相同。

单击【布局】选项卡【模型视图】组中的【常规视图】按钮，在绘图区适当位置单击鼠标左键，打开如图 9-59 所示的【绘图视图】对话框。

选择【类别】为【视图类型】，在【视图方向】选项组的【模型视图名】列表框中选择【标准方向】或【默认方向】选项，其他根据需要进行设置，单击【确定】按钮即可完成立体视图的创建。如图 9-60 所示为生成的立体视图。

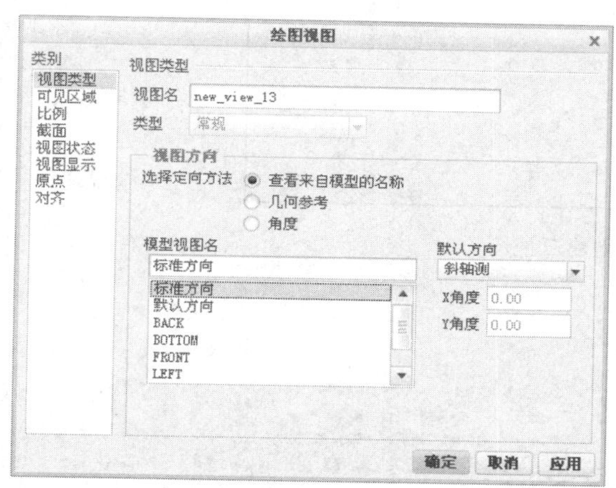

图 9-59 【绘图视图】对话框的设置

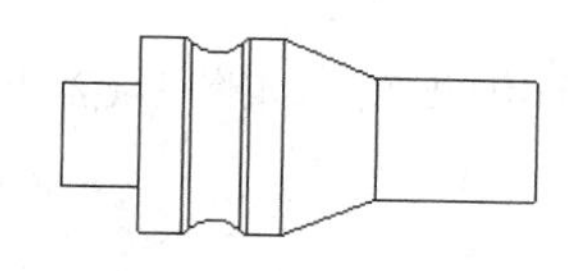
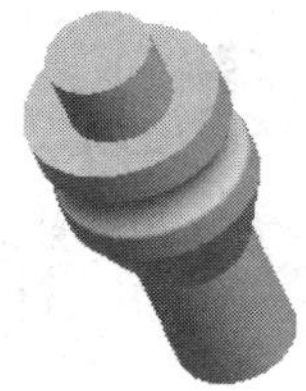

图 9-60 零件模型的立体视图

9.3.3 课堂练习——制作紧固件工程图

课堂练习开始文件：ywj /09/9-3/6-1.prt、6-2.prt、6-3.prt、6-4.asm

课堂练习完成文件：ywj /09/9-3/9-3.drw

多媒体教学路径：光盘→多媒体教学→第 9 章→9.3 练习

Step1 新建绘图文件，添加“6-4”文件的零件模型创建三视图，如图 9-61 所示。

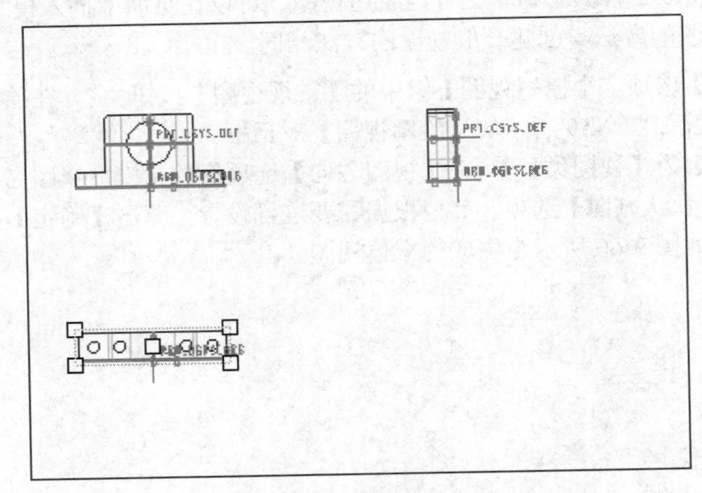

图 9-61　创建三视图

Step2 绘制详细视图，如图 9-62 所示。

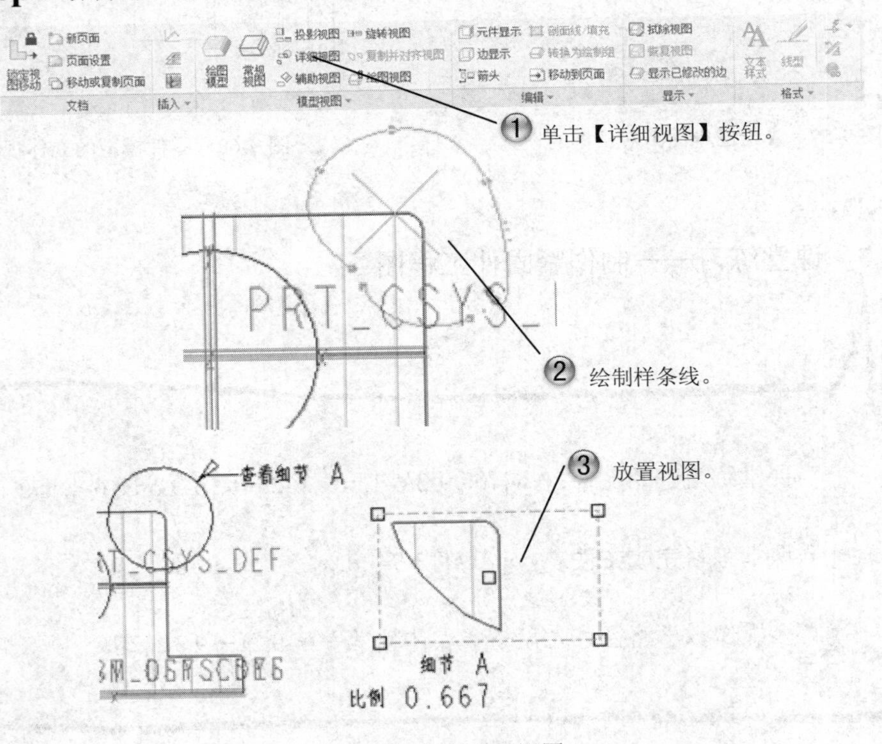

图 9-62　绘制详细视图

Step3 创建半视图，如图 9-63 所示。完成的半视图如图 9-64 所示。

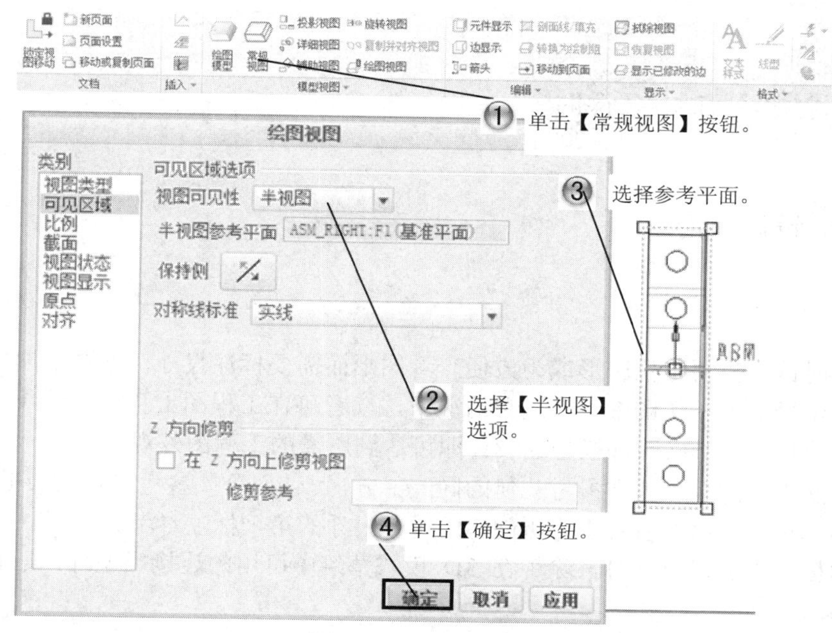

图 9-63　创建半视图

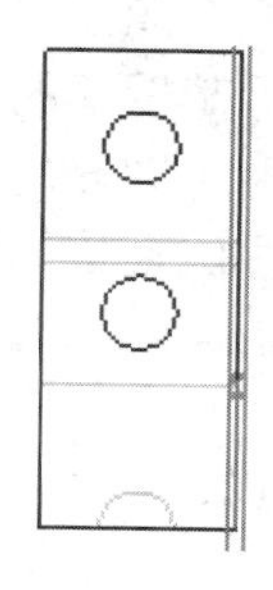

图 9-64　完成的半视图

9.4　创建尺寸和标注

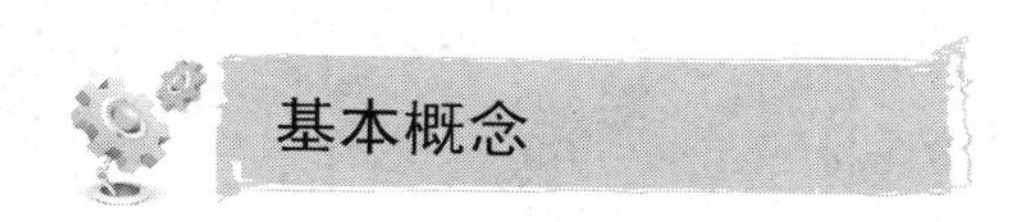

基本概念

在讲解创建尺寸之前，首先要说明的是，为减少重复性的工作，应在详细绘图时显示零件和组件的尺寸。

标注是在工程图中加入作为支持信息的文本。工程图标注有文本和符号，读者也可以将参数化的信息包括在标注中，在 Creo 系统更新时包含在标注中的参数化信息，也同时更新以反映所有改变。

课堂讲解课时：2 课时

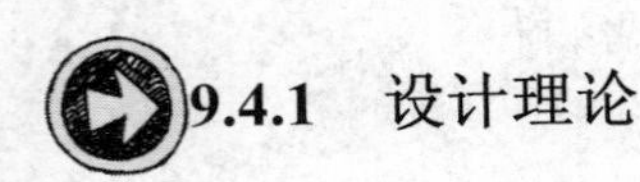

9.4.1 设计理论

1. 创建尺寸

由于有时读者需要定位图形或为方便查看图形而需要标注尺寸，但这个期望的尺寸可能并不存在于模型的零件图中，在这种情况下，读者可在工程图上直接创建尺寸，通过在工程图上创建尺寸，不必改动模型的设计即可达到所需的工程图外观。

如果正在创建的多个尺寸参考几何的同一部分，可使用公共参考选项减少鼠标的拾取。系统使用第一尺寸的第一参考作为所创建的所有尺寸的第一标注参考。

在绘图模式中创建尺寸时，除了在 3D 模式草绘中可用的连接类型外，还有以下更多的连接类型：

（1）中点：将导引线连接到某个图元的中点上。
（2）中心：将导引线连接到圆形图元的中心。
（3）交点：将导引线连接到两个图元的交点上。
（4）做线：制作一条用于导引线连接的线。

创建尺寸可以创建驱动尺寸，也可以创建参考尺寸。

2. 创建标注

读者可以通过在“&”符号后输入参数的符号名称向工程图中增加模型、参考、驱动尺寸以及系统定义的参数（阵列中的实例数）等。在 Creo 中创建标注时，尺寸和参数自动转换成其符号形式。

读者要将特定信息（如颜色、成本和厂商等）关联到某一模型，可以在零件、组件、或工程图级中创建一个读者定义的参数。要在工程图标注中放置一个读者定义参数，必须在该参数名前加上“&”符号。

读者可以在标注中使用下列前面带有“&”符号绘图标签。

&todays_date：增加标注创建的日期。要控制日期格式，可以设置配置文件 today_date_note_format。

&model_name：增加工程图中所使用模型的名称。

&dwg_name：增加工程图名称。

&scale：增加工程图比例。

&type：增加模型类型（零件或组件）。

&format：增加格式尺寸。

&linear_tol_0_0 到&linear_tol_0_000000：增加从一位到六位小数的的线性公差值。

&angular_tol_0_0 到&angular_tol_0_000000：增加从一位到六位小数的的角度公差值。

¤t_sheet：增加当前页码。

&total_sheets：在工程图中增加总页数。

&dtm_name：增加基准平面的名称。

3. 几何公差的基本格式

在 Creo Parametric 工程图中，标注出的几何公差如图 9-65 所示。几何公差框格是个长方形，里面被划分为若干小格，然后将几何公差的各项值依次填入。框格以细实线绘制，高度约为尺寸数值字高的两倍，宽度根据填入内容的多少而变化。

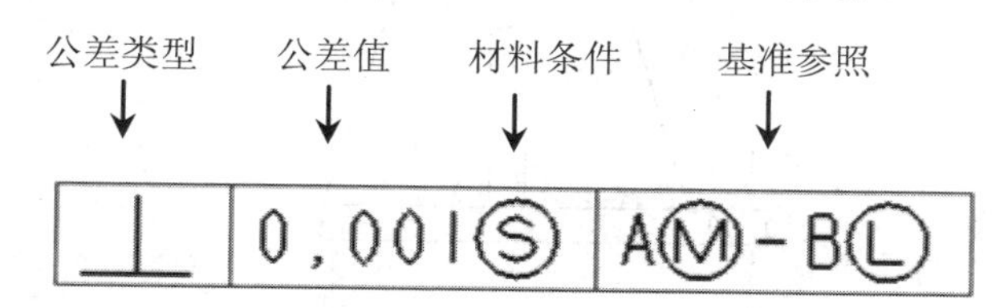

图 9-65　标注的几何公差

- 公差类型：填入表示几何公差类型的符号。
- 公差值：填入公差数值。
- 公差材料条件：填入材料条件，有 4 种可能的状态：最大材料（MMC）、最小材料（LMC）、有标志符号（RFS）以及无标记符号（RFS）。
- 基准参照：填入以字母表示的基准参照线或基准参照面。

9.4.2 课堂讲解

1. 显示尺寸

在创建尺寸之前，为避免重复性的工作并保持关联性，应先显示零件模式或组件模式中创建的尺寸和其他详图项目。

要显示尺寸，可以按照以下两种方式来进行。

（1）使用模型树

通过模型树，可以显示零件模型中某个特征尺寸或组件中零件的尺寸。

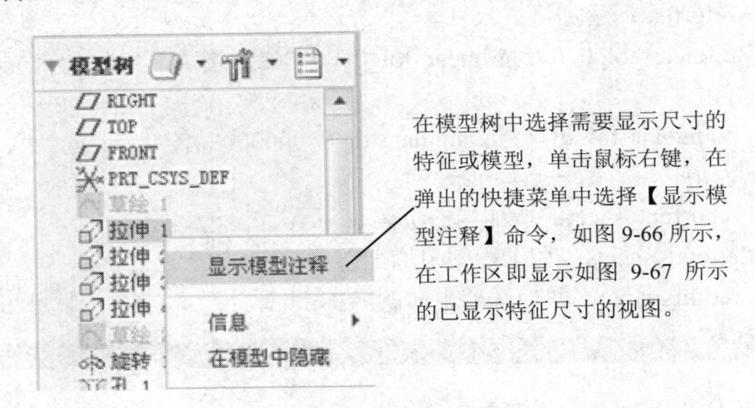

图 9-66 使用模型树显示尺寸

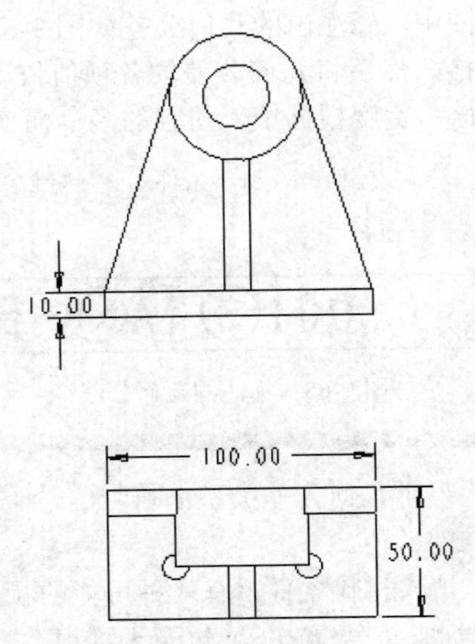

图 9-67 显示特征尺寸的视图

（2）使用【显示模型注释】对话框

虽然模型树提供了一种快速简便的显示特征和零件尺寸的方法，但【显示模型注释】对话框中提供了更多选项和控制方式。

单击【注释】选项卡【注释】组中的【显示模型注释】按钮，可以打开如图 9-68 所示的【显示模型注释】对话框。

在【显示模型注释】对话框中，有 6 个选项卡，可以打开其中之一，在【显示】栏启用要显示的尺寸，以显示或拭除视图中的尺寸。

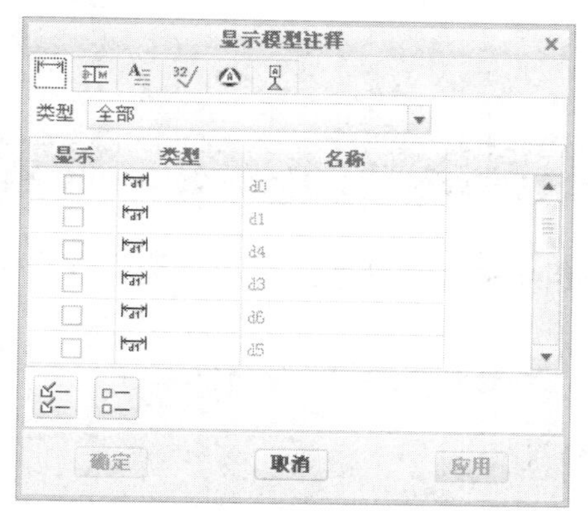

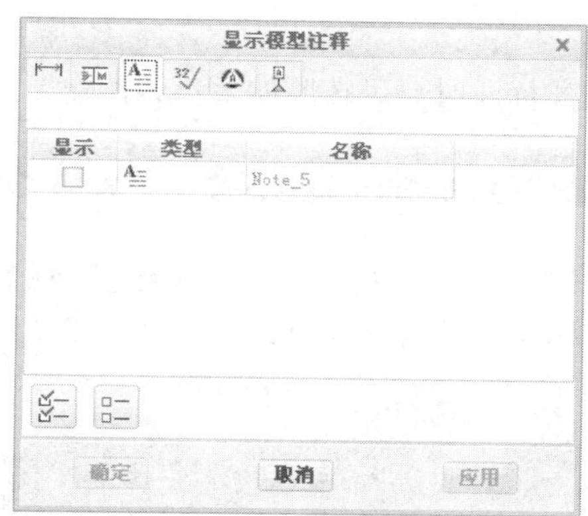

图 9-68 【显示模型注释】对话框

用户可以在显示窗口预览绘图中的详图尺寸，并决定是否显示。在其中可设置显示所有尺寸、拭除全部尺寸以及显示或拭除单个尺寸。

2. 创建尺寸

在创建尺寸时，可以按照如下操作步骤进行。

（1）单击【注释】选项卡【注释】组中的【尺寸】按钮，打开如图 9-69 所示的【选择参考】对话框。

（2）在【选择参考】对话框中，可选择【选择图元】、【选择圆弧或圆的切线】、【选择图元或边的中点】等选项。

（3）选取一个参考后，选择将要添加的新参考的边界，如图 9-70 所示。选取一个或两个参考后，在合适的位置单击鼠标中键，放置新尺寸。

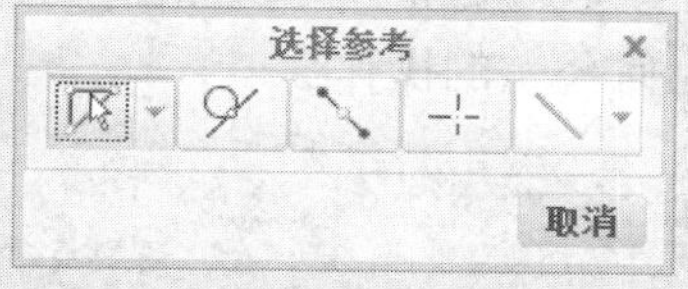

图 9-69 【选择参考】对话框

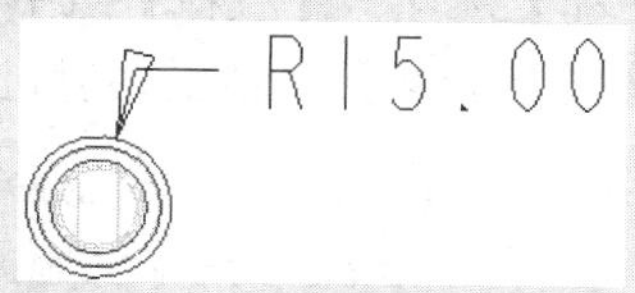

图 9-70 创建新尺寸

采用上述创建尺寸的方法，也可以在工程图上创建草绘图元的尺寸。

3．创建参考尺寸

参考尺寸与尺寸类似，只是其外观不同且不显示公差。在零件中创建参考尺寸后，可使用【显示模型注释】对话框在视图上显示及隐藏。

4．创建标注

在创建标注时，可按照如下步骤操作。

（1）单击【注释】选项卡【注释】组中的【注解】按钮，打开如图 9-71 所示的【选择点】对话框。

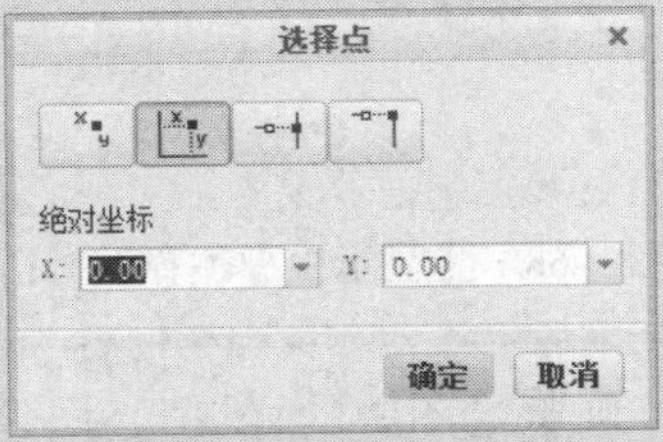

图 9-71 【选择点】对话框

（2）选取标注的位置后，系统会弹出如图 9-72 所示的【格式】选项卡，可以设置样式、文本和格式等参数，然后在文本框输入文本后，即可完成标注。

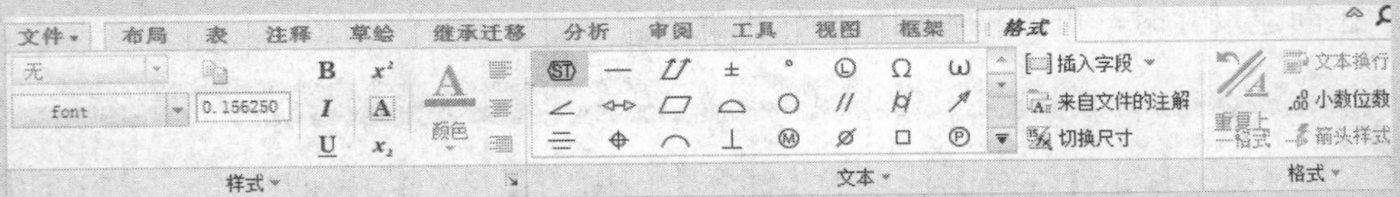

图 9-72 【格式】选项卡

5．创建及设置几何公差

单击【注释】选项卡【注释】组中的【几何公差】按钮，如图 9-73 所示，打开图 9-74 所示的【几何公差】对话框，以进行标注几何公差的操作。

图 9-73 单击【几何公差】按钮

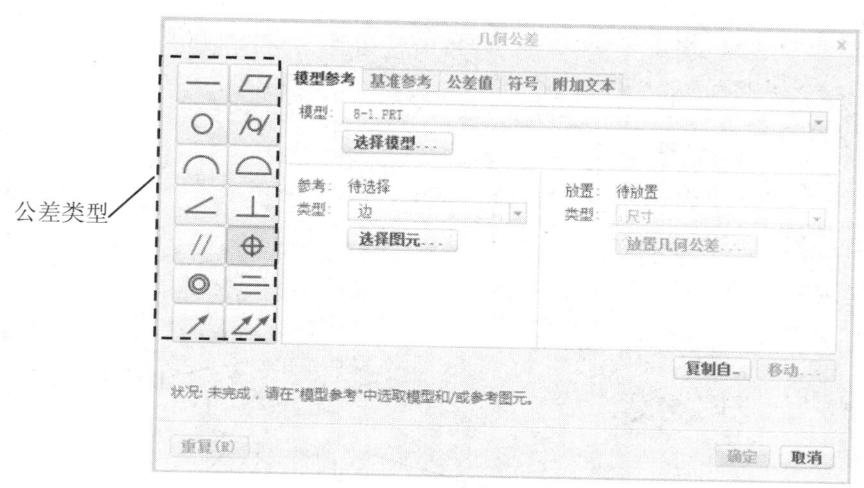

图 9-74　【几何公差】对话框

（1）【几何公差】对话框左侧为公差的类型，共有 14 种，Creo Parametric 中公差类型符号与国家标准规定的完全相同。

（2）【模型参考】选项卡：用于指定要在其中添加几何公差的模型和参照图元，以及在工程图中如何放置几何公差。

（3）【基准参考】选项卡：用于指定几何公差的参照基准和材料状态，以及复合公差的值和参照基准。

（4）【公差值】选项卡：用于指定公差值和材料状态。

（5）【符号】选项卡：用于指定几何公差符号及投影公差区域或轮廓边界。

（6）在该对话框中提供了多个命令按钮，如图 9-75 所示。

注意：

当选择几何公差的类型为面轮廓度和位置度时，复合几何公差部分才可以使用。当选择几何公差的类型为直线度、平面度、圆度和圆柱度时，不需设置基准参照。

名师点拨

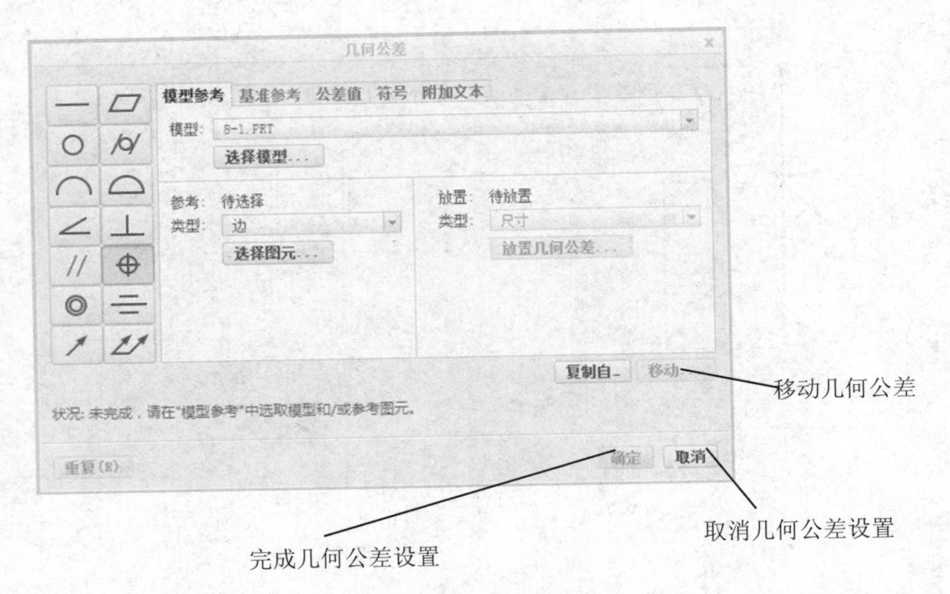

图 9-75　命令按钮功能

另外，在对话框底部的状态区中显示当前几何公差的设置情况，随时观察可了解完成的程度，有利于几何公差的设置。

9.4.3　课堂练习——绘制双向法兰工程图

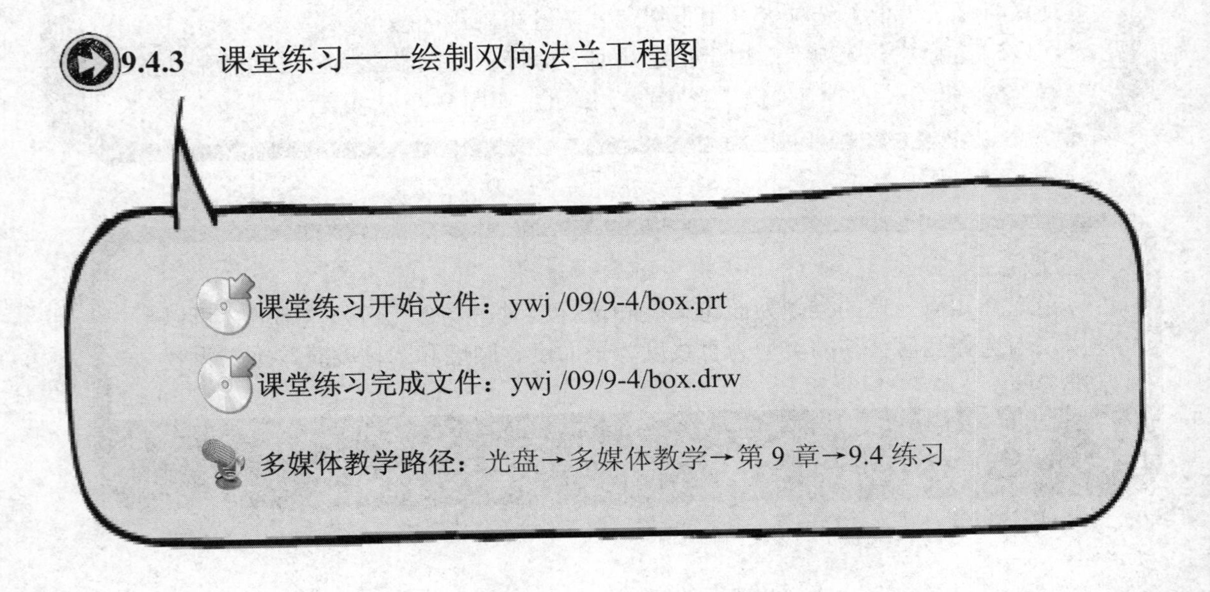

Step1 新建绘图文件，添加零件模型并创建主视图，如图 9-76 所示。

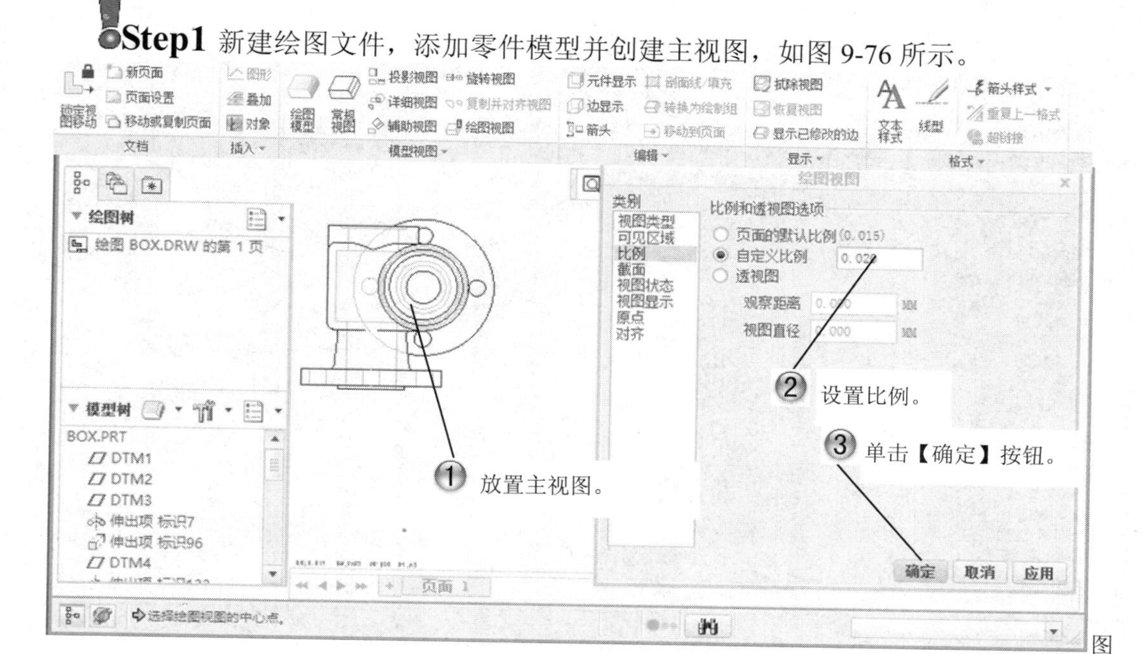

图 9-76　创建主视图

Step2 按照同样的方法创建三个投影视图，如图 9-77 所示。

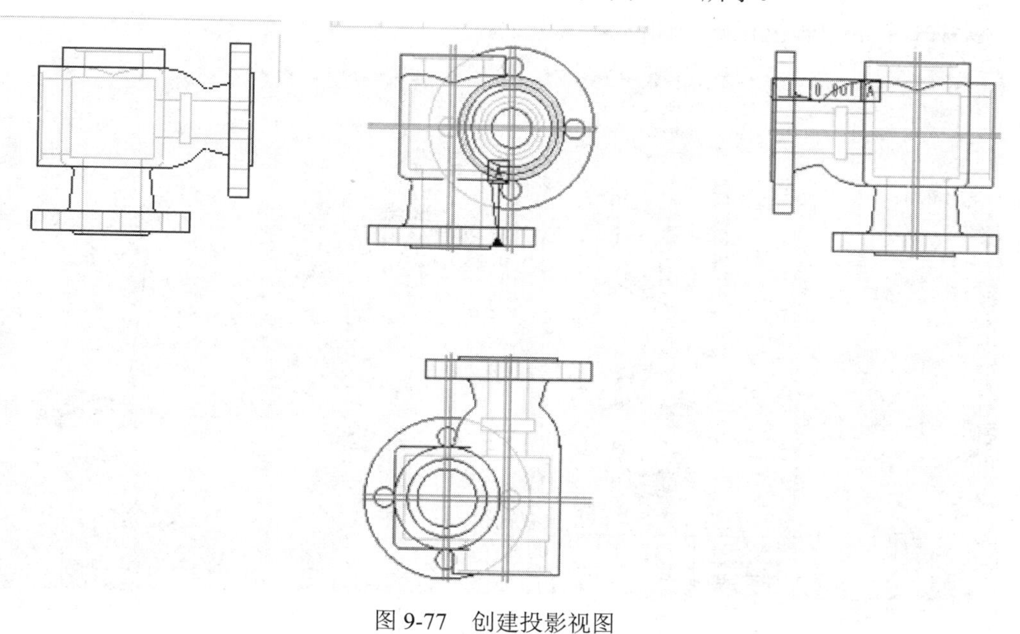

图 9-77　创建投影视图

Step3 创建剖视图，如图 9-78 所示。

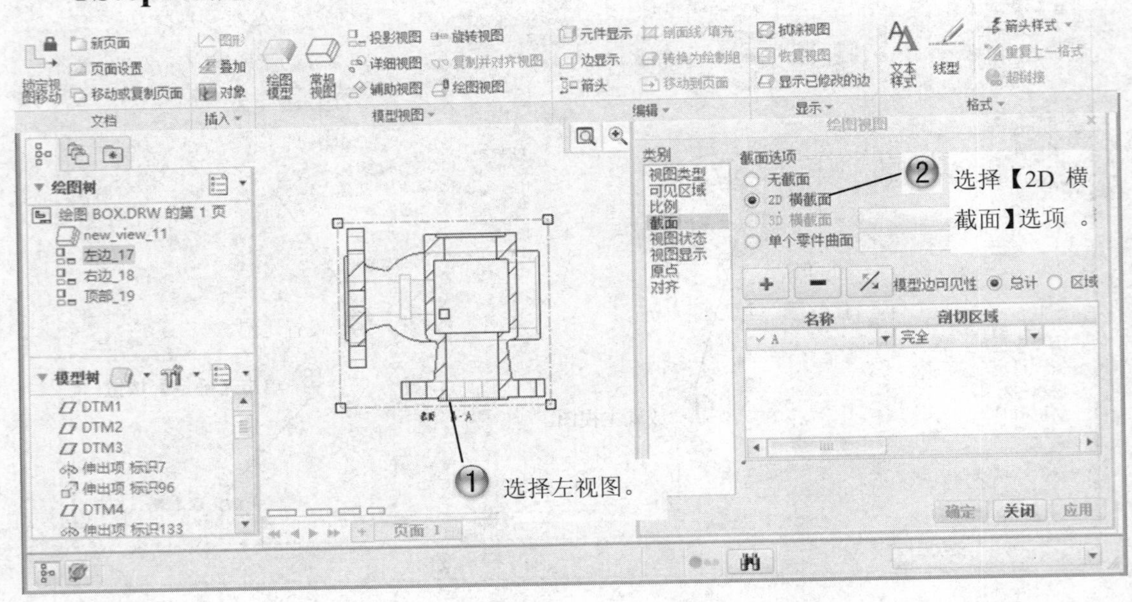

图 9-78　创建剖视图

Step4 创建轴测视图，如图 9-79 所示。

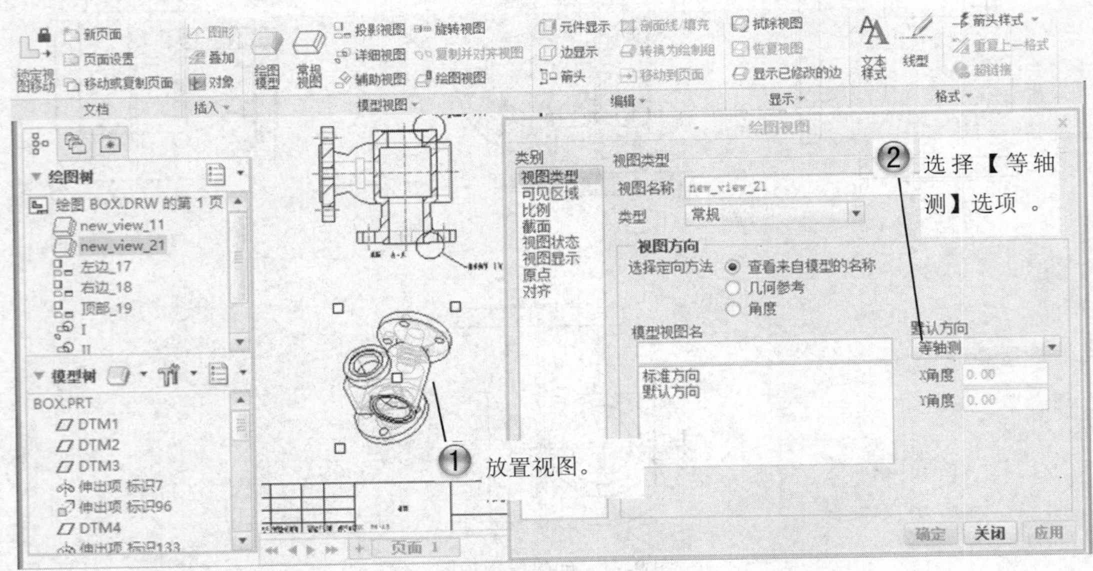

图 9-79　创建轴测视图

Step5 创建详细视图，如图 9-80 所示。

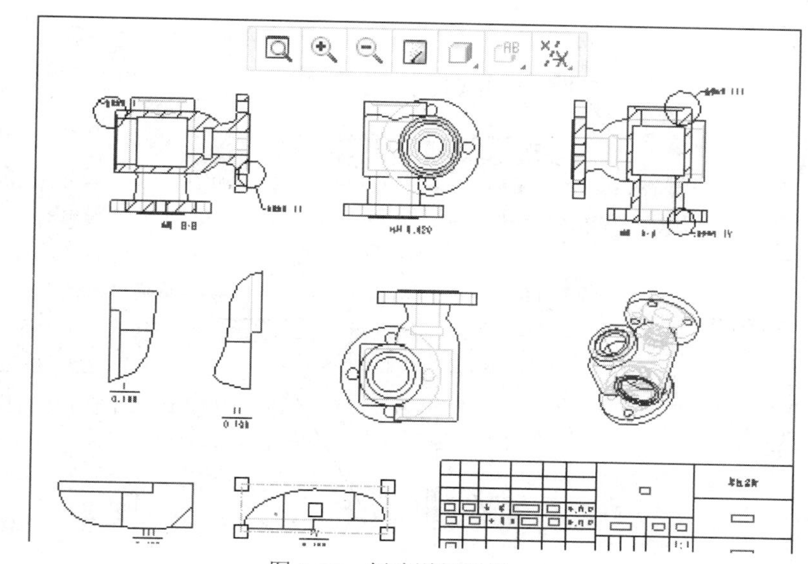

图 9-80 创建详细视图

Step6 创建轴线，如图 9-81 所示。

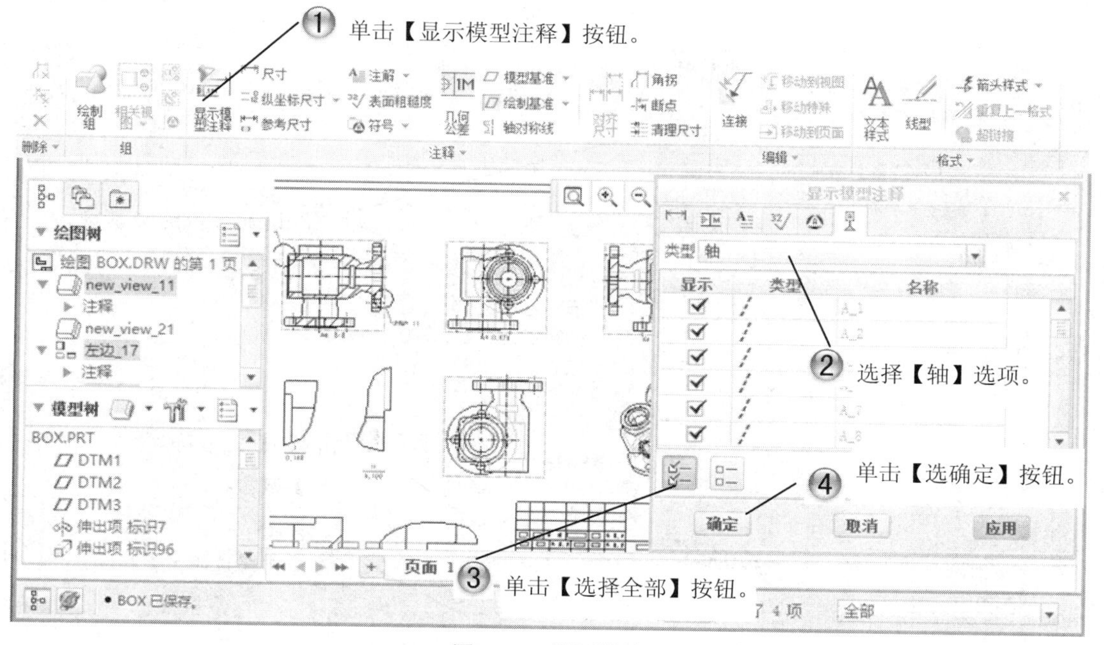

图 9-81 设置轴线

Step7 标注直径尺寸，如图 9-82 和图 9-83 所示。标注其他直径尺寸，效果如图 9-84 所示。

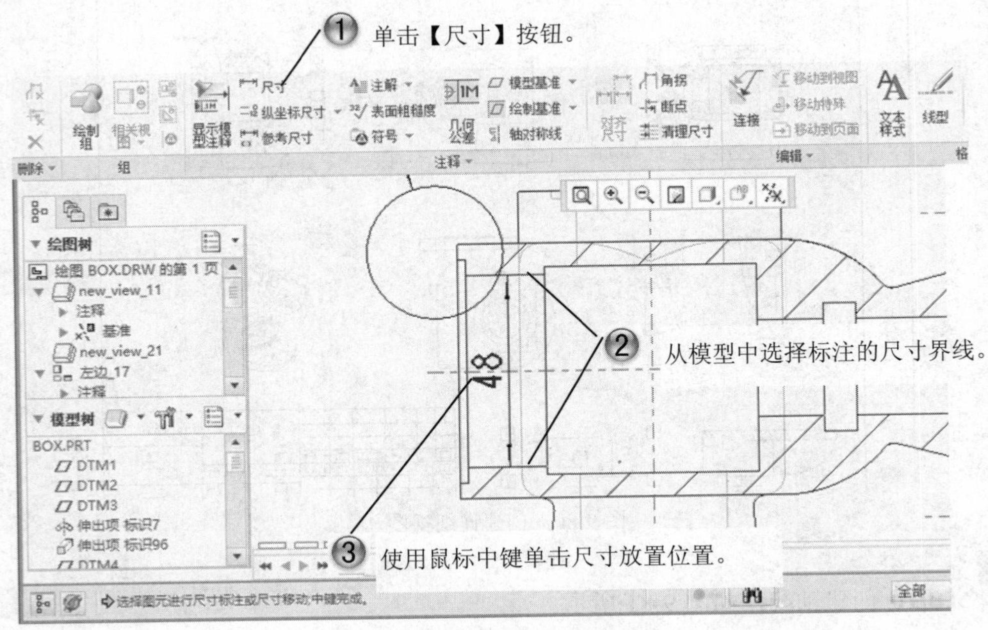

图 9-82 标注尺寸

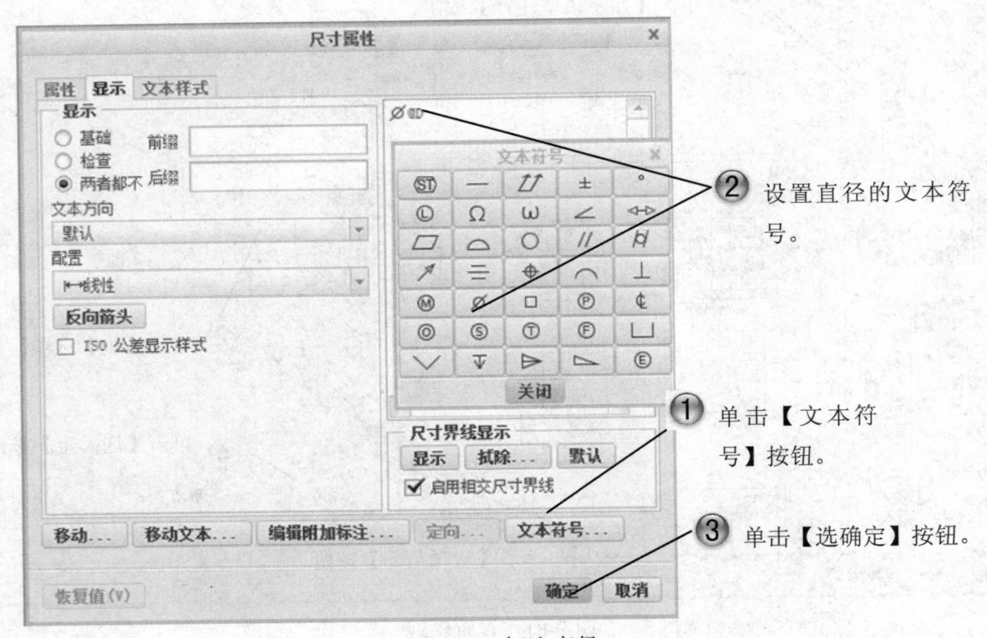

图 9-83 标注直径

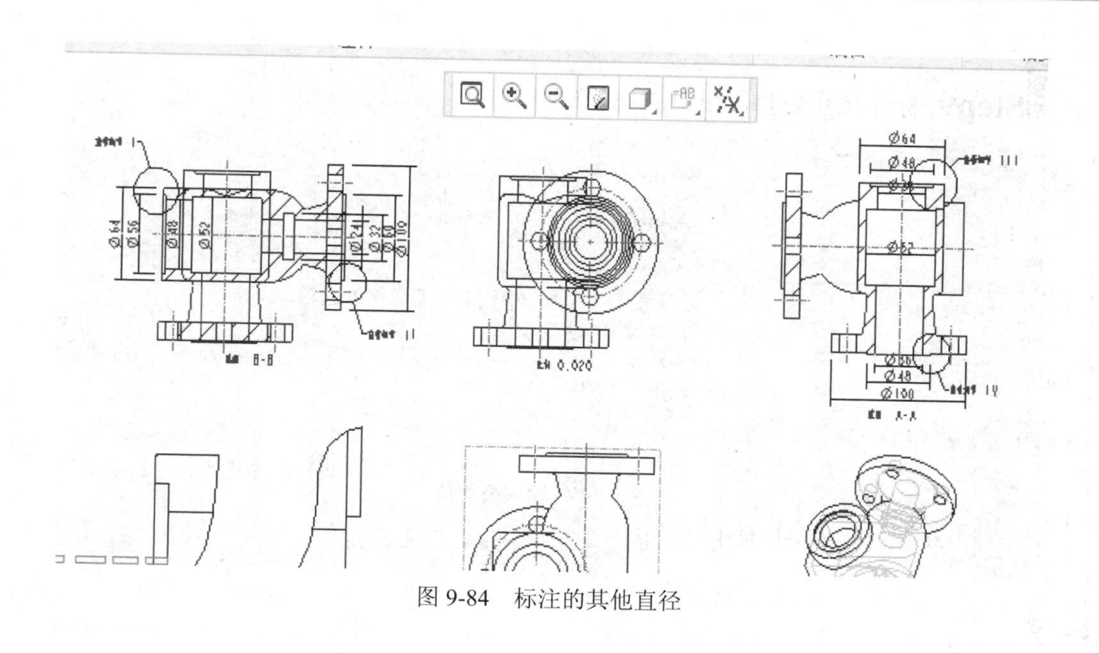

图 9-84　标注的其他直径

Step8 按照同样方法标注线性尺寸和圆，如图 9-85 所示。

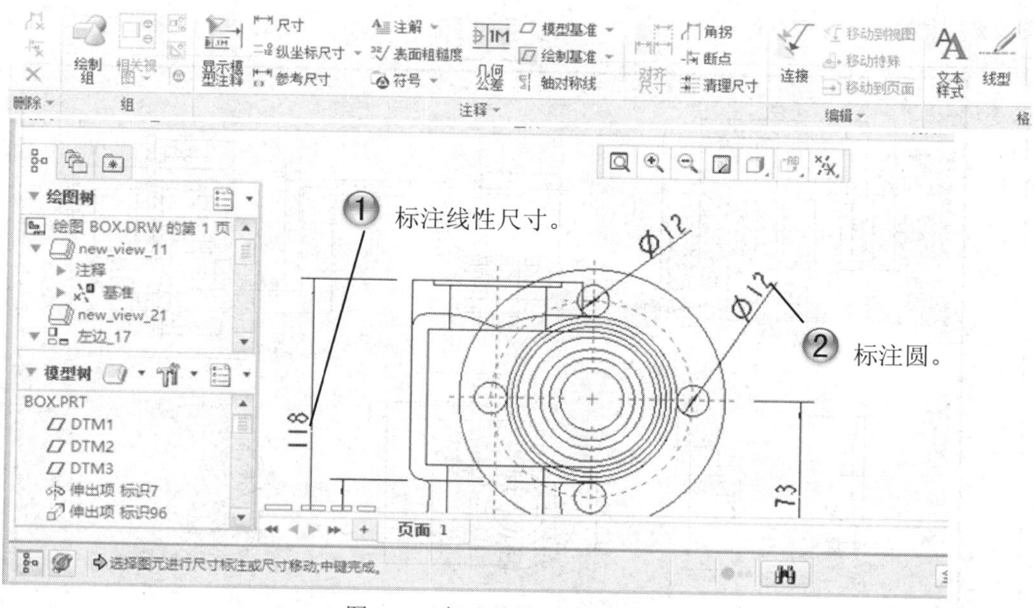

图 9-85　标注线性尺寸和圆直径

Step9 标注尺寸公差，如图 9-86 所示。

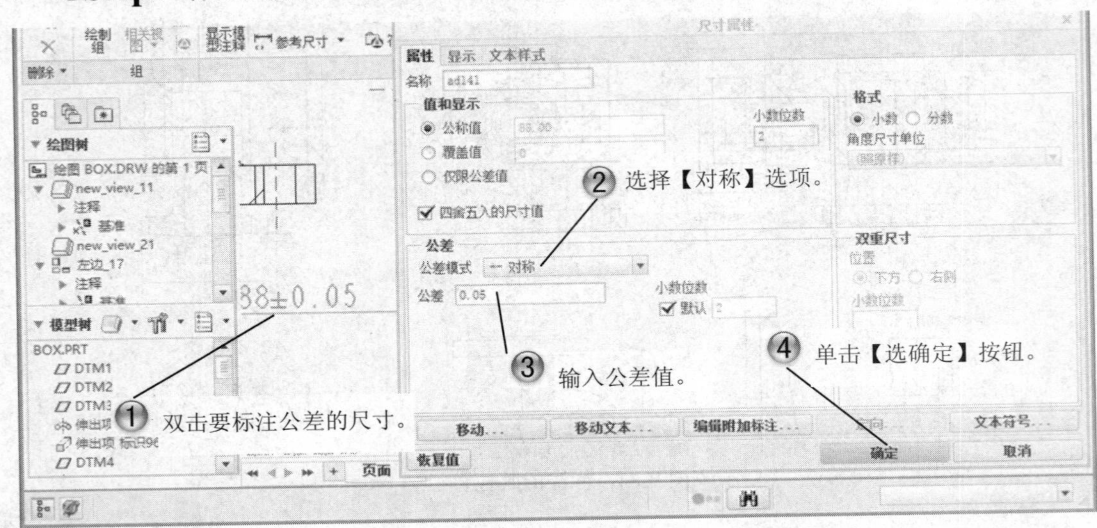

图 9-86　标注公差

Step10 按照同样方法标注基准符号和形位公差，完成双向法兰工程图绘制，结果如图 9-87 所示。

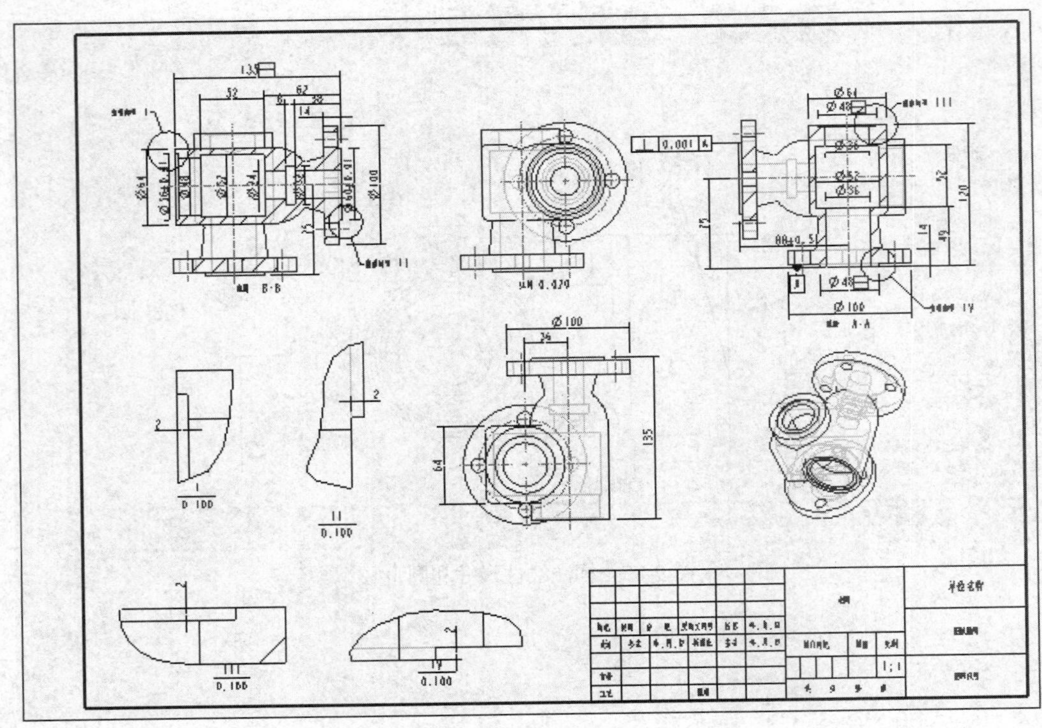

图 9-87　双向法兰工程图

9.5 编辑工程图和打印

基本概念

创建视图后，经常需要对视图进行各种编辑，以满足特定的设计要求。编辑视图包括多个方面，下面按照一般的操作顺序逐一进行介绍。

工程图完成后，可以使用在屏幕上显示图形、在打印机上直接打印图形、打印着色图像等多种方式进行打印。并且可以根据绘图仪或打印机的设置进行彩色或黑白打印。

打印之前，需要进行必要的设置以获得符合工程要求的打印图纸，包括工程图本身的设置和打印机的设置两部分内容，下面分别进行介绍。

课堂讲解课时：2 课时

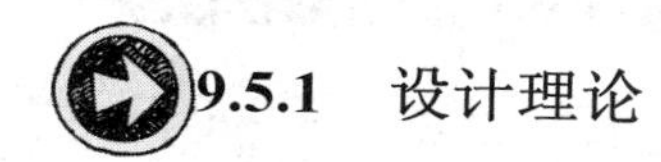

9.5.1 设计理论

1. 视图显示相关设置

Creo Parametric 为创建的视图提供了各种显示设置，包括模型线型显示、相切边显示、中心线显示、比例设置等。视图显示相关设置可在【绘图视图】对话框中进行，该部分内容参见前面章节。

2. 页面设置

在打印工程图之前，可根据需要对工程图的格式、大小、方向等重新进行设置。

选择【文件】|【打印】|【快速打印】菜单命令，系统打开图 9-88 所示的【打印】对话框，在其中可进行页面的设置。

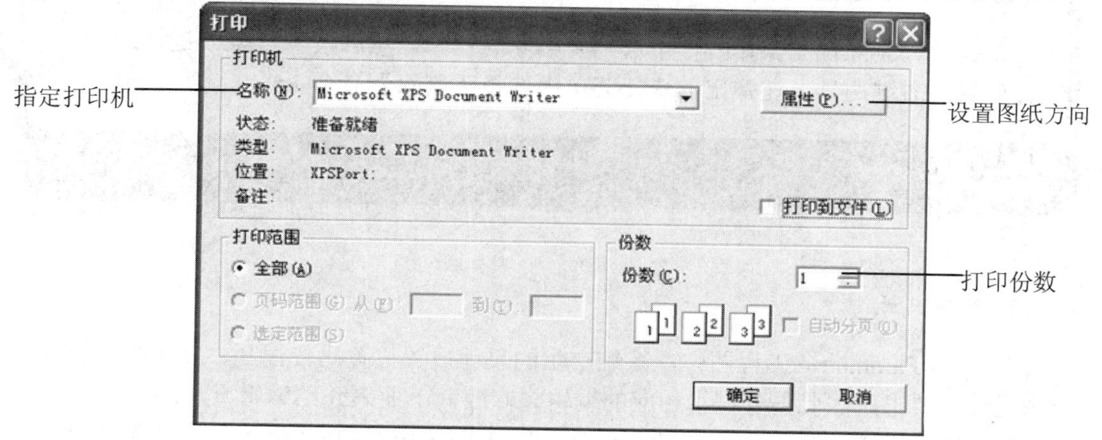

图 9-88 【打印】对话框及功能注释

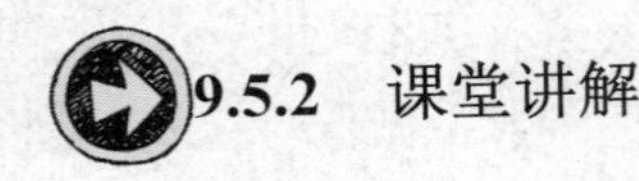

9.5.2 课堂讲解

1. 编辑视图

在 Creo Parametric 中改变视图位置有以下两种方法。

（1）选中要移动的视图后，按住鼠标左键不放进行拖动，在适当位置释放左键，即可改变视图位置。

为防止意外移动视图，系统默认将其锁定在创建的位置，如果要在页面中自由移动视图，必须解除视图锁定，但视图的对齐关系不变。取消选择视图快捷菜单中的【锁定视图移动】选项；即可取消视图的锁定。

（2）根据视图类型，可将视图与另一视图对齐。例如，可将详细视图与其父视图对齐，该视图将与父视图保持对齐，并像投影视图一样移动，直到取消对齐为止。选择如图 9-89 所示【绘图视图】对话框中的【对齐】选项进行相应设置。

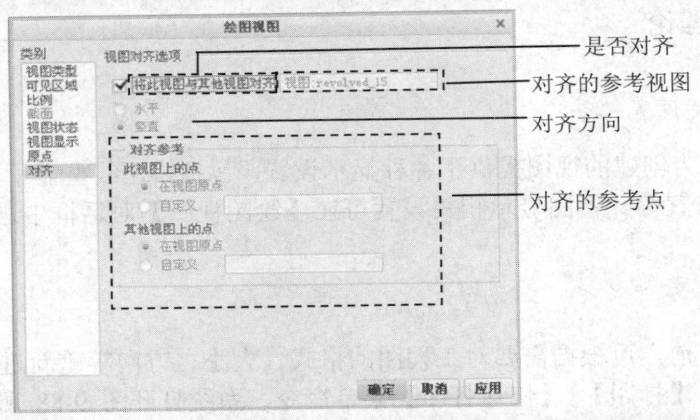

图 9-89 【对齐】选项

在执行删除视图操作时，可选中要删除的视图，然后按下 Delete 键，或者按住鼠标右键两秒，在弹出的快捷菜单中选择【删除】命令。

名师点拨

2. 编辑尺寸

在 Creo Parametric 工程图中，系统产生的尺寸放置位置比较混乱，显示格式也往往不能满足设计要求，因此需要进行相应的编辑、修改，下面来介绍编辑方法。

选取需要编辑的尺寸并单击鼠标右键，在弹出的快捷菜单中选择【属性】命令，或者直接用鼠标双击要编辑的尺寸，可以打开如图 9-90 所示的【尺寸属性】对话框。

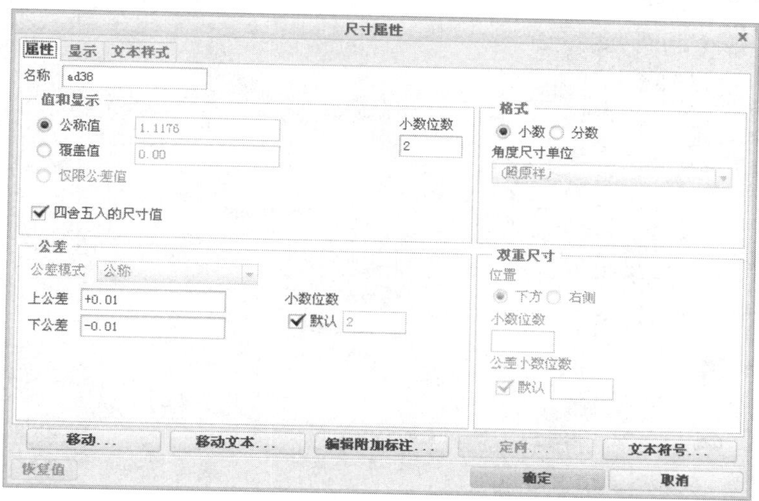

图 9-90 【尺寸属性】对话框

【尺寸属性】对话框中有三个选项卡，其中【属性】选项卡主要用于设置尺寸公差、尺寸格式及精度、尺寸类型、尺寸界线的显示。

【显示】选项卡如图 9-91 所示，主要用于设置要显示的尺寸文本内容，可根据需要插入文本符号。

【文本样式】选项卡如图 9-92 所示，主要用于设置尺寸文本的字体、字高等格式。

图 9-91 【显示】选项卡

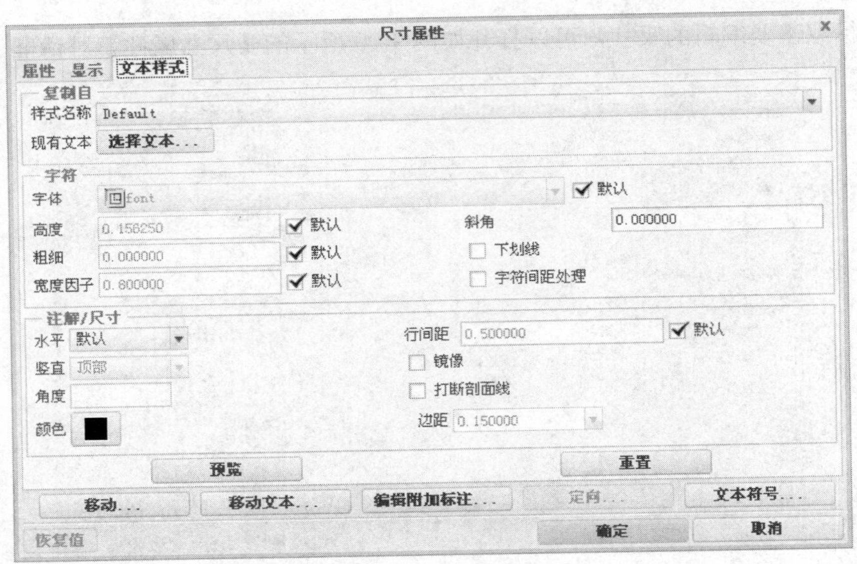

图 9-92 【文本样式】选项卡

3. 打印工程图

下面结合打印步骤，介绍打印工程图时需要进行的相应配置。

（1）选择【文件】|【打印】|【打印设置/预览】菜单命令，系统打开如图 9-93 所示的【打印】对话框，在其中可设置打印选项并进行预览。

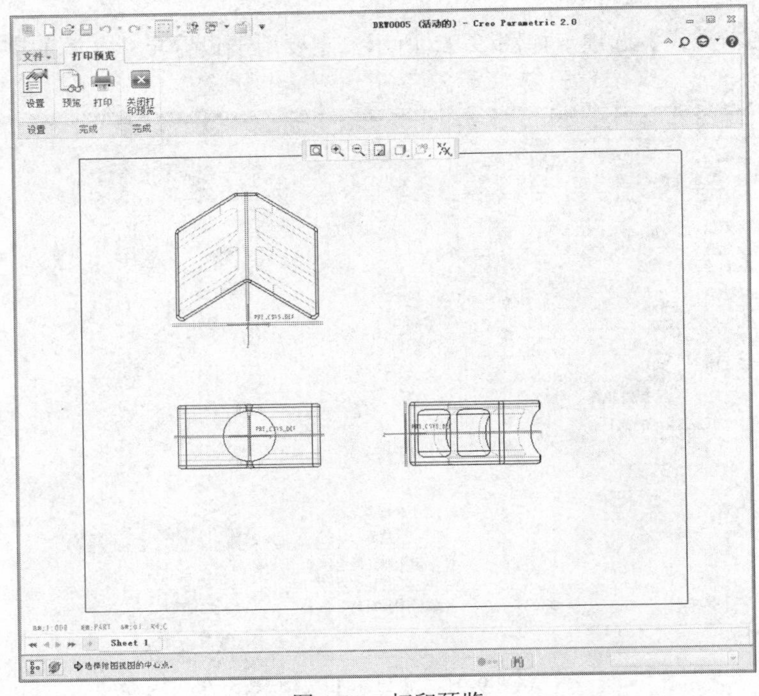

图 9-93 打印预览

（2）选择【文件】|【打印】|【打印】菜单命令，系统弹出【打印机配置】对话框，如图 9-94 所示。在【打印机配置】对话框中单击【命令和设置】按钮，弹出如图 9-95 所示的下拉菜单，在其中可以增加打印机类型或选择打印的方式。

打印方式包括以下几种。

- 【MS Printer Manager】：使用操作系统安装的打印机直接打印工程图。
- 【Generic Postscript】、【Generic Color Postscript】：为任何能处理 PostScript 数据的绘图仪或激光打印机生成 PostScript 数据图形并打印。

Creo Parametric 系统默认使用操作系统安装的打印机进行打印，即【MS Printer Manager】方式。

图 9-94 【打印机配置】对话框

图 9-95 【命令和设置】下拉菜单

（3）【打印机配置】对话框的【页面】选项卡用于指定有关输出页面的信息，用户可以定义和设置图纸的尺寸大小、偏移值、图纸标签和图纸单位等，各参数说明如图 9-96 所示。

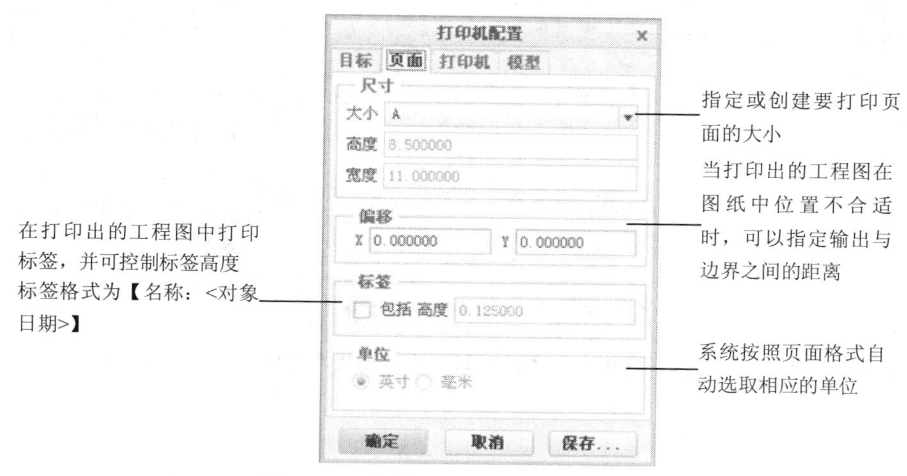

图 9-96 【页面】选项卡及功能注释

（4）【打印机】选项卡用于指定打印机其他可设置的打印选项，如设置笔速、选取绘图仪页面类型、选取信号交换类型等，各参数说明如图 9-97 所示。

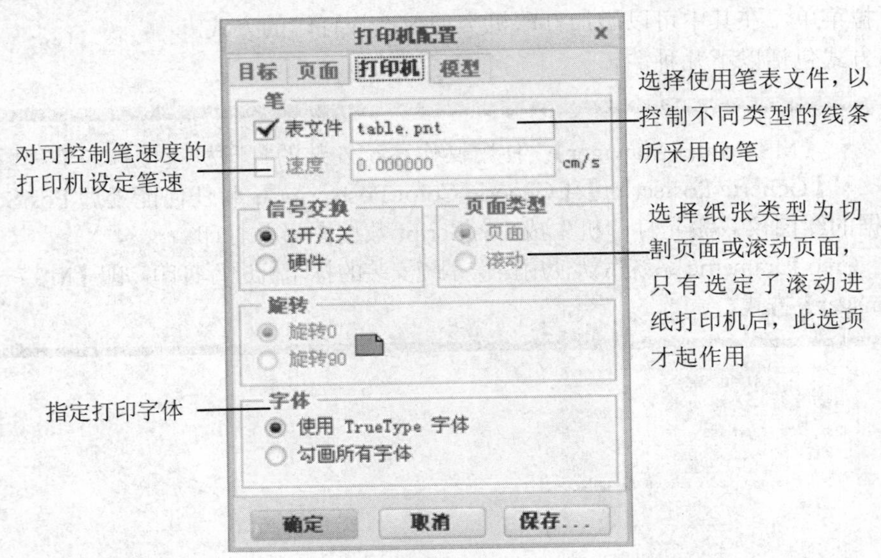

图 9-97 【打印机】选项卡及功能注释

（5）【模型】选项卡用于调整要打印模型的格式和比例等，各参数说明如图 9-98 所示。其中打印机输出图类型的功能如表 9-1 所示。

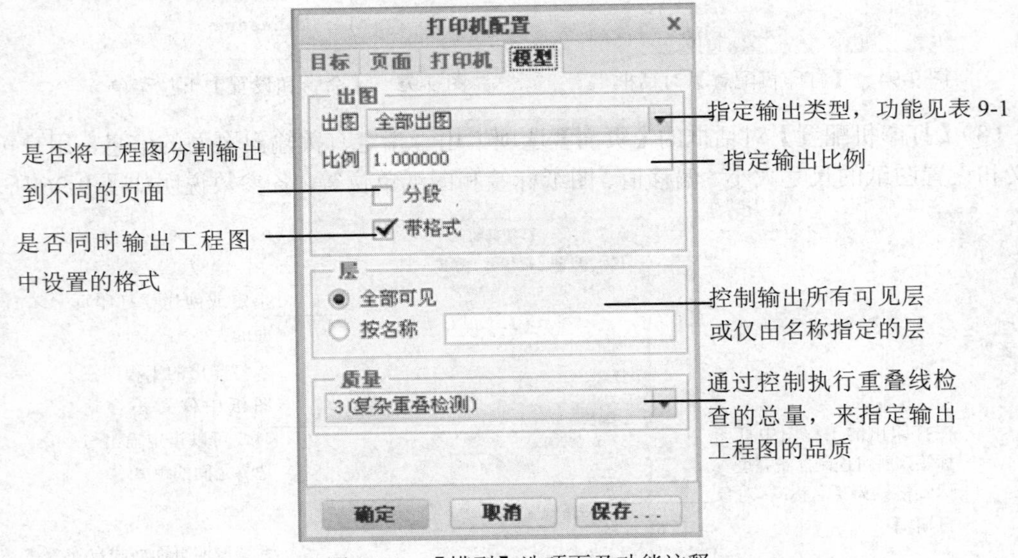

图 9-98 【模型】选项页及功能注释

表 9-1　输出类型

输出类型	功能
全部出图	页面内容全部输出到图纸
修剪的	定义要输出区域的图框，将选定范围内的页面内容输出到图纸。以相对于左下角的正常位置在图纸上打印
在缩放的基础上	根据图纸的大小和图形窗口中的缩放位置，创建按比例修剪过的输出。以相对于左下角的正常位置在图纸上打印
出图区域	通过修剪框中的内部区域平移到纸张的左下角，并缩放修剪后的区域以匹配用户指定的比例来创建一个输出
纸张轮廓	在指定大小的图纸上创建特定大小的输出图。例如，如果有大尺寸的绘图（如 A0），但要打印 A4 大小的图纸，可使用该选项

（6）设定打印目的地。打印目的地是指将工程图文件打印输出到文件还是打印机，也可以同时输出到文件和打印机。

当启用【目标】选项卡【至文件】复选框时，可以保存输出文件；如果取消启用该复选框，则在系统发出绘图命令后将删除输出文件。

当输出到文件时，可以创建单个文件或为绘图的每一个页面部分创建一个文件，并且还可以将它附加到一个已有的输出文件中。

（7）打印份数。

启用【目标】选项卡中的【到打印机】复选框时，在【份数】文本框中输入份数，以指定要打印输出的份数。

（8）绘图仪命令。

【目标】选项卡中的【绘图仪命令】选项用于指定将文件发送到打印机的系统命令，这些命令可以从系统管理员或工作站的操作系统手册获得，也可以直接使用默认命令。用户可以在此文本框中输入命令，或是使用配置文件选项“plotter_command”来指定命令。

（9）在【打印机配置】对话框中，单击【确定】按钮即可完成打印机配置。

9.5.3　课堂练习——绘制套盖工程图

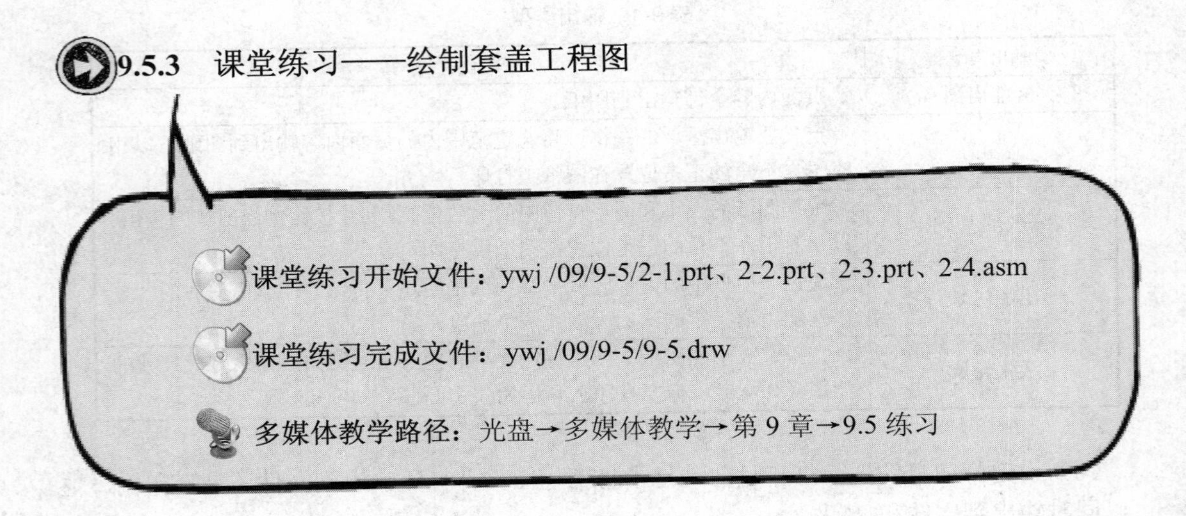

Step1 新建绘图文件，添加零件模型并创建主视图，如图 9-99 所示。

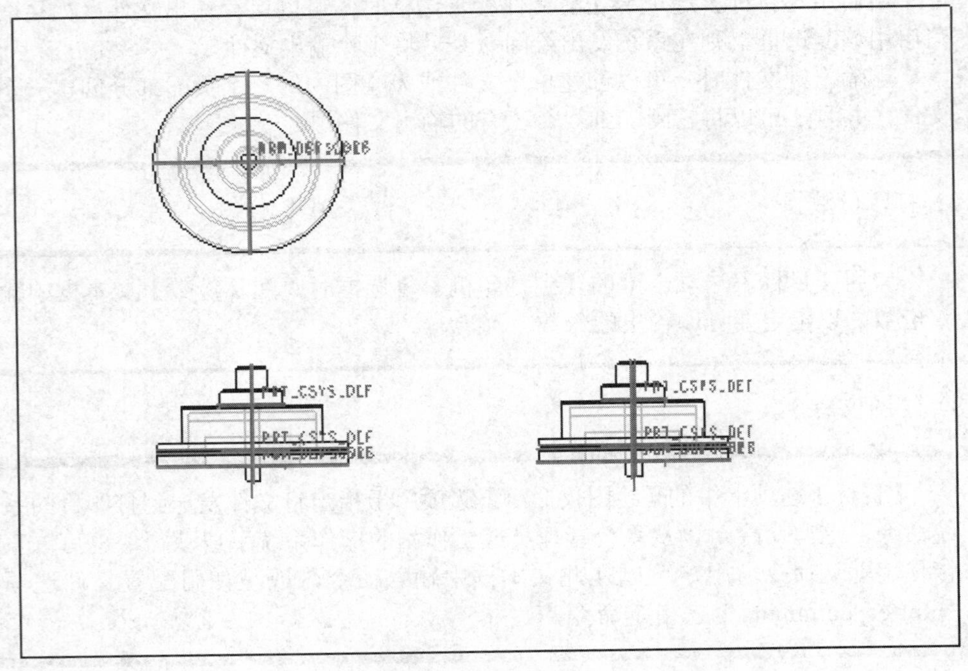

图 9-99　完成的三视图

Step2 创建剖视图，如图 9-100 所示。

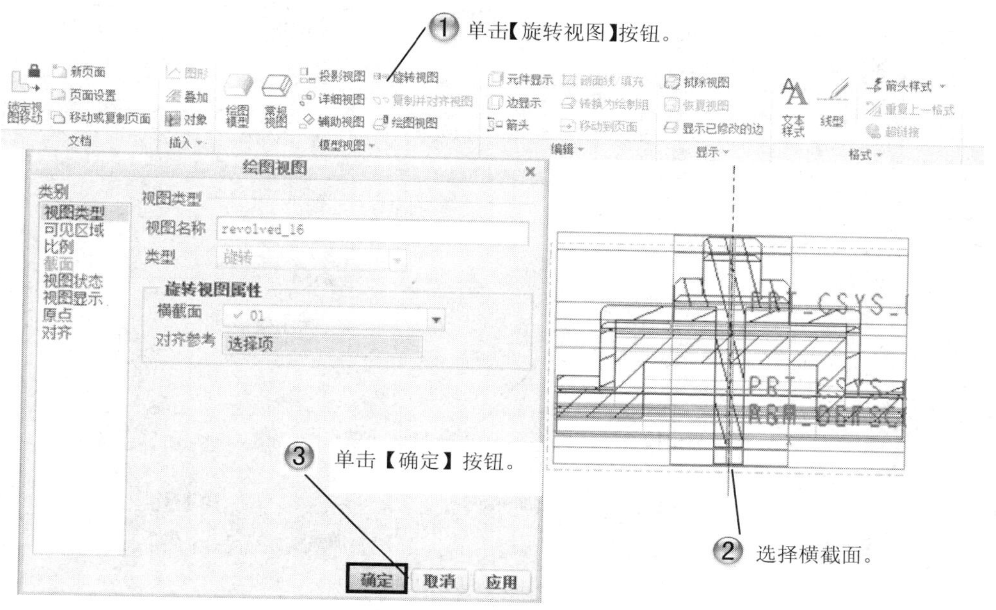

图 9-100　创建剖视图

Step3 创建主视图和剖视图尺寸，如图 9-101 所示。

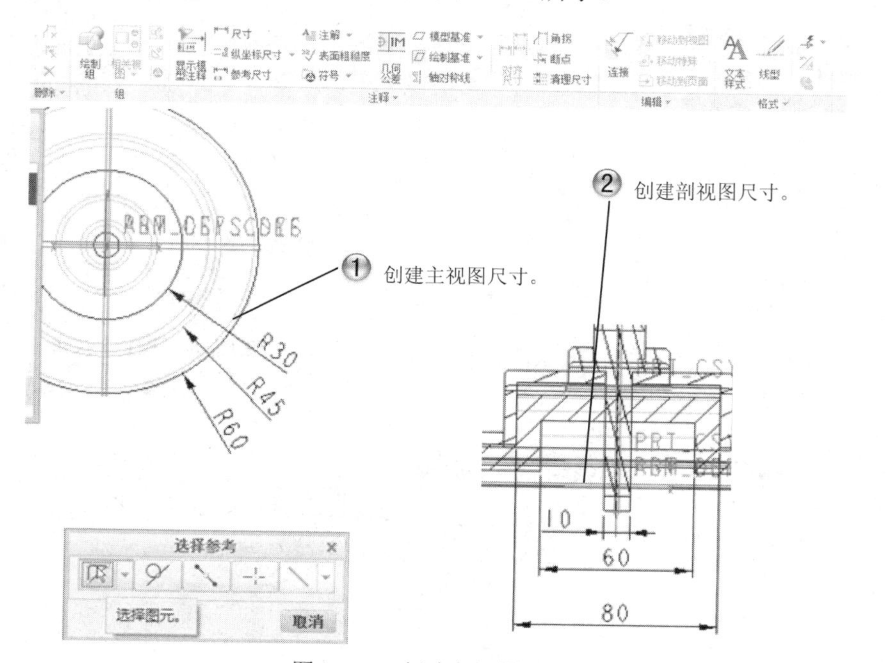

图 9-101　创建主视图尺寸

Step4 双击小圆的尺寸进行修改尺寸，如图 9-102 所示。

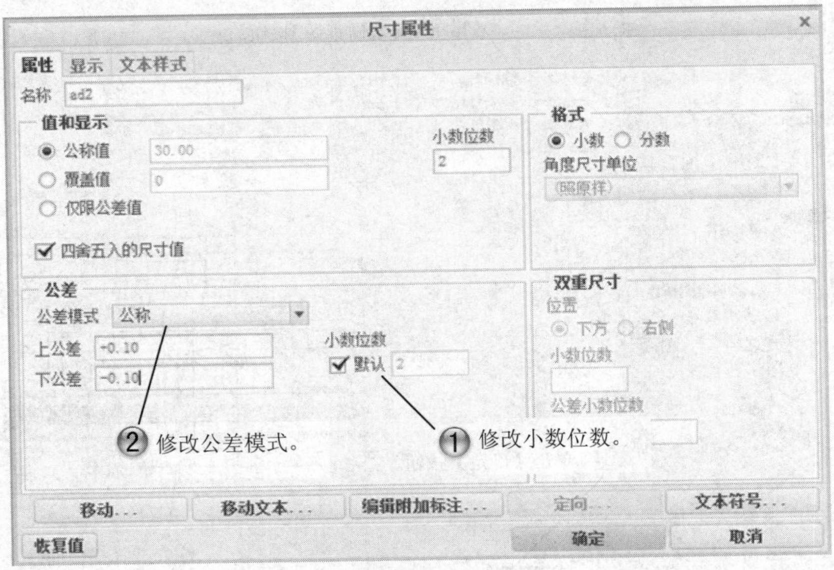

图 9-102　修改尺寸

Step5 修改文本样式，如图 9-103 所示。

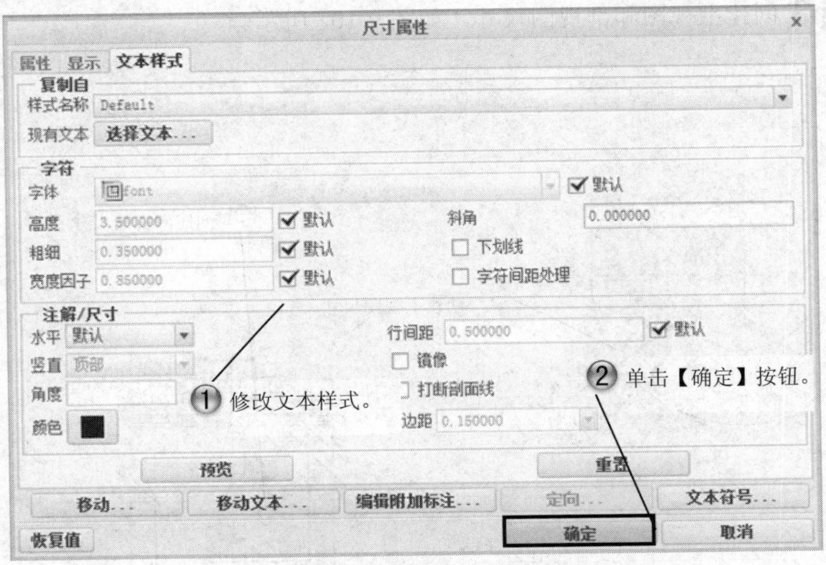

图 9-103　修改文本样式

Step6 添加和编辑注解，如图 9-104 所示。最终完成的工程图如图 9-105 所示。

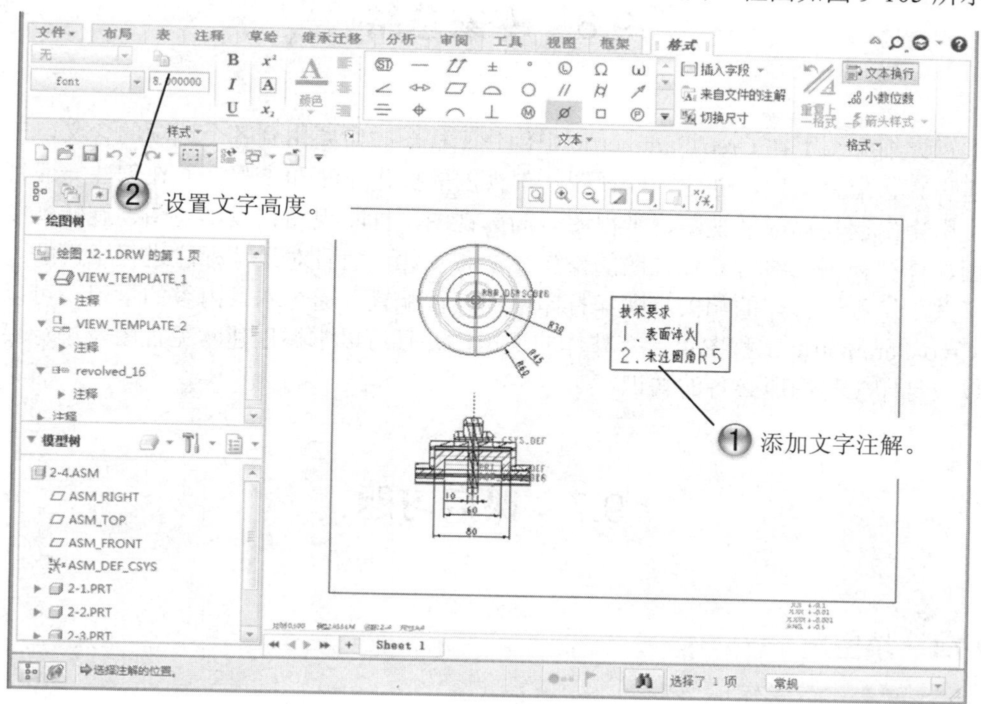

图 9-104　添加注解

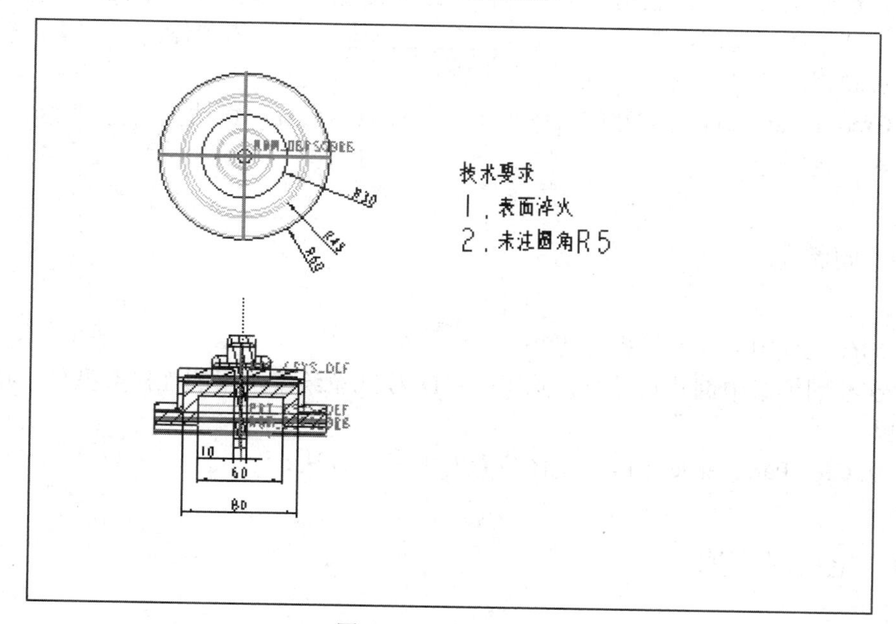

图 9-105　完成的图纸

9.6 专家总结

本章详细介绍了在 Creo Parametric 中创建工程图时所要用到各个选项的含义，工程图的创建步骤、配置文件，创建一般视图、剖视图的操作方法和步骤，并在创建一般视图的基础上引申出创建局部剖视图、半视图、局部视图、打断视图、投影视图、旋转视图、辅助视图、详细视图、参考立体视图的操作方法和步骤，而且对尺寸标注进行了讲解。而且介绍了关于工程图打印的相关步骤和打印机的具体配置。通过本章内容的学习，可以使读者对 Creo Parametric 工程图设计有整体的认识，并且可以掌握创建常见视图及进行尺寸标注，以及打印工程图所必备的知识。

9.7 课后习题

9.7.1 填空题

（1）在创建工程图时，表达一个零件模型或装配组件一般需要多个视图。我国机械制图标准中，基本以三视图，即________、________和________为主体。

（2）旋转视图和剖视图的不同之处在于它包括________。

（3）Creo Parametric 为创建的视图提供了各种显示设置，包括________、________、________、________等。

9.7.2 问答题

（1）创建工程图的一般过程有哪些？

（2）在绘图模式中创建尺寸时，除了在 3D 模式草绘中可用的连接类型外，还有哪些连接类型？

（3）在 Creo Parametric 中改变视图位置有哪两种方法？

9.7.3 上机操作题

使用本章学过的各种命令来创建连杆零件工程图，如图 9-106 所示。

练习步骤和方法：

（1）创建的连杆三视图。

（2）创建尺寸标注。

（3）创建注释标注。

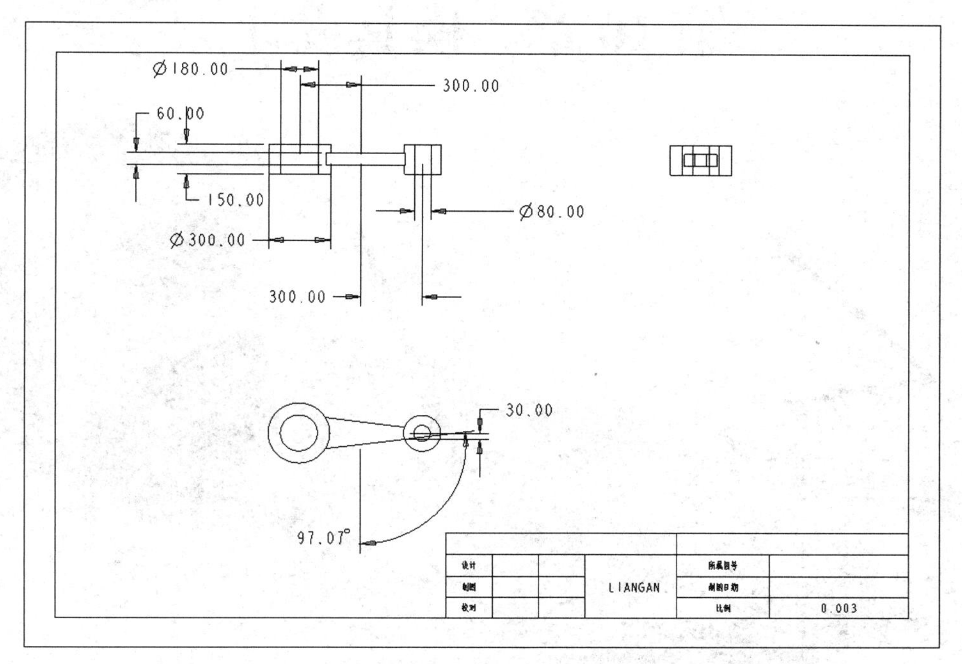

图 9-106　连杆工程图

第 10 章　模具设计

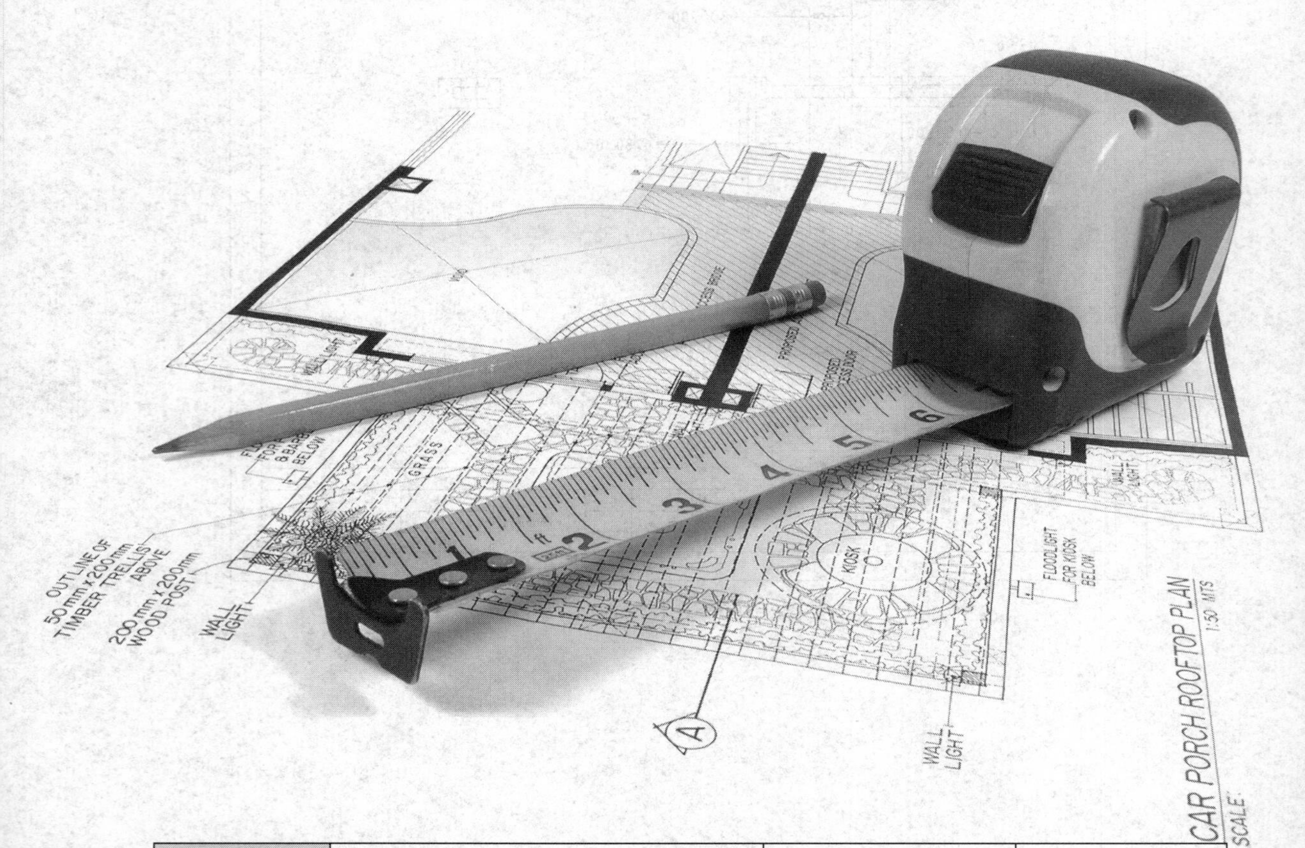

课训目标	内　容	掌握程度	课　时
	模具设计方法和预处理	熟练掌握	2
	模具型腔布局	熟练掌握	2
	分型面设计	熟练掌握	2
	模具分割与抽取	熟练掌握	2
	型腔组件特征	熟练掌握	2

课程学习建议

在工业生产和日常生活中所用的大部分物品都是通过模具生产出来的，尽管模具的种类繁多，但存在着众多相同或相似的特征。近年来，随着塑料工业的发展，塑料制品在制造业中所占的比重也越来越大，塑料模具的需求增长将成为必然趋势。Creo Parametric 3.0 中的模具设计模块提供了相当方便实用的设计及分析工具，使用户可以在最短的时间内从创建模具装配开始，通过分模面的规划，到最后模具体积块的产生，依次顺利地完成拆模的工作。

Creo Parametric 中的模具设计模块，提供了相当方便实用的设计及分析工具，使用户可以在最短的时间内从创建模具装配开始，通过分模面的规划，到最后模具体积块的产生，依次顺利地完成拆模的工作。模具设计模块同时也提供拆模过程中必要的检查、分析功能。

本章主要介绍模具设计模块的功能、用途以及基本操作，并通过具体的案例详细说明建模的过程。

本课程培训课程表如下。

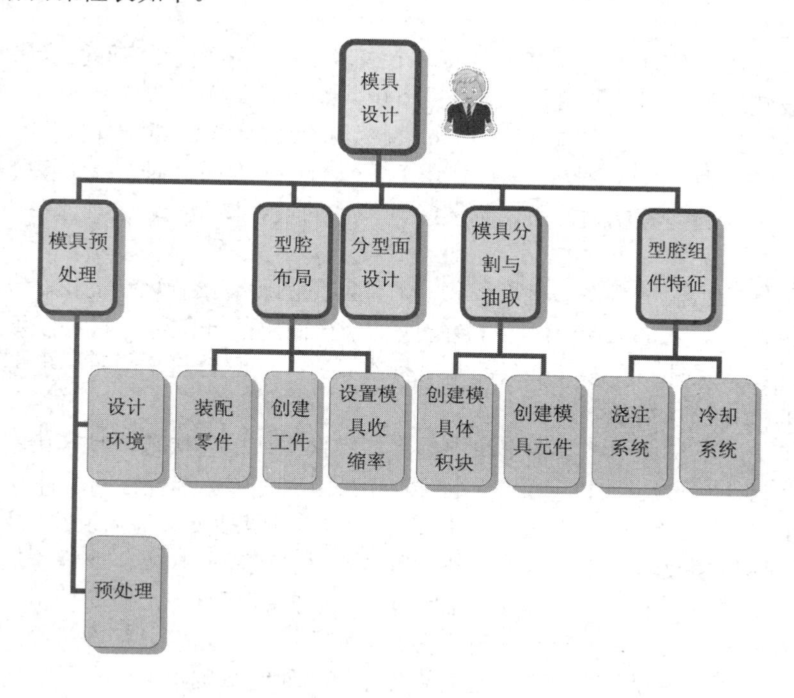

10.1 模具设计方法和预处理

基本概念

Creo Parametric 软件提供的功能相呼应。理解这些术语的含义，对使用 Creo Parametric

进行模具设计有很大的帮助。

（1）设计模型

在 Creo Parametric 中，设计模型代表成型后的最终产品。它是所有模具操作的基础。设计模型必须是一个零件，在模具中以参考模型表示。假如设计模型是一个装配件，应在装配模式中合并成零件模型。设计模型在零件模式或直接在模具模式中创建。

在模具模式中，这些参考零件特征、曲面及边可以被用来当作模具组件参考，并将创建一个参数关系返回到设计模型。系统将复制所有基准平面的信息到参考模型。假如所有的层已经被创建在设计模型中，并且有指定特征给它时，这个层的名称及层上的信息都将从设计模型传递到参考模型。设计模型中层的显示状态也将被复制到参考模型。

（2）参考模型

参考模型是以放置到模块中的一个或多个设计模型为基础的。参考模型是实际被装配到模型中的组件。参考模型由一个合并的单一模型所组成。这个合并特征维护着参考模型与设计模型间的参数关系。如果需要额外的特征可以增加到参考模型，但这会影响到设计模型。当创建多穴模具时，系统每个型腔中都存在单独的参考模型，而且都参考到其他的设计模型。

（3）工件

工件表示模具组件的全部体积。工件应包围所有的模穴、浇口、流道及冒口。工件也可以是 A 或 B 板的装配或一个很简单的插入件。它可以被分割成一个或多个组件。工件可以全部都是标准尺寸，以配合机构标准，也可以自定义标准配合设计模型。

工件可以是一个在零件模块中创建的零件，或是直接在模具模块中创建的零件，只要它不是组件的第一个组件。模具组件是那些选择性的组件，在 Creo Parametric 中工作时，可以被加到模具中。其项目包括模具基础组件、干板、顶出梢、模仁梢及轴衬等。这些组件可以从模具基础库中找出，或像正规的零件一样在零件模块中创建。模具基础组件必须装配到模具中，假如使用一般的装配选项装配它们，系统会要求确认它们是属于工件还是模具基础组件。模具组件包含所有的参考零件，所有的工件及任何其他的基础组件或夹具。所有的模具特征将创建在模具组件中。

（4）模具装配模型

模具零件库能提供标准模座零件，这些零件是以相关模架提供公司的标准目录为基础的。零件的说明可以在 Creo Parametric 模具基础目录中查看。

课堂讲解课时：2 课时

10.1.1 设计理论

下面结合一个零件模型的模具设计过程，来说明 Creo Parametric 中模具设计的基本流程，模具设计大略可以分成以下几个部分：

（1）零件成品

首先需要在零件模块或组件模块创建零件成品，即用于拆模的零件模型。也可以在其他 CAD 软件中创建零件成品，再通过文件交换将其三维造型数据输入 Creo Parametric 中，但使用这种方法有可能因为精度差异而产生几何问题，进而影响到后面的拆模操作。

（2）模具装配

进入模具设计模块，首先需要进行的操作便是模具装配，即将零件成品与工件装配在一起。模具设计的装配环境与零件装配环境相同，同样通过约束条件的添加、设置来进行装配的操作。这里的工件可以事先创建，也可在装配过程中创建。

（3）模具检验

为了确认零件成品的厚度及拔模角是否符合设计需求，在开始拆模前必须先检验模型的厚度、拔模角等几何特征。若零件成品不满足设计需求，应返回零件设计模块进行修改。

（4）设置收缩率

不同的材料在射出成形后会有不同程度的体积变化，为了弥补此体积变化的误差，需要在模具设计模块设定零件成品的收缩率。

可以分别对 X、Y、Z 三个坐标轴设置不同的收缩率，也可以对某个特征或尺寸进行个别设置。

（5）创建分型面

采用分割的方式创建公模和母模，需要创建一个曲面特征作为分割的参考，这个曲面特征就是分型面。创建分型面与创建一般曲面特征相同。

如果零件成品的外形比较复杂，其分型面也会比较复杂，因此对于分型面的创建需要熟练掌握曲面特征的操作。

（6）创建体积块

创建模具体积块有两种方式，一是利用分型面分割工件产生公模和母模；二是直接创建模具体积块。

（7）模具开启

通过开模步骤的设置来定义开模操作顺序，进行开模操作的模拟。

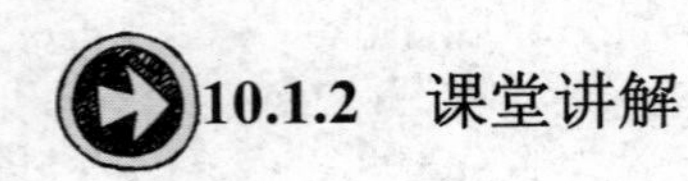

10.1.2 课堂讲解

1. 模具设计环境与界面

选择【文件】|【新建】菜单命令或单击【快速访问工具栏】中的【新建】按钮，系统将出现【新建】对话框，如图 10-1 所示。

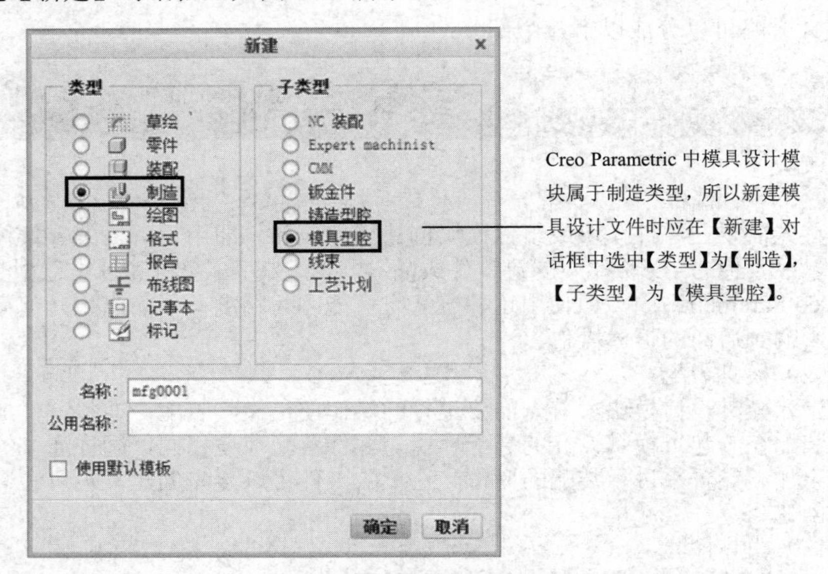

图 10-1　新建模具设计文件

如果取消启用【使用默认模板】复选框，则单击【确定】按钮后，会出现如图 10-2 所示的【新文件选项】对话框，在对话框中选用相应的【模板】，然后单击【确定】按钮，即可进入模具设计环境。

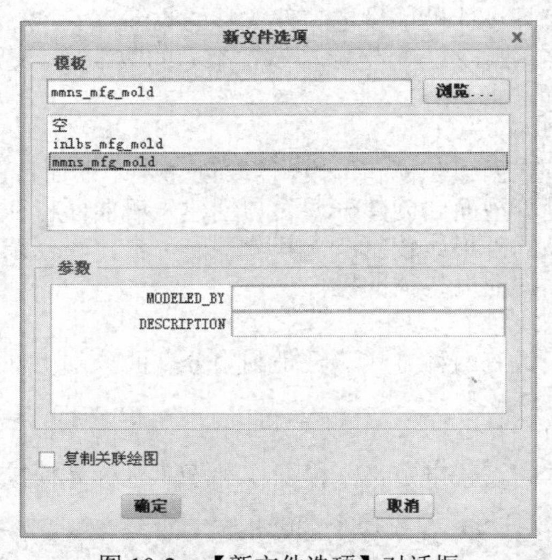

图 10-2　【新文件选项】对话框

Creo Parametric 中模具设计模块的工作界面与其他模块一样，包括命令提示栏、工具栏、选项卡、显示窗口及模型树等几部分，如图 10-3 所示，其操作方式也基本相同。

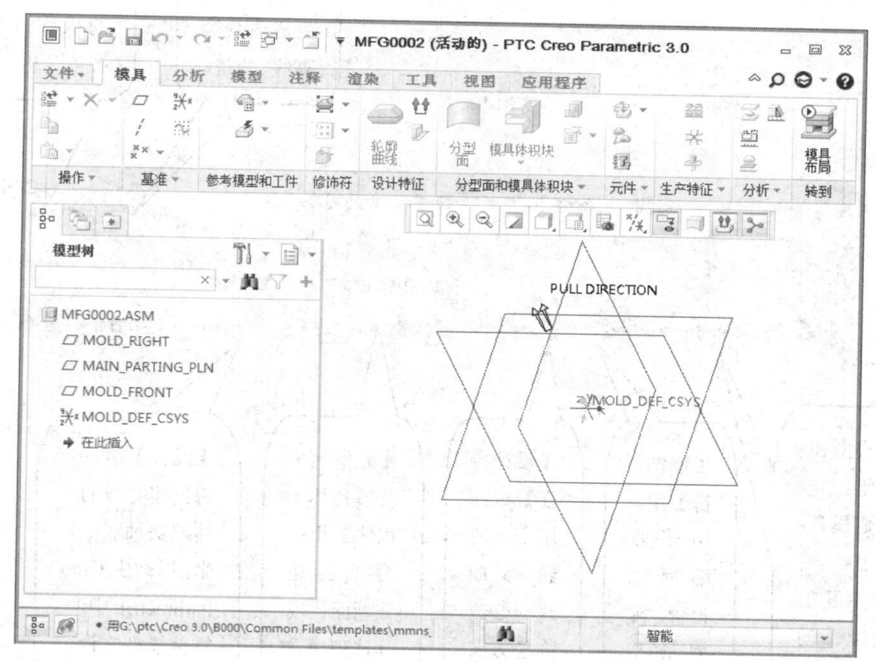

图 10-3　模具设计模块工作界面

模具设计环境工作界面的【模具】选项卡，其图标从左至右的排列顺序与后面将要介绍到的模具设计基本流程大致相同，按照此选项卡的命令顺序操作，便可以完成模具的设计。

2. 【模具】选项卡简介

进入模具设计环境，工作界面同时出现【模具】选项卡。

【模具】选项卡中个选项的排列顺序与模具设计的基本流程大致相同，按照选项顺序从左而右操作，同样可以完成模具的设计。

先简单介绍一下各菜单组的功能，对其具体应用有个整体上的认识，如图 10-4 所示。

3. 模型预处理

在创建模具模型之前，应当对设计模型进行预处理，其目的在于防止由于几何缺陷导致的分模失败，对模型作一定的调整和适应设计变更。

（1）预处理设计模型

通过使用复制实体曲面功能，不仅能够验证并继承原模型的所有几何参数，而且能够在一定程度上避免分型过程中可能出现的分模失败。选择合适的模型基准平面和基准坐标系，便于参照模型在模具组件中的定位。设置模具的绝对精度，保证几何计算正确。

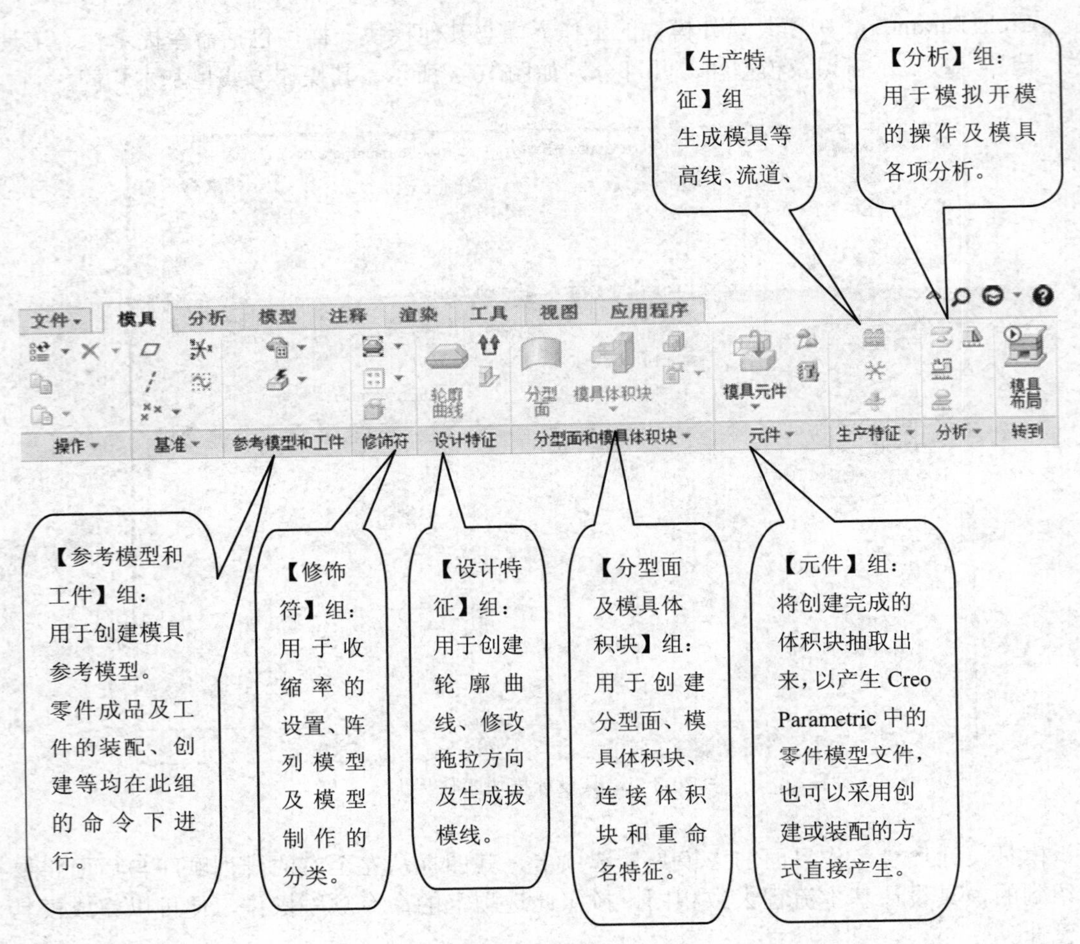

图 10-4 【模具】选项卡

- 复制实体曲面

使用复制实例曲面功能，通过复制初始设计模型的曲面，生成供后续模具设计所用的参考元件。

具体的复制实例曲面功能方法在下面将详细介绍。

进入组建设计工作界面后，单击【模型】选项卡【元件】组中的【组装】按钮，系统自动弹出【打开】对话框，默认为用户刚才指定的工作目录，选择待建模零件，单击【打开】按钮，零件添加到组建设计工作界面，系统会自动生成零件的参考坐标系。用户也可以自定义零件放置的坐标系，并在【元件放置】工具选项卡中设置【约束类型】和【偏移】选项，如图 10-5 所示。其中【约束类型】选项定义元件参照与组件参照间的偏移类型，即约束对齐方式，最主要的有【重合】、【平行】、【距离】、【偏移】4 个选项，各选项含义如下：

【重合】选项：将元件放置于和组件重合的位置。

【平行】选项：将元件参照定向于组件参照。

【距离】选项：将元件偏移放置到组件参照。

【偏移】选项：可以设置偏移距离。

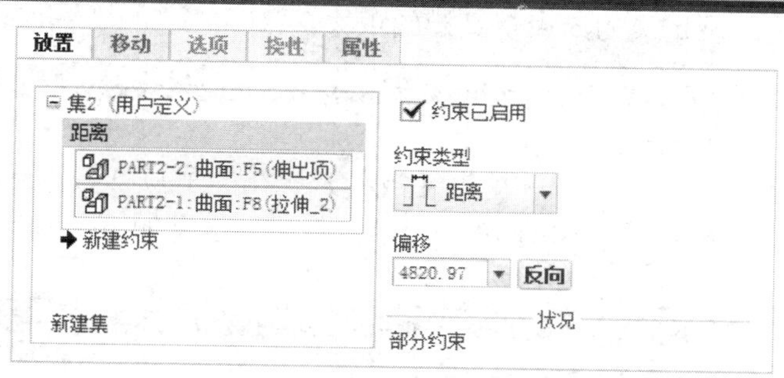

图 10-5 【放置】选项卡

在【元件放置】工具选项卡中，单击【用户定义】所在的下拉列表，是定义元件所属组件的约束集，如图 10-6 所示，各选项含义如下：

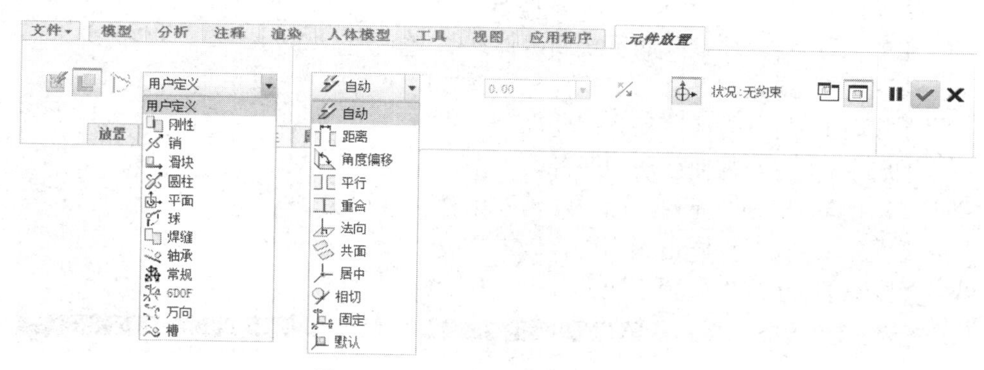

图 10-6 【元件放置】工具选项卡

【用户定义】：用户自定义约束集。

【刚性】：使用预定义的约束定义刚性约束集。

【销】：使用预定义的约束定义销钉约束集。

【滑块】：使用预定义的约束定义滑动杆约束集。

【圆柱】：使用预定义的约束定义圆柱约束集。

【平面】：使用预定义的约束定义平面约束集。

【球】：使用预定义的约束定义球约束集。
【焊缝】：使用预定义的约束定义焊接约束集。
【轴承】：使用预定义的约束定义轴承约束集。
【常规】：使用预定义的约束定义一般约束集。
【6DOF】：使用预定义的约束定义 6DOF 约束集。
【万向】：使用预定义的约束定义多方向约束集。
【槽】：使用预定义的约束定义槽约束集。

在【元件放置】工具选项卡中，单击【自动】所在的下拉列表，是用户在此选择元件参照与组件参照间的约束条件，如图 10-6 所示，各选项含义如下：

【自动】：基于所选参照的自动约束。
【距离】：将一个元件与组件距离配对。
【角度偏移】：将元件参照与组件参照偏移一定角度。
【平行】：将元件参照与组件参照平行。
【重合】：将元件参照面重合到组件参照中。
【法向】：将元件坐标系与组件坐标系法向。
【共面】：将点与线移动到同一面。
【居中】：将点与曲面居中对齐。
【相切】：将一个元件曲面定义为与组件参照相切。
【固定】：将元件固定到当前位置。
【默认】：在缺省位置装配元件。

所有选项都设置好以后，单击【元件放置】选项卡上的【应用并保存】按钮，完成零件添加。

单击【元件】组中的【创建】按钮，系统自动弹出【元件创建】对话框，接受默认选项，输入文件名，如图 10-7 所示，单击【确定】按钮。

系统弹出【创建选项】对话框，选中【创建特征】单选按钮，如图 10-8 所示，单击【确定】按钮。

在绘图区单击选取元件的任意曲面，在此曲面上单击鼠标右键，在弹出的快捷菜单中选择【实体曲面】命令，完成对零件实体表面的选取，如图 10-9 所示。

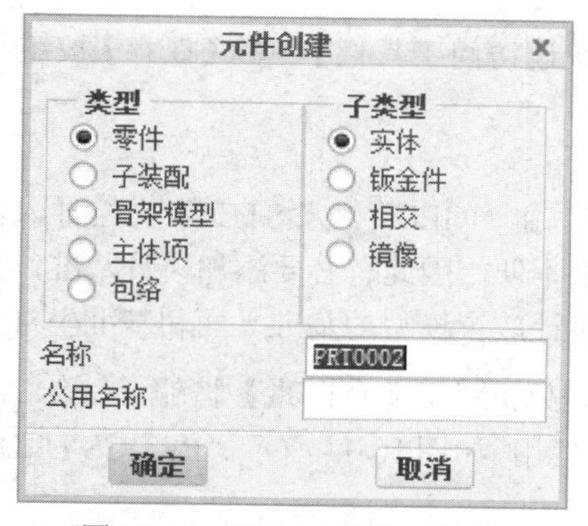

图 10-7　【元件创建】对话框

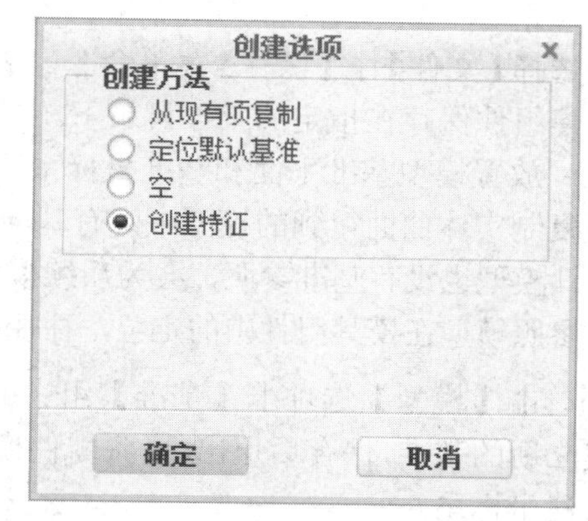

图 10-8　【创建选项】对话框

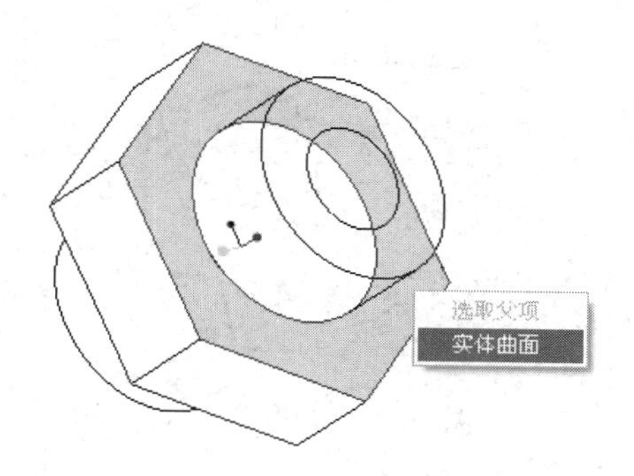

图 10-9　选取零件实体表面

单击【编辑】组中的【复制】按钮，接着单击【编辑】组中的【粘贴】按钮，元件以网格状显示，并且弹出相应的选项卡，单击【应用并保存】按钮，完成对实体表面的复制。

单击选中模型树最上端的【组件】图标，并单击鼠标右键，在弹出的快捷菜单中选择【重新生成】命令，如图 10-10 所示。

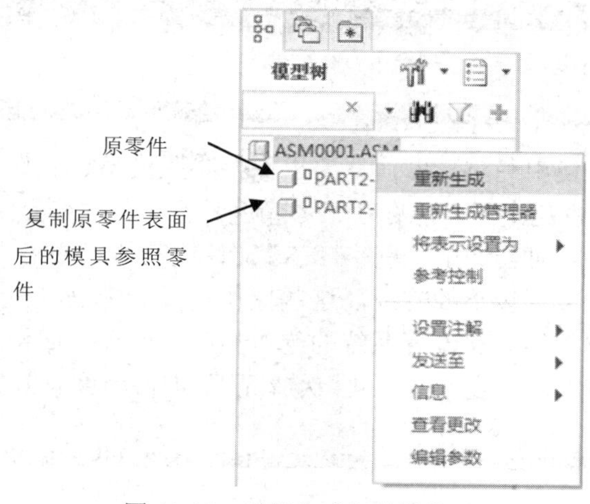

图 10-10　重新生成组件操作

选择【文件】|【保存】菜单命令，或者单击【快速访问工具栏】中的【保存】按钮，将新建组件保存在指定的工作目录下。

- 放置模型基准平面和基准坐标系

复制实体曲面得到的模型中没有基准参照，一些由“IGES”或“STEP”文档导入得到的设计模型也没有基准参照，会为后续模具设计带来不便，因此有必要添加模具基准，为了便于参照模型在模具组件中的定位，往往需要重新设计放置模型的基准平面和基准坐标系。

单击【模型】选项卡【基准】组中的【平面】按钮、【坐标系】按钮等，为模型建立新的基准，保存后退出，以备零件模具设计时使用，如图 10-11 所示。“PRT.CSYS.DEF”为新建坐标系。

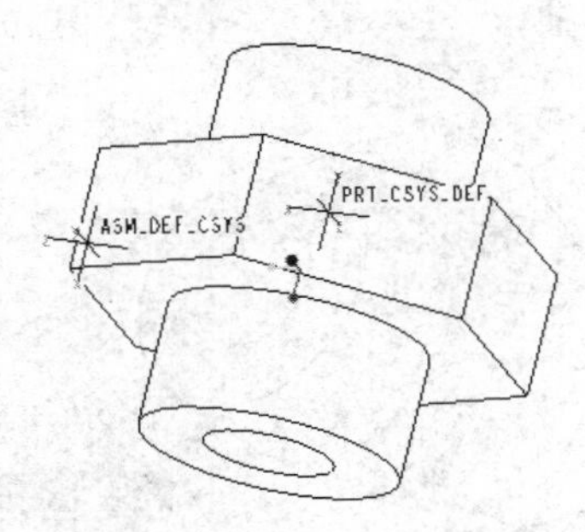

图 10-11　建立新坐标系

为模型确定恰当的坐标系需要注意三点：
（1）大致位于模型的几何中心，以方便后续操作如型腔的布局；
（2）X Y 平面尽量位于分型平面上；
（3）Y 轴应指向模具的“TOP”方向、Z 轴应指向母模仁（Cavity）方向。

名师点拨

- 设置模具绝对精度

模具设计中使用绝对精度，并要求保持参照模型、工件和模具组件的绝对精度相同，从而避免由于可能存在三者精度冲突，而导致分模失败问题的发生。但在模具设计中有时会调用一些“IGES”文件或其他一些格式的三维模型建模，或者在大零件上放置较小的特征，这些操作都可能带来绝对精度的不一致。因此，本小结着重介绍如何设置系统的绝对精度，确保参照模型、工件、与组件三者的绝对精度相同。在 Creo 中默认情况下，零件精度有效值为 0.01～0.0001。

模具预处理前期工作基本完成后，进入模具设计阶段，并进行模具预处理后期工作，即检查设计模型和使用塑料顾问。

（2）检查设计模型

在开模之前，通常要对模具进行检查，以确定生成零件的一些特性满足模具的需要。对模具的检查包括有拔模角度、水线、厚度、分型面的检查和投影面积的计算等。使用模具检查功能可以分析设计模型是否有足够的拔模和合适的厚度，在【模具】选项卡【分析】组中可以选择对模型进行拔模检查或厚度检查。

● 拔模检查

铸模的过程要求模型的表面具有拔模斜度，以便从模具中取出零件。拔模斜度是一种特征，一般应当在开始设计模具之前将它增加到设计模型中，也可以在模具模式中将其增加到参照模型中，这样不会影响设计模型。

选择【文件】|【新建】菜单命令，弹出【新建】对话框，在【类型】选项组中选中【制造】单选按钮，在【子类型】选项组中选中【模具型腔】单选按钮，单击【确定】按钮，进入模具设计环境，在弹出的【模具】菜单管理器中选择【模具元件】选项，在打开的【模具元件】菜单管理器中选择【装配】选项，在弹出的【打开】对话框中选择零件，单击【打开】按钮，将模具元件定位到合适位置，选择【模具分析】命令按钮，如图 10-12 所示。

图 10-12　选择【模具分析】命令按钮

在弹出如图 10-13 所示的【模具分析】对话框中进行与拔模检查相关的操作。

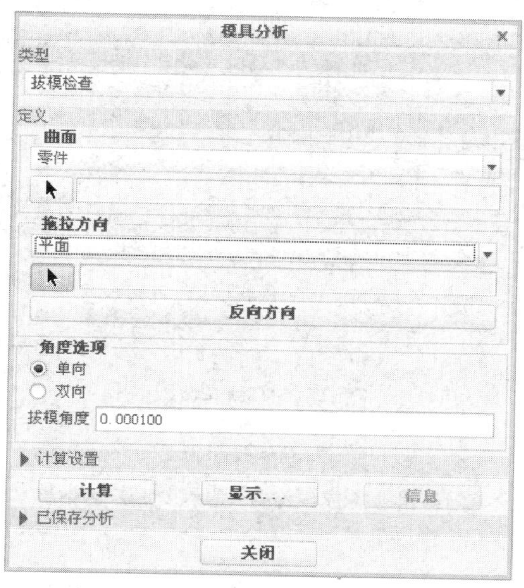

图 10-13　【模具分析】对话框

选择分析类型：在【类型】下拉列表中选择【拔模检查】选项。

选择分析曲面：在【定义】选项组【曲面】下拉列表框中选择【零件】选项。则对整个零件进行拔模检查，否则对零件的部分曲面或面组进行拔模检查，单击【选取】按钮，在绘图区选择刚打开的待拔模检查的零件。

选择拖动方向：在【拖动方向】下拉列表框中选择【平面】选项，则按照用户选择的平面法线方向进行拔模检查，否则将按照用户指定的坐标系或某一边或轴所在方向进行拔模检查。单击【选取】按钮，在绘图区单击选择零件底面所在的平面，在弹出的【选取】对话框中单击【确定】按钮。单击【反向方向】按钮 则在这些方向的相反方向进行拔模检查。

设置拔模角度：在【角度选项】选项组中选中【单向】或【双向】单选按钮（二者的区别是拔模角度的变化范围，单向只在选定的

拔模方向显示角度变化，双向则在拔模方向和其反方向都有角度变化的显示）后，在【拔模角度】文本框中输入设置。

显示拔模角度变化：在【计算设置】选项组中单击【显示】按钮，系统弹出如图 10-14 所示的【拔模检查-显示设置】对话框，在该对话框中可对元件拔模角度变化的显示方式进行设置，系统提供了三种显示方式，这里选择第一种。

单击【计算设置】选项组中的【计算】按钮，则弹出按照用户设置生成的光谱图，同时在工作界面将看到与光谱图对应的以彩色显示的零件拔模检查效果。

保存拔模检查：展开【已保存分析】选项组，输入用户定义的拔模检查名称，单击【保存】按钮，保存检查结果，单击【关闭】按钮，完成拔模检查。

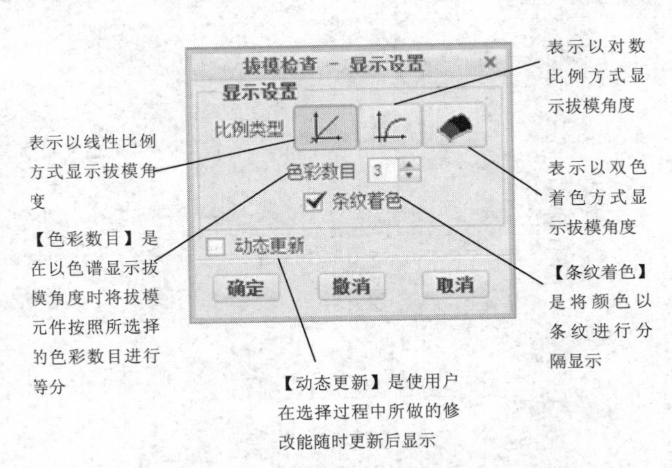

图 10-14 【拔模检查-显示设置】对话框

- 厚度检查

使用厚度检查功能可以确定在参照零件中指定区域的厚度是否大于或小于指定的最大

值或最小值。

在拔模检查后，单击【分析】组中的【厚度检查】命令按钮对元件进行厚度检查。

在弹出的【模型分析】对话框中定义厚度检查选项：

单击【零件】选项下的【选取】按钮，在绘图区选择待检查零件；

在【设置厚度检查】选项下有两种检查平面方式供用户选择：【平面】和【层切面】。

如果单击【平面】按钮进行操作，则步骤如下：

单击【平面】按钮：该选项用于检查所选平面的厚度。要检查所选平面的厚度，用户选取检查厚度的平面，输入厚度的最大和最小值。

全部设置完成后，返回到【模型分析】对话框，在【厚度】选项组启用【最大】或【最小】复选框，在其后的文本框中输入指定的检查厚度的最大值和最小值。单击【计算】按钮，系统创建用户选定对象的厚度检查，在绘图区将显示指定平面的厚度检查结果，如图 10-15 所示。

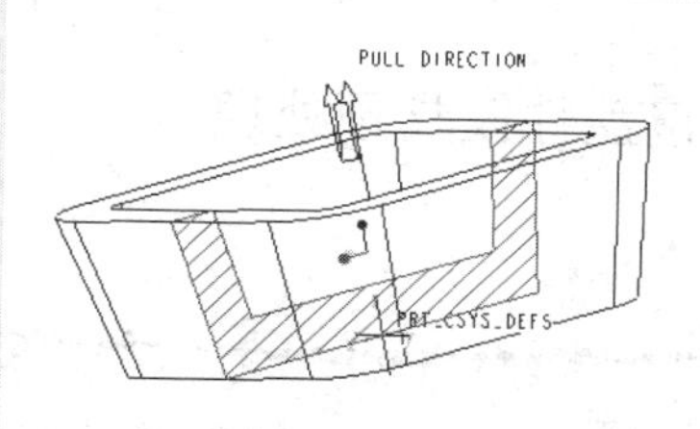

图 10-15　绘图区厚度检查结果

如果在【模型分析】对话框单击【层切面】按钮进行操作，则步骤如下：

单击【层切面】按钮：该选项用于检查以某个间距值等量增加的一系列平行平面的厚度。对参照零件执行厚度检查后，系统将用剖面线表示符合厚度范围，将横截面内大于最大壁厚的区域以红色剖面线显示，而小于壁厚的区域以其他颜色的剖面线显示，如图 10-16 所示。

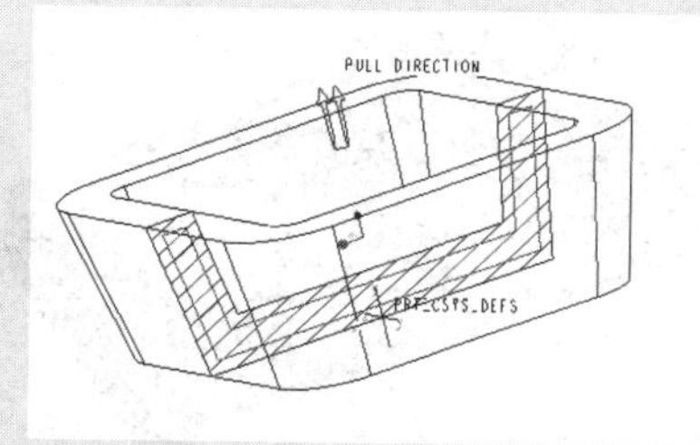

图 10-16　壁厚检查结果显示

为了更加清晰地察看每一个切面的厚度是否超出设定范围，用户只需单击【结果】选项组中的【信息】按钮，则系统弹出如图 10-17 所示的【信息窗口】窗口，显示每一个切面的厚度与最大、最小值的关系。

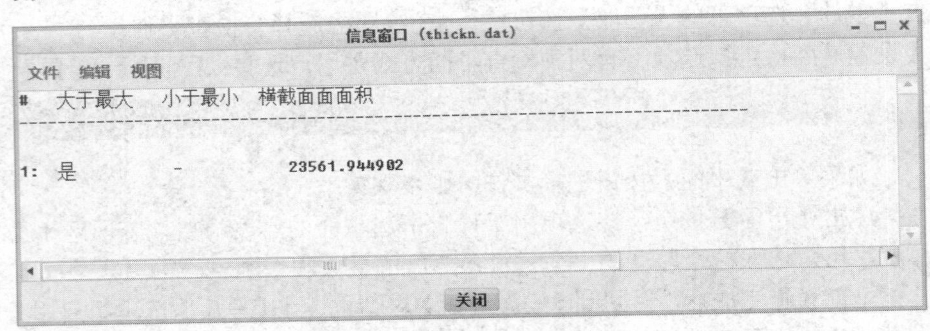

图 10-17 【信息窗口】窗口

保存厚度检查：展开【已保存分析】选项组，输入用户定义的厚度检查名称后单击【保存】按钮，保存检查结果，单击【关闭】按钮，完成厚度检查。

10.1.3 课堂练习——覆盖件模具预处理

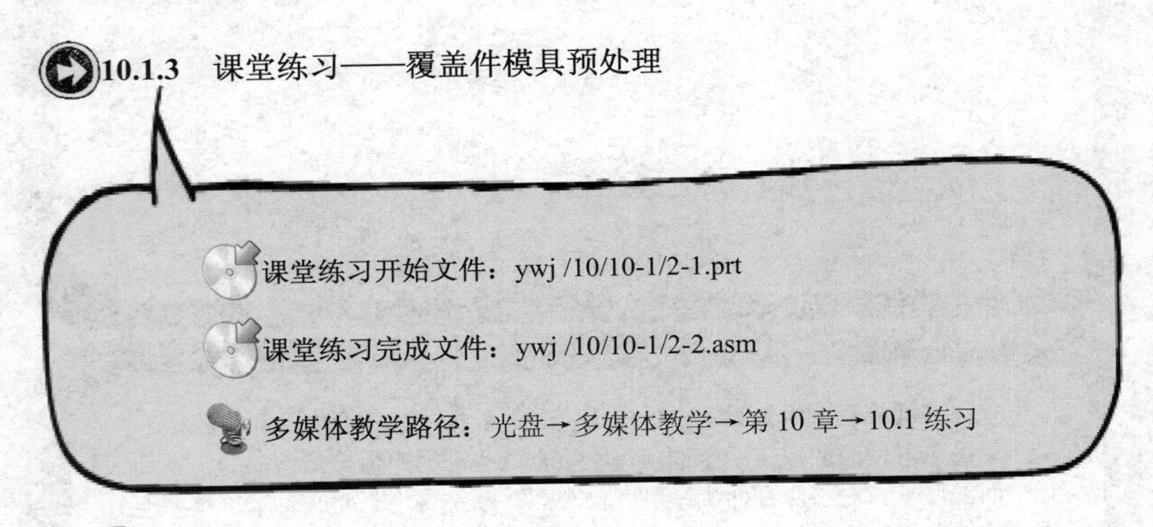

Step1 打开一个模型文件，如图 10-18 所示。

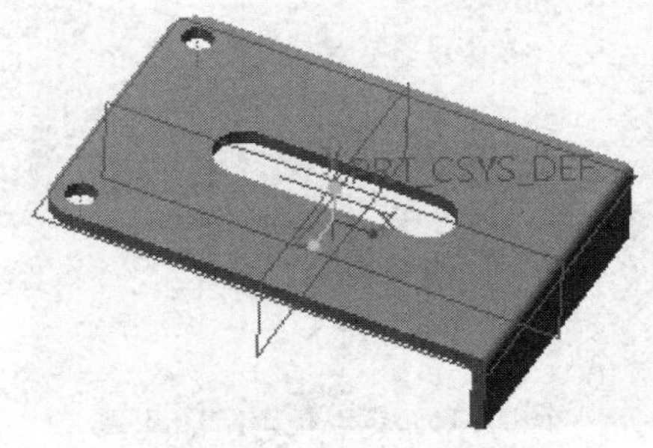

图 10-18 零件打开效果

Step2 进行零件的模具分析，如图 10-19 所示。分析结果如图 10-20 所示并进行保存。

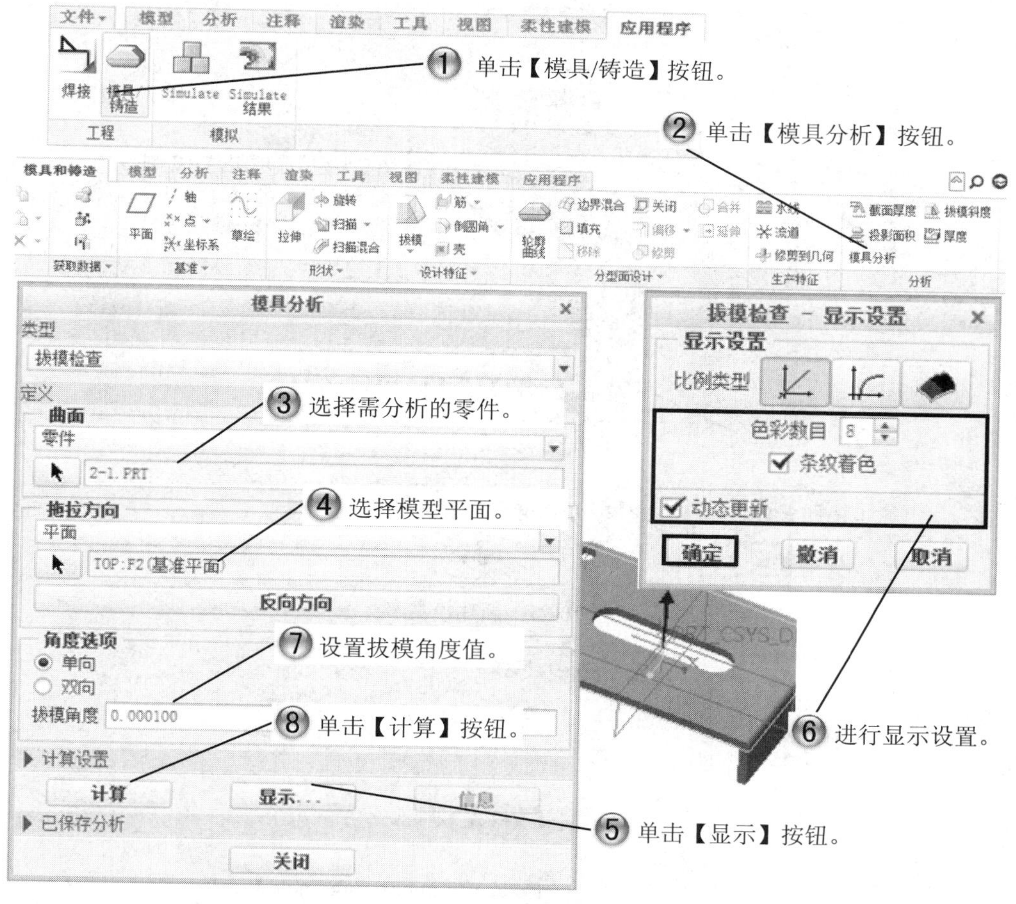

图 10-19　选择拖曳方向

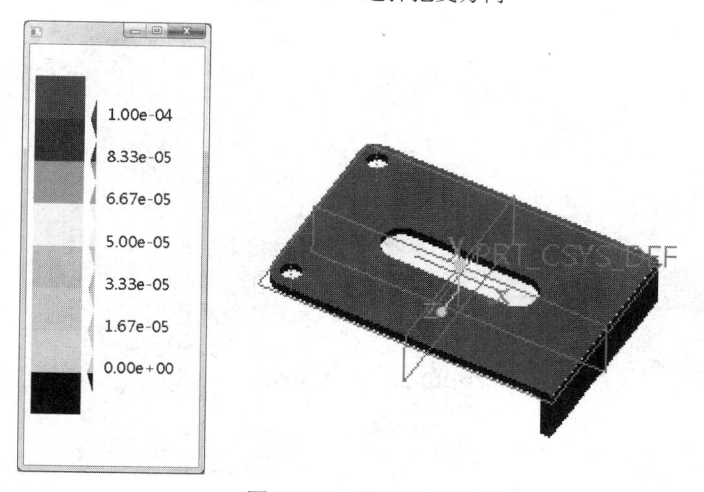

图 10-20　拔模检查结果

Step3 新建模具，如图 10-21 和图 10-22 所示。

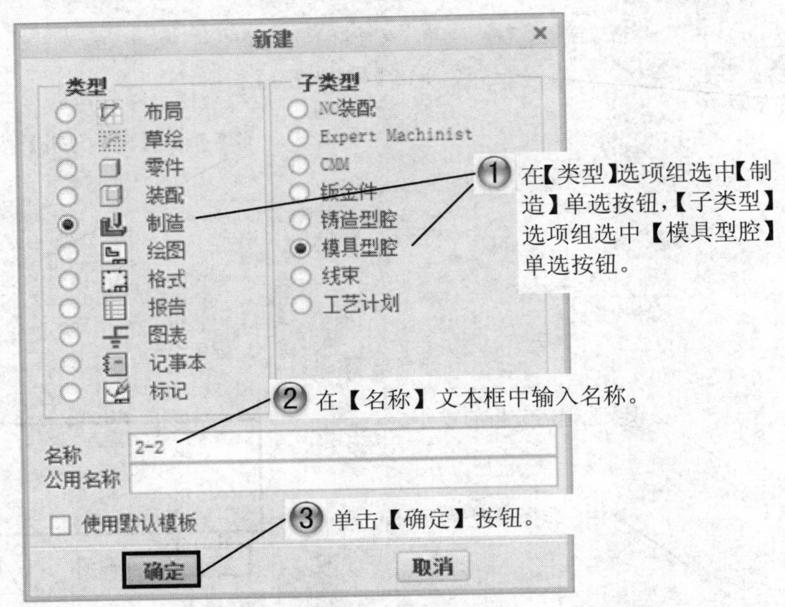

图 10-21　新建模具

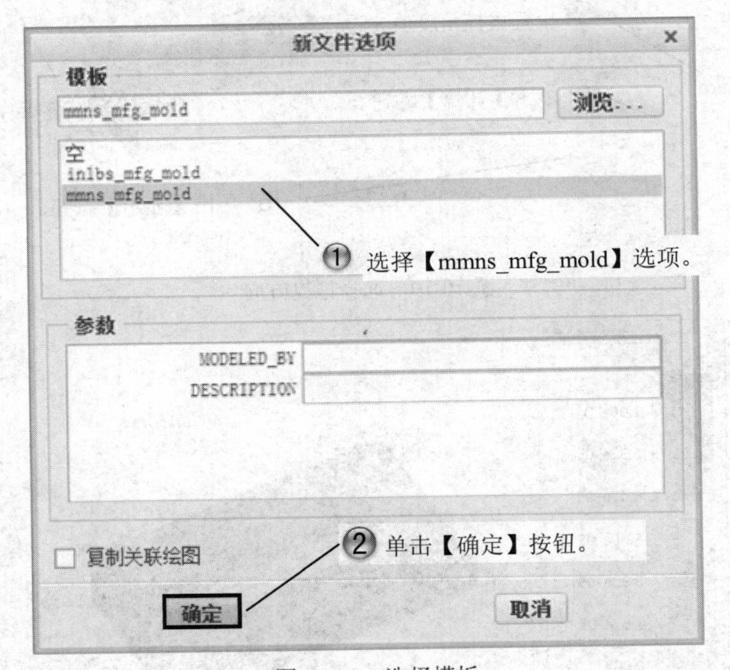

图 10-22　选择模板

Step4 组装模型，如图 10-23 和图 10-24 所示。

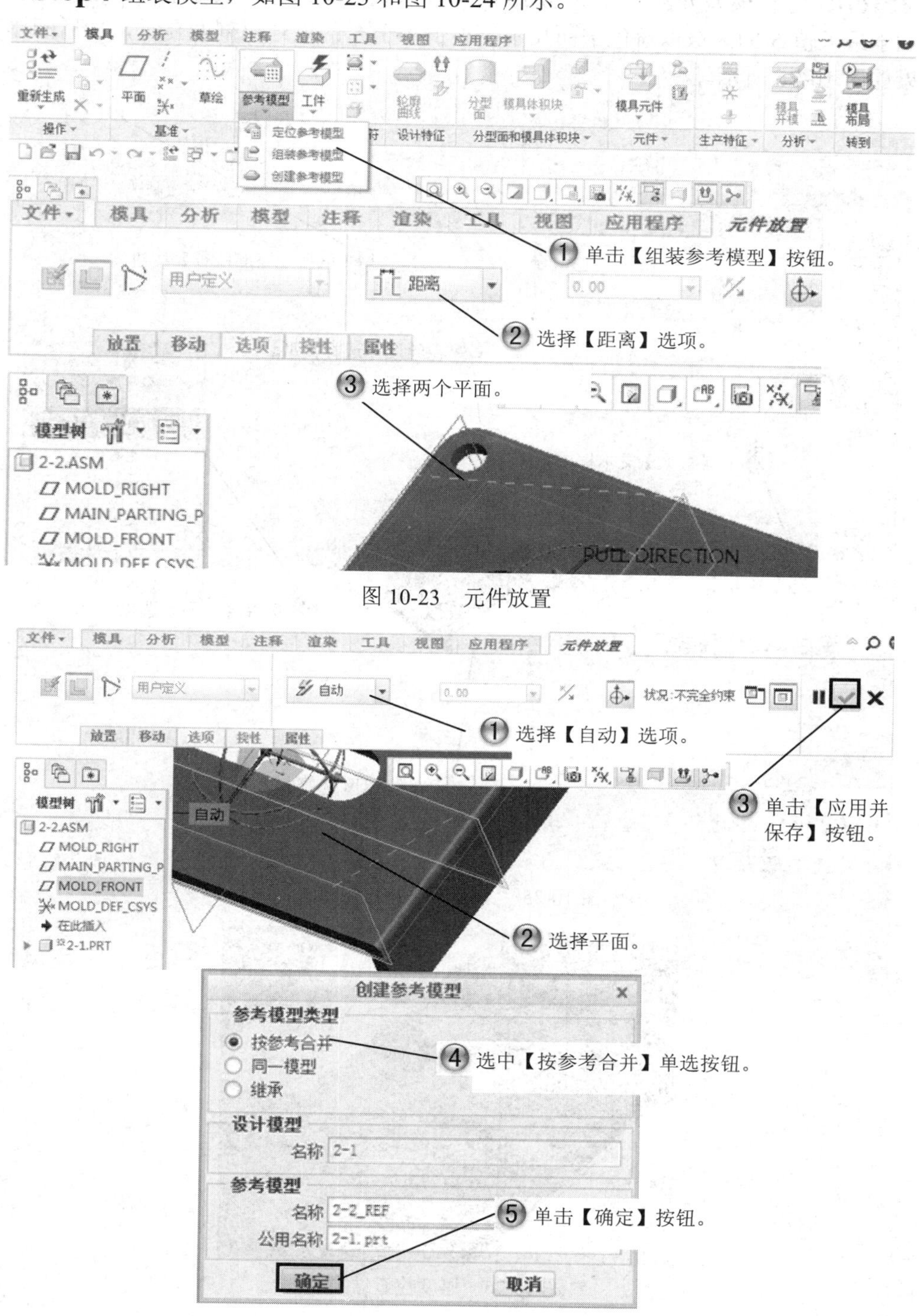

图 10-23 元件放置

图 10-24 完成组装模型

Step5 进行模型分析，如图 10-25 所示。系统自动计算产生结果，在绘图区模型中厚度大于最大值 5 的区域以蓝色剖面显示，小于等于 5 的以红色剖面显示，最后的厚度检查结果如图 10-26 所示。

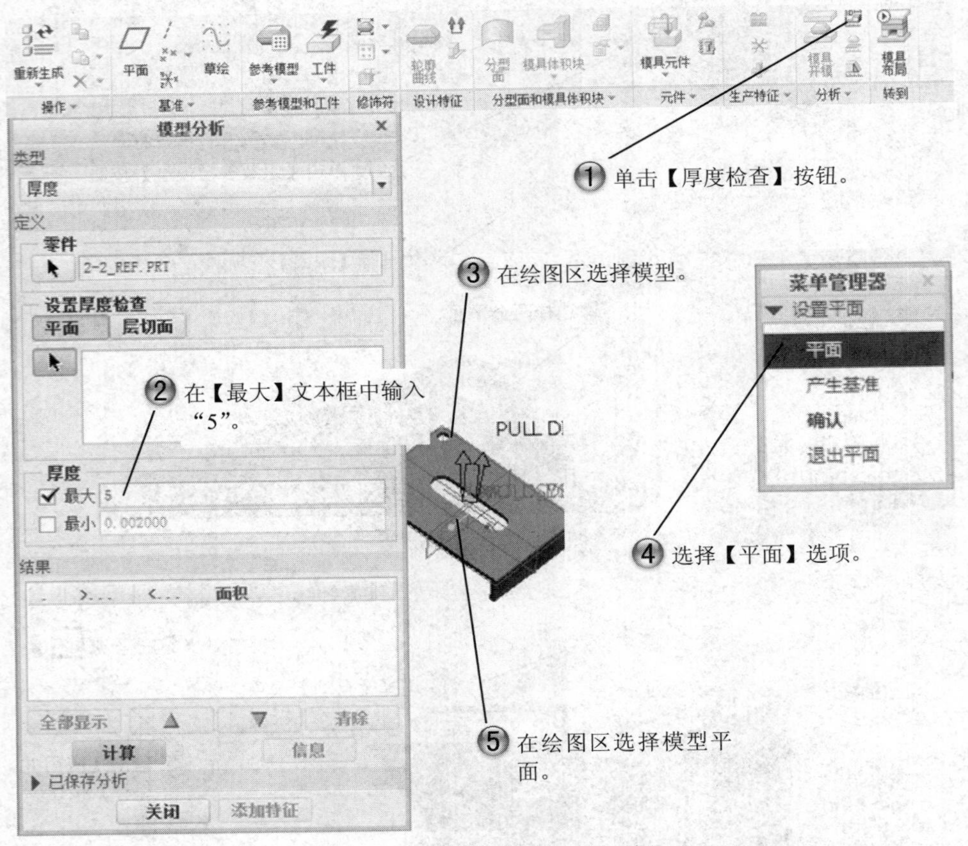

图 10-25 【模型分析】对话框

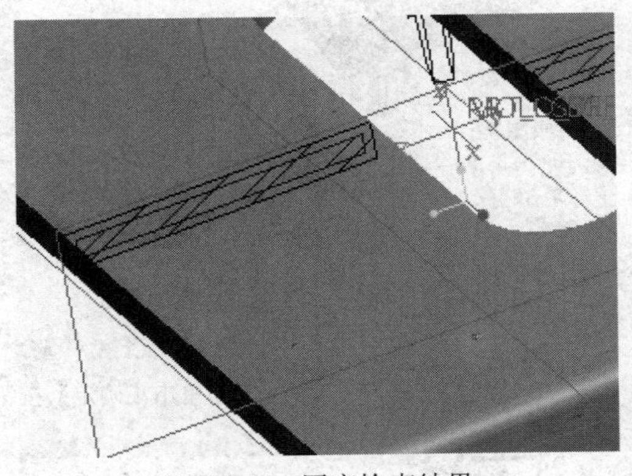

图 10-26 厚度检查结果

10.2　模具型腔布局

基本概念

对参考模型进行预处理后，可以将其加载到 Creo 模具模块开始模具设计。应当根据注射机的最大注射量、最大锁模力或者塑件的精度要求计算模具的型腔数，根据计算结果向模具中加载到参考模型，之后需要向模具中添加工件，以包裹参考模型构成型腔“毛坯”，由于塑料从热模具中取出并冷却到室温时会发生收缩，用户需要设置模具收缩率以反映这一变化。

课堂讲解课时：2 课时

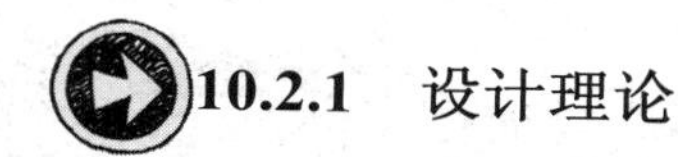

10.2.1　设计理论

1. 创建工作目录

模具创建的过程中会产生多个文件，为了方便管理这些文件，可以将它们保存在与模具文件相同的目录下，因此，首先介绍如何创建工作目录。

打开 Creo Parametric，选择【文件】|【选项】菜单命令，在弹出的【Creo Parametric 选项】对话框中将当前工作目录指向模型文件所在的文件夹（见图 10-27），或指向某一个特定的文件夹，这样可以将设计的模型文件备份到工作目录中备用，选择完成后单击【确定】按钮。

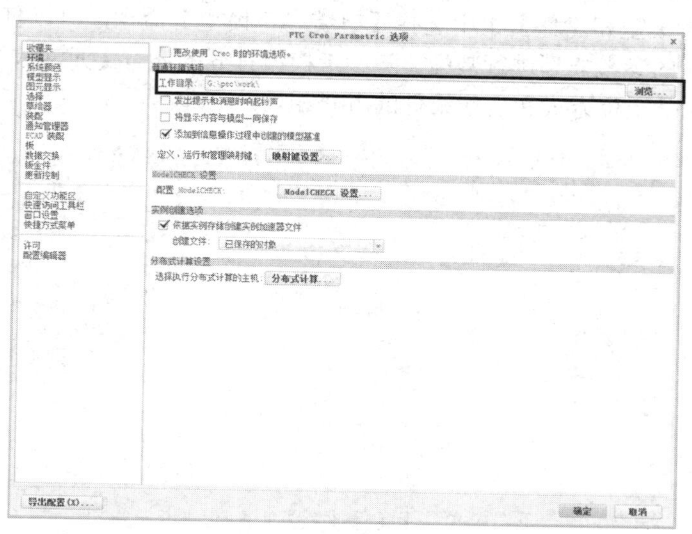

图 10-27　【Creo Parametric 选项】对话框

2. 创建模具文件

打开 Creo Parametric，选择【文件】|【新建】菜单命令或单击【快速访问】工具栏中的【新建】按钮，在弹出的【新建】对话框【类型】选项组中选择【制造】单选按钮，在【子类型】选项组中选择【模具型腔】单选按钮，在【名称】文本框中输入模具模型的名称，取消启用【使用默认模板】复选框，单击【确定】按钮。在弹出的【新文件选项】对话框中选择【mmns_mfg_mold】选项，单击【确定】按钮。

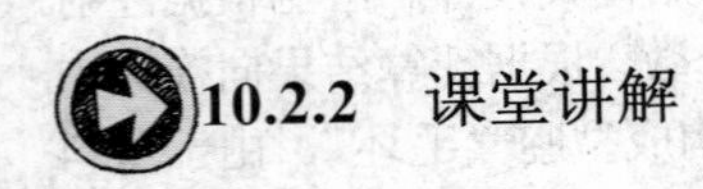

10.2.2 课堂讲解

1. 装配零件成品

进入模具设计环境后，可以开始进行零件成品与工件的装配，与之相关所有命令都包含在如图 10-28 所示的【模具】选项卡的【参考模型和工件】组中。

图 10-28 【参考模型和工件】组

在【参考模型和工件】组中可以选择采用装配的方式（或创建的方式）将零件成品及工件加入到模具装配文件中。在创建多腔模具时，可以使用【定位参考模型】命令来规划参考模型的排列方式及位置。

如果在【参考模型和工件】组中选择【组装参考模型】命令，可以打开【打开】对话框，选择一个现有的参考模型进行装配。随参考模型打开的还有【元件放置】工具选项卡，如图 10-29 所示。其定位方式和装配组件的方式相同。

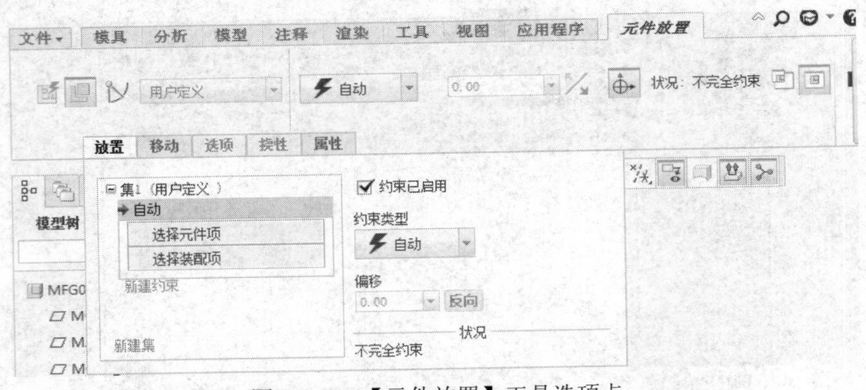

图 10-29 【元件放置】工具选项卡

装配零件成品或工件时，系统出现【打开】对话框，提示选择实体作为参考模型的零件成品或工件，选择实体后即进入装配环境，添加足够的约束条件即可完成装配。完成装配后，系统出现如图 10-30 所示的【创建参考模型】对话框。下面介绍一下其中的 3 种参考模型类型。

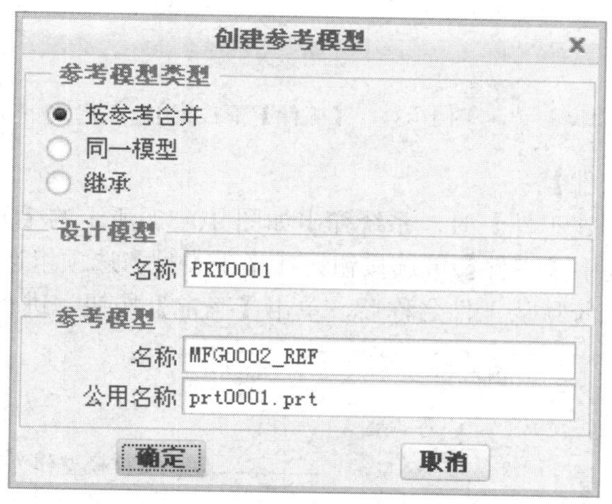

图 10-30 【创建参考模型】对话框

（1）【按参考合并】：Creo Parametric 会将选定的零件成品完全一样的复制到模具装配体中，后续的一些操作（设置收缩、创建拔模、倒圆角和应用其他特征）都将在参考复制的模型上进行，而所有这些改变都不会影响零件成品。

（2）【同一模型】：Creo Parametric 会将选定的零件成品直接装配作为参考模型，以后的拆模直接对零件成品进行。

（3）【继承】：参考模型继承零件成品中的所有几何和特征信息。可指定在不更改零件成品情况下，要在参考模型上进行修改的几何及特征数据。该选项为在不更改零件成品的情况下，修改参考模型提供更大的自由度。

2. 创建工件

模具参考模型装配完成后，就可以进行工件的设置。工件可以理解为模具的毛坯，所以有的书中也称模具工件为坯料，它完全包裹着参考模型，还包容着浇注系统，冷却水线等型腔特征。工件等于所有模具型腔与型芯的体积之和，利用分型面分割工件之后，就可以得到型腔或型芯体积块。

如图 10-31 所示为【工件】下拉菜单。其中有【创建工件】、【自动工件】和【组装工件】3 种创建方式。

图 10-31 【工件】下拉菜单

（1）手动【创建工件】

采用手动方式【创建工件】时，系统弹出如图 10-32 所示的【元件创建】对话框，通常在【类型】选项组选中【零件】单选按钮，在【子类型】选项组选中【实体】单选按钮，输入工件名称或接受系统默认工件名称后，单击【确定】按钮，进行下一步操作。

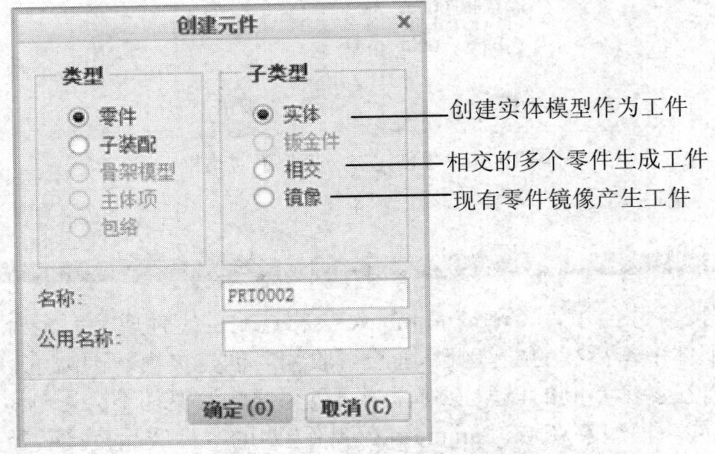

图 10-32 【元件创建】对话框

系统弹出如图 10-33 所示的【创建选项】对话框，如果内存中有工件，选中【从现有项复制】单选按钮；在【创建方法】选项组选中【创建特征】单选按钮，单击【确定】按钮，此时在模具装配环境中，可以直接利用创建实体特征的方法创建出适当大小的工件即可。

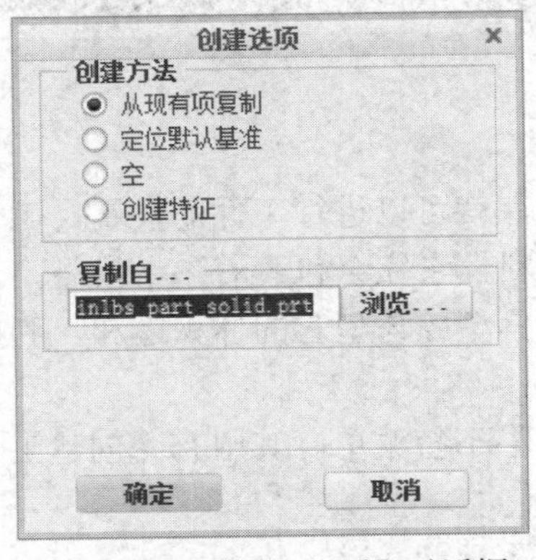

图 10-33 【创建选项】对话框

（2）【自动工件】

采用自动方式创建工件时，系统出现如图 10-34 所示的【自动工件】对话框。

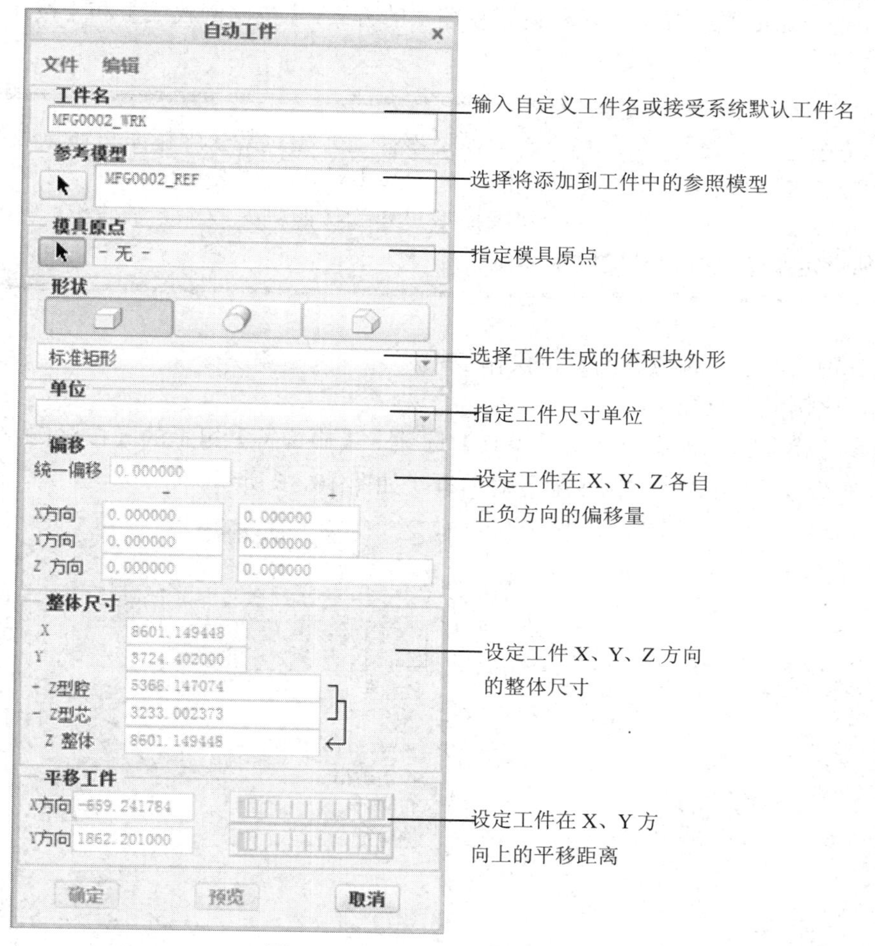

图 10-34 【自动工件】对话框

在【自动工件】对话框中按顺序指定【模具原点】、【形状】及【偏移】尺寸便可轻易地创建出工件。工件默认显示的颜色为绿色。

将完成的模具装配文件存盘，此时工作目录下除了零件成品外还包括扩展名为 mfg 的模具设计文件、模具装配文件、参考模型文件及工件文件。

（3）【组装工件】

采用【组装工件】命令时，在【打开】对话框打开现有的工件，之后进行约束定位即可。

3. 设置模具收缩率

塑料从热的模具中取出并冷却到室温后，其尺寸发生变化的特性称为收缩率。由于收缩不仅是塑料本身的热胀冷缩，而且还与各种成型因素有关，因此成型后塑件的收缩称为成型收缩。所以在创建模具时，应当考虑材料的收缩并相应地增加参考模型的尺寸。用户通过设置适当的收缩率放大参考模型，便可以获得正确尺寸的注塑零件。一般可将收缩应用到模具模式下的参考模型中，也可以加到设计模型中。

Creo Parametric 系统提供了两种设置收缩率的方式：【按比例收缩】和【按尺寸收缩】，如图 10-35 所示。

> 【按比例收缩】：允许整个参考模型零件几何相对某个坐标系按比例收缩，还可以单独设定某个坐标方向上的不同收缩率。
>
> 【按尺寸收缩】：允许整个参考模型尺寸均按照同一收缩系数收缩，还可以单独设定某个个别尺寸的收缩系数。

下面分别介绍这两种方式的具体操作步骤。

（1）按比例设置收缩率

添加参考模型和工件后，单击【模具】选项卡【修饰符】组上的【按比例收缩】按钮 按比例收缩，弹出【按比例收缩】对话框，如图 10-36 所示。

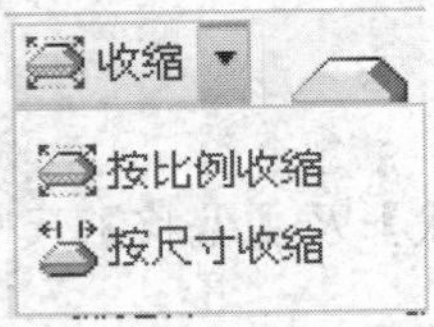

收缩

按比例收缩

按尺寸收缩

图 10-35　收缩下拉列表

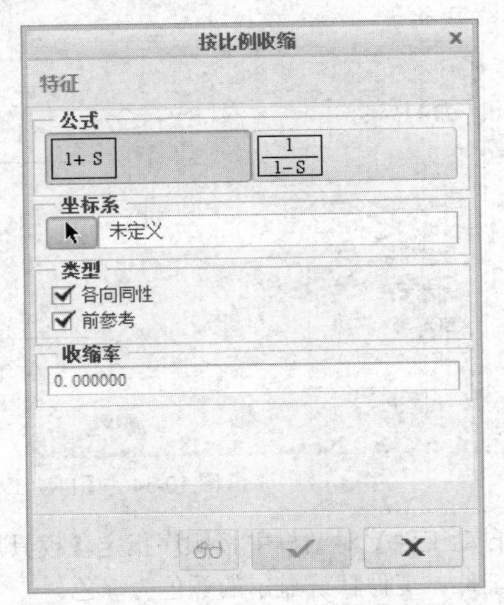

图 10-36　【按比例收缩】对话框

在【按比例收缩】对话框上的操作如下：

首先选择收缩计算公式，分别对应于两个选择按钮 1+ S 和 $\frac{1}{1-S}$，系统默认选择第一个计算公式。

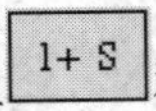

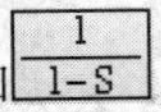

单击【坐标系】选项组的【选取】按钮，在模具参考模型上选择某个坐标系作为收缩基准。如果在模具模型中装配了多个参考模型，系统将提示用户指定要应用收缩的模型，组件偏距也随之收缩。

【类型】选项组包含两个选项：

【各向同性的】：启用该复选框，在【收缩率】选项组只出现一个输入文本框，可以对 X、Y、Z 轴按相同的收缩率收缩，反之，则在【收缩率】选项组出现三个输入文本框，可以对 X、Y、Z 轴分别设置不同的收缩率。

【前参考】：启用该复选框时，收缩不会创建新几何，但会更改现有几何，从而使全部现有参考继续保持为模型的一部分。反之，系统会为要在其中应用收缩的零件创建新几何。

【收缩率】选项组：用于输入收缩率的值。

设置完成后，单击【预览特征几何】按钮，可以显示收缩结果，单击【应用并保存】按钮，完成按比例收缩设置。选择【按比例收缩】命令，收缩率只应用在参考模型上，不会对设计模型造成影响。

（2）按尺寸设置收缩率

添加参考模型和工件后，单击【模具】选项卡【修饰符】组上的【按尺寸收缩】按钮 按尺寸收缩，如图 10-37 所示。

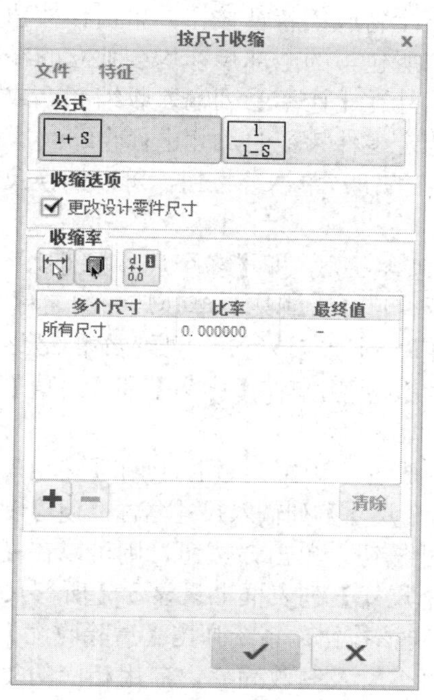

图 10-37 【按尺寸收缩】对话框

下面介绍【按尺寸收缩】对话框上各参数：

【公式】选项组：用于指定零件尺寸按照何种收缩计算公式进行收缩,有两种收缩计算公式供用户选择，对应两个选择按钮：

1+S 按钮：收缩计算公式为 1+S，S 为收缩因子（在【收缩率】选项组设定），收缩因子基于模型的原始几何，为系统默认选项；

$\frac{1}{1-S}$ 按钮：收缩计算公式为 $\frac{1}{1-S}$，收缩因子基于模型的生成几何。

【更改设计零件尺寸】复选框：默认状态下启用此复选框，表示对参考模型设置收缩时，收缩率也会同时应用到设计模型上，从而改变设计模型的尺寸参数，所以，如果用户不希望设计模型尺寸受到影响，建议取消启用此复选框。

按钮：选取零件上待收缩尺寸按钮。单击该按钮，可以选取要进行收缩的零件尺寸，所选尺寸会显示在【多个尺寸】列表框上，可以在【比率】列输入收缩率，或在【最终值】列指定收缩尺寸值，就可以对选定零件尺寸进行收缩。

按钮：选取零件上待收缩特征按钮。单击该按钮，可以选取要进行收缩的零件特征，所选特征所包含的全部尺寸均会独立的在【多个尺寸】列表框上显示，可以为每行的尺寸在【比率】列输入收缩率，或在【最终值】列指定收缩尺寸值，就可以对选定零件特征的尺寸进行收缩。

按钮：显示切换按钮。单击该按钮，可以切换尺寸的数字值和符号名称显示。

【收缩率】列表框包含三列，即【多个尺寸】、【比率】、【最终值】。【多个尺寸】列显示零件的“所有尺寸”或某个单独尺寸的名称，【比率】列指定对该行尺寸的收缩率，【最终值】列指定该行尺寸要收缩的最终尺寸值。若【多个尺寸】列显示的是【所有尺寸】，则用户在【比率】和【终值】列所做的操作将使收缩应用到零件的所有尺寸上。

按钮：增加尺寸按钮。单击该按钮，则在【多个尺寸】列表框上增加新行，由用户在新加行的【多个尺寸】列输入尺寸名称，便可以对该尺寸进行收缩。

按钮：删除尺寸按钮。单击该按钮，则可以在【多个尺寸】列表框删除指定尺寸行，当【多个尺寸】列表框上只显示【所有尺寸】时该按钮不可用。

【清除】按钮：单击该按钮，系统弹出【清除收缩】菜单管理器，菜单上显示应用收缩的所有尺寸名称及其收缩率，启用相应的复选框可以清除对该尺寸的收缩，如图 10-38 所示。

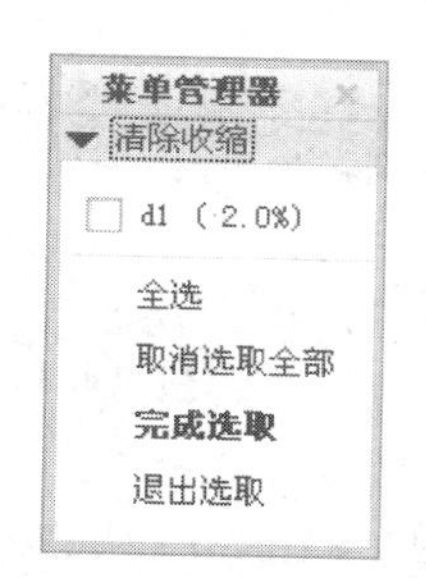

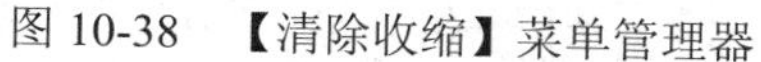
图 10-38 【清除收缩】菜单管理器

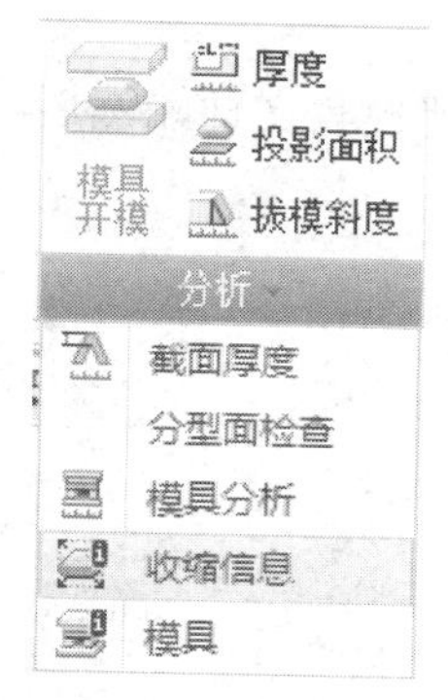

图 10-39 【收缩信息】命令

设置完成后，单击【应用并保存】按钮，完成按尺寸收缩设置。当用户对参考模具应用收缩后，选择【分析】|【收缩信息】命令，如图 10-39 所示。弹出【信息窗口】窗口，如图 10-40 所示，显示收缩公式和收缩因子等信息。

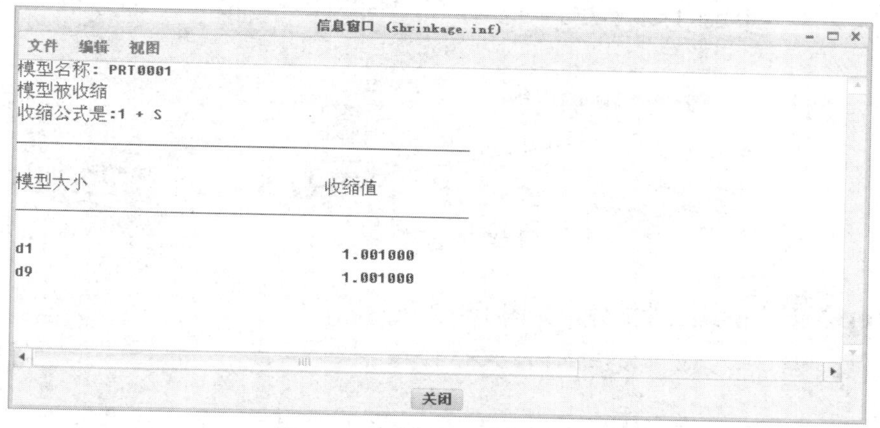

图 10-40 【信息窗口】对话框

10.2.3 课堂练习——套环模具型腔布局

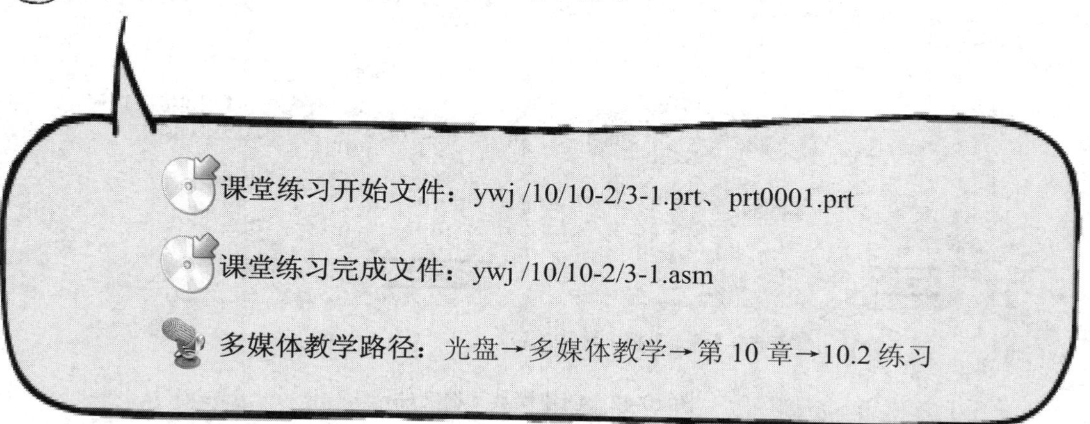

Step1 新建模具文件，然后组装参考模型，如图 10-41 所示。

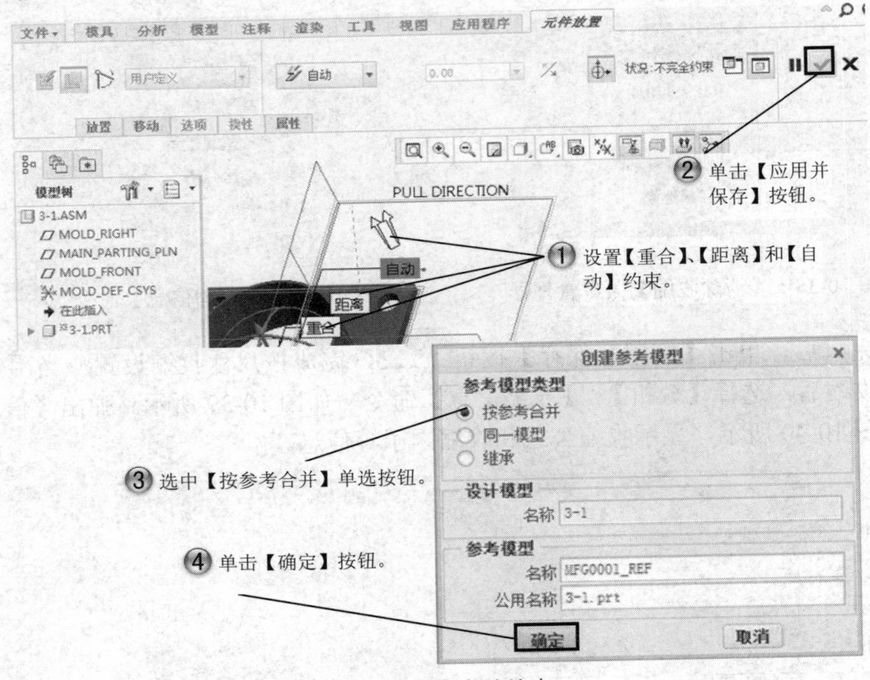

图 10-41 自动约束

Step2 创建模具工件文件，如图 10-42 所示。

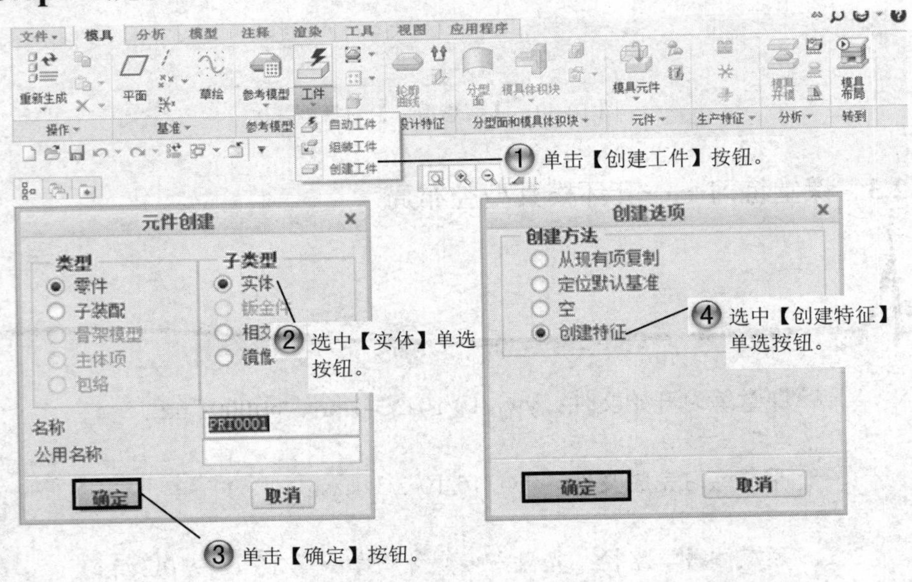

图 10-42 创建模具工件文件

Step3 创建工件草图，如图 10-43 所示。

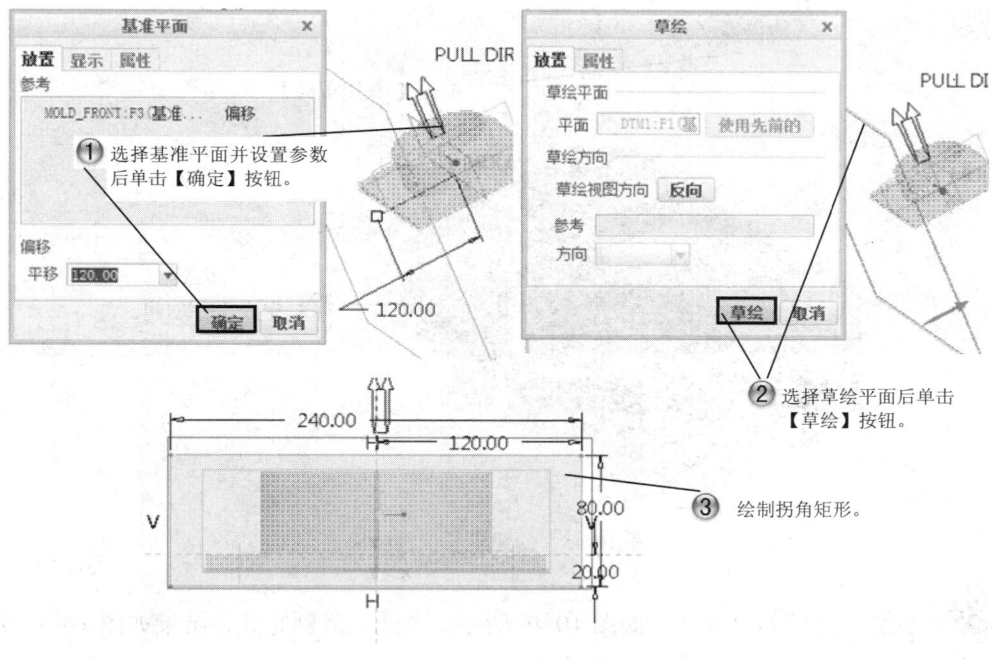

图 10-43　创建工件草图

Step4 拉伸草图，如图 10-44 所示。完成工件的创建，工件将以透明的方式显示在绘图区中，如图 10-45 所示。

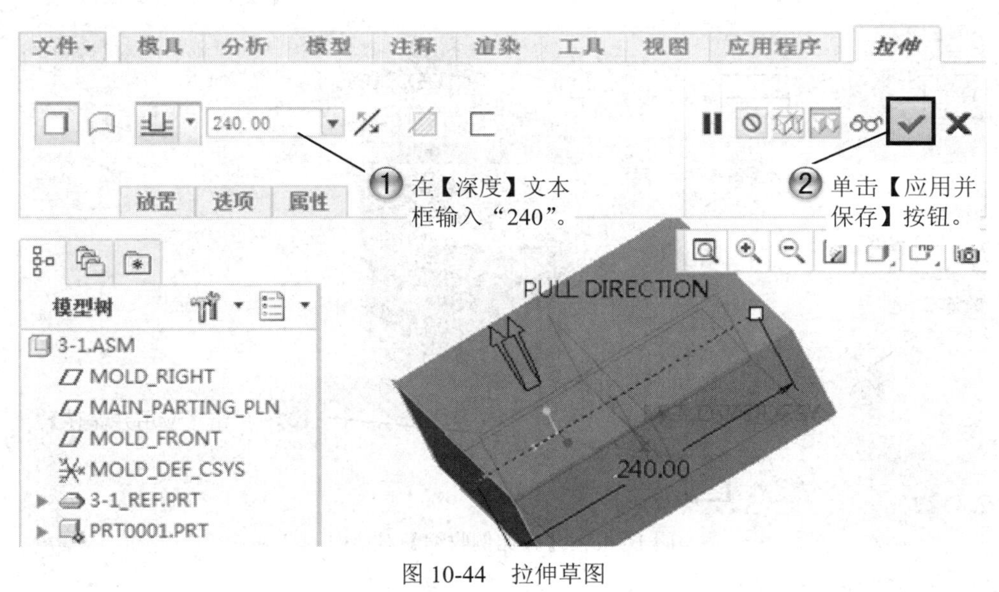

图 10-44　拉伸草图

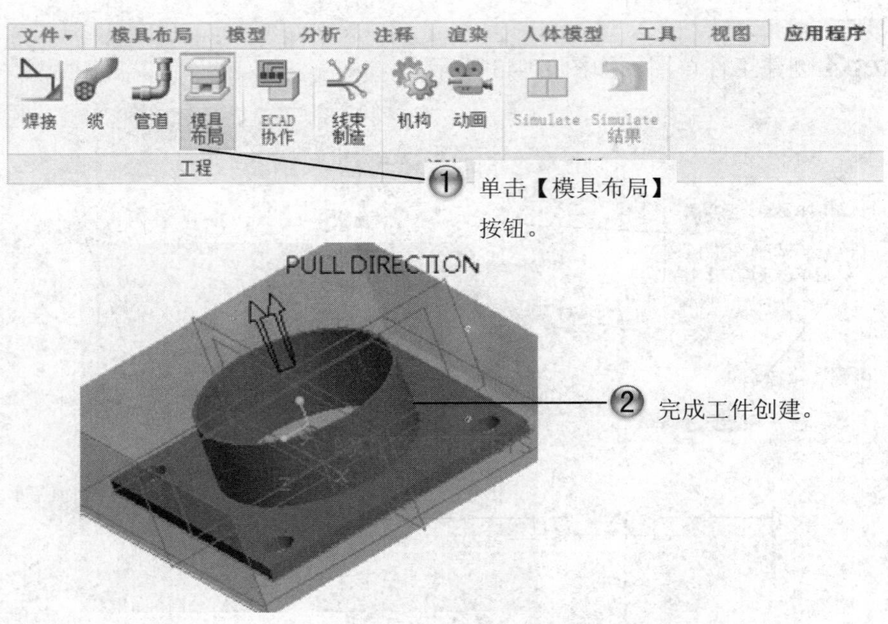

图 10-45　创建模具工件结果

Step5 设置模具收缩率，如图 10-46 所示。至此，范例完成，结果如图 10-47 所示。

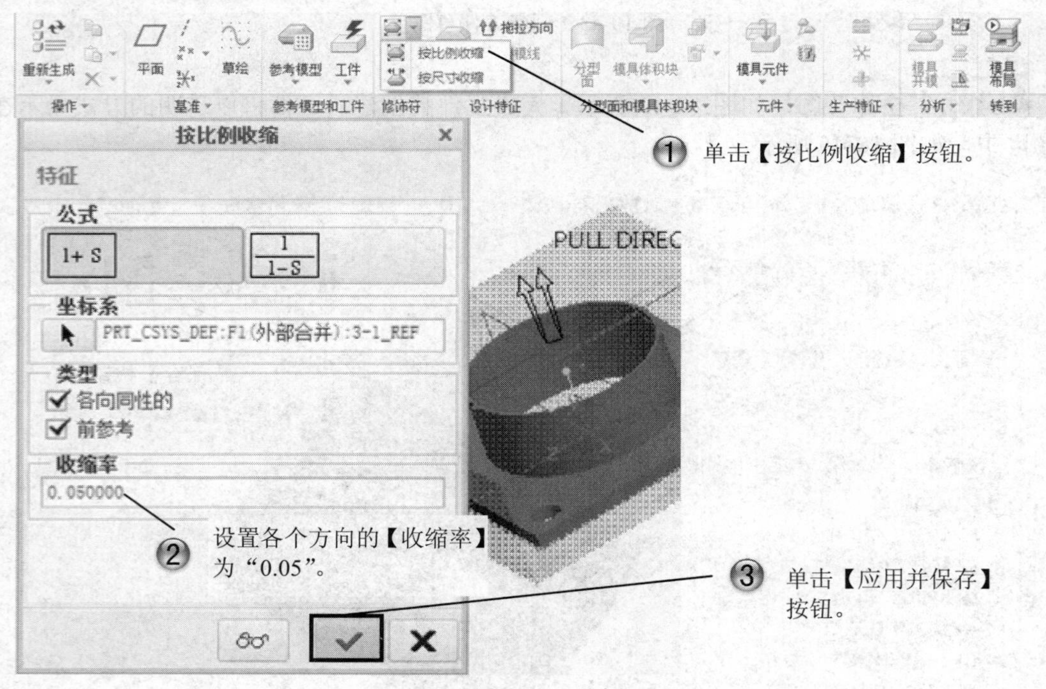

图 10-46　【按比例收缩】对话框

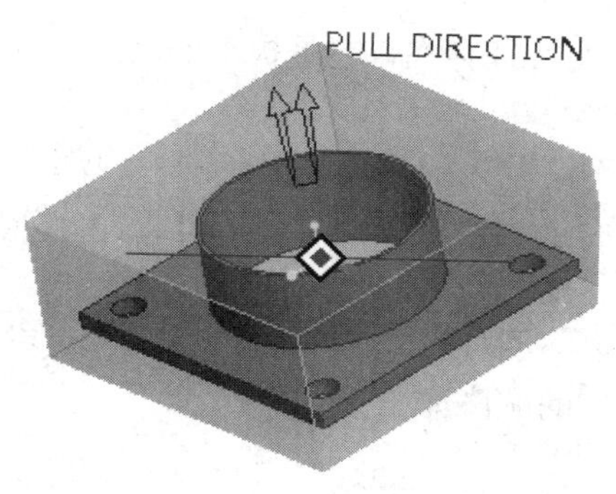

图 10-47　套环模具

10.3　分型面设计

基本概念

为使产品从模腔内取出，模具必须分成公母模侧两部分，此部分接口称之为分型面。分型面的形式有水平、阶梯、斜面、垂直、曲面等多种。它有分模和排气的作用，单因模具精度和成型的差异，易产生毛边、结线，影响产品外观及精度。分型面主要用来分割工件或现有体积块，包括一个或多个参考零件的曲面。在模具模块中这些曲面特征由分型面命令所创建。分型面的选择是一个比较复杂的问题，因为它受到塑料件和形状、壁厚、尺寸精度、嵌件位置，以及模具内的几何形状、顶出方式、浇注系统的设计等多方面影响。

课堂讲解课时：2 课时

10.3.1　设计理论

在进行分型面选择时，一般遵循以下原则：

1. 有利于脱模；
2. 有利于保证塑件外观质量和精度要求；
3. 有利于成型零件的加工制造；
4. 有利于侧向抽芯；
5. 分型面必须和预分割的模块或模具体积块完全地相交；
6. 分型面不能自身相交。

在 Creo 中分型面作为曲面特征存在，它是极薄的，并且定义了边界的非实体特征，在模型树中以特征标识显示。

曲面特征的外部边在绘图区默认的颜色是黄色的，内部边是洋红色的，当多个曲面被组合或合并后即被称为曲面面组，分型面就是用于将工件分为单独零件的曲面面组，可以由几个的曲面特征经过合并、裁剪和其他操作特征组成。

分型面最常用的一般有以下四种形式："水平分型面"、"斜分型面"、"阶梯分型面"和"特殊分型面"，按照从左至右的顺序如图 10-48 所示。

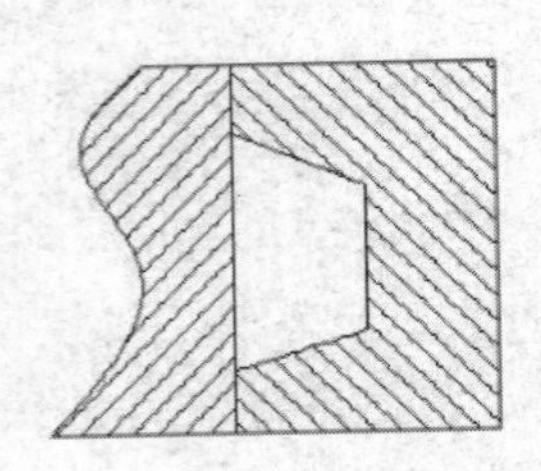
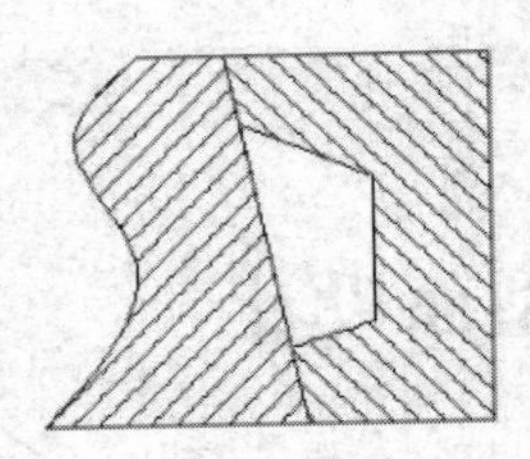
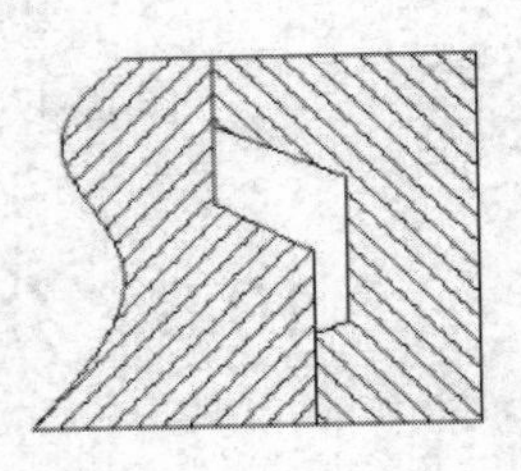
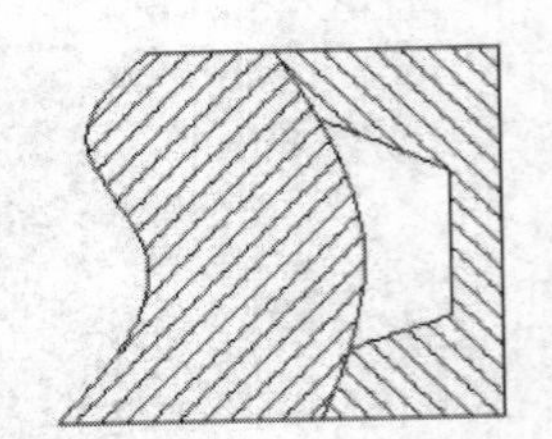

图 10-48　常见分型面

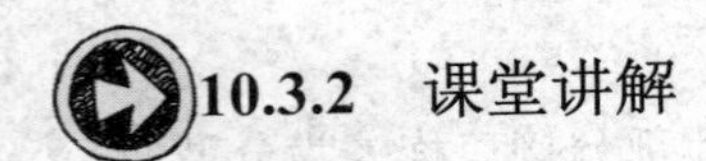

10.3.2　课堂讲解

1. 创建分型面模式

在 Creo Parametric 中创建的分型面与一般曲面特征没有本质上的区别，完全可以用与建模模块中创建曲面相同的方法来创建。

进入 Creo Parametric，在模具工作界面下，单击【模具】选项卡【分型面和模具体积块】组中的【分型面】按钮，可以进入分型面设计模式。

此时弹出【分型面】工具选项卡，用户可以用上面的快捷命令按钮，如图 10-49 所示，创建部分类型分型面。

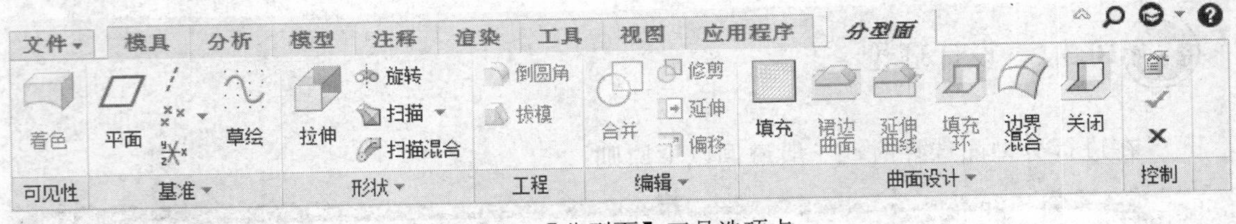

图 10-49　【分型面】工具选项卡

下面着重介绍几种常用的创建分型面的方法。

2. 拉伸法生成分型面

拉伸法是创建分型面常用的方法之一，它的具体操作如下：

(1) 在分型面设计模式中，单击【分型面】工具选项卡【形状】组中的【拉伸】按钮，打开【拉伸】工具选项卡，单击【放置】标签，切换到【放置】面板，单击【定义】按钮，如图 10-50 所示。

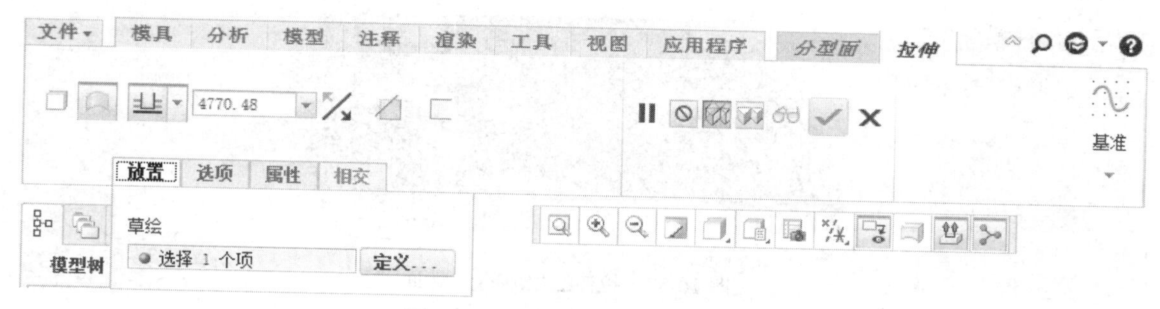

图 10-50 【拉伸】工具选项卡

（2）系统弹出【草绘】对话框，用户选择完草绘平面及参考平面后，单击【草绘】对话框中的【草绘】按钮，进入草绘平面。

（3）在草绘界面下首先选择适当参考及拉伸边界（到工件两侧），绘制拉伸草图，单击【草绘】工具选项卡中的【确定】按钮，完成拉伸草图的绘制，如图 10-51 所示为一个分型面的设计。

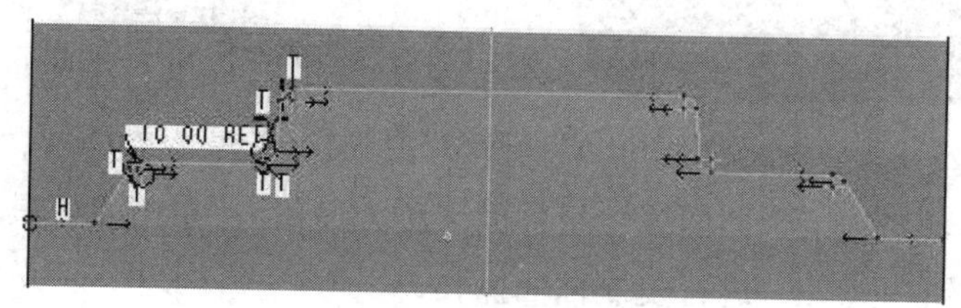

图 10-51 绘制拉伸草图

（4）在【拉伸】工具选项卡中选择【拉伸至选定的点、曲线、平面或曲面】选项，在绘图区工件上选择深度平面，如图 10-52 所示。深度平面选择为工件的后视面，黄色单箭头为曲面生成方向，用户可单击箭头改变方向，确认无误后单击【拉伸】工具选项卡上的【应用并保存】按钮。

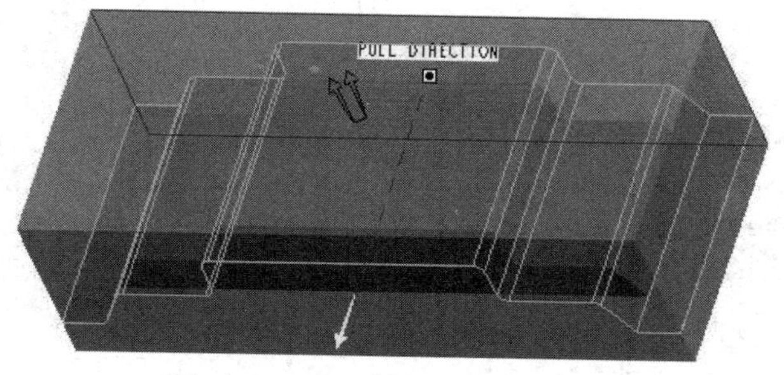

图 10-52 在工件上选择深度平面

（5）返回到分型面操作界面，遮蔽其他特征，完成拉伸法创建分型面操作，如图 10-53 所示。

图 10-53　拉伸法生成的分型面

3. 复制法生成分型面

（1）在分型面设计模式中，用户首先将工件遮蔽：在模型树中右键单击工件图标，在弹出的快捷菜单中选择【遮蔽】命令，进行遮蔽操作，遮蔽效果如图 10-54 所示。

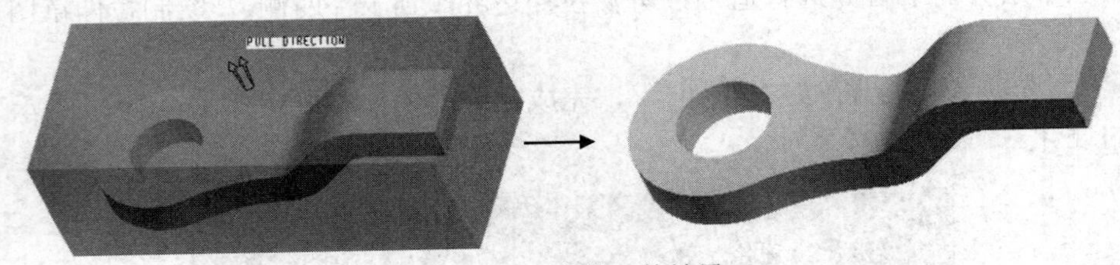

图 10-54　遮蔽工件效果

（2）选择模具表面的某个曲面或一组曲面（称为面组），单击【模具】选项卡【操作】组中的【复制】按钮，进行复制曲面操作。

（3）再单击【模具】选项卡【操作】组中的【粘贴】按钮，打开如图 10-55 所示的【曲面：复制】工具选项卡。

（4）按住 Ctrl 键不放选择要复制的曲面，在工具选项卡中单击【参考】标签，切换到【参考】选项卡，选取任意数量的曲面集或曲面组进行复制。

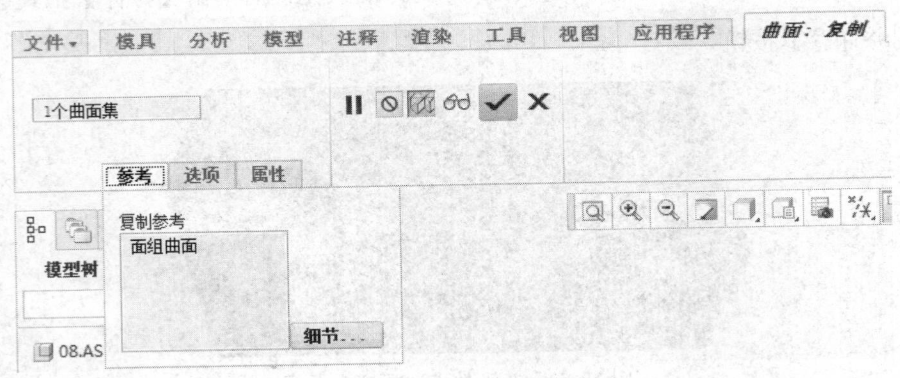

图 10-55　【参考】选项卡

若用户要对已经选取的待复制的曲面进行修改，可以单击【细节】按钮，系统弹出如图 10-56 所示的【曲面集】对话框，在此对话框中可以添加或移除面组中的曲面。

（5）单击【选项】标签，切换到【选项】面板，对要复制的曲面选择不同的粘贴操作方式，包括三种不同的选择方式。若用户选择【按原样复制所有曲面】单选按钮，则系统对用户要复制的曲面不进行任何修改，按所选曲面原样复制，如图 10-57 所示。单击工具选项卡中的【应用并保存】按钮✔，返回到分型面操作界面，对模具进行遮蔽操作，生成如图 10-58 所示的复制分型面。

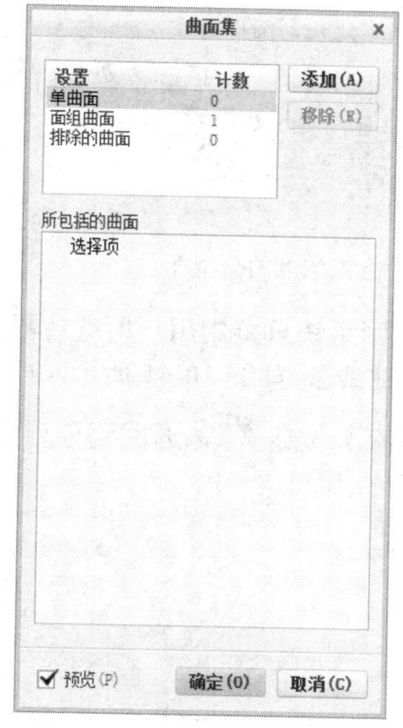

图 10-56 【曲面集】对话框

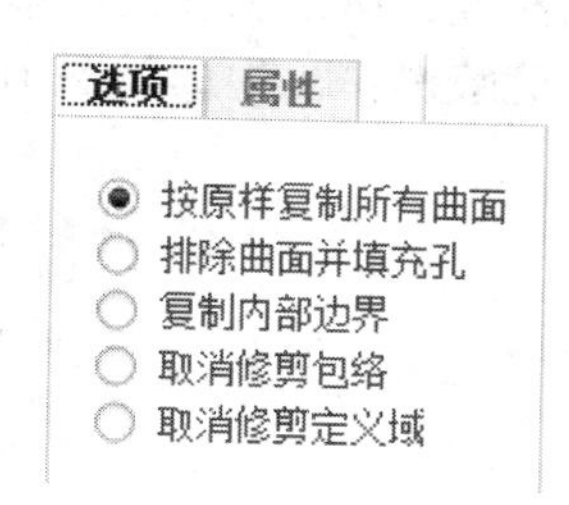

图 10-57 【选项】面板

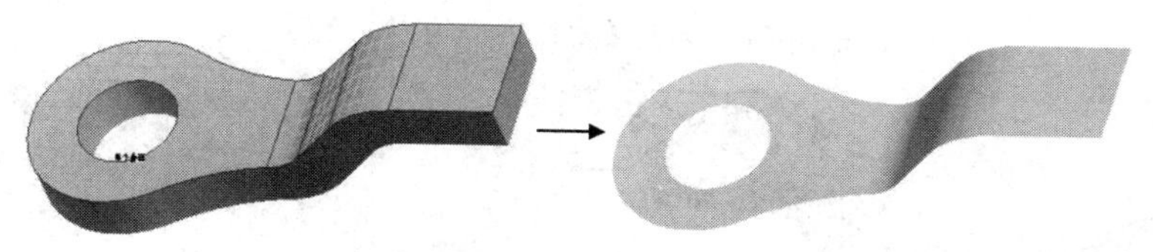

图 10-58 【按原样复制所有曲面】方式生成的分型面

（6）若用户选择【排除曲面并填充孔】单选按钮，如图 10-59 所示，则系统对用户要复制的曲面中含有的破孔进行填充孔的操作，按住 Ctrl 键不放选取要填充的孔。单击工具选项卡中的【应用并保存】按钮✔，返回到分型面操作界面，对模具进行遮蔽操作，生成如图 10-60 所示的复制分型面。

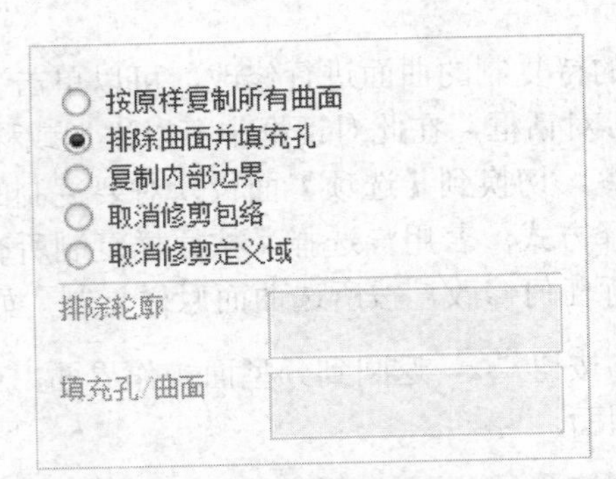

图 10-59　选择【排除曲面并填充孔】选项

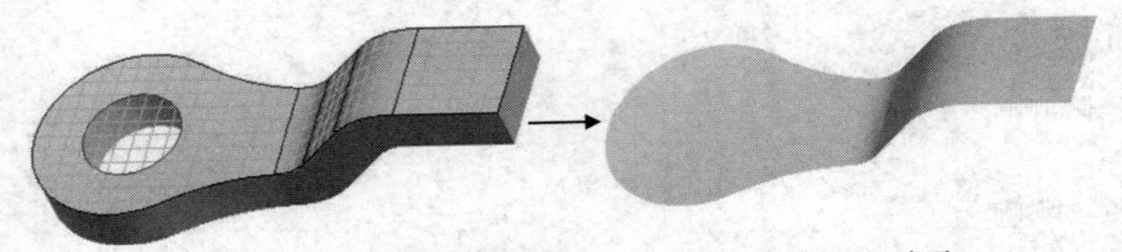

图 10-60　【排除曲面并填充孔】方式生成的分型面

（7）若用户选择【复制内部边界】单选按钮，则系统只复制用户所选边界内的曲面，选择此单选按钮，系统提示用户选择相应的【边界曲线】，如图 10-61 所示，按住 Ctrl 键依次选取边界曲线。单击工具选项卡中的【应用并保存】按钮，返回到分型面操作界面，对模具进行遮蔽操作，生成如图 10-62 所示的复制分型面。

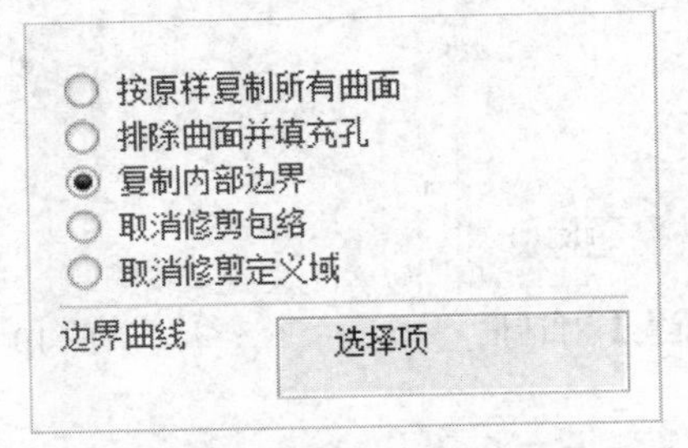

图 10-61　选择【复制内部边界】选项

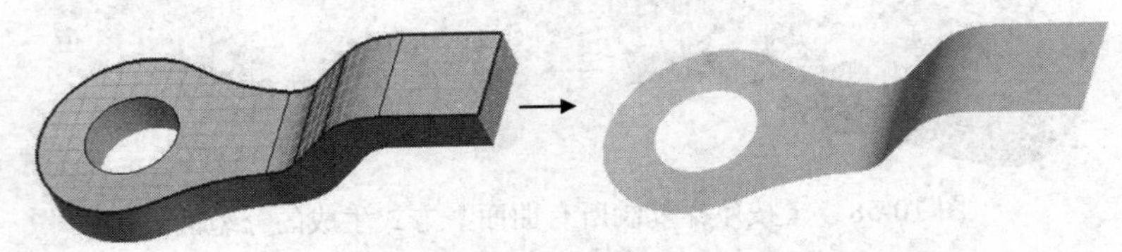

图 10-62　【复制内部边界】方式生成的分型面

4. 阴影法生成分型面

（1）在【分型面】工具选项卡【曲面设计】组中，选择【曲面设计】|【阴影曲面】命令，系统弹出如图 10-63 所示的【阴影曲面】对话框。

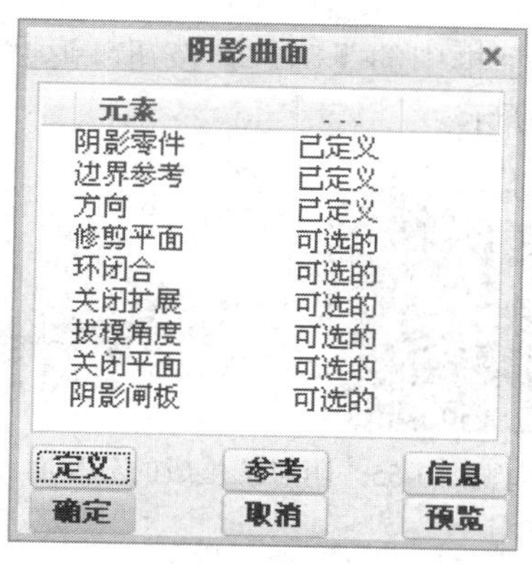

图 10-63 【阴影曲面】对话框

（2）下面介绍一下【阴影曲面】对话框中【元素】列表中要定义的选项。

【阴影零件】：用户选择用于创建阴影曲面的参考模型。若选取了多个参考模型，则需用户指定一个关闭平面。

【边界参考】：选择阴影曲面的边界参考元素。

【方向】：定义曲面生成方向，系统默认生成该方向，若用户双击修改，则弹出【一般选取方向】菜单管理器，若用户选取了方向生成方式后，相应的会在图形上显示一个红色箭头表明该方向，如图 10-64 所示。

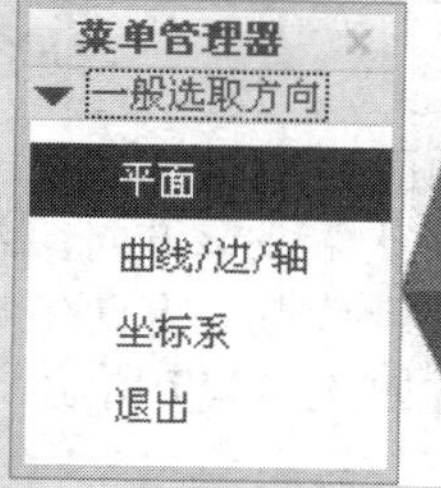

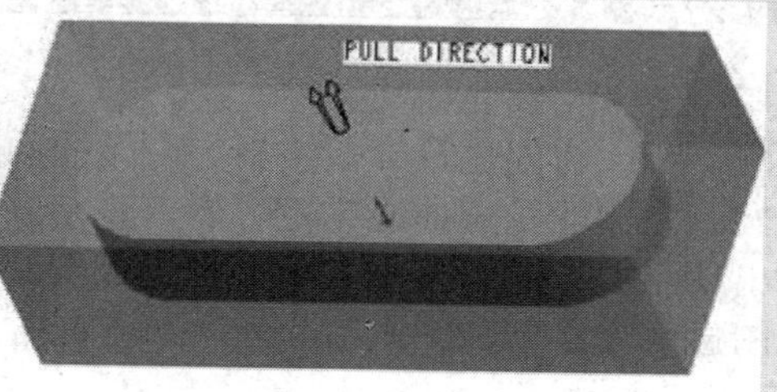

图 10-64 【一般选取方向】菜单管理器定义曲面生成方向

其中，在【一般选取方向】菜单管理器上的三个可选项含义如下：

【平面】：使曲面生成方向与该平面垂直。

【曲线/边/轴】：使用曲线、边或轴作为曲面生成方向。

【坐标系】：使用坐标系上的某一轴作为曲面生成方向。

之后系统提示选取参考对象，在绘图区中选取工件 Z 轴方向的一条边作为参考方向边。如果方向不对，可以在【方向】菜单管理器中选择【反向】选项，使投影方向反向，再选择【正向】选项。

（3）单击【阴影曲面】对话框中的【确定】按钮，返回到分型面操作界面，完成阴影法分型面的创建，如图 10-65 所示。

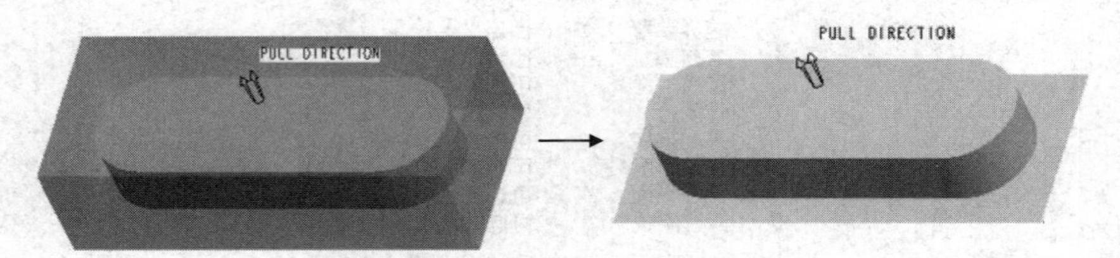

图 10-65　阴影法生成的分型面

5. *裙边法生成分型面*

裙边分型面就是沿着设计模型的轮廓曲线所创建的分型面。裙边法创建分型面是指利用侧面影像的曲线功能创建分型面，是指参考模型在指定的视觉方向上的投影轮廓，轮廓曲线是由多个封闭环所组成的。因此，首先介绍产生轮廓曲线的操作方法，轮廓曲线要在创建分型面命令前得到：

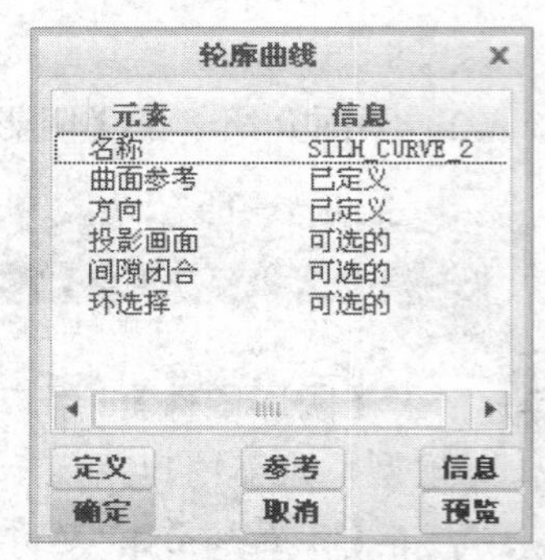

图 10-66　【轮廓曲线】对话框

（1）在模具型腔操作界面下，单击【模具】选项卡【设计特征】组中的【轮廓曲线】按钮，系统弹出如图 10-66 所示的【轮廓曲线】对话框。

其中，【元素】列表中各选项的含义介绍如下：

【名称】：定义轮廓曲线的名称。
【曲面参考】：为创建轮廓曲线指定开始的曲面。
【方向】：为创建轮廓曲线指定方向，系统默认生成该方向，若用户双击修改，则弹出【一般选取方向】菜单管理器，若用户选取了方向生成方式后，相应的会在图形上显示一个红色箭头表明该方向，如图 10-67 所示。

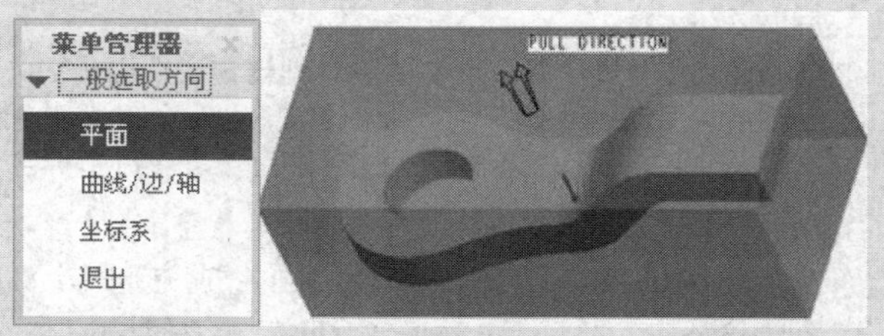

图 10-67　【一般选取方向】菜单管理器定义轮廓曲线生成方向

【投影画面】：指定要连接到参考零件上的曲面。
【间隙关闭】：判断轮廓曲线上是否存在间隙，有间隙则系统自动闭合。
【环选择】：对轮廓曲线上的环路进行选取和排除操作。

（2）各选项设置完成后，单击【轮廓曲线】对话框中的【确定】按钮，系统生成用户定义的轮廓曲线，曲线以红色显示在参考零件上，如图 10-68 所示。

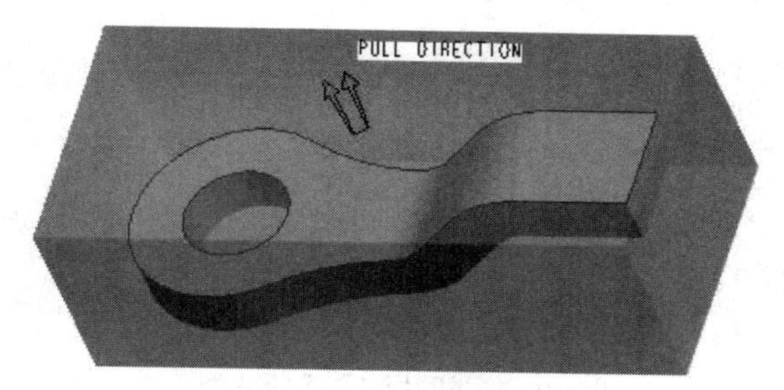

图 10-68　生成的轮廓曲线

（3）得到轮廓曲线后，单击【模具】选项卡【分型面和模具体积块】组中的【分型面】按钮，进入分型面设计模式。

（4）单击【分型面】工具选项卡【曲面设计】组中的【裙边曲面】按钮，系统弹出如图 10-69 所示的【裙边曲面】对话框和如图 10-70 所示的【链】菜单管理器。

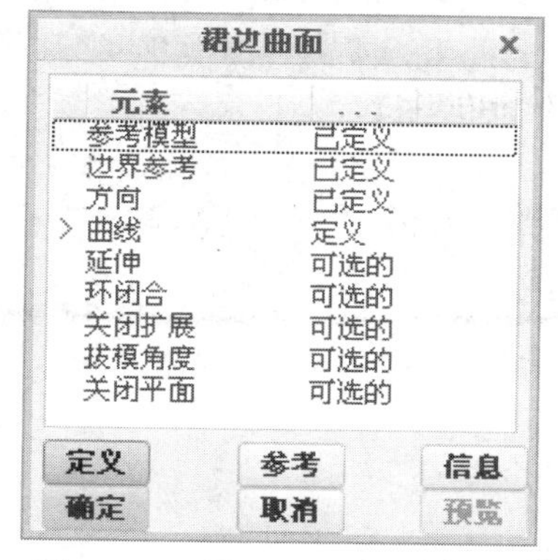

图 10-69　【裙边曲面】对话框

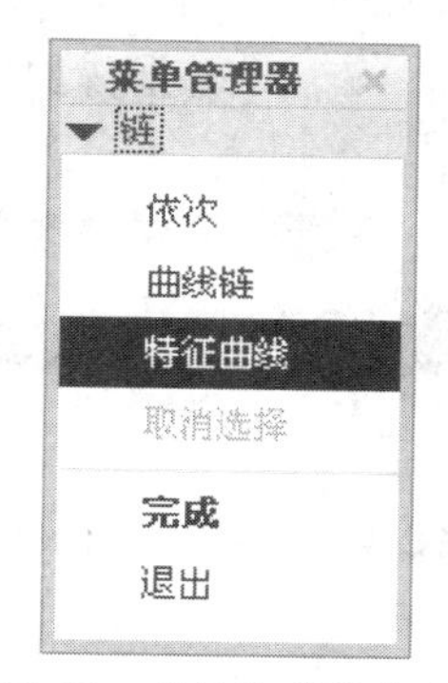

图 10-70　【链】菜单管理器

在【裙边曲面】对话框【元素】列表中的前三个选项【参考模型】、【边界参考】和【方向】由系统自动生成，故系统弹出【链】菜单管理器，用户可直接定义第四个选项—【曲线】，此时用户选取刚得到的轮廓曲线，选择【完成】选项进行下一步操作。

提示：

在【裙边曲面】对话框中的各选项含义与前面章节介绍的同名选项含义相同，用户可双击更改，不再赘述。

名师点拨

（5）各选项均定义完成后，单击【裙边曲面】对话框中的【确定】按钮，返回到分型面操作界面，完成裙状曲面的创建。将工件和参考零件遮蔽可看到生成的裙状曲面，如图 10-71 所示。

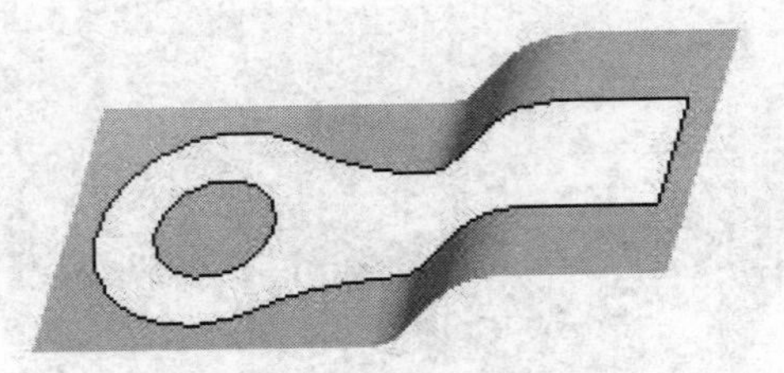

图 10-71　裙边法生成的分型面

10.3.3　课堂练习——套筒分型面设计

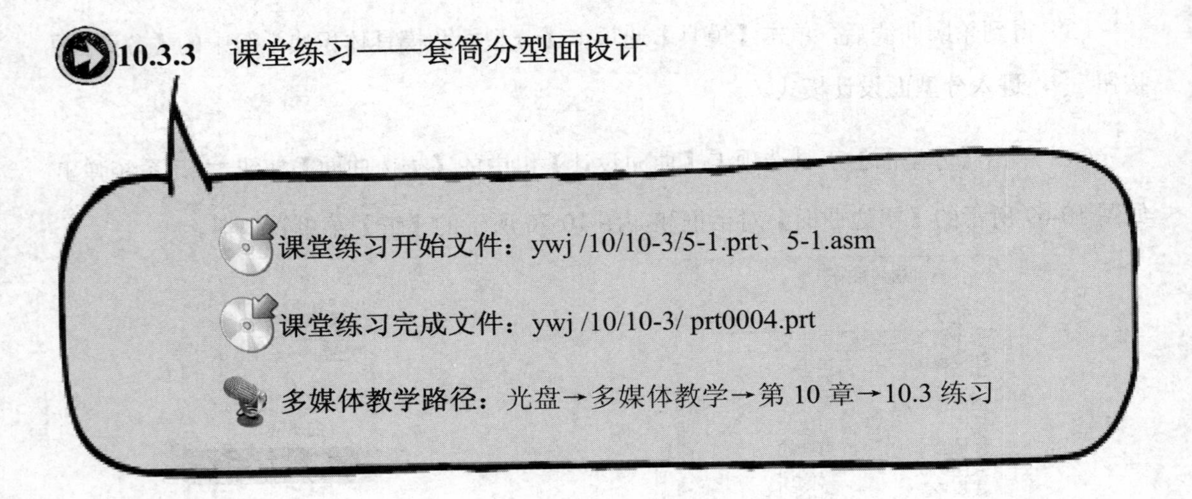

课堂练习开始文件：ywj /10/10-3/5-1.prt、5-1.asm

课堂练习完成文件：ywj /10/10-3/ prt0004.prt

多媒体教学路径：光盘→多媒体教学→第 10 章→10.3 练习

Step1 打开“5-1.asm”零件，如图 10-72 所示。

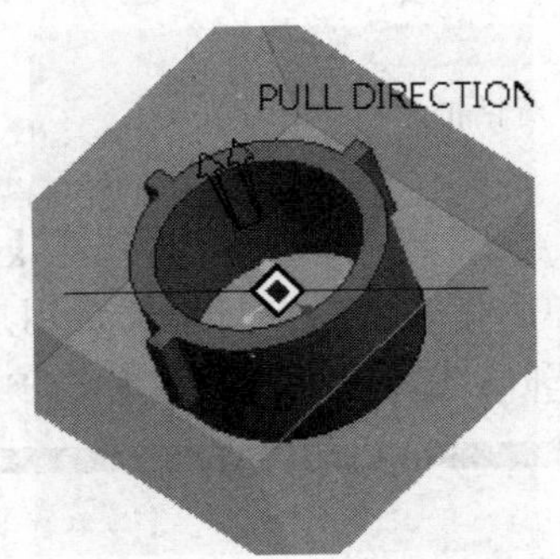

图 10-72　打开的零件

Step2 创建侧面影像线，如图 10-73 所示。

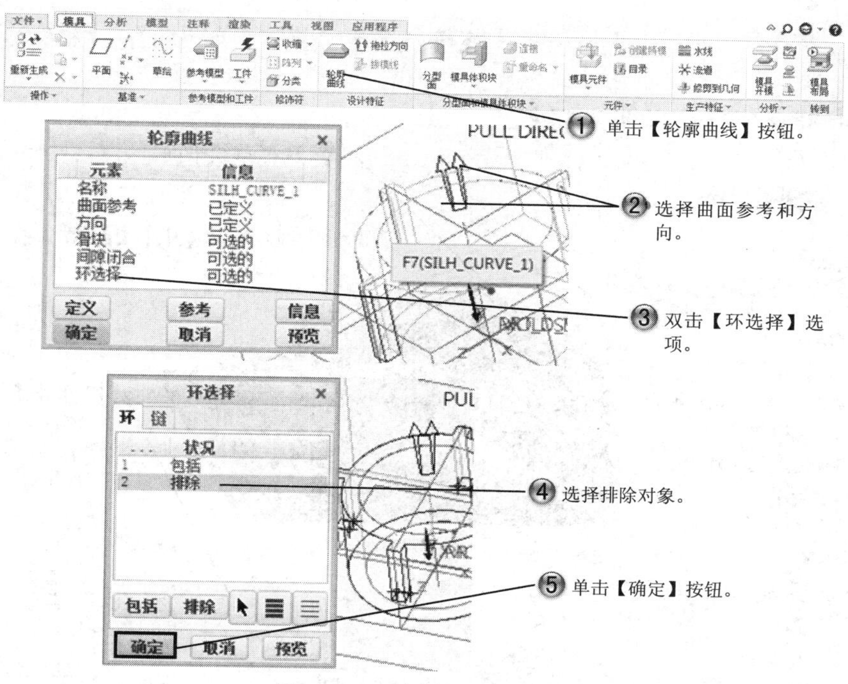

图 10-73　创建侧面影像线

Step3 创建分型面的裙边曲面，如图 10-74 所示。

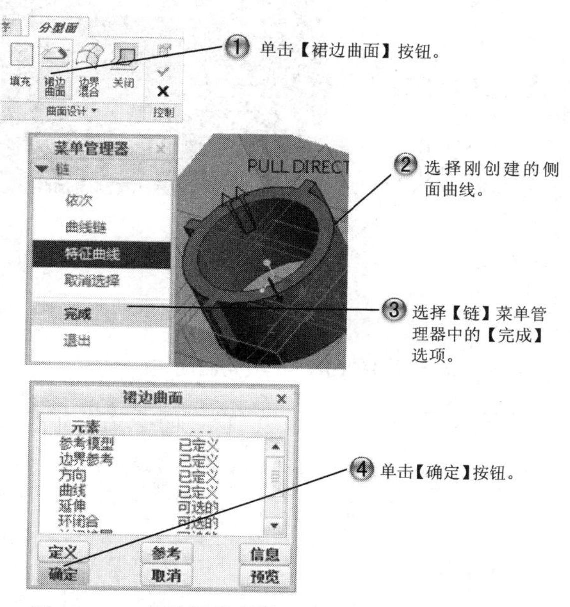

图 10-74　【链】菜单管理器和【选择】对话框

Step4 填充曲面，如图 10-75 所示。

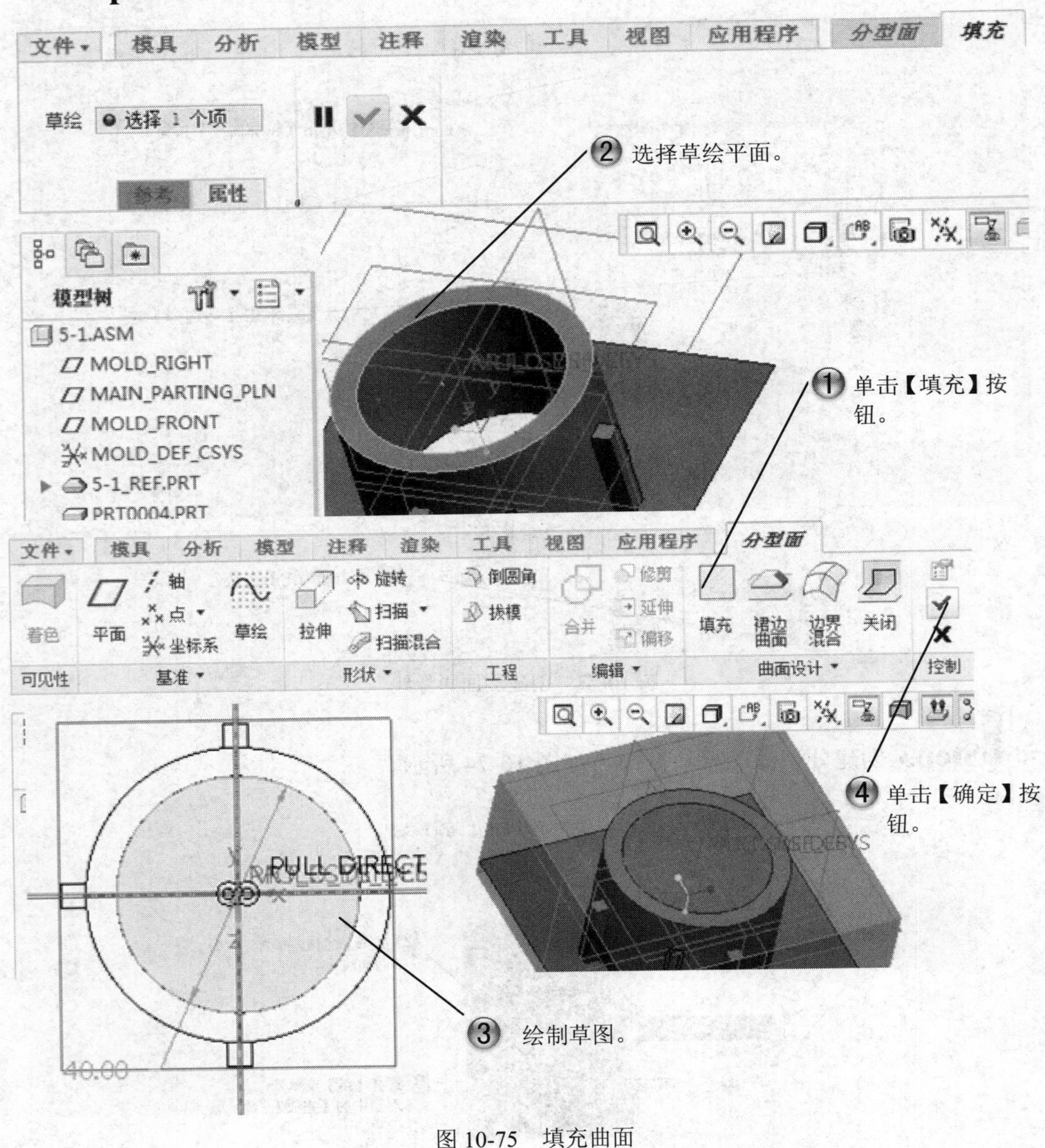

图 10-75　填充曲面

Step5 创建体积块，如图 10-76 所示。最后查看完成的体积块，如图 10-77 所示。至此，范例制作完成。

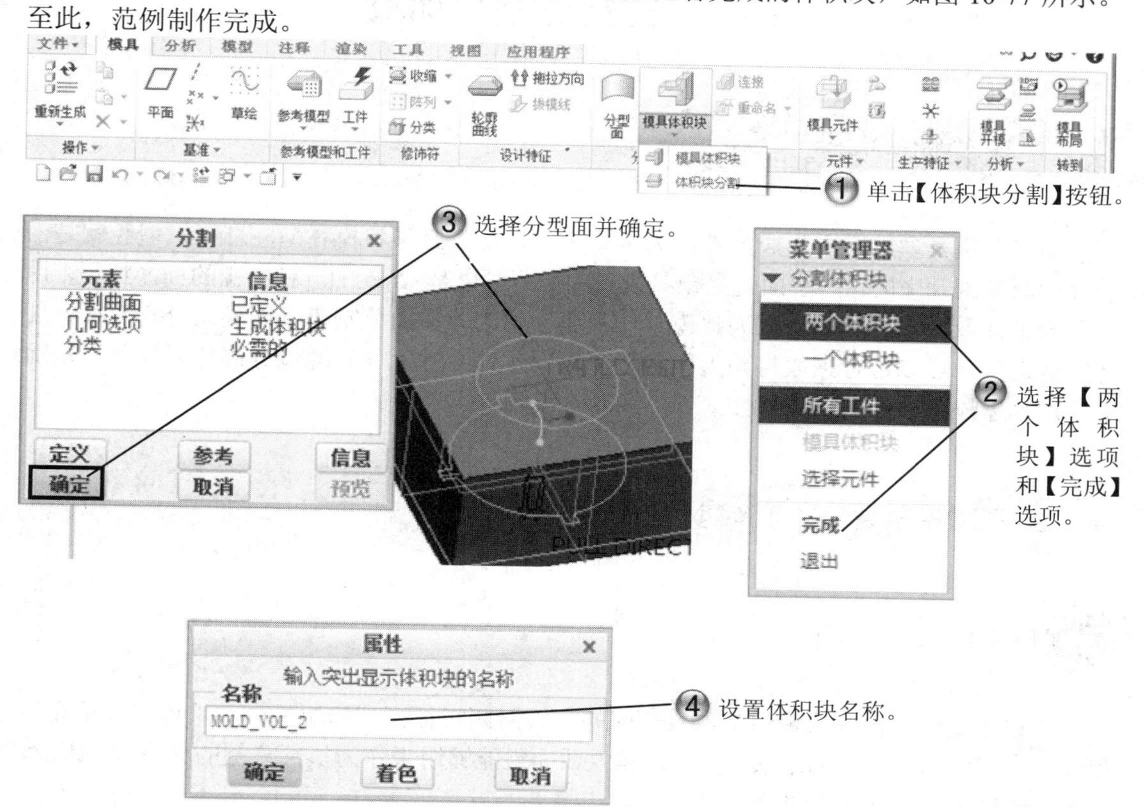

图 10-76　创建体积块

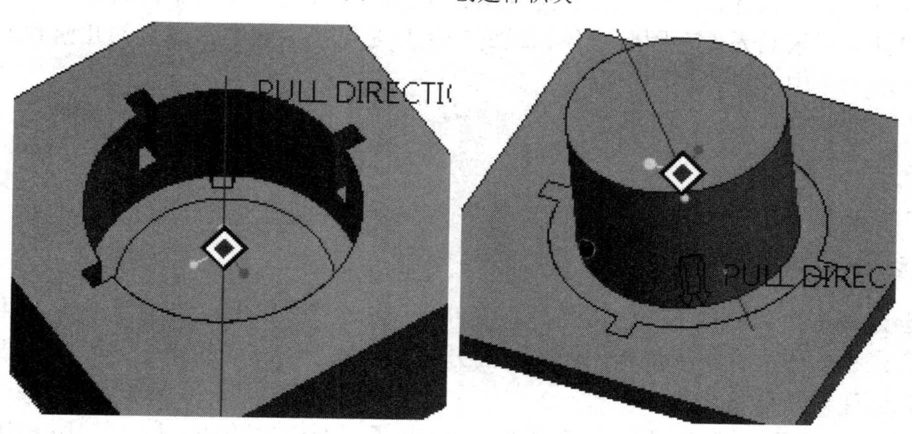

图 10-77　完成的体积块分割

10.4 模具分割与抽取

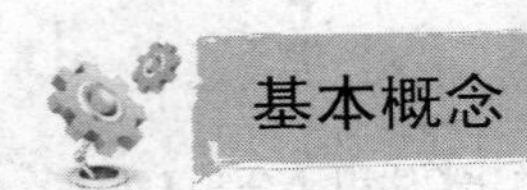

基本概念

塑料在模具型腔凝固形成塑件，为了将塑件取出，必须将模具型腔打开，型腔就是沿着分型面分割开来的，分型面既是模具设计的术语，也是 Creo 中一种特殊的曲面特征，用于分割工件或用现有体积块来创建模具体积块。使用分型面分割模具将导入分割特征，创建完成之后，可以进行抽取得到上下模和铸模的实体零件，并且通过分离打开模具，从而形成模具爆炸图。

课堂讲解课时：2 课时

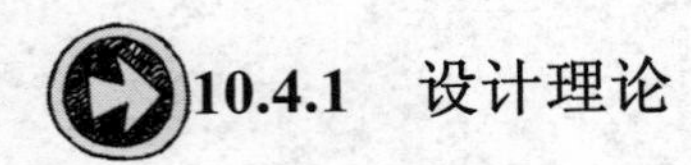

10.4.1 设计理论

体积块是一个没有质量但却占有空间的三维封闭特征。体积块是由一组可以被填充而形成一个实体的封闭曲面组成。由于曲面或曲面组能够用来作为执行分割的分型面，因此，体积块也能够用来作为分型面。

在模具元件的设计过程中，主要是利用分型面将工件切割成数个模具体积块，然后再将体积块抽取成模具元件。因此，体积块的产生只是从模块和参考模型的几何到最后抽取模具元件的一个中间步骤。

10.4.2 课堂讲解

1. 创建模具体积块

在创建分型面后，接下来的工作是将工件分割成公模和母模。一般而言，利用分型面分割的方式来创建模具体积块是比较快捷的方法。此外，Creo Parametric 系统也提供手动的方式来创建模具体积块。

创建分型面后，单击【模具】工具选项卡【元件】组中的【体积块分割】按钮 体积块分割，系统打开如图 10-78 所示的【分割体积块】菜单管理器。主要选项介绍如下：

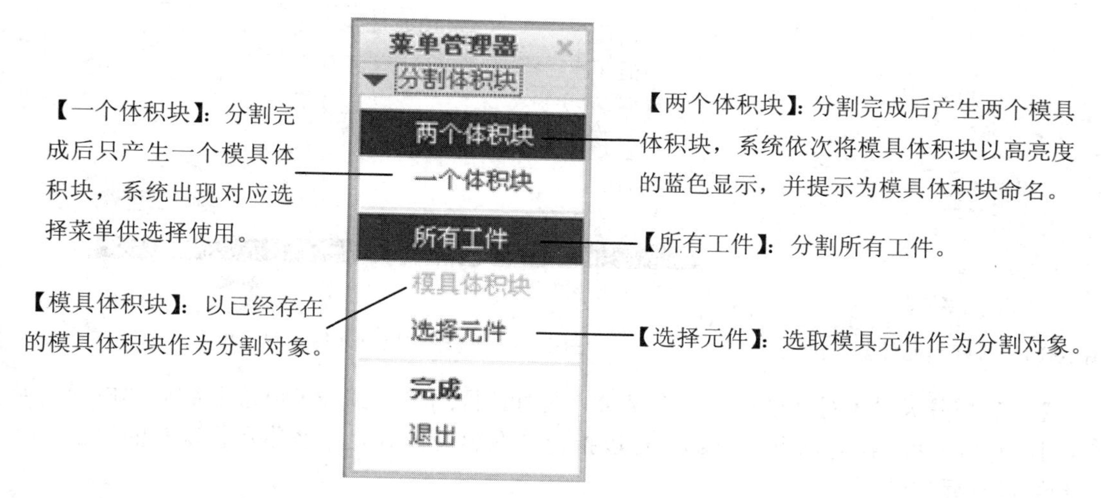

图 10-78 【分割体积块】菜单管理器

选取分割方式和分割对象后，系统会打开如图 10-79 所示的【分割】对话框。

系统提示选取分型面，选择后在【分割】对话框中单击【确定】按钮。

系统弹出如图 10-80 所示的【属性】对话框，定义体积块的名称后，单击【确定】按钮可以完成体积块的定义。

图 10-79 【分割】对话框

图 10-80 【属性】对话框

2. 创建模具元件

由于模具体积块是无质量的封闭三维曲面组，因此在创建完成后，必须用实体材料填充来生成三维实体，使其成为模具元件。

在【模具】选项卡【元件】组中，如图 10-81 所示的【模具元件】下拉菜单，与模具元件相关的所有命令都包含在其中。

选择【模具元件】下拉菜单中的【型腔镶块】命令，系统打开如图 10-82 所示的【创建模具元件】对话框。

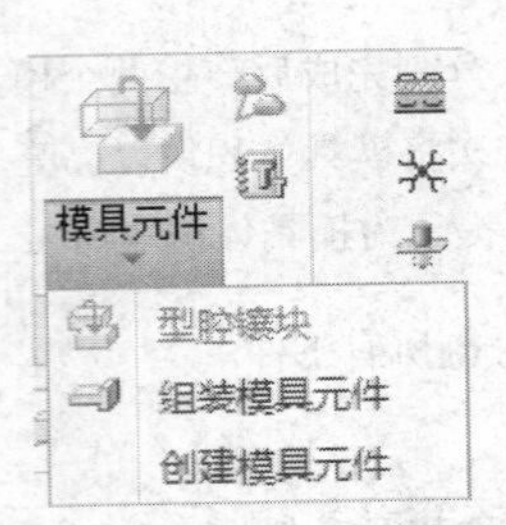

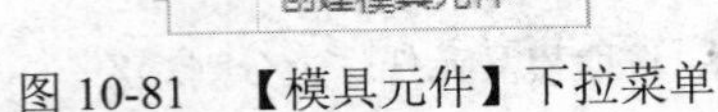
图 10-81 【模具元件】下拉菜单

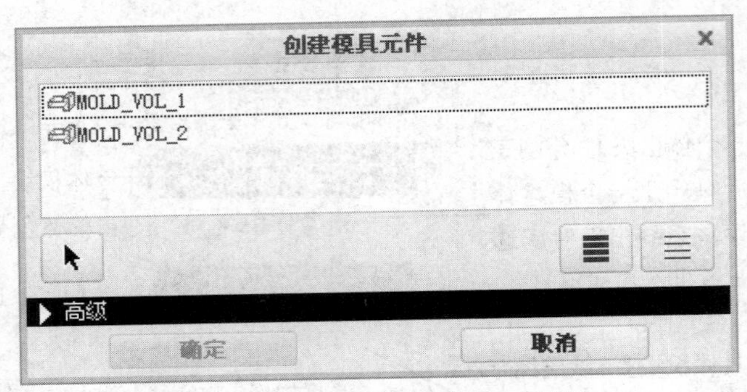

图 10-82 【创建模具元件】对话框

【创建模具元件】对话框分为两个部分，在对话框的上半部分可以选取欲创建成模具元件的模具体积块；在对话框下半部分可以指定抽取出的模具元件名称及将现有的模板文件复制给模具元件使用。

模具体积块抽取生成模具元件后才成为功能完备的零件模型，此时在模型树中才会出现，如图 10-83 所示。此时，模具元件仅存储在进程中，直到整个模具设计文件被保存后，抽取出的零件模型文件才会保存到工作目录中。

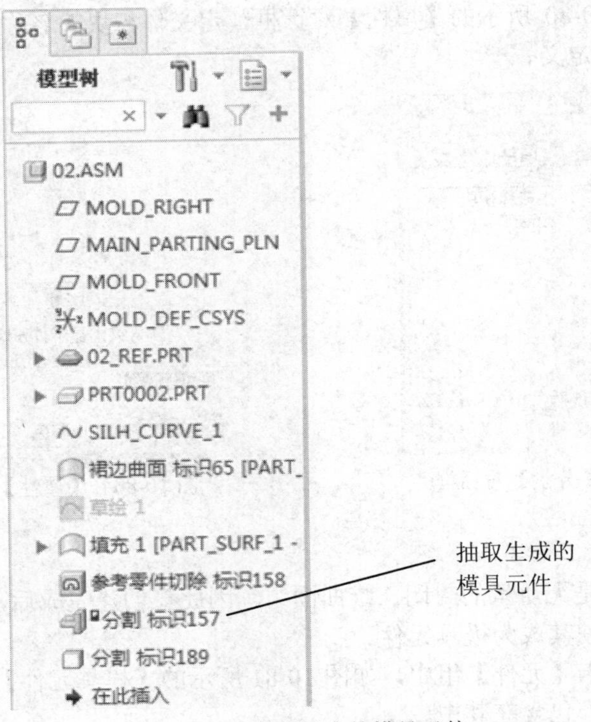

图 10-83 模型树中的模具元件

模具体积块抽取生成模具元件后，模具设计的工作就基本完成了。这里只是对模具设计过程中的相关命令及操作做了较为简单和笼统的介绍，更多的经验、技巧需要在实际的操作中积累。

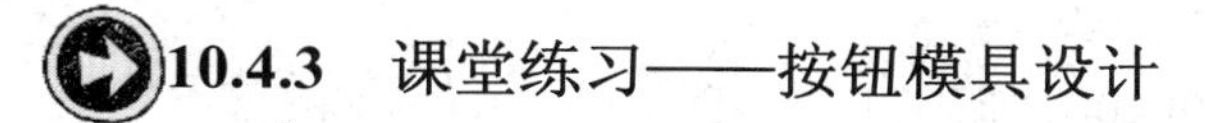

10.4.3 课堂练习——按钮模具设计

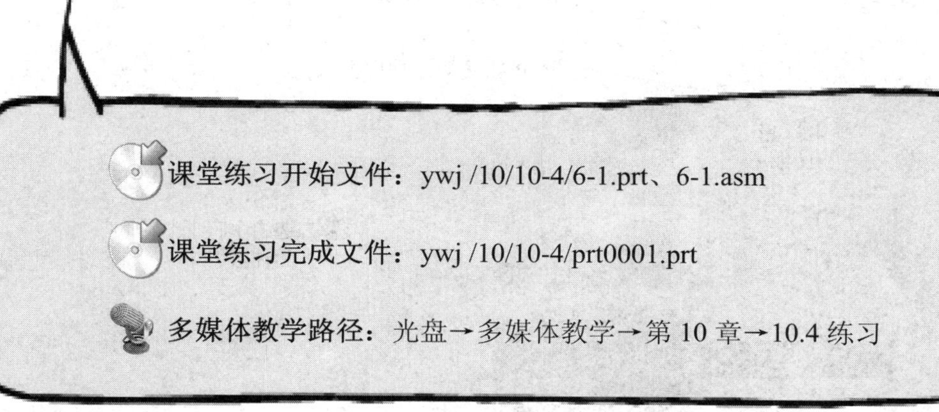

课堂练习开始文件：ywj /10/10-4/6-1.prt、6-1.asm

课堂练习完成文件：ywj /10/10-4/prt0001.prt

多媒体教学路径：光盘→多媒体教学→第 10 章→10.4 练习

Step1 打开文件“6-1.asm”，如图 10-84 所示。

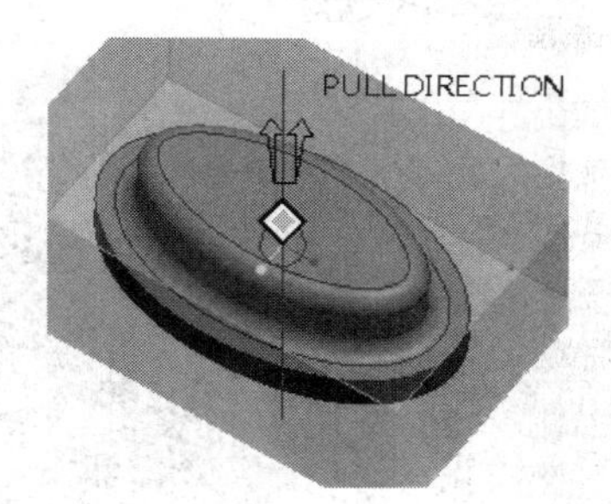

图 10-84　打开的零件

Step2 创建侧面线，如图 10-85 所示。

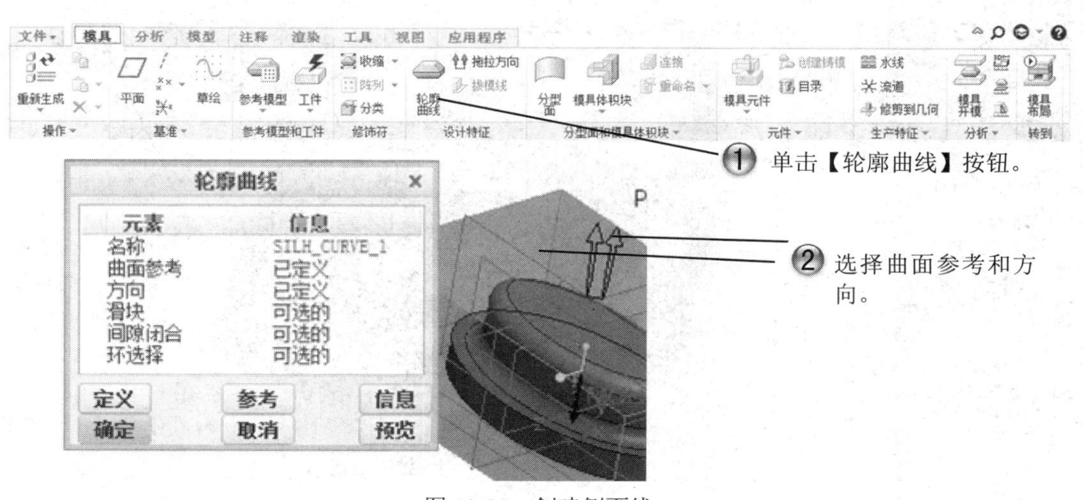

图 10-85　创建侧面线

Step3 创建分型面，如图 10-86 和图 10-87 所示。

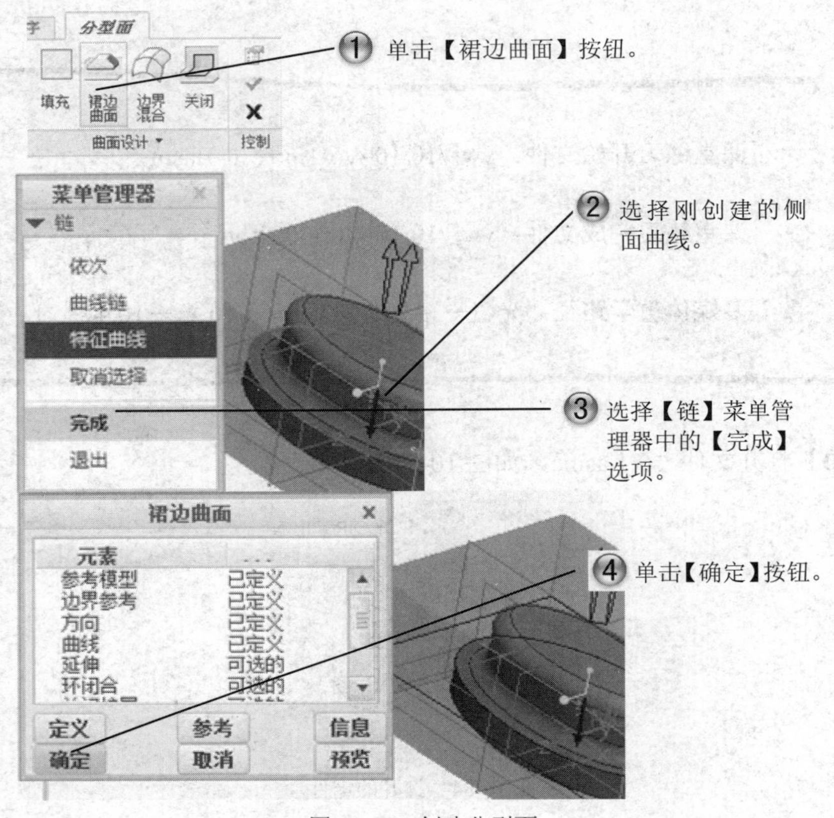

图 10-86　创建分型面

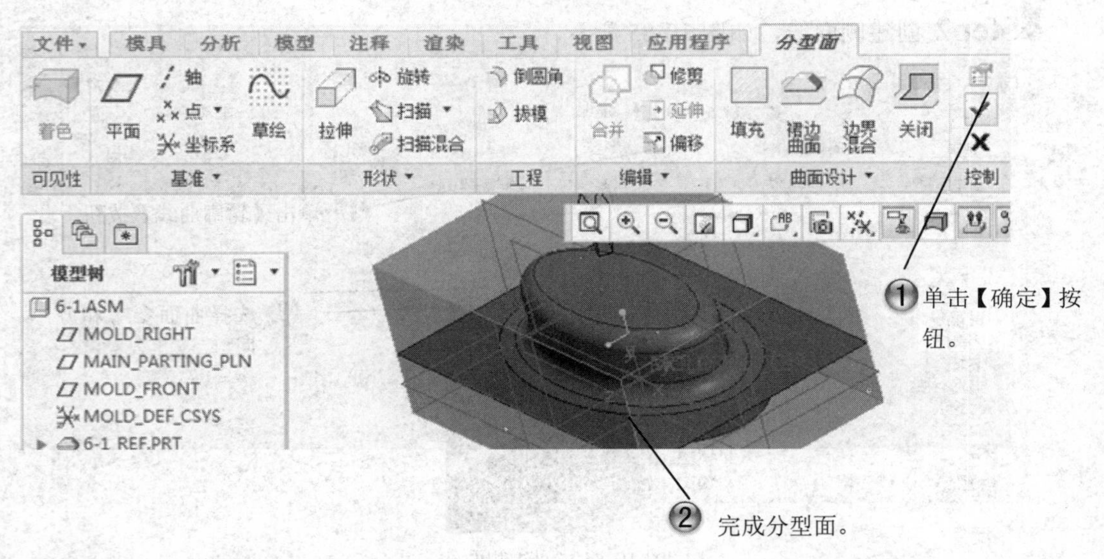

图 10-87　完成分型面

Step4 创建体积块，如图 10-88 所示。

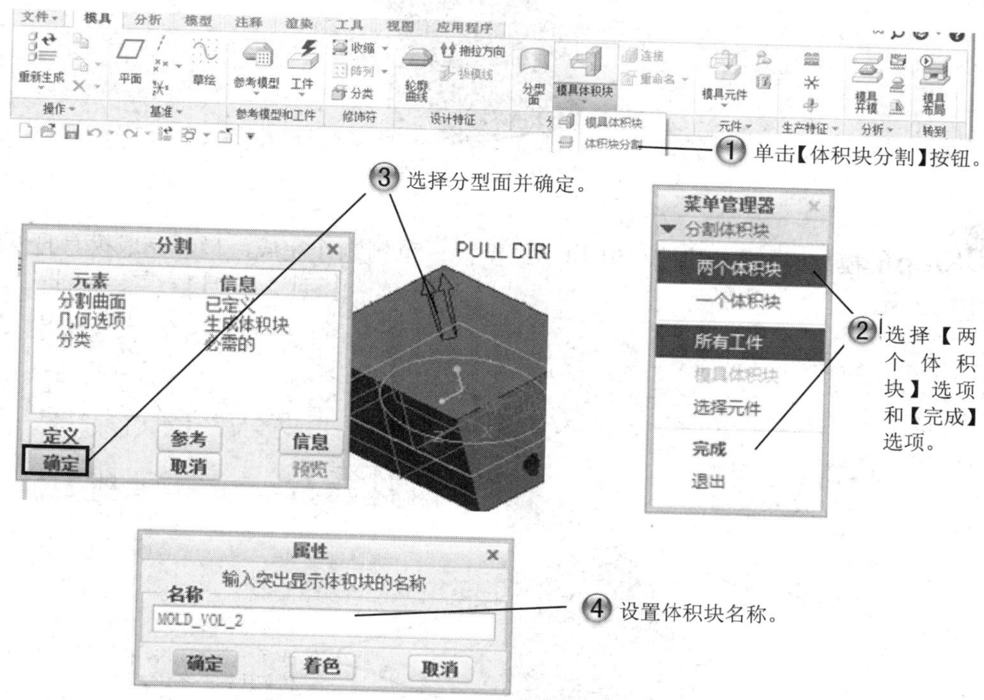

图 10-88 【分割体积块】菜单管理器

Step5 创建模具元件，如图 10-89 所示。完成的体积块如图 10-90 所示。

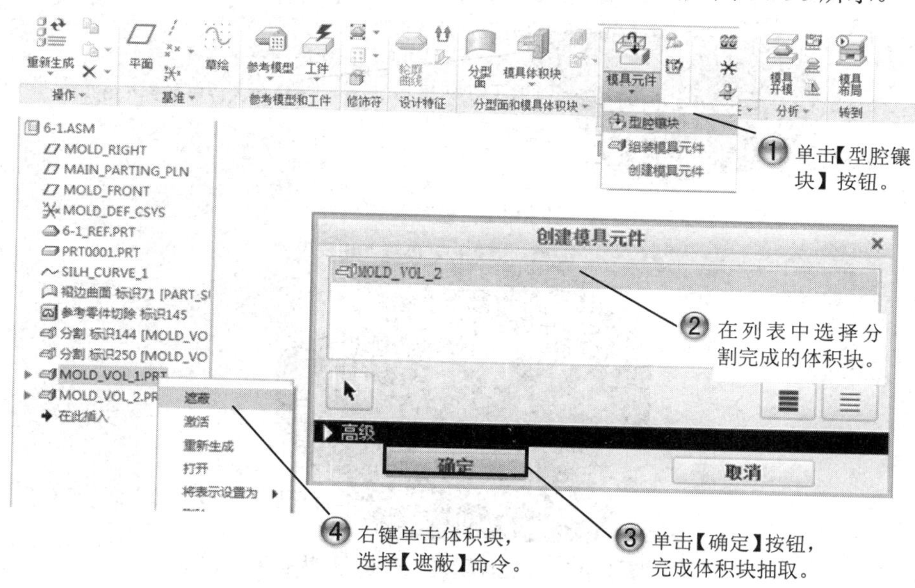

图 10-89 【创建模具元件】对话框

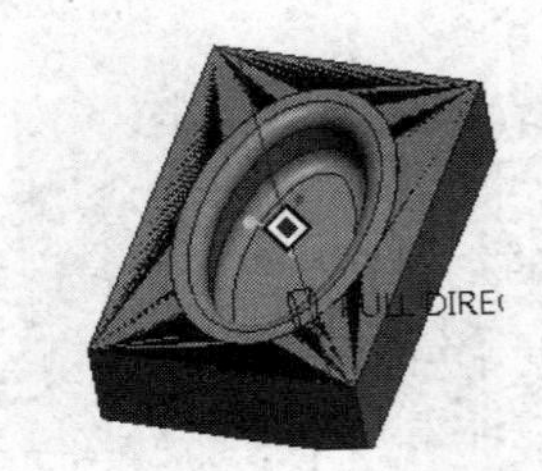

图 10-90　完成的体积块

Step6 模具开模，如图 10-91 所示。至此，范例制作完成，最后完成模具打开状态如图 10-92 所示。

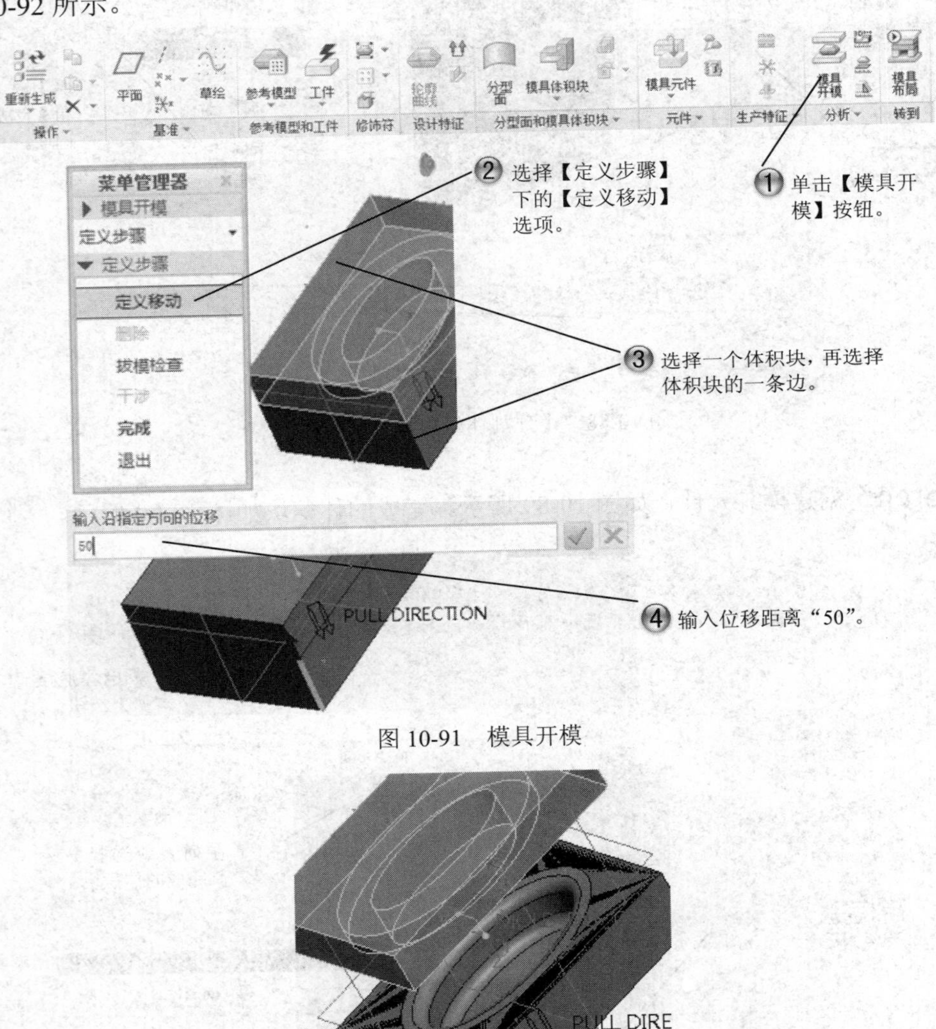

图 10-91　模具开模

图 10-92　按钮模具体积块打开状态

10.5 型腔组件特征

基本概念

型腔组件由浇注系统和冷却系统组成。浇注系统的功能就是将熔融材料填充于型腔中，整个浇注系统包括从注射机喷嘴开始到型腔为止的塑料流动通道，由主流道、分流道、次流道和浇口等组成。冷却系统则一般是指存在于型芯、型腔等部分，通过冷却水流量及流速来控制模温的冷却管道。

课堂讲解课时：2 课时

10.5.1 设计理论

浇注系统的功能就是将熔融材料填充于型腔中，当进行填充时，熔融的塑料材料必须通过某种通道传送到模具型腔中，整个浇注系统包括主流道、分流道、次流道和浇口。通过指定流道的形状、定义流道的剖面形状大小的相关尺寸参数和绘制流道的路径，便可以利用流道特征快速地创建所需要的标准流道。

对于热塑性模具，为了缩短成型周期，需要对模具进行冷却，常用的冷却介质是水。在注塑完成后通过循环冷却水迅速冷却模具，保证模具的温度。冷却水线回路系统可以视为标准的组件特征，利用一些建构特征所使用的一般工具，如拉伸切减、孔等来创建。

创建型腔组件的方法如下：

首先打开 Creo，进入【模具型腔】设计状态，在【生产特征】组中，包括了常用的型腔组件特征类型，如图 10-93 所示。

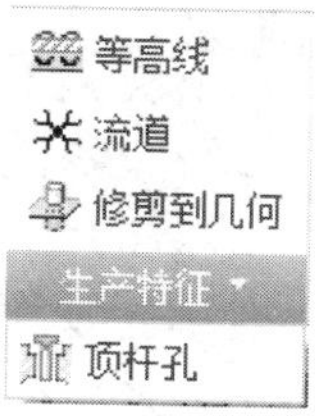

等高线
流道
修剪到几何
生产特征
顶杆孔

图 10-93 【生产特征】组

Creo 系统模具设计的型腔组件特征可以分为两类，常规特征和用户自定义特征：

常规特征：是指添加到模型中以促进铸模或铸造进程的特定特征。这些特征包括侧面影像曲线、顶杆孔、注道、浇口、流道、水线、拔模线、偏移区域、体积块和修剪特征。

用户自定义特征：是指在零件模式中创建，用于创建在工件或夹模器中通常使用的结构。可以由用户预先在零件模式中创建注道、浇口、流道等自定义特征，创建用户定义特征后，在设计模具的浇注系统时，将这些自定义特征复制到模具组件中，并在修改其尺寸时多次使用它们，从而提高工作效率。

10.5.2　课堂讲解

1. 浇注系统

注塑机将熔融塑料注入模具型腔形成塑料产品，通常把模具与注塑机喷嘴接触处到模具型腔之间的塑料熔体的流动通道或在此通道内凝结的固体塑料称为浇注系统。浇注系统分为普通流道浇注系统和无流道（热流道）浇注系统两大类。

浇注系统的主要作用是将成型材料顺利、平稳、准确地输送充满模具型腔深处，并在填充过程中将压力充分传递到模具型腔的各个部位，以便获得外形轮廓清晰，内部组织质量优良的制件。

浇注系统一般指把模具与注塑机喷嘴接触处到模具型腔之间的塑料熔体的流动通道，对于塑料模具，浇注系统一般由主流道、分流道、次流道和浇口组成，如图 10-94 所示。

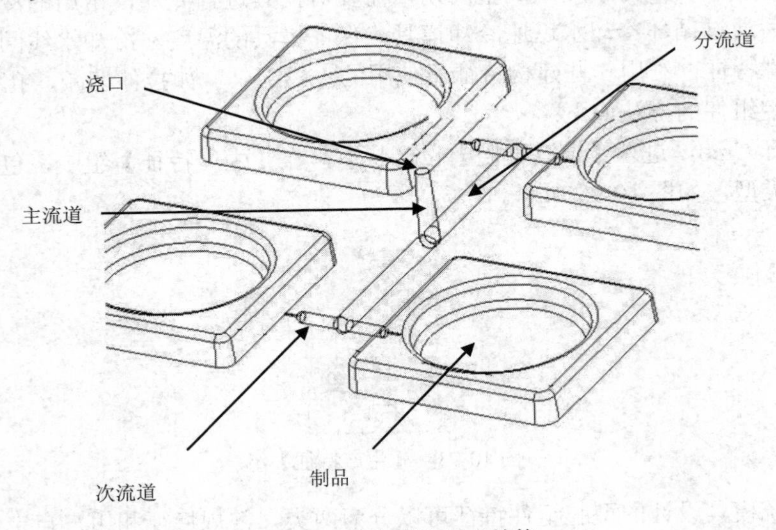

图 10-94　浇注系统组成结构

（1）浇注系统设计原则

设计浇注系统需要注意的主要原则如下。

型腔和浇口的开设部位应该对称，防止模具承受偏载而产生溢流现象，如图 10-95 和 10-96 所示是不合理与合理的流道布置。

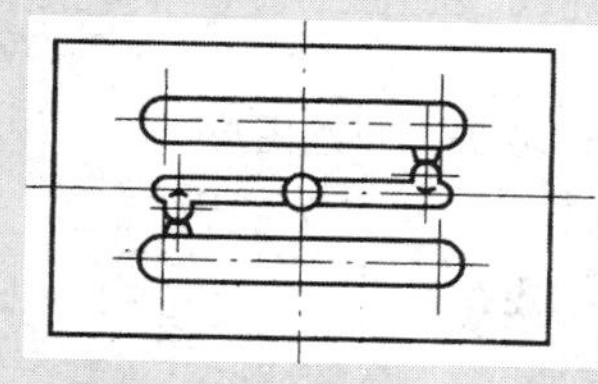

图 10-95　不合理的流道布置

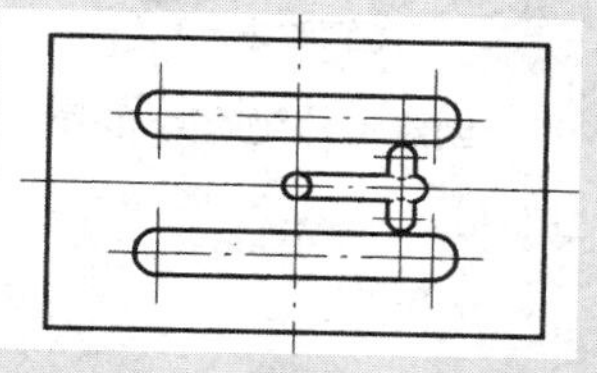

图 10-96　合理的流道布置

浇注系统的体积应取最小值，以减少浇注系统所占用的成型材料量，起到减少回收料的作用。在满足成型和排气良好的前提下，尽量选择最短的流程，以减少压力损失，缩短填充的时间。

型腔和浇口的排列要尽可能地减少模具外形尺寸。

排气良好，能顺利引导熔融成型材料到达型腔的各个部位，尤其是型腔的各个深度，不产生涡流、紊流。

（2）主流道设计

主流道是塑料熔体最先到达的部位，它将熔体导入分流道或型腔。通常的形状为圆锥形，便于在开模时主流道内塑料凝固后能顺利拉出来。将浇注系统视为由一般的零件切剪特征构成，一般采用拉伸流道横截面和旋转流道纵截面的方式来绘制，操作步骤如下：

进入模具型腔创建状态，单击【快速访问工具栏】中的【打开】按钮，在弹出的【文件打开】对话框中选择零件，经过分析确定浇道的位置。

在【模型】选项卡的【切口和曲面】组中选择加工方式，如图 10-97 所示。

在弹出的【旋转】工具选项卡中，单击【放置】标签，切换到【放置】面板，单击【编辑】按钮，在绘图区选择一个平面作为草绘平面，单击【草绘】对话框中的【草绘】按钮，进入草绘状态，在绘图区绘制一个旋转轮廓，如图 10-98 所示的是一个梯形草绘轮廓。单击【草绘】工具选项卡中的【确定】按钮，在【旋转】下拉列表框中选择【360° 】，单击【应用并保存】按钮，完成主流道的创建。

（3）分流道设计

进入【模具型腔】设计状态，选择【文件】|【打开】菜单命令，在弹出的【文件打开】对话框中选择零件。

在【形状】菜单管理器中选择【半倒圆角】选项，如图 10-99 所示。

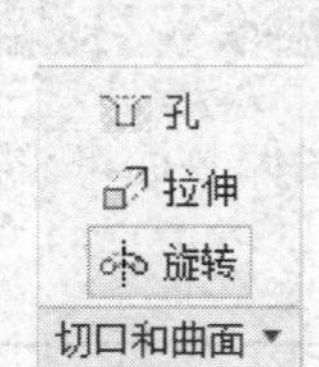

图 10-97　创建主流道命令步骤

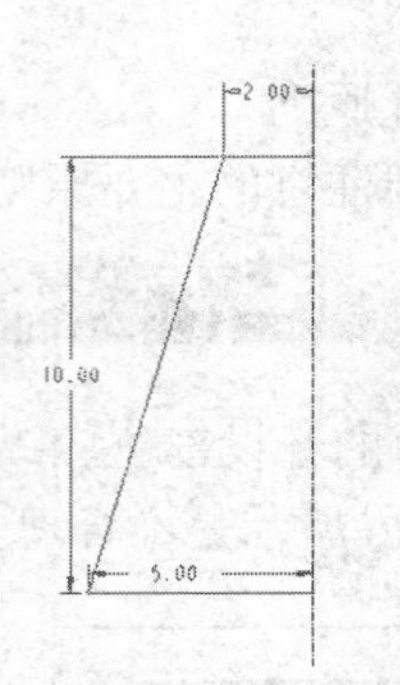

图 10-98　草绘图形

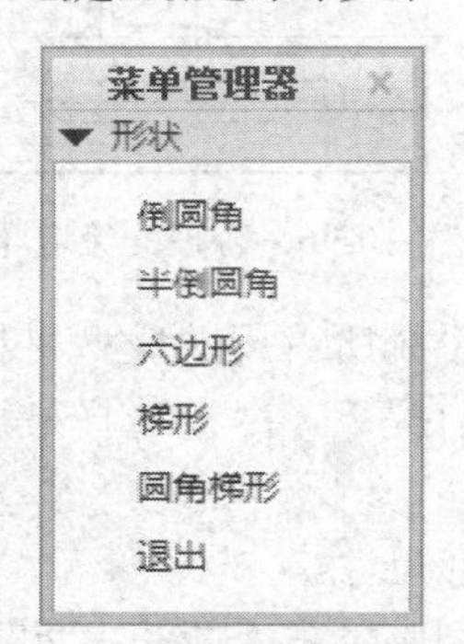

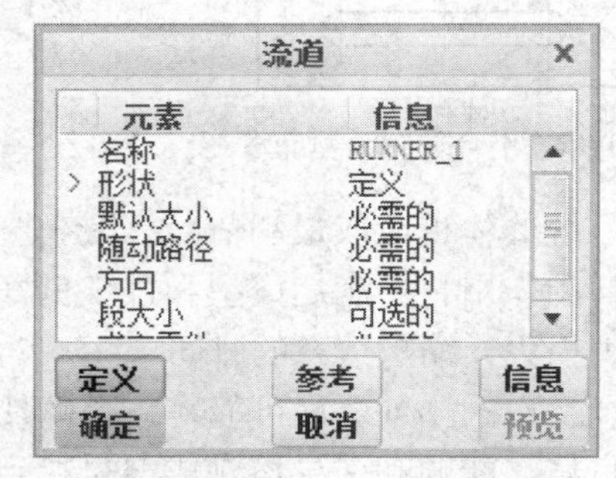

图 10-99　创建分流道命令

在命令提示栏输入流道直径“5”如图 10-100 所示，单击【接受值】按钮后，弹出【设置草绘平面】菜单管理器，在绘图区选择一草绘平面，在【方向】菜单管理器中选择【正向】选项，在【草绘视图】菜单管理器中选择【缺省】选项，进入草绘状态。

图 10-100　【输入流道直径】命令提示栏

在草绘环境下，绘制草图，如图 10-101 所示为某一个流道路径，流道路径为单线条组成，显示的是流道直径，单击【草绘】工具选项卡中的【确定】按钮。

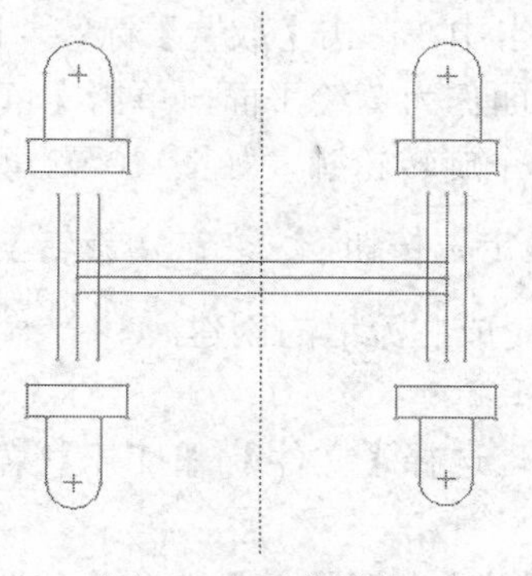

图 10-101　草绘图形

在弹出的【相交元件】对话框中，单击【自动添加】按钮，如图 10-102 所示。也可以单击【选取】按钮，在绘图区选择元件，最后单击【确定】按钮。弹出【流道】对话框，如图 10-103 所示，单击【确定】按钮，完成分流道的创建。

图 10-102 【相交元件】对话框

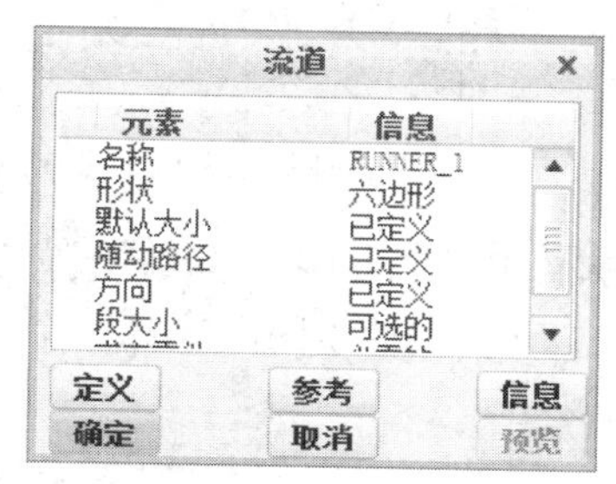

图 10-103 【流道】对话框

2. 冷却系统

塑料模具的温度直接影响塑件的成型质量和生产效率，而各种塑料的性能和成型工艺是不同的，所以对模具温度的要求也是不同的。温度调节系统根据不同的情况，包括冷却系统和加热系统两种。对于要求模具温度较低的材料，由于熔融材料被不断的注入模具，导致模具温度升高，单靠模具本身的散热是无法将模具保持较低的温度的，所以必须添加冷却系统。通过指定回路的直径，绘制冷却水线回路的路径和指定末端条件，便可以利用冷却水线特征快速地创建所需要的冷却水线回路。冷却水线回路系统可以视为标准的组件特征，利用一些建构特征所使用的一般工具，如拉伸切减、孔等来创建。

（1）冷却系统设计原则

设计冷却系统需要注意的主要原则如下 ：

① 冷却水孔数量多，孔径尽可能的大，对塑件冷却也就越均匀；

② 水孔与型腔表面各处最好有相同的距离，排列应与型腔吻合；

③ 制件的壁厚处，浇口处最好要加强冷却；

④ 在热量积聚大，温度较高的部位应加强冷却，如浇口附近的温度较高，在浇口的附近要加强冷却，一般可使冷却水先流经浇口附近，再流向其他部分；

⑤ 冷却水线应远离熔接痕部分，以免熔接不良，造成制件强度降低。

⑥ 降低出口与入口的水温差，使模具的温度分布均匀。

由上可知，模具冷却系统的设计就是冷却水线的设计，即 Creo 系统中【等高线】特征的操作。

（2）冷却系统设计

主流道是塑料熔体最先到达的部位，它将熔体导入分流道或型腔。通常的形状为圆锥形，便于在开模时主流道内塑料凝固后能顺利拉出来。将浇注系统视为由一般的零件构成，一般采用拉伸流道横截面和旋转流道纵截面的方式来绘制，操作步骤如下：

在【生产特征】组中单击【等高线】按钮。

在命令提示栏输入等高线圆环的直径“8”，如图 10-104 所示，单击【接受值】按钮。

图 10-104　【输入等高线圆环的直径】命令提示栏

接下来创建水线回路，系统会弹出【设置草绘平面】菜单管理器和【选择】对话框，如图 10-105 所示，在绘图区选择一个平面作为草绘平面，单击【选择】对话框的【确定】按钮。

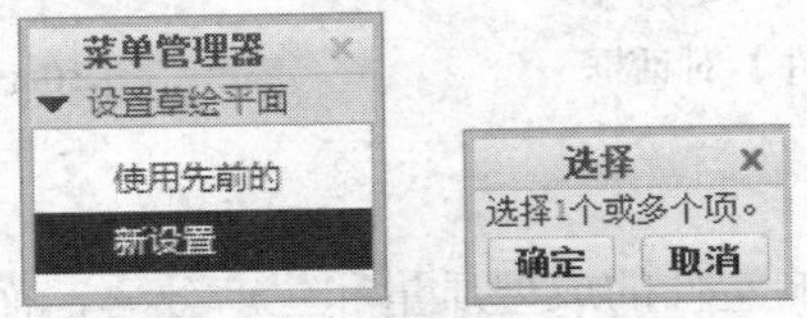

图 10-105　【设置草绘平面】菜单管理器和【选择】对话框

选择好草绘平面后，系统会弹出【草绘视图】菜单管理器，选择【默认】选项，进入草绘环境，弹出【草绘】工具选项卡。

选择合适的坐标系之后，就可以绘制冷却水线了，绘制的水线如图 10-106 所示，最后单击【草绘】工具选项卡中的【确定】按钮，退出草绘状态。

图 10-106　创建的水线

回路定义完成后，系统弹出【相交元件】对话框，启用【自动更新】复选框，如图 10-107 所示，单击【确定】按钮，完成相交条件设置。单击如图 10-108 所示【等高线】对话框中的【确定】按钮，关闭【等高线】对话框。选择【模具】菜单管理器中的【完成/返回】选项完成水线特征的创建。

【等高线】对话框【元素】列表中的【末端条件】选项，用于生成冷却水线的末端样式，进行水线特征操作时由系统默认生成，若用户指定末端条件，在完成相交条件设置，单击【等高线】对话框中的【确定】按钮前，则在【等高线】对话框中双击该选项，弹出如图 10-109 所示的【尺寸界限末端】菜单管理器和【选择】对话框。

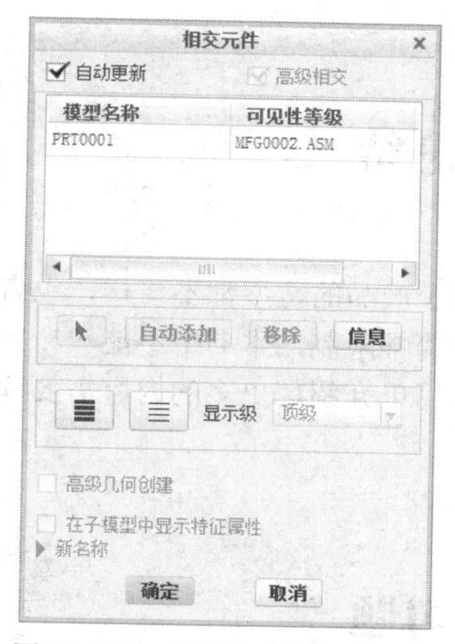

图 10-107 【相交元件】对话框

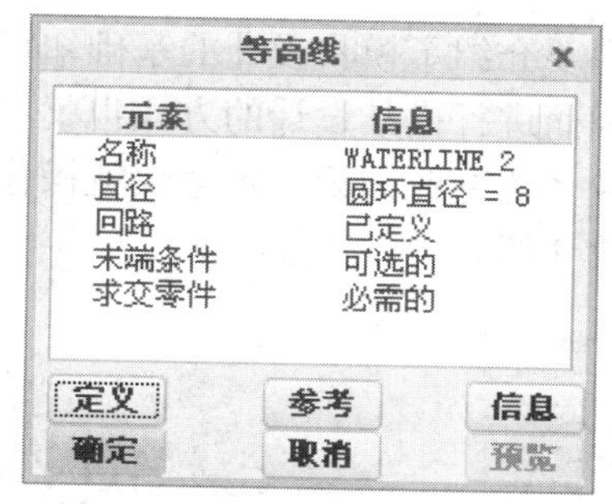

图 10-108 【等高线】对话框

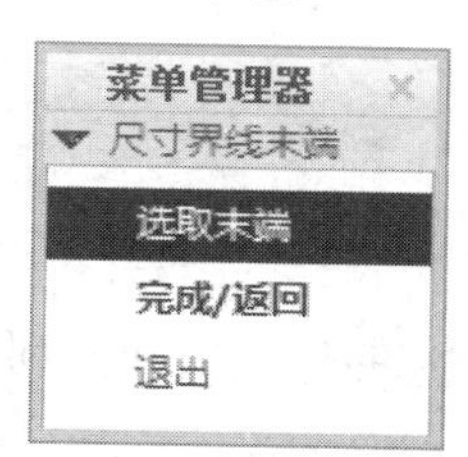

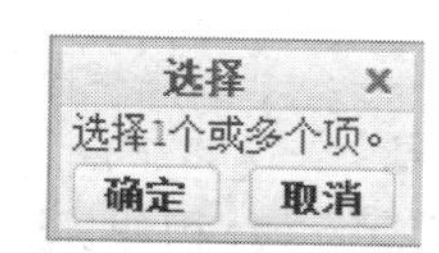

图 10-109 【尺寸界限末端】菜单管理器和【选择】对话框

选择要设置的水线尺寸界限末端后（图 10-110 中虚线框部分），单击【选择】对话框中的【确定】按钮。

系统弹出如图 10-111 所示的【规定端部】菜单管理器，即为用户选择的水线尺寸界限末端规定端部形状及尺寸参数，菜单上有四个选项供用户选择，分别是【无】、【盲孔】、【通过】及【通过 w/沉孔】，其中，【无】为系统默认选项，【通过】即在末端处按指定水线圆环直径通过。选择【完成/返回】选项即可完成末端修改。

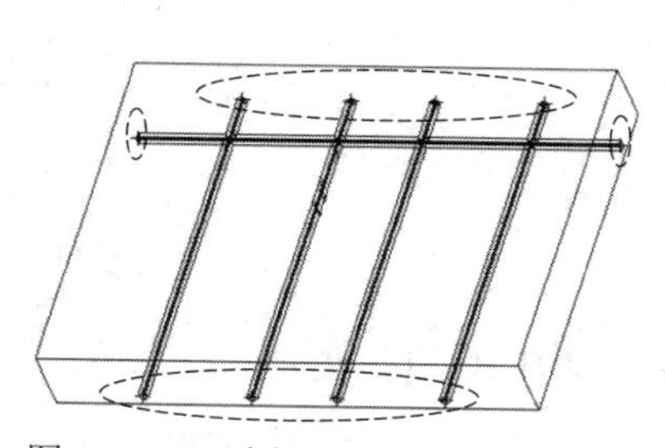

图 10-110 选择水线尺寸界限末端

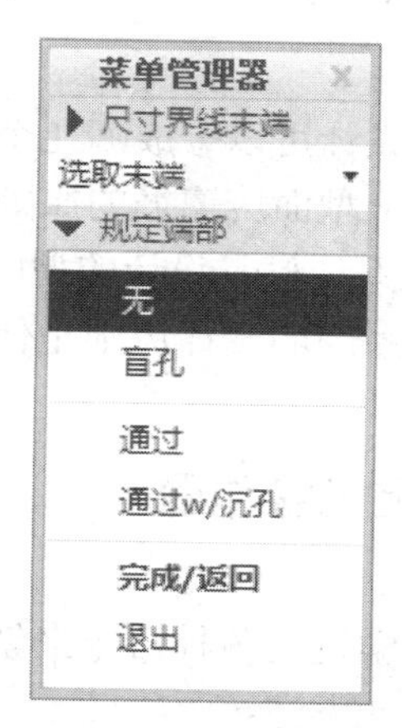

图 10-111 【规定端部】菜单管理器

10.6　专家总结

本章主要介绍了模具设计的基础知识，由于每个产品的造型都不一样，也有简单和复杂之分，因而进行模具设计的方式也就不同，由于篇幅限制，本书中不能一一列举。模具设计需要较多的专业知识，本章仅就操作流程进行简单介绍，更多的内容需要读者自行查阅相关资料介绍。

10.7　课后习题

10.7.1　填空题

（1）工件等于所有模具________与________的体积之和，利用分型面分割工件之后，就可以得到________或________体积块。

（2）分型面最常用的一般有以下四种形式：“________”、“________”、“________”和“________”。

（3）体积块是由一组可以被填充而形成一个实体的________组成。因此，体积块也能够用来作为________。

（4）型腔组件由________和________组成。

10.7.2　问答题

（1）模具设计可以分成哪几个部分？

（2）选择分型面应遵循的原则是什么？

（3）Creo 系统模具设计的型腔组件特征可以哪两类？

（4）浇注系统的设计原则是什么？

10.7.3　上机操作题

使用本章学过的各种命令来创建法兰的模具，如图 10-112 所示。

练习步骤和方法：

（1）进行法兰模具预处理。

（2）设置型腔布局。

（3）进行分型面设计。

（4）进行模具分割与抽取。

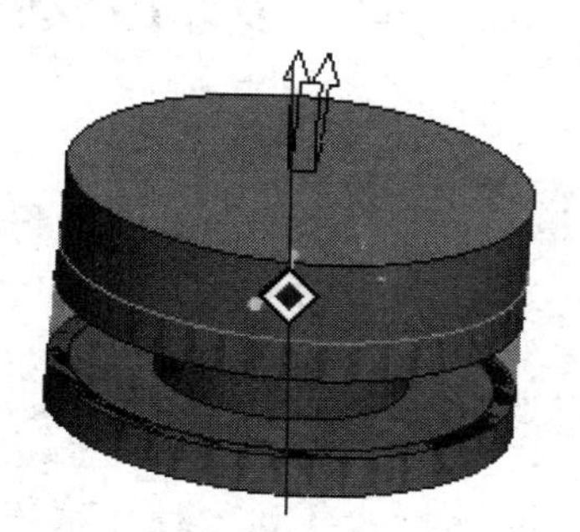

图 10-112　法兰模具

第 11 章　数控加工

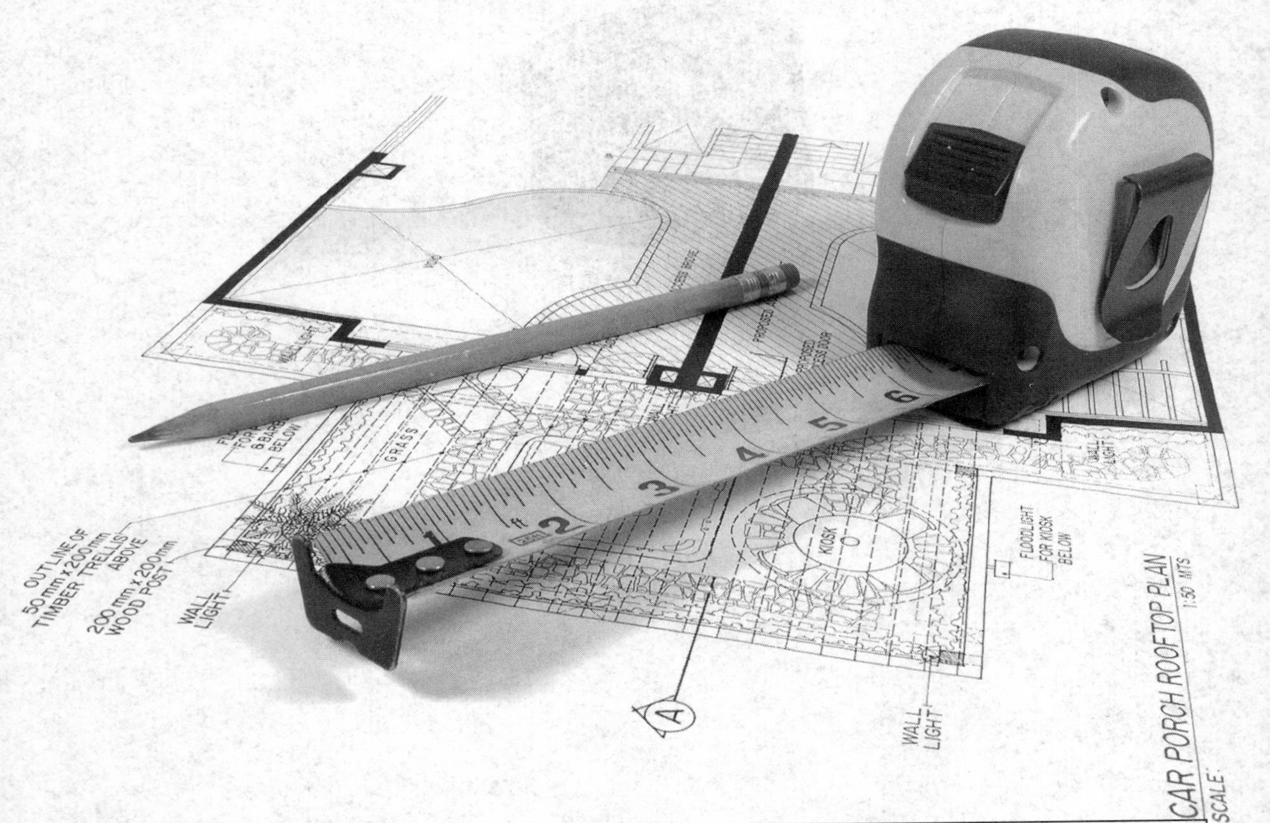

课训目标	内　容	掌握程度	课　时
	加工操作	熟练掌握	2
	制造模型和定义操作	熟练掌握	2
	铣削加工	熟练掌握	2
	车削加工	熟练掌握	2

课程学习建议

所谓数控加工，主要是指用记录在媒体上的数字信息对机床实施控制，使它自动地执行规定的加工任务。数控加工可以保证产品达到较高的加工精度和稳定的加工质量；操作过程容易实现自动化，生产率高；生产准备周期短，可以大量节省专用工艺装备，适应产品快速更新换代的需要，大大缩短产品的研制周期；数控加工与计算机辅助设计紧密结合在一起，可以直接从产品的数字定义产生加工指令，保证零件具有精确的尺寸及准确的相互位置精度，保证产品具有高质量的互换性；产品最后用三坐标测量机检验，可以严格控制零件的形状和尺寸精度。当零件形状越复杂，加工精度要求越高，设计更改越频繁，生产批量越小的情况下，数控加工的优越性就越容易得到发挥。数控加工系统在现代机械产品中占有举足轻重的地位，得到了广泛的应用。

数控技术是发展数控机床和先进制造技术的最关键技术，是制造业实现自动化、柔性化、集成化的基础，应用数控技术是提高制造业的产品质量和劳动生产率必不可少的重要手段。数控机床作为数控技术实施的重要装备，成为提高加工产品质量，提高加工效率的有效保证和关键。Creo Parametric NC 模块是数控机床加工编程的重要模块，可以很好的帮助完成数控机床零件的加工。

本章主要介绍 Creo Parametric 数控加工中，建立制造模型和定义操作数据的操作过程。

本课程培训课程表如下。

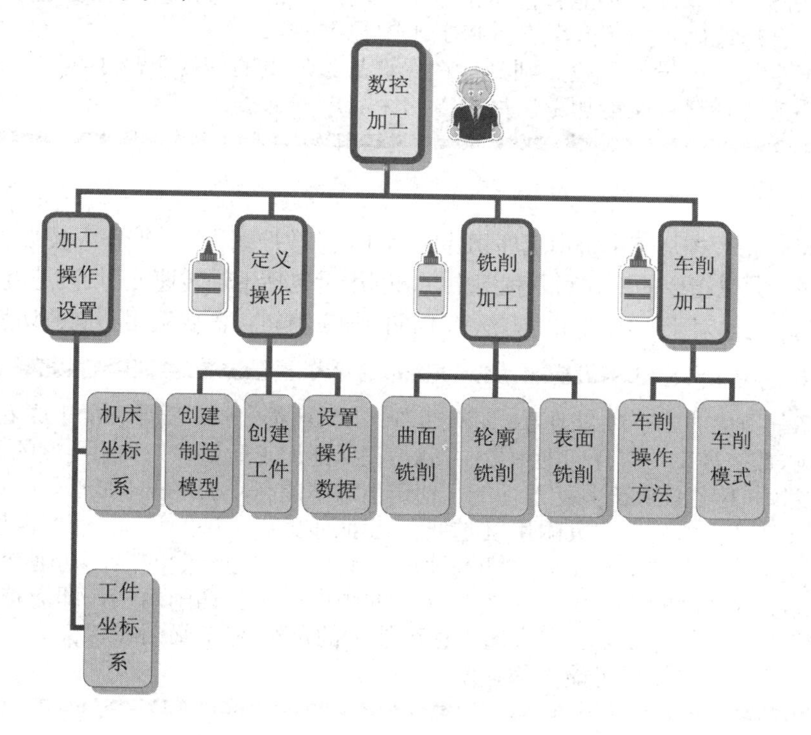

11.1 加工操作设置

基本概念

数控加工术语在数控加工程序编写、工艺卡编写的过程中发挥着很重要的作用，合理应用这些术语能够提高工作效率。数控加工中的常用术语主要有加工余量、切削用量、进给、进给量、插补、补偿、加工精度等。

1. 加工余量

加工余量是指数控加工过程中需要切去的金属层厚度，即毛坯与最后零件的相差量。

加工余量分为工序余量和加工总余量（毛坯余量）。工序余量是指相邻两工序的工序尺寸之差，加工总余量（毛坯余量）是指毛坯尺寸与零件图样的设计尺寸之差。

由于工序尺寸有公差，故实际切除的余量大小不等。

加工余量的大小对于工件的加工质量和生产率均有较大的影响。加工余量过大，不仅增加机械加工的劳动量，降低生产效率，而且增加材料、工具和电力的消耗，还会增加加工成本。若加工余量过小，则既不能消除上工序的各种表面缺陷和误差，又不能补偿本工序加工时工件的装夹误差，容易造成废品。因此，合理地确定加工余量在数控加工中很重要。

确定加工余量的一般原则是：在保证加工质量的前提下越小越好。这样可以既不浪费材料，又能加工出尽量少的废品。

2. 切削用量

切削用量是指数控加工中每道工序切除的毛坯量。数控编程时，编程人员必须确定每道工序的切削用量，并以指令的形式写入程序中。切削用量包括主轴转速 n（切削速度 v_c）、背吃刀量 a_p、进给量 f 等。对于不同的加工方法和不同的加工材料，需要选用不同的切削用量。

切削用量的大小对切削力、切削功率、刀具磨损、加工质量和加工成本均有显著影响。数控加工中选择切削用量时，就是在保证加工质量和刀具耐用度的前提下，充分发挥机床性能和刀具切削性能，使切削效率最高，加工成本最低。

切削用量越大，刀具耐用度越低。切削速度 v_c、进给量 f、切削深度 a_p 三者对刀具耐用度的影响不同，切削速度影响最大，进给量次之，切削深度影响最小。要达到高的生产率，应按 a_p-f-v_c 的顺序来选择切削用量，即应首先考虑尽可能大的切削深度 a_p，其次选用尽可能大的进给量 f，最后在保证刀具合理耐用度的条件下选取尽可能大的切削速度 v_c。

3．进给、进给量

数控机床的进给就是刀具与工件的相对运动，可以是刀具相对于工件运动（如数控车床），也可以是工件相对于刀具运动（如数控铣床）。运动的多少叫进给量，用 f 表示。数控机床的进给量根据加工工件的材料、选用刀具的材料的不同而有很大的区别。具体的数值可以参考相关资料。

4．插补

在实际数控加工中，被加工工件的轮廓形状千差万别，严格说来，为了满足几何尺寸精度的要求，刀具中心轨迹应该准确地依照工件的轮廓形状来生成。这对于简单的曲线数控系统可以比较容易实现，但对于较复杂的形状，若直接生成会使算法变得很复杂，计算机的工作量也相应地大大增加。因此，实际应用中，常采用一小段直线或圆弧去进行拟合，以满足精度要求（也有需要抛物线和高次曲线拟合的情况），这种拟合方法就是"插补"，实质上插补就是数据密化的过程。插补的任务是根据进给速度的要求，在轮廓起点和终点之间计算出若干个中间点的坐标值，每个中间点计算所需时间直接影响系统的控制速度，而插补中间点坐标值的计算精度又影响到数控系统的控制精度，因此，插补算法是整个数控系统控制的核心。插补算法经过几十年的发展，不断成熟，种类很多。一般说来，从产生的数学模型宋分，插补主要有直线插补、圆弧插补等。

5．补偿

根据方法的不同，补偿可以分为左补偿和右补偿。补偿也分刀具半径补偿和刀具长度补偿。

刀具半径补偿的使用是通过指令 G41，G42 来执行的。补偿有两个方向，即沿刀具切削进给方向垂直方向的左面和右面进行补偿，符合左右手定则；G41 是左补偿，符合左手定则；G42 是右补偿，符合右手定肚刀具长度补偿的两种方式如下。

（1）用刀具的实际长度作为刀长的补偿。使用刀长作为补偿就是使用对刀仪测量刀具的长度，然后把这个数值输入到刀具长度补偿寄存器中，作为刀长补偿。

（2）利用刀尖在 z 方向上与编程零点的距离值（有正负之分）作为补偿值。这种方法适用在机床只有一个人操作而没有足够的时间来利用对刀仪测量刀具的长度时使用。

6．加工精度

加工精度是指零件加工后的实际几何参数（尺寸、形状和位置）与设计的理想几何参数 之间的符合程度。符合程度越高，加工精度越高。加工精度包括尺寸精度、形状精度和位置精度三方面。

（1）尺寸精度：加工后的零件表面本身或表面之间的实际尺寸与理想尺寸之间的符合程度。理想零件尺寸是指零件图上标注尺寸的中值。

（2）形状精度：加工后的零件表面本身的实际形状和理想零件表面形状相符合的程度。理想零件表面形状是指绝对准确的设计的表面几何形状。

（3）位置精度：加工后零件各表面间实际位置和理想零件各表面间的位置相符合的程度。理想零件各表面间的位置是指各表面间绝对准确的位置。

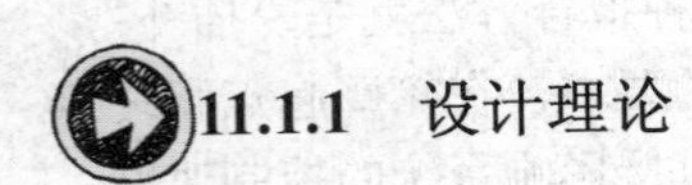

11.1.1 设计理论

计算机辅助图形数控编程是随着数控机床应用的扩大而逐渐发展起来的，在数控加工的实践中，逐渐发展出各种适应数控机床加工过程的计算机自动编程系统。

Creo Parametric 是一个全方位的三维产品开发综合软件，作为集成化的 CAD/CAM/CAE 系统，在产品加工制造的环节上，同样提供了强大的加工制造模块——Creo/NC 模块。

Creo/NC 模块能生成驱动数控机床加工零件所必需的数据和信息，能够生成数控加工的全过程。Creo Parametric 系统的全相关统一数据库，能将设计模型的变化体现到加工信息中，利用它所提供的工具，能够使用户按照合理的工序，将设计模型处理成 ASCII 码刀位数据文件，这些文件经过后处理变成数控加工数据。Creo/NC 模块生成的数控加工文件包括：刀位数据文件、刀具清单、操作报告、中间模型、机床控制文件等。

用户可以对所生成的刀具轨迹进行检查，如不符合要求，可以对 NC 数控工序进行修改；如果刀具轨迹符合要求，则可以进行后置处理，以便生成数控加工代码，为数控机床提供加工数据。

Creo/NC 模块的应用范围很广，包括数控车床、数控铣床、数控线切割、加工中心等自动编程方法。Creo/NC 模块是可以根据公司需求，对可用功能进行任意组合订购的可选模块。

1. Creo/NC 模块的启动与操作界面

Creo Parametric 中 Creo/NC 模块属于制造类型，所以新建 NC 文件时应在【新建】对话框中的【类型】选项组中选中【制造】单选按钮，在【子类型】选项组中选中【NC 装配】单选按钮，如图 11-1 所示。

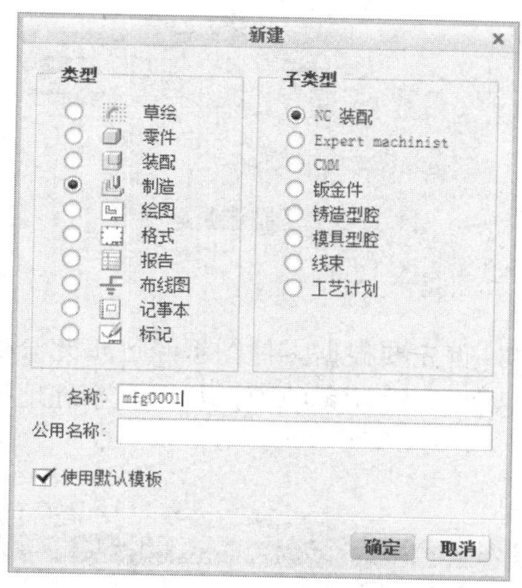

图 11-1 【新建】对话框

Creo Parametric 中 Creo/NC 模块的工作界面与其他模块一样，包括标题栏、选项卡、工具栏、导航器、提示栏及显示窗口等几部分，如图 11-2 所示。

用户可以在主界面中进行文件管理、显示控制、系统设置及读取文件等各项的操作。

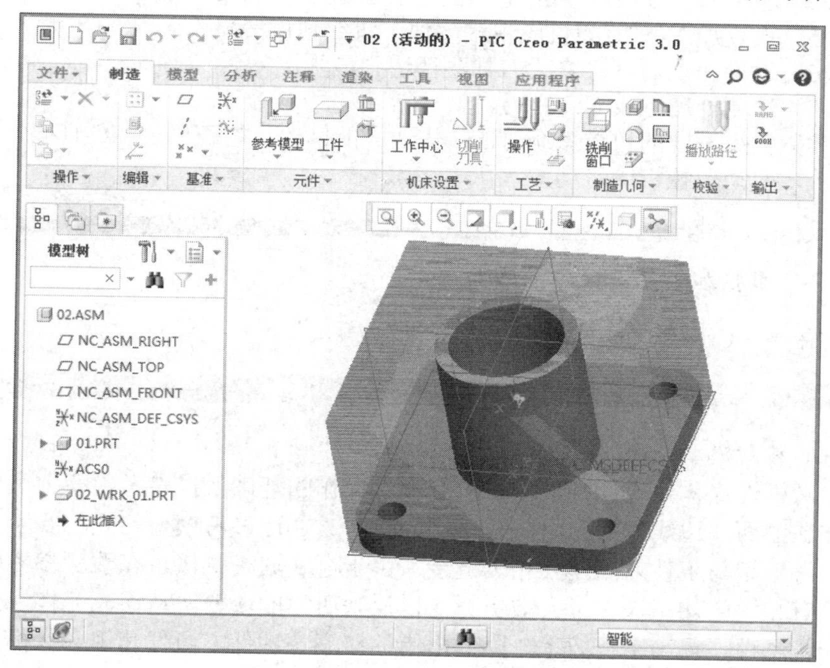

图 11-2 Creo/NC 模块工作界面

在 Creo/NC 模块主要用到的是【制造】选项卡，如图 11-3 所示。选项卡几乎包括了数控加工的所有命令，在进行数控加工操作时，【制造】选项卡的使用频率最高，加工中几乎所有的操作都可以在其中完成。

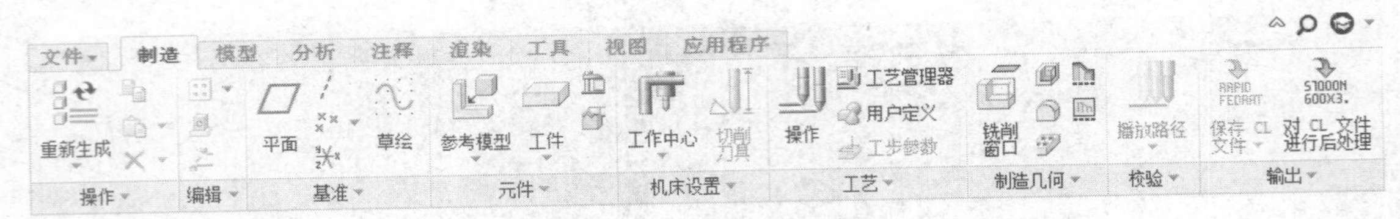

图 11-3 【制造】选项卡

2. Creo/NC 数控加工基本流程

在数控机床加工零件时，首先要根据零件图纸经过工艺分析和数值计算，编写出程序清单，然后将程序代码输入到机床控制系统中，从而有条理地控制机床的各部分动作，最后加工出符合要求的产品。

数控加工的主要过程是：

（1）根据零件图建立加工模型特征。
（2）设置被加工零件的材料、工件的形状与尺寸。
（3）设计加工机床参数，确定加工零件的定位基准面、加工坐标系和编程原点。
（4）选择加工方式，确定加工零件的定位基准面、加工坐标系和编程原点。
（5）设置加工参数(如机床主轴转速、进给速度等)。
（6）进行加工仿真，修改刀具路径达到最优。
（7）后期处理生成 NC 代码。
（8）根据不同的数控系统对 NC 作适当的修改，将正确的 NC 代码输入数控系统，驱动数控机床运动。

3. Creo/NC 数控加工基本概念术语

下面介绍一下 Creo/NC 数控加工基本概念术语。

（1）参考模型

参考模性也称为设计模型，是所有制造操作的基础，在参考模型上可以选取特征、曲面和边线作为刀具路径轨迹的参考。通过参考模型的几何要素，可以在参考模型与工件之间建立相关链接。由于有了这种链接，在改变参考模型时，所有相关的加工操作都会被更新，以反映所作的改变，从而充分体现全参数化的优越性，提高工作效率，降低出错的概率。零件、组件和钣金件都可以用作参考模型。

（2）工件

工件也就是工程上的毛坯，是加工操作的对象。工件的几何形状为被加工零件未经过材料切除前的几何形状。

使用工件的优点在于：

- 在创建 NC 序列时，自动定义加工的范围。
- 动态材料去除模拟和过切检测。
- 通过捕获去除材料来管理进程中的文档。

工件可以代表任何形式的毛坯，如棒料或铸件。通过复制设计模型，修改尺寸，或删除特征，或隐含特征，可以很容易地创建工件以代表实际工件。

根据设计者对整个加工过程的设计及工艺过程的考虑，可以将工件设计成任意形状，也可以在制造模块中以草绘模式直接创建工件。

（3）制造模型

制造模型一般由参考模型和工件组合而成。在加工模型中，参考模型必不可少，而工件为可选项。

在制造模型中加入工件有许多优点，它既可以作为设计加工刀具路径的参考，又可以动态模拟材料切削加工过程和计算材料的切削量。

11.1.2 课堂讲解

数控机床的坐标系包括机床坐标系和工件坐标系两种，下面将对其进行介绍。

1. 机床坐标系

机床坐标系又称机械坐标系，其坐标和运动方向视机床的种类和机构而定。机床坐标系及其运动方向在国际标准中有统一规定，我国也有与之等效的标准。

机床坐标系规定原则如下：

（1）右手笛卡儿坐标系

标准的机床坐标系是右手笛卡儿坐标系，用右手螺旋法则确定，如图 11-4 所示。

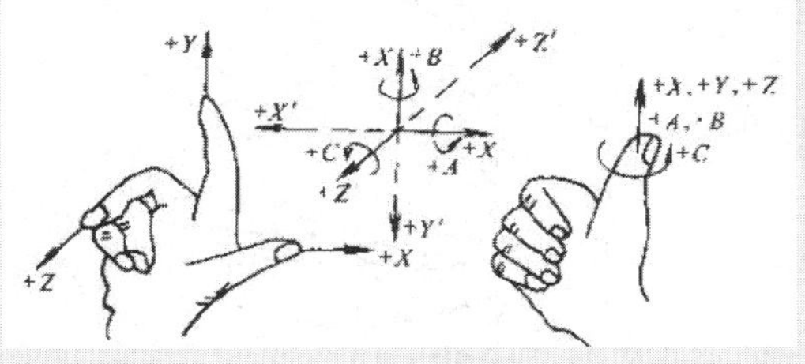

图 11-4　右手笛卡尔坐标系

右手的拇指、食指、中指互相垂直，分别代表$+X,+Y,+Z$轴。围绕$+X,+Y,+Z$轴旋转的圆周进给坐标轴分别用$+A,+B,+C$表示，其正向符合右手螺旋定则。

（2）刀具运动坐标和工件运动坐标

数控机床的进给运动是相对运动，可以是刀具相对于工件运动（如数控车床），也可以是工件相对于刀具运动（如数控铣床）。

为了方便用户编程和操作，国际标准规定：刀具相对于静止工件而运动。即编程时，可假定工件不动，刀具相对于工件作进给运动。根据这一规定，+*X*,+*Y*,+*Z* 坐标和+*A*,+*B*,+*C* 坐标代表刀具相对“静止”工件而运动的刀具运动坐标，与之相反的则为工件相对“静止”刀具运动的工件运动坐标。

如图 11-5 所示，待加工的工件固定在坐标系中，刀具运动形成坐标，在编程时采用的就是刀具运动坐标，即假定工件固定不动，刀具相对于静止工件而运动。

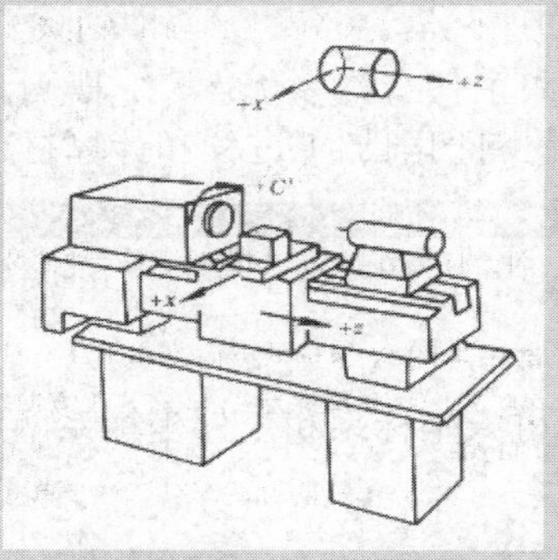

图 11-5　车床坐标系

坐标轴的确定方法如下：

如图 11-6 所示为卧式数控铣床的机床坐标系。图中字母代表运动坐标，箭头表示正方向。

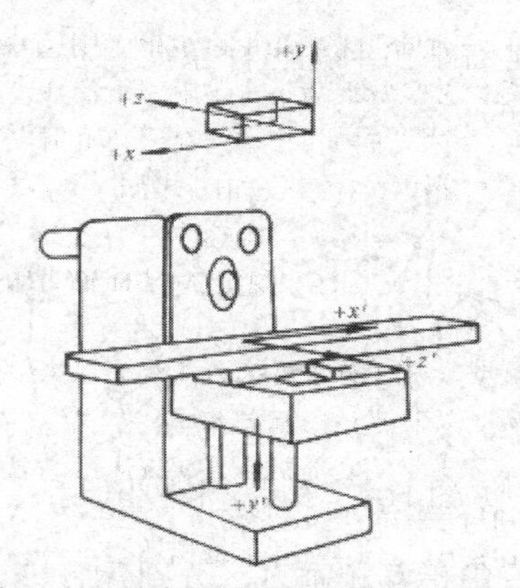

图 11-6　卧式数控铣床的机床坐标系

下面介绍各个坐标轴和运动方向的确定步骤。

① *Z* 轴

一般地，平行于机床主轴的轴线为 *Z* 轴，该轴线产生切削力，刀具远离工件的运动方向定义为 *Z* 轴正方向(+*Z*)。

- 对于刀具旋转的机床，如铣床、钻床等，定义平行于旋转刀具轴线的坐标为 Z 坐标，穿过旋转刀具轴线的轴为 *Z* 轴。
- 对于工件旋转的机床，如车床等，定义平行于工件轴线的坐标为 *Z* 坐标。
- 对于没有主轴的机床，则定义垂直于工件装夹表面的坐标为 *Z* 坐标。
- 对于机床上有几根主轴的情况，定义垂直于工件装夹表面的一根主轴为主要主轴，平行于主要主轴轴线的坐标为 *Z* 坐标。

② X 轴

X 轴为水平方向，一般位于垂直于 *Z* 轴并平行于工件装夹面的水平平面内。

- 对于工件旋转的机床，*X* 轴垂直于工件回转轴线（*Z* 轴），刀具远离工件的方向为 *X* 轴正方向。
- 对于刀具选择的机床，当 *Z* 轴垂直时，人面对主轴，向右为 *X* 轴正方向；当 Z 轴水平时，向左为 *X* 轴正方向。
- 对于无主轴的机床（如刨床），切削方向为 *X* 轴正方向。

③ *Y* 轴

Y 轴的正方向一般根据已经确定的 *X*，*Z* 轴，然后按右手螺旋定则来确定。

④ A，B，C 轴

A，*B*，*C* 轴的坐标为回转进给运动坐标。根据已经确定的 *X,Y,Z* 轴及其正方向，用右手螺旋定则可以很方便地确定 *A,B,C* 三轴的正方向。

2. 工件坐标系

编写数控程序时，一般选择工件上某一点为程序的原点，这一点称为编程零点，也称“加工零点”。以编程原点为原点且平行于机床各个移动坐标轴 *X*，*Y*，*Z* 建立一个新的坐标系，就是工件坐标系。

为保证编程与机床加工的一致性，工件坐标系定义为右手笛卡儿坐标系。工件装夹在机床上时，应保证工件坐标系和机床坐标系的坐标轴方向一致。工件坐标系是任意的，可以由编程人员根据需要自行设定。工件坐标系和机床坐标系的关系如图 11-7 所示。

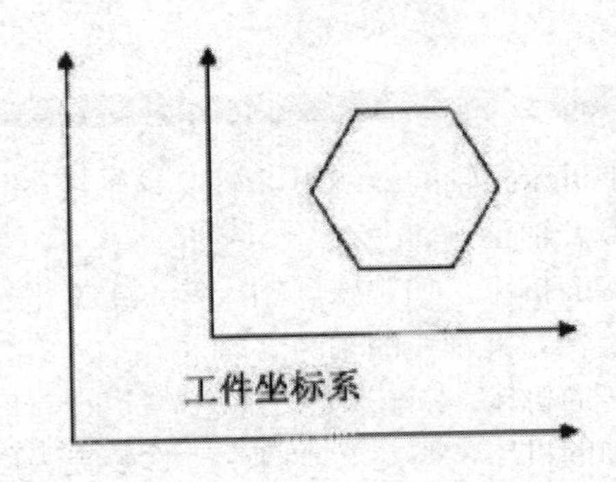

图 11-7　工件坐标系与机床坐标系关系

编程零点即加工零点，是数控加工过程中切削加工的参考点。对于数控铣床和加工中心来说，正确选择编程零点并建立合理的工件坐标系是非常重要的。

编程零点的选择应遵循以下原则。

① 编程零点与工件的尺寸基准重合，以利于编程。

② 编程零点应选择在尺寸精度高，表面粗糙度小的工件表面上，避免出现尺寸链累计误差。

③ 编程零点最好选择在工件的对称中心上。

④ 编程零点应选在容易找正，在加工过程中便于测量的位置。

11.1.3　课堂练习——Creo 数控加工的基本操作

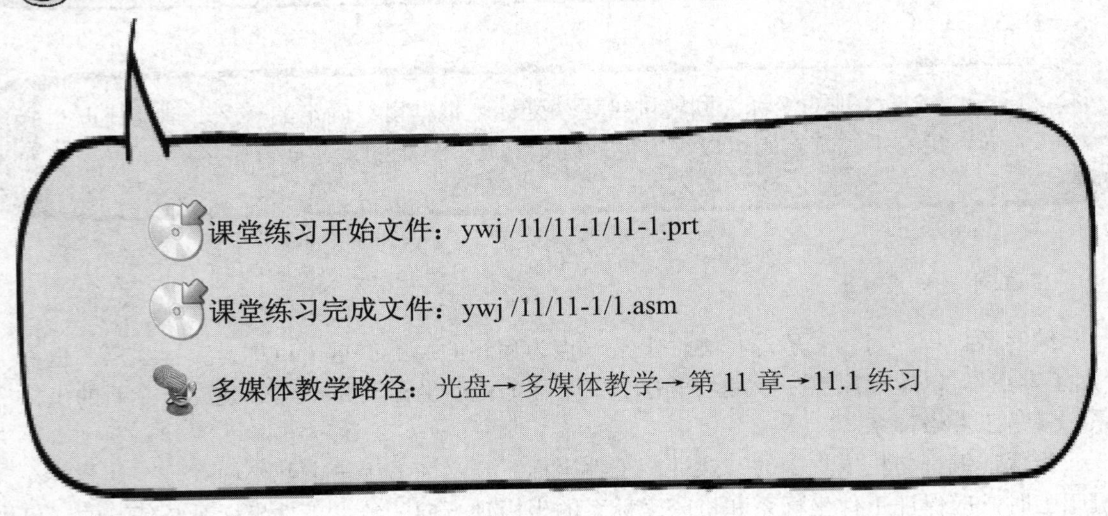

Step1 新建加工文件，如图 11-8 和图 11-9 所示。

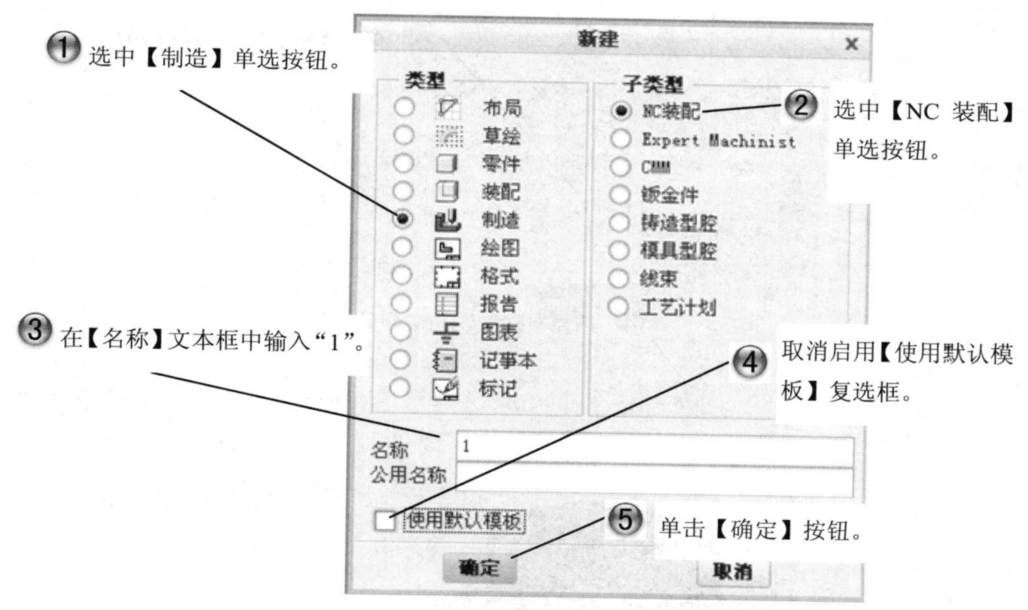

图 11-8 【新建】对话框

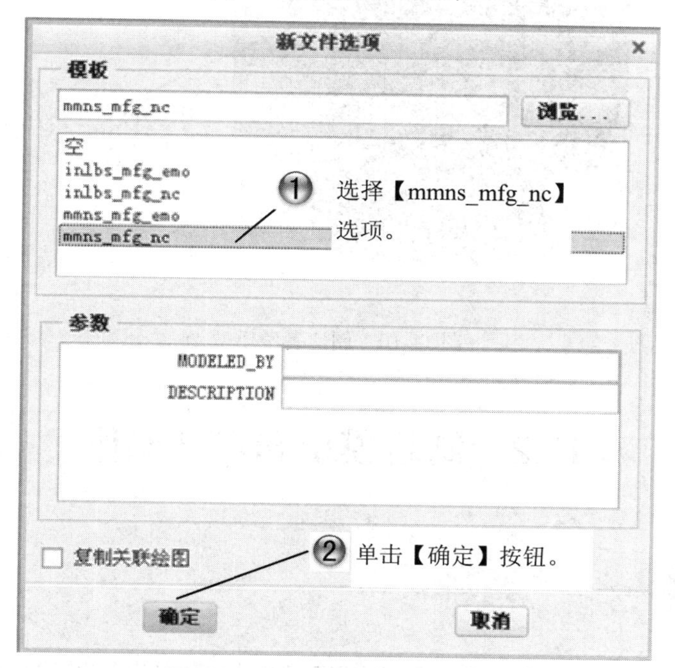

图 11-9 【新文件选项】对话框

Step2 选择“2.prt”文件装配参考模型，如图 11-10 所示。

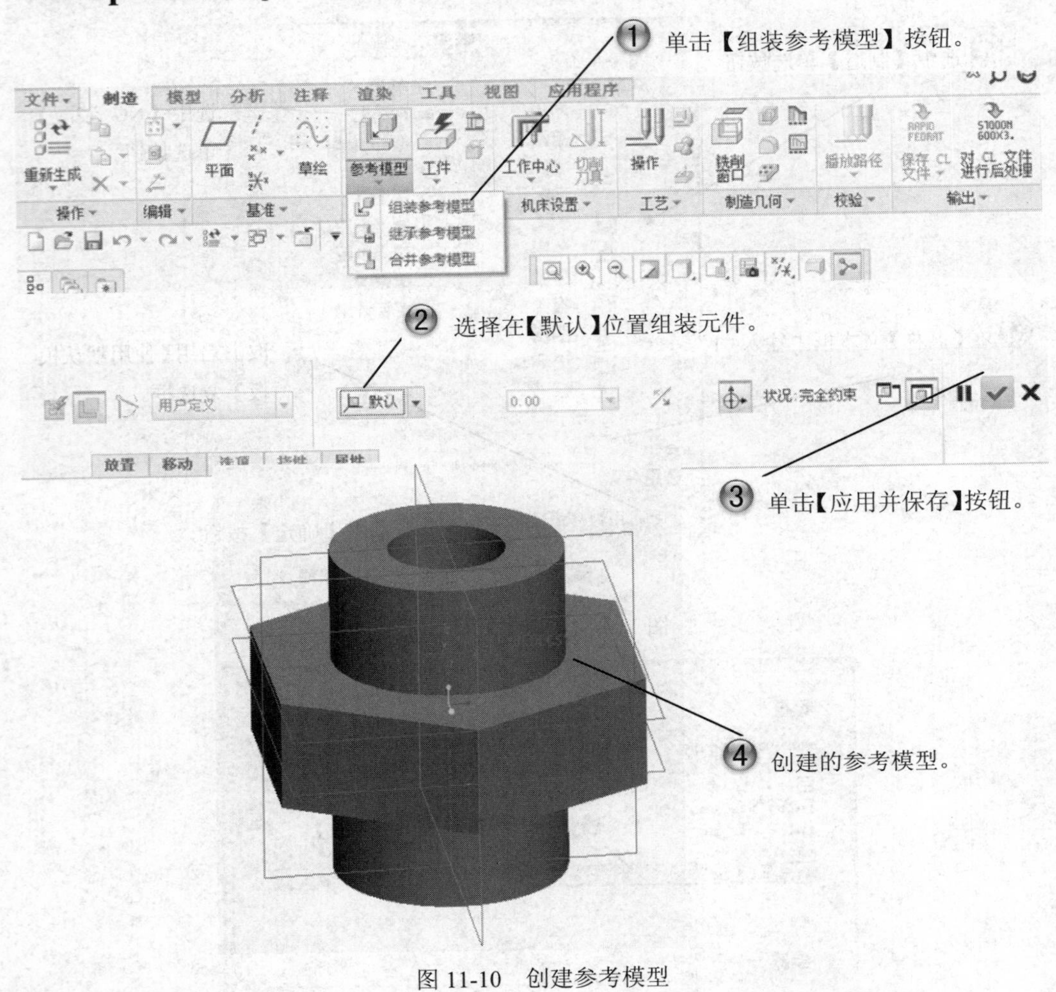

图 11-10 创建参考模型

11.2 制造模型和定义操作

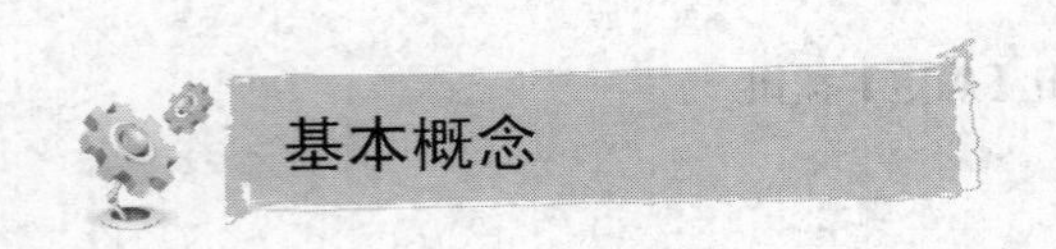

在创建了加工零件的制造模型之后，要进行操作数据的设置。操作数据主要包括在【NC序列】菜单管理器和【铣削工作中心】对话框中。

课堂讲解课时：2 课时

11.2.1　设计理论

创建制造模型中需要编辑模型的某些特征，比如添加元件、重定义、删除、分类、约束设置等，因此需要掌握有关制造模型编辑方面的知识。本节主要讲解创建制造模型的基本知识。

用户进入 NC 界面后，在弹出的【制造】选项卡【元件】组中选择【参考模型】的各项命令，【元件】组如图 11-11 所示，该组主要用于向制造模型中引入和修改制造模型。

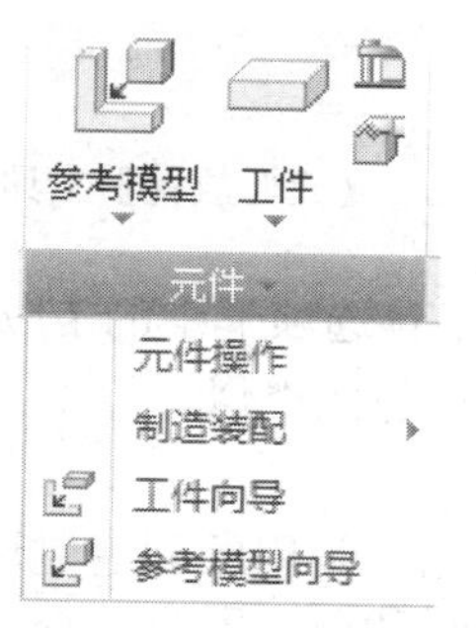

图 11-11　【制造模型】选项卡

11.2.2　课堂讲解

1. 创建制造模型

下面首先介绍以装配方式创建参考模型。以装配方式创建参考模型，是数控加工中最常用的一种创建制造模型的方法。它是对事先创建好的零件与工件，通过组装的方法来完成制造模型的创建。

单击【制造】选项卡【元件】组中的【组装参考模型】按钮 组装参考模型，打开【打开】对话框。

选择一个零件文件后，单击【打开】按钮，设计模型显示在屏幕上，此时系统弹出【元件放置】工具选项卡，提示选取自动约束的任意参考。设置完成后单击【元件放置】工具选项卡中的【应用并保存】按钮 。继承和合并参考模型的方法与此类似。

2. 创建工件

（1）组装工件

组装工件的方法就是调入一个零件或者组件作为工件。具体操作如下：

单击【制造】选项卡【元件】组中的【组装工件】按钮，打开【打开】对话框。

选择一个零件文件后，单击【打开】按钮，设计模型显示在屏幕上，此时系统弹出【元件放置】工具选项卡，提示选取自动约束的任意参考，如图 11-12 所示。

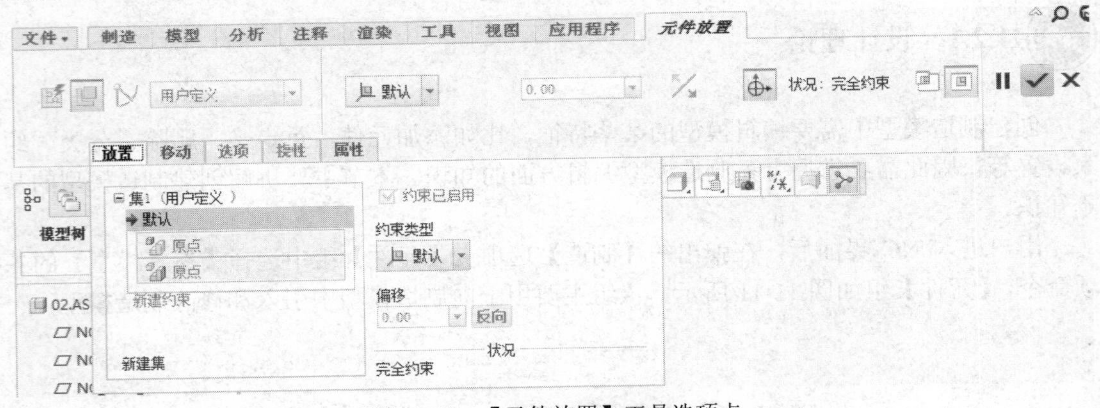

图 11-12　【元件放置】工具选项卡

设置完成后单击【元件放置】工具选项卡中的【应用并保存】按钮，就完成了参考模型的装配。继承和合并工件的方法与此类似。

（2）创建工件

以创建方式创建工件是另一种比较常用的创建制造模型的方法，这种方法适用于制造模型的数据情况为：数据的几何形状简单，容易创建，可以直接以绘图的模式将所需要的几何形状数据创建在制造模型中，而不需要事先创建模型数据文件。创建的具体方法如下：

单击【制造】选项卡【元件】组中的【创建工件】按钮，系统提示输入零件名称，如图 11-13 所示。

图 11-13　输入零件名称

零件名称输入后单击【接受值】按钮。

在弹出的【实体】菜单管理器中选择【伸出项】选项，如图 11-14 所示；以拉伸为例，在弹出的【实体选项】菜单管理器中依次选择【拉伸】|【实体】|【完成】选项，如图 11-15 所示。

系统弹出【拉伸】工具选项卡，在【放置】面板单击【定义】按钮绘制草图，完成后单击【草绘】工具选项卡中的【确定】按钮，设置拉伸参数，再单击【拉伸】工具选项卡【应用并保存】按钮，如图 11-16 所示，即可完成工件的创建。

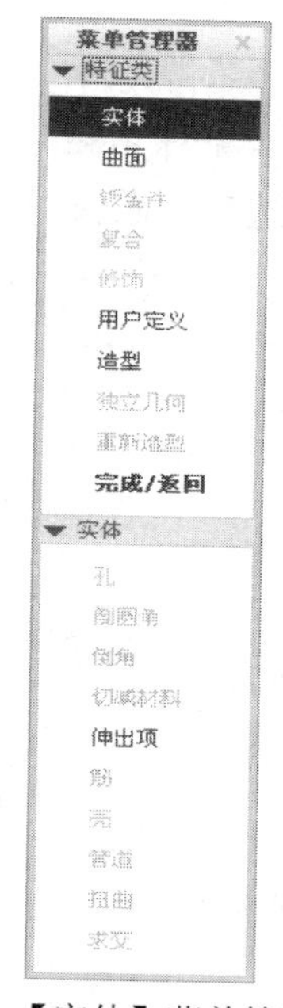

图 11-14 【实体】菜单管理器

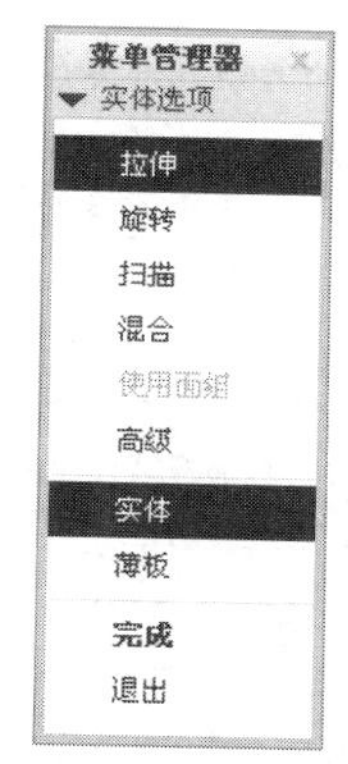

图 11-15 【实体选项】菜单管理器

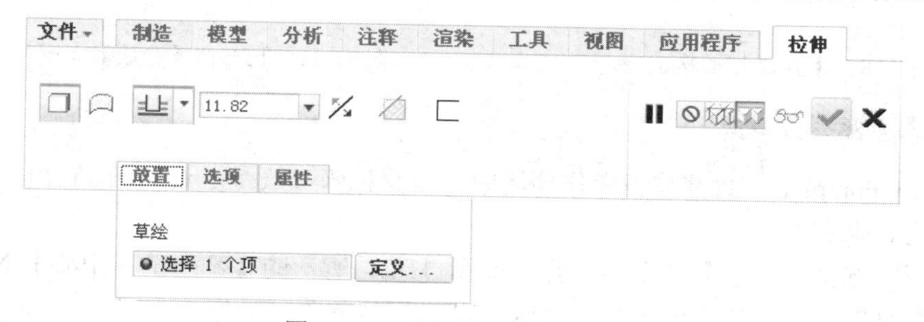

图 11-16 【拉伸】工具选项卡

（3）自动工件

以创建自动工件方式创建工件的方法适合创建圆柱体或者长方体形状的工件，它最大的优点就是，系统能够默认使创建的工件拉伸长度与参考模型相等。从而省去了在创建工件时确定工件的拉伸长度的过程。创建的具体方法如下：

单击【制造】选项卡【元件】组中的【自动工件】按钮 自动工件 ，弹出【创建自动工件】工具选项卡，如图 11-17 所示。

图 11-17 【创建自动工件】工具选项卡

单击【创建圆形工件】按钮或【创建矩形工件】按钮，开始创建工件；单击【放置】标签，切换到【放置】面板，如图 11-18 所示，可以设置坐标系和参考模型。

创建“长方体”形工件时，可以在如图 11-19 所示的【选项】面板中改变长方体的长、宽和高以及位置参数。

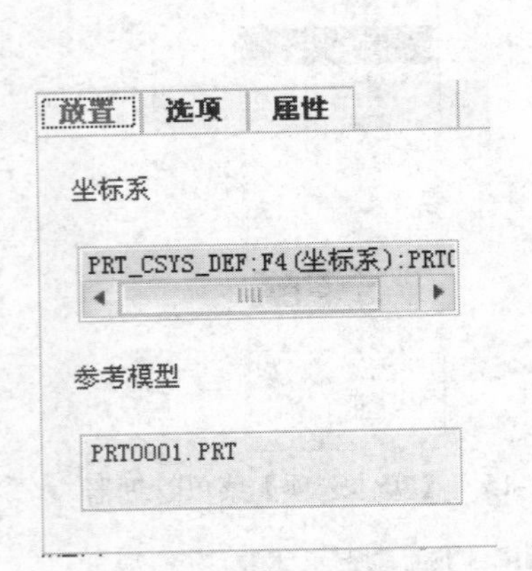

图 11-18 【放置】面板

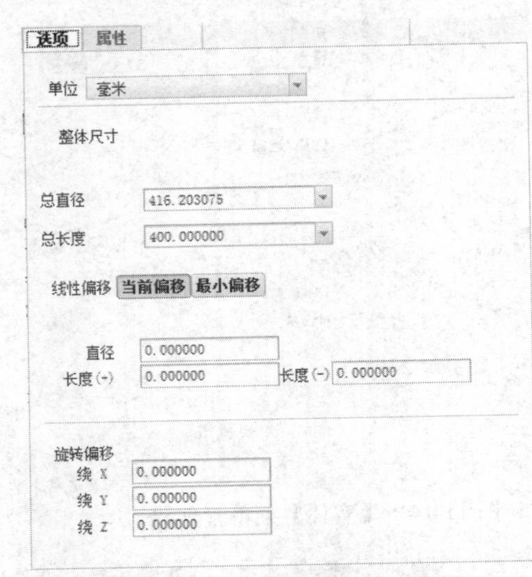

图 11-19 长方体【选项】面板

3. 设置机床操作数据

在 Creo Parametric 数控加工操作环境中，设置机床一般是通过如图 11-20 所示的【工作中心】列表来实现的。

在列表中选择【铣削】命令后，弹出如图 11-21 所示的【铣削工作中心】对话框，利用该对话框可以进行新建机床、修改机床、设置刀具参数等操作。

图 11-20 【工作中心】列表

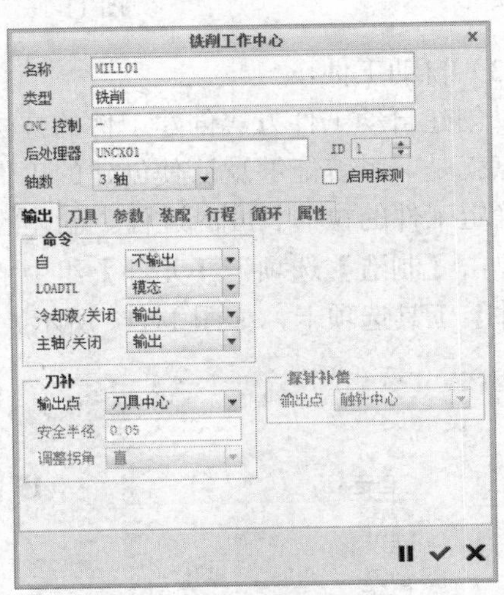

图 11-21 【铣削工作中心】对话框

机床数据定义的所有内容都可以在【铣削工作中心】对话框中完成，下面分别介绍各种数据定义的方法。

（1）机床基本设置

机床基本设置包括机床名称、机床类型、机床轴数等参数。

- 机床名称

机床【名称】文本框位于【铣削工作中心】对话框的最上部，用户可以输入任意字符作为机床的名称，并没有特别严格的机床名称定义规则。

- 机床类型

机床类型有铣削、车床、铣削 / 车削及线切割四种，在【工作中心】列表时就可以进行选择。

- 轴数

机床轴数是指数控加工中可以同时使用的控制轴的数目，机床轴数的选择主要用于设置 NC 序列时选定可选范围。设置当前机床的轴数可以通过单击【轴数】下拉列表框，在弹出的如图 11-22 所示的【轴数】下拉列表框中选择轴数宋实现。

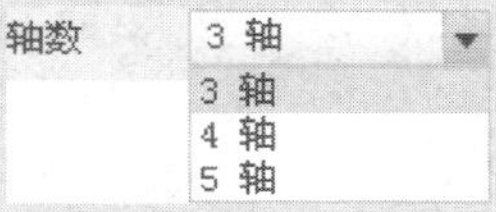

轴数 3 轴
3 轴
4 轴
5 轴

图 11-22　【轴数】下拉列表框

机床的轴数与选择的机床类型密切相关。各种机床类型下可选择的机床轴数如下。

铣削：3 轴、4 轴和 5 轴。

车床：1 个塔台和 2 个塔台。

铣削 / 车削：1 轴、3 轴、4 轴和 5 轴。

线切割：2 轴和 4 轴。

- CNC 控制

【CNC 控制】是指各个机床所配置的控制系统的名称。若需要可以在【CNC 控制】文本框中输入控制器的名称。

若需要，可在【后处理器】文本框中输入后处理器的名称。

（2）【输出】选项卡

打开【铣削工作中心】对话框，系统默认的选项卡即为如图 11-23 所示的【输出】选项卡。【输出】选项卡包括【命令】、【刀补】和【探针补偿】三个选项组。

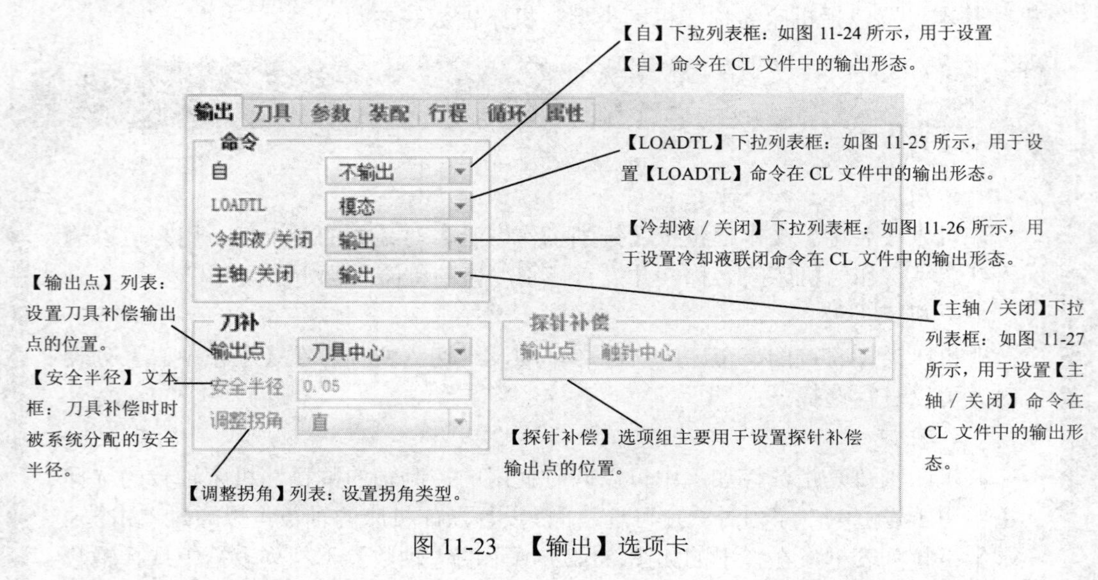

图 11-23　【输出】选项卡

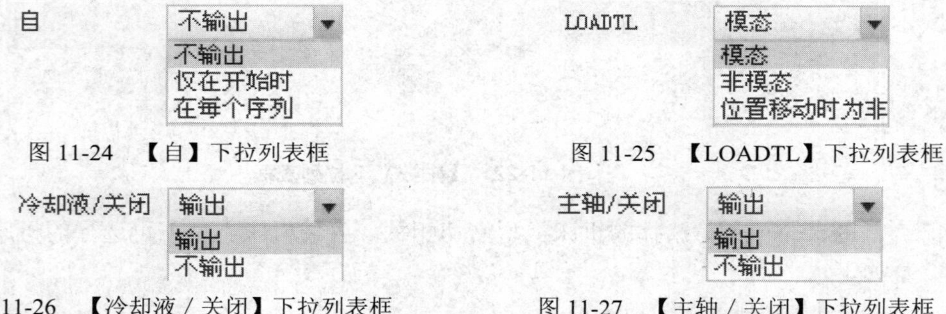

图 11-24　【自】下拉列表框　　　图 11-25　【LOADTL】下拉列表框

图 11-26　【冷却液 / 关闭】下拉列表框　　　图 11-27　【主轴 / 关闭】下拉列表框

（3）【刀具】选项卡

在【铣削工作中心】对话框中单击【刀具】标签，切换到如图 11-28 所示的【刀具】选项卡，它主要用于设定换刀时间和刀具。

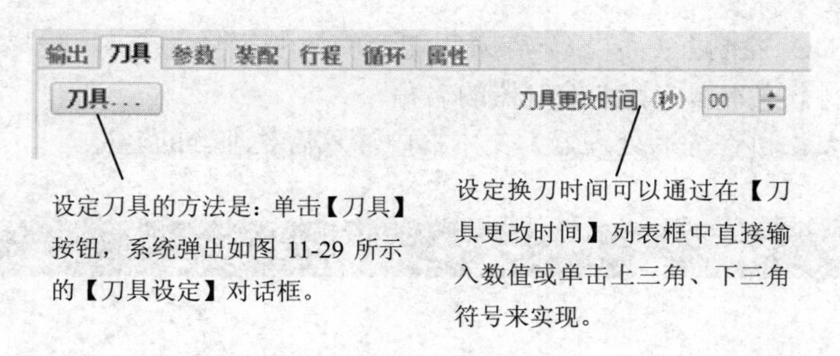

图 11-28　【刀具】选项卡

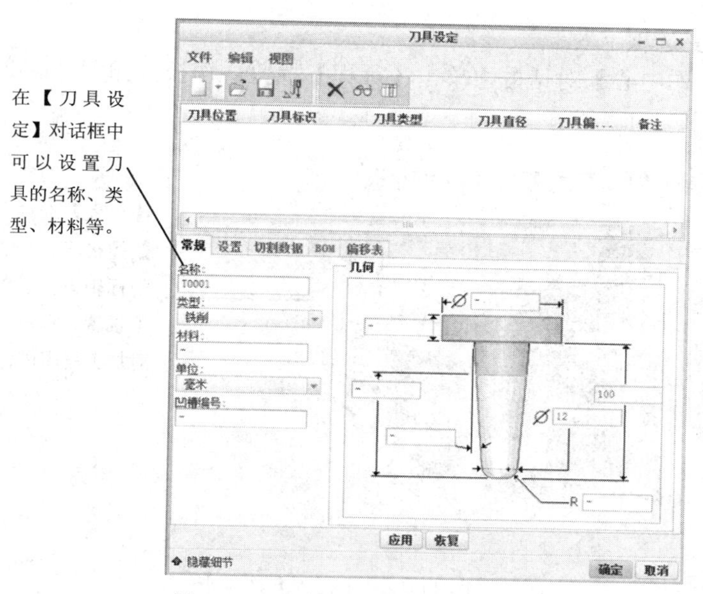

图 11-29 【刀具设定】对话框

（4）【参数】选项卡

在【铣削工作中心】对话框中单击【参数】标签，切换到如图 11-30 所示的【参数】选项卡。

图 11-30 【参数】选项卡

（5）【装配】选项卡

在【铣削工作中心】对话框中单击【装配】标签，切换到如图 11-31 所示的【装配】选项卡。

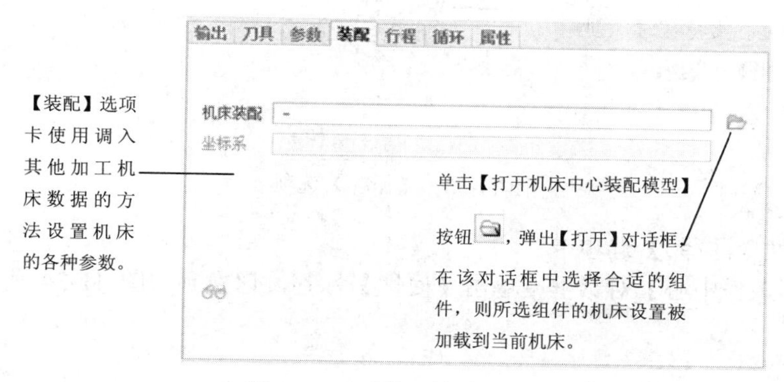

图 11-31 【装配】选项卡

（6）【行程】选项卡

在【铣削工作中心】对话框中单击【行程】标签，切换到如图 11-32 所示的【行程】选项卡。

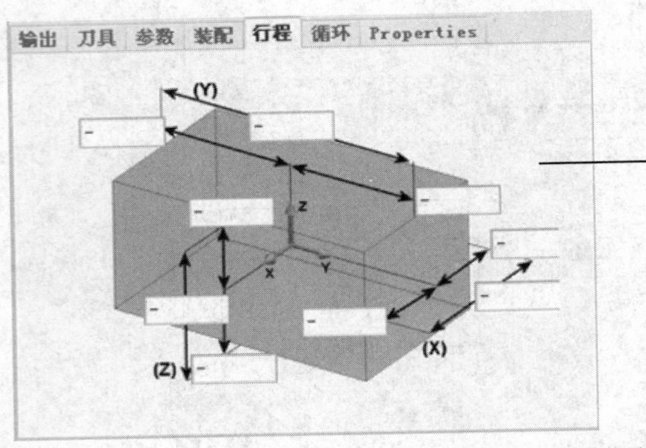

【行程】选项卡主要用于设置数控机床在加工过程中，各个坐标轴方向上的行程极限。若不设置行程极限，则系统不会对加工程序进行行程检查。

图 11-32 【行程】选项卡

选择的机床类型不同，【行程】选项卡中可以设置行程的坐标轴个数有所不同。

图 13-110 所示为选择【铣削】、【铣削 / 车削】和【线切割】机床时的【行程】选项卡。若选择【车床】机床，则缺少 r 轴行程。

名师点拨

（7）【循环】选项卡

在【铣削工作中心】对话框中单击【循环】标签，切换到如图 11-33 所示的【循环】选项卡。

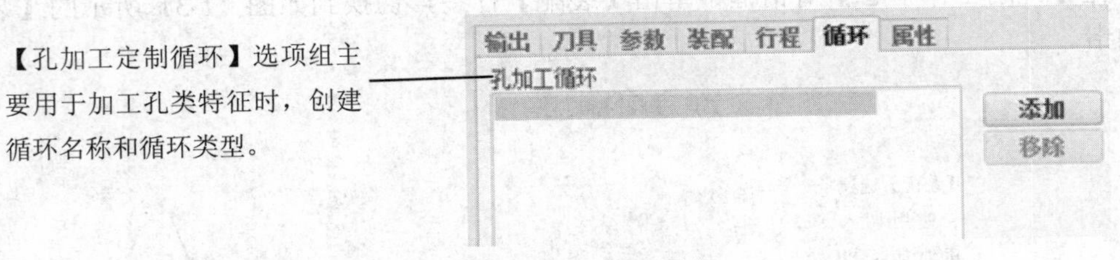

图 11-33 【循环】选项卡

（8）【属性（注释）】选项卡

在【铣削工作中心】对话框中单击【属性】标签，切换到如图 11-34 所示的【属性】选项卡。

图 11-34 【属性】选项卡

4. 设置刀具操作数据

在数控加工过程中，机床类型不同，所选择的刀具类型也有所不同。刀具的设置在数控加工过程中发挥着很重要的作用，因此需要对刀具进行定义。

刀具设定可以通过如图 11-35 所示的【刀具设定】对话框来完成。

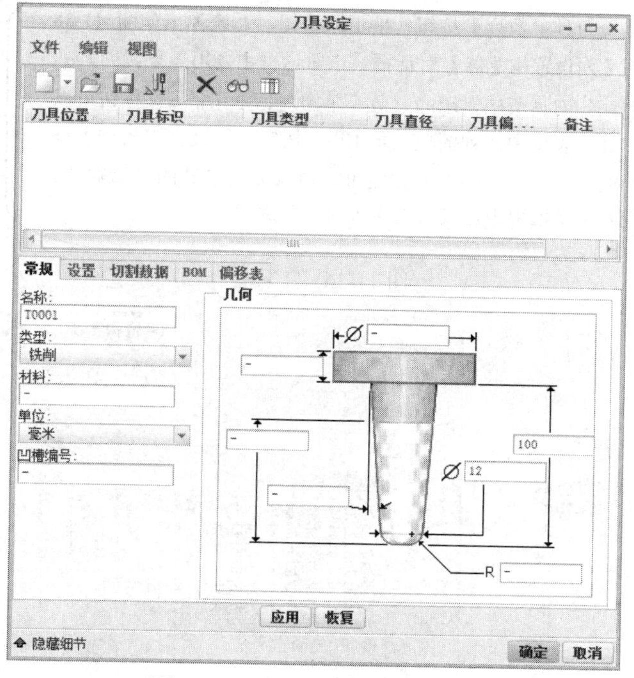

图 11-35 【刀具设定】对话框

在模型树中用鼠标右键单击机床特征，在弹出的快捷菜单中选择【编辑定义】命令，在弹出的【铣削工作中心】对话框中单击【刀具】标签，切换到【刀具】选项卡，单击【刀具】按钮，系统打开【刀具设定】对话框。

【刀具设定】对话框由菜单栏、工具栏、刀具列表框、选项卡等组成。下面分别介绍各部分的功能。

（1）工具栏

【工具栏】如图 11-36 所示，其中的按钮功能与菜单栏中对应命令的功能一致。下面介绍工具栏中几个独特按钮的功能。

显示刀具信息按钮：单击此按钮，显示设置刀具的具体信息，该信息主要包括刀具的各个参数名称及具体数值。

【根据当前数据设置在单独窗口中显示刀具】按钮：单击该按钮，弹出如图 11-37 所示的刀具预览窗口。若要在预览窗口中平移刀具模型，则需要同时按下 Shift 键和鼠标中键，并且拖动鼠标。若要在预览窗口中放大和缩小刀具模型，则需要同时按下 Ctrl 键和鼠标中键，并且拖动鼠标。若要旋转刀具模型，则需要按下鼠标中键，并且拖动鼠标。

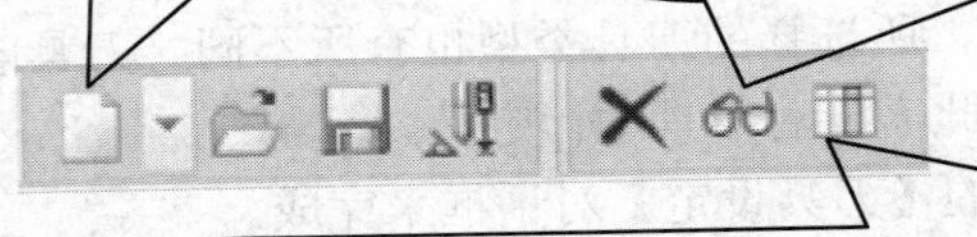

【自定义刀具参数列】按钮：单击此按钮，系统弹出如图 11-38 所示的【列设置构建器】对话框。该对话框主要用于设置刀具列表框中，各刀具所应显示的参数。单击对话框中的 >> 按钮可以增加刀具列表框中所列的项，单击 << 按钮可以减少刀具列表框中所列的项，单击 ⬆ ⬇ 按钮可以更换刀具参数的显示顺序。【宽度】文本框用于定义刀具参数的字符宽度。

图 11-36　工具栏

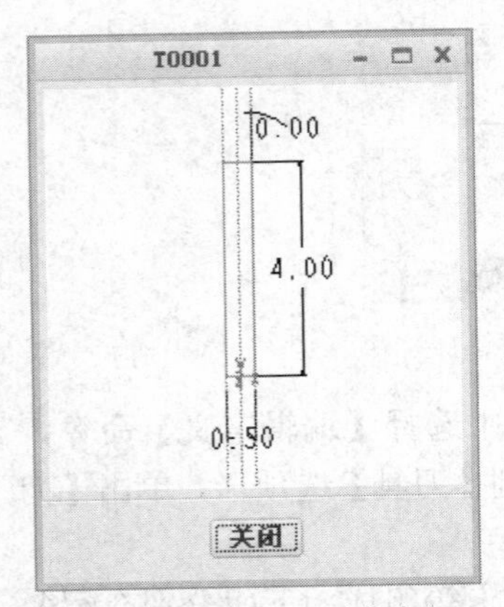

图 11-37　刀具预览窗口

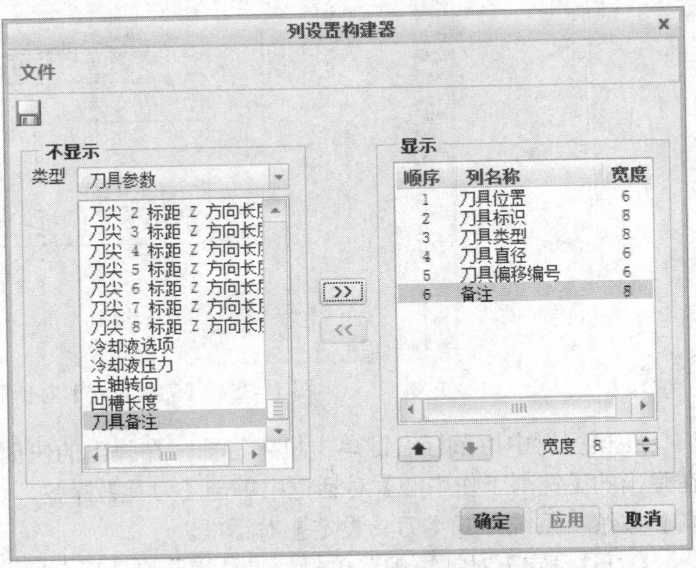

图 11-38　【列设置创建程序】对话框

（2）刀具列表框

刀具列表框如图 11-39 所示。

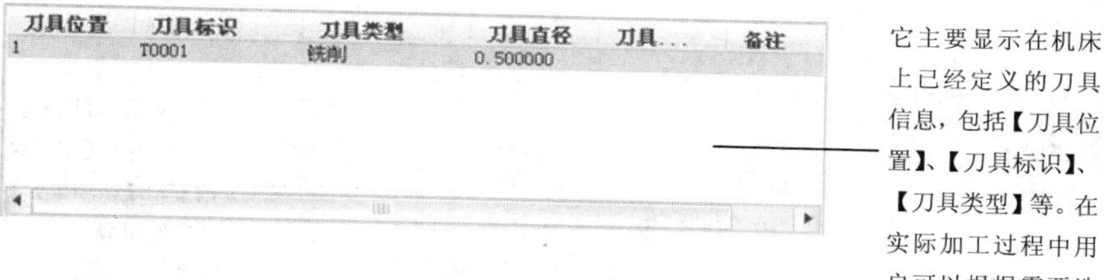

它主要显示在机床上已经定义的刀具信息，包括【刀具位置】、【刀具标识】、【刀具类型】等。在实际加工过程中用户可以根据需要选择合适的刀具。

图 11-39　刀具列表框

（3）【常规】选项卡

打开【刀具设定】对话框后，系统默认的选项卡便为如图 11-40 所示的【常规】选项卡。

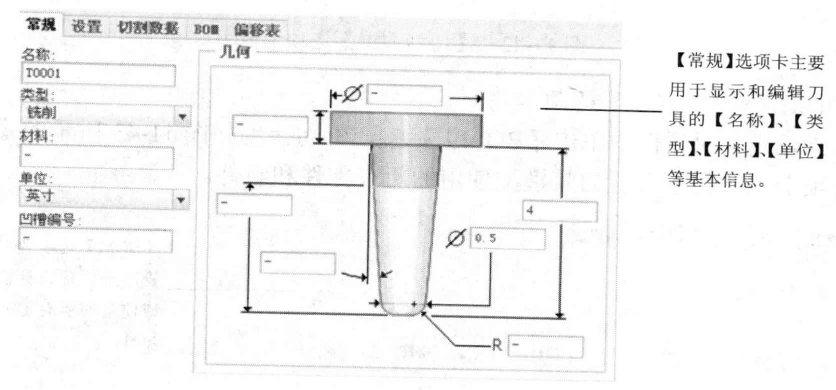

【常规】选项卡主要用于显示和编辑刀具的【名称】、【类型】、【材料】、【单位】等基本信息。

图 11-40　【常规】选项卡

（4）【设置】选项卡

在【刀具设定】对话框中单击【设置】标签，将切换到如图 11-41 所示的【设置】选项卡。

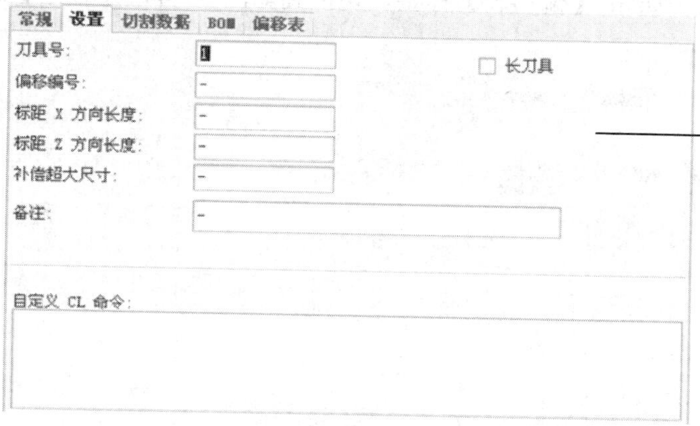

常规　设置　切削数据　BOM　偏移表

刀具号:

偏移编号:

标距 X 方向长度:

标距 Z 方向长度:

补偿超大尺寸:

备注:

长刀具

自定义 CL 命令:

【设置】选项卡主要包括【刀具号】、【偏移编号】、【标距 X 方向长度】等设置项。

图 11-41　【设置】选项卡

（5）【切割数据】选项卡

在【刀具设定】对话框中单击【切割数据】标签，将切换到如图 11-42 所示的【切割数据】选项卡。

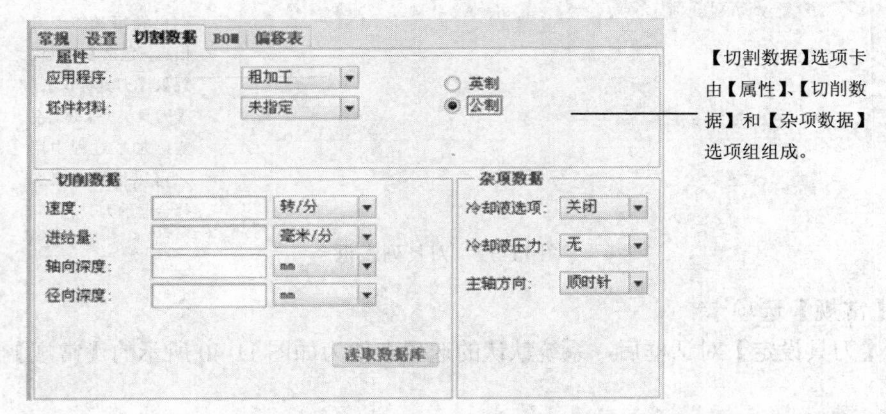

图 11-42 【切割数据】选项卡

（6）【BOM（材料清单）】选项卡

在【刀具设定】对话框中单击【BOM】标签，将切换到如图 11-43 所示的【BOM】选项卡。该选项卡主要用于设置刀具模型使用的所有零件和组件。

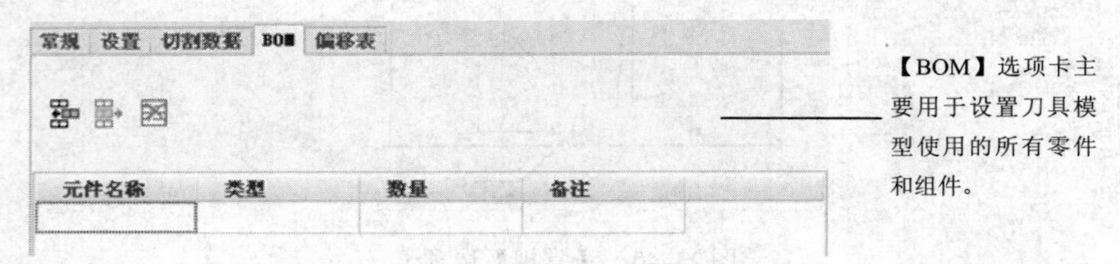

图 11-43 【BOM】 选项卡

（7）【偏移表】选项卡

在【刀具设定】对话框中单击【偏移表】标签，切换到如图 11-44 所示的【偏移表】选项卡。

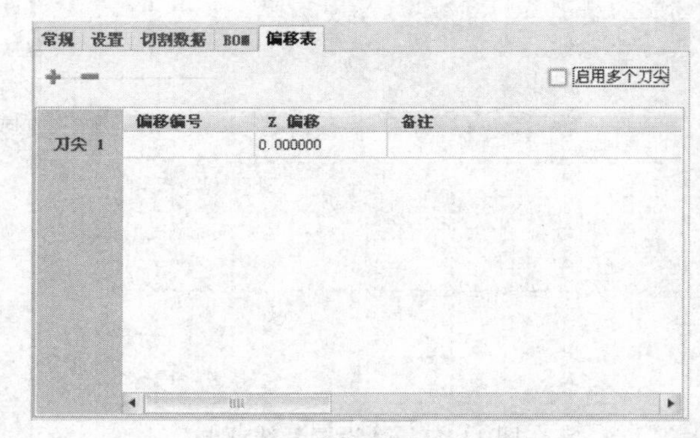

图 11-44 【偏移表】选项卡

（8）【应用】、【恢复】按钮

【应用】按钮：主要用于在完成刀具的每个特征数据定义后，将定义的刀具添加到刀具列表框中。编辑已经定义的刀具后，若需要保存编辑内容，也要单击【应用】按钮；

【恢复】按钮：单击该按钮可以将刀具定义的数据恢复到上次定义的值。

（9）草绘刀具

草绘刀具是定义刀具的一种重要方法，主要用于绘制一些特殊的刀具。

在【刀具设定】对话框中选择【编辑】|【草绘】命令，则【常规】选项卡中会出现如图 11-45 所示的【草绘器】按钮。

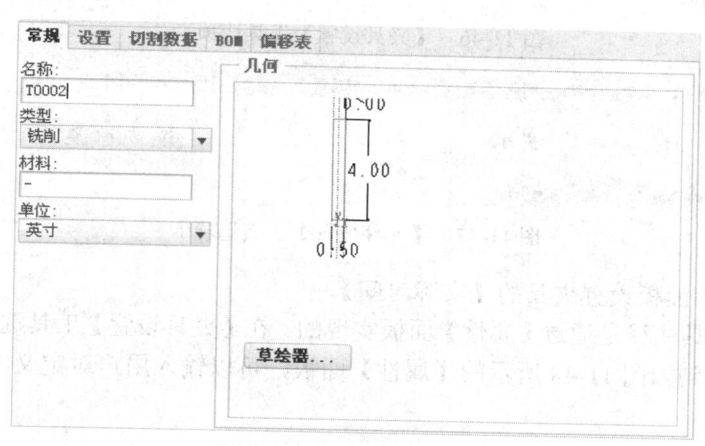

图 11-45　【常规】选项卡

在【常规】选项卡中单击【草绘器】按钮，系统进入草绘环境。该操作环境与零件建模中二维草图绘制的环境基本一致。草绘刀具操作环境标题栏的默认名称为“T0001”。

绘制完成后，单击【草绘】工具选项卡中的【确定】按钮，则返回到【常规】选项卡，该刀具即添加到【常规】选项卡中。

5. 设置夹具操作数据

在数控加工过程中，夹具主要用来对工件施加一定的夹紧力。使用夹具的主要目的是为了保证加工精度，正确放置工件，使数控加工过程中刀具和机床始终处于正确的位置。

夹具设置在数控加工的操作数据设置中不是必需的，若设置夹具不会影响数控加工的进程，则可以省去设置夹具操作。

单击【制作】选项卡【元件】组中的【夹具】按钮，打开【夹具设置】工具选项卡，如图 11-46 所示，在其中进行夹具的设置。

【夹具设置】工具选项卡包含了【元件】、【工艺】和【属性】面板，加载夹具元件要在【元件】面板中进行操作。

（1）在【元件】面板单击【添加夹具元件】按钮，系统打开【打开】对话框，选择需要的夹具添加进模型。之后系统弹出【元件放置】工具选项卡，对元件进行约束放置，如图 11-47 所示。

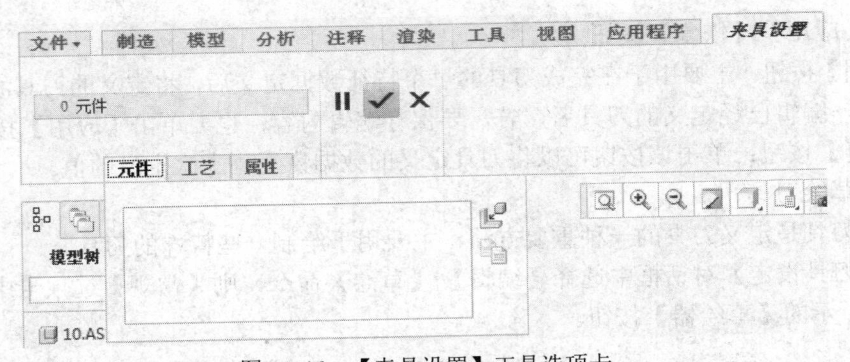

图 11-46 【夹具设置】工具选项卡

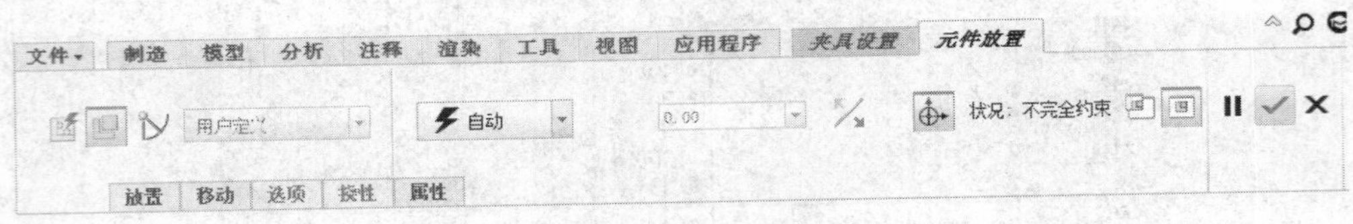

图 11-47 【元件放置】工具选项卡

（2）【工艺】面板设置夹具的【实际时间】。

（3）设置夹具注释是通过【属性】面板实现的。在【夹具设置】工具选项卡中单击【属性】标签，切换到如图 11-48 所示的【属性】面板，可以输入用户对定义的夹具的注释。

图 11-48 【属性】面板

11.2.3 课堂练习——定义销零件加工

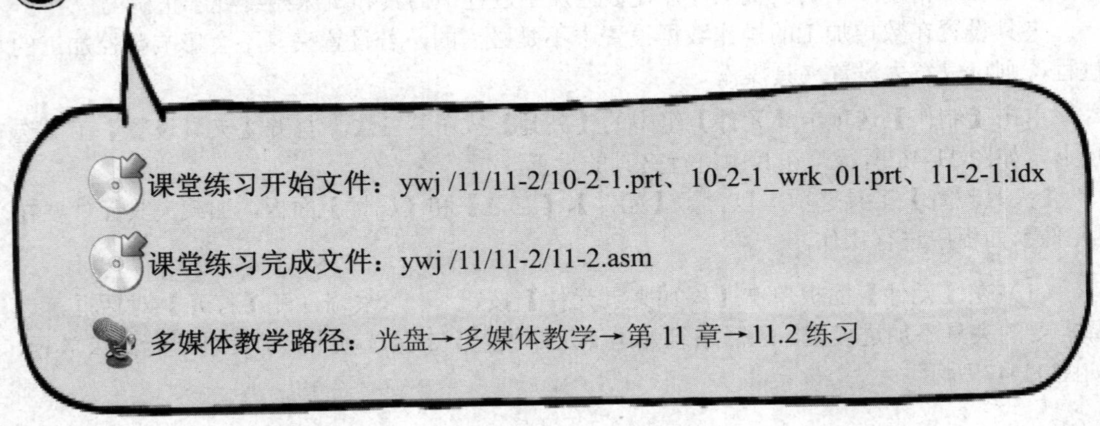

Step1 新建 NC 装配并打开销零件模型，然后创建工件。创建工作中心设置参数，如图 11-49 所示。

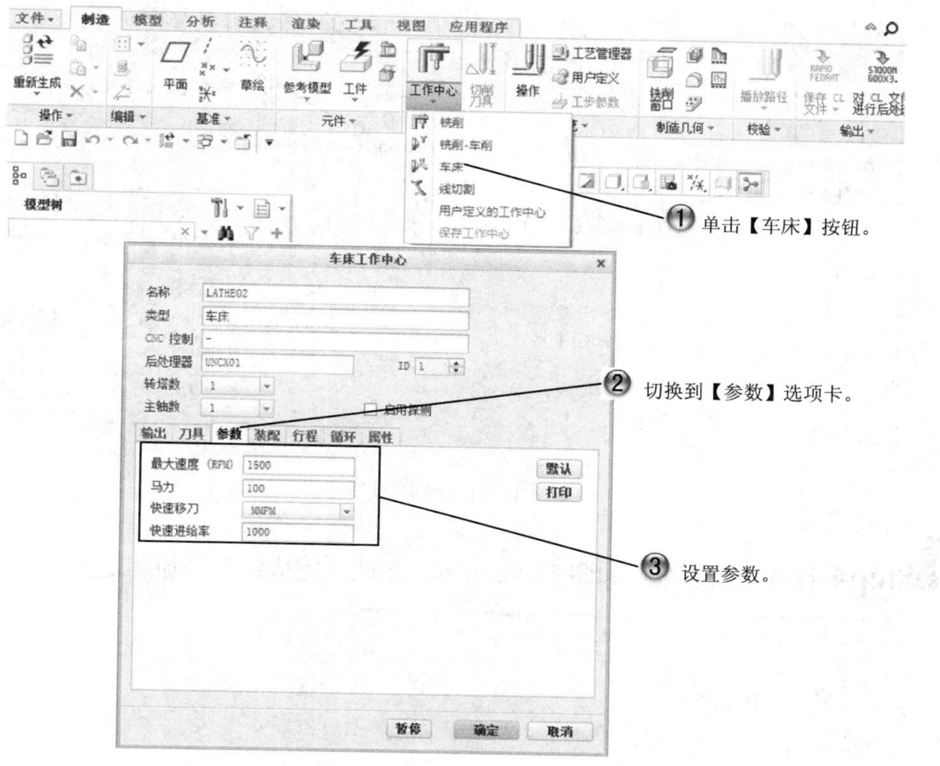

图 11-49　设置参数选项

Step2 设置坐标系行程参数，如图 11-50 所示。

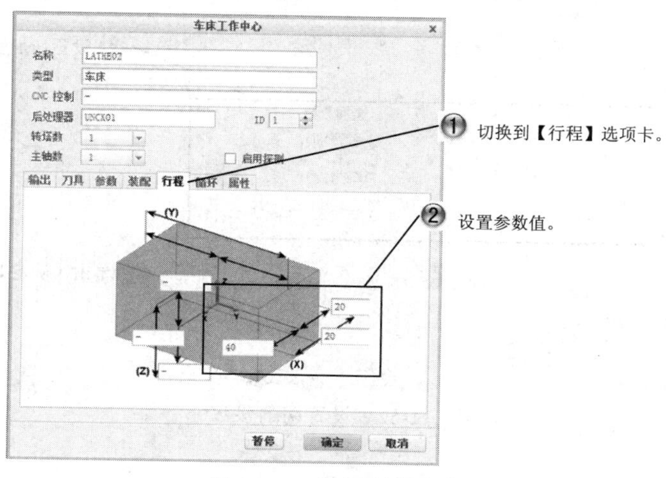

图 11-50　设置行程参数

Step3 选择刀具，如图 11-51 所示。

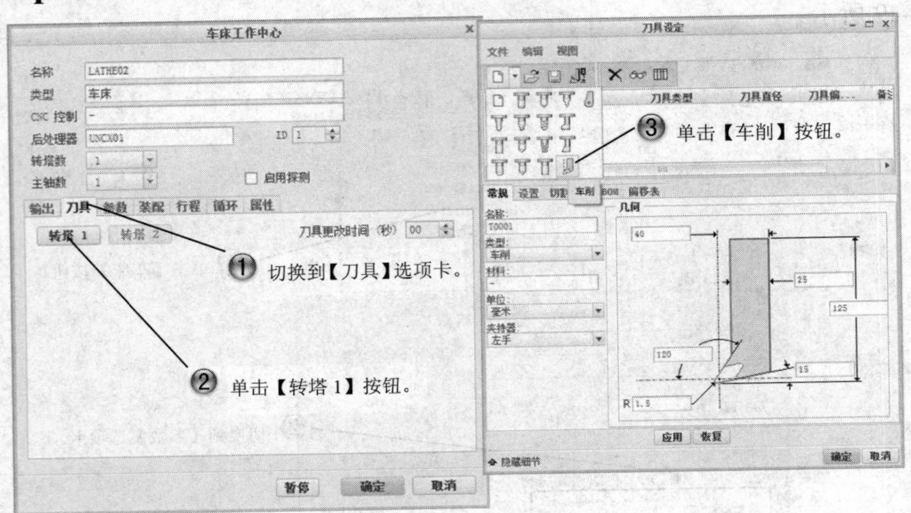

图 11-51　选择刀具

Step4 设置切削参数，如图 11-52 所示。至此，完成销零件加工定义。

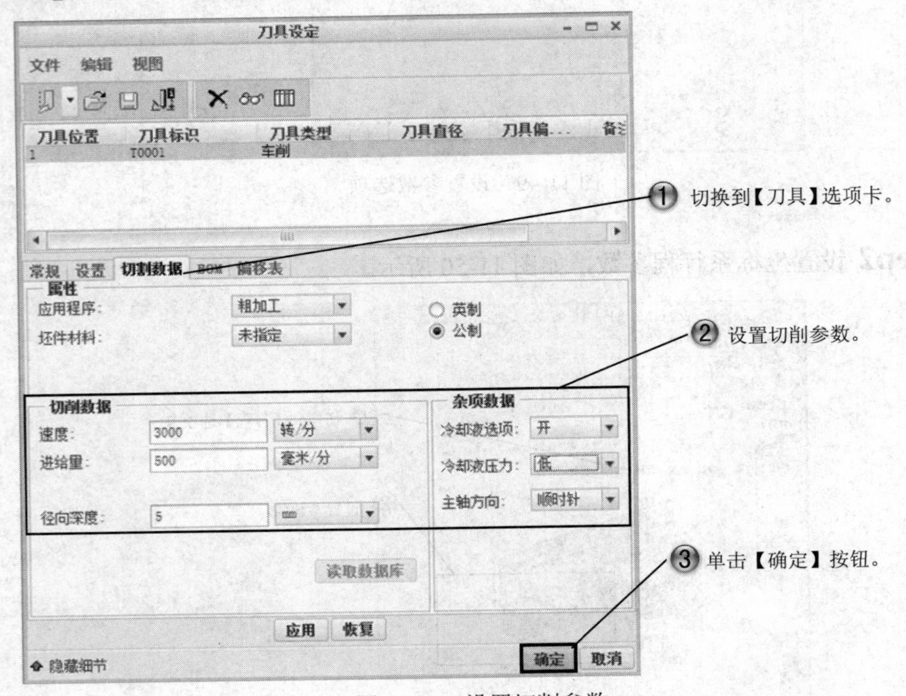

图 11-52　设置切削参数

11.3 铣削加工

基本概念

铣削数控加工是机械加工中最常用的加工方法之一，它主要用于加工平面、孔、盘、套和板类等基本零件，也可用于加工复杂曲面零件、整体叶轮类和模具类零件，因此广泛应用于实际加工中。Creo 中提供了如体积块铣削、曲面铣削、表面铣削、轮廓铣削、腔槽加工铣削、轨迹铣削、螺纹铣削、局部铣削和雕刻铣削等多种加工方法。

课堂讲解课时：2 课时

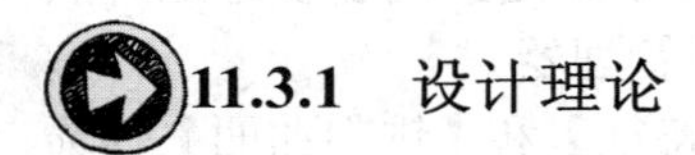

11.3.1 设计理论

铣削体积块是指在数控加工过程中需要被铣削掉的材料体积，它是一个立体空间范围，主要用于在 NC 序列的加工制造几何数据设置时，以该体积块作为参考，并结合所定的其他的加工参数，从而最终以分层等高的形势，从最上曲面开始加工，而且刀尖轨迹始终位于体积块内部，即刀具在切削的过程中只会去除体积块以内的材料，而不会取出体积块以外的材料。

定义铣削体积仅仅为后续设计 NC 序列提供了一个范围参考，一般情况下，铣削体积内部的材料应该被刀具完全清除。然后，在实际的数控加工过程中，铣削体积块内部的材料能否被刀具完全清除还决定于该体积块与刀具参数及加工步长参数是否配合。如果参数量设置不当，则刀具不一定能全部清除铣削体积块范围内的材料，不能达到完全清除材料。

铣削体积的具体内容包括创建体积块和编辑体积块两部分。

1. 创建体积块

在创建好参考模型后，单击【制造】选项卡【制造几何】组中的【铣削体积块】按钮，弹出【铣削体积块】工具选项卡，如图 11-53 所示，系统进入铣削体积块操作环境。

图 11-53 【铣削体积块】工具选项卡

在【铣削体积块】工具选项卡中，有许多按钮为暗灰色，即在当前状态下不可用，如【着色】、【偏移】、【实体化】等按钮。这是因为当前创建的铣削体积块是第一个体积块，该体积块创建完成后，返回到【铣削体积块】工具选项卡中，就会发现这些按钮可以使用。这些工具的主要作用是对刚建立的体积块的外形进行编辑。

创建铣削体积块的过程中，如果事先没有建立任何其他的体积块，则创建的体积块只有“聚合”和“特征”两种方法可以执行。下面分别介绍这两种方法的创建过程。

（1）聚合

以“聚合”的方式创建铣削体积块是指通过选择相关曲面或制造模型的某个特征来定义体积块的边界，并通过延伸至某个平面宋建立铣削体积块。

选择【铣削体积块】工具选项卡【体积块特征】组中的【聚合体积块工具】按钮，弹出如图 11-54 所示的【聚合体积块】和【聚合步骤】菜单管理器。

【聚合步骤】菜单管理器由【选择】、【排除】、【填充】和【封闭】4 个复选框组成，下面分别介绍各部分的使用方法。

- 选择

在【聚合步骤】菜单管理器中接受默认选择，即启用【选择】和【封闭】复选框，然后选择【完成】选项，弹出如图 11-55 所示的【聚合选择】菜单管理器。

【聚合选择】菜单管理器主要由【曲面和边界】、【曲面】、【特征】和【铣削曲面】等选项组成。

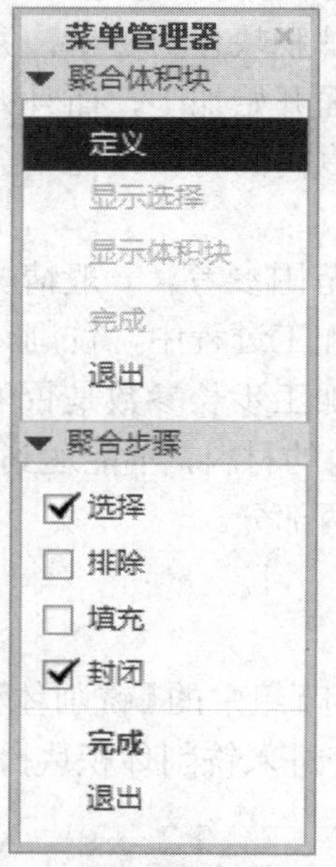

图 11-54 【聚合体积块】和【聚合步骤】菜单管理器

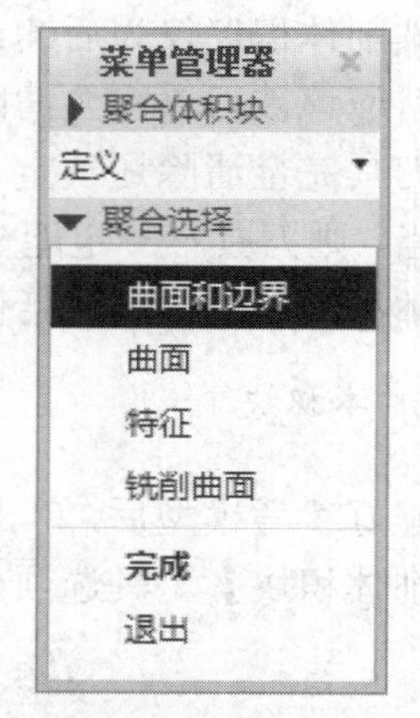

图 11-55 【聚合选择】菜单管理器

- 排除

如果在图 11-54 所示的【聚合步骤】菜单管理器中除启用【选择】和【封闭】复选框外，还启用【排除】复选框，则可以将一些不需要的曲面或外环排除在体积块定义之外。

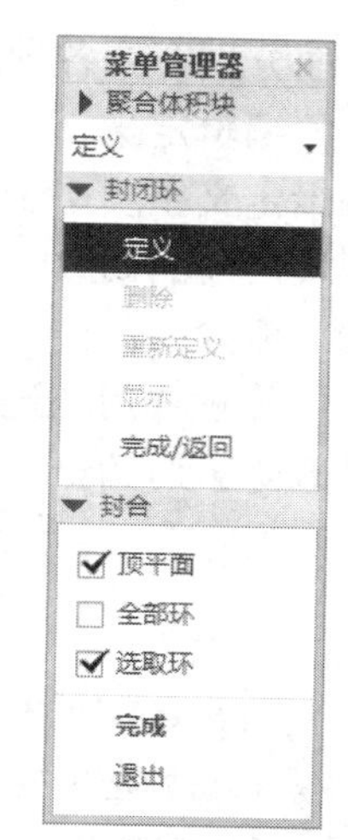

图 11-55　【封闭环】菜单管理器

- 填充

若启用【填充】复选框，则可以忽略所选曲面的内环，主要用于有内孔等特征的模型，忽略内环曲面则该曲面可作为无孔平滑曲面来处理。

- 封闭

【封闭】复选框是系统在创建铣削体积块时必需的选择，它主要用于指定模型的顶部曲面或底部曲面从而生成闭合的体积块。

启用【封闭】复选框，可以通过如图 11-55 所示的【封闭环】菜单管理器来设置其相关参数。

【封闭环】菜单管理器主要由【定义】、【删除】、【重定义】和【显示】几部分组成。其中选择【定义】选项，可以打开【封合】菜单管理器。它主要由【顶平面】、【全部环】和【选取环】3 个复选框组成。

用户以“聚合”方法设置体积块以后，菜单管理器中的【显示选择】和【显示体积块】选项才能变为激活状态，在非激活状态下，这两个选项不可用。

【显示选择】主要用于高亮显示所选择的用于定义聚合体积块的种子曲面和边界曲面。

【显示体积块】用于显示已定义的聚合体积块。

（2）特征

创建铣削体积块的另一种主要方法是“特征”，下面介绍这种方法的内容。

以“特征”方法创建铣削体积块主要通过【形状】组中各命令来实现，如图 11-56 所示。

由“特征”方法生成体积块的具体方法与在零件设计过程中生成基础特征类似。

2. 编辑体积块

编辑铣削体积块主要包括【编辑定义】、【删除】和【隐藏】等内容。编辑铣削体积块的各种操作可以通过在模型树中，用鼠标右键单击体积块，弹出如图 11-57 所示的【编辑体积块】快捷菜单来实现的。

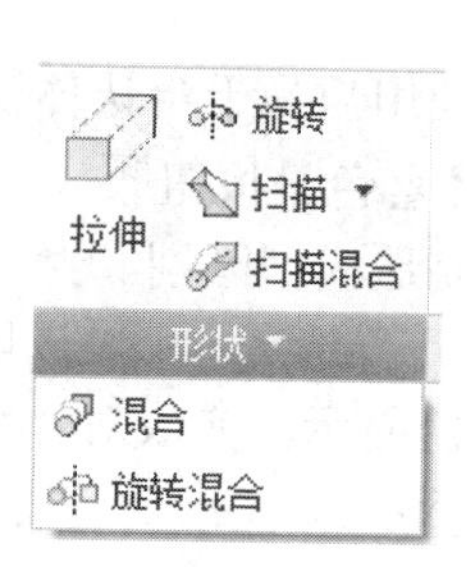

图 11-56　【形状】组

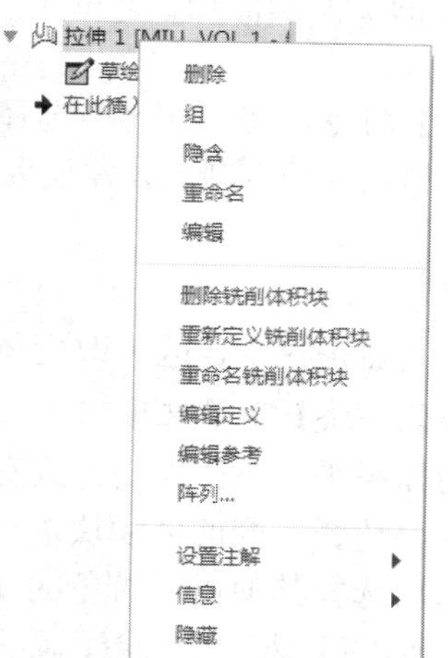

图 11-57　快捷菜单

下面分别介绍各种编辑功能的实现方法。

（1）编辑定义

编辑定义主要用于修改体积块的尺寸。选择快捷菜单中的【编辑定义】命令，即可完成体积块尺寸的修改。

（2）删除

选中体积块后，选择【编辑体积块】快捷菜单中的【删除】命令，打开如图 11-58 所示的【删除】对话框。【删除】对话框中有以下两个按钮可以选择。

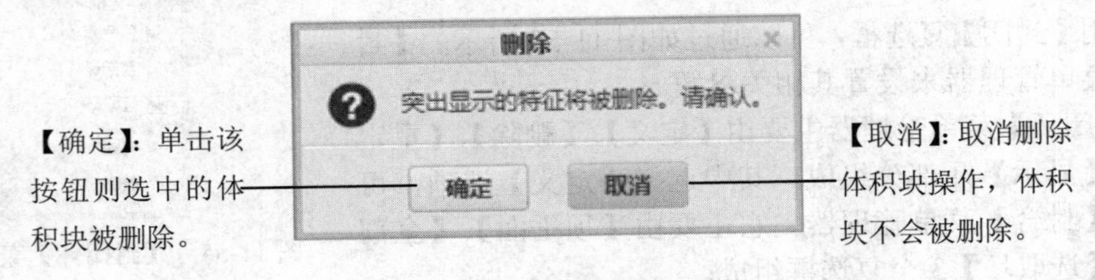

图 11-58　【删除】对话框

（3）隐含

【隐含】命令主要用于隐含选中的对象。

在快捷菜单中选择【隐含】命令，系统弹出如图 11-59 所示的【隐含】对话框。

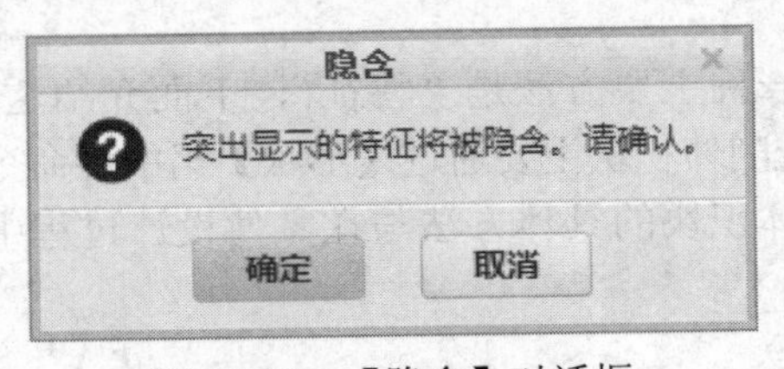

图 11-59　【隐含】对话框

（4）隐藏

【隐藏】命令的主要功能是在建立多个体积块时用户便于选择和观察，使用户更清楚地理解体积块的形状。

选择【隐藏】命令，在工作区中选择需要隐藏的体积块，则该体积块被隐藏。

在完成所有体积块的创建后，需要取消体积块的隐藏，选择快捷菜单中的【取消隐藏】命令。

（5）着色显示

着色显示的功能是在工作区中改变体积块的颜色，使用户易于辨认体积块。

选择【铣削体积块】工具选项卡【可见性】组中的【着色】按钮，在工作区中选择需要着色显示的体积块，该体积块将改变颜色，以便和制造模型区别。

用户有时需要选择不同的体积块进行不同的着色，用【继续体积块选取】菜单管理器中的【继续】选项选择其他需要着色的体积块，完成着色显示。完成对体积块的着色显示后，选择【完成/返回】选项结束着色显示，如图 11-60 所示。

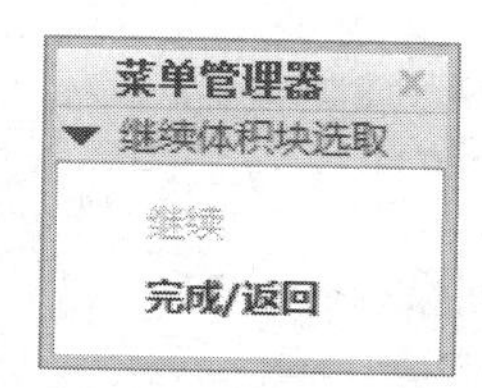

图 11-60　【继续体积块选取】菜单管理器

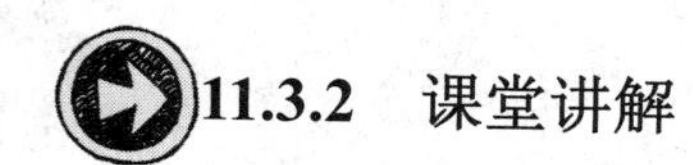

11.3.2　课堂讲解

1. 铣削基础方法

曲面零件在数控加工的对象中占据着越来越高的比例，曲面数控加工在工业生产中也发挥着重要用途。

铣削曲面是指以参考模型的外形曲面特征为参考的特殊曲面特征。创建铣削曲面的主要目的是在设计数控加工时以铣削曲面为参考，辅助定义相关的加工参数即可生成需要的刀具轨迹。因此，掌握铣削曲面的创建方法显得很重要。

（1）创建铣削曲面

启动 Creo 后，打开已创建的制造模型，单击【制造】选项卡【制造几何】组中的【铣削曲面】按钮，弹出【铣削曲面】工具选项卡，如图 11-61 所示，进入铣削曲面操作环境。

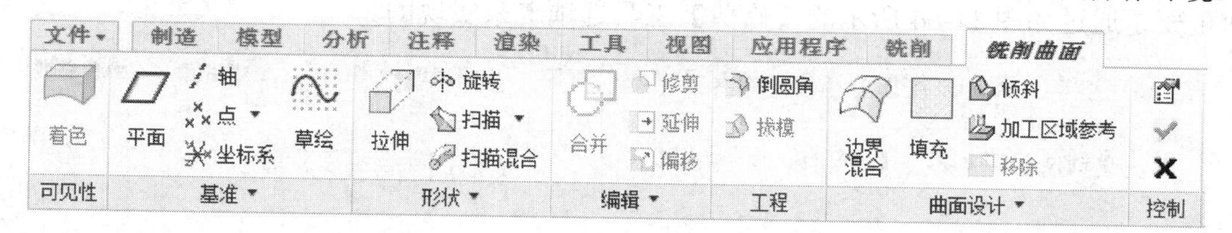

图 11-61　【铣削曲面】工具选项卡

用户在铣削曲面操作环境中，创建铣削曲面的方法主要是利用【铣削曲面】工具选项卡。用户也可以通过使用【插入】菜单管理器中的【拉伸】、【旋转】、【扫描】等命令来实现。

（2）编辑铣削曲面

铣削曲面创建成功以后，紧接着需要做的工作便是对其进行编辑。编辑铣削曲面主要在【铣削曲面】工具选项卡【编辑】和【工程】组中来实现，用户还可以通过【选项】菜单管理器来实现对铣削曲面的编辑。

铣削曲面的编辑主要有【合并】、【偏移】、【修剪】、【镜像】和【延伸】5 个内容，下面分别介绍每种编辑的方法。

- 合并

合并是指将若干个相交或者相邻的曲面合成一个曲面特征。

在绘图区选择需要合并的曲面，选择【编辑】组中的【合并】按钮，系统弹出如图 11-62 所示的【合并】工具选项卡，单击工具选项卡中的【应用并保存】按钮，即可完成合并功能。

图 11-62 【合并】工具选项卡

- 偏移

偏移主要通过【偏移】工具选项卡来实现，如图 11-63 所示。

偏移的方式主要有标准偏移特征、具有拔模特征和展开特征。

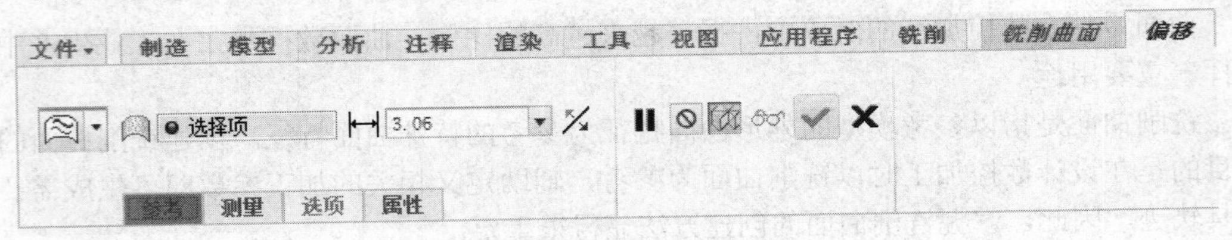

图 11-63 【偏移】工具选项卡

- 修剪

修剪是指将一个铣削曲面分为两个部分，用户可以选择保留其中一部分或者全部。修剪主要是通过如图 11-64 所示的【修剪】工具选项卡来实现的。

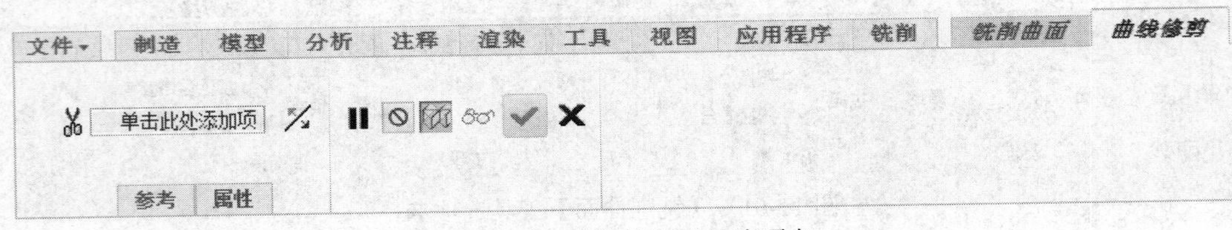

图 11-64 【修剪】工具选项卡

- 镜像

镜像的功能与创建零件特征中使用的镜像功能一致。

镜像可以通过如图 11-65 所示的【镜像】菜单管理器来实现。

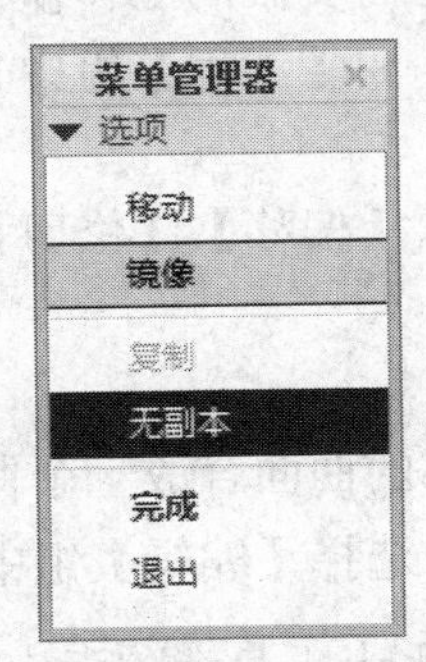

图 11-65 【镜像】菜单管理器

（3）【铣削窗口】工具选项卡

设定铣削加工范围的最后一个方法是设置铣削窗口。设置铣削窗口主要通过草绘绘制封闭的铣削窗口轮廓线，或者选择退刀平面中的封闭窗口。设置铣削窗口的主要作用是生成等高切削，并且加工铣削轮廓线中除参考模型之外的工件区域的刀具轨迹。

单击【制造】选项卡【制造几何】组中的【铣削窗口】按钮，系统打开如图 11-66 所示的【铣削窗口】工具选项卡。

【铣削窗口】工具选项卡主要由【放置】面板、【深度】面板、【选项】面板、【属性】面板、按钮快捷方式等组成。下面分别介绍各面板的功能。

- 【放置】面板

【放置】面板默认内容如图 11-66 所示。

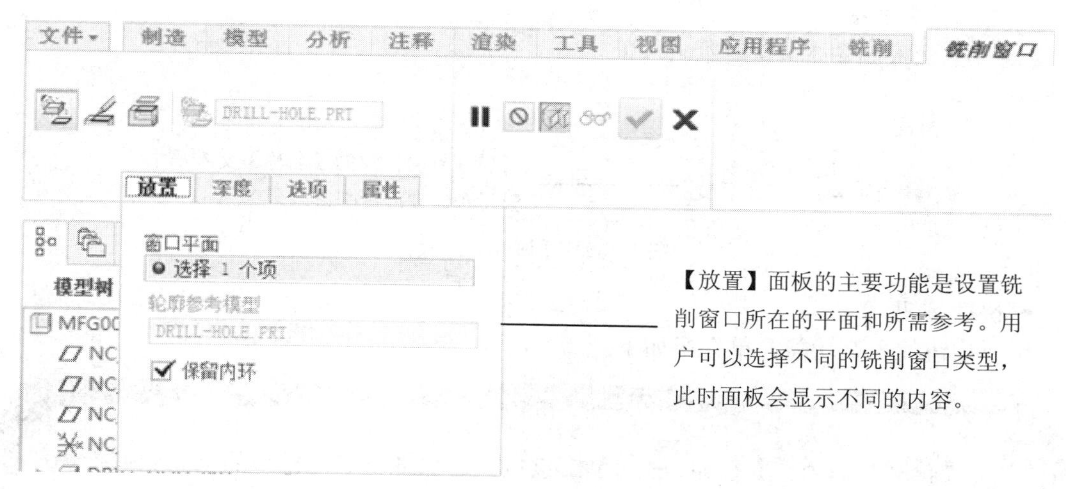

图 11-66　【铣削窗口】工具选项卡【放置】面板

- 【深度】面板

【深度】面板的默认内容如图 11-67 所示。

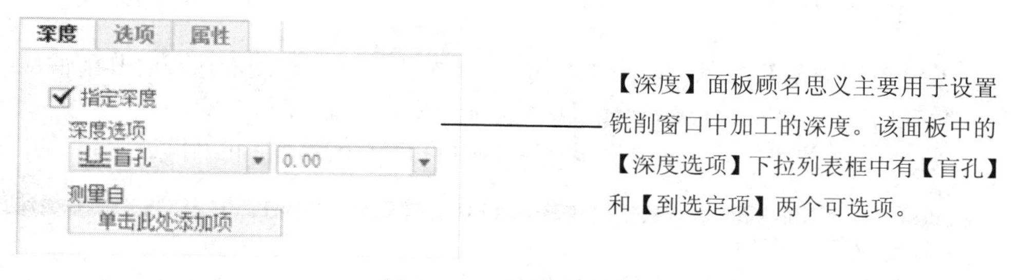

图 11-67　【深度】面板

- 【选项】面板

【选项】面板的默认内容如图 11-68 所示。

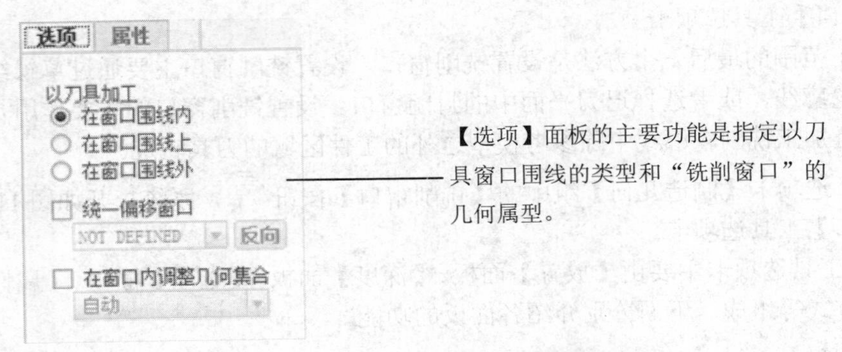

图 11-68 【选项】面板

- 【属性】面板

【属性】面板如图 11-69 所示。

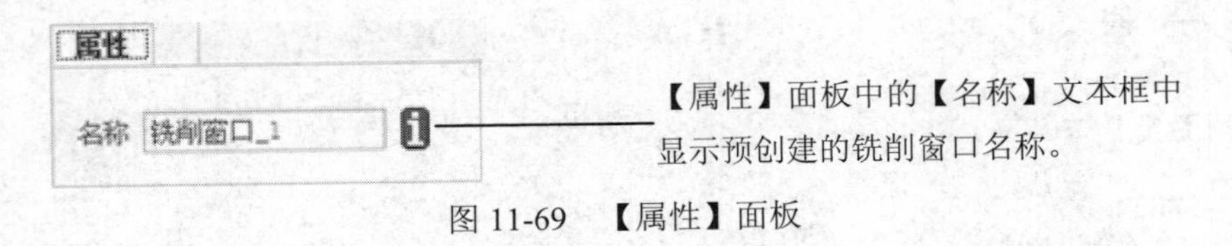

图 11-69 【属性】面板

- 快捷按钮

快捷按钮的主要功能简单介绍如下。

【轮廓窗口类型】按钮：单击该按钮，允许将参考模型的侧面影像投影到“铣削窗口”的起始平面上，可以在平行于“铣削窗口”坐标系的 z 轴方向上创建铣削窗口。

【草绘窗口类型】按钮：单击该按钮，即允许通过草绘封闭轮廓线来创建铣削窗口。

【链窗口类型】按钮：单击该按钮，选择封闭轮廓线的边或者其他曲线创建铣削窗口，然后将此轮廓线投影到起始平面以构成窗口轮廓。

面板右侧按钮的功能与其他铣削类型中的完全一致，在此不再详述。

（4）编辑定义铣削窗口

编辑定义铣削窗口主要用于当用户对创建的铣削窗口不满意时进行重新定义。重新定义可以通过在模型树中用鼠标右击需要重定义的铣削窗口，在弹出的快捷菜单中选择【编辑定义】命令，则系统显示【编辑定义】工具选项卡。用户可以在【重定义】工具选项卡中重新设置铣削窗口的各个特征。

（5） 删除铣削窗口

删除铣削窗口主要用于当用户对创建的铣削窗口不需要时，进行重新定义删除。删除后的铣削窗口将不可恢复。删除操作可以通过在模型树中用鼠标右键单击需要删除的铣削窗口，在弹出的快捷菜单中选择【删除】命令来完成。

对铣削窗口的编辑除了删除、重定义之外，还有重命名、组、阵列等操作，方法与铣削曲面中的编辑方法类似。

2. 曲面铣削

曲面铣削 NC 序列根据设置的铣削曲面，配合刀具数据、加工数据及制造参数，沿曲面几何外形产生分布在曲面之上的加工路径。它是最常用的加工方式，曲面数控加工序列主要有直线切削、自曲面等值线和投影切削 3 种走刀类型，下面来分别介绍。

（1）直线切削类型

直线切削是指根据被加工曲面的特点，通过直线切削生成一系列相互平行的刀具路径铣削加工曲面，主要用于铣削具有相对简单形状的曲面。

单击【制造】选项卡【机床设置】组中的【铣削】按钮，弹出【铣削工作中心】对话框，如图 11-70 所示。设置机床数据，单击【确定】按钮完成机床设置。

单击【铣削】选项卡【铣削】组中的【曲面铣削】按钮，弹出【NC 序列】和【序列设置】菜单管理器，如图 11-71 所示，该菜单管理器包含了很多曲面铣削序列约设置项。

图 11-70 【机床设置】对话框

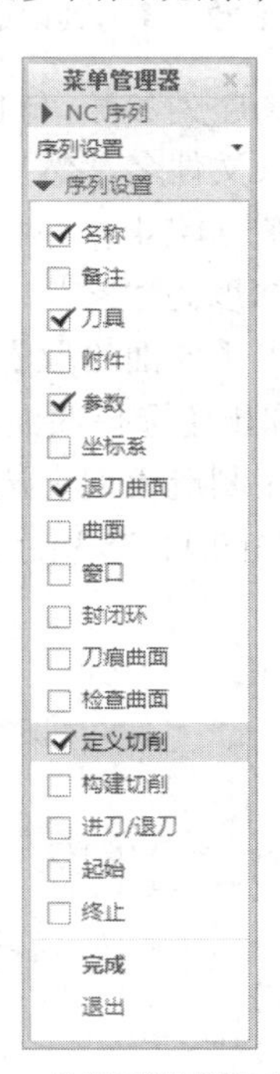

图 11-71 【序列设置】菜单管理器

在【序列设置】菜单管理器中启用【名称】、【刀具】、【参数】、【退刀曲面】和【定义切削】复选框，然后选择【完成】选项。此时在命令提示栏中输入 NC 序列名称，然后单击【接受值】按钮，完成名称设置，弹出如图 11-72 所示的【刀具设定】对话框，设置刀具后单击【应用】按钮，再单击【确定】按钮，完成刀具设定。

系统弹出如图 11-73 所示的【编辑序列参数“11”】对话框，在该对话框中设置制造参数。

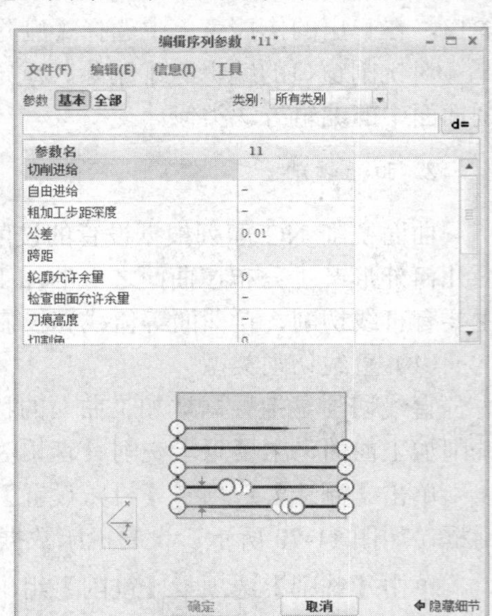

图 11-72　【刀具设定】对话框　　　　图 11-73　【编辑序列参数“11”】对话框

在【编辑序列参数“11”】对话框中选择【文件】|【另存为】命令，弹出【保存副本】对话框，输入文件名，然后单击【确定】按钮完成制造参数的设置。

弹出如图 11-74 所示的【退刀设置】对话框。在【退刀设置】对话框的【值】文本框中输入 Z 轴深度为“30”，单击【确定】按钮，完成退刀平面设置。

系统弹出【曲面拾取】菜单管理器，在【曲面拾取】菜单管理器中选择【模型】|【完成】选项，弹出【选择曲面】菜单管理器和【选取】对话框。单击【选取】对话框中的【确定】按钮，在制造模型中选择曲面；然后在【选择曲面】菜单管理器中选择【完成/返回】选项，弹出如图 11-75 所示的【切削定义】对话框。

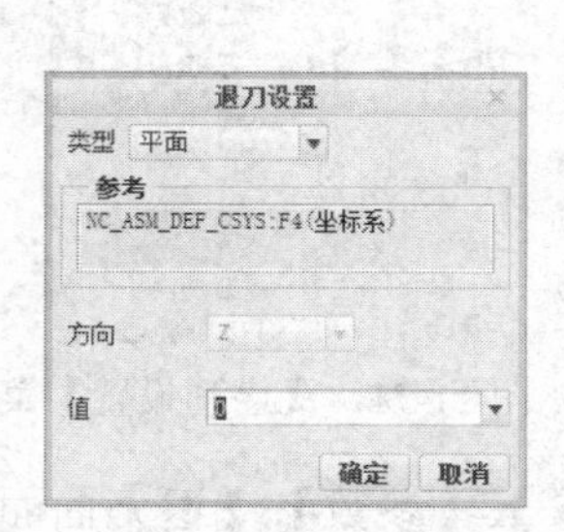

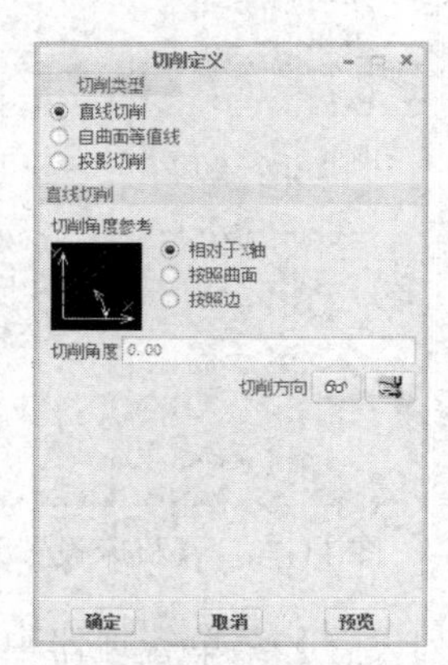

图 11-74　【退刀设置】对话框　　　　图 11-75　【切削定义】对话框

【切削定义】对话框主要包括【切削类型】选项组、【切削角度参考】选项组及【切削方向】编辑按钮。

（2）自曲面等值线类型

自曲面等值线曲面铣削由铣削曲面的等值线来生成刀具路径。它一般在加工曲面与坐标系成一角度，直线切削效果不理想时使用。

在制造模型中选择曲面，然后单击【选取】对话框中的【确定】按钮，最后在【选择曲面】菜单管理器中选择【完成/返回】选项，弹出【切削定义】对话框。在【切削定义】对话框的【切削类型】选项组中选中【自曲面等值线】单选按钮，【切削定义】对话框如图 11-76 所示。

【自曲面等值线】方式的【切削定义】对话框主要包括【切削类型】、【曲面列表】及编辑按钮。

（3）投影切削类型

投影切削对选取的曲面进行铣削时，首先将其轮廓投影到退刀平面上，在退刀平面上创建一个“平坦的”刀具路径，然后将刀具路径重新投影到原始曲面。此方式只可用于 3 轴曲面铣削。

在制造模型中选择曲面，然后单击【选取】对话框中的【确定】按钮，最后在【选择曲面】菜单管理器中选择【完成/返回】选项，弹出【切削定义】对话框。在【切削定义】对话框【切削类型】选项组中选中【投影切削】单选按钮，此时【切削定义】对话框如图 11-77 所示。

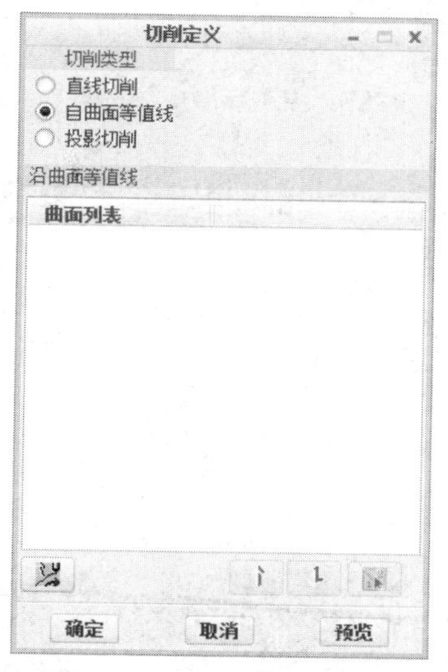

图 11-76 【切削定义】对话框

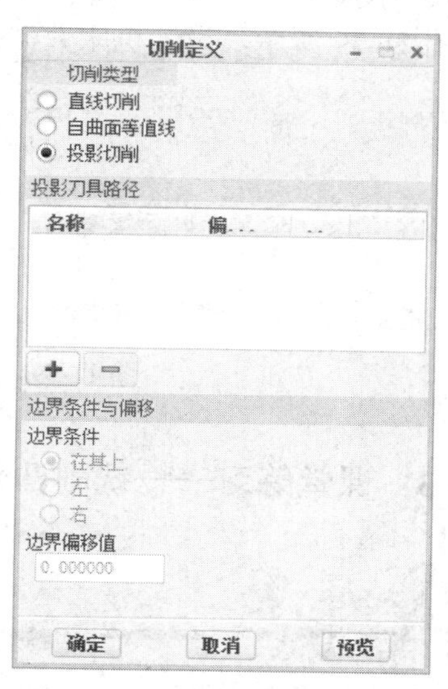

图 11-77 【切削定义】对话框

【切削定义】对话框主要包括【切削类型】选项组、【投影刀具路径】选项组、【边界条件与偏移】选项组及编辑按钮。

在【切削定义】对话框的【边界条件】选项组中选中【在其上】单选按钮。单击【确定】按钮，完成 NC 序列创建。

3. 轮廓铣削

轮廓铣削数控加工序列主要针对垂直和倾斜度不大的几何曲面，配合加工刀具和制造参数设置，以等高的方式沿着加工几何曲面分层加工，可用于外围轮廓的半精加工和精加工。

在创建轮廓铣削数控序列的过程中需要设置【轮廓铣削】工具选项卡，该菜单包含了很多轮廓铣削序列的设置项，如名称、参考、参数、间隙、检查曲面、刀具运动和工艺灯。通过完成这些设置项的定义来完成轮廓铣削数控加工序列，如图 11-78 所示。

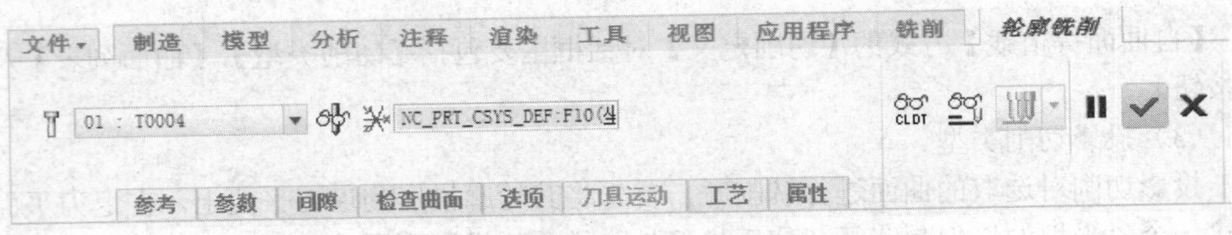

图 11-78 【轮廓铣削】工具选项卡

4. 表面铣削

表面铣削数控加工序列主要用于加工大面积的平面特征或平面度要求较高的平面特征，以大直径的端铣刀进行平面加工，可用于粗加工去除材料，也可用于精加工。

单击【铣削】选项卡【铣削】组中的【表面铣削】按钮，弹出【表面铣削】工具选项卡，如图 11-79 所示，设置机床数据。

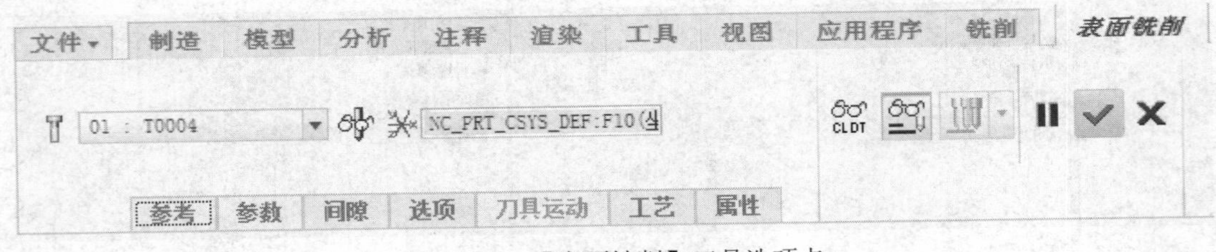

图 11-79 【表面铣削】工具选项卡

11.3.3 课堂练习——铣削凸台

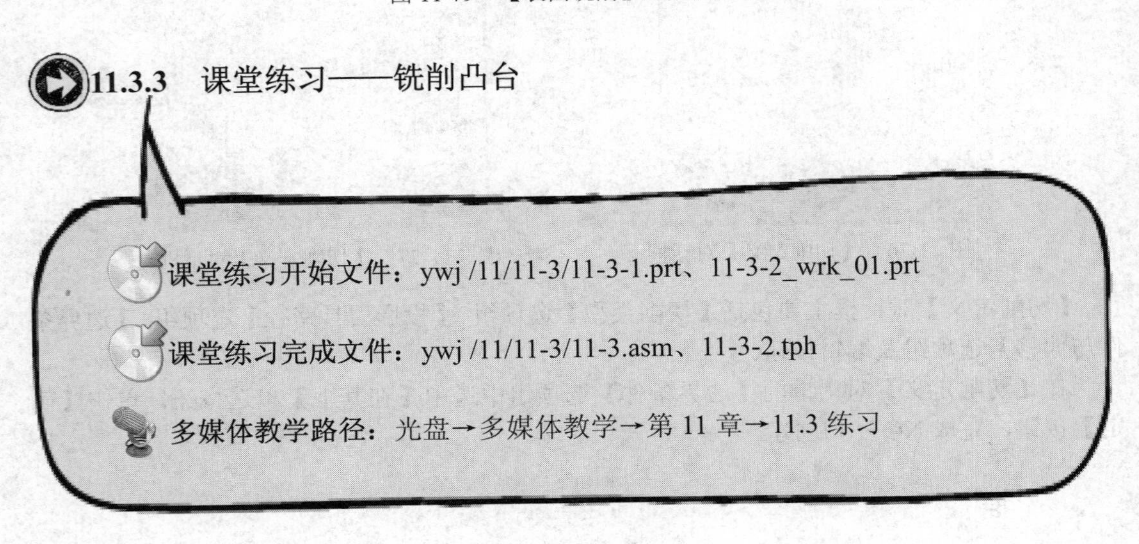

Step1 新建 NC 装配，装配参考模型后，创建工件，如图 11-80 所示。

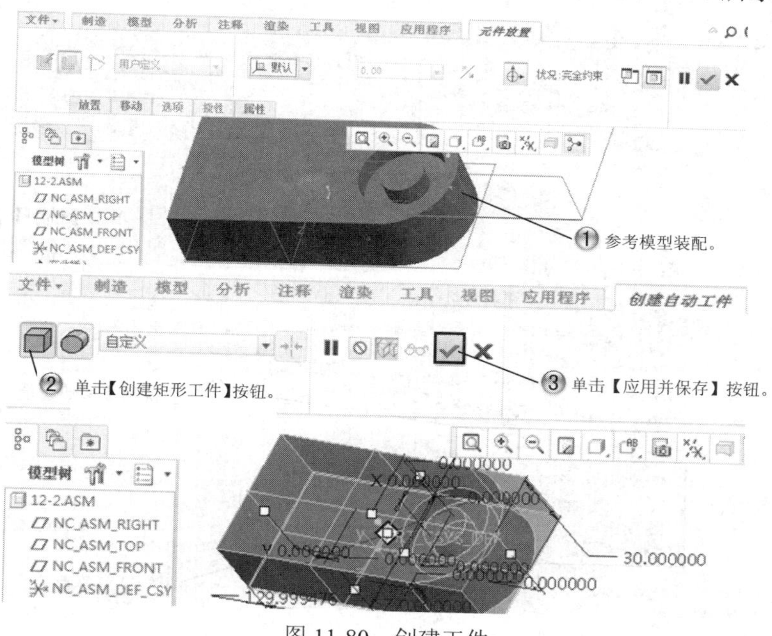

图 11-80　创建工件

Step2 创建铣削体积块，如图 11-81 所示。

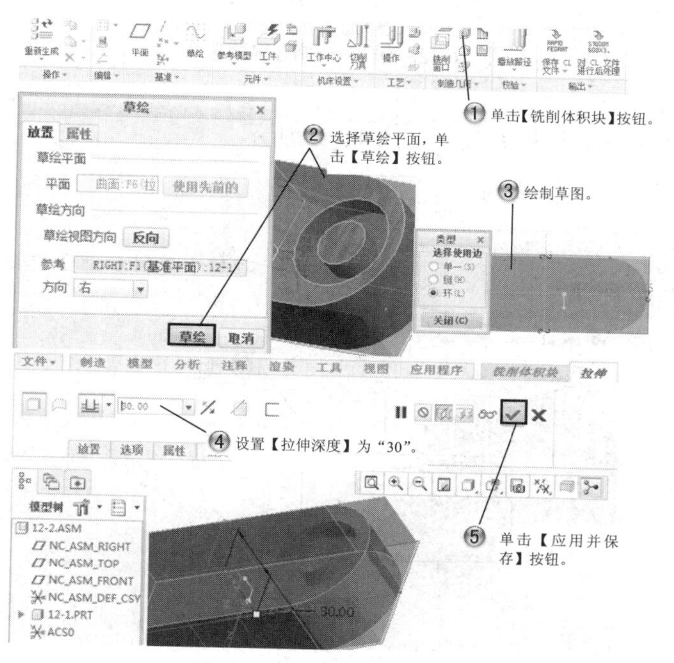

图 11-81　创建铣削体积块

Step3 进行轮廓铣削，设置铣削的参数选项，如图 11-82 所示。

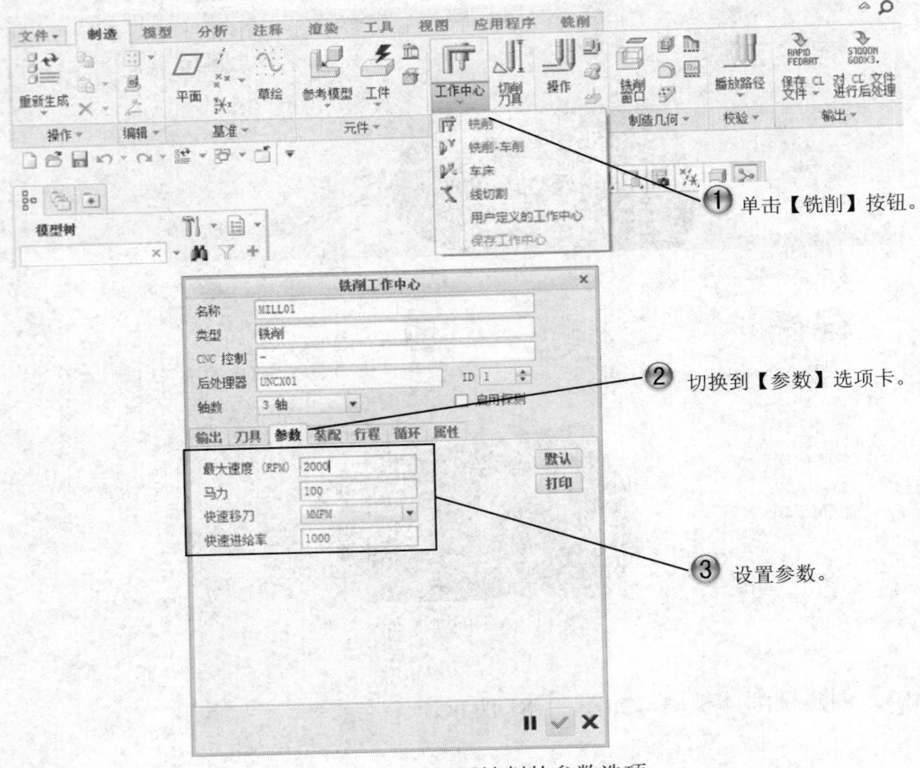

图 11-82　设置铣削的参数选项

Step4 设置坐标系行程参数，如图 11-83 所示。

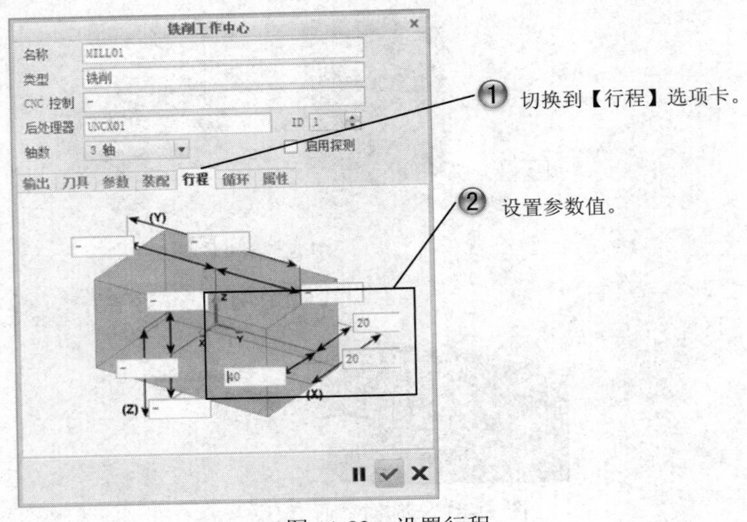

图 11-83　设置行程

Step5 选择刀具，如图 11-84 所示。

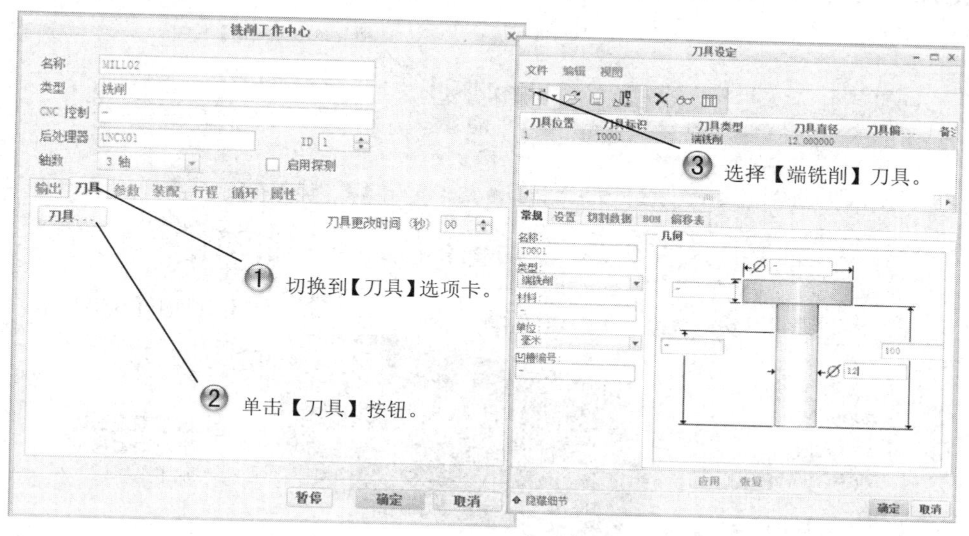

图 11-84　选择刀具

Step6 设置切割参数，如图 11-85 所示。

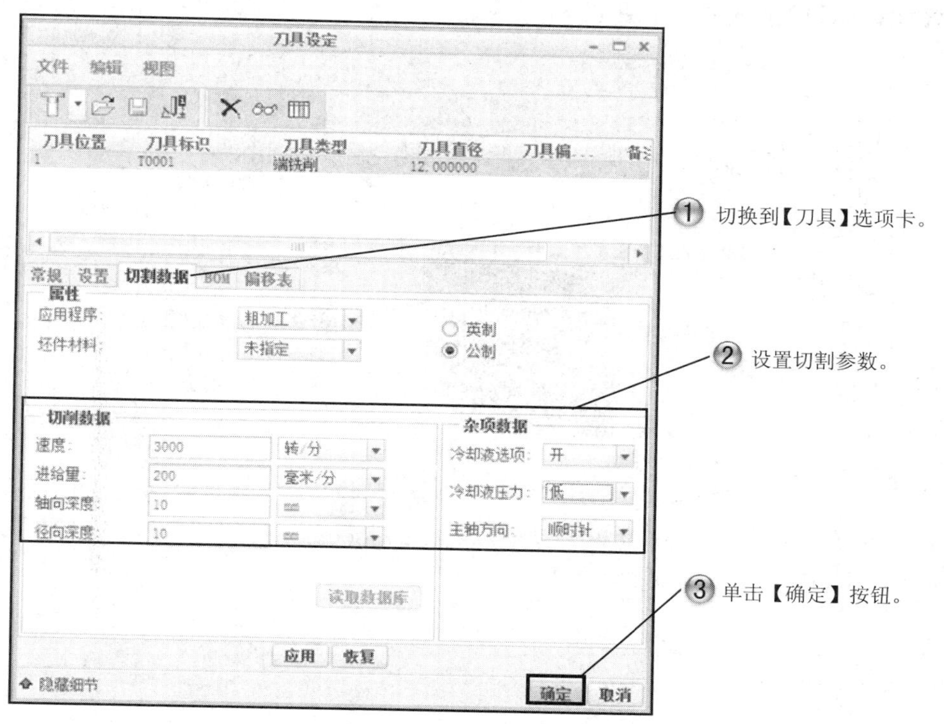

图 11-85　设置切割参数

Step7 创建操作，如图 11-86 所示。

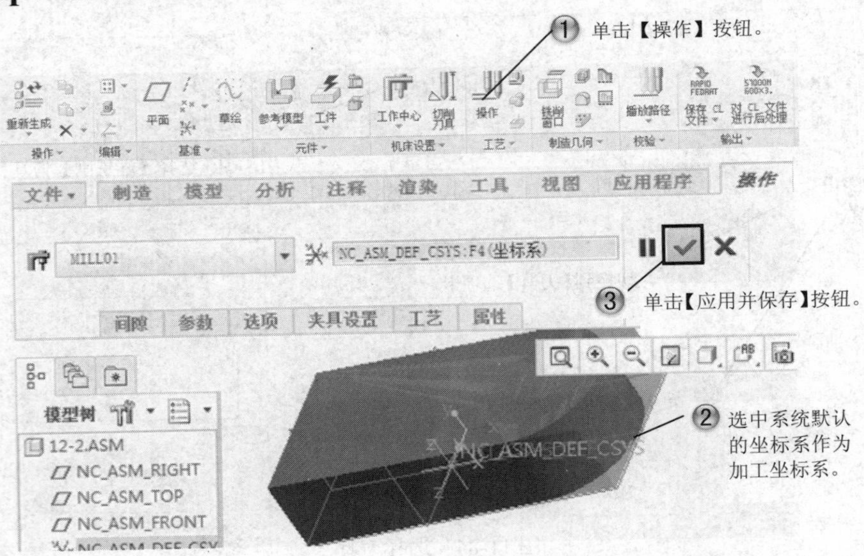

图 11-86 【操作】工具选项卡

Step8 创建轮廓铣削，如图 11-87 所示。

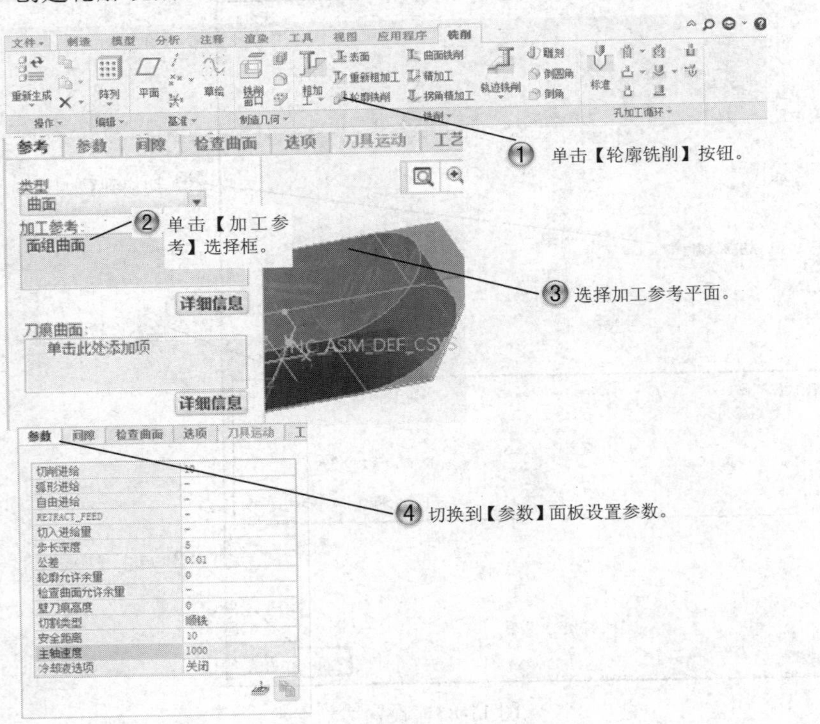

图 11-87 设置参考

Step9 设置退刀面，如图 11-88 所示。

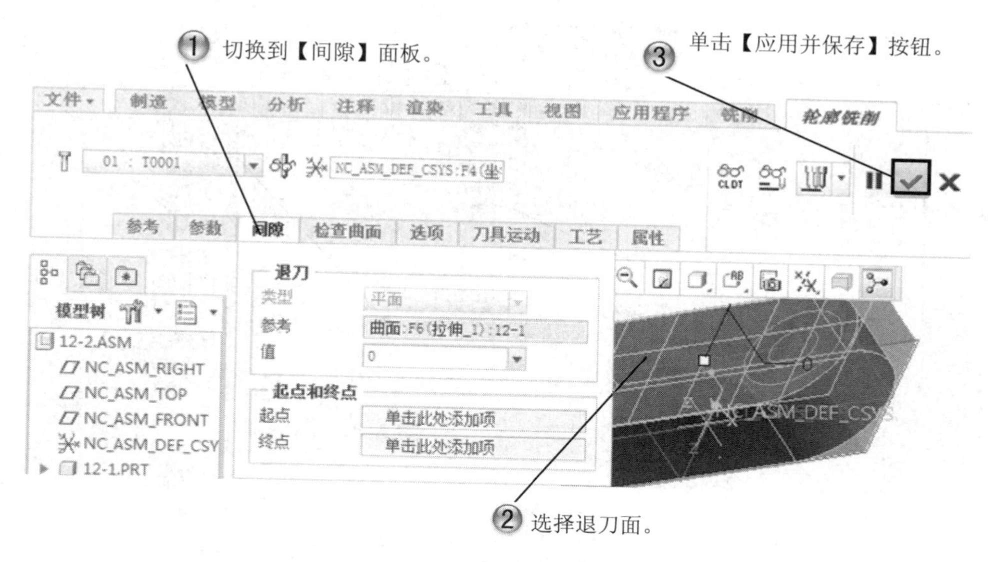

图 11-88　【轮廓铣削】工具选项卡

Step10 播放路径，如图 11-89 所示。

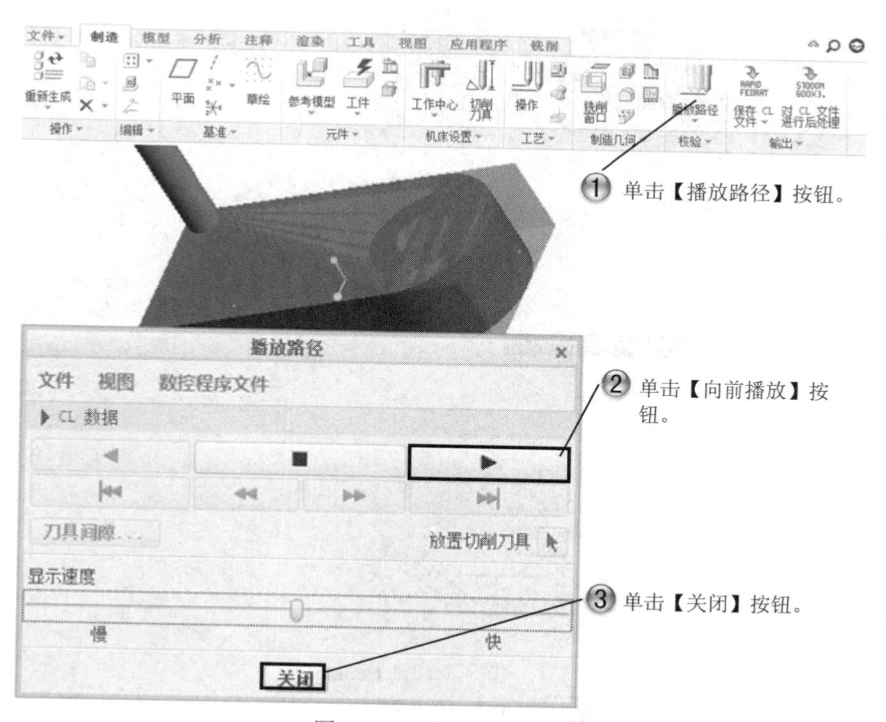

图 11-89　演示轨迹路径

Step10 进行腔槽加工，首先创建体积块，如图 11-90 所示。

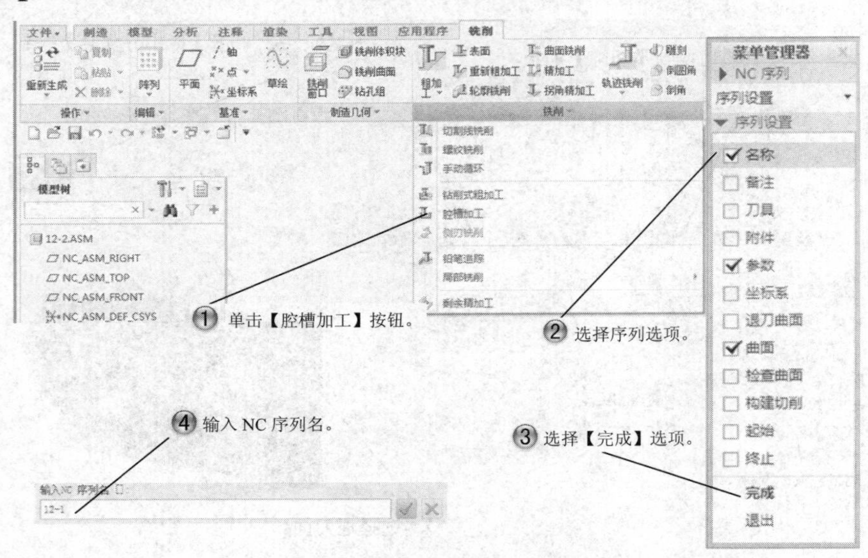

图 11-90　序列设置

Step11 设置序列参数，如图 11-91 所示。

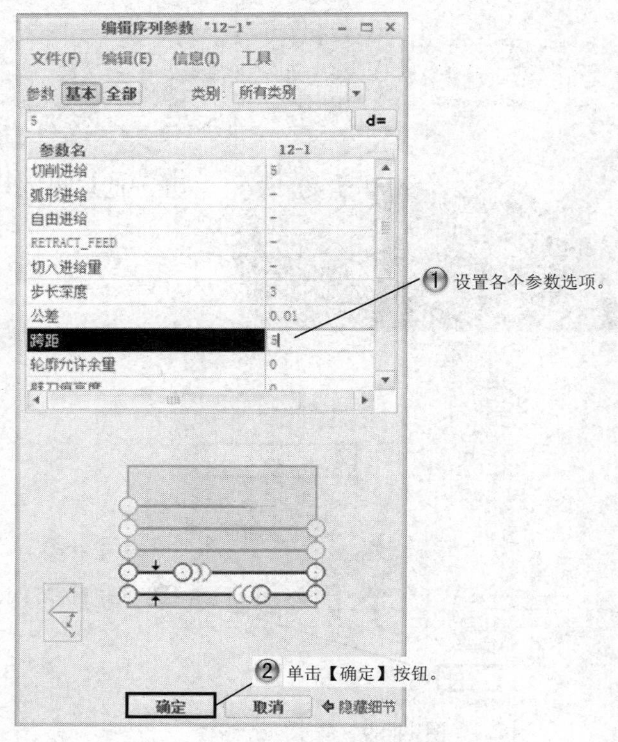

图 11-91　设置序列参数

Step12 选择加工曲面，如图 11-92 所示。

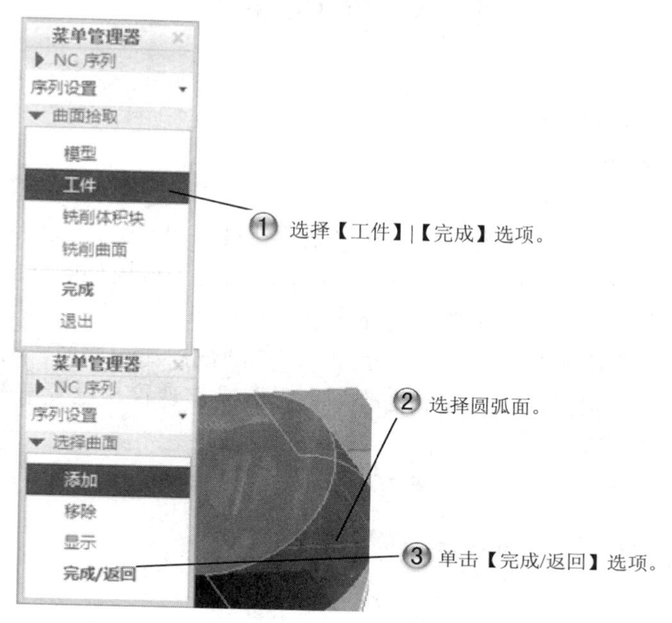

图 11-92　添加曲面

Step13 选择播放加工路径，如图 11-93 所示。

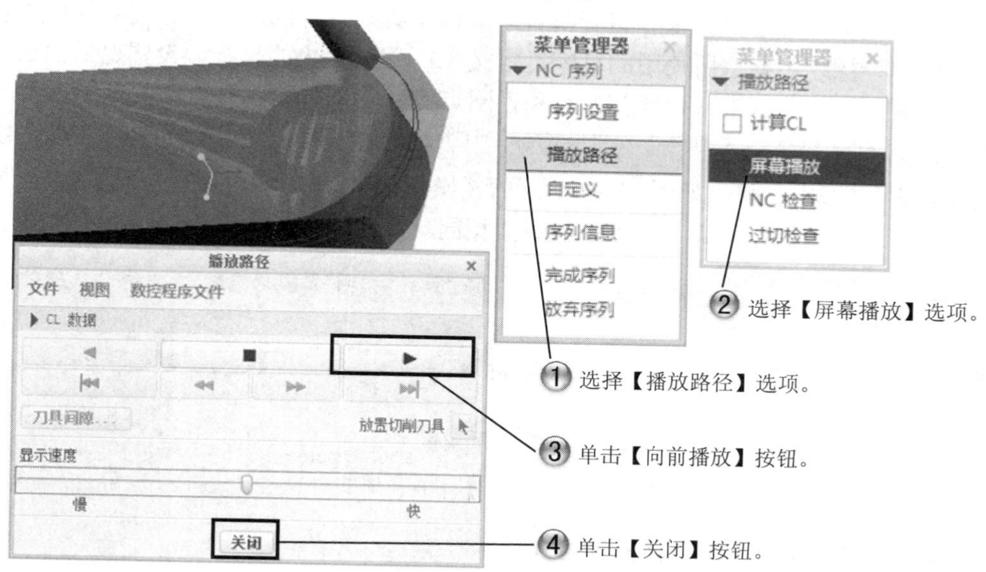

图 11-93　选择屏幕播放

11.4　车削加工

对于车削加工方式，应用十分广泛。车削适用于加工精度、表面粗糙度要求较高，而轮廓形状复杂或难以控制尺寸的旋转体零件。它能够自动完成内外圆柱面、圆锥面、球面、螺纹及孔的加工。车削加工方法主要有区域车削、轮廓车削、凹槽车削、螺纹车削和孔加工五种方法，可以加工各种形状的回转体零件。同铣削数控加工相似，利用 Creo 数控加工模块设计车削加工序列也要经过创建制造模型、设置操作装置、设置车削加工范围和设置加工轨迹四个步骤来完成。

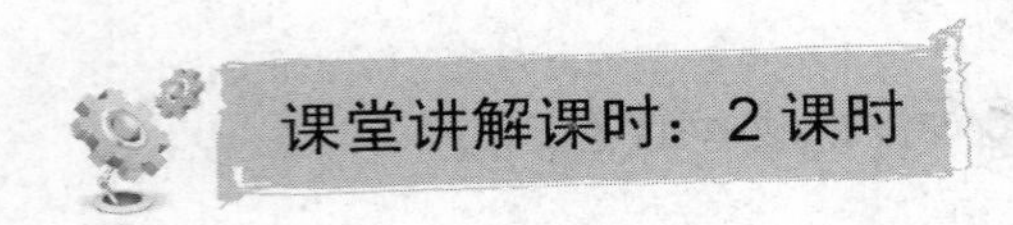

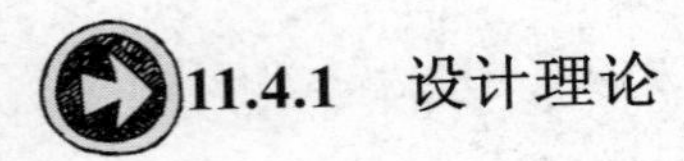

11.4.1　设计理论

在设置车削数控加工时，操作设置与铣削一样是必须进行的。车削过程中的操作设置内容主要包括：操作名称，所使用的机床，定义 CL 数据输出的坐标，设置退刀曲面、备注信息，设置加工序列参数，设置初始点和返回点等。

操作数据的设置是在【操作】工具选项卡中进行的。在【制造】选项卡【工艺】组中单击【操作】按钮，弹出如图 11-94 所示的【操作】工具选项卡，该工具选项卡的界面与铣削数控加工中【操作】工具选项卡的界面相同。

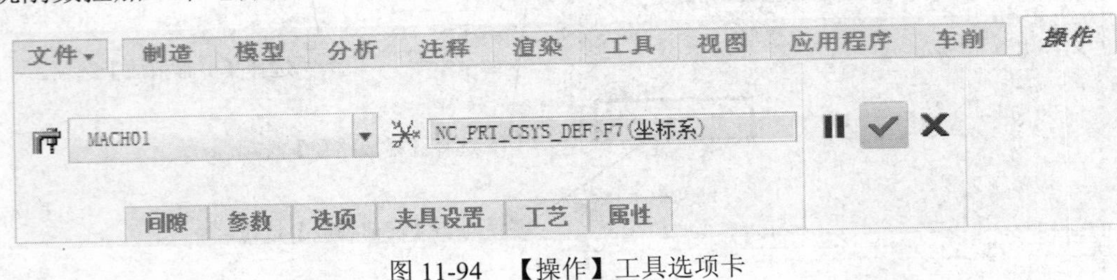

图 11-94　【操作】工具选项卡

【操作】工具选项卡主要包括如下内容。

（1）选择框和按钮：设置 NC 机床相关数据。

（2）夹具设置：设置夹具数据。

（3）【选项】面板：用于加工安全点、间隙及坯件材料的设置，如图 11-95 所示。

（4）【间隙】面板：如图 11-96 所示，主要用来设置刀具路径的起始点和终止点。

（5）【工艺】面板：用来设置加工工艺。

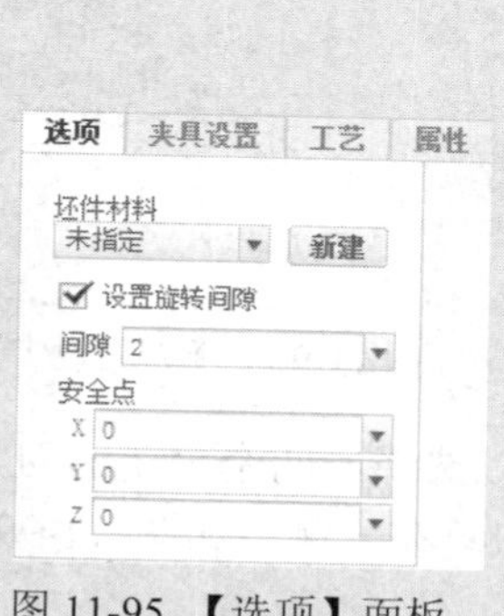

图 11-95 【选项】面板

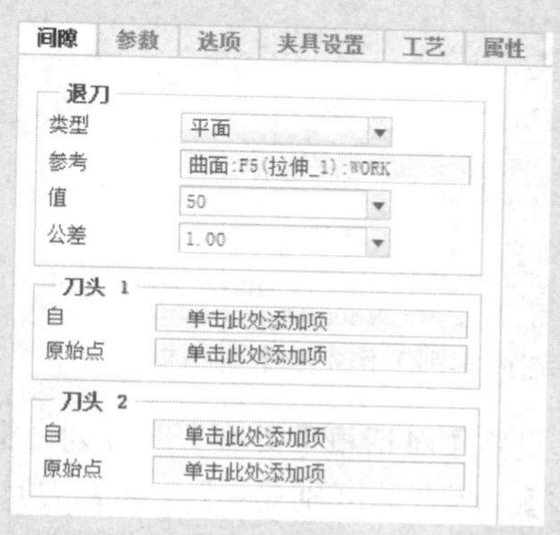

图 11-96 【间隙】面板

车削数控加工序列的定义中，主要是 NC 机床和加工刀具的设置与铣削加工中的设置不同，其他设置是相同的。本章主要介绍车削机床和车削刀具的设置。

1. 机床设置

在车削加工的操作数据设置中，机床数据是一种非常重要的数据。在实际的加工过程中，可能会用到各种不同类型的机床，如铣床、车床、加工中心和电火花线切割加工机床等；同一类型的机床，也会有不同的结构方式，如三轴加工机床、四轴加工机床、虚拟轴加工机床等。因此，必须在加工流程数据设置中进行加工机床的数据定义。

单击【制造】选项卡【机床设置】组中的【铣削-车削】按钮，打开如图 11-97 所示的【铣削-车削工作中心】对话框，对机床的所有参数的定义都是通过该对话框来实现的，该对话框的内容与铣削加工中【铣削工作中心】对话框的内容相同。

2. 刀具设置

加工制造流程的数据设置中，刀具数据是非常重要的数据之一。在实际加工过程中，可能会用到不同的加工流程和加工技术，也就要求用不同类型的刀具。因此，在加工流程规划前进行刀具数据设置是一项很重要的步骤。在 Creo/NC 中可以根据不同的加工流程来设置相应的刀具，作为产生刀具轨迹数据的依据。在 Creo/NC 中有三种方式来进行刀具数据的设置，分别是利用表格、草绘和导入刀具整体模型。刀具设定主要是在如图 11-98 所示的【刀具设定】对话框中进行的。

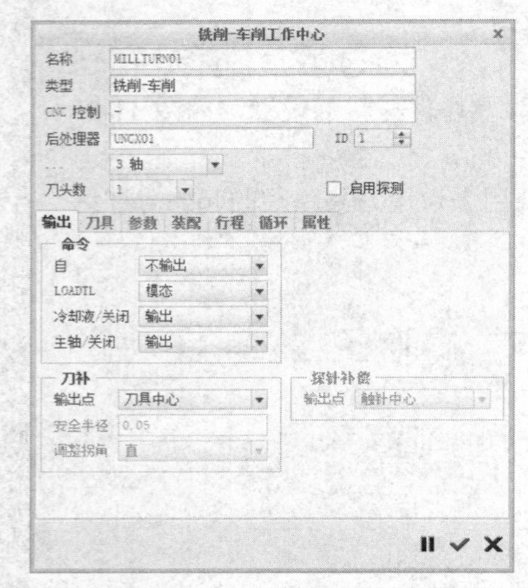

图 11-97 【铣削-车削工作中心】对话框

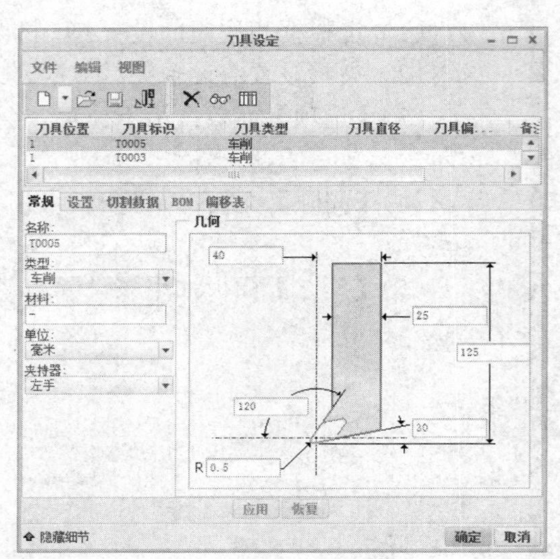

图 11-98 【刀具设定】对话框

在【刀具设定】对话框【类型】下拉列表框中可以选择的两个主要的刀具类型:【车削】和【车削坡口】。两者的区别是:【车削】刀具的刃口只在一侧，如图 11-99 所示，而【车削坡口】刀具两侧均有刃口，如图 11-100 所示。

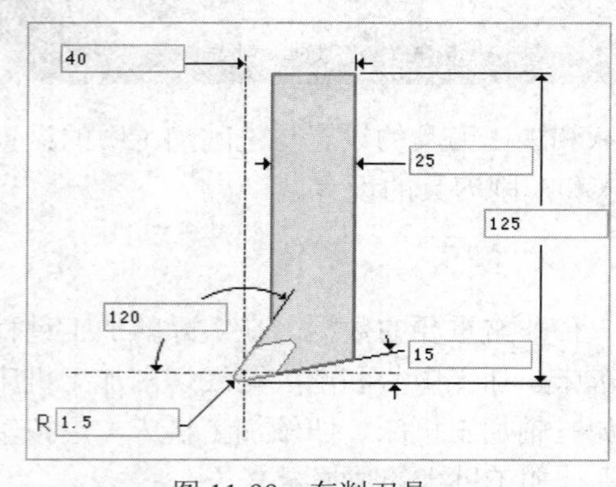

图 11-99 车削刀具

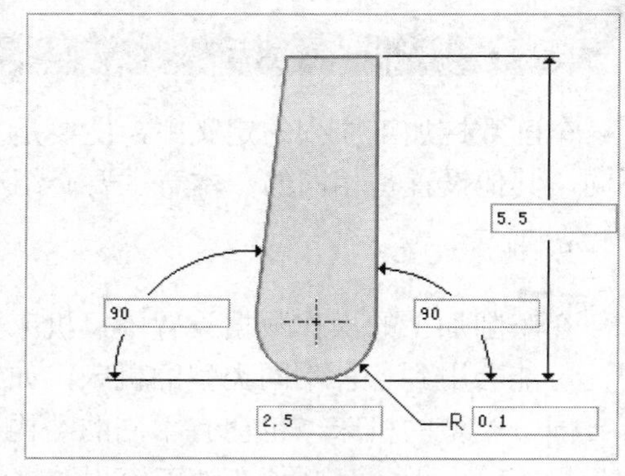

图 11-100 车削坡口刀具

若选择【车削】刀具，则在【刀具设定】对话框【夹持器】下拉列表框中可以选择【左手】、【右手】和【中性】3 种类型。

11.4.2 课堂讲解

进行车削加工必须在 Creo/NC 中定义车削选项卡。定义车削选项卡的前提是创建相应的车削轮廓。车削轮廓是一种单独的特征，类似铣削体积块或铣削窗口，在 Creo 中必须在创建序列前定义。创建的车削轮廓可在不止一个的车削选项卡中引用。利用此功能可一次定义切削参照，然后使用该定义创建粗加工、半精加工和精加工车削。

1. 创建车削轮廓

在 Creo 的制造模型操作界面下，单击【车削】选项卡【车削】组中的【车削轮廓】按钮，打开如图 11-101 所示的【车削轮廓】工具选项卡，车削轮廓的创建及创建方式的选择都是通过该选项卡来完成的。

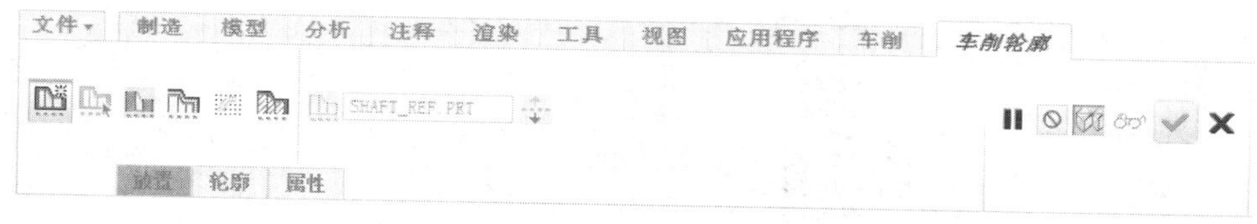

图 11-101 【车削轮廓】工具选项卡

【车削轮廓】工具选项卡中提供了 5 种创建车削轮廓的方法，下面介绍常用的 4 种车削轮廓定义方法：

- ：使用曲面定义车削轮廓。
- ：使用曲线链定义车削轮廓。
- ：使用草绘定义车削轮廓。
- ：使用横截面定义车削轮廓。

选择不同的定义车削轮廓的方法时，单击【放置】、【轮廓】和【属性】标签，弹出的面板内容有所不同，在下面的实例中将具体讲解每个选项卡的使用方法。

2. 编辑车削轮廓

对车削轮廓的编辑是通过在模型树中用鼠标右键单击车削轮廓，在弹出的如图 11-102 所示的【编辑】快捷菜单中完成的。

【编辑】快捷菜单中的许多命令与一般的模型树中的特征编辑菜单相同，这里不再赘述。

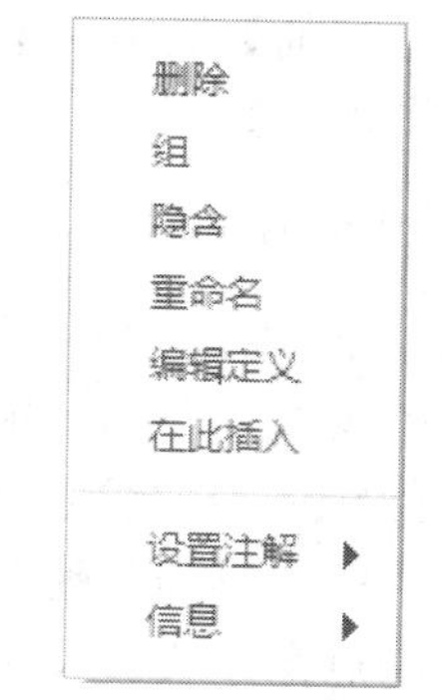

图 11-102 【编辑】快捷菜单

3. 区域车削

区域车削用于加工用户所指定材料的区域。在加工中刀具按照步长深度增量切除材料。区域加工走刀方式灵活，主要用于粗切削车削。

单击【车削】选项卡【车削】组中的【区域车削】按钮，弹出【区域车削】工具选项卡，如图 11-103 所示，设置加工数据，如图 11-104 所示。

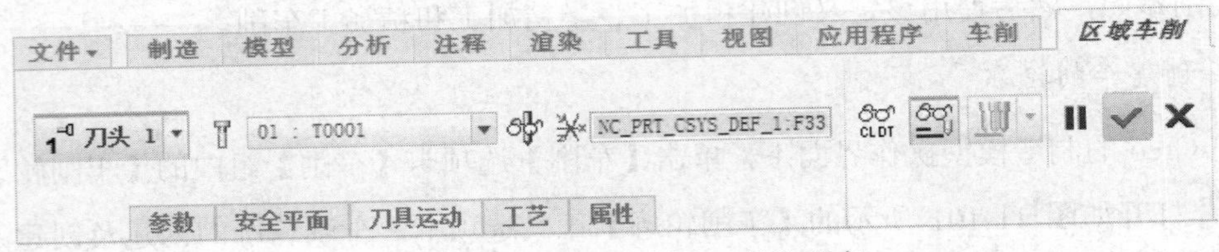

图 11-103 【区域车削】工具选项卡

参数 | 安全平面 | 刀具运动 | 工艺 | 属性

参数	值
切削进给	2
弧形进给	-
自由进给	-
RETRACT_FEED	-
切入进给量	-
步长深度	1
公差	0.01
轮廓允许余量	0
粗加工允许余量	0
Z 向允许余量	-
终止超程	0
起始超程	0
扫描类型	类型1连接
粗加工选项	仅限粗加工
切割方向	标准
主轴速度	2
冷却液选项	关闭
刀具方位	90

图 11-104 【参数】面板

4. 轮廓车削

轮廓车削 NC 序列主要用于车削回转体零件的外形轮廓，通过草绘或使用曲面、基准曲线交互式地定义切削运动，刀具将沿着指定的轮廓一次走刀完成所有轮廓的加工。

单击【车削】选项卡【车削】组中的【轮廓车削】按钮，弹出【轮廓车削】工具选项卡，设置加工数据。

5. 凹槽车削

凹槽车削 NC 序列主要用于加工棒料的凹槽部分，使用两侧都有刃口的刀具，以步进式运动车削狭窄的凹槽。加工凹槽时，刀具切割工件的方式与其他车削方式有所不同，它是垂直于回转体的轴线进行切削的，其他车削是平行于回转体的轴线进行切削的。所以凹槽车削所用的刀具与其他车削方式所用的刀具不同，它所用的车削刀具两侧都有切削刃，且刀具控制点在左侧刀尖半径的中心，故可对凹槽两侧同时进行车削。

单击【车削】选项卡【车削】组中的【槽车削】按钮，弹出【槽车削】工具选项卡。

6. 螺纹车削

螺纹车削数控加工序列主要用于加工内螺纹和外螺纹。加工内螺纹时，需要通过草绘或选取的方式定义螺纹的内径轮廓；加工外螺纹时，需要通过草绘或选取的方式定义螺纹的外径轮廓。该 NC 序列不从屏幕上切除任何材料，只是产生适当的刀具轨迹。

单击【车削】选项卡【车削】组中的【螺纹车削】按钮，弹出【螺纹车削】工具选项卡，设置加工数据，如图 11-105 所示。

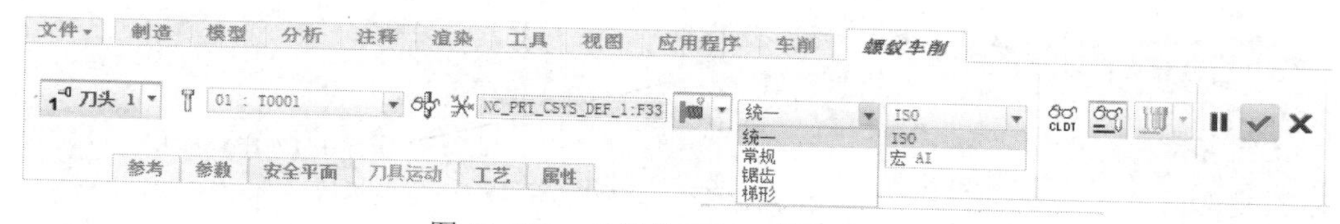

图 11-105　【螺纹车削工具】选项卡

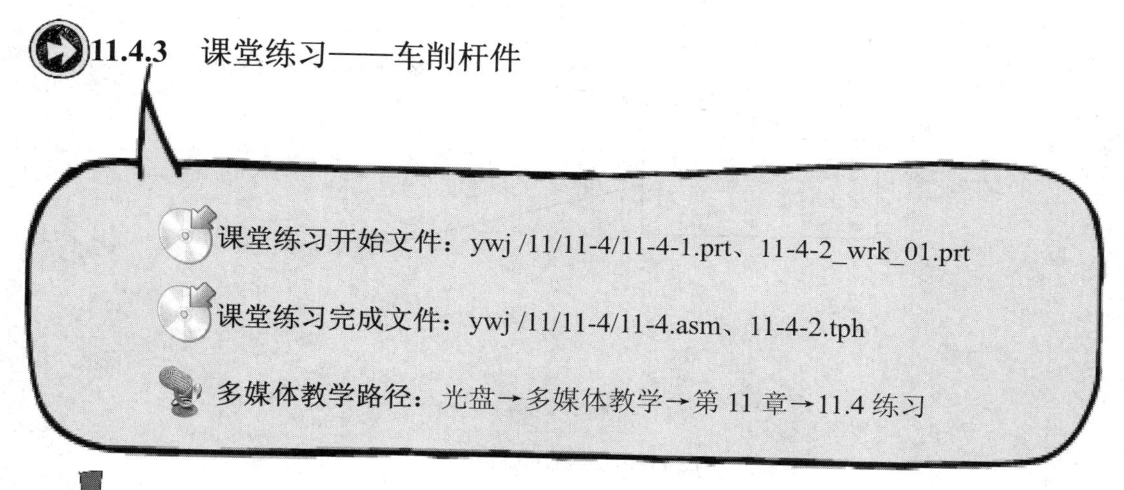

11.4.3　课堂练习——车削杆件

课堂练习开始文件：ywj /11/11-4/11-4-1.prt、11-4-2_wrk_01.prt

课堂练习完成文件：ywj /11/11-4/11-4.asm、11-4-2.tph

多媒体教学路径：光盘→多媒体教学→第 11 章→11.4 练习

Step1 新建 NC 装配，装配参考模型后，创建工件，如图 11-106 所示。

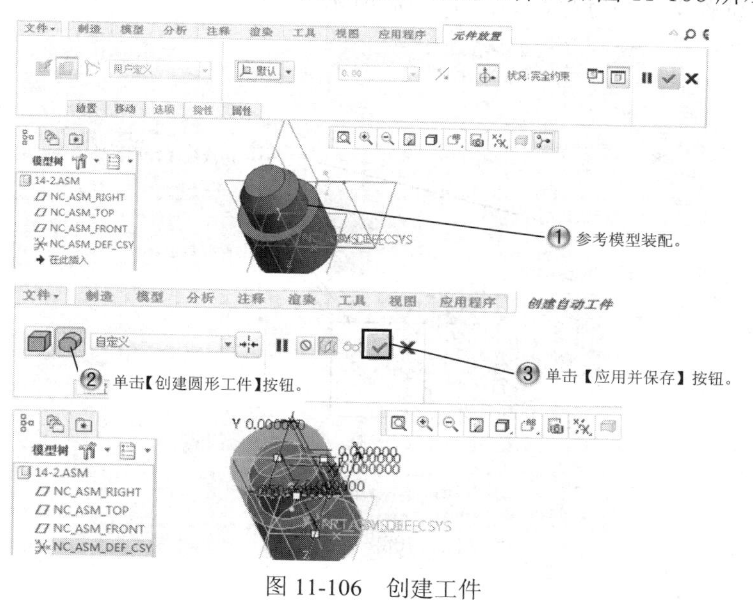

图 11-106　创建工件

Step2 进行车削工作中心参数设置，如图 11-107 所示。

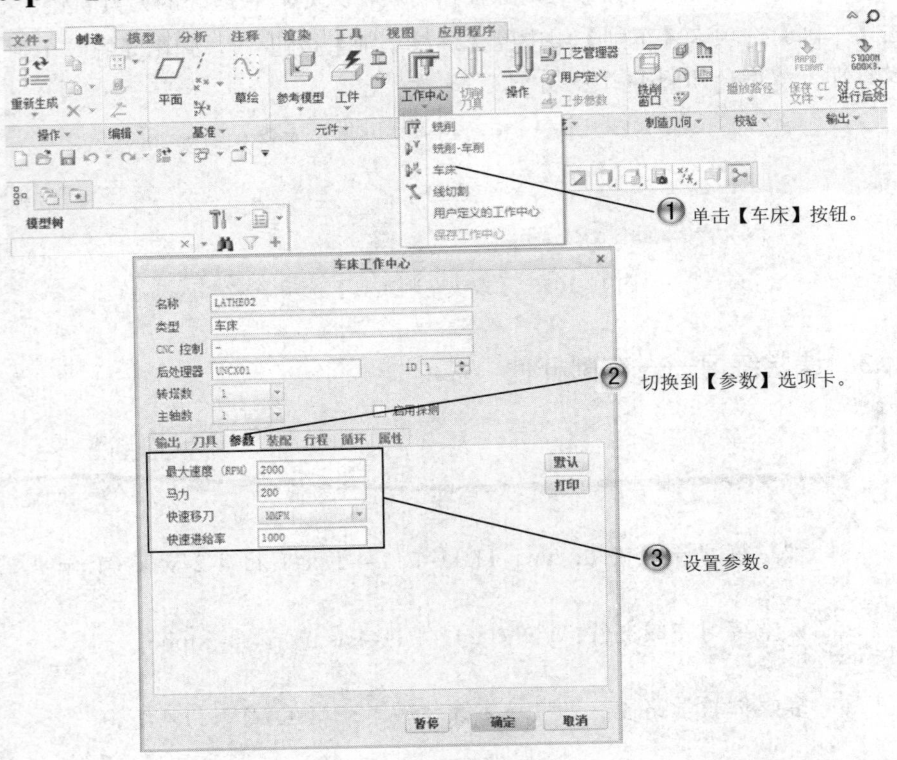

图 11-107　设置工作中心

Step3 设置坐标系行程，如图 11-108 所示。

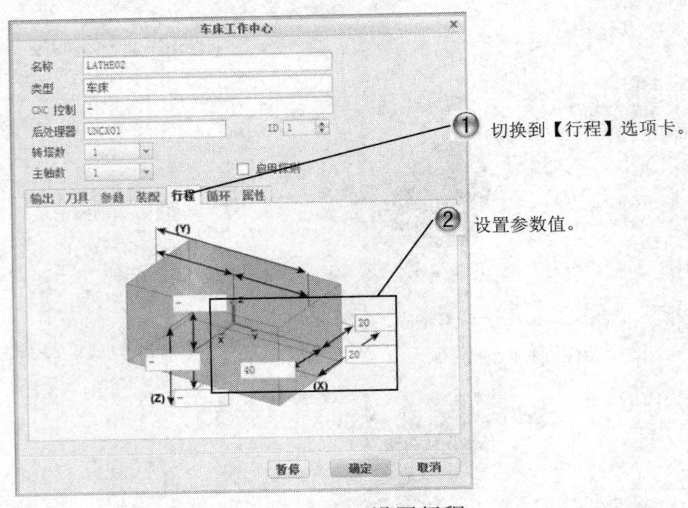

图 11-108　设置行程

Step4 选择刀具，如图 11-109 所示。

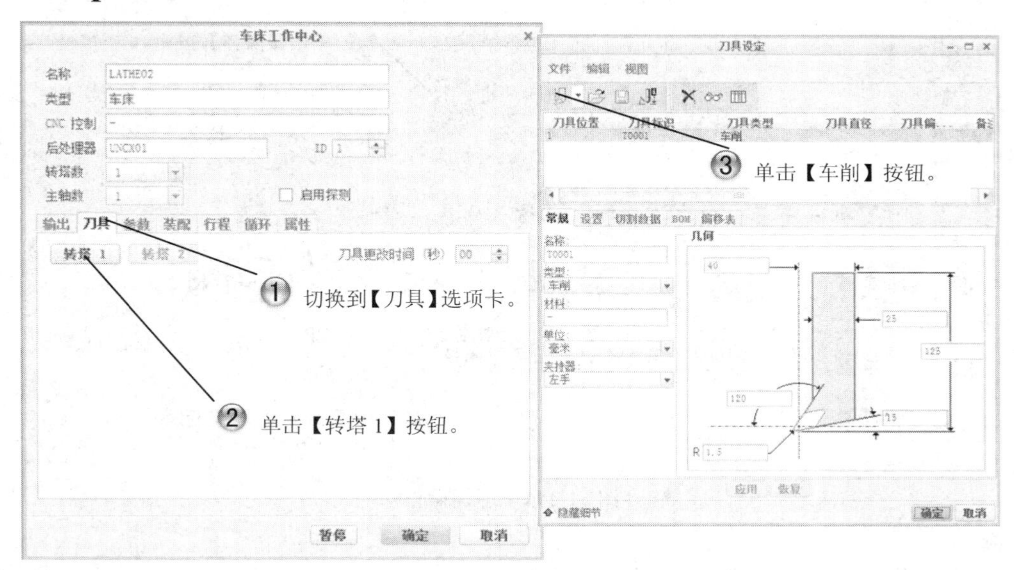

图 11-109　选择刀具

Step5 设置刀具切割数据，如图 11-110 所示。

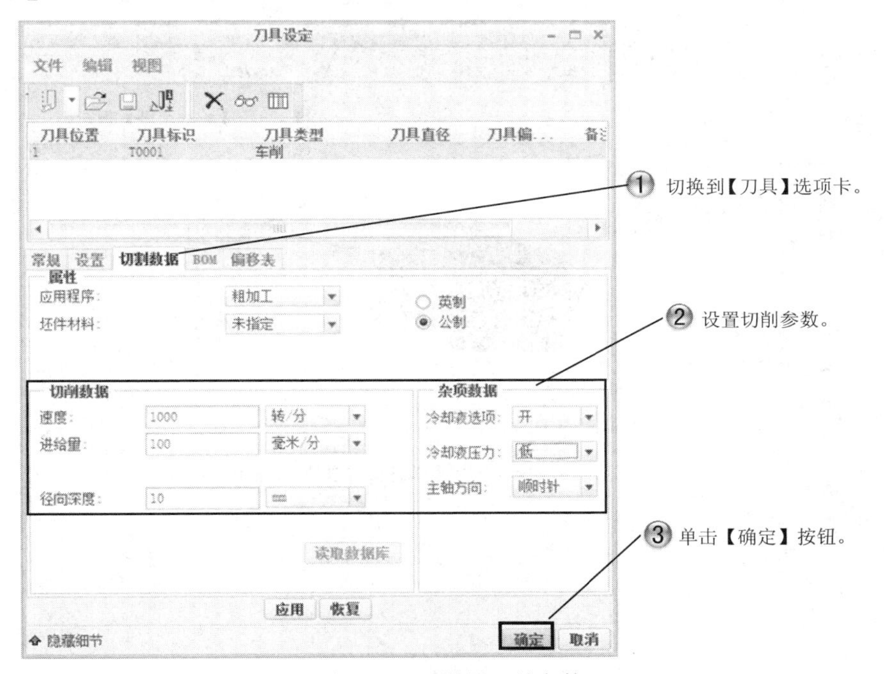

图 11-110　设置刀具参数

Step6 创建操作，如图 11-111 所示。

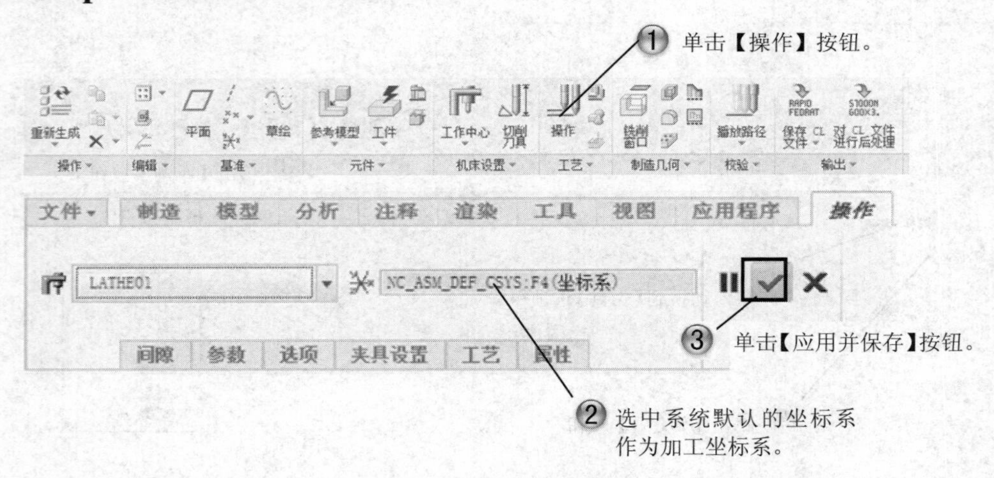

图 11-111　创建操作

Step7 创建轮廓车削，如图 11-112 所示。

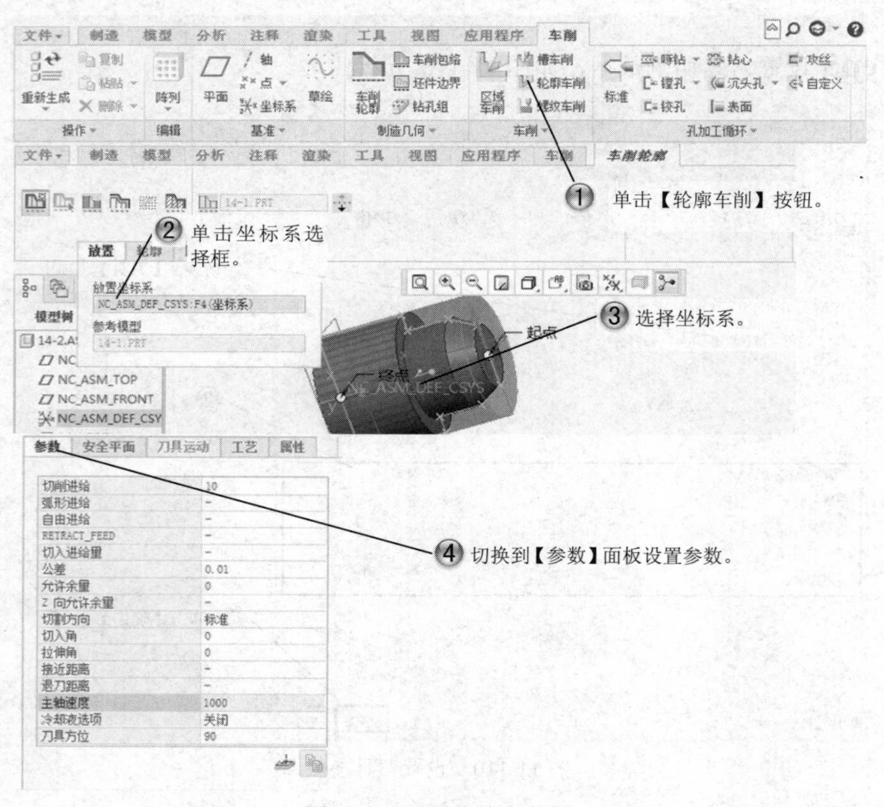

图 11-112　创建轮廓车削

Step8 选择加工刀具，如图 11-113 所示。

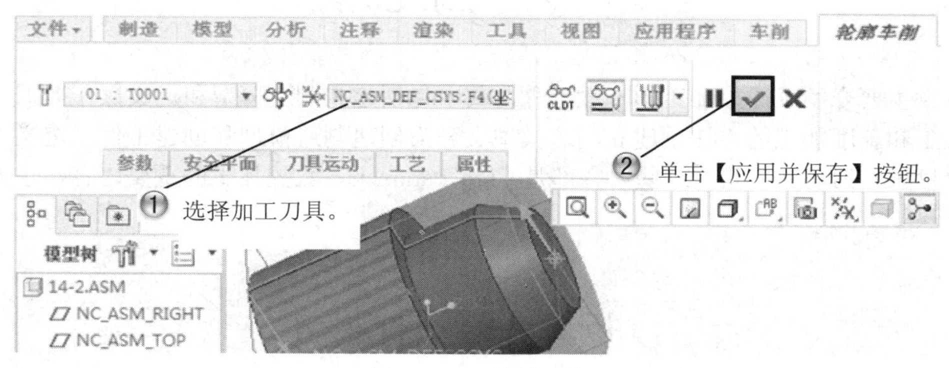

图 11-113　选择刀具

Step9 播放路径，如图 11-114 所示。

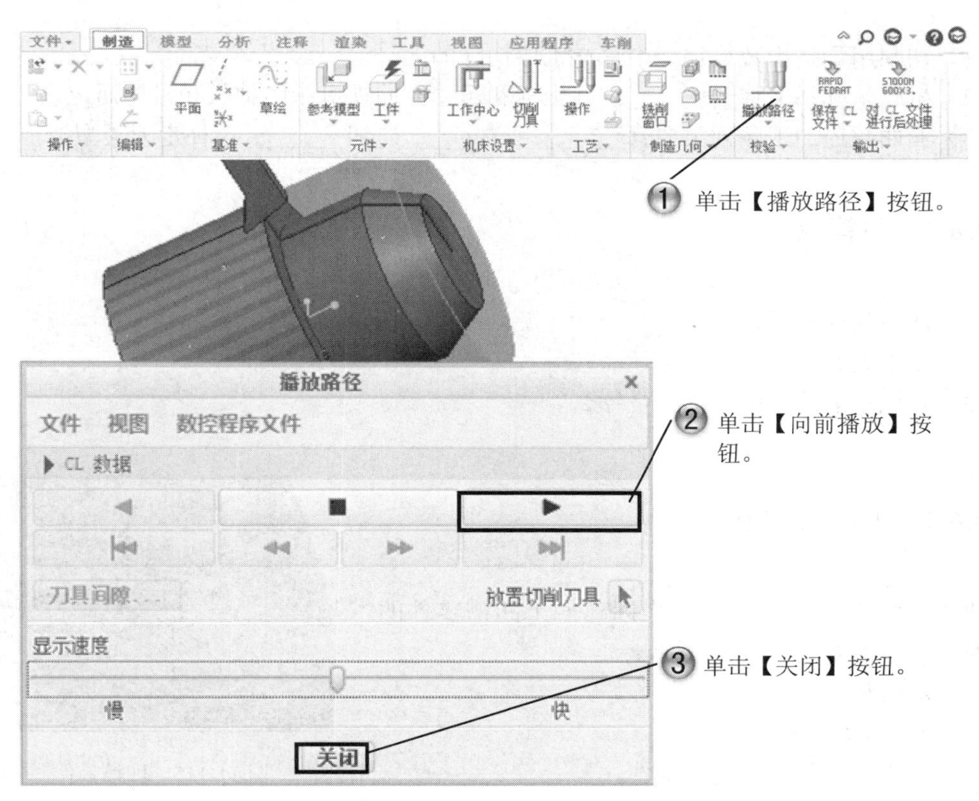

图 11-114　演示轨迹路径

11.5　专家总结

本章主要介绍了数控加工的一般步骤，其中包括建立制造模型和定义操作数据、以及铣削加工和车削加工的方法。建立制造模型又分为创建制造模型和创建工件，定义数据包括设置机床、刀具和夹具，这些内容都是 Creo Parametric 数控加工的重要内容，掌握之后有助于深一步的学习。

11.6　课后习题

11.6.1　填空题

（1）切削用量是指数控加工中每道工序切除的________。

（2）机床坐标系又称________，其坐标和运动方向视机床的种类和机构而定。

（3）曲面数控加工序列主要有________、________和________3 种走刀类型。

11.6.2　问答题

（1）何谓数控加工？

（2）使用夹具的主要目的是什么？

（3）区域车削的应用和优势是什么？

11.6.3　上机操作题

使用本章学过的各种命令来创建一个凹槽零件的铣削加工，零件如图 11-115 所示。

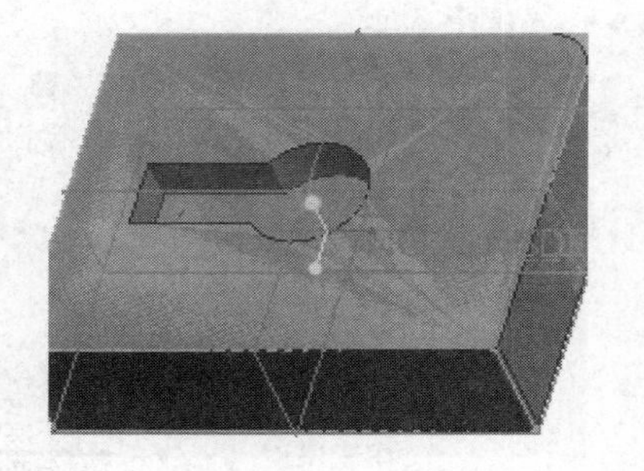

图 11-115　凹槽零件

练习步骤和方法：

（1）创建 NC 组件。

（2）放置参考模型并创建工件。

（3）设置加工数据。